中国煤矿典型瓦斯治理模式与技术

唐永志　周　俊　主编

应急管理出版社

·北　京·

图书在版编目（CIP）数据

中国煤矿典型瓦斯治理模式与技术/唐永志，周俊主编.
--北京：应急管理出版社，2020
ISBN 978-7-5020-8440-0

Ⅰ.①中… Ⅱ.①唐… ②周… Ⅲ.①煤矿—瓦斯爆炸—防治—中国 Ⅳ.①TD712

中国版本图书馆 CIP 数据核字（2020）第 225261 号

中国煤矿典型瓦斯治理模式与技术

主　　编　唐永志　周　俊
责任编辑　成联君　杨晓艳
责任校对　孔青青
封面设计　安德馨

出版发行　应急管理出版社（北京市朝阳区芍药居 35 号　100029）
电　　话　010-84657898（总编室）　010-84657880（读者服务部）
网　　址　www. cciph. com. cn
印　　刷　北京建宏印刷有限公司
经　　销　全国新华书店

开　　本　787mm×1092mm $^{1}/_{16}$　**印张**　$22^{1}/_{2}$　**字数**　521 千字
版　　次　2020 年 12 月第 1 版　2020 年 12 月第 1 次印刷
社内编号　20201675　　**定价**　128.00 元

编　委　会

前　言

煤炭是我国的主体能源，在国民经济发展中具有重要的战略地位。2019年煤炭消费量占能源消费总量的57.7%，预计到2030年煤炭占一次能源消费比例仍在50%以上。近年来，煤炭行业在资源保障能力、结构调整、安全生产、自主创新、生态矿井建设和市场化改革等方面取得了长足进步。在14个亿吨级大型煤炭基地内建成一批大型、特大型现代化煤矿。目前我国现存年产120万t及以上的大型煤矿1200多处、安全高效煤矿760多处、千万吨级煤矿52处，煤炭生产集约化、规模化水平明显提升，小煤矿产能、数量大幅度下降，优质高效产能成为煤炭供应的主力。

我国煤矿井工开采产量约占90%，开采地质条件复杂，瓦斯、水、火、地温、地压等灾害严重。"十二五"期间全国煤矿原煤产量稳步增长，"十三五"期间仍处高位稳定区间。煤矿安全生产形势持续稳定好转，百万吨死亡率、死亡人数逐年下降，2018年、2019年百万吨死亡率均降至0.1以下。这是在党中央、国务院的正确领导下，各有关部门和地方各级党委、政府深入学习贯彻落实习近平总书记关于安全生产的重要论述，各产煤地区、煤矿安全监管监察部门和广大煤矿企业坚持安全发展、坚守发展坚决不能以牺牲安全为代价这条不可逾越的红线，紧紧扭住遏制重特大事故这个"牛鼻子"，扎实推进各项工作措施落实取得的成果。

长期以来，国家高度重视煤矿瓦斯灾害防治工作。2010—2018年按区域型、瓦斯地质型原则，国家发展和改革委员会（国家能源局）在15个重点产煤省（区、市）支持了84对煤矿的瓦斯治理示范矿井建设，提高了煤矿瓦斯防治和防灾抗灾能力，促进了煤矿安全形势稳定好转，起到了十分重要的示范作用。

在瓦斯治理示范矿井建设的引领下形成了一批适用于不同地质条件的先进理念、先进经验和先进瓦斯治理模式与技术，在同类条件下具有可复制、可推广的指导作用。例如：淮南矿业集团根据低渗透性高瓦斯煤层群复杂地质条件，形成了保护层开采煤与瓦斯共采模式，实现了高瓦斯突出煤层群区域大面积卸压煤与瓦斯高效协调开采；晋煤集团根据单一煤层开采条件与透气性较高的地质特点，形成了规划区、准备区、生产区三区联动井上下立体瓦斯抽采模式，从地勘矿井规划即开始进行瓦斯超前治理，实现了煤与瓦斯高效协调开采；松藻煤电公司根据井上下复杂地质条件及煤层原始瓦斯压力高、含量大的特点，在三区配套三超前煤与瓦斯协调开采的基础上，构建了制度、管理、技术标准等一体化的“水”治瓦斯卸压增透抽采模式，提高了瓦斯抽采效果，有效遏制了煤与瓦斯突出及瓦斯超限事故。此外，我国低瓦斯含量、高瓦斯涌出特厚煤层高强度开采及煤与瓦斯突出和冲击地压复合灾害等代表性矿井的瓦斯综合治理也取得了显著效果；煤炭企业、科研院所也围绕瓦斯安全高效治理积极开展“产、学、研”合作，成功研发了一系列先进成熟的技术装备，并进行了推广应用。新时期瓦斯灾害治理面临新挑战，建设瓦斯治理示范矿井仍具有广泛的示范引领作用。

为进一步总结瓦斯治理示范矿井建设的先进技术经验与创新成果，充分发挥示范矿井的引领带动作用，促进煤矿安全生产保障水平不断提升，煤矿瓦斯治理国家工程研究中心及国家煤矿安全技术工程研究中心编写本书。全书共分10章，第1章、第2章介绍了煤矿瓦斯赋存与灾害分布特征、煤矿瓦斯防治技术现状及发展趋势，第3章、第4章、第5章归纳总结了保护层开采煤与瓦斯共采模式、三区联动井上下立体瓦斯抽采模式、三区配套三超前“水”治瓦斯模式3种先进瓦斯治理模式与配套相关技术，第6章、第7章介绍了特厚煤层开采瓦斯治理技术、深部煤与瓦斯突出和冲击地压复合灾害综合防治技术，第8章、第9章、第10章介绍了地面钻井与井下钻孔抽采关键技术、低渗煤层卸压增透关键技术、瓦斯灾害治理信息化关键技术等三大类21项先进适用的瓦斯治理关键技术。本书可为煤矿企业瓦斯灾害治理提供借鉴，也可作为煤矿安全技术培训及高等院校师生的参阅资料。

在本书的编写过程中，国家能源局煤炭司给予了大力支持，淮南矿业（集团）有限责任公司、中煤科工集团重庆研究院有限公司、山西晋城无烟煤矿业集团有限责任公司、重庆能源投资集团公司、神华新疆能源有限责任公司、神华宁夏煤业集团公司、中国平煤神马能源化工集团有限责任公司、中国矿业大学、安徽理工大学等单位提供了翔实资料，在此表示衷心感谢！

由于编写时间仓促及编者水平有限，本书可能存在不足之处，恳请读者批评指正。

编　者

2020年9月

目　录

1　煤矿瓦斯赋存及灾害分布特征

煤炭是我国的主体能源，根据中国工程院“能源发展战略2030—2050”报告预测，到2050年煤炭占一次能源的比重在50%以下，但煤炭的总体需求仍为25亿~30亿t。我国井工煤矿数量占煤矿总数量的97%，井工煤矿地质环境与煤层赋存条件复杂，瓦斯灾害是井工煤矿最普遍、最严重的灾害，也是我国煤矿安全生产的最大威胁，是名副其实的“第一杀手”。瓦斯事故具有“群死群伤”的特点，极易造成重特大安全事故，导致大量的人员伤亡和经济损失，产生恶劣的社会影响。我国煤矿瓦斯事故造成的死亡人数约占煤矿各类事故死亡总人数的30%，而且在重特大事故中煤矿瓦斯事故占70%以上。新中国成立以来煤矿一次死亡百人以上的24起特别重大事故中，瓦斯事故22起，占91.7%；2000年以来煤矿一次死亡30人以上的75起特别重大事故中，瓦斯事故55起，占73.3%。无论是从高瓦斯、突出矿井数量，还是从瓦斯事故的频率和人员伤亡情况来看，我国均为世界上煤矿瓦斯灾害最严重的国家。近年来，随着煤矿开采深度的增加和开采强度的增大，地应力增大，煤层瓦斯压力、瓦斯含量增加，矿井瓦斯涌出量显著增加，瓦斯灾害也日趋严重，防范瓦斯事故任重道远。

通过新中国成立以来，特别是改革开放以来的持续研究、深入实践及行业科技人员的共同努力，我国煤矿瓦斯灾害防治技术和装备得到了迅速发展，为保障煤矿安全生产发挥了重要作用。煤矿瓦斯事故起数和死亡人数从2003年的584起、2118人，下降到2019年的27起、118人，分别下降95.38%、94.43%，重特大瓦斯事故基本得到遏制，防治成效显著。

基于新形势下能源战略的定位，在煤炭行业安全、高效、环保、节约型开采的更高要求背景下，瓦斯治理工作任务艰巨，难度更大。较大及以上瓦斯事故占比仍较高，个别年份出现反弹，实现煤层“零突出”、瓦斯“零超限”的“双零”目标任务艰巨，存在一些亟待解决的问题。

2008—2019年，贵州、云南、四川、重庆、湖南、河南、山西7省（市）瓦斯灾害事故最为严重。瓦斯灾害发生区域分布是煤层瓦斯赋存、资源条件、技术装备和管理水平、经济发展水平的综合体现，分析瓦斯区域赋存特征和瓦斯事故区域分布特征对瓦斯灾害防治技术具有重要的指导意义。

本章重点介绍了我国煤矿基本情况、煤炭资源和区域瓦斯赋存特征、煤矿瓦斯事故分布特征等方面的内容。

1.1　煤矿基本情况

我国是世界上第一煤炭生产大国，为了满足社会经济快速发展的需要，煤炭产量也快速提升。2004—2019年全国原煤产量如图1-1所示，其中2014年原煤产量达到38.7亿t。

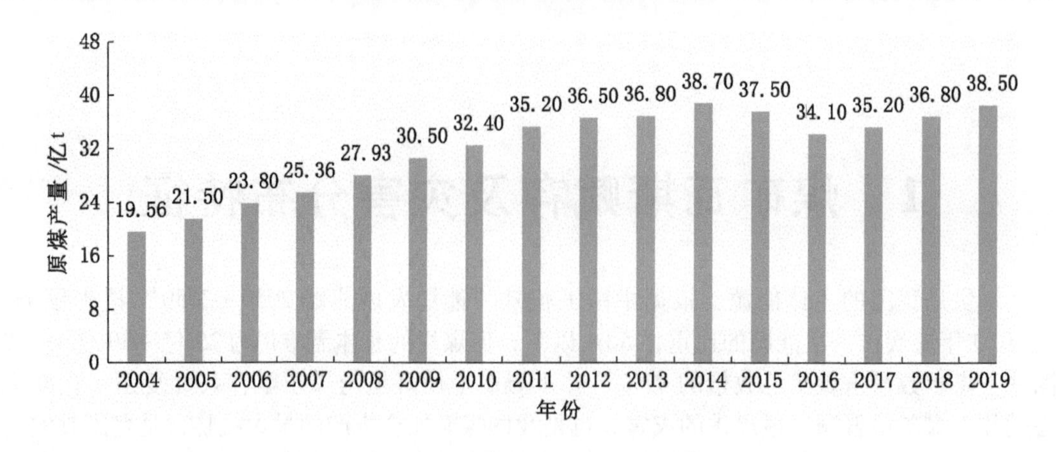

图 1-1　2004—2019 年全国原煤产量

近年来，我国煤炭行业按照科学布局、集约开发、安全生产、高效利用、保护环境的发展方针，坚持发展先进生产力与淘汰落后生产能力相结合，在保证能源供应和煤炭产业健康发展的同时，推进企业兼并重组和整合技改工作，逐步淘汰落后产能、化解过剩产能，促进产业结构调整。目前，已经建成了晋北、晋中、晋东、神东、陕北、黄陇、宁东、鲁西、两淮、云贵、冀中、河南、蒙东（东北）、新疆等 14 个大型煤炭能源基地，这些基地成为我国煤炭生产与供应主体。

2004—2019 年，全国煤矿数量由 2.8 万处减少到 5300 处左右（图 1-2），平均单井规模由不足 10 万 t/a 提高到 98 万 t/a 左右。2019 年已建成年产 120 万 t 以上的大型现代化煤矿超过 1200 多处，产量占全国原煤产量的 80% 左右；产量超过 2000 万 t 的企业发展到 28 家，其中亿吨级企业 7 家；建成千万吨级特大型现代化煤矿 44 处，产能 6.96 亿 t/a；排名前 8 位的大型企业原煤产量 14.7 亿 t，占全国原煤总产量的 38.2% 。内蒙古、山西、陕西、新疆、贵州、山东、河南、安徽等 8 个省（区）原煤产量 34.3 亿 t，占全国原煤产量的 89.1% ；山西、陕西、内蒙古、新疆 4 省（区）原煤产量 29.6 亿 t，占全国原煤产量的 76.9% 。同时，30 万 t/a 以下煤矿的产能减少到 2.2 亿 t/a 以内，产业集中度显著提升。

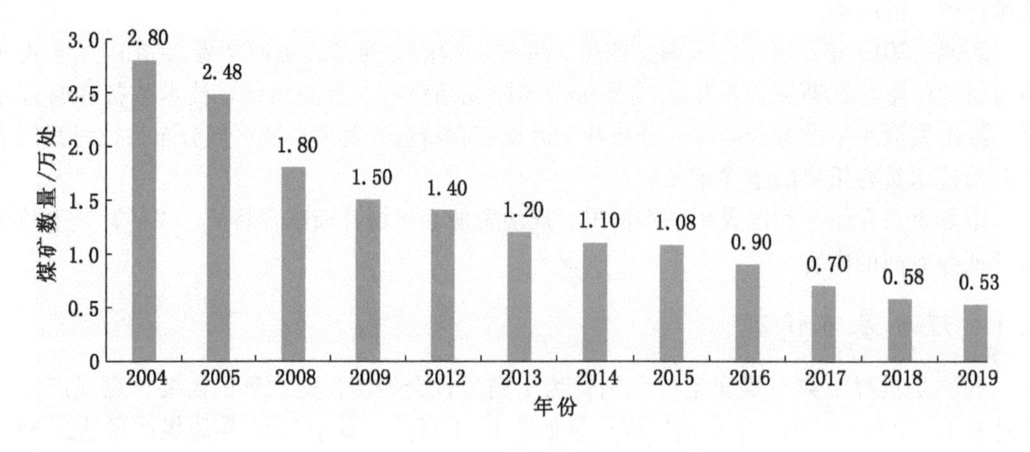

图 1-2　2004—2019 年全国煤矿数量

我国在注重煤矿产业结构调整的同时，加快了大型煤矿机械装备的自主研发，年产1000万t的综采设备（采煤机、液压支架和输送机）全部实现了国产化，并达到世界先进水平。大功率采煤机、输送机、大采高电液控制支架、新型智能传感器等关键设备与零部件国产化能力显著增强，有力地支撑了我国大型现代化煤矿建设。大型煤炭企业的采煤、掘进机械化程度由2004年的81.5%、21.5%提高到2018年的97.9%、56.3%；截至2019年，已建成275个智能化采煤工作面。

1.2 煤炭资源赋存特征

我国煤炭资源相对丰富，但是煤层赋存条件差异性大，从极薄及薄煤层到厚与特厚（巨厚）煤层，从近水平煤层到缓倾斜、倾斜、急倾斜煤层均存在。目前经勘探证实的储量中，勘探（精查）储量仅占30%，而且大部分已经开发利用，煤炭后备储量较为紧张。我国煤炭资源种类较多，动力煤储量主要分布在华北、西北，分别占全国煤炭储量的46%、38%，炼焦煤主要集中在华北，无烟煤主要集中在陕西和贵州两省。煤炭资源北多南少、西多东少，其分布与消费区分布极不协调。

根据自然资源部《中国矿产资源报告（2019）》，截至2018年，我国煤炭查明资源量为17085.73亿t，比1978年（约1万亿t）增长70.85%；潜在煤炭资源量38800亿t，资源查明率30%。煤炭资源勘查程度低、保障能力不足，勘查工作落后于矿井建设，已成为制约煤矿现代化建设的瓶颈。

目前，我国煤炭生产主要集中在晋陕蒙宁甘区、华东区、东北区、华南区和新青区五大产煤区域。

1.2.1 晋陕蒙宁甘区

晋陕蒙宁甘区包括山西、陕西、内蒙古、宁夏和甘肃5省（区），建设有晋北、晋东、晋中、黄陇、陕北、神东、蒙东（东北）基地的蒙东部分及宁东等8个国家大型煤炭基地。该矿区位于我国中西部地区，煤炭资源具有数量多、质量好、条件优的优势，具有资源丰富、煤种齐全、开采条件好、矿井产能高的特点。

该区内8个大型煤炭基地均是我国优质动力煤、炼焦煤和化工用煤主要生产和调出基地，担负华东、华北、中南、东北、西北等地区煤炭供应的重任，既是“西煤东运”和“北煤南运”的调出基地，也是“西电东输”北部通道煤电基地。为提高煤炭生产和供应能力建设了一批特大型现代化井工矿和露天矿，其中，晋中基地是我国最大的炼焦煤生产基地，面向全国供应炼焦煤；内蒙古自治区拥有最多的勘探煤炭资源量，开采条件相对简单。

该区煤层总体埋藏较浅，可采煤层多，储量丰富，以中厚—厚煤层为主，煤层赋存稳定—较稳定，顶、底板条件好，地质构造简单（局部地段受岩浆岩影响），断层稀少，煤层倾角为1°~10°，开采条件相对简单，很多地区适合露天开采，煤层剥采比较小。太原组以海陆交互相沉积为主，由灰岩、泥岩、砂岩、煤层组成，一般厚度为40~100 m。山西组以河流—三角洲沉积为主，由泥岩、页岩、粉砂岩、砂岩、煤层组成，厚度变化较大，具有北厚南薄、东厚西薄的特点。延安组大面积分布于鄂尔多斯盆地，为大型湖盆沉积，含煤1~6组，一般3~4组，煤层厚度大，煤层稳定—较稳定。区域内以厚煤层为主，所占比例为全区的51%，薄煤层所占比例最小，为全区的14.78%。

晋陕蒙宁甘区煤炭资源开采地质条件优越，主要表现为：煤层稳定，构造简单，煤层以特厚、厚和中厚为主，适于建设大型、特大型矿井的一、二、三等的资源储量丰富。其中，侏罗系延安组中一、二、三等资源储量约占该组总资源储量的89%，石炭系—二叠系山西组、太原组中一、二、三等资源储量约占该组总资源储量的78%。

晋陕蒙宁甘区煤层赋存条件好，具有明显的开采地质条件优势，有利于采用大型煤机装备实现精准开采，煤矿生产工艺和技术装备比较先进，机械化程度高。

1.2.2 华东区

华东区包括河北、山东、安徽、北京、江苏、江西、福建和河南等产煤省以及天津、上海和浙江等非产煤省（市），区内多为平原地区，是我国的粮食生产基地和工业基地，地面城镇建筑多，交通设施发达。建设有冀中、鲁西、两淮、河南等四大国家大型煤炭基地。根据《国家大型煤炭基地建设规划》，该区四大煤炭基地担负向京津冀、中南、华东地区供应煤炭的重要任务。华东区内各省（市）之间煤炭资源分布极不均衡，资源主要集中在冀、鲁、豫、皖四省，北京、天津煤炭资源分布极少，江苏仅有少量煤炭资源，分布于省内唯一的产煤地徐州地区。

华东区拥有较大的煤炭生产能力，该区保有资源量和剩余资源量均以河南最多，其次为河北、安徽、山东三省。华东区的典型特征是大部分矿区为老矿区，煤炭开发时间长，区内浅部资源已剩余较少，主力矿区已进入开发中后期，转入深部开采，开采深度最大超过1500 m，而许多新矿区开采深度也达到800～1000 m。区内构造复杂，以断块构造为特征，断层密集，煤田构造条件为中等—复杂，煤层倾角一般为20°左右，局部可达60°。顶板稳定性较差，煤层埋深大，表土层厚，开采条件日益困难。区内主要赋存石炭系—二叠系含煤地层，上组煤为主采煤层，下组煤为辅助开采煤层。

华东区以中厚煤层为主，所占比例为全区的40.96%；厚煤层所占比例最小，为全区的25.74%。两淮煤炭基地煤厚以3.5 m以下的居多，比例为89.8%，煤厚大于3.5 m的煤层仅占10.2%；河南煤炭基地煤层厚度以3.5～8 m为主，比例为53.8%，8～20 m厚的煤层仅占3.5%；鲁西煤炭基地以煤厚小于3.5 m的煤层居多，比例为79.2%；冀中煤炭基地以1.3～3.5 m厚的煤层为主，比例为54.9%。

华东区主要有开滦、峰峰、新汶、枣庄、平顶山、郑州、徐州、淮北、淮南等矿区，矿井机械化程度较高。该地区浅部及部分深部煤炭资源基本已经动用，深部煤炭开采的许多地质问题目前正在研究，更重要的是这些煤田深部延伸地区范围内资源量即使全部查清，可获得的储量仍然有限。该区大面积平原区松散覆盖层较厚，矿井建设成本高（矿区内人口稠密、村庄较多，搬迁成本高昂），采煤塌陷影响严重，多数已开采多年，开采条件渐趋困难，限制了开发规模和强度。

1.2.3 东北区

东北区包括辽宁、吉林、黑龙江和内蒙古东部一部分。根据《国家大型煤炭基地建设规划》，建设有蒙东（东北）大型煤炭基地，功能定位为调节和维持东北三省和内蒙古东部煤炭供需平衡，开发重点逐步由东向西转移。

东北区含煤地层主要为下白垩统和古近系。早白垩世含煤地层有两种沉积类型：①形成于滨海冲积平原的含过渡相或海相沉积的含煤地层，如鸡西群和龙爪沟群；②形成于内陆湖盆地和山间盆地的陆相含煤地层，如阜新群及与其相当的巴彦花群、霍林河群和扎赉诺尔群。古近纪含煤地层主要有抚顺群和与其大致相当的珲春组、舒兰组、达连河组和分布于下辽河坳陷的古近纪含煤地层。

区内含煤地层薄煤层所占比例为26.2%，部分矿区薄、极薄煤层所占比例较大。吉林、辽宁、黑龙江的煤层厚度以1.3～3.5 m为主，所占比例分别为33.3%、29.81%、47.33%。现保有煤炭资源普遍较差，开采深度大。辽宁含煤面积较大，含煤煤层多，区内含煤地层主要为侏罗系、白垩系、古近系，以薄—中厚煤层为主；吉林为该区相对缺煤的省份，由于开采历史较长，省内剩余资源量较少；黑龙江煤炭资源相对丰富，但分布不均衡。

目前，该区煤炭资源量、产量占全国的比例不断下降。厚煤层已被建设利用，基本不具备新建大型矿井条件，只能对现有矿井进行改造。吉林省和辽宁省经过多年来开采后，煤炭资源量日益萎缩，尚未利用资源少，后续资源严重不足，矿井接续十分困难，未来煤炭生产能力将逐年下降。黑龙江省尚未利用资源相对较多，可建设一些大中型煤矿，同时还可以加强现有矿区的深部资源勘探，增加接续资源，延长服务年限，稳定生产规模。

总体来看，辽宁、吉林两省尚未利用资源的绝对量基数较小，而黑龙江省尚未利用煤炭资源的绝对量相对较多。因此，黑龙江省当前仍具有一定程度的开发潜力，辽宁和吉林两省正面临着煤炭资源枯竭的境遇。

1.2.4　华南区

华南区包括湖北、湖南、广西、云南、贵州、四川和重庆等产煤省（区、市）以及广东和海南等非产煤省。建设有云贵国家大型煤炭基地（云南、贵州和四川的古叙及筠连矿区）。该区煤炭产量不能满足需求，需要大量调入，是“北煤南运”的主要目的地。华南区尚未利用煤炭资源主要分布于贵州和云南两省，当前仍具有一定的煤炭资源开发潜力；而四川煤炭资源的开发潜力不大，湖南、广西等省（区）煤炭资源面临枯竭。

华南区由华夏陆块、扬子陆块及两者之间陆缘增生带组成，北邻华北板块、西至青藏高原、东邻菲律宾板块和太平洋板块、南邻印支板块，四周受到挤压。受古亚洲构造域、环太平洋构造域控制，形成了早石炭世、早二叠世、晚二叠世、晚三叠世和古近纪、新近纪的含煤地层，其中晚二叠世含煤地层发育最好、分布最广，是华南地区主要含煤地层，遍布华南12个省（区、市），以贵州、四川、重庆、云南发育最好，地层连续沉积。华南地区煤炭资源总量为0.41万亿t，其中贵州煤炭资源量最为丰富，主要为晚二叠世龙潭组，煤炭资源量1362.3亿t，占华南地区煤炭资源总量的33.5%。侏罗纪燕山运动华南地区发生强烈造山作用、大规模火山和岩浆活动，使得煤层普遍变质为中高变质烟煤、无烟煤和高阶无烟煤。

该地区内含煤地层主要为二叠系和古近系，可采煤层多，煤种多样，以薄—中厚煤层为主，煤层不稳定—极不稳定，多呈鸡窝状产出，倾角变化大；以煤系的强烈变形、褶皱发育、断层密集为特征，地质构造复杂；薄煤层开采、急倾斜煤层开采为实现开采机械化带来了困难。该区内中厚煤层所占比例高达45.86%，其中，云南、贵州、四川煤厚小于3.5 m的煤层所占比例分别为58%、88.5%、97.8%。

该区资源丰度很低，绝大部分资源只宜建设小型矿井，年产30万t及以上矿井少见，新发现大型矿藏的前景也并不乐观，复杂的开采条件限制了采煤机械化发展。虽然该区内矿井经过多年的整顿关闭，但小煤矿仍然较多。

1.2.5　新青区

新青区包括新疆维吾尔自治区和青海省，其中新疆维吾尔自治区为第14个国家大型煤炭基地。该区位于我国西北部，区域煤炭资源丰富，开发前景广阔，是未来我国主要的煤炭生产基地，也是重要的煤炭调出区。

根据《新疆大型煤炭基地建设规划》，新疆煤炭基地将建设吐哈区、准噶尔区、伊犁区和南疆区。新青区尚未利用的煤炭资源量主要分布在新疆，煤层赋存条件较优越，储量丰富，是我国新的具有安全高效开采能力的重要区域。该区正在新建的大型、超大型现代化矿井具有技术后发优势和资源优势。

新青区煤层总体埋藏较浅，区内煤层累计厚度达 8 ~ 345 m，以中厚—厚煤层为主，煤层赋存稳定，地质结构简单，顶、底板条件差，支护难度大。新疆维吾尔自治区煤厚大于 8 m 的煤层所占比例为 53.3%，煤厚为 3.5 ~ 8 m 的煤层所占比例为 19.1%，3.5 m 以下的煤层所占比例为 27.6%（煤厚不大于 1.3 m 的占 6.4%，煤厚为 1.3 ~ 3.5 m 的占 21.2%）。新疆煤田构造简单—中等，局部受岩浆岩的轻微影响。青海省煤厚大于 8 m 的煤层所占比例最大，占 58.1%；煤厚为 3.5 ~ 8 m 的煤层所占比例为 21.7%。

1.3 区域瓦斯赋存特征

瓦斯是洁净、优质能源和化工原料，与天然气、天然气水合物的勘探开发一样，日益受到世界各国的重视。我国埋深 300 ~ 2000 m 范围内瓦斯资源总量为 31.46 万亿 m^3，其储量与我国陆上常规天然气资源总量（30 万亿 m^3）相当，主要分布在全国 26 个省、市、自治区，其中适宜开发的瓦斯储量占煤层气探明总储量的 60% 以上。据估算，我国的煤层气储量相当于 350 亿 t 标准煤或 240 亿 t 石油，开发利用潜力巨大。

我国煤田构造演化和煤层瓦斯生成与保存条件变化大，煤层瓦斯含量在空间上存在较大差异，分区特征明显。根据全国煤层瓦斯地质图，全国可划分 20 个瓦斯区，其中有 8 个高瓦斯区、12 个低瓦斯区。

我国煤矿区域瓦斯赋存总体上表现为南高北低、东高西低的趋势。东北区，煤炭资源开采地质条件复杂，矿井普遍进入深部开采，以地应力为主导的瓦斯动力灾害较为严重。西北区，煤炭资源丰富、开采条件相对简单，瓦斯灾害危险程度相对较小，特别是新疆地区瓦斯灾害近年来才开始显现。华北区，煤矿逐渐进入深部开采，瓦斯灾害相对严重。华南区，地质构造复杂，瓦斯灾害严重，是我国煤矿安全形势最困难的区域，且随着开采范围和深度的增大，安全形势将更加严峻。

1.3.1 西北区

西北区位于西伯利亚板块和青藏高原之间，以新疆为主体，向东还包括甘肃、青海、宁夏、陕西与内蒙古西部。由北向南依次由阿尔泰山、准噶尔盆地、塔里木盆地、西昆仑山组成的“盆—山”地貌形态，由东延伸至西蒙古高原的北山。因受印度板块等强烈推挤作用导致含煤地层隆起，构造挤压强烈，主要发育逆断层。该区主要受 3 种类型岩石圈的控制：一是以塔里木、准噶尔盆地为代表的构造相对稳定的岩石圈；二是以天山、西昆仑山、阿尔泰山为代表的具有山根的新生代复活造山带型岩石圈；三是以额济纳旗地块为代表的古生代残留造山带型岩石圈。

西北区煤层的安全条件较好，灾害程度较小，但局部存在高瓦斯突出煤层、露头火等灾害。浅部区域煤层瓦斯由于风化剥蚀作用而逸散；深部区域煤层瓦斯因受构造挤压封闭作用保存较好，瓦斯含量多在 10 m^3/t 以上，煤与瓦斯突出危险性逐渐增大。离柳、渭北、乌达、石嘴山、石炭井、汝箕沟、靖远、窑街等矿区高瓦斯矿井多，少数为煤与瓦斯突出矿井，部分中生代盆地煤、油、气共（伴）生，煤系砂岩的油气容易进入巷道（如黄陇地区），成为煤矿安全生产的隐患。

根据全国煤层瓦斯地质图，西北区主要分布5个低瓦斯区：准噶尔低瓦斯区、天山低瓦斯区、塔里木低瓦斯区、柴达木北缘祁连山低瓦斯区、陕甘宁低瓦斯区。

1.3.2　华北区

华北区在侏罗纪之前属于稳定的中朝地台，含煤地层有石炭二叠系、上三叠系、中下侏罗统、上侏罗统—下白垩统和古近系。各时代含煤地层特别是石炭二叠纪含煤地层，煤层层数多、厚度大。华北区西部为鄂尔多斯盆地、中部为山西隆起（造山带)、东部为华北平原（裂谷盆地）的岩石圈类型，不同岩石圈类型对应的瓦斯赋存存在明显差异。

华北西部鄂尔多斯块体自古太古代—古元古代最终形成的构造活动比较微弱，断裂、岩浆活动不发育，三叠纪—侏罗纪含煤盆地形成后受隆起剥蚀影响，瓦斯含量总体偏低；含煤地层地质构造简单、构造煤不发育。潞安、晋城等矿区每平方千米不足5条断层，与之形成鲜明对比的华北地区南缘平顶山矿区每平方千米发育200~300条断层，甚至更多。沁水盆地、鄂尔多斯盆地东缘是我国地面煤层气开发的重要基地。

华北东部平原在喜马拉雅期处于大陆伸展构造发育环境，具有典型的大陆裂谷火山特征。新生代早期该区中东部呈裂陷盆地与隆起相间的构造格局，分别受拉张断裂、隆起剥蚀影响，瓦斯大量释放，为低瓦斯区。受鲁西断隆控制，鲁西南、苏北、淮北、永夏地区的石炭二叠系含煤地层自印支期即开始受太平洋板块推挤作用而隆起，上覆盖层缺失三叠系，瓦斯风化带埋深位于800 m以浅，目前该区域矿井以低瓦斯矿井为主。

华北区北缘的阴山—燕山地区是华北地台与蒙古微大陆拼合形成北方大陆，属于造山带；南缘的秦岭—大别山造山带在印支期由北方与南方大陆拼合而成；太行山造山带、贺兰山—桌子山造山带主要是在燕山运动期形成的。因受造山带挤压推覆影响，区内是高突瓦斯分布区，华北地块南缘主要受秦岭—大别山造山带控制，区内构造煤发育，煤与瓦斯突出事故频发，煤层透气性低，瓦斯抽采难度大。

华北区北缘的阴山—燕山地区是华北地台与蒙古微大陆拼合形成北方大陆，属于造山带；南缘的秦岭—大别山造山带在印支期由北方与南方大陆拼合而成；太行山造山带、贺兰山—桌子山造山带主要是在燕山运动期形成的。因受造山带挤压推覆影响，区内是高突瓦斯分布区，华北地块南缘主要受秦岭—大别山造山带控制，区内构造煤发育，煤与瓦斯突出事故频发，煤层透气性低，瓦斯抽采难度大。

根据全国煤层瓦斯地质图，华北区主要分布3个低瓦斯区（冀东豫北低瓦斯区、鲁苏北低瓦斯区、山西低瓦斯区）和3个高瓦斯区（阴山燕辽高瓦斯区、豫西高瓦斯区、两淮豫东高瓦斯区）。

1.3.3　东北区

东北区处于华北地块和西伯利亚地块所夹持的中亚构造带东端，受古亚洲构造域和环太平洋构造域的控制，地质构造演化极其复杂。

东北区属于内蒙古—大兴安岭和吉黑褶皱系，区域煤层和瓦斯的分布主要受后期的燕山和喜马拉雅运动控制。区域存在两种岩石圈类型：一是西部以大兴安岭为代表的造山带岩石圈，二是东部以松辽盆地为代表的中生代裂谷型岩石圈。

以大兴安岭、长白山为代表的块体是在中生代造山时期挤压机制下形成的，具有正常陆壳厚度，较大的岩石圈厚度说明保留了山根。由于长期遭受剥蚀而使瓦斯大量释放，形成了低瓦斯区。大兴安岭重力梯度带以东的松辽盆地、张广才岭、佳木斯和饶河地区的新生代裂谷岩石圈，在裂谷形成过程中，岩石圈较薄、岩浆上涌直接影响煤的热演化，生成了大量瓦斯，形成了中高变质煤层及高突瓦斯区，此区域高瓦斯突出矿井较多。

东北区经过一个多世纪的开采，现保有煤炭资源普遍较差，开采深度大，很多矿井瓦斯、水、自然发火、冲击地压、顶板等多种灾害并存，治理难度大。该区煤田构造条件中等—复杂，高瓦斯矿井多，煤与瓦斯突出是煤矿生产的主要隐患，随着煤矿开采深度的增加，冲击地压问题日益凸显。

根据全国煤层瓦斯地质图，东北区主要分布 1 个低瓦斯区（内蒙古东缘低瓦斯区）和 1 个高瓦斯区（黑吉辽中东部高瓦斯区）。

1.3.4 华南区

华南区不同构造单元瓦斯分布的主控因素存在明显差异。

黔西、滇东、川南等地区含煤盆地四周受区域构造挤压影响发生坳陷，地层连续沉积，构造煤普遍发育，瓦斯风化带深度仅 50 m 左右，瓦斯含量普遍为 15 ~ 35 m^3/t，煤与瓦斯突出灾害严重，始突深度不足百米，渗透性极低，瓦斯抽采难度大，需采用增透措施。

湘、赣、粤等地区因受印支和燕山乃至喜马拉雅运动影响，含煤地层多发生逆冲推覆作用，构造煤全层发育，瓦斯含量普遍大于 15 ~ 30 m^3/t，瓦斯始突深度最浅仅 30 m，煤与瓦斯突出灾害严重，渗透性极低，抽采难度大。

黔中、桂中南地区煤层受地下水径流作用影响，瓦斯大量释放，为低瓦斯区。

根据全国煤层瓦斯地质图，华南区主要分布 3 个低瓦斯区（浙闽沿海低瓦斯区、鄂西湘西黔东桂中南低瓦斯区、滇中川西南低瓦斯区）和 4 个高瓦斯区（下扬子地区高瓦斯区、赣湘粤桂东高瓦斯区、龙门山大巴山高瓦斯区、川南黔北黔西高瓦斯区）。

1.4 煤矿瓦斯事故分布特征

1.4.1 煤矿安全生产事故情况

2003—2019 年，我国煤矿共发生事故 25758 起，死亡 42755 人。其中，较大事故发生 1865 起、死亡 8357 人，分别占总事故起数的 7.24%、总死亡人数的 19.55%；重大事故发生 339 起、死亡 5271 人，分别占总事故起数的 1.32%、总死亡人数的 12.33%；特别重大事故发生 55 起、死亡 3282 人，分别占总事故起数的 0.21%、总死亡人数的 7.68%。具体数据见表 1 - 1。

表 1 - 1 2003—2019 年全国煤矿事故统计

年份	事故起数/起	死亡人数/人	较大事故		重大事故及以上	
			起数/起	人数/人	起数/起	人数/人
2003	4143	6434	286	1257	51	1061
2004	3641	6027	247	1085	42	1008
2005	3306	5938	208	877	58	1739
2006	2945	4746	237	1072	39	744

表 1-1 (续)

年份	事故起数/起	死亡人数/人	较大事故		重大事故及以上	
			起数/起	人数/人	起数/起	人数/人
2007	2421	3786	179	815	28	573
2008	1954	3215	118	535	38	845
2009	1616	2631	106	475	20	509
2010	1403	2433	110	517	24	532
2011	1201	1973	85	412	21	350
2012	779	1384	71	351	16	273
2013	608	1086	48	232	16	256
2014	520	946	48	199	14	229
2015	352	598	35	157	5	85
2016	249	526	22	95	11	194
2017	226	383	26	104	6	69
2018	224	333	17	69	2	34
2019	170	316	22	105	3	52
合计	25758	42755	1865	8357	394	8553
2019 年与 2003 年相比	-3973	-6118	-264	-1152	-48	-1009
	-95.90%	-95.09%	-92.31%	-91.65%	-94.12%	-95.10%

由表 1-1 可以看出，2003—2019 年，事故总量逐年下降。煤矿事故起数和死亡人数，从 2003 年的 4143 起、6434 人下降到 2019 年的 170 起、316 人，分别下降 95.90%、95.09%；较大事故起数和死亡人数，从 2003 年的 286 起、1257 人下降到 2019 年的 22 起、105 人，分别下降 92.31%、91.65%；重大及以上事故起数和死亡人数，从 2003 年的 51 起、1061 人，下降到 2019 年的 3 起、52 人，分别下降 94.12%、95.10%；百万吨死亡率从 2003 年的 3.724 下降到 2019 年的 0.083。具体统计结果如图 1-3、图 1-4 所示。

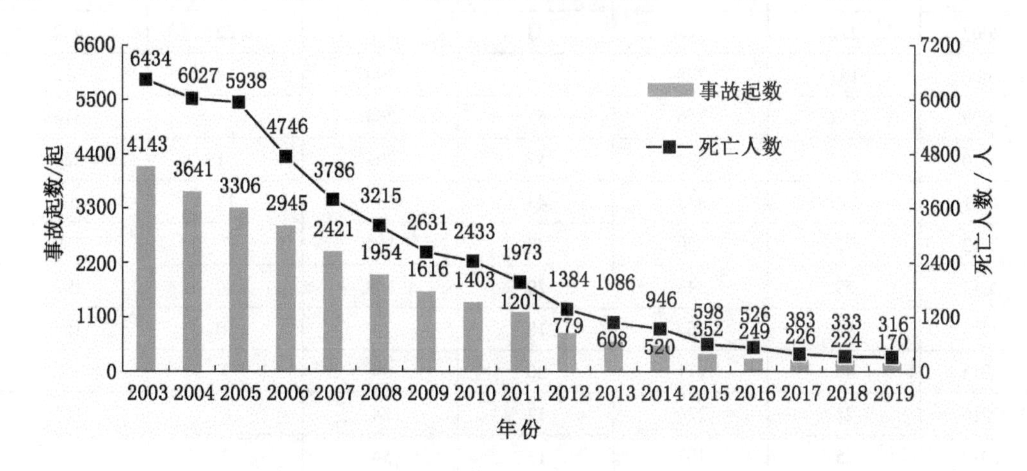

图 1-3 2003—2019 年全国煤矿事故起数与死亡人数

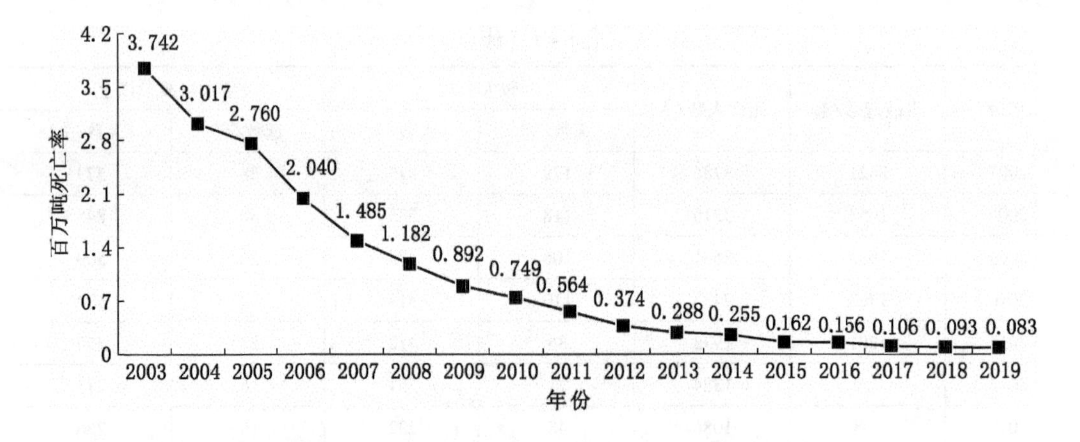

图 1-4 2003—2019 年全国煤矿百万吨死亡率

1.4.2 煤矿瓦斯事故分布特征

1. 总体情况

2003—2019 年我国共发生瓦斯事故 3011 起，死亡 12925 人，分别占煤矿事故总起数的 11.69%、总人数的 30.23%。瓦斯事故起数和死亡人数，从 2003 年的 584 起、2118 人，下降到 2019 年的 27 起、118 人，分别下降 95.38%、94.43%。具体数据见表 1-2、图 1-5。

表 1-2 2003—2019 年全国瓦斯事故统计

年份	瓦斯事故起数/起	死亡人数/人	较大瓦斯事故		重大及以上瓦斯事故	
			事故起数/起	死亡人数/人	事故起数/起	死亡人数/人
2003	584	2118	173	785	33	766
2004	492	1900	134	596	32	867
2005	414	2171	115	505	41	1331
2006	327	1319	126	591	26	490
2007	272	1084	83	413	22	460
2008	182	778	63	290	18	352
2009	157	755	57	260	11	374
2010	145	623	57	299	11	220
2011	119	533	43	233	12	207
2012	72	350	29	144	7	159
2013	59	348	20	119	10	192
2014	47	266	18	74	10	162
2015	45	171	20	94	3	42
2016	26	226	12	54	8	161
2017	25	103	13	54	3	32
2018	18	62	8	36	1	13

表 1-2（续）

年份	瓦斯事故起数/起	死亡人数/人	较大瓦斯事故		重大及以上瓦斯事故	
			事故起数/起	死亡人数/人	事故起数/起	死亡人数/人
2019	27	118	11	47	3	52
合计	3011	12925	982	4594	251	5880

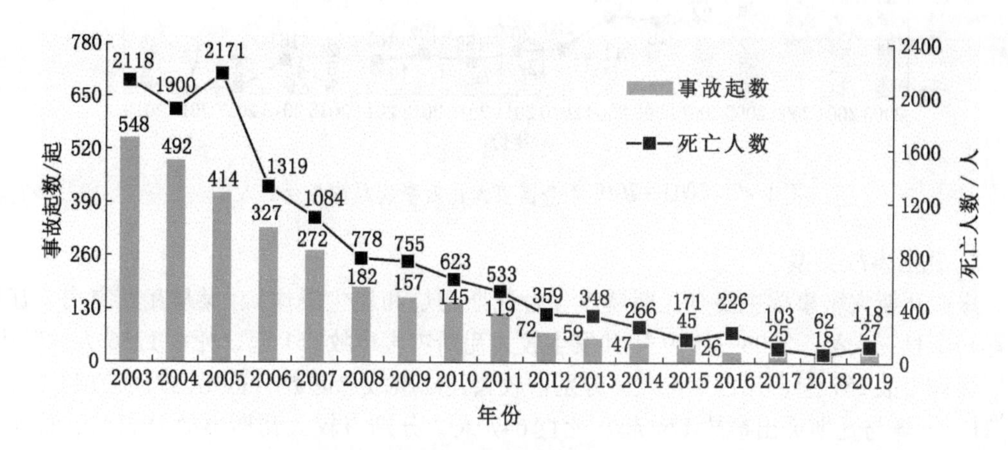

图 1-5 2003—2019 年全国煤矿瓦斯事故起数与死亡人数

2003—2019 年我国共发生较大瓦斯事故 982 起、死亡 4594 人，分别占较大煤矿事故起数、死亡人数的 52.65%、54.97%；2003—2019 年发生重大及以上瓦斯事故 251 起、死亡 5880 人，分别占重大及以上煤矿事故起数、死亡人数的 63.71%、68.75%。具体数据如图 1-6、图 1-7 所示。2003—2006 年，煤矿瓦斯事故死亡人数占煤矿全部死亡人数的 32.4%，重特大瓦斯事故死亡人数占全部重特大事故死亡人数的 75.9%；2016—2019 年，煤矿瓦斯事故死亡人数占煤矿全部死亡人数的 32.3%，重特大瓦斯事故死亡人数占全部重特大事故死亡人数的 73.9%。较大瓦斯事故起数和死亡人数，从 2003 年的 173 起、785 人，下降到 2019 年的 11 起、47 人，分别下降 93.64%、94.01%；重大及以上瓦斯事故起数和死亡人数，从 2003 年的 33 起、766 人，下降到 2019 年的 3 起、52 人，分别下降 90.91%、93.21%。

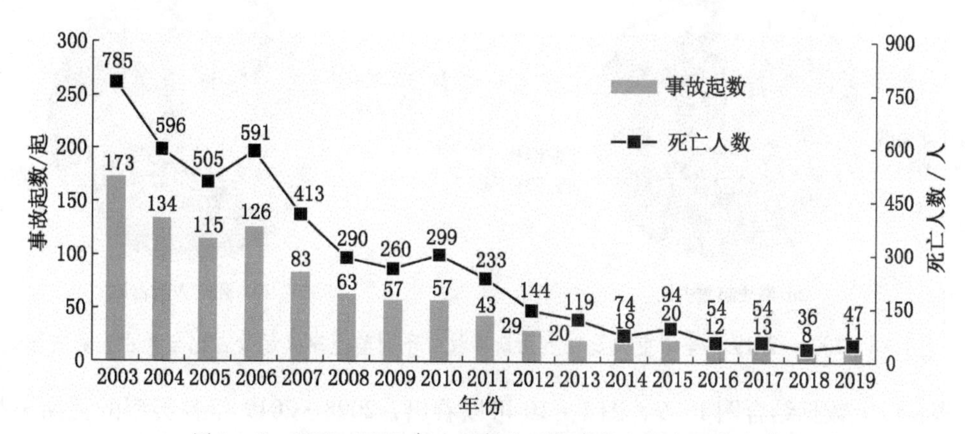

图 1-6 2003—2019 年全国较大瓦斯事故起数与死亡人数

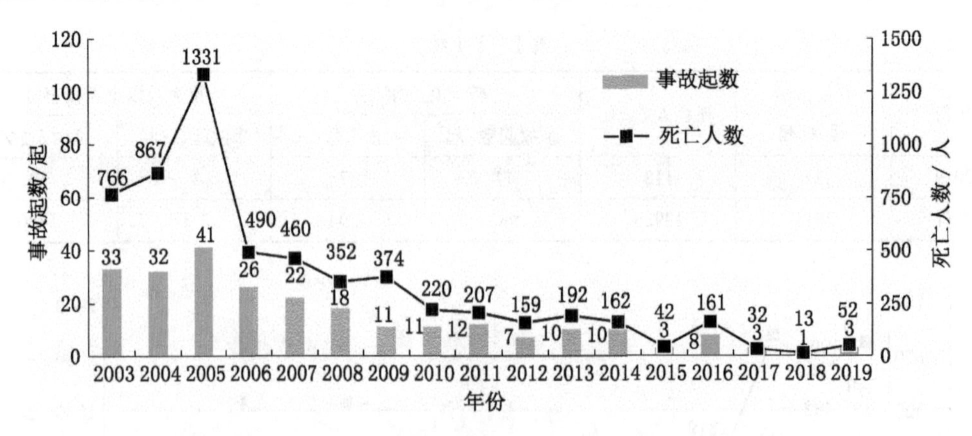

图 1－7　2003—2019 年全国重大瓦斯事故起数与死亡人数

2. 瓦斯事故类型

煤矿瓦斯灾害事故主要有瓦斯爆炸（含瓦斯燃烧和煤尘爆炸）、煤与瓦斯突出、瓦斯中毒与窒息三大类。2008—2019 年共发生较大瓦斯灾害事故 351 起、死亡 1736 人。其中，瓦斯爆炸事故 157 起、死亡 818 人，分别占较大瓦斯事故总起数、总死亡人数的 44.73%、47.21%；煤与瓦斯突出事故 126 起、死亡 647 人，分别占较大瓦斯事故总起数、总死亡人数的 35.90%、37.27%；瓦斯中毒与窒息事故 68 起、死亡 271 人，分别占较大瓦斯事故总起数、总死亡人数的 19.37%、15.61%。瓦斯事故是较大煤矿事故的主要类型，瓦斯爆炸、突出事故是瓦斯事故的主要类型，发生次数、死亡人数分别占瓦斯事故的第一位、第二位。

2008—2019 年 97 起重大及以上瓦斯事故中，瓦斯爆炸事故 54 起、死亡 1208 人，分别占重大及以上瓦斯事故总起数、总死亡人数的 55.67%、61.44%；发生煤与瓦斯突出事故 35 起、死亡 621 人，分别占重大及以上瓦斯事故总起数、总死亡人数的 36.08%、31.59%；发生瓦斯中毒与窒息事故 3 起、死亡 51 人，分别占重大及以上瓦斯事故总起数和总死亡人数的 3.09%、2.59%。具体情况如图 1－8 所示。

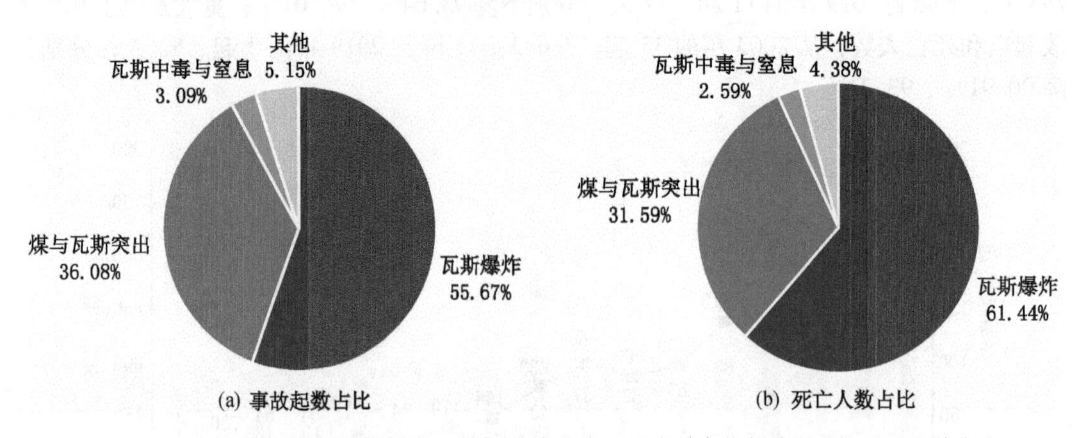

图 1－8　2008—2019 年全国重大及以上瓦斯事故中不同类型事故起数占比与死亡人数占比

根据以上数据结合图 1－9、图 1－10 可以看出，2008—2019 年各类型的瓦斯事故逐年变化会有波动，但整体呈大幅下降趋势。

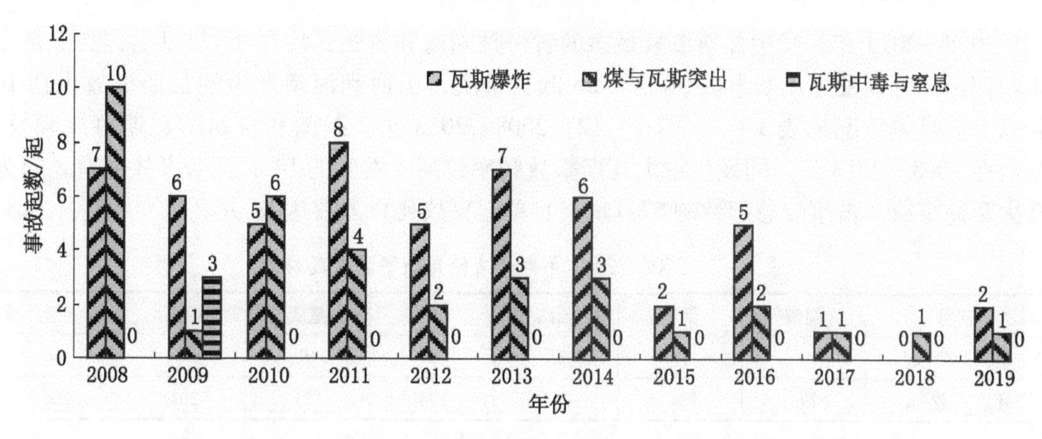

图 1-9 2008—2019 年全国重大及以上瓦斯事故中不同类型事故起数

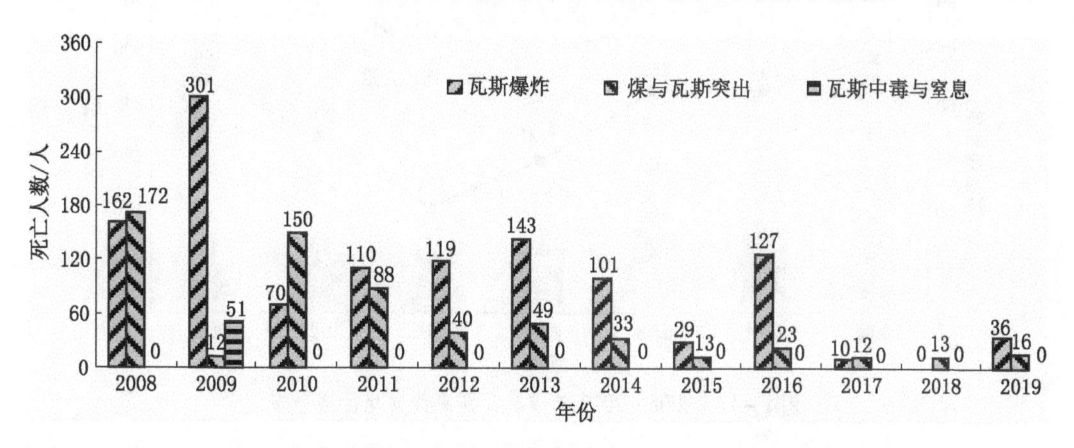

图 1-10 2008—2019 年全国重大及以上瓦斯事故中不同类型事故死亡人数

3. 瓦斯事故发生区域

2008—2019 年，贵州、云南、四川、重庆、湖南、河南、山西 7 省（市）瓦斯事故最为严重，具体情况如图 1-11 所示。瓦斯事故发生起数前 5 位的省（市）是湖南、贵州、云南、四川、重庆，事故总数占全国事故总数的 50% 以上，瓦斯事故死亡人数前 5 位的省份是贵州、湖南、云南、山西、四川，死亡人数占全国总死亡人数的 50% 以上。

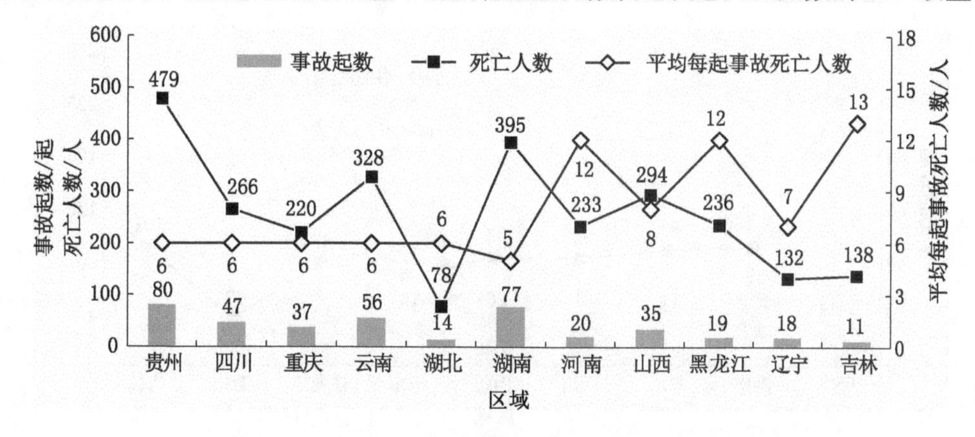

图 1-11 2008—2019 年煤矿瓦斯事故发生区域分布

2008—2013 年，发生瓦斯事故最多的省份是湖南和贵州，均在 45 起以上；其次是云南和四川，分别发生瓦斯事故 38 起、26 起；重庆、山西和河南发生的瓦斯事故也在 10 起以上。具体情况见表 1-3、图 1-12。2008—2013 年，湖南和贵州的瓦斯事故频发。河南在 2008—2013 年期间发生重大瓦斯事故频率较高，发生的 14 起瓦斯事故中有 8 起为特大瓦斯事故，占事故总起数的 57.1%，且单起事故死亡人数达 19 人。

表 1-3 2008—2013 年部分省份瓦斯事故情况统计

省份	湖南	贵州	云南	四川	重庆	山西	河南
事故起数/起	48	47	38	26	19	15	14
死亡人数/人	293	254	253	174	121	201	266

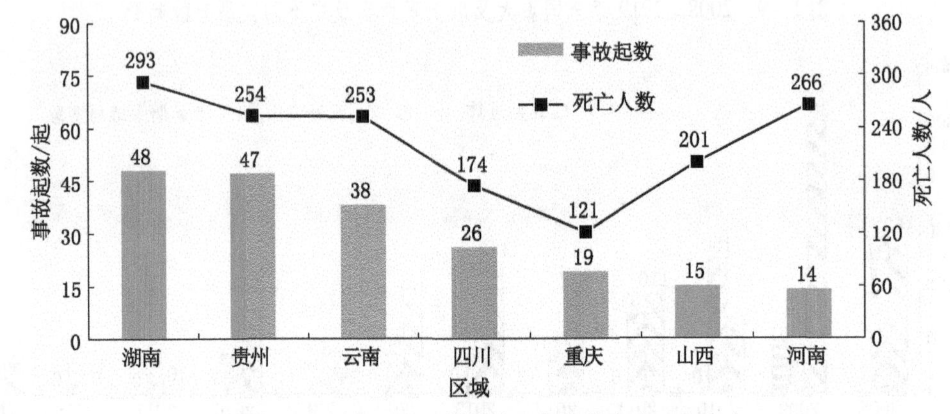

图 1-12 2008—2013 年煤矿瓦斯事故发生区域分布

2014—2019 年，各省份瓦斯事故发生起数、死亡人数均明显下降，安全状况持续好转。具体情况见表 1-4、图 1-13。

表 1-4 2014—2019 年部分省份瓦斯事故发生情况统计

省份	贵州	湖南	重庆	四川	山西	云南	黑龙江	湖北	吉林
事故起数/起	33	29	18	21	20	18	13	12	10
死亡人数/人	225	102	99	92	93	77	87	40	102

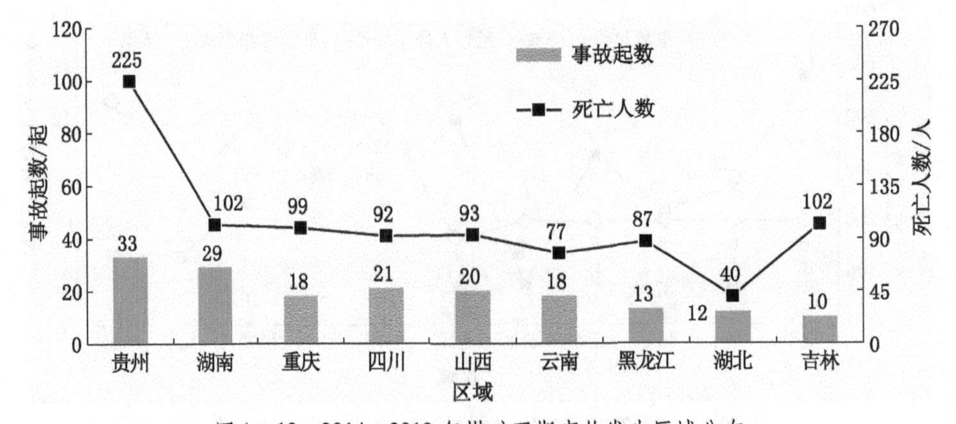

图 1-13 2014—2019 年煤矿瓦斯事故发生区域分布

9省份均发生瓦斯事故10起以上，瓦斯事故发生起数最多的省份为贵州、湖南，分别发生33起、29起；其次是重庆、山西、四川，分别发生18起、20起、21起，最后依次为黑龙江、云南、湖北；死亡人数100人以上的省份有贵州、吉林、湖南，死亡人数50～100人之间的有5个，分别是重庆99人、黑龙江87人、四川92人、山西93人、云南77人。

2008年以来，仅川南黔北黔西高瓦斯区、赣湘粤桂东高瓦斯区、龙门山大巴山高瓦斯区、山西低瓦斯区中的高瓦斯带、滇中川西南低瓦斯区中的高瓦斯带5个区域的瓦斯事故发生起数、死亡人数所占比例均超过50%。

4. 瓦斯事故煤矿属性

我国煤矿按性质,可分为国有重点煤矿、国有地方煤矿和乡镇煤矿,2012—2019年全国瓦斯事故在不同性质煤矿企业的发生情况见表1-5,具体情况如图1-14、图1-15所示。

表1-5　2012—2019年全国不同性质煤矿较大及以上瓦斯事故统计

煤矿企业性质	事故起数/起	事故比例/%	死亡人数/人	死亡比例/%	每起事故死亡人数/人
乡镇煤矿	119	69.19	1066	71.21	8.96
国有地方煤矿	12	6.98	87	5.81	7.26
国有重点煤矿	41	23.83	344	22.98	8.39

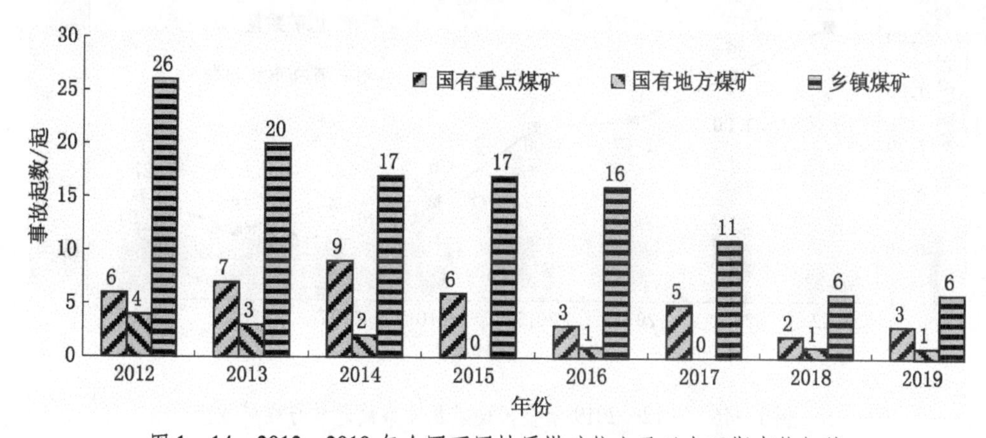

图1-14　2012—2019年全国不同性质煤矿较大及以上瓦斯事故起数

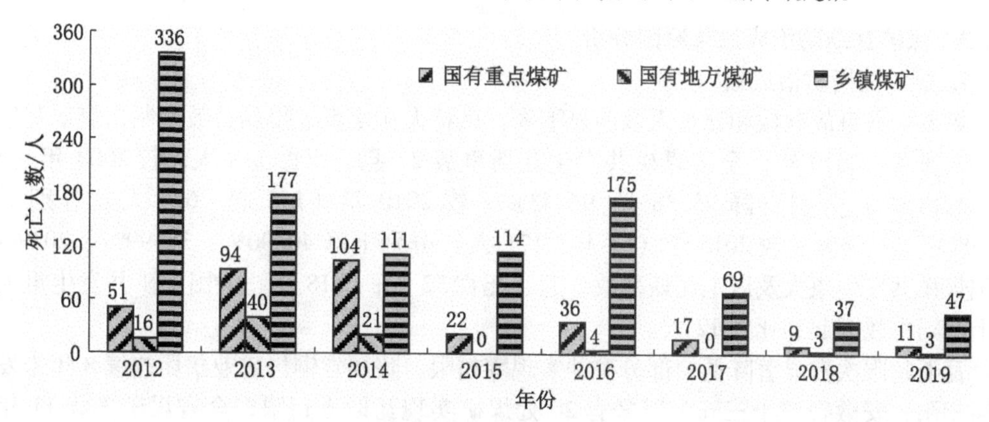

图1-15　2012—2019年全国不同性质煤矿较大及以上瓦斯事故死亡人数

乡镇煤矿是煤矿瓦斯事故重灾区，2012—2019 年较大及以上瓦斯事故起数、死亡人数所占比例均最高，分别达到 69.19%、71.21%。国有地方煤矿瓦斯事故发生起数最少，较大及以上瓦斯事故起数、死亡人数分别为 12 起、87 人，分别占瓦斯事故总起数、死亡总人数的 6.98%、5.81%。国有重点煤矿发生较大及以上瓦斯事故 41 起、死亡人数 344 人，分别占瓦斯事故总起数、死亡总人数的 23.83%、22.98%。国有地方煤矿和国有重点煤矿瓦斯事故发生起数相对乡镇煤矿较少，但每起事故的死亡人数不少、伤亡程度不低，同样需要引起重视和加强防范。

5. 瓦斯事故与矿井数量关系

随着我国煤炭行业产业结构的不断调整优化，淘汰落后产能和化解过剩产能工作取得实效，企业兼并重组和整合技改工作有序推进，全国煤矿数量从 2004 年的 2.8 万处减少到 2019 年的 5300 处左右。煤炭产区由多、小、散、乱转变为大基地、大集团、大煤矿，成为全国煤炭生产主体，产业集中度提高，落后产能逐步淘汰，优质产能比重显著提高。尤其是关停淘汰了一批灾害严重、不具备安全生产条件、技术装备落后、瓦斯灾害防治能力差、事故多发的小煤矿，对全国煤矿事故的减少起到了重要作用。其中，煤矿瓦斯事故起数从 2012 年的 72 起大幅度降低到 2019 年的 27 起，如图 1-16 所示。

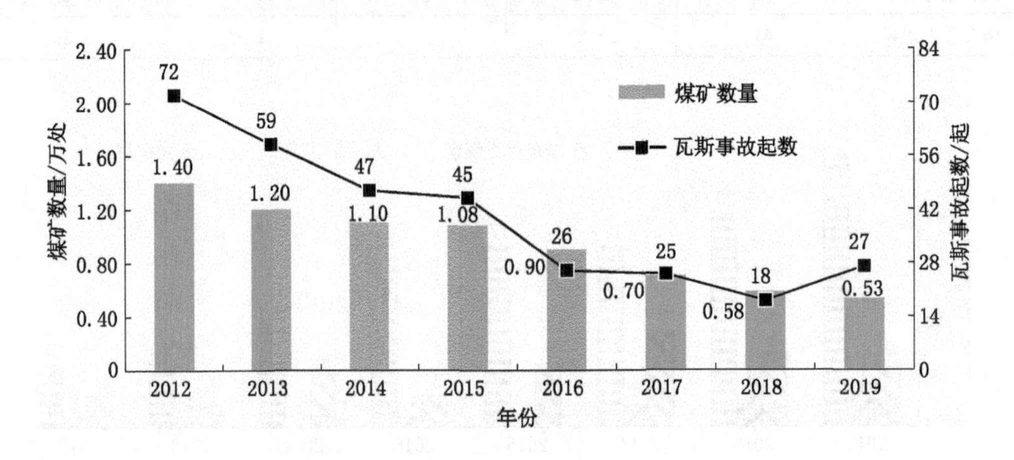

图 1-16 2012—2019 年全国煤矿瓦斯事故起数与煤矿数量

1.4.3 煤矿瓦斯防治成效及原因分析

1. 煤矿瓦斯防治成效

煤矿瓦斯事故起数和死亡人数明显下降，重特大瓦斯事故得到有效遏制，煤矿瓦斯防治成效显著。2019 年，全国煤矿共发生瓦斯事故 27 起、死亡 118 人，较 2003 年（584 起、2118 人）分别下降 95.38%、94.43%，较 2010 年（145 起、623 人）分别下降 81.38%、81.06%，较 2015 年（45 起、171 人）分别下降 40.00%、30.99%。2019 年，全国煤矿共发生重大及以上瓦斯事故 3 起、死亡 52 人；2018 年，全国煤矿共发生重大及以上瓦斯事故 1 起、死亡 12 人。

瓦斯超限次数显著降低，部分矿井实现零超限。陕西省铜川矿业集团连续 8 年未发生瓦斯超限；安徽省“十三五”以来有 20 处煤矿实现瓦斯零超限，全省煤矿连续 11 年未发生煤与瓦斯突出事故；黑龙江省龙煤集团瓦斯超限次数由 2016 年 140 次下降到 2018 年的29次；华晋焦煤沙曲矿瓦斯超限次数由2010年85次下降到2017年的1次。

煤矿百万吨死亡率明显下降，安全形势明显好转。2003—2019年，全国煤矿事故总量、较大事故、重特大事故起数和死亡人数分别下降95.90%、92.31%、94.12%、95.09%，百万吨死亡率由3.724降至0.083，实现5个指标全部大幅度下降。

2. 煤矿瓦斯防治成效原因分析

近年来，各地区、各有关部门和煤矿企业认真贯彻落实煤矿瓦斯防治各项政策措施，全国煤矿瓦斯防治取得明显成效，主要得益于科技创新支撑、标准规范完善、治理理念提升、资金投入保障、生产方式转变、监管监察有力等方面。

1）科技创新支撑

煤炭科技创新体系逐步完善，资源开发、重大灾害防治、清洁利用与高效转化等基础理论研究及关键技术攻关取得重大进展，煤炭生产方式由粗放型向集约高效现代化方向转变，机械化、自动化、信息化、智能化水平提升，科研投入不断加大。

近年来，煤炭行业通过国家"973"计划、"863"计划、国家自然科学基金项目、科技支撑计划等项目的开展，取得了"煤炭资源安全开采的关键理论问题研究""矿山重大瓦斯煤尘爆炸预防与监控技术""瓦斯突出区域预测瓦斯地质方法示范及配套技术""矿井深部开采安全保障技术及装备开发""煤矿全矿井安全生产数字化监测监控及重大灾害预警系统的研究"等一大批重要的理论、技术研究成果。

国家能源局于2018年发布40项煤矿瓦斯治理示范矿井先进适用技术（第一批），原国家安全生产监督管理总局、国家煤矿安全监察局先后于2016年、2018年发布两批先进适用技术装备推广目录，各煤矿企业积极推广应用。煤与瓦斯共采得到广泛应用，地面钻井预抽、卸压瓦斯抽采、采空区瓦斯抽采等技术趋于成熟，千米钻机定向钻进普遍使用，水力压裂与割缝增透技术、装备取得突破，为煤炭行业安全高效发展、矿井瓦斯灾害有效防治提供有力的技术支撑。山西晋煤集团采用垂直井、丛式井、穿采空区井等多种井型，实施地面钻井瓦斯预抽，抽采煤层吨煤瓦斯含量每年下降1~2 m^3；安徽淮北矿业集团应用地面水平分段压裂井、地面L型定向钻井等抽采技术，着力解决低透气性松软煤层预抽效率低的难题；河南推广应用突出煤层穿层钻孔钻扩一体化增透技术，最大化预抽煤层瓦斯；河南能源化工集团将常规履带式钻机改造为小型定向钻机，有效杜绝瓦斯抽采"空白带"；辽宁推广应用低透气性煤层深孔松动爆破、井下定向孔脉动水力压裂增透等技术；淮南矿业集团采用水力化增透、全程下套管等措施，推广"两堵一注"带压封孔技术，单孔瓦斯抽采浓度可稳定在40%以上。

2）标准规范完善

煤炭行业法律法规、标准体系逐步完善，涵盖了煤矿生产、建设、机械制造、安全、综合利用等方面，为煤炭行业安全生产提供了制度保障。结合现阶段煤矿瓦斯地质条件、开拓开采水平及相关技术、装备水平在瓦斯灾害防治领域相继制订或修订了《煤矿瓦斯抽采基本指标》（2006年12月1日起执行）、《防治煤与瓦斯突出规定》（2009年8月1日起施行）、《煤矿瓦斯等级鉴定暂行办法》（2012年3月1日起施行）、《煤矿瓦斯抽采达标暂行规定》（2012年3月1日起施行）、《煤矿重大生产安全事故隐患判定标准》（2015年12月3日起施行）、《煤矿安全规程》（2016年10月1日起实施）、《煤矿瓦斯等级鉴定办法》（2018年4月27日起施行）、《防范煤矿采掘接续紧张暂行办法》（2018年

11 月 1 日起施行）、《防治煤与瓦斯突出细则》（2019 年 10 月 1 日起实施）等 30 余项瓦斯灾害防治标准、规章，对瓦斯灾害防治提出了更高标准和更严要求，对遏止突出事故、减少人员伤亡起到了非常重要的作用。

同时，各地方省（区、市）也积极出台了单项规章制度，强化瓦斯治理措施落实。河南省政府出台了瓦斯灾害防治三个“十条”硬性规定及“三十二条新措施”，强化区域治理措施的落实，加强地质保障、规范瓦斯参数测定、突出矿井认定以及井巷揭煤等工作，划定瓦斯治理红线；豫政办〔2014〕126 号要求，突出煤层瓦斯压力 $P\geqslant 0.6$ MPa 或含量 $W\geqslant 6\ m^3/t$，必须开采保护层、采取穿层钻孔预抽，严禁采用顺层钻孔预抽煤巷条带煤层瓦斯。贵州省出台了《进一步加强煤与瓦斯突出防治工作的意见》，实施开拓煤量、准备煤量、安全煤量（抽采达标煤量）、回采煤量“四量”平衡措施，要求煤层群开采的煤矿必须采取开采保护层区域防突措施，通过视频监控，防范钻孔不到位和区域防突措施不落实等问题。江西省制定了《防治煤与瓦斯突出工作若干规定》，提高防突标准，严禁在煤层瓦斯压力超过 0.7 MPa 或瓦斯含量超过 $7\ m^3/t$ 的区域进行采掘作业。云南省出台了《瓦斯综合治理暂定办法》和《瓦斯抽采达标评判细则》，规范了区域防突措施，细化瓦斯抽采评判标准。

3）治理理念提升

安全发展理念不断深入，社会公众对煤矿事故容忍度越来越低，安全责任体系完善，企业管理水平得到提升。近年来，国家高度重视煤炭行业的人才培养，不断加大对煤炭院校和涉煤专业的支持力度，建立了较科学的高等教育、学历教育、专业学习、岗位培训和技能人才培养体系，职工素质的提升也有效推动了煤炭企业自身管理水平的提升，煤矿安全生产标准化建设成效显著。

各地区、各有关部门和广大煤矿企业不断创新瓦斯防治理念与思路，对瓦斯区域治理和零超限目标管理等工作达成共识。安徽省提出“今天的保护层就是明天的安全和产量”，淮南矿业集团提出“地质不过关、瓦斯治本难”“只有打不到位的钻孔、没有治不了的瓦斯”“通风是基础、抽采是重点、防突是关键、监控是保障”；山西省阳煤集团提出“一个钻孔就是一项工程”；山东兖矿集团提出“治理瓦斯是解放生产力，治理好瓦斯是发展生产力”；陕西省陕煤化集团提出“隐瞒瓦斯超限就是犯罪”；贵州省邦达能源公司提出“瓦斯先抽是资源、不抽是灾源”；2019 年在全国煤矿瓦斯防治工作视频会议上，国家煤矿安全监察局提出了“强化瓦斯零超限、煤层零突出目标管理”。这些瓦斯可防可治的理念越来越坚定，更加深入人心，引领了瓦斯防治工作不断进步。

一些地区和企业制定了煤矿瓦斯防治专项规划，坚持先抽后建、先抽后掘、先抽后采、抽采达标，从设计源头，优化生产布局和煤层群开采顺序，制定区域性治理措施；从生产过程，落实“一矿一策、一面一策”瓦斯治理规划和计划；从施工作业环节，强化打钻、抽采、检验和评价等过程管控。安徽省按照“精排 1 年、细排 3 年、规划 5 年”的原则，制定瓦斯防治规划，划定瓦斯防治“红线”；四川省编制煤矿瓦斯防治“十三五”规划；山西省构建煤炭规划区、准备区和生产区“三区联动”全方位瓦斯抽采体系，截至 2019 年，运行钻井 1.5 万余口，2018 年、2019 年地面煤层气产量分别为 56.57 亿 m^3、71.4 亿 m^3；陕西煤化集团制定《矿井根治瓦斯规划》《瓦斯零超限矿井考核办法》，建立瓦斯立体式治理模式，严格目标考核，实行重奖重罚。

4）资金投入保障

自2005年起，连续多年安排中央预算内资金，引导、带动企业和地方政府资金上千亿元，用于瓦斯灾害防治、技术改造和示范矿井建设，提高了矿井瓦斯灾害防治和煤矿瓦斯综合利用能力，包括通风系统、瓦斯抽采利用系统、瓦斯灾害防治及防突系统、矿井安全监测监控系统、安全避险系统等方面，取得一批可借鉴、可复制、可推广的关键技术成果、典型经验和好的做法，起到了十分重要的示范效应。

集中出台了煤炭生产安全费用提取、煤层气（煤矿瓦斯）开发利用补贴、煤层气（煤矿瓦斯）价格管理、煤层气（煤矿瓦斯）勘探开发项目进口物资免税，并取消项目核准手续等，鼓励煤层气（煤矿瓦斯）抽采税费优惠、煤层气（煤矿瓦斯）发电上网电价补贴、煤层气（煤矿瓦斯）开采对外合作和煤矿瓦斯关键技术研究等一批扶持政策措施，在地方政府和企业中发挥了积极的带动效应和保障作用。

近年来，国家和地方政府陆续出台了瓦斯利用和治理方面的政策措施。2016年将瓦斯抽采利用中央财政补贴标准由0.2元/m^3提高至0.3元/m^3。山西、贵州在中央财政补贴0.3元/m^3的基础上省财政又增补了0.1元/m^3。河南鼓励区域治理，出台了软岩和煤线作为保护层开采特殊政策。贵州出台了《关于支持加大煤矿安全生产投入的若干政策措施》，对具有突出煤层、按突出煤层管理的煤矿，将厚度1.3 m以下的煤层作为保护层开采，政府每平方米奖补20元；对采用“三区联采”等方式地面抽采煤层瓦斯，抽采达标后政府每平方千米奖补200万元。这些政策的制定和实施，提高了煤矿企业瓦斯抽采和利用的积极性。

5）生产方式转变

煤矿机械化开采、集约化生产方式转变，提高了本质安全水平，促进了矿井瓦斯灾害防治技术与装备的提升。大型煤炭企业采煤机械化程度由新中国成立初期的0.73%提高到2018年的97.9%，掘进机械化程度由1.99%提高到56.3%；全国煤矿人均生产效率由1949年的100 t左右提高到目前的1000 t/a，增长了9倍，部分煤矿人均效率达到2万t/a；截至2019年，已建成275个智能化采煤工作面。

依托5G、工业互联网技术，我国煤矿正在向技术人才密集、全面自动化、无人开采的智能化开采方向转型升级，煤炭生产方式正在由粗放型向集约高效方向转变。煤炭产业按照科学布局、集约开发、安全生产、高效利用、保护环境的发展方针，坚持发展先进生产力与淘汰落后产能相结合，促进产业结构调整，全国煤矿数量大幅度减少，平均单井规模大幅度提升，大型煤炭基地成为煤炭供应主体，千万吨级特大型现代化煤矿不断增加，产业集中度显著提升。

6）监管监察有力

按照“坚持属地监管与分级监管相结合、以属地监管为主”的原则，强化企业安全生产属地管理，落实分级属地瓦斯灾害防治监管责任。煤矿安全监管监察机制逐步完善，力度进一步加大，各级煤矿安全监管监察部门聚焦重点，聚焦瓦斯灾害防治，聚焦责任落实，采取组织专家会诊、体检、巡查等多种方式，不断提升监管监察效能。

2 煤矿瓦斯防治技术现状及发展趋势

煤矿瓦斯防治的主要目的是防止煤与瓦斯突出（以下简称“突出”）、消除瓦斯积聚、杜绝瓦斯煤尘爆炸，达到安全高效生产的目标。目前，我国煤矿瓦斯防治已进入区域性抽采为主的综合治理阶段，形成了区域防突措施先行、局部防突措施补充的两个“四位一体”综合防突技术体系，形成了“通风可靠、抽采达标、监控有效、管理到位”的瓦斯综合治理工作体系，矿井瓦斯超限次数显著下降、瓦斯抽采量大幅度提高，煤矿瓦斯事故起数、死亡人数大幅度下降。

为贯彻落实习近平总书记关于安全生产重要论述，达到降低瓦斯事故总量和遏制重特大瓦斯事故的目的，实现至2035年安全、高效、绿色的煤炭开采目标，需牢固树立煤层“零突出”、瓦斯“零超限”理念，充分依靠政府引导、市场调节功能，增强煤矿企业主体作用，调动各方力量，加大科技创新，充分提高瓦斯防治技术与装备水平，为煤矿安全生产形势持续好转提供支撑。

我国煤矿瓦斯灾害治理技术与装备取得较大进步，抽采时空关系发生巨大改变，目前抽采主要向地面化方向发展；为适应煤矿开采深度增加和开采强度增大的实际，突出防治措施由局部小范围过渡到区域与局部并重，并逐步向全面区域化方向发展。

本章重点介绍了我国煤矿瓦斯防治技术发展沿革、防治技术现状与发展趋势等方面的内容。

2.1 瓦斯防治技术发展沿革

煤层中瓦斯（煤层气）既是煤矿安全生产的主要危险源之一，其生产过程中排放到大气中将产生强烈的温室效应；同时，也是一种清洁能源。煤矿瓦斯最主要的致灾形式是瓦斯爆炸、煤与瓦斯突出。在煤矿瓦斯灾害防治中瓦斯抽采是煤矿治理瓦斯灾害的根本性措施，是实现矿井安全生产的重要保证。

2.1.1 瓦斯抽采技术

我国煤矿瓦斯抽采技术，从新中国成立初期的一种配合矿井通风防止瓦斯积聚、降低风流中瓦斯浓度的辅助手段，逐步发展成为降低煤层瓦斯含量、减少矿井采掘工作面瓦斯涌出、防治煤与瓦斯突出的重要手段，已成为当前瓦斯灾害治理的核心。

全国煤矿瓦斯抽采量由20世纪60年代每年1亿多立方米，到90年代末达到近8亿 m^3，抽采矿井数量和抽采量逐年稳步增加。进入21世纪以来，煤矿瓦斯抽采在保障安全生产、资源利用和保护大气环境等多方面的综合效益凸显，我国在瓦斯抽采技术、装备、方法等方面都得到迅速发展，瓦斯抽采量大幅度上升，成为世界上抽采瓦斯矿井数量和井下抽采瓦斯总量最多的国家。2018年全国煤矿抽采瓦斯总量183.6亿 m^3（其中地面煤层气产量54.6亿 m^3、煤矿井下瓦斯抽采量129亿 m^3），进行瓦斯抽采的矿井达到2000余处。

总体来说，我国煤矿瓦斯抽采技术发展大致可以分为4个阶段。

1. 摸索阶段

20世纪50—80年代，瓦斯抽采意识淡薄，侧重于瓦斯管理，以风排瓦斯为主。科研院校和煤矿企业开始着手研究瓦斯灾害，特别是煤与瓦斯突出规律，引进、消化和吸收国外瓦斯灾害防治技术和经验，研究适合中国煤矿企业特点的煤与瓦斯突出预测方法和突出防治工程技术。

新中国成立初期,抚顺矿区首先在高透气性特厚煤层中采用井下钻孔预抽煤层瓦斯技术获得了成功,解决了抚顺矿区向深部延深治理瓦斯的关键安全技术难题;20世纪50年代中期,采用穿层钻孔、顶板瓦斯抽采巷(高抽巷)抽采上覆邻近层卸压瓦斯技术在阳泉矿区首先获得成功,解决了煤层群开采中首采工作面瓦斯涌出量大的难题;自20世纪60年代起,在北票、天府、中梁山、焦作、淮南、松藻、南桐、红卫等矿区相继开展低透气性煤层地面(井下)水力压裂、水力割缝、松动爆破、大直径(扩孔)钻孔、交叉布孔等多种强化瓦斯抽采技术试验及推广,对提高低透气性煤层抽采效果、降低突出煤层瓦斯压力和消除突出危险性起到了一定效果。

2. 局部抽采阶段

20世纪80—90年代末，为适应综采、综放采煤技术的推广应用，先进的煤矿企业开始试验研究开采煤层采前预抽、卸压邻近层边采边抽及采空区抽采等综合抽采瓦斯技术，并进行了推广应用。特别是网格式穿层钻孔、多种形式的顺层钻孔、顶板走向高位长钻孔及采空区埋管抽采瓦斯技术，在一定程度上解决了高产、高效工作面瓦斯涌出源多、涌出量大的难题。

此阶段瓦斯治理处于通风和抽采并重阶段，侧重于局部治理瓦斯、被动治理瓦斯。在煤与瓦斯突出防治方面主要贯彻落实“四位一体”综合防突措施，以1988年《防治煤与瓦斯突出细则》出版和1995年的修订为代表，重点是煤与瓦斯突出危险性预测方法与预测指标的研究，同时兼顾突出防治工程方法的深化研究。

3. 区域性抽采与局部抽采并重阶段

从21世纪初开始，瓦斯灾害防治手段由局部治理向区域性治理转变。淮南矿业集团在长期瓦斯治理经验总结的基础上，提出了“可保尽保，应抽尽抽”区域性瓦斯治理战略；2005年3月国家发展和改革委员会、原国家安全生产监督管理总局、国家煤矿安全监察局在总结淮南、阳泉、平顶山、松藻等矿区瓦斯治理经验的基础上，编制了《煤矿瓦斯治理经验五十条》，在瓦斯治理的基本思想中明确提出区域性治理与局部治理并重，实施“可保尽保，应抽尽抽”的瓦斯治理战略，并在第三十三条中明确提出：“强制开采保护层，做到可保尽保，并抽采瓦斯，降低瓦斯含量”，在第三十五条中提出：“顶、底板穿层钻孔掩护强突出煤层掘进”。我国重点煤矿企业开始试验研究地面钻井抽采、保护层开采等区域性瓦斯治理措施。实践表明，通过对被保护层卸压瓦斯抽采，煤层瓦斯压力和瓦斯含量大幅度降低，一般情况下煤层瓦斯预抽率可达60%以上，可彻底消除煤层突出危险性，将高瓦斯突出煤层转化为低瓦斯状态下开采，实现被保护层安全高效抽采。2006年国务院办公厅发布的《关于加快煤层气（煤矿瓦斯）抽采利用的若干意见》（国办发〔2006〕47号）中规定必须坚持先抽后采、治理与利用并举的指导方针，改善煤矿安全状况、解放煤矿生产力；2006年12月1日颁布实施的《煤矿瓦斯抽采基本指标》（AQ 1026—2006）规定必须进行瓦斯抽采的矿井、瓦斯抽采应达到的指标、指标的测定及计算方法；2012年颁布实施的《煤矿瓦斯抽采达标暂行规定》中要求煤矿瓦斯抽采应当坚持“应抽尽抽、多措并举、抽掘采平衡”原则，规定应当进行瓦斯抽采的煤层必须先抽采瓦斯，只有当抽采效果达到标准要求后方可安排采掘作业；强制性标准、规定的颁布实施促使煤矿加大抽采力度。

2009年颁布实施的《防治煤与瓦斯突出规定》明确提出区域防突措施包括开采保护层和预抽煤层瓦斯两大类。工作面防突措施是针对经工作面预测尚有突出危险的局部煤层实施的防突措施，有效作用范围一般仅限于当前工作面周围较小区域，工作面防突措施属于局部综合防突措施，是对区域防突措施的补充，增加了防突工作的安全性和可靠性。《防治煤与瓦斯突出规定》的颁布实施标志着我国瓦斯治理全面进入区域防突措施与局部防突措施并重的两个“四位一体”综合防突阶段。

4. 区域性抽采为主的综合治理阶段

2010年以来，在山西晋城、安徽淮南等矿区试验研究了地面钻井与井下钻孔联合抽采瓦斯的技术，通过地面钻井对开采前煤层进行压裂增透排采瓦斯及对采动影响卸压区瓦斯和采空区瓦斯进行抽采。采动影响区地面钻井设计及防损技术取得重要进展，初步形成地面钻井防破坏理论、井位设计、井身结构设计、防损措施及配套装置的成套技术；形成地面钻井和井下钻孔同时抽采瓦斯的井上下立体抽采技术。各种水力化（水力冲孔、水力割缝、水力压裂）技术装备的升级，深孔控制预裂爆破、高压空气爆破致裂、二氧化碳相变致裂等增透技术，“两堵一注”带压封孔技术、煤层钻孔预留筛管技术及高位定向钻孔、顺层定向长钻孔等新技术装备为提高瓦斯抽采效果起到重要推动作用，较好地解决了开采高瓦斯含量煤层预抽时间长、抽采率低的问题，同时也为矿井机械化高效开采提供了安全保障。

2010—2018年国家按区域分布和瓦斯地质类型，支持15个重点采煤省（区、市）84对煤矿开展瓦斯治理示范矿井建设，主要围绕提高矿井瓦斯灾害防治能力，建设内容包括通风系统、瓦斯抽采利用系统、瓦斯防治及防突系统、矿井安全监测监控系统、安全避险系统等方面。煤矿瓦斯治理示范矿井建设带动地方政府和企业加大煤矿安全投入，提高煤矿瓦斯防治和防灾抗灾能力，促进煤矿安全形势稳定好转，起到十分重要的示范效应。在瓦斯治理示范矿井建设的引领下涌现出一批适用于不同地质条件的瓦斯治理成套关键技术，在同类地质条件下具有可复制、可推广的指导作用。

为适应国家新时期的安全政策，2019年10月1日颁布实施《防治煤与瓦斯突出细则》，对先抽后建具体化，提出“按突出矿井设计的矿井建设工程开工前，应当对首采区内评估有突出危险且瓦斯含量大于或等于12 m^3/t 的煤层进行地面井预抽煤层瓦斯，预抽率应当达到30%以上”；同时提出更为严格的要求，如出现喷孔、顶钻或者发生突出区域需重新实施区域防突措施。

2.1.2 煤与瓦斯突出防治技术

我国是世界上突出矿井最多、发生突出事故最频繁的国家。一些科研院所如中煤科工集团重庆研究院及沈阳研究院、中国矿业大学、河南理工大学等长期开展了大量的防治煤与瓦斯突出的探索、试验研究工作。

总体来说，我国煤矿防治煤与瓦斯突出技术发展大致可以分为3个阶段。

1. 初步摸索阶段

新中国成立初期至20世纪80年代，我国煤矿防治煤与瓦斯突出技术主要是在学习国外经验的基础上，试验和应用一些单项或者局部防突措施，如开采保护层、预抽煤层瓦斯、大直径超前钻孔、震动性爆破等。此时，我国煤矿防治煤与瓦斯突出技术的研究和实践尚处于初级摸索阶段，煤矿突出事故频繁发生，突出次数和强度迅速上升，每年突出几百次。

2. 局部“四位一体”综合防治阶段

20世纪80年代后期至21世纪初期，重庆研究院和沈阳研究院在全面总结我国煤矿防治煤与瓦斯突出技术发展特别是突出预测技术和安全防护技术发展的基础上，协助原煤炭工业部于1988年制定了第一部《防治煤与瓦斯突出细则》(于1995年进行了修订)，首次提出了包括采掘工作面突出危险性预测、防突技术措施、防突措施效果检验和安全防护措施等内容的局部“四位一体”综合防突措施体系。这一时期研发了突出危险性区域预测综合指标(D、K)、钻屑瓦斯解吸指标(K_1、Δh_2)、钻孔瓦斯涌出初速度(q)等预测指标，水力冲孔、深孔松动爆破等防突技术，压风自救系统、反向风门等安全防护技术，使我国煤矿整体防治煤与瓦斯突出技术进入一个新阶段，对煤矿减少和遏制突出事故产生显著效果。

3. 两个“四位一体”综合防治阶段

2005年以来，为适应我国煤矿采掘机械化高效生产技术的快速发展，研发了瓦斯含量直接测定技术、电磁波地质异常超前探测技术、顺层长钻孔预抽煤层瓦斯技术、软煤水力压裂增透技术、超高压水力割缝技术等，为煤与瓦斯突出灾害区域防治提供了丰富的技术手段。在此基础上，依托《防治煤与瓦斯突出细则》(1988年版、1995年版)和防突技术工程实践，分别于2009年、2019年制定并颁布了《防治煤与瓦斯突出规定》《防治煤与瓦斯突出细则》，提出了基于合理采掘部署的两个“四位一体”综合防突技术体系，主要包括矿井和煤层突出危险性评估与鉴定、区域突出危险性预测、区域防突措施、区域防突措施效果检验、区域验证、工作面突出危险性预测、工作面防突措施、工作面防突措施效果检验、安全防护措施等，并明确提出了“区域防突措施先行、局部防突措施补充”的原则，对区域防治措施要求更加严格、更加刚性，明确规定瓦斯抽采不达标不得进行采掘作业。

此外，我国科研单位还研究推广了声发射监测、电磁辐射及瓦斯涌出等采掘工作面突出危险性监测技术。尤其是突出综合预警技术与装备的研发和推广，将煤层瓦斯赋存、巷道布置、地质构造、应力分布、预测预报、连续监测、防突措施执行、安全管理等统一纳入预警指标体系，实现综合分析预警，为自动化监测采掘前、生产中、生产后的全过程突出危险综合影响因素的变化并做出隐患预警提供了手段，使突出防治向信息化、自动化、智能化方向迈出一大步。

2.2 瓦斯防治技术现状

经过几十年的研究和实践，我国煤矿瓦斯防治技术与装备得到较大发展，为保障煤矿安全生产发挥了重要作用；建立了“通风可靠、抽采达标、监控有效、管理到位”的瓦斯综合治理工作体系，煤矿瓦斯防治工作取得积极进展；形成了综合瓦斯抽采技术体系，适用于不同开采、地质条件下的多种瓦斯抽采方式和抽采装备在全国主要矿区得到广泛应用，矿井瓦斯抽采量大幅度提高；形成了包括突出危险性预测、防突措施、防突措施效果检验和区域验证(安全防护)在内的两个“四位一体”的煤与瓦斯突出防治综合技术体系，明确了“区域综合防突措施为主、局部防突措施补充”的原则，防突技术与装备在绝大多数突出矿井得到广泛应用。

2.2.1 瓦斯防治技术与装备主要进展

1. 探测技术与装备

（1）在对地质构造的地面探测方面，高分辨率三维地震勘探可以查出1000 m深度以内落差3～5 m以上的断层和直径20 m以上的陷落柱。

（2）在采煤工作面的地质构造探测方面，井下无线电透视技术与设备，探测距离达250 m。

（3）在工作面超前探测方面，瑞利波超前探测技术及装备，超前探测能力可达到50 m；高精度超前探测的探地雷达技术与装备，超前探测距离达30 m；井下地震波超前探测技术与装备，超前探测距离达150 m。

2. 煤与瓦斯突出防治技术与装备

（1）瓦斯含量直接测定技术解决了井下煤层瓦斯含量直接、快速、准确测定的技术难题，特别是在深孔定点取样和损失量补偿模型方面取得了突破，取样孔深达到100 m以上，取样时间小于5 min，测量误差小于7%。

（2）结合注浆、补气的主动快速测压技术，有效解决了直接法现场测定瓦斯压力的技术难题，克服了裂隙、地层承压水等不利因素的影响，可实现3 d内准确测定瓦斯压力。

（3）从客观危险性、防突措施缺陷、安全管理缺陷、灾变辨识4个方面，建立了煤与瓦斯突出预警指标体系和模型，研发了煤与瓦斯突出综合管理和预警平台，实现了多因素全过程综合预警。

3. 瓦斯抽采技术与装备

（1）煤矿井下千米定向瓦斯抽采技术及装备填补了国内空白，钻孔深度达3353 m，创造了世界纪录，在脉冲无线随钻测量、大通孔高强度无缆定向钻具等方面的技术达到国际先进水平。

（2）研制出适合于突出松软煤层的顺层钻孔钻机，在坚固性系数$f\leqslant 0.5$的条件下煤层钻孔深度达到250 m，钻孔深度超过150 m的成孔率达到70%。

（3）研制出松软煤层钻护一体化技术，开发了磁吸翻转式通管钻头和高强度衬管式钻杆，实现了随钻随护和全孔深下筛管，有效降低了钻孔坍塌、变形造成瓦斯抽不出的风险，提高了煤层瓦斯抽采率。

（4）研制出井下500 m以远操作控制的和地面操作控制井下施工的瓦斯抽采远控钻机，在自动上下钻杆技术、远控技术等方面取得了突破，实现了煤矿井下无人化钻孔作业。

（5）在增加煤层透气性技术方面，高压水射流割缝、水射流扩孔和井下水力压裂等取得了新进展。

（6）在瓦斯抽采钻孔密封方面，开发了颗粒封孔技术及装备，有效解决了孔外裂隙场漏气造成瓦斯抽采浓度大幅度下降的难题，单孔平均瓦斯抽采浓度达到45%以上。

（7）形成了集资源评估、井位优选、井型结构优化设计、钻完井适用性控制、采动钻井防护、抽采及监控、集输安全防控等技术于一体的采动区地面井抽采成套技术。

（8）开发了地面L型钻井采空区瓦斯抽采技术，即在煤层顶板裂隙带施工定向L型钻井代替高抽巷，抽采采空区煤层瓦斯。该技术可克服山区不利地貌条件，便于集输管理，减少巷道施工。在寺河矿一试验井瓦斯抽采浓度最高可达96%，纯量最高达31680 m^3/d，总抽采量达300万m^3，抽采效果良好。

2.2.2 瓦斯综合治理工作体系

“通风可靠、抽采达标、监控有效、管理到位”是瓦斯综合治理工作体系，是煤矿瓦斯治理实践经验的概括总结，是对瓦斯治理规律认识的深化，是治理防范瓦斯灾害的基本要求，在瓦斯治理工作中应当自觉遵循、认真贯彻落实。

（1）通风可靠。通风是矿井瓦斯治理的基础，通风可靠必须要做到“系统合理、设施完好、风量充足、风流稳定”。“系统合理”，就是要求矿井和工作面必须具备独立完善的通风系统，采区必须实行分区通风，高瓦斯矿井、突出矿井、自然发火严重矿井的采区等，要设专用回风巷，特别是严禁无风作业、微风作业和串联通风作业。“设施完好”，就是风机、风门、风桥、风筒、密闭等井上下通风设施保持完好无损，通风巷道保证有足够的断面并保证不失修。“风量充足”，就是矿井总风量、采掘工作面和各种供风场所的配风量，必须满足安全生产的要求；风速、有害气体浓度等，必须符合《煤矿安全规程》要求；严禁超通风能力组织生产。“风流稳定”，就是要按规定及时测风、调风，保证采掘工作面及其他供风地点风量、风速持续均衡，局部通风机通风要符合《煤矿安全规程》要求，采用双风机、双电源，能自动切换，保持连续均衡供风。

（2）抽采达标。瓦斯抽采是矿井瓦斯治理重要保证，必须质量和效果达标。抽采达标必须要做到“多措并举、应抽尽抽、抽采平衡、效果达标”。“多措并举”，即地面抽采与地下抽采相结合。因地制宜、因矿制宜，把矿井（采区）投产前的采前抽采、生产过程中的采中抽采和老空区等采后抽采措施有机地结合起来，全面加强瓦斯抽采。“应抽尽抽”，即凡是应当抽采的煤层，都必须进行抽采，把煤层中的瓦斯最大限度地抽采出来，降低煤层的瓦斯含量。“抽采平衡”，就是要求矿井瓦斯抽采能力与采掘布局相协调、相平衡，使采掘生产活动始终在抽采达标的区域内进行。“效果达标”，就是通过抽采，使吨煤瓦斯含量、煤层的瓦斯压力、矿井和工作面的瓦斯抽采率、采煤工作面回采前的瓦斯含量，达到《煤矿瓦斯抽采达标暂行规定》规定的标准。

（3）监控有效。监控有效要做到“装备齐全、数据准确、断电可靠、处置迅速”。“装备齐全”，就是监测监控系统的中心站、分站、传感器等设备要齐全，安装设置要符合规范要求，系统运作不间断、不漏报。“数据准确”，就是瓦斯传感器必须按期调校，其报警值、断电值、复电值要准确，监控中心能适时反映监控场所瓦斯的真实状态。“断电可靠”，就是当瓦斯超限时，能够及时切断工作场所的电源，迫使停止采掘等生产活动。“处置迅速”，就是要制定瓦斯事故应急预案，当瓦斯超限和各类异常现象出现时，能够迅速做出反应，采取正确的应对措施，使事故得到有效控制。

（4）管理到位。管理到位要做到“责任明确、制度完善、执行有力、监督严格”。“责任明确”，就是要把瓦斯治理和安全生产的责任细化分解落实到煤矿各个层级、各个环节和各个岗位。“制度完善”，就是要建立健全瓦斯防治规章制度，把对各个环节、各个岗位的工作要求，全部纳入规范化、制度化轨道，做到有章可循，并根据井下条件的变化和随时出现的新情况、新问题，不断修改、充实、完善规章制度，不断改进和加强瓦斯治理的各项措施，使管理工作常抓常新，科学有效。“执行有力”，就是要加大贯彻执行力度，在抓落实上下功夫；坚持从严要求、一丝不苟，严格执行规章制度，严厉惩处违章指挥、违章作业、违反劳动纪律的行为。落实岗位责任，实现群防群治。“监督严格”，就是要建立强有力的监督机制，加强监督检查。

2.2.3 瓦斯防治技术体系

我国煤矿瓦斯灾害严重，矿井瓦斯地区差异性较大，《煤矿安全规程》《煤矿瓦斯等级鉴定办法》均要求煤矿实行瓦斯分级管理，矿井根据瓦斯等级进行相应管理和投入，确保安全生产。矿井瓦斯等级应当依据实际测定的瓦斯涌出量、瓦斯涌出形式以及实际发生的瓦斯动力现象、实测的突出危险性参数等确定，将矿井瓦斯等级划分为低瓦斯矿井、高瓦斯矿井、煤（岩）与瓦斯（二氧化碳）突出矿井。

在矿井的开拓、生产范围内有突出煤（岩）层的矿井为突出矿井；有下列情形之一的煤（岩）层为突出煤（岩）层：一是发生过煤（岩）与瓦斯（二氧化碳）突出的；二是经鉴定或者认定具有煤（岩）与瓦斯（二氧化碳）突出危险的。

非突出矿井具备下列情形之一的为高瓦斯矿井，否则为低瓦斯矿井：一是矿井相对瓦斯涌出量大于 10 m^3/t；二是矿井绝对瓦斯涌出量大于 40 m^3/min；三是矿井任一掘进工作面绝对瓦斯涌出量大于 3 m^3/min；四是矿井任一采煤工作面绝对瓦斯涌出量大于 5 m^3/min。

瓦斯防治技术领域宽、专业面广，下面重点介绍瓦斯抽采技术体系与煤与瓦斯突出防治技术体系。

2.2.3.1 瓦斯抽采技术体系

随着开采深度的增加和开采强度的增大，瓦斯是煤矿安全生产中的重大危险源，但同时也是一种高效洁净能源和强烈温室效应气体。因此，煤矿瓦斯防治既有消除安全生产中隐患的目的，也有利用高效洁净能源和减少温室气体排放的目的。煤矿瓦斯防治目的重要性排序为：一是减少瓦斯涌出、预防瓦斯超限、降低瓦斯积聚，为矿井通风创造有利条件；二是降低煤层中存储的瓦斯能量、提高煤体强度，防治煤与瓦斯突出；三是开发利用高效洁净的能源；四是降低对环境的污染。

煤矿瓦斯防治体系的根本任务和核心是抽采瓦斯，只有不断提升瓦斯治理的技术和装备水平，健全瓦斯治理的相关法律、法规，强化瓦斯治理工作的管理和监督，才能实现瓦斯抽采达标和抽采最大化，才能真正实现瓦斯“零超限”。瓦斯“零超限”是瓦斯防治各项措施落实的综合体现，没有瓦斯超限就会降低瓦斯事故发生的概率。把瓦斯“零超限”作为核心主线，从制度建设、瓦斯抽采、现场管理、通风能力等方面进行了规定，将瓦斯防治措施落实的过程管理转化为控制瓦斯超限的结果管理，以果控因，倒逼各项防治措施落实。为了保证煤炭资源的安全高效开采，充分利用瓦斯，保护环境，我国政府十分重视煤矿瓦斯治理和瓦斯抽采工作，先后出台了一系列鼓励煤矿抽采和利用的政策和法规，积极开展抽采瓦斯与利用工程，以实现瓦斯安全、经济和环境三重效益。

目前，瓦斯抽采方法分类比较多，一般按照瓦斯涌出来源、抽采时序和抽采工艺分类，见表2－1。

表2－1 矿井瓦斯抽采方法分类

分类方法	抽采方法
瓦斯涌出来源	开采层瓦斯抽采
	邻近层瓦斯抽采
	采空区瓦斯抽采
	围岩瓦斯抽采
时序	采中抽
	采前抽
	采后抽

表2-1（续）

分类方法	抽采方法
工艺方式	钻孔抽采
	巷道抽采
	采空区插（埋）管抽采
	地面钻井抽采

随着综采和综放采煤技术的发展和应用，采区巷道布置方式有了新的改变，采掘推进速度加快、开采强度增大，使工作面绝对瓦斯涌出量大幅度增加，尤其是煤层群开采，矿井瓦斯涌出来源多，涌出量大，需要采用分源综合抽采方法治理瓦斯，确保矿井安全生产。开采突出煤层、瓦斯含量高的煤层和煤层群的矿井，瓦斯灾害严重，需要通过采前抽采、采中抽采和采后抽采的综合抽采方法来实现达标要求。

对于一个矿井、一个工作面而言，需要结合煤层地质、瓦斯赋存、巷道布置以及抽采作用等因素，择优选定几种抽采方法进行有机组合，最大限度地利用时间及空间，缓解抽、掘、采接替矛盾，增加瓦斯抽采量，提高瓦斯抽采率。

综合瓦斯抽采方法，就是把开采层瓦斯采前预抽、邻近层卸压瓦斯抽采及采空区瓦斯抽采等多种方法在一个矿井综合使用，在空间上及时间上为瓦斯抽采创造更多的有利条件；在工艺方式方面，将钻孔抽采与巷道抽采相结合、井下抽采与地面钻孔抽采相结合、常规抽采与强化抽采相结合的综合瓦斯抽采方法。采用综合抽采瓦斯方法可最大限度地利用时间及空间优势增加瓦斯抽采量，提高瓦斯抽采率，为煤矿安全生产提供保障。综合抽采方法在我国各大矿区均得到了推广应用，各矿根据本矿的特点各种抽采方法的组合不尽相同，表2-2列出了常用的瓦斯抽采方式和使用条件，设计中可参考。

表2-2 矿井瓦斯抽采方式和使用条件

抽采分类	抽采方法	抽采方式	使用条件
预抽	开采层大面积抽采	地面钻井抽采	1. 新建突出矿井 2. 煤层瓦斯丰度高，有地面抽采条件 3. 煤层瓦斯含量高，有充裕预抽时间
		穿层钻孔条带抽采	1. 首采层为突出煤层 2. 不宜采用煤巷超前钻孔作为区域防突措施的煤层 3. 有下邻近层卸压瓦斯需要抽采的煤层
		穿层钻孔网格抽采	1. 设有瓦斯抽采岩巷 2. 煤层透气性较好或能采取增透措施的煤层 3. 煤层瓦斯含量高，有充裕预抽时间
		定向长钻孔抽采	1. 厚及中厚稳定煤层 2. 煤层透气性好 3. 成孔容易
		工作面顺层钻孔抽采	1. 煤层顺层钻孔施工容易 2. 煤层透气性好或能采取增透措施的煤层 3. 工作面接替紧张

表2-2（续）

抽采分类	抽采方法	抽采方式	使用条件
预抽	开采层局部抽采	穿层钻孔揭煤区域抽采	1. 有突出危险煤层 2. 预抽井巷（含石门、立井、斜井、平硐）揭煤区域煤层瓦斯
		煤巷超前钻孔抽采	1. 宜采用煤巷超前钻孔作为区域防突措施的煤层 2. 预抽不充分、掘进工作面瓦斯涌出量较大
卸压抽采	邻近层	地面钻井抽采	1. 上邻近层瓦斯涌出量较大 2. 有条件地面抽采 3. 需要代替井下抽采巷道的情况
		瓦斯抽采巷穿层钻孔网格抽采	1. 下邻近层或围岩瓦斯涌出量大 2. 拦截下邻近层煤层卸压瓦斯
		定向长钻孔抽采	1. 需替代瓦斯抽采岩巷 2. 邻近层层位较好、成孔容易
		巷道抽采	1. 上邻近层或围岩瓦斯含量高 2. 上邻近层或围岩向开采层采场瓦斯涌出量大
		穿层钻孔接力抽采	上邻近层或围岩向开采层采场瓦斯涌出量较小
	开采层	工作面顺层钻孔边采边抽	1. 煤层透气性差 2. 预抽不充分、采场瓦斯涌出量较大，易超限
		煤巷边采边抽	1. 煤层透气性好 2. 煤巷掘进瓦斯易超限
采空区、裂隙、溶洞区抽采	现有采空区	地面钻井抽采	1. 邻近层瓦斯涌出量较大 2. 有条件地面抽采
		埋管抽采	1. 瓦斯涌出量较大的回采工作面 2. 上隅角瓦斯容易超限 3. 有低负压抽采系统
		钻孔抽采	1. 邻近层瓦斯涌出量较大的回采工作面 2. 上隅角瓦斯容易超限 3. 有低负压抽采系统
	老采空区	地面钻井抽采	1. 瓦斯涌出量较大的已采区 2. 有条件地面抽采 3. 有低负压抽采系统
		钻孔抽采	1. 瓦斯涌出量较大的已采区 2. 有低负压抽采系统
		密闭插管抽采	1. 瓦斯涌出量较大的已采区 2. 有低负压抽采系统
	围岩裂隙溶洞	裂隙钻孔抽采	存在裂隙、溶洞的围岩瓦斯涌出量较大或有瓦斯喷出危险
		溶洞钻孔抽采	

2.2.3.2 煤与瓦斯突出防治技术体系

在我国，煤矿企业（矿井）、有关单位的煤与瓦斯突出防治工作，需依照《煤矿安全规程》《防治煤与瓦斯突出细则》执行，防治煤与瓦斯突出基本流程如图2-1所示。突出防治工作坚持“区域防突措施先行、局部防突措施补充”的原则以及区域防突工作应当做到“多措并举、可保必保、应抽尽抽、效果达标”的规定。

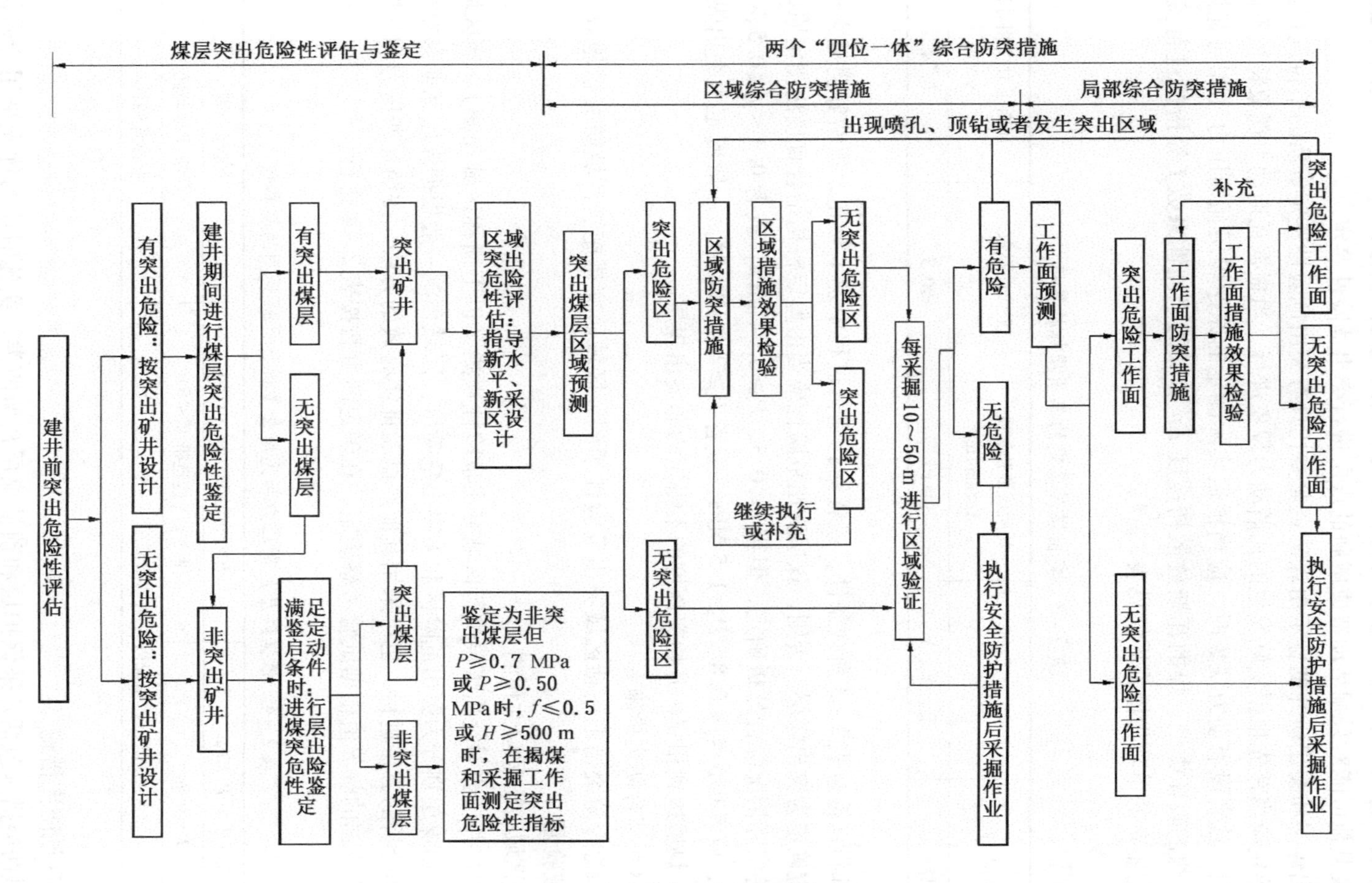

图 2-1 防治煤与瓦斯突出基本流程

1. 突出煤层和突出矿井鉴定

新建矿井在可行性研究阶段，应当对矿井内采掘工程可能揭露的所有平均厚度在0.3 m以上的煤层进行突出危险性评估。经评估认为有突出危险的新建矿井，建井期间应当对开采煤层及其他可能对采掘活动造成威胁的煤层进行突出危险性鉴定。

突出煤层和突出矿井的鉴定由煤矿企业委托具有突出危险性鉴定资质的单位进行。突出煤层鉴定应当首先根据实际发生的瓦斯动力现象进行。当根据瓦斯动力现象特征不能确定为突出，或者没有动力现象时，应当根据实际测定的原始煤层瓦斯压力（相对瓦斯压力）P、煤的破坏类型、煤的瓦斯放散初速度 Δp 和煤的坚固性系数 f 等指标进行鉴定。突出煤层鉴定的单项指标临界值见表2-3。

表2-3　突出煤层鉴定的单项指标临界值

煤层	破坏类型	瓦斯放散初速度 Δp/mmHg	坚固性系数 f	瓦斯压力（相对）P/MPa
临界值	Ⅲ、Ⅳ、Ⅴ	≥10	≤0.5	0.74

全部指标符合表2-3所列条件，或者钻孔施工过程中发生喷孔、顶钻等明显突出预兆的，应确定为突出煤层。否则，煤层突出危险性应当由鉴定机构结合直接法测定原始瓦斯含量等实际情况综合分析确定，但当 $f\leqslant0.3$、$P\geqslant0.74$ MPa，或者 $0.3<f\leqslant0.5$、$P\geqslant1.0$ MPa，或者 $0.5<f\leqslant0.8$、$P\geqslant1.5$ MPa，或者 $P\geqslant2.0$ MPa时，一般鉴定为突出煤层。开采同一煤层达到相邻矿井始突深度的不得定为非突出煤层。

2. 区域综合防突措施

区域综合防突措施包括区域突出危险性预测、区域防突措施、区域防突措施效果检验、区域验证。

1）区域突出危险性预测

突出矿井应当对突出煤层进行区域突出危险性预测（以下简称区域预测）。经区域预测后，突出煤层划分为突出危险区和无突出危险区。区域预测一般根据煤层瓦斯参数结合瓦斯地质分析的方法进行，也可采用其他经试验证实有效的方法。按照瓦斯压力和瓦斯含量预测所依据的临界值根据试验考察确定，在确定前可暂按表2-4进行。

表2-4　根据煤层瓦斯压力和瓦斯含量进行区域预测的临界值

瓦斯压力 P/MPa	瓦斯含量 W/($m^3\cdot t^{-1}$)	区域类别
$P<0.74$	$W<8$（构造带 $W<6$）	无突出危险区
除上述情况以外的其他情况		突出危险区

2）区域防突措施

区域防突措施包括开采保护层和预抽煤层瓦斯两类，实施时应当优先采用开采保护层。预抽煤层瓦斯区域防突措施可以采用的方式有：①地面井预抽煤层瓦斯；②井下穿层钻孔或者顺层钻孔预抽区段煤层瓦斯；③穿层钻孔预抽煤巷条带煤层瓦斯；④顺层钻孔或者穿层钻孔预抽回采区煤层瓦斯；⑤穿层钻孔预抽井巷（含立、斜井，石门等）揭煤区域煤层瓦斯；⑥顺层钻孔预抽煤巷条带煤层瓦斯；⑦定向长钻孔预抽煤巷条带煤层瓦斯。

煤矿应当根据生产和地质条件合理选取区域防突措施。

3）区域措施效果检验

开采保护层的保护效果检验主要采用残余瓦斯压力、残余瓦斯含量及其他经试验证实有效的指标和方法。

采用预抽煤层瓦斯区域防突措施时，应当以预抽区域煤层实测的最大残余瓦斯含量（优先）或残余瓦斯压力为主要指标或经试验证实有效的指标和方法进行措施效果检验。对穿层钻孔预抽（含立井、斜井等）揭煤区域煤层瓦斯区域防突措施也可以采用钻屑瓦斯解吸指标进行效果检验，其临界值见表2－5。

表2－5　钻屑瓦斯解吸指标法预测井巷揭煤工作面突出危险性的参考临界值

煤样	Δh_2 指标临界值/Pa	K_1 指标临界值/(mL · g^{-1} · $min^{-0.5}$)
干煤样	200	0.5
湿煤样	160	0.4

4）区域验证

对无突出危险区进行的区域验证，应当采用相应的工作面突出危险性预测方法，同时应当在工作面进入该区域时，立即连续进行至少2次区域验证；工作面每推进10～50 m至少进行2次区域验证；在构造破坏带连续进行区域验证；在煤巷掘进工作面还应当至少打1个超前距不小于10 m的超前钻孔或者采取超前物探措施，探测地质构造和观察突出预兆。

3. 局部综合防突措施

1）工作面突出危险性预测

工作面突出危险性预测是指预测工作面煤体的突出危险性，包括石门和立井、斜井揭煤工作面、煤巷掘进工作面和采煤工作面的突出危险性预测等，应当在工作面的推进过程中进行。采掘工作面经工作面预测后划分为突出危险工作面和无突出危险工作面。

应针对各煤层发生煤与瓦斯突出的特点和条件确定工作面预测的敏感指标和临界值，并作为判定工作面突出危险性的主要依据。井巷揭煤工作面的突出危险性预测应当选用钻屑瓦斯解吸指标法（参考临界值见表2－5）或其他经试验证实有效的方法进行；立井、斜井揭煤工作面的突出危险性预测按照石门揭煤工作面的各项要求和方法执行。煤巷掘进工作面的突出危险性预测可以采用钻屑指标法（参考临界值见表2－6）、复合指标法（参考临界值见表2－7）及其他经试验证实有效的方法。采煤工作面的突出危险性预测可参照煤巷掘进工作面预测方法进行。但应沿采煤工作面每隔10～15 m布置一个预测钻孔，深度5～10 m。

表2－6　钻屑指标法预测煤巷掘进工作面突出危险性的参考临界值

钻屑瓦斯解吸指标 Δh_2/Pa	钻屑瓦斯解吸指标 K_1/[mL · (g · $min^{0.5}$)$^{-1}$]	钻屑量 S	
		质量/(kg · m^{-1})	体积/(L · m^{-1})
200	0.5	6	5.4

表2-7 复合指标法预测煤巷掘进工作面突出危险性的参考临界值

钻孔瓦斯涌出初速度 q/[mL·(g·min$^{0.5}$)$^{-1}$]	钻屑量 S	
	质量/(kg·m^{-1})	体积/(L·m^{-1})
5	6	5.4

在采用以上敏感指标进行工作面预测的同时，可以根据实际条件测定一些辅助指标（如瓦斯含量、工作面瓦斯涌出量动态变化、声发射、电磁辐射、钻屑温度、煤体温度等），采用物探、钻探等手段探测前方地质构造，观察分析工作面揭露的地质构造、采掘作业及钻孔等发生的各种现象，实现工作面突出危险性的多元信息综合预测与判断。

2）工作面防突措施

工作面防突措施是针对经工作面预测尚有突出危险的局部煤层实施的防突措施。其有效范围一般仅限于当前工作面周围的较小区域。石门揭开（穿）煤层是突出矿井中最容易发生突出、最危险的一项作业，平均突出强度远大于其他类型工作面的突出，对矿井安全生产危害极大。《防治煤与瓦斯突出细则》要求石门和立井、斜井揭穿煤层必须制定专项防突设计。

由于工作面作业方式与性质的不同，工作面防突措施大致划分为石门揭煤工作面的防突措施、煤巷掘进工作面和采煤工作面的防突措施。目前使用的工作面防突措施主要包括超前钻孔预抽瓦斯、超前钻孔排放瓦斯、金属骨架、煤体固化、水力冲孔、松动爆破、水力疏松、前探支架、注水湿润煤体等。

3）工作面防突措施效果检验

工作面防突措施效果检验包括检查工作面所实施的防突措施是否达到设计要求和满足有关规章、标准等，并了解、收集工作面防突措施的实施相关情况、突出预兆等（包括喷孔、卡钻等），用于综合分析、判断；效果检验还包括各检验指标的测定情况及主要数据。

对石门和其他揭煤工作面进行防突措施效果检验时，应当选取钻屑瓦斯解吸指标法或其他经试验证实有效的方法；煤巷掘进工作面和采煤工作面的检验方法分别参照相应的危险性预测方法进行。经检验后判定为措施有效时，可在采取安全防护措施后实施掘进或回采作业。

4）安全防护措施

安全防护措施的目的在于突出预测失误或防突措施失效发生突出时，避免人员伤亡事故。主要措施有设置避难所、反向风门、压风自救系统、隔离式自救系统和远距离爆破等。

2.3 瓦斯防治技术发展趋势

大空间、高强度、智能化精准开采是现代采煤的发展趋势。煤矿高效开采后岩层移动与覆岩破坏具有强度大、范围广、速度快等特点，对瓦斯防治技术与装备的能力、效率提出了更高要求。为更加有效解决瓦斯灾害防治面临的新问题，应围绕区域化、地面化、信息化、智能化、无人化的总体目标，对瓦斯灾害防治新技术、新工艺、新装备进行研发与工程实践应用。

1. 瓦斯灾害精准预测预警技术

1）煤层瓦斯含量快速精准测定

煤层瓦斯含量是矿井进行瓦斯涌出量和煤与瓦斯突出预测的重要参数，精准掌握煤层瓦斯含量及其赋存规律是煤矿瓦斯防治的基础。目前，深度大于500 m的地面钻井、深度超过150 m的井下钻孔还未实现煤层瓦斯含量原位、精准与快速测定，还需从深孔煤层含量测试理论、快速取样工艺技术与装备等方面深化创新研究。

2）煤岩地质构造超前精准探测

瓦斯异常赋存、煤与瓦斯突出等与地质构造密切相关，精准、精细的地质条件是合理采掘部署、瓦斯治理工程设计施工的前提。目前，地质构造探测范围小、精度低，许多物探仪器探测结果准确率较低，平均为45%，有的甚至不到20%。因此，需要研究与发展大范围（探测范围300 m以上）、高精度（识别1 m以上断层）地质构造探测的关键技术与装备，提高煤矿井上下地质构造超前探测的准确性。

3）深部、高强度开采煤与瓦斯突出预测

煤矿深部开采高地应力、高瓦斯压力、高地温、低透气性等复杂环境下，煤与瓦斯突出机理与浅部开采有所不同，突出的地应力作用及其敏感性增加。同时，随着国内煤矿机械化水平的提高和采掘强度的加大，高效集约化矿井越来越多，现有的工作面突出预测方法已不能完全适应煤矿现代化高效开采的需要。因此，需要研究和探索更为高效准确的煤与瓦斯突出预测技术。

4）智能监测预警

目前，瓦斯灾害监测预警主要通过人工测定参数、建立判定模型来进行，存在掌握信息量少、准确度低、时效性差、预警模型不够完善等缺点，在程序、方法、效果上难以达到预期目标。因此，需要发展基于物联网、大数据的智能监测预警技术，通过监测及时获得大量动态信息，自主学习，及时修正判定模型，系统自动判定并及时向预定职权人员发出预警，超期不处理自动启动应急预案，自动监管设备设施状态和人员行为、决策流程，确保各环节有效运行，消除事故隐患。

2. 信息化管理技术

1）防突信息化管理

防突信息化管理是实现两个“四位一体”综合防治措施质量可靠、过程可溯的重要保障手段，对预防瓦斯灾害至关重要。目前，防突工作中存在日常预测参数采集手段落后、防突信息管理不规范与分析不足、防突措施设计与分析不合理等问题。随着煤矿大数据技术的发展，防突信息化管理是今后重要的发展趋势，研发防突信息自动采集、防突措施智能分析与决策、防突信息集成展示等一体综合信息化管理技术，能够提升矿井防突工作的信息化、规范化、过程化管理及分析水平，提高防突工作效率。

2）抽采信息化管理

煤矿瓦斯抽采是瓦斯灾害治理的根本性措施。从瓦斯抽采达标评判、抽采管网调控技术来看，目前存在以下问题：一是瓦斯抽采达标评价中存在不规范、人为因素大的缺点；二是现有抽采管网虽然实现了瓦斯抽采参数（负压、流量、瓦斯浓度、温度）的实时在线监测，但是管道故障实时检测和自动调控技术的信息化程度低。因此，瓦斯抽采达标智能评价与抽采管网智能调控技术的信息化、智能化水平需要进一步提升。

3）智能通风

通风是矿井“一通三防”的基础，是煤矿安全生产的重中之重，在智能化背景下发展智能通风技术与装备是保障我国发展少人化、无人化煤矿的必由之路。从通风参数测定与监测、通风网络分析与决策、通风调控技术与装备来看，目前存在以下问题：一是通风参数测定与监测准确性低，难以满足精准决策的需要；二是风量调控缺乏有效决策模型，调控装备发展滞后，难以实现动态定量调节；三是通风动力与通风网络匹配性不强，联动调节能力弱；四是通风隐患、灾变判识技术发展不成熟，缺乏有效的预防预警与应急控制手段。因此，需要依托矿山物联网，创新通风系统管理模式，从信息感知、技术决策、应急控制等方面突破行业共性难题，实现通风信息动态采集、通风网络在线监测、通风隐患自动辨识、通风调控辅助决策、风网态势智能分析等功能，常态下保证通风系统经济、可靠运行，及时动态排除通风安全隐患，灾变时期实现灾情动态研判、灾变范围动态圈定、灾变控制技术智能决策、灾变控制设施联动控制，提升矿山通风智能化水平。

3. 瓦斯高效抽采技术

1）地面瓦斯抽采

通过增加井下瓦斯抽采钻孔规模来解决煤与瓦斯突出和瓦斯超限的问题，不仅受井下开拓准备工程所限，还影响煤矿企业煤炭生产，瓦斯治理成本也将增加，抽采效果也受到一定限制。地面钻井施工不影响井下生产作业，同时可以连续进行采前预抽、采动抽采和采空区抽采。对于新建矿井，如何通过地面井区域快速预抽消突以实现“先抽后建”，是一个急需解决的难题；对于生产矿井，随着煤矿井下开采延深，松软低透气性煤层瓦斯压力和瓦斯含量急剧增加，采用井下预抽钻孔防突打钻技术存在安全风险。由井下瓦斯治理方式转向地面区域治理是行业发展方向，也是瓦斯抽采领域整体升级的标志。需要进一步研发施工深度大于1200 m的国产化地面井装备、突破松软低透气性煤层地面井区域预抽瓦斯增产与采动卸压条件下钻井破坏失效率低于10%的关键技术、形成地面远控井下钻机钻进成套技术，最大限度地满足“先抽后建”“先抽后掘”“先抽后采”瓦斯治理需要，确保施工安全，减少现场作业人员。

2）高性能“大钻”、定向钻孔

松软突出煤层的钻进成孔及复杂地层深孔钻进轨迹控制，是制约我国瓦斯抽采技术进一步发展的关键性难题。根据煤矿瓦斯综合治理的需要，我国煤矿井下钻机将主要向3个方向发展：一是发展“大钻”，实现“以孔代巷”，研发满足大直径、长钻孔、定向钻孔需要的钻进关键技术与高端钻机装备，其关键技术是长寿命孔底马达和性能可靠的随钻测量系统等；二是过断层带、硬岩、松软煤层等特殊条件，重点攻关打钻效率低、成孔差、护孔难等问题，研发适宜钻机装备，突破特殊条件下瓦斯抽采难题；三是研究实现煤矿井下自动化钻进和智能化控制技术，研发安全、可靠、有效的远距离防突关键技术及其性能优良的防突远程控制钻机装备。

3）瓦斯抽采巷道快速掘进

传统的瓦斯抽采岩巷掘进主要采用矿山法（岩爆法）施工，其缺点是成巷速度低、安全性差、工作条件恶劣、劳动强度大等，岩巷平均单进水平长期徘徊在100 m/月左右，导致矿井采掘关系紧张，难以满足高效、安全、快速、环保、文明施工的要求。研发尺寸小、打运与组装简便，掘进、排矸、支护一体化的煤矿瓦斯抽采巷道快速掘进技术与装备，是实现瓦斯抽采巷道掘进自动化、智能化的必然发展趋势。

4）多工况煤矿钻孔机器人

煤矿井下钻孔技术与装备向智能化方向发展，需要研究大容量钻杆携带装置及自动装卸系统、智能钻孔、导航、自行走及自定位、故障智能诊断等关键技术，研制适合防水、防冲、防突等多种工况的煤矿智能钻孔机器人。其主要包括以下急需解决的技术难题：一是大容量钻杆携带装置及自动装卸系统，一次性携带足够数量的钻杆并进行自动装卸；二是智能钻孔技术，实现钻进过程智能控制；三是导航、自行走及自定位技术，在钻孔过程中实现自主行走及自主开孔定位功能；四是故障智能诊断技术。

5）统筹协调煤层气开发与煤炭开采

部分矿区煤炭采矿权与煤层气探矿权重叠，煤层气企业在开发过程中往往会选择煤层瓦斯含量高、交通方便、施工便利的地点布井，而煤炭企业为正常进行规划、建设和接替，急需降低井田范围内的煤层瓦斯含量，以确保安全生产。煤炭企业因煤层气矿权的限制，无法进行地面抽采。煤层气企业与煤炭企业对煤层气勘查开发在目标、工艺和利益诉求等方面存在差异，造成采气与采煤不能在时间和空间上实现科学、合理、安全的一体化部署，易在地质构造复杂区域存在抽采死角和盲区，为井下巷道掘进和工作面回采造成安全隐患。因此，煤层气开发应与煤炭开采、瓦斯治理形成无缝对接，实现煤层气开发、煤炭开采、瓦斯抽采统筹协调。

3　保护层开采煤与瓦斯共采模式

保护层开采是目前最经济、最有效的防治煤与瓦斯突出和实现本质安全型生产的区域性措施。《煤矿安全规程》第二百零四条与《防治煤与瓦斯突出细则》第六十一条均规定：具备开采保护层条件的突出危险区，必须开采保护层。保护层开采结合被保护层卸压瓦斯抽采有利于提高煤与瓦斯突出防治措施的安全性和可靠性。

两淮矿区具有煤层层数多、中（远）距离为主、透气性差、瓦斯灾害严重的显著特征，属于典型煤层群赋存条件，具有较好的保护层开采基础。矿区坚持“高投入、高素质、严管理、强技术、重利用”的瓦斯治理理念，全面实施“可保尽保、应抽尽抽”的瓦斯治本战略，形成基于保护层开采卸压瓦斯抽采为基础的煤与瓦斯共采模式，实现煤与瓦斯突出区域治理、煤层群的连续开采，带来可观的经济效益和社会效益，成为全国煤层群赋存条件瓦斯治理的示范，可在具备保护层开采条件的矿区进行规模应用。

本章以两淮矿区保护层开采为技术背景，以保护层开采被保护层卸压增透增流为理论基础，分析了保护层开采煤与瓦斯共采模式的原理、模式的类型、配套技术及代表性矿区（矿井）应用情况。

3.1　典型瓦斯地质条件

两淮矿区位于安徽省中北部，煤炭、煤层瓦斯资源丰富，煤层赋存具有含煤地层厚度较大、分布较广的特征，含煤地层面积 17950 km^2；在 −2000 m 以浅，探明和预测煤炭储量 877 亿 t，占全省煤炭资源总量的 98%，瓦斯（煤层气）储量 9088 亿 m^3。

两淮矿区的含煤地层为二叠系的海陆交互相沉积，煤岩层层位稳定；煤层顶底板为封闭性较好的泥岩、粉砂质泥岩等细碎屑岩。煤系沉积后经历的构造演化史基本相同，即含煤地层受燕山运动的强烈影响，地壳抬升隆起，煤层埋藏变浅，甚至出露（古）地表，致使煤层部分瓦斯解吸、散失；直到中新世地壳又复下沉，接受新生界松散层沉积，对煤层瓦斯起到一定的保存作用。由于构造和岩浆活动的差异，使得淮南、淮北矿区的煤层瓦斯含量分布具有差异性。总体上，两淮矿区煤层原始瓦斯含量高、瓦斯压力大、煤质松软硬度系数低、煤层透气性系数极低，区域内有 6 对矿井实测最大瓦斯压力超过 5 MPa，矿区内超过 75% 的生产矿井为突出矿井。

两淮矿区典型地质特征为松软低透煤层群赋存条件，有近距离、中距离、远距离赋存类型，开采方式有上保护层、下保护层、中间保护层类型。

3.1.1　淮南矿区

1. 矿区地质

淮南矿区地处淮北平原南部，淮河中游两岸，东起定远、西达阜阳、南至长丰与寿县、北至怀远与明龙山一线，煤田东西长达 180 km，南北宽 15 ~ 25 km，面积 3600 km^2，其中含煤面积 2800 km^2，是我国华东地区最大的整装煤田。煤炭远景储量 444 亿 t，已探明储量 153.6 亿 t，占安徽省煤炭总储量的 63%，占华东地区煤炭总储量的 32%，是我国黄河以南煤炭探明储量最多的地区，同时也是我国最东南的大型煤炭基地。

淮南煤田含煤地层为石炭—二叠系，其中二叠系的山西组、石盒子组为主要含煤地段，可分为 A、B、C、D、E 5 个含煤组、7 个含煤段，主要开采 A、B、C3 个含煤组（主要可采煤层特征见表 3－1），含煤性普遍比较高；可采煤层段煤系厚度 340 m 左右，共含可采煤层 9～18 层，总厚度 25～34 m，平均厚度 30 m。13－1 号煤层、11－2 号煤层、8 号煤层、6 号煤层、4 号煤层、1 号煤层等为主采煤层，单层厚度一般为 2～6 m，总厚度占可采煤层总厚度的 70% 左右。淮南矿区煤层群分布具有层数多、层间距以中远距离类型为主、单层厚度大（最厚 6～10 m）、煤层连续性好、大部分煤层结构简单等地质特点，可采煤层以稳定和较稳定为主，具有较好的保护层开采天然条件，矿区每年开采保护层面积超过 300 万 m^2。淮南矿区煤种分带明显，浅部为气煤，中部为 1/3 焦煤，深部已探明有肥煤、焦煤，煤炭主要适用于炼焦和动力用煤。

表 3－1　淮南矿区主要可采煤层特征

煤层组	煤层	平均厚度/m	煤层层间距/m	瓦斯含量/($m^3 \cdot t^{-1}$)	瓦斯压力/MPa
C 组	13－1 号	6	55～77	26	6.7
B 组	11－2 号	3.2	45～75	10	4.1
	9 号	2.9	10～20	5.6	0.84
	8 号	3.7	4～20	10.97	3.4
	7 号	3.6	12～34	9.8	3.9
	6 号	1.6	6～30	8.85	4.01
	5 号	2.7	3～12	9.4	2.9
	4 号	4.9	55～85	9.21	4.8
A 组	3 号	2.8	3～10	11.19	3
	1 号	4.5		9.47	3

2. 煤层开采

淮南矿区既是一个已开采百年的老矿区，又是一个具有煤炭开发潜力的大型现代化矿区。根据开采情况，可分为淮河以南矿区和淮河以北矿区（潘谢矿区）。淮河以南矿区东起九龙岗、西至凤台县、南以舜耕山与八公山为界、北界为谢桥—古沟（或高皇）向斜轴，地质构造复杂，煤层埋深浅，但倾角一般较大，开采条件相对较差；淮河以北矿区（潘谢矿区）东起高皇寺、西到正午集、北邻界沟集、南以谢桥—古沟向斜为界，地质构造简单，煤层埋深较大，倾角小，开采条件相对较好。淮河以南矿区所属矿井（谢一、谢二、谢三、李一、李二、毕家岗、李嘴孜和孔集等矿）随着资源枯竭与响应国家去产能政策，已经全部关闭。淮南矿区现有潘二、潘三、谢桥、张集、顾桥、丁集、潘四东、朱集东、顾北等 9 对生产矿井，煤层埋深 300～1500 m，核定生产能力 5610 万 t/a。

3. 煤层瓦斯

淮南矿区位于大别山北缘高突瓦斯带，区域构造属于华北板块南缘、秦岭—大别造山带北缘逆冲推覆、蚌埠隆起带南缘逆冲构造系。在区域地质构造上整体为复向斜，主体构造行迹呈东西向分布，其几何配置和组合形式上显示出由南向北的推挤作用，并构成两翼对冲推覆构造格局。煤田南、北两侧为两个近 EW 向展布的逆冲推覆体，构成煤层瓦斯分布和保存的区域性屏障和边界。夹持在两个推覆体之间近 EW 向延展的淮南复向斜，总体上有利于煤层瓦斯的保存。淮南复向斜发育一系列近于平行排列的次级背斜、向斜；复向斜内部发育两组主要断裂，一组为 NWW 向的走向逆断层及少量正断层；另一组为与郯庐断裂带大致平行的 NNE 向横切正断层，切割 NWW 向的褶曲和断裂构造，对煤层瓦斯的封闭性差。这些次级褶曲和主要断裂，使煤储层具有不同的构造形态和变形特征，破坏了煤储层的连续性，张性正断层是煤层瓦斯运移的通道。同时，矿区内普遍发育的中小型构造以压扭性为主，层面滑动现象较为常见，各矿井的可采煤层均被上覆基岩及厚松散层掩盖，瓦斯逸散条件较差，煤层瓦斯含量较高。此外，淮南煤田是海陆交替相含煤系，由浅海相、过渡相和陆相组成，聚煤古地理环境属滨海平原型，岩性和岩相在横向上比较稳定，沉积物粒度通常较细，煤层层位比较稳定，原始沉积环境决定了其围岩及煤层透气性低的特点。

根据地勘瓦斯数据及矿井生产过程中收集的瓦斯资料，以低、中煤阶为主，瓦斯主要赋存在煤系中部的 B、C 组煤中，下部的 A 组煤及上部的 D、E 组煤中瓦斯相对较少，矿井生产时瓦斯涌出量较高。潘谢矿区煤层瓦斯含量相对较高，呈东高西低趋势，生产矿井均为突出矿井。

淮南矿区目前开采的煤层具有瓦斯含量高（12 ~ 26 m^3/t）、煤质松软（$f = 0.2 \sim 0.8$）、透气性低（渗透率为 0.001 mD）、瓦斯压力大（最高达 6.7 MPa）等特征。

3.1.2 淮北矿区

1. 矿区地质

淮北矿区位于华北地台山东背斜、鲁西隆起南段；新华夏系（NNE）和秦岭纬向构造带北亚带的复合部位，处于徐宿弧形构造圈内。该区曾经受多期构造运动的影响，其中印支—燕山运动是导致煤系形变及控制煤系赋存状态聚煤期后的构造运动。煤田赋存受其控制和改造，各序次、各级别的褶皱、断裂较为发育，并伴有不同程度的岩浆活动。

淮北矿区构造主要为徐州—宿州弧形构造，平面上呈醒目的向西凸出的弧形，剖面上具有明显的分带性，以宿北断裂划分为南北两种构造类型。宿北断裂以北构造线方向为 NNE 为主的箱状和梳状褶皱，自东向西构成一系列复式背、向斜。石炭、二叠纪煤系均保留在向斜内，自东向西，主要有闸河复向斜、肖西复向斜。宿北断裂以南以构造线方向为 NE、NS 及 NW 方向的短轴宽缓的复式背、向斜褶皱为主，石炭、二叠系煤系绝大部分保存在向斜内部，自东向西有宿东向斜、宿南向斜、南坪向斜、五沟向斜、涡阳向斜等。矿区构造演化对煤体结构产生了巨大破坏，常见有煤体出现糜棱化现象，其原因为自印支期以来矿区产生强烈的挤压和伸张作用的交替，压应力和张应力使软质煤层比围岩更易成为应力释放层而发生顺层滑动，导致发生整个煤层或同一煤层的某个层段的煤体被糜棱化，如海孜矿 8 号煤层为糜棱煤，10 号煤层为碎裂煤。

淮北矿区属于石炭—二叠系全掩蔽式煤田，新生界地层厚度北部约 50 m，南部 200 ~ 600 m，主要含煤地层为二叠系山西组和上下石盒子组，含煤地层总厚度约 1200 m，共含

11个煤组，由上而下编号为1~11号煤层，可采和局部可采煤层平均总厚度4.5~18.5 m，含煤系数0.7%。设计利用1~8层，实际开采1~5层。淮北矿区资源丰富，煤种齐全，有焦煤、1/3焦煤、气煤、肥煤、贫煤、无烟煤等煤种，其中，焦煤、肥煤、瘦煤为国家稀缺煤种，另有优质高岭土、煤层瓦斯和天然焦等资源。

2. 煤层开采

位于淮北煤田的淮北矿业集团，始建于1958年，现有生产矿井17对，分布于濉萧、宿县、临涣和涡阳4个矿区，核定生产能力4300万t/a。

濉萧矿区现有朱庄、双龙、石台3对生产矿井，目前煤炭资源储量1.05亿t，可采储量0.41亿t。煤层开采条件在淮北矿区中相对较好，煤层以薄及中厚煤层为主，厚煤层占一定比重；大部分煤层为缓倾斜煤层，构造较简单，适宜机械化开采。该矿区石台矿为突出矿井，其他2对矿井为高瓦斯矿井。

宿县矿区位于宿县东南两侧，开发于20世纪70年代，现有芦岭、朱仙庄、桃园、祁南4对生产矿井。目前煤炭资源储量8.63亿t，可采储量4.51亿t。该矿区芦岭、朱仙庄矿以厚及中厚煤层为主，多为“三软”煤层；桃园、祁南矿以中厚及薄煤层为主。该矿区煤层厚度大，矿井生产能力大，开采条件较好，储量较丰富，是淮北矿业集团主力矿区。宿县矿区4对生产矿井均为突出矿井。

临涣矿区位于宿县西侧，现有童亭、许疃、孙疃、临涣、杨柳、青东、袁店一井、邹庄8对生产矿井。该矿区煤炭资源储量24.65亿t，可采储量10.62亿t。该矿区断层较发育，煤层以较稳定的中厚煤层为主，厚煤层及薄煤层占一定比重。该矿区孙疃矿为高瓦斯矿井，其他7对矿井均为突出矿井。

涡阳矿区位于涡阳以北及以东地区，目前有涡北和袁店二井2对生产矿井。涡阳矿区煤炭保有地质储量2.65亿t，可采储量1.08亿t。该矿区断层发育，断层之间相互切割较复杂，煤层以较稳定的中厚及薄煤层为主。该矿区涡北矿为高瓦斯矿井，袁店二井为低瓦斯矿井。

3. 煤层瓦斯

淮北矿区位于淮北逆冲推覆高突瓦斯带，差异抬升、剥蚀作用明显，总体趋势为北部抬升剥蚀强度大于南部，致使煤层瓦斯含量呈现北低南高的总体格局。褶皱作用使含煤岩系被抬升、剥蚀，在地史时期煤层出露的（古）地表，在向斜构造盆地边缘的一定深度内形成了瓦斯风化带；断裂作用将煤层切割，其总体特征是北端的断层较南段发育、西部较东部发育，西部的临涣、涡阳地区，张性断裂比较发育，使煤层瓦斯沿断裂带大量散失；因此，临涣、涡阳地区煤层瓦斯含量低。另外，淮北矿区燕山期岩浆活动强烈，总体趋势是北部强于南部、西部强于东部；岩浆的热作用，使煤层的变质程度提高，有的地方煤层变为天然焦，不利于煤层瓦斯保存。

淮北矿区的煤阶多样，从气煤到无烟煤均有分布，以中煤阶为主；在岩浆侵入部位出现高变质的贫煤、无烟煤，甚至形成天然焦。煤层瓦斯含量较高，整个矿区煤层瓦斯含量（可燃基）4~18 m^3/t；受构造和岩体侵入的影响，煤层瓦斯含量在区域展布方面变化大，总体呈现东高西低、南高北低的特征。淮北矿区用注入/压降方法实测煤层渗透率变化，一般为0.40~0.70 mD。

淮北矿区属于典型的煤层群赋存类型，且以中距离或近距离煤层群赋存条件居多。淮北矿区煤层赋存稳定性差、煤质松软、透气性差、部分矿井岩浆岩侵蚀严重，主采煤层瓦斯含量高（8~18 m^3/t），瓦斯压力大（最高达5.4 MPa）。通过开采煤层或软岩作为保护层，安全可靠地消除极松软强突出煤层的突出危险，同时实现瓦斯抽采的最大化和安全开采。

3.2　保护层开采煤与瓦斯共采模式

3.2.1　概述

根据煤层群赋存特征及大量工程实践，两淮矿区逐渐形成了保护层开采煤与瓦斯共采模式，实现同步保护层开采与卸压瓦斯抽采，并在具备条件的矿区进行了广泛应用。

3.2.1.1　保护层开采卸压增透原理

保护层开采后，岩体中形成自由空间，破坏了原岩应力平衡，周围煤岩体向采空区方向移动，采空区上方岩体冒落与下沉形成冒落带、裂隙带和弯曲下沉带（覆岩“三带”），采空区下方岩体向采空区膨胀形成底鼓破碎带，如图3-1所示。采空区上下方煤层与岩体发生卸压、膨胀，同时产生大小不同的裂缝，透气性增加，卸压瓦斯得以排放，通过抽采措施使瓦斯压力与含量下降，煤体变硬，使高瓦斯突出危险煤层的突出危险区转变为低瓦斯状态的无突出危险区，进而达到消除煤层突出危险性的目的。

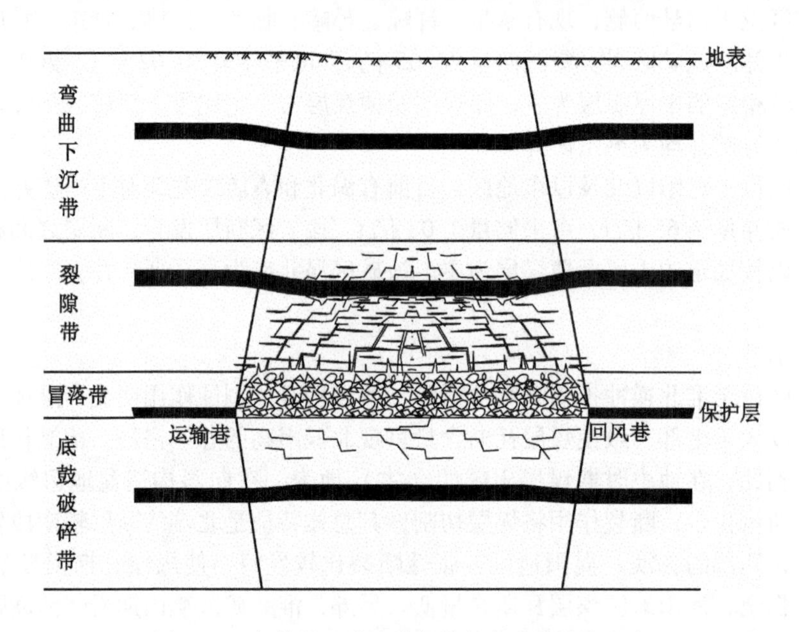

图3-1　保护层开采后被保护层变形及裂隙分布

根据保护层与被保护层位置的不同，可分为上保护层、中间保护层、下保护层3种开采方式；根据保护层与被保护层之间垂距的不同，可分为近距离、中距离、远距离保护层类型。传统的保护层开采技术的核心是保护层的卸压作用和被保护层卸压瓦斯通过开采形成的层间裂隙自然排放，目的是消除被保护层的煤与瓦斯突出危险性。随着保护层开采技术的发展，其核心技术已经转化为保护层的卸压作用与被保护层卸压瓦斯的强化抽采。开采近距离保护层时，由于层间岩层厚度小，若不强化抽采，大量瓦斯则会涌入保护层工作面，威胁其生产安全；开采远距离保护层时，被保护层处于弯曲下沉带内，一般以横向膨胀变形为主，采动裂隙与下部采空区未沟通，保护层开采仅对被保护层进行了松动卸压，大部分瓦斯仍然存留在被保护层中没有释放，若不同时抽采被保护层卸压瓦斯，不足以消除被保护层突出危险。因此，突出矿井开采煤层群时，需要采用开采保护层并同时抽采被保护层卸压瓦斯的防治煤与瓦斯突出措施。

1. 保护层开采采场覆岩移动规律

保护层开采后上覆岩层发生破坏和位移，位于不同层位的被保护层其变形与破裂形态存在较大差异。覆岩“三带”分布规律对被保护层瓦斯抽采具有指导意义。保护层开采采场覆岩运移一般具有以下移动规律。

（1）煤层直接顶范围内的岩层均随采随冒，而基本顶及上覆岩层则在工作面推进一定距离时才开始逐渐垮落；随着工作面的继续推进，岩体的变形破坏不断向上、向前发展，并具有一定的周期性，且上覆岩层的移动破坏形态是冒落拱形。冒落带高度及裂缝带高度不断向上发展；但当工作面推进一定距离时，高度值基本保持不变。

（2）在工作面回采过程中，采空区上覆岩层将自下而上依次运动，但由于岩层的强度和分层厚度及层理、节理发育情况不同，各岩层的运动和垮落步距也有所不同。

（3）冒落带与裂隙带高度内岩层间有明显的分组变形、破坏、下沉等现象，冒落带内岩体呈不规则垮落，排列也极不整齐；裂隙带内岩体破断后排列比较整齐，形成多组梁式结构并对上覆岩层有一定的支撑作用。

（4）冒落带与裂隙带高度（离层最大高度）随工作面推进呈梯级跃进并逐渐趋于稳定，达到最大高度。

2. 保护层开采应力演化规律

岩层的垮落、自然充填的支撑和压实等作用，在采空区上方的横向方向产生“四区”：应力集中区、初始卸压区、充分卸压区和应力恢复区，如图3-2所示。

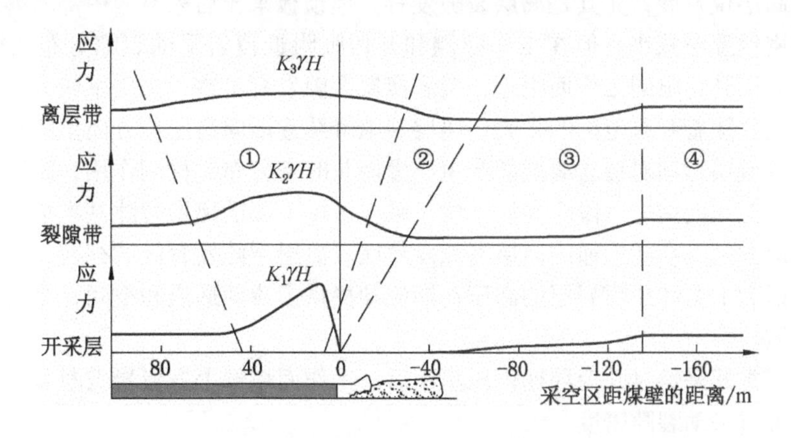

①—应力集中区；②—初始卸压区；③—充分卸压区；④—应力恢复区

图3-2 采场顶板岩层应力分布特征

（1）应力集中区：通常位于保护层工作面前方5~50 m范围内。此区范围内煤层承受的应力高于原始状态，最大应力点位于保护层工作面前方5~20 m范围内，最大压缩变形达2‰~5‰，裂隙封闭，透气性降低。

（2）初始卸压区：从保护层工作面开始往采空区方向均存在保护卸压作用，但由于保护层的卸压传递到被保护层时要滞后一段距离，因此，保护层卸压区的起点通常位于保护层工作面后方0.25~0.8倍层间距位置。在此区范围内，煤层纵向破断裂隙发育，透气性增加，为初始卸压增透区。

（3）充分卸压区：充分卸压区位于保护层工作面后方50~150 m范围，通常为层间距的0.8~2.75倍，然后应力开始恢复。在此区范围内，煤层承受的应力减小，被保护层变形增大，卸压煤层裂隙十分发育，尤其是横向离层裂隙发育丰富，透气性增加，充分卸压区为卸压充分高透高流带。

（4）应力恢复区：位于保护层工作面后方150~500 m以远，此区范围内由于采空区冒落岩石逐渐被压实，应力逐渐恢复，但仍然小于原始应力状态，只能经过足够时间的恢复，才逐步向原始应力状态靠近。在此区范围内，由于上覆岩层向下移动压实作用使应力恢复区内的采动裂隙趋于密合，减透减流，但被保护层横向离层变形要维持较长的时间，为卸压瓦斯抽采提供足够的时间。

3. 保护层开采裂隙演化规律

1）顶板离层裂隙演化特征

保护层开采后将引起岩层移动与破断，并在覆岩中形成离层与裂隙。覆岩移动过程中的离层与裂隙分布规律、卸压瓦斯抽采工程密切相关。

顶板离层裂隙的发生、发展、密合，受控于关键层的运动，可分为3个阶段。

第一阶段：从开切眼开始，随着工作面的推进，顶板岩层由初次开挖的弹性变形向塑性变形、破坏发展，两端出现破断裂隙，中间出现离层裂隙，且裂隙密度不断增加，至工作面初次来压时，离层裂隙密度达到最大，但发育高度低。

第二阶段：为顶板初次来压后周期性矿压显现的正常回采期，此阶段内覆岩破断和离层裂隙向较高层位发展，尤其是离层裂隙发育，但顶板来压后采空区中部垮落矸石被重新压实，裂隙密度逐渐减小。但在工作面侧和开切眼附近覆岩采动裂隙分布的密度仍然很大，特别在远离开切眼的工作面附近，覆岩离层裂隙发育丰富，离层率较大。

第三阶段：随着开采范围的扩大，离层裂隙继续逐渐向高层位方向呈跳跃式由下往上发展。由于关键层运动对覆岩离层的产生、发展与时空分布起控制作用，离层裂隙止于主关键层下方。工作面推进一段距离后，位于采空区中下部的离层裂隙基本被压实，而在采空区上部走向方向上存在连通的离层裂隙发育区。离层裂隙发育区的存在，为采空区积存的高浓度瓦斯和上覆卸压煤岩层的卸压瓦斯流动提供了流动通道和空间，是采空区高浓度瓦斯富集区域。

保护层正常开采经过几个周期来压步距后，工作面煤壁上方覆岩破断裂隙密度明显大于开切眼处覆岩采动裂隙密度。

2）采动裂隙分区

卸压层开采后，在采空侧顶板存在“竖向裂隙发育区”，采空侧采动影响区内顶板岩层裂隙呈现动态演化。冒落带岩体呈不规则堆积，由于采动应力影响，沿工作面推进方向，采空区顶板裂隙区呈环形分布，由于瓦斯密度小，气体上浮，采空区瓦斯易富集在采空区顶板环形裂隙区（图3-3中的Ⅰ区）。

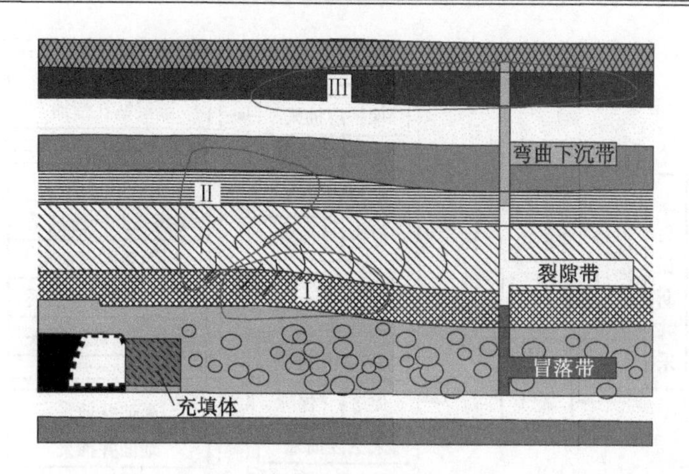

Ⅰ区—顶板环形瓦斯富集区；Ⅱ区—竖向楔形瓦斯富集区；Ⅲ区—上向被保护层解吸瓦斯富集区

图3-3　采动裂隙分区示意图

规则冒落带和裂隙带中竖向裂隙区（图3-3中的Ⅱ区）顶板岩层产生卸压，该位置区域离层裂隙和竖向破断裂隙发育，横向和竖向裂隙贯通，并和下部不规则冒落带相连通，为围岩卸压瓦斯和采空区积聚瓦斯提供良好的储集场所。

弯曲下沉带内由于煤岩体发生膨胀变形，以离层裂隙为主，煤层的透气性显著增加，如淮南矿区11-2号煤层开采后，弯曲下沉带内13-1号煤层的透气性增加2800倍，处于弯曲下沉带裂隙区中的煤层（图3-3中的Ⅲ区）为卸压抽采煤层瓦斯提供了良好的条件。

3.2.1.2　煤与瓦斯共采原理

煤炭与瓦斯赋存于同一地质体，具有共同的地质属性和伴生、同储的资源特性，将固态与气态两种资源分采时，不可避免地会产生相互影响。低渗透性高瓦斯突出煤层群开采煤炭和瓦斯两种资源时，如果直接抽采瓦斯资源，由于煤层渗透率低，会造成瓦斯抽采困难，难以消除煤与瓦斯突出危险；如果直接开采煤炭资源，由于煤层瓦斯含量高，可能造成煤与瓦斯突出或瓦斯爆炸。

煤炭开采与瓦斯抽采除了相互影响及制约外，还可相互促进。煤与瓦斯共采将原来独立的煤炭开采和瓦斯抽采活动有机地结合在一起。煤炭开采引起了煤层运动和应力重新分布，促使了瓦斯的解吸与流动，为瓦斯抽采创造了有利条件，同时矿井的采掘系统、通风系统为瓦斯抽采提供了可以操作的空间。反之，高效的瓦斯抽采降低了采场空间的瓦斯浓度和煤层的瓦斯含量，可有效防止瓦斯灾害的发生，保障和促进煤炭的安全高效开采。

煤与瓦斯共采就是把煤炭和瓦斯都作为资源开采的方法，采用煤矿瓦斯抽采和煤层气开采的形式，实现瓦斯抽采量最大化，从而达到分阶段或同阶段对煤炭与瓦斯（煤层气）都作为资源开发利用的目的（图3-4）。煤与瓦斯共采是将煤炭开采与瓦斯抽采综合为一体的资源协调开发方式，是采煤与采气两个系统的有机结合。同时，煤与瓦斯的高效共采可以提供优质的清洁能源，对抽采瓦斯充分利用，还可以直接减少温室效应气体的排放。

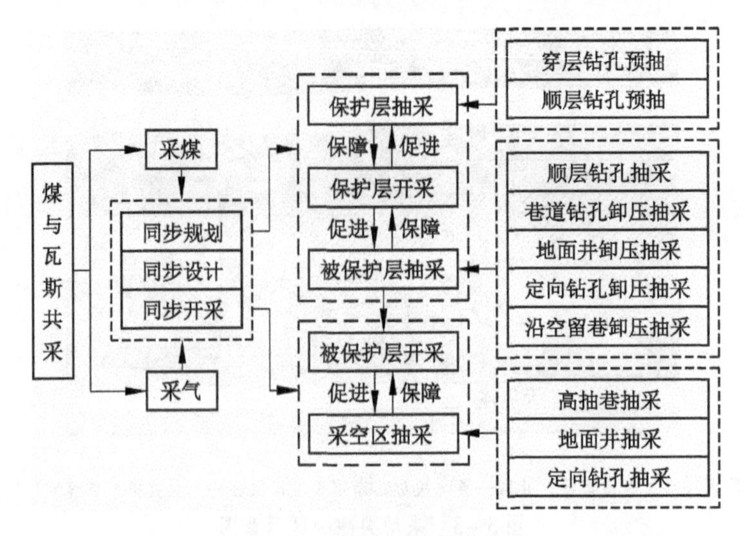

图3-4　煤与瓦斯共采原理

煤与瓦斯共采，需做到煤炭开采与瓦斯治理同步规划、同步设计、同步施工；瓦斯治理与生产组织统筹考虑，同步过程管理；综合布置采煤和瓦斯抽采两套系统，向保护层要安全，向被保护层要效益，确保矿井抽、掘、采平衡，实现高瓦斯和煤与瓦斯突出开采条件转化为低瓦斯状态下安全高效开采。

3.2.1.3　保护层开采煤与瓦斯共采模式内涵

保护层开采煤与瓦斯共采模式实质是抽采卸压瓦斯，实现瓦斯抽采最大化；方法是根据煤层赋存状况及开采技术条件，改变传统的开采程序，科学选择合适的保护层首先开采，实现煤层群全面卸压，在合理位置布置瓦斯抽采巷道或地面钻井，施工抽采钻孔（钻井），利用保护层开采的卸压增透增流作用，最大化抽采被保护层卸压瓦斯。该技术的关键是选择合理的保护层，难点是保护层瓦斯治理，重点是卸压瓦斯抽采。通过保护层和被保护层综合抽采，既可以降低保护层工作面回采过程中的瓦斯涌出，实现保护层工作面的安全回采，又可以降低被保护层的瓦斯压力和含量。

选择保护层应当遵守以下原则：一是优先选择无突出危险、安全开采条件好、与被保护层距离适中的煤层作为保护层，矿井中所有煤层均有突出危险时，应当选择突出危险性小的煤层作为保护层；二是当煤层群中有几个煤层均可作为保护层时，优先开采保护效果最好的煤层；三是在选择保护层时，应优先选择上保护层，选择下保护层开采时，不得破坏被保护层的开采条件，即上覆被保护层一般位于保护层开采后形成的裂隙带和弯曲下沉带内，不能位于保护层开采后形成的冒落带内；四是开采煤层群时，在有效保护垂距内存在厚度0.5 m及以上无突出危险煤层的，除因与突出煤层距离太近威胁保护层工作面安全或者可能破坏突出煤层开采条件的情况外，应当作为保护层首先开采。

保护层开采煤与瓦斯共采模式形成的卸压效果均匀度较高，具有区域治本、连续开采的优点，是防治煤与瓦斯突出最简单、最有效、最经济的区域性措施，是确保煤炭企业长治久安的一项基本保障措施，是减少安全事故、保障能源安全、改善能源结构及实现环境友好可持续发展的必由之路，推动了行业相关政策、法规的制定。国家发展和改革委员会、国家能源局、原国家安全生产监督管理总局、国家煤矿安全监察局等部门高度肯定并多次发文推广以煤与瓦斯共采为核心的保护层开采煤与瓦斯共采模式及其配套的相关技术。2009 年 8 月 1 日颁布实施的《防治煤与瓦斯突出规定》与 2019 年 10 月 1 日颁布实施的《防治煤与瓦斯突出细则》中均明确提出区域防突措施应当优先开采保护层。

3.2.2　保护层开采煤与瓦斯共采模式类型

基于保护层开采卸压增透原理，根据保护层与被保护层垂距不同，从开采顺序、巷道布置、抽采方法的角度考虑，将保护层开采煤与瓦斯共采模式分为下保护层开采、上保护层开采、中间保护层开采卸压瓦斯抽采模式。下保护层开采卸压瓦斯抽采模式，首采保护层位于被保护层下方，保护层开采过程中抽采上覆被保护层的卸压瓦斯；上保护层开采卸压瓦斯抽采模式，首采保护层位于被保护层上方，保护层开采过程中抽采下伏被保护层卸压瓦斯；中间关键层开采卸压瓦斯抽采模式，当煤层较多，首采保护层位于中部，保护层开采使上下邻近被保护层同步卸压，同时抽采上下邻近被保护层卸压瓦斯。

3.2.2.1　下保护层开采卸压瓦斯抽采模式

1. 模式原理

下保护层回采后，上覆煤（岩）层发生移动、变形、破坏、卸压，促进瓦斯解吸与流动。远距离条件下，被保护层整体下沉，导致其内部仅产生少量竖向裂隙，不利于被保护层卸压瓦斯向保护层回采空间的运移，卸压瓦斯难以释放，不能有效消除远距离被保护层的突出危险，应施工抽采钻孔（钻井），抽采被保护层卸压瓦斯。

在下保护层开采条件下，根据煤层的瓦斯含量、突出危险性，下保护层开采卸压瓦斯抽采模式可分为非突出下保护层开采示意卸压瓦斯抽采类型和突出下保护层开采卸压瓦斯抽采类型。

淮南矿区顾桥、丁集、张集、朱集东、潘三等矿井 11－2 号煤层与上覆 13－1 号煤层平均层间距 70 m，11－2 号煤层的突出危险性小于 13－1 号煤层。采用下保护层开采卸压瓦斯抽采模式，首采 11－2 号煤层使得上覆 13－1 号煤层卸压，同时抽采 13－1 号煤层卸压瓦斯，消除了 13－1 号煤层的突出危险性。

2. 布置参数

1）非突出下保护层开采卸压瓦斯抽采

非突出下保护层开采卸压瓦斯抽采示意如图 3－5 所示。保护层工作面采用“一面三巷”布置方式，“三巷”为回风巷、运输巷、底板岩巷。

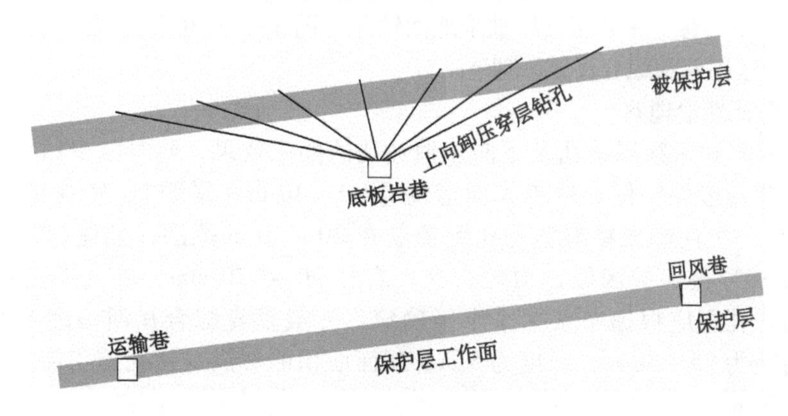

图 3－5　非突出下保护层开采卸压瓦斯抽采示意图

下保护层回采前，在上覆被保护层底板布置岩石巷道，在巷道中每隔一定距离布置钻场，在钻场中向突出被保护层的卸压区域间隔一定距离施工穿透煤层的钻孔。待下保护层工作面回采一定距离后，上覆被保护层开始卸压，煤层透气性增加，吸附瓦斯解吸，网格式上向穿层钻孔在抽采负压的作用下汇集卸压瓦斯。在充分卸压期内，由于煤层透气性成百上千倍地提高，瓦斯流动阻力减小，大量的卸压瓦斯被抽出，突出煤层被保护区域基本消除了突出危险。另外，随着保护层工作面继续向前推进，由于距离远，底板岩巷和穿层钻孔不会遭到严重破坏，仍可继续抽采被保护区域的卸压瓦斯，进一步降低被保护区域的突出危险，最终实现被保护层安全高效开采。

(1) 底板岩巷。

①巷道宜施工在采空区弯曲下沉带的下部岩层内。

②巷道宜位于上被保护层规划工作面沿倾向的中部，并与上覆被保护层保持合理的垂直距离，一般在被保护层底板 15 ~25 m 范围内，以保障穿层钻孔施工效果，减少钻孔施工量。

③巷道选择在相对较软的岩层中施工，增加掘进速度，简化支护。

④巷道断面面积能够满足钻孔施工需要。

(2) 上向卸压穿层钻孔。

①根据被保护层卸压效果，钻孔孔距控制在 20 ~40 m 范围，均匀布孔，直径 90 ~120 mm，进入煤层顶板 0.5 m。

②如需施工钻场，应垂直底板岩巷水平布置，钻场间距一般为 25 ~30 m，长度为 5 m，断面面积能够满足钻孔施工需要。

③钻孔封孔长度不小于 8 m，一般采用巷道密闭抽采。

2) 突出下保护层开采卸压瓦斯抽采

煤层群中所有煤层均为突出煤层时，煤层群开采的主要任务是首采突出煤层的瓦斯预抽与被保护层卸压瓦斯抽采。当下部煤层相对煤与瓦斯突出危险性较小时，首先开采下部煤层，使上部强突出煤层卸压。对于突出下保护层瓦斯预抽方法主要包括底板穿层钻孔和顺层钻孔大面积预抽。

突出下保护层开采被保护层卸压瓦斯抽采可采用非突出下保护开采卸压瓦斯抽采方法。为减少矿井岩巷掘进工程量和实现“一巷多用”功能，淮南矿区突出下保护层工作面常采用“一面三巷” +卸压瓦斯抽采地面钻井（图 3 -6）布置方式，其中“三巷”分别为回风巷、运输巷和综合瓦斯治理巷。

(1) 综合瓦斯治理巷。

为保障上向卸压穿层钻孔及下向预抽钻孔的抽采效果，同时减少钻孔工程量，综合瓦斯治理巷一般外错保护层工作面运输巷 30 ~40 m（平距），距保护层顶板 20 ~30 m（法距）。上向卸压穿层钻孔孔距控制在 20 ~40 m 范围，控制保护层工作面开采形成的约 50% 被保护区域，均匀布孔，直径 90 ~120 mm，进入煤层顶板 0.5 m；下向预抽钻孔孔距应根据考察抽采半径确定。一般垂直综合瓦斯治理巷水平布置钻场，钻场间距为 25 ~30 m，长度为 5 m，断面面积能够满足钻孔施工需要；钻孔封孔长度不小于 8 m。

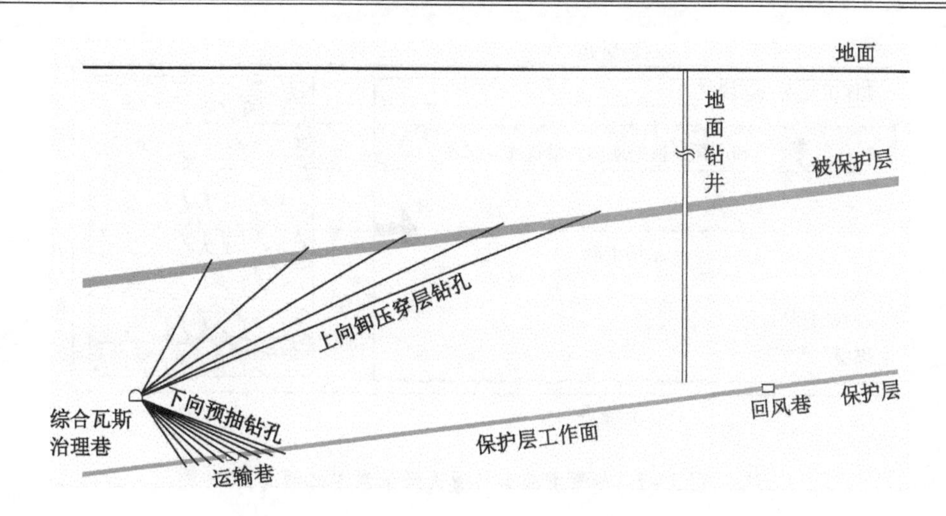

图3-6 突出下保护层开采卸压瓦斯抽采示意图

综合瓦斯治理巷具有“一巷多用”功能，主要体现在以下方面：

①预抽保护层待掘运输巷瓦斯：综合瓦斯治理巷内施工下向钻孔，用于保护层工作面煤巷条带消突，采取压风排水高效抽采技术。

②抽采保护层工作面采空区瓦斯：综合瓦斯治理巷内施工近水平钻孔，钻孔进入保护层工作面裂隙带，用于保护层工作面采空区瓦斯抽采。

③抽采被保护层卸压瓦斯：综合瓦斯治理巷内施工上向穿层钻孔，同时结合地面钻井，最大限度地抽采被保护层卸压瓦斯。

④下阶段保护层工作面高抽巷：综合瓦斯治理巷可保留至下阶段回采时，作为下阶段工作面高抽巷使用。

⑤保护层工作面防火巷道：兼作下阶段防火巷道，可随时向下阶段采空区施工防火钻孔。

（2）卸压瓦斯抽采地面钻井。

卸压瓦斯抽采地面钻井主要抽采被保护层卸压瓦斯，在保护层工作面回采之前，钻井要施工完毕。钻井位置与保护层工作面煤层厚度、顶板岩性、工作面宽度及抽采煤层瓦斯含量有关，其选择依据为随煤层厚度和工作面宽度的增加，其距保护层工作面回风巷的距离越大，一般选择工作面宽度的1/3左右，如图3-7所示。对以深埋厚表土层为条件的淮南矿区，在远离危害性断层区域的前提下，一般选择距离回风巷40~80 m的区域进行地面井布井。

卸压瓦斯抽采地面钻井一般为垂直井型结构，有效抽采半径随保护层厚度的变化而变化。有效抽采半径一般为200 m左右，厚度在2 m以下的煤层地面钻井相对较小，一般为100~150 m。同时，地面钻井井位布置还应考虑地面作业的适宜性。

地面钻井终孔层位在保护层底板6~12 m，保护层顶板3~5 m至被保护层顶板20~30 m井段下筛管，是卸压瓦斯抽采段，其上段用套管永久固孔。

3. 适用条件

非突出下保护层开采卸压瓦斯抽采模式（“一面三巷”布置方式）适用于远距离下保

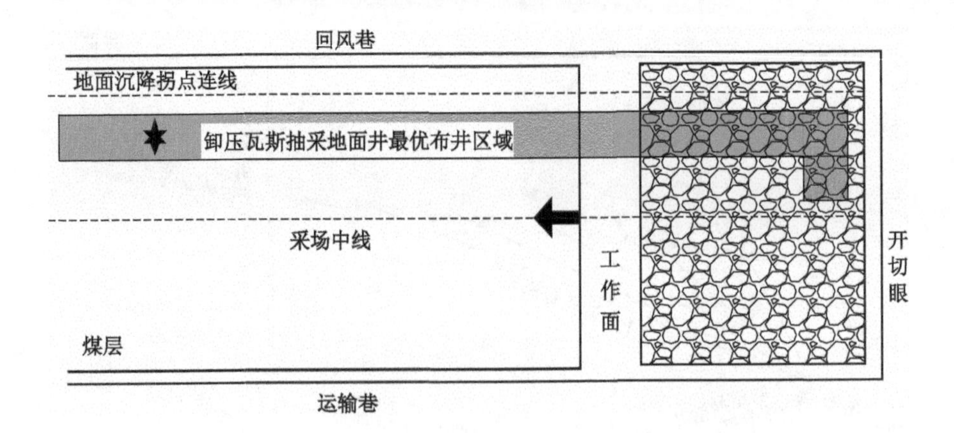

图3-7　地面井布井位置选择示意图（倾向）

护层开采过程中的被保护层卸压瓦斯抽采，缓倾斜和倾斜煤层相对层间距（层间距与保护层采高之比）25～40倍采高，急倾斜煤层层间距不大于80 m。

突出下保护层开采瓦斯抽采模式（“一面三巷”+卸压瓦斯抽采地面钻井）适用于煤层倾角不大于40°的下保护层开采、下保护层为突出煤层、被保护层赋存稳定及地表具有地面钻井施工和瓦斯抽采管路安装的条件。

3.2.2.2　上保护层开采卸压瓦斯抽采模式

1. 模式原理

上保护层开采后，下伏煤（岩）体发生膨胀变形，表现为采空区底板底鼓。膨胀变形导致距离采空区不远的煤岩体膨胀、破断，产生垂向破断裂隙和顺层张裂隙，煤层透气性增加，若不采取措施卸压瓦斯通过破断裂隙进入工作面作业空间，对上保护层工作面的安全生产造成隐患。距离上保护层较远的下伏煤（岩）层（通常不超过40 m），破断裂隙不发育，卸压瓦斯难以释放，若不采取措施不能有效消除被保护层的突出危险；但煤层内张裂隙较发育，卸压瓦斯具有良好的顺层流动条件。对近距离下伏被保护层来说，需要布置穿层钻孔，拦截涌向保护层工作面的卸压瓦斯，保障工作面安全回采，同时降低被保护层的瓦斯含量。对于较远的下伏被保护层来说，需结合穿层钻孔强化抽采卸压瓦斯，降低煤层瓦斯含量，消除煤层突出危险性。对于多煤层赋存条件的远距离下伏被保护层，首采层开采后对远距离下伏被保护层卸压效果差，可依次开采上覆多个煤层，通过对被保护层造成多重卸压，获得显著的卸压效果。

上保护层开采卸压瓦斯抽采模式示意如图3-8所示。保护层工作面采用“一面三巷”布置方式。

淮北矿区祁东矿6_1号煤层与下伏7_1号煤层平均层间距为40 m，6_1号煤层瓦斯含量低、突出危险性小，7_1号煤层瓦斯含量高、突出危险性大。采用上保护层开采卸压瓦斯抽采模式，首采6_1号煤层，其开采后采空区底板发生膨胀变形，增加了7_1号煤层透气性，结合卸压抽采消除7_1号煤层突出危险。

2. 布置参数

瓦斯抽采工程应超前保护层回采工作面施工完毕，待工作面推过该位置，被保护层卸压后，保障钻孔能在卸压充分的时间段内顺利抽采卸压瓦斯。煤岩体的底鼓量相对下沉量

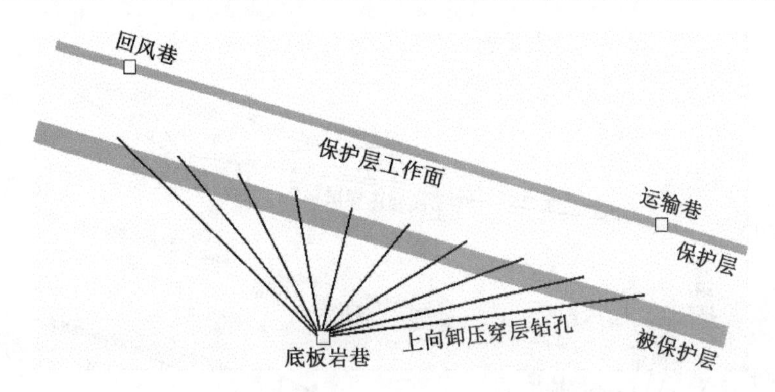

图 3－8 上保护层开采卸压瓦斯抽采模式示意图

是有限的，因此，被保护层底板巷和穿层钻孔在工作面推过后，通常不会被破坏，抽采工作仍能继续，可以延长抽采时间，尽可能降低被保护层突出危险性。

1）底板岩巷

（1）巷道宜位于被保护层规划工作面中部，并与被保护层保持合理的垂直距离，一般布置在被保护层底板 15～25 m 范围，以保障穿层钻孔施工效果，减少钻孔施工量。

（2）巷道选择在相对较软的岩层中施工，增加掘进速度，简化支护。

（3）巷道断面面积能够满足钻孔施工需要。

2）上向卸压穿层钻孔

在下伏被保护层底板布置的底板岩巷中每隔一定距离布置一个钻场，在钻场中布置穿透下伏被保护层的穿层钻孔。

（1）根据被保护层卸压效果，钻孔孔距 15～20 m，均匀布孔，直径 90～120 mm，进入煤层顶板 0.5 m。

（2）钻场应垂直底板岩巷水平布置，钻场间距 30～40 m，断面面积能够满足钻孔施工需要。

（3）钻孔封孔长度不小于 8 m，孔口抽采负压不低于 5 kPa。

3. 适用条件

上保护层开采卸压瓦斯抽采模式适用于具备上保护层开采条件的煤层群赋存，缓倾斜和倾斜煤层层间距不大于 50 m，急倾斜煤层层间距不大于 60 m。

3.2.2.3 中间保护层开采卸压瓦斯抽采模式

1. 模式原理

中间保护层开采后，其上覆、下伏煤（岩）层发生膨胀变形，煤层透气性增加，采用合理的瓦斯抽采方法能有效抽采上覆、下伏被保护层卸压瓦斯，消除突出煤层的突出危险性，实现“中间来一刀，上下都解放”。

中间保护层开采卸压瓦斯抽采模式如图 3－9 所示。保护层工作面采用“一面四巷”布置方式，“四巷”为回风巷、运输巷、底板岩巷、顶板岩巷。

淮南矿区谢桥矿 B 组煤，自上而下主采的 8 号、6 号、4－2 号煤层均为突出煤层，6 号煤层突出危险性小于 8 号、4－2 号煤层。6 号煤层与下伏 4－2 号煤层平均层间距为 27 m，与上覆 8 号煤层平均层间距为 35 m，首先选择 8 号煤层与 4－2 号煤层中间的 6 号煤层进行开采，6 号煤层开采同时达到消除 8 号、4－2 号煤层突出危险的目的。

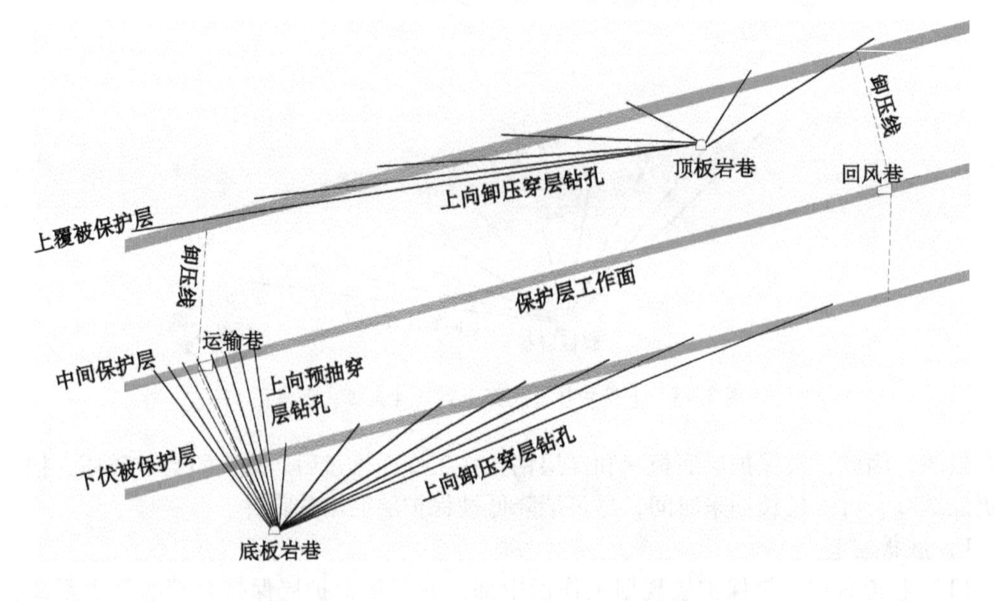

图3-9　中间保护层开采卸压瓦斯抽采模式

2. 布置参数

1）顶板岩巷

顶板岩巷的主要功能是施工穿层钻孔抽采上覆被保护层卸压瓦斯、抽采保护层工作面采空区瓦斯。

顶板岩巷宜位于靠近保护层工作面风巷位置，一般内错风巷 40 ~ 50 m；与保护层、上覆被保护层保持合理的垂直距离，一般布置在距保护层顶板 15 ~ 25 m 处。

上向卸压穿层钻孔间距 40 m × 40 m，均匀布孔，直径 90 ~ 120 mm，进入被保护层顶板 0.5 m；钻场布置、封孔参数与非突出下保护层开采卸压瓦斯抽采模式基本相同。

2）底板岩巷

底板岩巷的主要功能是施工穿层钻孔抽采下伏被保护层卸压瓦斯、掩护保护层工作面运输巷掘进。

底板岩巷宜位于靠近保护层工作面运输巷位置，一般内错运输巷 40 ~ 60 m；与下伏被保护层保持合理的垂直距离，一般布置在距下伏被保护层底板 15 ~25 m 处。

上向卸压穿层钻孔间距 40 m × 40 m，均匀布孔，直径 90 ~ 120 mm，进入被保护层顶板 0.5 m；钻场布置、封孔参数与非突出下保护层开采卸压瓦斯抽采模式基本相同。

上向预抽穿层钻孔孔距应根据抽采半径确定。

3. 适用条件

中间保护层开采卸压瓦斯抽采模式适用于具备中间保护层开采条件的煤层群赋存，缓倾斜和倾斜煤层保护层与上覆被保护层相对层间距为 25 ~ 40 倍采高，急倾斜煤层层间距不大于 80 m；缓倾斜和倾斜煤层保护层与下伏被保护层层间距不大于 50 m，急倾斜煤层层间距不大于 60 m。

3.2.3　模式应用效果

两淮矿区通过采用保护层开采煤与瓦斯共采模式，矿区瓦斯抽采量从 2007 年的 3.83

亿 m^3，提高到 2013 年的 8.22 亿 m^3（表 3－2）；煤炭产量稳步提升，从 2007 年的 7415 万 t，提升至 2012 年的 10851 万 t 的历史最高水平。

表 3－2　两淮矿区保护层开采煤与瓦斯共采模式应用总体效果

年份	原煤产量/万 t	百万吨死亡率	瓦斯超限次数/次	瓦斯抽采量/（亿 $m^3 \cdot a^{-1}$）	抽采率/%
2007	7415	0.364	135	3.83	47.1
2008	7959	0.361	126	3.96	49.9
2009	8202	0.21	93	4.69	52.6
2010	9183	0.196	35	5.13	56.9
2011	10122	0.179	26	6.04	60.2
2012	10851	0.094	12	7.21	62.6
2013	9131	0.121	8	8.22	66.8
2014	9084	0.113	8	8.17	65.1
2015	9846	0.169	12	7.81	66.5
2016	9153	0.058	12	7.53	70.0
2017	8634	0.056	10	5.79	71.1
2018	8092	0.134	12	5.24	68.9

2016 年以后，为响应国家“去产能、调结构、降成本、防风险”的政策，煤炭产量及相应的煤层瓦斯抽采量和利用量有序、可控地下调，但煤层瓦斯抽采率仍稳步提高，从 2007 年的 47.1% 提高到 2017 年的 71.1% 的历史最高水平，如图 3－10、图 3－11 所示。目前，两淮矿区正在大力推广地面水平分段压裂井煤层瓦斯抽采技术、采动区地面钻井卸压瓦斯抽采技术、煤层瓦斯强化抽采技术等，瓦斯抽采率将进一步提高。

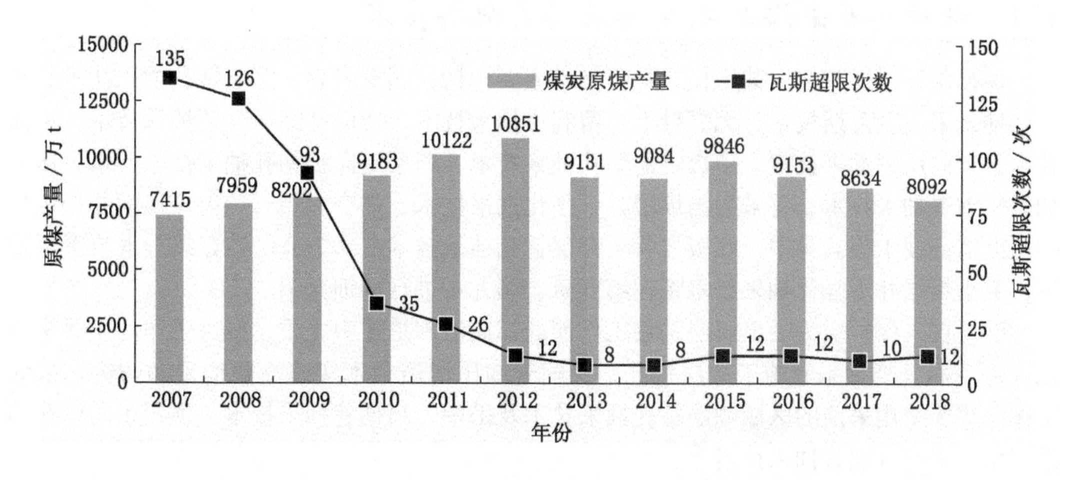

图 3－10　两淮矿区原煤产量及瓦斯超限次数情况

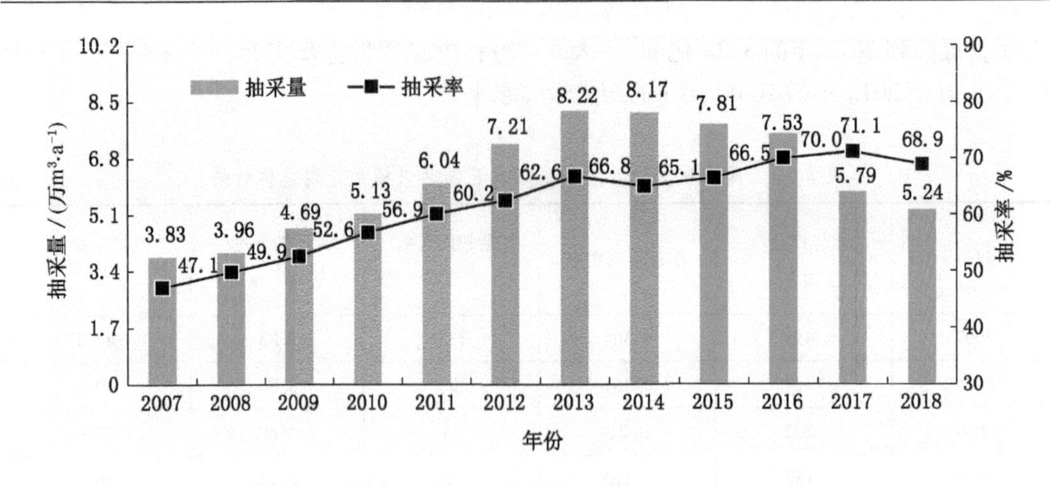

图3－11 两淮矿区瓦斯抽采情况

两淮矿区通过采用保护层开采煤与瓦斯共采模式，取得显著的经济、社会和环境效益。

（1）通过优化采场布局，在矿区年产量稳定的情况下，矿区总用工人数逐年递减。

（2）获得大量的安全卸压煤量。通过开采保护层，保护多个煤层，开采保护层煤量与被保护层煤量最高比达到1∶21。

（3）成功解决了保护层开采期间本煤层及邻近煤层的瓦斯治理难题。

（4）通过开采保护层，成功地解决了打钻喷孔问题，原始煤体穿层钻孔先不穿透煤层，待保护层开采卸压抽采后再进行透孔，确保钻孔施工的安全性及抽采效果。

（5）促进瓦斯治理与利用良性循环，通过保护层开采抽采卸压瓦斯，有效保证了居民的生活用气和高低浓度瓦斯发电机组正常发电。

（6）瓦斯超限次数得到有效控制，杜绝了煤与瓦斯突出事故。

保护层开采煤与瓦斯共采模式在包括两淮矿区在内的多个矿区进行推广应用，瓦斯抽采量大幅度提高，瓦斯灾害得到有效控制。

3.3 保护层开采煤与瓦斯共采模式配套技术

保护层开采煤与瓦斯共采模式配套技术主要包括：底板岩巷＋穿层钻孔抽采技术、高抽巷抽采采空区瓦斯技术、无煤柱沿空留巷法抽采技术、地面井卸压瓦斯抽采技术、地面井水平定向压裂抽采技术、顶板定向钻孔抽采技术、顺层定向长钻孔抽采技术、水力压裂加骨料增透抽采技术、首采突出煤层井下强化抽采技术、强突煤层石门揭煤地面井掏煤预抽辅助消突技术等。其中，底板岩巷＋穿层钻孔抽采技术在3.2节已经介绍，本节不再赘述；突出煤层井下强化抽采技术将在第五章、第九章进行详细介绍。

针对首采保护层为突出煤层采掘工作面的瓦斯治理是重中之重，掘进工作面主要采用顶（底）板瓦斯抽采巷施工穿层钻孔，并配套卸压增透技术实现高效抽采和防突。采煤工作面主要采用采前的区域顺层钻孔抽采技术及采中的高抽巷抽采技术、顶板走向钻孔抽采技术、采空区埋管抽采技术等。

3.3.1 高抽巷抽采采空区瓦斯技术

1. 技术原理

工作面开采后，一方面采空区遗煤及煤柱瓦斯涌出，另一方面由于岩层移动造成应力重新分布，顶、底板形成很发育的裂隙通道，上下邻近层内的瓦斯也沿裂隙涌入采空区，形成采空区顶板瓦斯富集区，在通风负压的作用下，部分瓦斯涌入采空区而进入工作面回风流中，易造成工作面瓦斯浓度超限。

高抽巷抽采采空区瓦斯技术的实质是在煤层顶板岩层合适位置沿工作面推进方向开掘巷道（图3－12、图3－13），利用工作面采动产生的裂隙作为瓦斯流动通道，在抽采负压作用下将工作面采空区内积存的瓦斯和邻近层卸压瓦斯抽出，并改变采场瓦斯流动场，减少工作面上隅角瓦斯涌出。

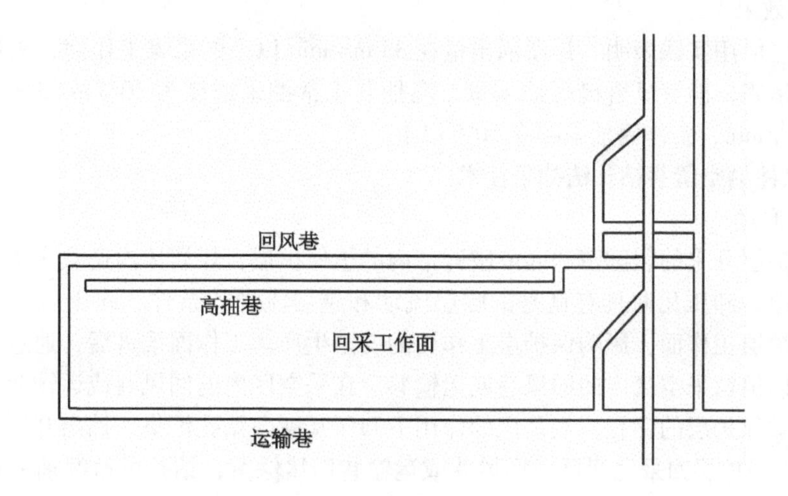

图3－12　工作面高抽巷平面布置示意图

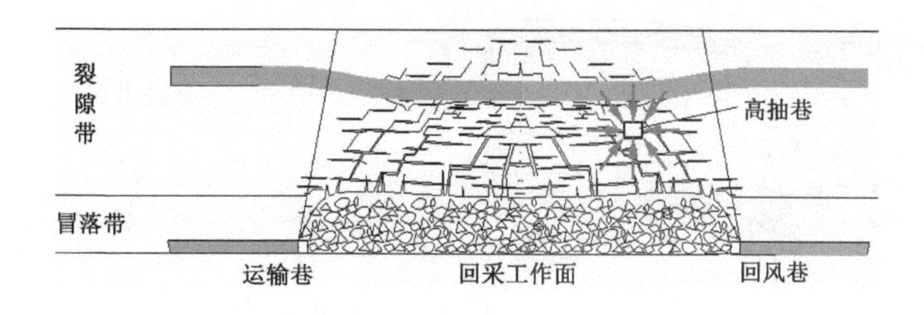

图3－13　工作面高抽巷剖面布置示意图

2. 布置参数

（1）高抽巷布置在开采层顶板破坏裂隙带内，一般位于工作面顶板8～10倍采高的层位；平行于工作面回风巷，一般与回风巷的水平距离为15～30 m。

（2）高抽巷断面面积能够满足钻孔施工需要。

（3）高抽巷应有较好的密闭措施，外口一般用瓦石砌筑双层封闭墙封闭，抽采口位置距离封闭墙里墙面2 m以上，高度大于巷道高度的2/3，抽采口周围5 m架设木垛保护；管路接好后，外口砌筑封闭墙，用瓦石砌筑，墙垛厚度大于800 mm，墙四周要掏槽，并使帮、顶接实，墙面要抹平不漏风，符合防爆墙要求。

（4）抽采管路与地面永久抽采系统相连，按《煤矿低浓度瓦斯管道输送安全保障系统设计规范》（AQ 1076—2009）规定安设抑爆装置，同时自然发火的煤层应进行自然发火指标监测。

3. 适用条件

高抽巷抽采采空区瓦斯技术适用于瓦斯涌出量大、以邻近煤层瓦斯涌出为主的U型通风工作面。

特别指出，若煤层顶板含水量过大，又具有向斜构造，有可能造成高抽巷因水封而抽不出瓦斯，此时应提前做好探放水工作。

4. 应用效果

淮南矿区应用实践表明，瓦斯涌出量在35 m^3/min以上的采煤工作面，采用以高抽巷为主的抽采措施，能够显著提高抽采量。高抽巷正常抽采浓度为30%～35%，抽采纯量为12～16 m^3/min，工作面抽采率在50%以上。

3.3.2 无煤柱沿空留巷钻孔法抽采技术

1. 技术原理

处于保护层开采的裂隙带和底鼓破碎带内的被保护层，煤岩体内产生大量的破断裂隙和顺层张裂隙，卸压瓦斯具有良好的顺层流动和越层流动的条件。卸压后，卸压瓦斯解吸，涌向保护层工作面，影响保护层工作面的安全生产。工作面推进后，通过巷帮充填护巷技术，可以保留采空区内的回风巷或运输巷。在采空区内的回风巷或运输巷每隔一定距离施工穿透被保护层的钻孔，在负压的作用下卸压瓦斯向钻孔汇集，抽出卸压瓦斯，如图3－14所示。保护层回采完毕后，回风巷或运输巷仍然保留，钻孔可持续抽采被保护层的卸压瓦斯，进一步降低被保护层的瓦斯含量。

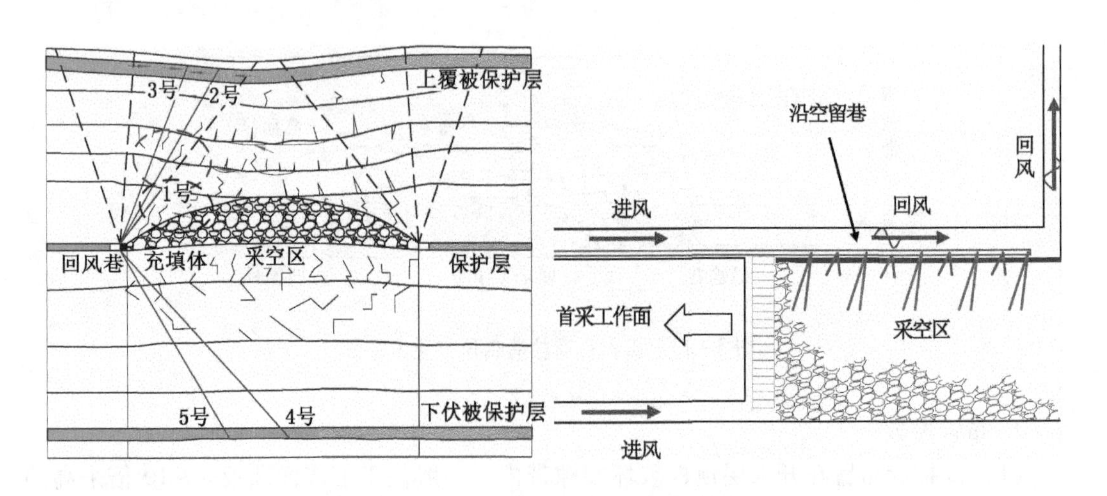

图3－14 无煤柱沿空留巷钻孔法抽采瓦斯技术原理

2. 布置参数

保护层工作面推进后，充填护巷，使采空区内的巷道不至于垮塌。被保护层开始卸压前，紧跟回采工作面在工作面采空区内每隔一定距离施工穿透突出煤层的钻孔。被保护层卸压时，卸压瓦斯向钻孔汇集，抽出卸压瓦斯；另外，由于工作面顶板裂隙带内裂隙发育，瓦斯在浮力和压差的作用下，逐渐向倾斜上方运移，沿空留巷穿层钻孔还可以抽采这部分瓦斯，减少工作面上隅角瓦斯涌出。

1）下向钻孔

煤层群条件下，在卸压保护区内煤层透气性系数增加数百至数千倍，底板裂隙发育区的卸压瓦斯通过竖向裂隙与采空区贯通，上浮运移至采空区，无显著的瓦斯富集区。但在底板致密隔气性较好的泥岩之下的远距离被保护层中存在高压瓦斯，在留巷内布置下向抽采瓦斯钻孔直接穿过下伏被保护层，如图 3－14 中的 4 号、5 号钻孔，连续抽采被保护层高浓度卸压瓦斯。通过留巷内下向穿层钻孔替代底板岩石巷及在该巷中布置的上向穿层钻孔，节省底板岩石巷和大量的抽采钻孔，工程量减少。

2）上向低位钻孔

在沿空留巷内布置上向低位抽采瓦斯钻孔，如图 3－14 中的 1 号钻孔，钻孔布置在采空区上方竖向楔形瓦斯富集区，抽采采空区解吸游离瓦斯，包括来自保护层和被保护层通过采动影响形成的裂隙通道汇集到采空区上部裂隙区内的解吸游离瓦斯。

以淮南矿区为例，介绍上向低位钻孔布置参数。终孔位置距采煤工作面回风巷的水平距离为 10～30 m，距煤层顶板的法向距离为 10～12 倍采高，并且不小于 30 m；倾角小于采动卸压角，缓倾斜煤层钻孔倾角不大于 80°，急倾斜煤层钻孔倾角不大于 75°；施工时间在采煤工作面采后 20 m 以后，钻孔直径不小于 90 mm；钻孔成组设置，每组数量不少于两个，钻孔偏向工作面 60°～70°，抽采钻孔组间距 20～25 m；孔口的封孔长度在开采煤层顶板法向上大于采动规则冒落带的高度，抽采钻孔法向封孔深度不小于 5 倍采高。

3）上向高位钻孔

上覆岩体的卸压效果，随着距开采层距离的增大而降低。由于远距离被保护层距保护层距离远，弯曲下沉带卸压程度较低，穿层裂隙发育不充分，采动裂隙与下部的采空区没有沟通；煤体发生膨胀变形，横向离层较为发育。弯曲下沉带内卸压瓦斯易于汇集在离层裂隙中，形成上向远距离被保护层瓦斯富集区。在留巷内布置高位钻孔（图 3－14 中的 2 号、3 号钻孔）抽采富集区内瓦斯，远距离被保护层内离层裂隙为瓦斯抽采提供了良好通道。

以淮南矿区为例，介绍上向高位钻孔布置参数。倾角小于采动卸压角，缓倾斜煤层钻孔倾角不大于 80°，急倾斜煤层钻孔倾角不大于 75°，钻孔倾角一般取 50°～65°；施工时间在采煤工作面采后 20 m 以后，钻孔直径不小于 90 mm；成组设置，每组数量不少于两个，钻孔偏向工作面的角度为 60°～90°，上向穿层抽采钻孔组间距为 20～25 m。孔口端设套管，上向抽采钻孔孔口的封孔长度在开采煤层顶板法向上大于采动冒落带的高度，且抽采钻孔法向封孔深度不小于 5 倍采高。

4）留巷侧埋管

高瓦斯煤层群开采，保护层开采后，邻近被保护层瓦斯将大量涌入回采空间，虽然采取留巷顶底板穿层钻孔抽采采动卸压瓦斯，但由于近距离邻近被保护层涌出的瓦斯量大，仍可能造成瞬时回风流瓦斯超限。首采保护层无煤柱开采时，留巷段采空区埋管抽采瓦斯可作为防止采空区瓦斯大量向工作面涌出的辅助措施。同时，沿空留巷 Y 型通风采空区后部、留巷侧积聚大量高浓度瓦斯，为提高瓦斯抽采率创造了条件。

沿空留巷墙体埋管及连管方式示意如图3-15所示，当墙体充填开始时，在采空区侧模板上预埋一定管径的抽采管，当墙体初凝脱模时，保留埋管孔；当墙体中凝强度具备时，可将埋管与干管合茬。抽采管道穿过留巷充填体，伸入采空区的长度不少于1.5 m，前端1 m管壁布置小管径（ϕ10 mm）的进气花孔，通过三通和连接管接入风巷内的抽采支管上。通过控制采空区抽采管道口的数量和开启程度，可控制采空区瓦斯抽采量和抽采瓦斯浓度，从而改变采空区瓦斯流动和瓦斯浓度场分布，控制采空区瓦斯涌出。

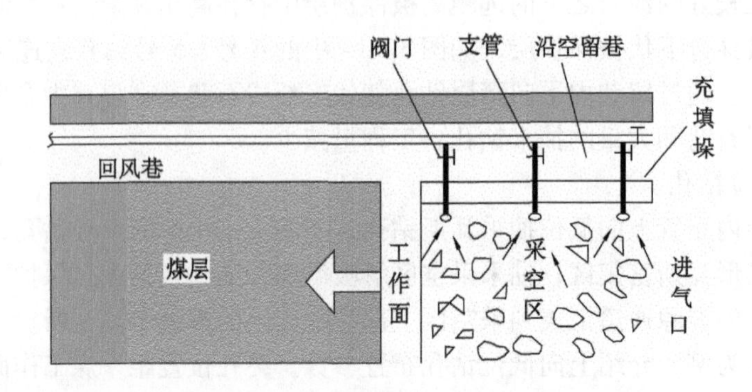

图3-15　沿空留巷墙体埋管及连管方式示意图

3. 技术特点

无煤柱沿空留巷钻孔法抽采技术有效解决了高瓦斯低透气性煤层安全高效开采的难题，具有以下特点：

（1）消除了上隅角及工作面瓦斯易积聚、易超限的隐患：沿空留巷Y型通风工作面运输巷与回风巷进风，工作面上隅角处于进风侧。

（2）降低回风系统热害：使保护层工作面始终处于进风流内，工作面温度比U型通风时降低2~5 ℃，且作业人员在进风流中工作，改善了作业环境，有效解决了深井开采热害问题。

（3）巷道工程量减少：留巷施工钻孔抽采卸压煤层瓦斯，省去了同类条件下高抽巷或底抽巷等多条岩石工程量，巷道掘进成本下降2~3倍。

（4）留巷墙体隔离漏风效果好，减少了采空区漏风且便于实施采空区防火措施。

（5）沿空留巷无煤柱开采，可以多回收区段煤柱8~20 m，采出率提高5%~8%，相邻区段连续开采，形成大范围连续卸压区。

（6）充填留巷作为瓦斯治理巷道，节省至少2条岩巷，降低了岩巷掘进成本和矸石排放量，留巷继续为下一个邻近工作面服务，少掘进1条煤巷，简化开采布局和采区巷道系统，可有效缓解矿井采掘接替紧张局面。

（7）抽采的瓦斯浓度高，可直接高效利用，实现节能减排，瓦斯利用成本降低，实现煤矿安全高效生产和环境保护的和谐发展。

4. 适用条件

（1）适用于煤层群赋存条件的保护层工作面，一次采全高，煤层厚度4 m以下、倾角0°~30°。

（2）顶板中等稳定以上，采空区直接顶属于易冒落和中等冒落程度，并能充填采空区，基本顶不出现大面积悬顶或能够及时处理大面积悬顶，底板稳定性较好，底鼓可控；顶板稳定性较差的工作面走向长度不宜大于 1500 m，采用加固措施后，工作面走向长度可适当延长。

（3）缓倾斜和倾斜下保护层，相对层间距不大于 35 倍采高。

（4）缓倾斜和倾斜上保护层，相对层间距不大于 25 倍采高。

5. 应用情况

1）工作面概况

顾桥矿 1115（1）工作面标高为 -765.8 ~ -656.2 m，工作面宽度为 220 m，回采长度为 2596.3 m，开采 11-2 号煤层赋存稳定，煤层厚 2.5 ~ 3.61 m，平均厚 2.94 m。煤层结构复杂，一般含 2 ~ 3 层炭质泥岩夹矸，煤层倾角为 3° ~ 10°，平均倾角为 5°。为解决矿井通风，缩短接替准备工期，采用 Y 型通风，工作面运输巷采用一般支护，回风巷采用沿空留巷技术。1115（1）工作面运输巷和回风巷（沿空留巷巷道）均为矩形断面、锚梁网支护，在断层破碎带附近及顶板淋水段为 U 型棚支护。

回采时预计相对瓦斯涌出量为 5.4 m^3/t，绝对瓦斯涌出量为 37.4 m^3/min，其中约 7.1 m^3/min（19%）为工作面落煤时瓦斯涌出量，30.3 m^3/min（81%）为采空区遗煤、邻近层等采空区瓦斯涌出量。

2）钻孔布置

顾桥矿 1115（1）工作面采用顶板高位钻孔和顶板低位钻孔抽采采空区和被保护13-1 号煤层卸压瓦斯，抽采钻孔布置如图 3-16 所示。

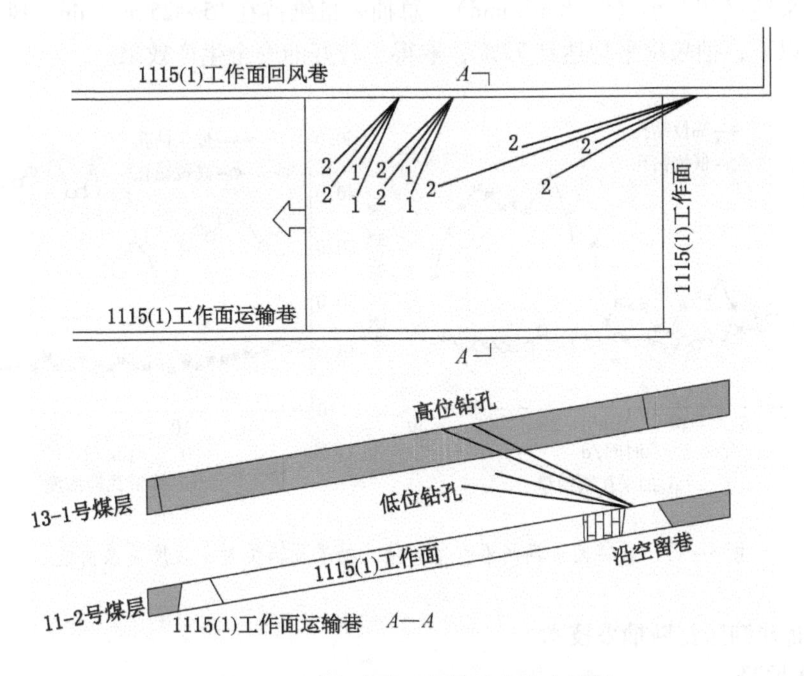

图 3-16　沿空留巷瓦斯抽采钻孔布置图

顶板高位钻孔在 1115（1）工作面煤层回采后沿空留巷内施工，钻孔倾角应小于采动卸压角，缓倾斜煤层一般不大于80°，确保钻孔穿过顶板裂隙带上部并穿透13－1号煤层，钻孔直径不小于90 mm，每组施工2个，钻孔组间间距为20 m，见表3－3。

表3－3　顶板高位钻孔设计参数

孔号	夹角/(°)	倾角/(°)	孔径/mm	预计钻孔长度/m	终孔距回风巷倾向水平距离/m	终孔距开孔点走向水平距离/m
1	70	70	94	83	27	10
2	65	65	94	85	33	15

顶板低位钻孔在1115（1）工作面煤层回采后沿空留巷内施工，钻孔倾角应小于采动卸压角，缓倾斜煤层倾角一般不大于80°，确保钻孔在顶板垮落后不会断开且位于裂隙带上部，钻孔终孔位置位于11－2号煤层顶板接近13－1号煤层稳定的砂岩内。1115（1）工作面沿空留巷内顶板走向钻孔布置参数为：钻孔终孔倾向投影距离为20～40 m，距11－2号煤层顶板法距45～55 m的稳定砂岩顶板内，钻孔直径不小于90 mm，每组抽采钻孔数量为2个，抽采钻孔组间间距为20 m。

3）应用效果

图3－17是正常回采期间沿空留巷钻孔抽采瓦斯纯量和抽采瓦斯浓度关系曲线。高位钻孔抽采13－1号煤层卸压瓦斯，具有抽采浓度高（基本能保持在30%以上）、抽采纯量大的特点（10～25 m^3/min）。由于低位钻孔与垮落带连通，抽采浓度相对较低（8%～10%），抽采纯量相对小（5～8 m^3/min）。总抽采量维持在15～25 m^3/min，风排瓦斯量在10 m^3/min以下，抽采率平均达到72%，取得了较好的安全生产效果。

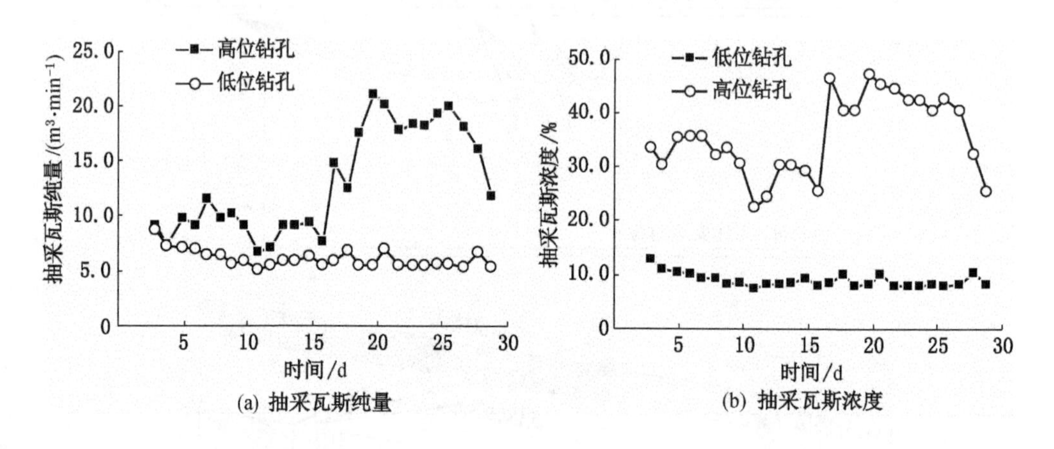

图3－17　正常回采期间沿空留巷钻孔抽采瓦斯纯量与浓度关系曲线

3.3.3　地面井卸压瓦斯抽采技术

1. 技术原理

地面钻井卸压瓦斯抽采技术是指从地面施工至保护层顶板（或穿过保护层）的钻井，利用地面瓦斯泵站的抽采负压作用，将卸压瓦斯通过采动裂隙和井孔抽采至地面。该类钻井布置在工作面的回采区域，且在工作面回采前预先施工完毕。

地面钻井抽采瓦斯来源主要是卸压瓦斯富集区域，同时也是采动裂隙发育区域。对于单一煤层工作面，地面钻井主要抽采开采层的采空区瓦斯；对于煤层群赋存条件，钻井既抽采上覆被保护层卸压瓦斯，又抽采保护层的采空区瓦斯，如图3－18所示。

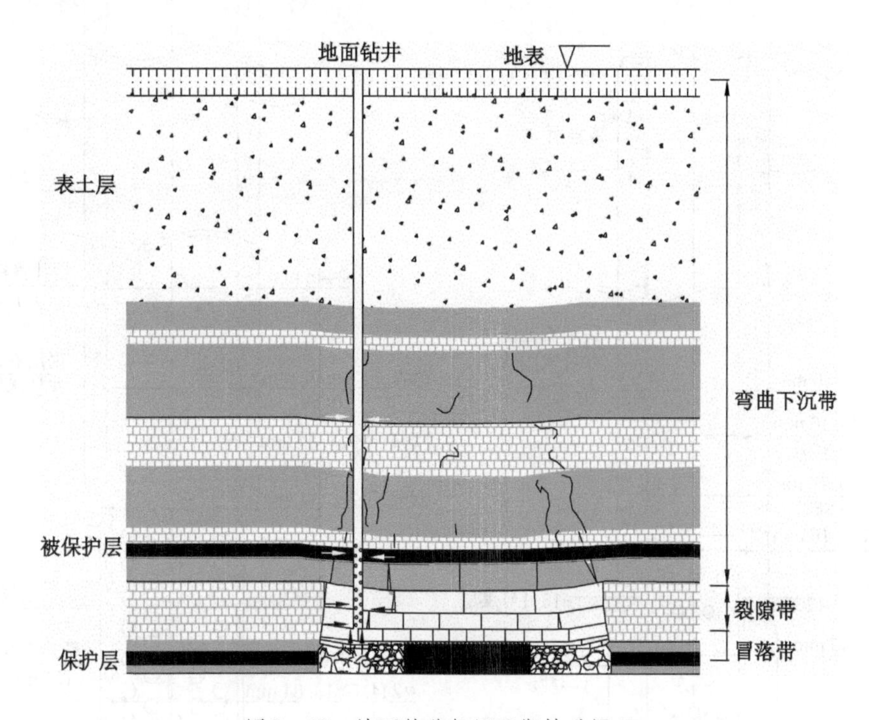

图3－18　地面钻井卸压瓦斯抽采原理

2. 布置参数

淮南矿区试验第一口卸压瓦斯抽采地面钻井以来，针对实践中出现的问题，对井身结构不断优化改进，设计了多种井身结构。目前，已经试验的井身结构有Ⅰ型、Ⅱ型、Ⅲ型、Ⅳ型，其中Ⅰ型、Ⅱ型在厚表土层与基岩界面位置附近易发生剪切破坏，比较成功并已推广应用的是Ⅲ型、Ⅳ型钻井。Ⅲ型、Ⅳ型钻井主要特点如下：

（1）针对卸压瓦斯抽采钻井的特点，打破常规钻井设计思路，引入“上止下泄”以及“硬抗”和“避让”相结合的设计理念，采用石油固井加强上部松散层止水、增大内层套管壁厚，将花管孔段扩大近一倍等多项举措。

（2）施工中采用PDC掏穴钻头将13－1号煤层顶板至11－2号煤层顶板地层瓦斯抽采花管段孔径扩大。给花管预留一定的外环空间进行“避让”，可以有效缓冲岩层在采动后产生的剪切力、挤压力对花管的破坏，从而有效保护花管在采动影响后能够保留完好的出气通道。另外可以使目的层的出气表面积增大，有效增加钻井出气量，提高单井产量。

（3）在花管与套管的连接上进行了改进，这种改进既增大了钻孔的过气断面，同时花管和实管采用同径，更易于钻孔的洗井工作。

（4）基岩面以下工作管石油套管壁厚增大到1倍左右，花管壁厚增大近40%，这些施工工艺的改进都将有效增强工作管抵抗采动破坏影响，保证钻孔有良好的出气通道。

淮南矿区Ⅲ型、Ⅳ型钻井井身结构如图3－19、图3－20所示，可以适应矿区厚表土层、覆岩含水层、覆岩大扰动、煤泥混合物堵塞花管等显著的工程地质条件。

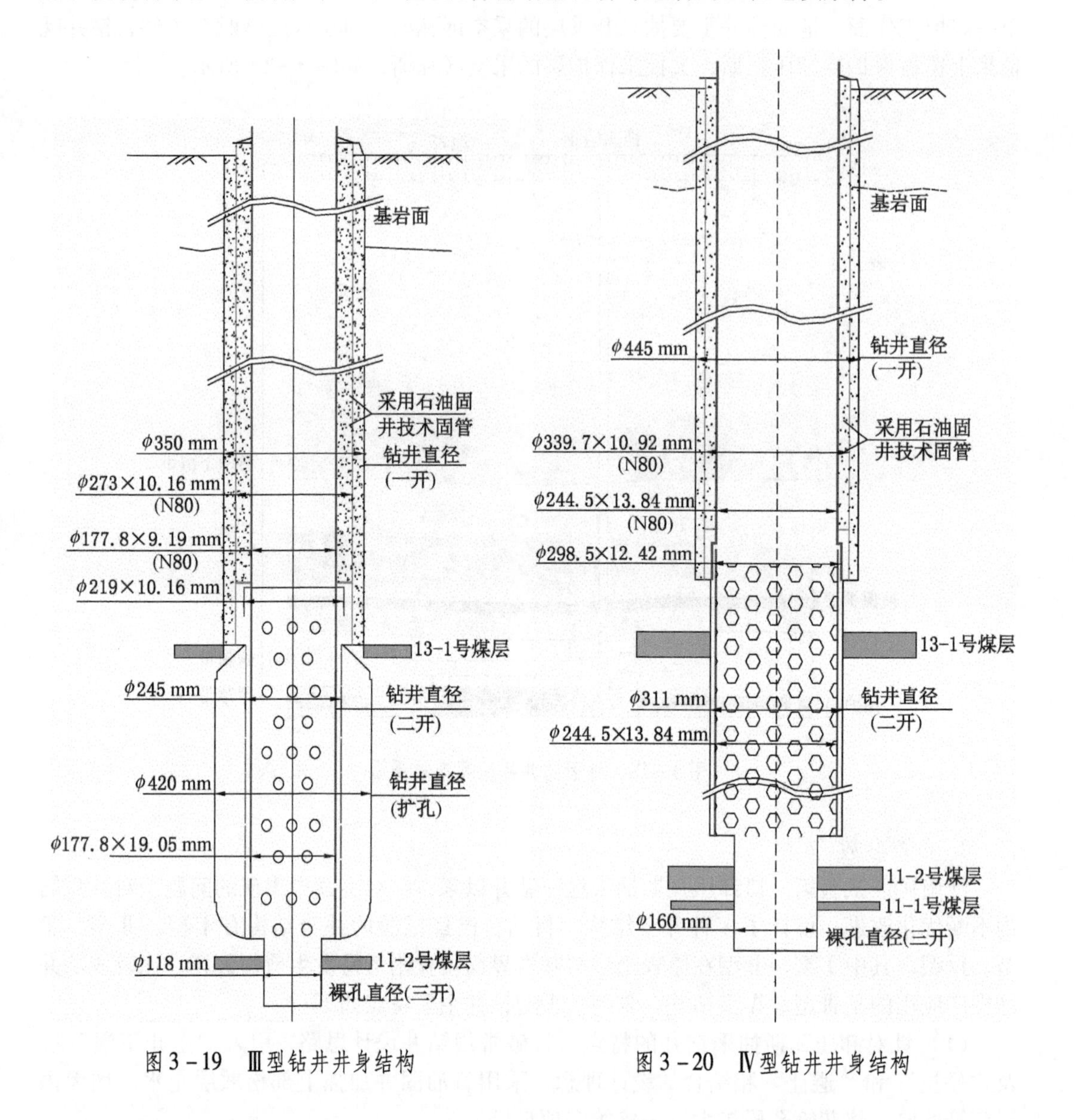

图 3-19 Ⅲ型钻井井身结构　　图 3-20 Ⅳ型钻井井身结构

1） Ⅲ型钻井结构

一开：石油套管从基岩面延深至 13-1 号煤层顶板 12 m；孔径从 273 mm 增大到 350 mm，并采用双石油套管、石油固井技术进行固井。石油套管规格分别为 $\phi273\times10.16$ mm、$\phi177.8\times9.19$ mm。

二开：孔径 245 mm 至 13-1 号煤层顶板，由上而下地面至 13-1 号煤层顶板下入 $\phi177.8\times9.19$ mm 石油套管，采用石油 G 级水泥二次固井；花管段采用 PDC 掏穴钻头将 13-1 号煤层顶板至 11-2 号煤层顶板岩层段的孔径扩大“掏穴”扩孔至 $\phi420$ mm。花管为 $\phi177.8$ mm $\times19.05$ mm 石油套管，从 13-1 号煤层顶板 12 m 至 11-2 号煤层顶板以上 3~5 m 下入石油花管。

三开：11－2号煤层顶板以上3～5 m至11－2号煤层底板6～12 m，孔径118 mm，裸孔。

2）Ⅳ型钻井结构

一开：地面至13－1号煤层顶板10 m，孔径445 mm；地面至13－1号煤层顶板12 m，下入ϕ339.7×10.92 mmN80石油套管。

二开：13－1号煤层顶板10 m至11－2号煤层顶板以上3～5 m，孔径311 mm，其中由上而下地面至13－1号煤层顶板28 m下入ϕ244.5×13.84 mmN80石油套管，套管底口连接8 m长ϕ298×12.42 mm石油套管，13－1号煤层顶板20 m至11－2号煤层顶板以上3～5 m下入ϕ244.5×13.84 mmN80石油花管，花管上口连接7.5 m长ϕ244.5×13.84 mmN80实管与ϕ298×12.42 mm石油套管重叠。

三开：11－2号煤层顶板以上3～5 m至11－2号煤层底板6～12 m，孔径160 mm，裸孔。

3. 技术特点

卸压瓦斯抽采地面钻井具有抽采量大、抽采浓度高、抽采半径大的优点，可以提高保护层及被保护层瓦斯抽采率，缓解通风压力，同时取代底板岩巷和网格式穿层钻孔，减少井下钻孔工程量。地面钻井具有“一井多用”的功能，保护层工作面开采后，地面钻井可以加以技术改造为采空区抽采井，抽采保护层采空区瓦斯；在工作面采至钻井前一定距离任意时间施工完毕即可，既利用了采动区煤层瓦斯卸压的高效抽采条件，又减少了井下瓦斯抽采工程与采掘作业相互干扰，可以改善井下安全环境和职工工作条件，是一种抽采效率高、易于大规模推广实施的技术方法，是煤与瓦斯资源共采的绿色技术，是下保护层开采卸压瓦斯治理的主要发展方向。

4. 适用条件

地面井卸压瓦斯抽采技术适用于煤层倾角不大于40°的下保护层开采，且回采工作面地表具有地面井施工和瓦斯抽采管路安装的条件。

淮南矿区应用实践表明，Ⅲ型钻井结构的适用条件是钻井深部小于700 m、保护层开采厚度小于2.5 m；Ⅳ型钻井结构的适用条件是钻井深部大于700 m、保护层开采厚度大于2.5 m。

5. 应用情况

1）淮南矿业集团应用效果

2005年3月至2020年6月，淮南矿业集团共计施工卸压瓦斯抽采地面钻井293口，其中Ⅰ型钻井59口、Ⅱ型钻井43口、Ⅲ型钻井171口、Ⅳ型钻井20口。单井最大瓦斯抽采总量645万m^3，平均单井瓦斯抽采总量159.5万m^3，见表3－4。

表3－4 淮南矿业集团卸压瓦斯抽采地面钻井施工情况

钻井类型	数量/口	瓦斯抽采总量/万m^3	平均瓦斯抽采量/万m^3
Ⅰ型	59	7460	126.44
Ⅱ型	43	5991	139.33

表3-4（续）

钻井类型	数量/ 口	瓦斯抽采总量/ 万 m^3	平均瓦斯抽采量/ 万 m^3
Ⅲ型	171	28569.02	167.07
Ⅳ型	20	4715	235.73
合计	293	46735	159.50

2）顾桥矿应用实例

（1）井位布置。

淮南矿业集团顾桥矿 11－2 号煤层 1121（1）保护层工作面卸压瓦斯抽采地面钻井主要采用Ⅲ型钻井结构。施工了 1121－1 号井和 1121－2 号井，距开切眼的距离分别为 80 m、402 m，距回风巷 60 m 左右，1121－1 号井深和 1121－2 号井深分别为 760.34 m、796.86 m，终孔层位为 11－2 号煤层底板，1121－1 号井基岩面深度为 427.65 m。

（2）钻井施工。

测井：常规测井、测斜；钻孔穿过新地层至基岩段硬岩（约 60 m）时，要进行常规测井，确定新地层及基岩段岩性，以便确定 ϕ298.5 mm 套管底口位置；钻进至 13－1 号煤层底板 10 m 时进行常规测井，以便确定 ϕ177.8 mm 套管底口位置；钻进至 11－2 号煤层底板 10 m 后，进行常规测井，以便确定 ϕ127 mm 花管位置。孔斜要求：钻孔尽量垂直，终孔点在平面上距孔口点小于 10 m。

固管：ϕ273×10.16 mm 石油套管及 ϕ177.8×9.19 mm、ϕ177.8×9.09 mm 石油套管外环状间隙均采用石油固井技术进行全封闭。固井深度分别为 665.00 m 和 652.00 m。二路套管的固井施工过程连续，密度控制均匀，水泥返深至孔口，全井封固质量合格，各项指标达到设计要求。

冲洗液：冲积层段钻进速度快，在施工过程中要严格控制泥浆的黏度、比重、失水量、含砂量，在泥浆的调配中要适量加入部分降失水剂和稀释剂，以确保施工顺利进行和下套管一次性成功。基岩段选用低固相泥浆，具有除砂好、流变性好、配制简单的特点，泥皮薄而坚韧，可防止地层垮塌。

泥浆的净化采用机械除砂、人工捞砂和长槽沉淀 3 种方法同步进行，其中以机械除砂为主，人工捞砂和长槽沉淀为辅，以求全面清除泥浆中的无用固相，保持和稳定泥浆的性能，达到良性循环。设置专职泥浆管理员，保证泥浆性能稳定，配备泥浆性能测量仪器，定期测量泥浆性能，以便及时调整和补充，护壁管固管后要彻底更换池内和孔内陈旧泥浆。

井斜控制：开始钻进 50～100 m、下套管前各测斜一次，发现问题及时研究处理。严把开孔关，新地层段要轻压、快速、大泵量钻进，逐根加入加重管。

孔口装置：ϕ273 mm 石油套管上口用 ϕ300 mm 托盘覆盖，托盘内圈与 ϕ177.8 mm 石油套管焊死；ϕ177.8 mm 石油套管之上连接 3.50 m 长的 ϕ177.8 mm 石油套管短接，短接上口用 ϕ280 mm 闷盖闷死，闷盖中心留设 ϕ10 mm 的气孔。

距离孔口 3 m，以 5 m 间距均布 6 个接地极，接地极采用 ϕ50 mm×2500 mm 镀锌钢管，且埋深1 m，接地线采用直径 ϕ40 mm×4 mm 镀锌扁钢，并焊接到孔口托盘上，施工完毕后，经遥测，接地电阻为2.8Ω，符合设计要求。

（3）抽采效果。

①1121－1号井。

工作面推过1号井27.3 m开始稳定出气，抽采浓度为17.4%～58.6%，混合量为10.37～23.64 m^3/min，纯量为2.28～12.62 m^3/min。1号井在65 d内共抽采瓦斯531368 m^3，正常日抽采量为9187 m^3。

工作面距1号井14.2 m时出气量为2.38 m^3/min，随着工作面向钻井靠近抽采量逐步下降至0.7 m^3/min，工作面推过钻井19 m后抽采量上升至1.45 m^3/min，工作面回采期间抽采量为2.28～12.62 m^3/min，平均抽采量为6.5 m^3/min。工作面推过钻井317 m后抽采量逐步下降至8.46 m^3/min，工作面推过钻井413 m后抽采量降为3.27 m^3/min。

工作面距1号井14.2 m时钻井瓦斯浓度为60%，随着工作面向钻井靠近，抽采量逐步下降至4.0%；当工作面推过钻井27.3 m后抽采浓度又逐渐上升至17.4%，工作面回采期间瓦斯浓度为17.4%～58.6%，平均浓度为40%；当工作面推过钻井378.7 m后，瓦斯浓度由30%逐步下降至19%。1号井卸压瓦斯抽采纯量及瓦斯浓度变化曲线如图3－21所示。

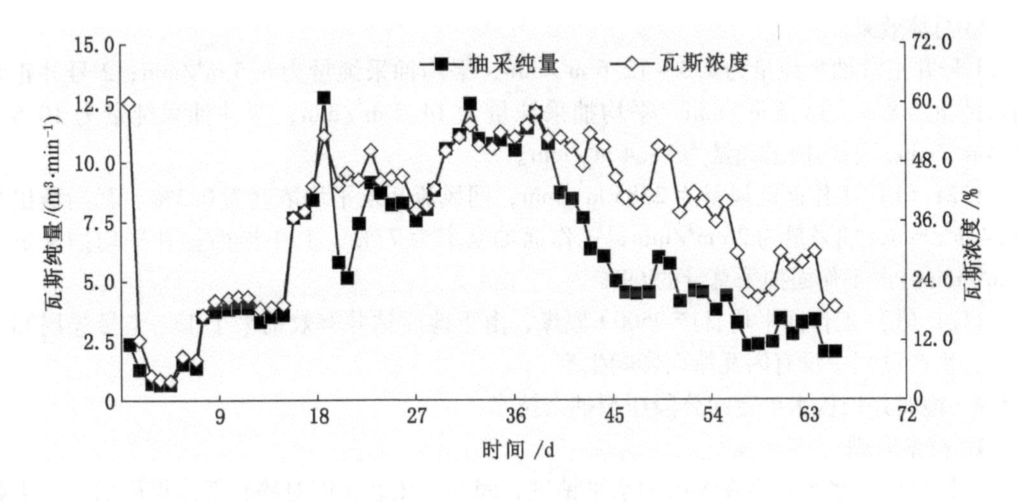

图3－21　1号井卸压瓦斯抽采纯量及瓦斯浓度变化曲线

②1121－2号井。

工作面距2号井2.5 m开始稳定出气，抽采浓度为41%～93%，混合量为18.3～23.9 m^3/min，纯量为8.3～18.4 m^3/min。27 d共抽采瓦斯量510504 m^3，正常日抽采量为20455 m^3。

工作面距2号井13.1 m时开始出气，纯量为4.62 m^3/min，随着工作面向钻井靠近，抽采量逐步下降至2.05 m^3/min，工作面推过钻井后抽采量上升至15.56 m^3/min，工作面回采期间抽采量为8.3～18.4 m^3/min，平均抽采量为14.2 m^3/min。

工作面距2号井23.7 m钻井瓦斯浓度为95%，随着工作面向钻井靠近，瓦斯浓度逐步下降至16.6%，工作面距2号井2.5 m开始瓦斯浓度上升至56%，工作面回采期间瓦斯浓度为41% ~93%，平均浓度为71%。2号井卸压瓦斯抽采纯量及瓦斯浓度变化曲线如图3-22所示。

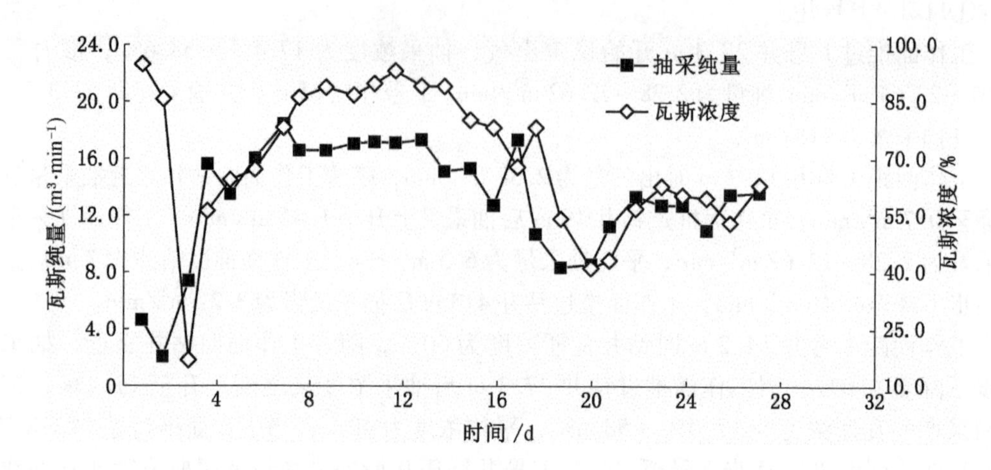

图3-22 2号井卸压瓦斯抽采纯量及瓦斯浓度变化曲线

③总体效果。

1号井正常抽采纯量为2.3 ~12.6 m^3/min，平均抽采纯量为6.5 m^3/min；2号井正常抽采纯量为8.3 ~18.4 m^3/min，平均抽采纯量为14.2 m^3/min；两井抽采纯量为10.6 ~23.4 m^3/min，平均抽采纯量为18.4 m^3/min。

1121（1）工作面配风量为2685 m^3/min，回风流瓦斯平均浓度为0.3%，瓦斯涌出量为34 m^3/min，抽采量为26 m^3/min，工作面抽采率为77%，其中地面钻井平均抽采量为18 m^3/min，占工作面抽采总量的69%。

1121（1）工作面平均日产9500 t原煤，由于地面钻井有效抽采了13-1号煤层卸压瓦斯，生产过程中没有因瓦斯而影响生产。

3.3.4 地面井顶板水平定向分段压裂抽采技术

1. 技术原理

矿区煤层气水平井多在煤层中水平钻进、固井、压裂，而对碎软低渗煤层而言，主要存在钻进过程中易垮孔堵塞、煤储层污染、压裂串层、抽采效果不理想等问题。借鉴页岩气和致密砂岩气水平井分段压裂技术的新型煤层气增产技术，将压裂目标层变为煤层顶板，岩层压裂形成导通裂隙，抽采煤层瓦斯。碎软煤层U型井水平段顶板分段压裂是在煤层顶板岩层中水平段安全钻进的，水平段轨迹控制在目标煤层顶板岩层内，并进行分段压裂，实现储层改造，U型井水平段顶板分段压裂提高了U型井的适用范围。地面井顶板水平定向分段压裂水平井组井身结构示意如图3-23所示。

2. 布置参数

地面井顶板水平定向分段压裂技术井组包括1口水平对接井和1口排采直井，水平段长度一般为500 ~1000 m，水平段轨迹控制在垂直目标煤层顶界以上0.5 ~2 m范围内，分段压裂间距一般为80 ~100 m。

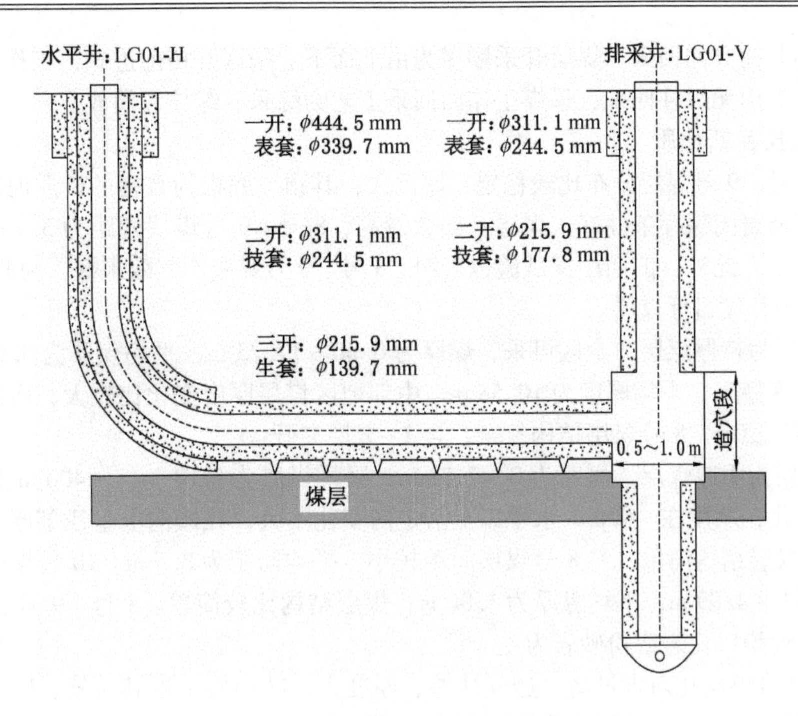

图 3-23　分段压裂水平井组井身结构示意图

在部署井位时，主要考虑以下几个方面的因素：

（1）为了保证抽采产量和效果，必须有足够的抽采时间；同时，不影响煤矿的正常生产，应将井位部署在煤矿的准备区或规划区。

（2）水平对接井组对地质条件要求比较高，因此，井组部署区应选在地质构造简单、煤层分布稳定且控制程度高的区域。

（3）优选煤层含气量高、煤层厚度大、煤体结构破坏小、渗透率相对高和水文地质条件相对简单的地区。

（4）相对垂直井，地面水平井组的钻完井和分段射孔压裂设备更多、更大，为了便于大吨位设备进出井场，对交通条件要求更高，井场面积更大。

（5）为了形成垂直于水平井眼的压裂裂缝，水平井井眼轨迹需平行或近平行于地层最小主应力方向和煤层走向方向。

3. 适用条件

地面钻井顶板水平定向压裂抽采技术主要适用于煤层松软破碎、地质构造简单、煤层瓦斯含量高、水文地质条件简单、煤层厚度大且分布稳定的瓦斯地质条件。

4. 应用情况

（1）矿井概况。

芦岭矿设计生产能力为 150 万 t/a。1960 年建井，1969 年底简易投产，1976 年达到并超过设计生产能力，出煤 161 万 t。其后又经过多次局部技术改造，使矿井年产量稳定在 180 万 t 以上，最高年产量突破 240 万 t。

矿井采取立井石门分水平开拓方式，沿倾斜方向分 3 个水平开采，分别是 -400 m、-590 m、-800 m。开采顺序为水平从上到下，上山采区由井筒向矿井边界回采；下山采区由边界向井筒方向回采，煤层开采顺序为由上而下。采区开拓前进式，工作面回采后退式，实行跨上山无煤柱回采，采煤工作面回采工艺为综采、综放和简放。

（2）煤层瓦斯地质。

矿井8号、9号煤层分布比较稳定，厚度大；其顶、底板为致密的砂质泥岩、粉砂岩类，煤层瓦斯封闭保存条件好；煤层瓦斯含量高，8号、9号煤层间距为3.5 m左右，可进行合层抽采。此外，前期勘探试验也表明，8号、9号煤层产气效果好。为此，将8号、9号煤层作为开发目标煤层。

8号煤层为特厚煤层，全区可采，煤厚为0.30～17.75 m，平均煤厚为8.96 m。东部区域煤层厚度稳定，平均厚度为10.58 m；中部地区煤层厚度变化比较大，西部采区煤层厚度变化相对稳定。8号煤层结构复杂，含1～2层夹矸。

9号煤层为中厚煤层，煤厚为0～7.88 m，平均煤厚为3.01 m，－400 m水平以下呈现串珠状变化，厚度在－400 m水平以上沿走向变化不大，在倾向上呈浅部厚、深部薄的变化；9号煤层结构简单，与8号煤层间距较小，平均间距为3.5 m。10号煤层为中厚煤层，煤厚为0～4.99 m，平均煤厚为1.86 m；煤层结构比较简单。8号、9号、10号煤层顶、底板岩性均以泥岩或粉砂岩为主。

8号、9号煤层瓦斯含量高、透气性差、厚度大，结构属于极其松软、破碎类型，煤的平均坚固性系数在0.1～0.3之间，瓦斯放散初速度为13～30 mmHg，属于突出煤层。－400 m标高处（一水平下限标高）8号、9号煤层瓦斯压力为2.59 MPa，瓦斯含量为18.95 m^3/t；－400～－590 m标高范围（二水平）8号、9号煤层瓦斯压力为2.59～4.43 MPa，瓦斯含量为18.95～22.67 m^3/t；－590～－800 m标高范围（三水平）8号、9号煤层瓦斯压力为4.43～6.47 MPa，瓦斯含量为22.67～25.40 m^3/t。

鉴于8号煤层松软、破碎，沿煤层定向水平钻井易出现卡钻等事故。因此，确定在8号煤层顶界以上0.8～1.3 m的顶板泥岩和粉砂岩中，实施定向水平钻进，向下定向射孔，实施分段压裂，抽采8号、9号煤层的瓦斯。

（3）压裂钻井布置。

综合分析芦岭井田采掘规划、煤与煤层气地质条件、交通地形，以及前期WLG01、WLG02、WLG03、WLG04和WLG05地面5口井成功抽采的经验等，将水平井组部署在Ⅲ102采区WLG01井和WLG02井连线西侧。

WLG03井的8号、9号煤层微地震压裂裂缝监测显示：主裂缝方向为NE 41.3°。因此，水平井组水平投影方位近似垂直于主裂缝方位，可获得较好的产气效果。此外，水平段长度也是一个重要的因素，过短影响煤层气产量，发挥不出水平井的优势，投入/产出比低；过长则增加了工程的复杂性，工程风险增加。综合分析，此次设计水平段长度为580 m，并且水平段沿8号煤层上方钻进。

水平井组两井水平投影长800 m，水平段长约600 m。该区域地势平坦，距离断层、已有勘探钻孔适中，无地面建筑，交通便利。沿直井到对接井，8号煤层标高呈逐步上升的趋势，上升角度约为4°。LG01井组设计参数见表3－5。

（4）压裂抽采方案。

在芦岭井田布置1个地面煤层气分段压裂水平试验井组，包括1口水平对接井和1口排采垂直井。水平井钻进过程中，采用地质导向技术，将水平段轨迹控制在垂直8号煤层

表 3-5　LG01 井组设计参数　m

井号	孔口坐标			终孔深度
	X	Y	Z	
LG01-V	3713910.20	39516260.23	24	816
LG01-H	3714510.70	39515709.16	24	1438

顶界以上的砂泥岩中；水平井钻井、固井结束后，在水平段进行向下定向射孔并实施分段压裂，实现水平井眼与 8 号煤层和 9 号煤层的沟通，对煤储层进行改造；最后在垂直井安装排采设备，采用抽油机+管式泵排水和油套环空产气的方式对 8 号、9 号煤层进行煤层气开采。

（5）压裂抽采工程。

压裂工程自 2014 年 8 月 10 日开始现场准备工作，采用泵送桥塞-射孔压裂联作工艺进行水平井分段压裂，分 7 段进行储层改造。8 月 31 日至 9 月 5 日对水平井 LG01-H 井进行正式压裂施工，按照有关标准和设计完成了通洗井、射孔、压裂施工、压裂效果评测等工作，等到井口压力将至 3.5 MPa 后，开始放喷。

①完成了 LG01-H 井前通洗井、试压等作业施工。通洗井、试压作业施工符合相关标准要求，施工合格。

②完成了水平井 LG01-H 井 7 段的射孔施工。采用电缆泵送桥塞-射孔联作方式，每段射孔 3 m，采用深穿透射孔弹，孔密 10 孔/m。桥塞选用 MAGNUM/4.3″易钻桥塞，耐压差为 68.9 MPa。累计射孔长度为 21.0 m，累计射孔孔数为 210 孔，射孔发射率为 100%。射孔施工符合《射孔作业技术规范》（SY/T 5325—2013）要求。具体数据见表 3-6。

表 3-6　LG01-H 井射孔及桥塞封隔位置

序号	射孔井段/m	射孔个数/个	射孔段间距/m	桥塞位置/m
第一段	1443.0~1446.0	30	距直井：39.96	1465.0
第二段	1339.0~1342.0	30	101	1367.0
第三段	1253.0~1256.0	30	83	1288.0
第四段	1182.0~1185.0	30	68	1220.0
第五段	1095.0~1098.0	30	84	1119.0
第六段	1012.0~1015.0	30	80	1047.0
第七段	937.0~940.0	30	72	970.0

③完成了水平井 7 段的压裂施工。采用活性水作为压裂液，配方为 1% KCL+0.05% 杀菌剂。支撑剂为两种粒径的石英砂：中砂（425~850 μm）、粗砂（850~1180 μm）。

7 段压裂施工，累计注入压裂液 4230.7 m^3，加入石英砂 277 m^3，平均砂比基本在 11%~13% 之间。压裂施工过程顺利，完成了设计要求的加砂任务，施工质量符合相关压裂施工作业技术规范。压裂数据见表 3-7。

表3-7　LG01-H井压裂数据

序号	实际液量和砂量/m^3		实际砂比/%	加砂完成率/%
	液量	砂量		
第一段	979.0	63.8	9.27	100
第二段	976.0	65.5	9.77	100
第三段	927.0	80.0	13.19	110
第四段	920.0	80.0	13.37	110
第五段	1019.0	86.9	12.48	109
第六段	972.0	83.4	12.66	104
第七段	834.0	82.9	15.48	104
小计	6627.0	542.5		

④在压裂过程中，对第一段和第四段进行微地震裂缝监测，监测过程顺利，达到设计要求。监测结果见表3-8。

表3-8　LG01-H井第一段和第四段压裂微地震监测结果

项目	第一段/443.0~1446.0 m	第四段/1182.0~1185.0 m
东翼缝长/m	90.5	89.8
西翼缝长/m	78.6	73.4
总长度/m	169.1	163.2
单翼平均长/m	84.6	81.6
裂缝方位/(°)	45.2	46.1
影响高度/m	20.5	17.6
影响宽度/m	58.3	65.2
产状	垂直	垂直

（6）抽采效果。

井组自2015年1月19日开始正式排采，2015年4月16日开始产气，在抽采过程中应用智能监控系统，实时获取水平井排采的动态参数，针对排采的不同阶段，合理提出相应的排采制度，实现煤层气井的精细化排采。

2016年1月1日产气量10038 m^3，1月12日产气量达到10758 m^3，至2017年12月19日产气32个月时，累计产气量510万 m^3，煤层瓦斯含量降低2.91 m^3/t，2015年4月16日至2016年4月5日产气量情况如图3-24所示。

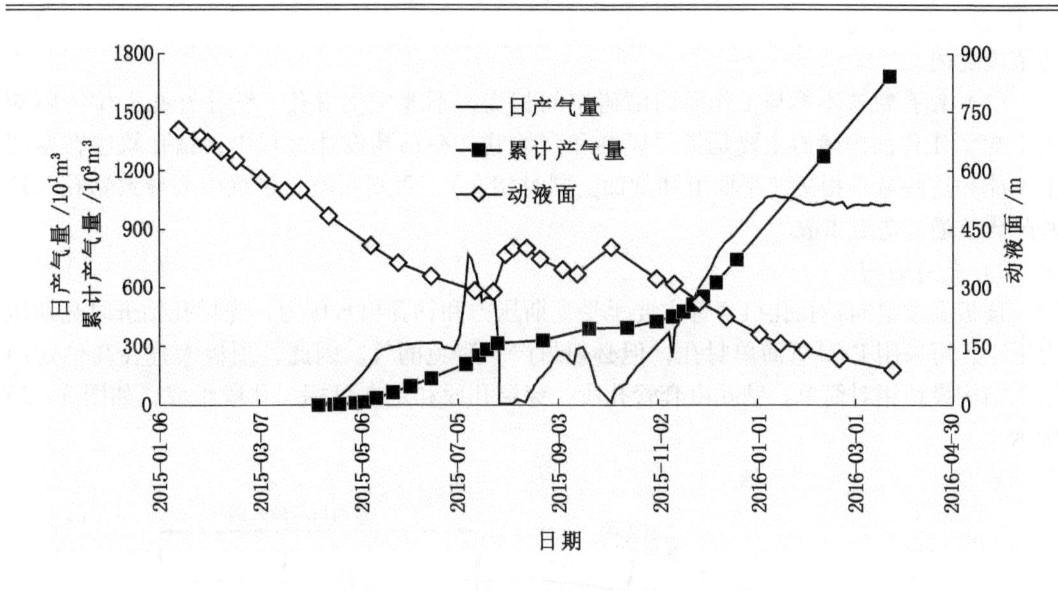

图3-24 芦岭矿日产气量和累计产气量

芦岭井田分段压裂水平井煤层气抽采示范项目实现了将水平井井眼轨迹置于目标煤层顶板，然后针对碎软煤层分段压裂，实现储层改造，取得了日产气量超过 10000 m^3/d 的新突破。这一项目的成功为地面开发碎软煤层中的煤层气开辟了新途径，取得了前所未有的突破；同时在实施完成这一项目的过程中取得了碎软煤层顶板安全钻进、煤层及其顶底板应力分布监测、煤层气水平井分段压裂工艺等一系列成果，并积累了丰富经验。

3.3.5 顶板定向钻孔瓦斯抽采技术

1. 技术原理

顶板定向钻孔瓦斯抽采技术通过抽采改变上隅角瓦斯流场，将邻近层及采空区涌出的瓦斯通过钻孔抽出，从而降低工作面回风流及上隅角的瓦斯浓度。钻孔布置在工作面采空区上方的裂隙带内，钻孔的抽采负压远大于工作面处的风流负压。由于升浮、运移作用，积聚在裂隙内的大量瓦斯被抽出。

顶板定向钻孔瓦斯抽采效果，主要表现在以下两个方面：一是拦截了上邻近层流向工作面的瓦斯；二是抽出了本煤层采空区及邻近层流向采空区的瓦斯。

2. 布置参数

顶板定向钻孔瓦斯抽采技术的关键：一是钻孔布置层位的确定，抽采钻孔应布置在裂隙带内。若抽采钻孔布置在冒落带内，抽采瓦斯浓度低；若布置在弯曲下沉带内，抽采量小。二是抽采工艺，钻孔密封是瓦斯抽采工艺的关键环节，钻孔与抽采管道的接茬处一定要严格密封，方可抽出高浓度瓦斯。

1）顶板高位定向钻孔设计原则

（1）满足瓦斯抽采需要。为了保证钻孔抽采效果，钻孔设计轨迹空间位置应位于预定的煤层顶板裂隙带中。

（2）适应现有设备的施工能力。在现有设备的基础上，进行钻孔轨迹设计，应兼顾设备施工能力，包括：①钻孔轨迹弯曲强度应小于使用的螺杆马达及钻具的转弯能力；②钻孔设计深度应在现有装备施工能力范围之内；③施工精度应在现有仪器精度所能达到的范围之内。

（3）钻孔轨迹不能与工作面内障碍空间相交，不能发生窜孔。钻孔开孔方位间隔应大于6°。工作面内障碍主要是指回风巷和高抽巷，在钻孔设计过程中，钻孔轨迹在空间上不能和这些障碍相交（平面上和剖面上同时相交），否则在施工过程中会导致钻孔与这些障碍贯通，造成事故。

2）孔身结构

顶板高位定向钻孔孔口套管主要承受瓦斯压力和钻孔出水压力，先导孔钻进时瓦斯压力很小，可采用 PVC 管简单封孔，但必须封严，避免漏气。因此，顶板大直径高位定向钻孔结构设计相对简单。钻孔由套管孔段、穿层孔段和定向目标层孔段组成，如图 3－25 所示。

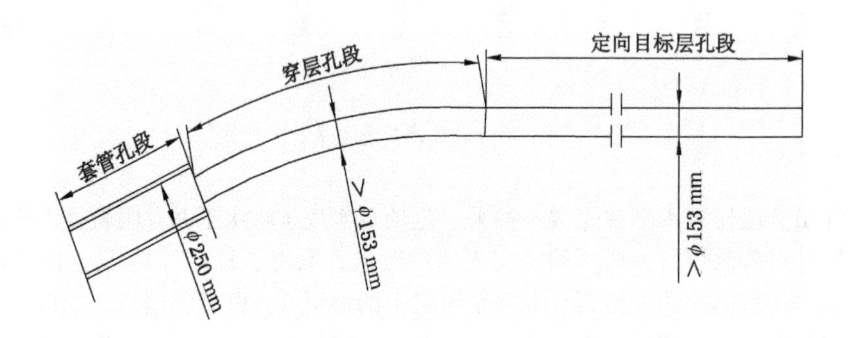

图 3－25　顶板高位定向钻孔结构示意图

以淮南矿区应用实践为例进行钻孔孔身结构介绍：

（1）套管孔段：由于终孔孔径达到 153 mm，因此开孔段孔径必须满足大直径套管下放需要。套管规格设计为 ϕ200 mm，下入深度 9 m 左右即可，因此套管孔段直径设计为 250 mm。

（2）穿层孔段先导孔采用复合定向钻进工艺进行施工，钻孔直径 96 mm 或 120 mm；然后采用扩孔技术将孔径增大至 153 mm 以上。当穿层孔段局部易坍塌缩径时，也可提前对该孔段进行扩孔施工，以提高钻孔排渣和钻具通过能力。

（3）目标层孔段先导孔采用复合定向钻进工艺进行施工，钻孔直径 96 mm 或120 mm，然后采用大直径多动力扩孔技术将孔径增大至 153 mm 以上。

3）平面位置

随着采煤工作面的推进，采空区中部离层裂隙逐渐压实，在采空区四周形成一个离层裂隙发育的“O”形圈。若将瓦斯抽采钻孔布置到“O”形圈内，必然能长时间、高效率地抽采采空区的瓦斯。通过资料、数据的搜集，根据现场施工情况，结合定向钻进技术的特点，将高位定向钻孔布置在距回风巷内帮 15～65 m 煤层顶板中的离层裂隙区。

多个顶板高位定向钻孔组成集束型钻孔群设计时，先确定中间钻孔的开孔方位，再根据钻孔间距合理设计两边钻孔的开孔方位及方位变化规律，保证钻孔水平目标层孔段间距控制在顶板离层区内。所有钻孔的主设计方位和水平目标层孔段方位均应与工作面巷道走向平行。

4）垂向位置

顶板定向钻孔主要通过抽采采动区和采空区顶板裂隙带内瓦斯，并改变工作面上隅角附近顶板瓦斯流向，预防上隅角瓦斯超限。因此钻孔垂向布置应满足上述两种瓦斯抽采的需要，布置在裂隙带内；一般情况下，顶板定向钻孔沿工作面走向布置在5~8倍采高位置处，如图3-26所示。

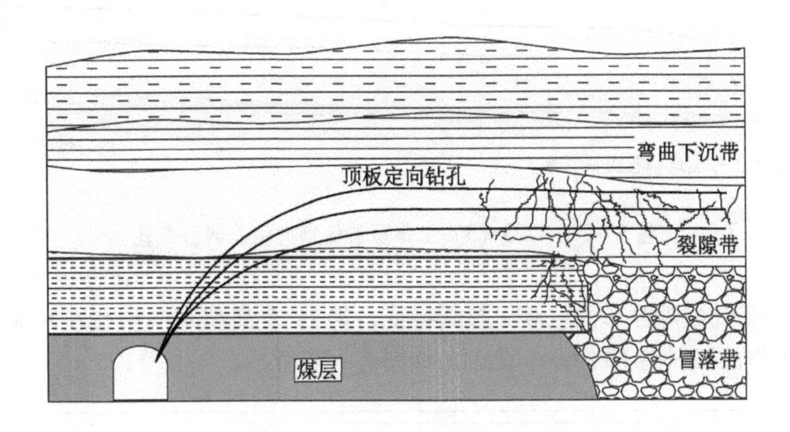

图3-26 顶板定向钻孔垂向布置示意图

3. 技术特点

煤矿井下定向钻进技术可以实现钻孔轨迹的精确控制，保证钻孔轨迹在预定层位中的有效延伸，与顶板高位钻孔相比增加了钻孔有效抽采长度，增加了钻孔瓦斯抽采量，进而提高了瓦斯抽采率；另外定向钻进技术可进行多分支孔施工，施工钻孔能均匀地覆盖整个工作面，具有钻进效率高、一孔多用、集中抽采的优点，能显著提高煤层瓦斯治理效果。

近年来，定向钻孔钻进设备的不断研发，有力地支撑了顶板大直径定向钻孔抽采技术的发展，采用顶板大直径定向钻孔代替高抽巷（以孔代巷）抽采保护层工作面采空区、被保护层卸压瓦斯成为瓦斯治理的新途径。

4. 适用条件

顶板定向钻孔瓦斯抽采技术主要适用于煤层赋存稳定，岩层较稳定，岩层普氏系数小于6，瓦斯主要来源于开采层上部邻近层、围岩及采空区的条件。

5. 应用情况

（1）工作面概况。

淮南矿区顾桥矿1123（3）工作面走向长1937 m，倾向宽260 m。开采13-1号煤层，平均煤厚为4.10 m，倾角为1°~4°，煤层原始瓦斯含量为3.95~5.85 m^3/t。13-1号煤层直接顶为厚度约4.19 m的泥岩、细砂岩、砂质泥岩、13-2号煤层，基本顶为厚度约3.25 m的中砂岩，直接底为厚度约3.60 m的砂质泥岩、泥岩、$13-1_{下}$号煤层，基本底为厚度约4.65 m的砂质泥岩。

（2）顶板定向钻孔施工。

顶板定向钻孔施工钻场位于1123（3）工作面轨道巷外段，钻场规格深×宽×高为5 m×12 m×3.2 m，采用锚网喷支护。根据顶板定向钻孔结构设计原则，结合与高抽巷瓦斯抽采能力对比，确定高位定向钻孔数量为 10 个，终孔直径为 153 mm。根据裂隙带高度经验计算公式，1123（3）工作面 13－1 号煤层顶板裂隙带高度为 20～41 m。结合地层勘探孔探查地层情况，将顶板定向钻孔分上层（距煤层顶板 38 m）和下层（距煤层顶板 25 m）两层分别布置（图 3－27）。

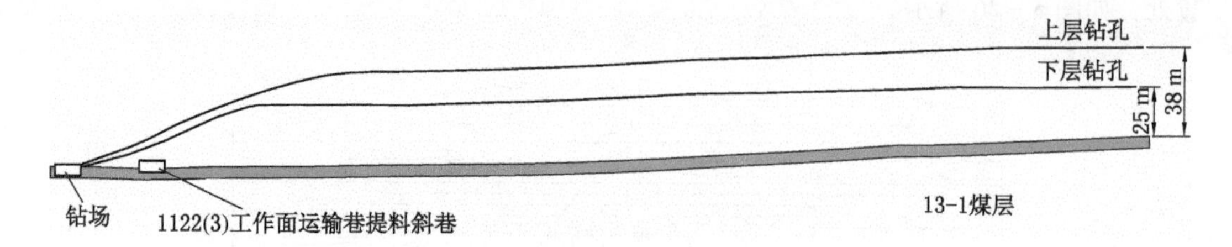

图 3－27　1123（3）工作面顶板定向钻孔剖面布置

根据覆岩采动裂隙分布的“O”形圈特征，将 10 个高位定向钻孔在平面上布置于距 1123（3）工作面回风巷 10～60 m 范围，如图 3－28 所示。

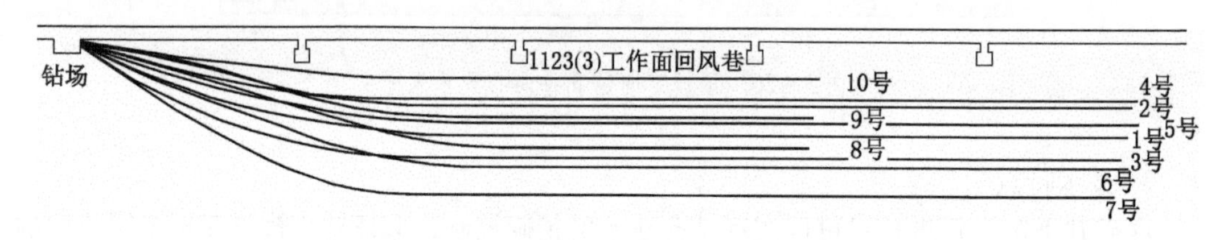

1 号、2 号、3 号—上层钻孔；4 号、5 号、6 号、7 号、8 号、9 号、10 号—下层钻孔

图 3－28　1123（3）工作面顶板定向钻孔平面布置

顾桥矿 1123（3）工作面 10 个顶板定向钻孔钻进用时为 82 d，其中孔深 500 m 以上钻孔 7 个，总进尺 4643 m，孔径 153 mm，钻孔实钻参数见表 3－9。

表 3－9　1123（3）工作面顶板定向钻孔实钻参数

孔号	孔深/m	孔径/mm	距回风巷内帮的距离/m	距煤层的距离/m	施工周期/d
1	510	153	36	38	10
2	510	153	24	38	6
3	510	153	48	38	13
4	503	153	22	25	9
5	503	153	34	25	10
6	503	153	44	25	9
7	508	153	54	25	11
8	380	153	42	25	4
9	358	153	15	25	4
10	358	153	30	25	6

（3）瓦斯抽采效果。

1123（3）工作面顶板定向钻孔进入抽采阶段后，稳定抽采 35 d 内单孔最大抽采纯量达到 11. 1 m^3/min，累计标况总量达到 64. 34 万 m^3，各钻孔目标层孔段瓦斯抽采数据见表 3 - 10，与邻近的 1116（3）工作面高抽巷的抽采效果对比如图 3 - 29、图 3 - 30 所示。

表 3 - 10　1123（3）工作面顶板定向钻孔抽采情况

孔号	平均浓度/%	平均标况混合量/（$m^3 \cdot min^{-1}$）	平均标况纯量/（$m^3 \cdot min^{-1}$）	累计标况总量/万 m^3
1	80	2. 51	2	8. 630
2	76	8. 25	6. 17	31. 118
3	50	1. 99	1. 02	4. 258
4	16	7. 31	0. 9	4. 532
5	15	5. 44	0. 65	2. 716
6	22	2. 05	0. 33	1. 386
7	27	5. 52	0. 98	4. 097
8	14	17. 49	2. 51	7. 600
9				
10				

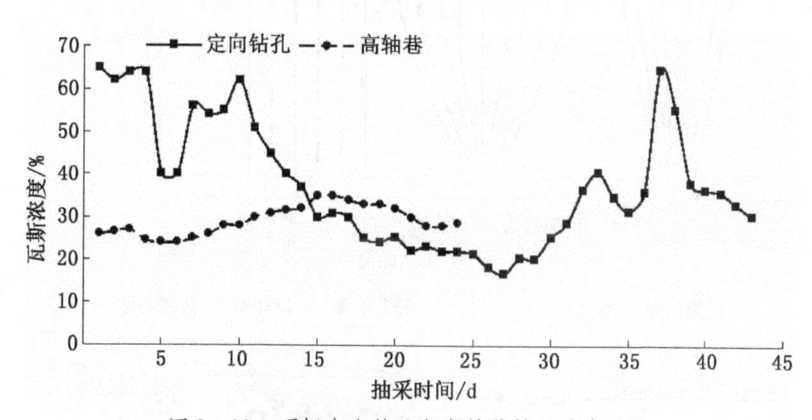

图 3 - 29　顶板定向钻孔与高抽巷抽采浓度对比

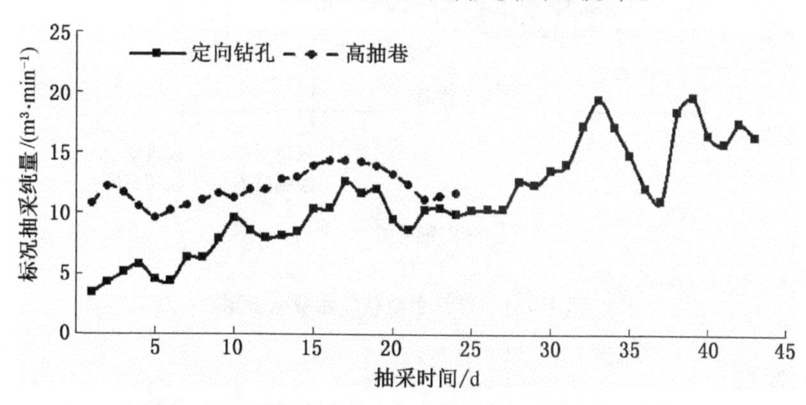

图 3 - 30　顶板定向钻孔与高抽巷标况抽采纯量对比

在抽采前期，顶板定向钻孔抽采浓度比高抽巷大，抽采中后期浓度基本相当，顶板定向钻孔平均抽采浓度比高抽巷略大。在抽采纯量方面，抽采前期高抽巷效果较好，抽采一段时间后，顶板定向钻孔达到并超过高抽巷抽采效果。分析认为高抽巷断面面积大，揭露岩层多，在采空区顶板还没有形成大量穿层裂隙时，高抽巷具有一定优势，当采空区顶板岩层裂隙充分发育以后，顶板定向钻孔抽采效果开始和高抽巷趋于一致，并最终超过高抽巷。

3.3.6 松软煤层顺层定向钻孔抽采技术

1. 技术原理

顺层定向钻孔抽采技术就是利用工作面一侧已掘巷道施工钻场，采用钻机定向施工若干顺层钻孔（一般大于200 m），顺层钻孔控制邻近待采工作面回采区域和待掘煤巷条带区域（图3－31），然后利用顺层定向钻孔抽采钻孔控制区域煤层瓦斯，以解决短钻孔控制范围小、钻孔多、施工时移机时间长、抽采时间短、钻孔偏斜不可控导致钻孔不能按设计在煤层中均匀分布等难题，缓解抽掘采接替紧张局面。

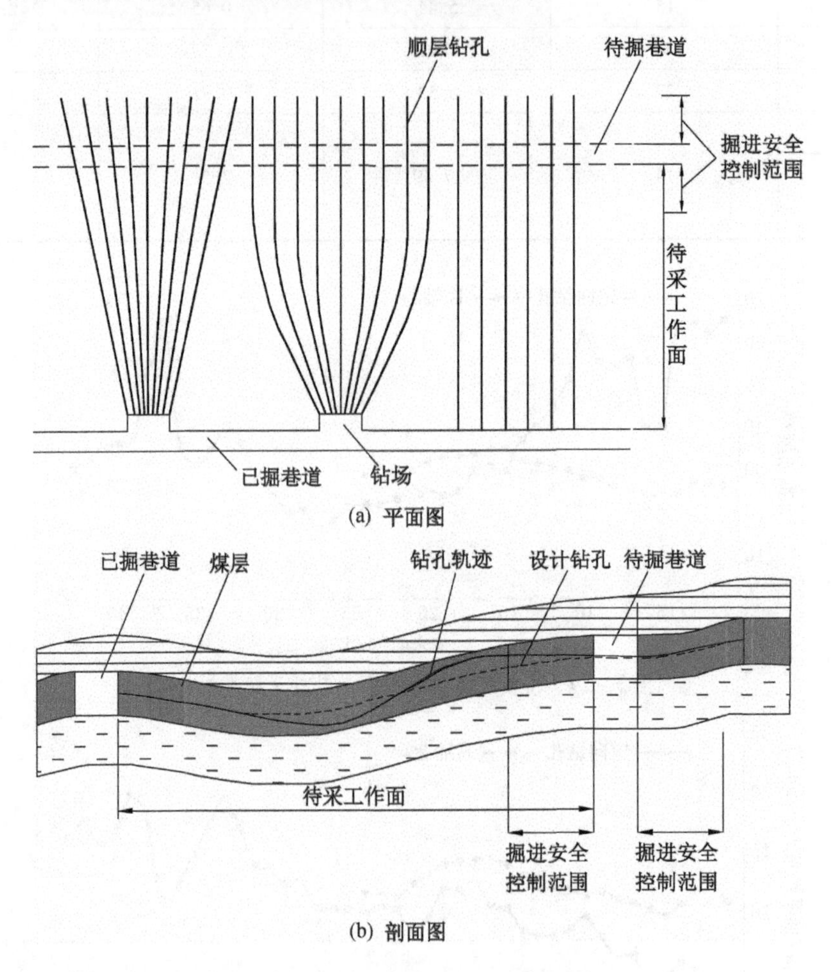

图3－31 顺层定向钻孔布置示意图

2. 工艺参数

1）施工工艺

松软煤层顺层定向钻孔施工工艺流程如图 3－32 所示。针对施工区域开孔段（一般为 0～50 m）的应力集中区，煤层极度破碎，该孔段采用回转钻进施工，并注浆处理，确保开孔段钻孔稳定；对于部分煤层松散破碎，容易出现塌孔，局部孔段煤层潮湿，定向钻进排渣困难，应以旋转复合钻进为主，确保正常钻进。

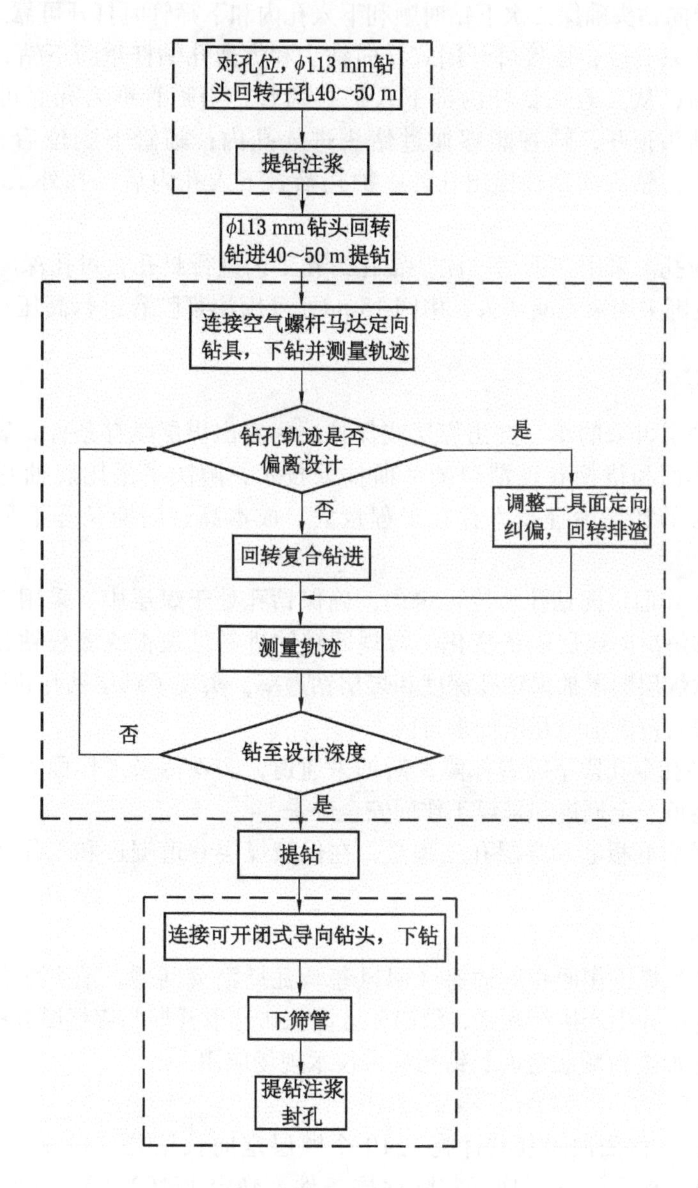

图 3－32　顺层定向钻孔施工工艺流程

2）关键参数

（1）钻具。采用 ϕ108 mm 钻头、ϕ73/83 mm 外螺旋气动马达、ϕ81 mm 螺旋下无磁钻杆、ϕ81 mm 螺旋探管外管、绝缘短节、ϕ81 mm 螺旋上无磁钻杆、ϕ73 mm 螺旋钻杆串。

（2）空气螺杆马达钻进参数。回转钻进转速为 80～120 r/min，风量在 400 m^3/h 以上；滑动定向钻进风量在500 m^3/h 以上；风量低于400 m^3/h 时，回转扫孔充分排渣。

（3）定向钻进。以旋转复合钻进为主、滑动定向钻进为辅，定向钻进2～3 m，回转扫孔排渣，然后继续定向钻进再回转扫孔，如此反复，保证孔内顺畅和施工安全。

（4）筛管完孔。采用 ϕ89 mm 可开闭式导向钻头、ϕ73 mm 整体式大通孔螺旋钻杆，其中可开闭式导向钻头确保二次下钻时顺利下入孔内和下筛管时打开可靠。

在定向钻孔完成后，连接可开闭式导向钻头和大通孔钻杆重新下钻，当下钻至预定深度时停止下钻，从大通孔钻杆内部下入护孔筛管，当筛管推入孔底可开闭式导向钻头位置时，将钻头顶开，筛管能够通过钻头进入孔内；筛管下到位后开始提出钻杆，将筛管留在孔内，钻头和钻杆提出孔外。护孔筛管下入孔内后，孔外15～20 m 筛管套上 PVC 管。

（5）钻孔封孔。采用“两堵一注”钻孔封孔工艺进行封孔，封孔深度为20 m，孔口及孔底共5 m 范围采用聚氨酯堵头，中间15 m 处采用注浆胶囊进行高压注浆，注浆压力不小于2 MPa。

3. 技术特点

现有无保护层可采的单一突出煤层或保护层为突出煤层赋存条件，煤层顺层定向钻孔横穿待采工作面和待掘巷道消突的瓦斯抽采技术，解决了采用底抽巷+穿层钻孔或顺层钻孔相结合的瓦斯治理技术存在工程量大、成本高、周期长等不足。该技术具有以下特点：

（1）横穿工作面定向钻孔轨迹可定向，确保钻孔处于煤层中。采用空气螺杆马达定向钻进方法能够解决因煤层起伏变化使常规回转钻进易见顶板或底板钻孔施工不到位难题，提高了松软煤层顺层抽采钻孔深度和煤层钻遇率，实现了顺层钻孔轨迹精准控制，同时确保了钻孔覆盖范围消除瓦斯抽采盲区。

（2）定向钻孔全孔段下筛管保障瓦斯抽采通道，实现待采工作面和待掘巷道瓦斯预抽消突，保证巷道安全掘进和采煤工作面安全开采。

（3）可以节省底板巷和穿层孔工程量，在保障煤层巷道掘进和工作面回采安全的同时，降低生产成本。

4. 应用情况

为同时解决采煤工作面和运输巷（回风巷）瓦斯消突问题，减少配套底板巷的综合成本投入，缓解矿井生产接替紧张，淮南矿区潘三矿选取瓦斯与煤层赋存条件较为复杂的17102（3）工作面进行顺层定向长钻孔抽采技术现场应用。

1）钻孔施工

17102（3）工作面回风巷共计施工19个顺层定向长钻孔（图3－33），钻孔竣工参数见表3－11。根据潘三矿现场实际地层条件，确定17102（3）工作面顺层定向长钻孔孔径为108 mm，钻孔分2排布置，开孔高度分别为1.2 m、1.8 m，每排钻孔开孔间距0.6 m，钻孔终孔间距5 m。采用定向钻进施工工艺实现了钻孔沿煤层施工，提高了顺层长钻孔见煤率，基本实现钻孔轨迹可控，实现精准定向施工，8个钻孔煤层钻遇率达到100%。

2）应用效果

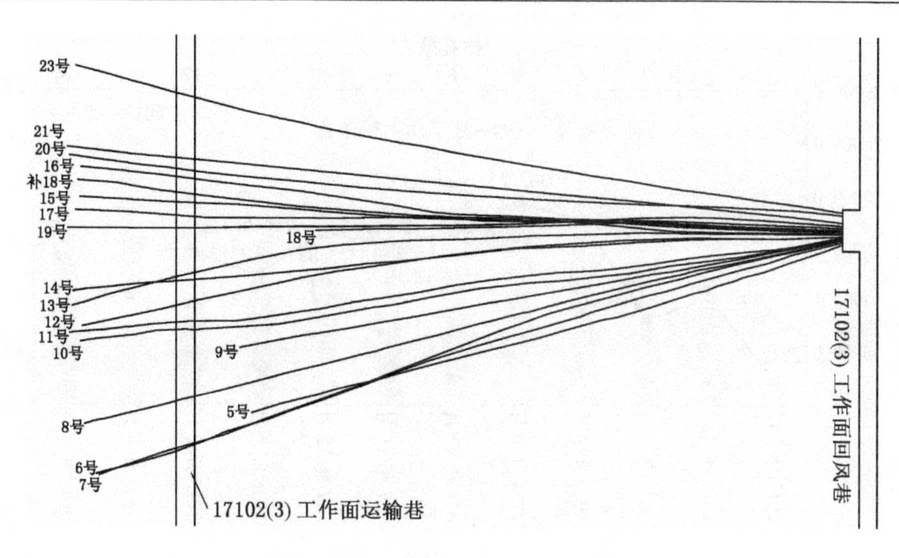

图 3-33 顺层定向钻孔施工成孔图

表 3-11 17102（3）工作面回风巷顺层定向钻孔施工情况

序号	钻孔编号	孔径/mm	孔深/m	钻遇率/%	筛管长度/m	上下偏差/m	左右偏差/m
1	23 号	108	231	85.54	231	-0.87	—
2	21 号	108	224.5	93.7	220	-0.40	-0.7
3	20 号	108	225	93.7	214	-1.03	1.9
4	19 号	108	225	91.6	220	-0.92	-1.5
5	18 号	108	160	100	—	—	—
6	补 18 号	108	221	100	220	-1.88	1.4
7	17 号	108	223	100	220	-0.61	-2.0
8	16 号	108	221	89.6	220	-1.94	—
9	15 号	108	221	100	202	-1.55	—
10	14 号	108	224.5	100	220	-1.81	-2.1
11	13 号	108	222.5	100	220	-1.4	-1.4
12	12 号	108	224	100	220	-1.7	-1.9
13	11 号	108	224	91.5	220	-2.0	-0.9
14	10 号	108	224	100	220	-2.04	2.0
15	8 号	108	224	100	218	-1.9	1.1
16	7 号	108	227	90.7	220	-1.9	-2.0
17	6 号	108	227	93	220	-1.72	—
18	9 号	108	170	100	170	—	—
19	5 号	108	175	100	171	—	—

17102（3）工作面施工 19 个顺层定向钻孔，2017 年 5 月至 2018 年 4 月 17 日，14 个钻孔累计抽采瓦斯 32.2 万 m^3，抽采率达到 61.3%，是常规钻孔抽采量的 3～4 倍，7 个月后平均瓦斯浓度仍达到 50% 左右（图 3-34）。

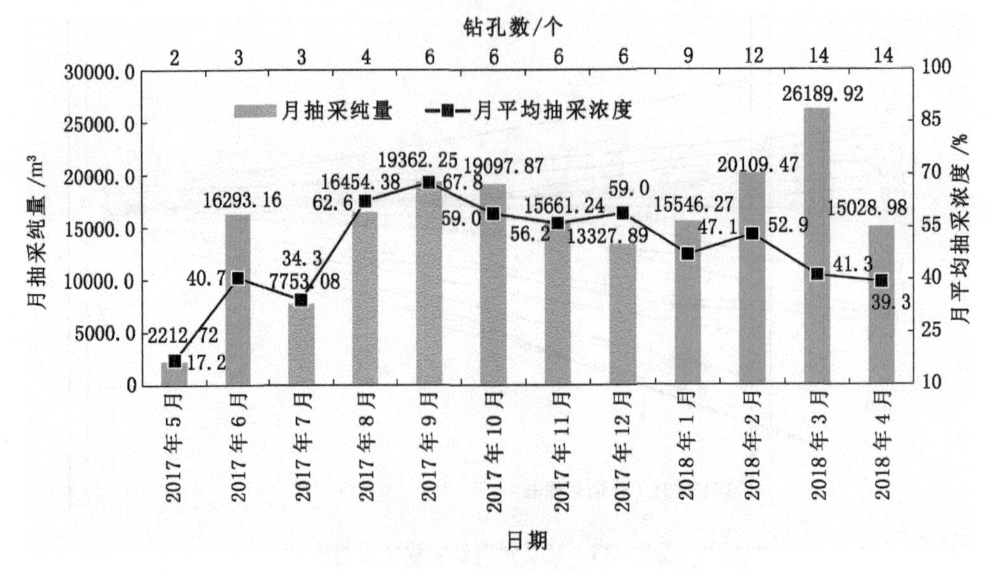

图 3-34 顺层定向钻孔采掘区域抽采效果

为检验抽采效果，对应 17102（3）工作面运输巷施工了 6 个效果检验钻孔，距顺层定向钻孔最大距离为 6.4 m，实测最大残余瓦斯压力为 0.35 MPa，残余瓦斯含量为 3.69 m³/t。经检验，在钻孔控制范围内抽采达标。

17102（3）工作面运输巷采用顺层定向钻孔抽采技术的区域，掘进平均进尺为 9.3 m/d，巷道掘进过程中执行突出危险性循环预测，防突预测最大指标：$S_{max}=3.5$ kg/m，$q_{max}=2.91$ L/min。掘进期间巷道配风量为 960 m³/min，回风流瓦斯浓度最大为 0.23%，实现了安全高效掘进。

3.3.7 水力压裂加骨料增透抽采技术

1. 技术原理

煤矿井下水力压裂是一种低渗煤层增透常用技术，其技术原理将在第 5 章、第 9 章进行阐述。目前，煤矿井下压裂采用清水压裂施工后，形成的裂缝难免重新闭合。针对该问题，可通过加砂支撑裂缝，改善裂缝导流能力，提高压裂后瓦斯抽采效果。压裂使煤层产生的裂缝体系被后续支撑剂充填，得到有效支撑，形成大量相互连通的裂缝通道，煤层有效渗透率得到极大提高，煤层渗流和导流条件得到明显改善，为瓦斯抽采提供了高速通道，更快地降低煤层瓦斯含量。

2. 工艺技术

水力压裂加骨料增透抽采技术的布置参数、适用条件等与水力压裂增透抽采技术基本相同，本节不再赘述。

1）施工工艺

目前，井下加骨料水力压裂系统主要由压裂泵组、远程控制开关、电磁阀组及加骨料罐组成。由压裂泵提供高压水力压裂液体，骨料在骨料罐中均匀混合后，通过高压管汇及压裂管进入钻孔进行加支撑剂压裂。单次加骨料压裂完成后，通过高压闸阀远程控制装置，关闭孔口阀门组进行保压；打开加骨料罐卸压阀门，进行卸压后，加入设计骨料量，通过远程阀门控制开关打开，并开启泵组进行循环加支撑剂压裂。通过高压电磁阀和远程泵组操作系统，实现远程、可控、定量加注骨料的压裂施工，保证了施工安全，确保了加注压裂液与骨料比例，提高了压裂增透效果。具体工艺流程如图 3－35 所示。

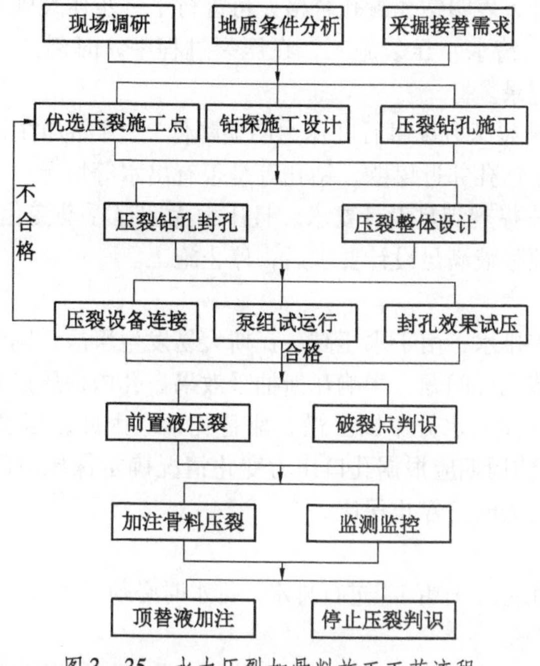

图 3－35　水力压裂加骨料施工工艺流程

具体施工工艺流程包括以下步骤：

（1）首先通过井下现场调研及对设计压裂点构造发育、煤储层特征等因素的分析,结合采掘接替的生产需求,确定井下加骨料压裂施工位置,完成钻探轨迹设计,并开展钻孔施工。

（2）利用“一堵两注”的水泥砂浆二次封孔技术对压裂钻孔进行封孔（图 3－36），并根据施工钻孔实际尺寸等参数进行压裂整体设计。

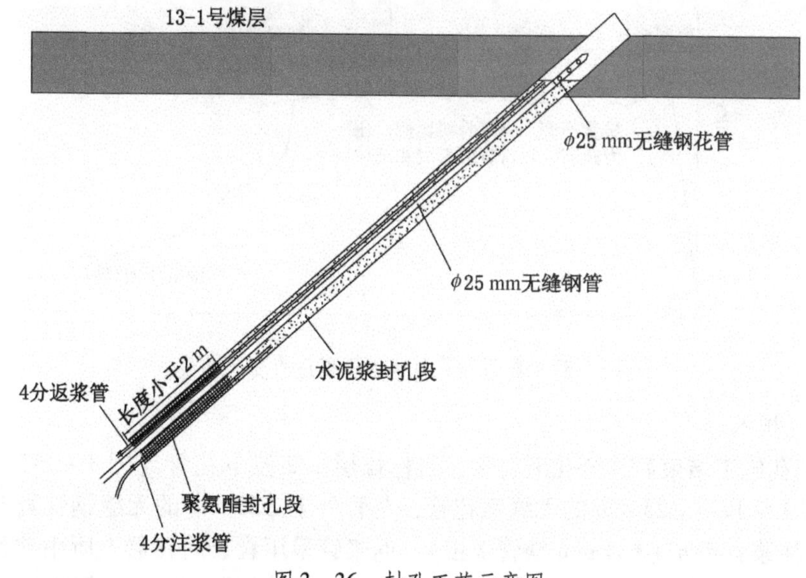

图 3－36　封孔工艺示意图

（3）连接井下加骨料压裂设备系统，并进行泵组试运行，在运行过程中监测监控压裂施工钻孔及煤壁、锚索、巷道和相邻钻场是否有漏水情况，如果钻孔等未出现漏水情况，泵注压力持续上升，表明钻孔封孔合格，可进行下一步压裂施工。

（4）进行前置液（清水）压裂施工，在压裂过程中，时刻监测压力变化情况，判识煤层破裂时刻并进行记录。

（5）当钻孔出现破裂压力规律后（压力明显降低），开始加注骨料施工，在施工过程中监测监控压力及施工钻孔邻近煤壁、钻孔等是否有出水等情况。

（6）当压裂液与支撑剂满足设计要求，且压力无明显浮动变化时，停止加骨料压裂，加注顶替液施工，当顶替液满足设计要求后，停止施工。

2）保压技术

压裂结束后若直接排水，由于水压高、瓦斯大易发生事故，同时孔内处于高压状态排水时，易产生塌孔、堵孔等问题，影响瓦斯抽采效果。孔内保压过程，也是注入压力与地应力恢复平衡的过程，注入水分不断扩散，驱替瓦斯。因此，压裂结束后需采取保压措施，一般保压 7 d，具体周期应根据孔口压力变化情况确定保压时间。当孔内压力降低至瓦斯压力或接近瓦斯压力时，停止保压。

3）排水技术

保压工作结束后通过孔口阀门组进行排水，排水时必须安装防喷装置，并控制排水量。

4）压裂液注入技术

压裂液注入是水力压裂增透技术成败的关键性环节，是保证煤层裂缝展开并沿裂缝通、运、送支撑剂的前提，其造缝能力及携带支撑剂的性能是压裂增透效果的保证。在压裂过程中，按照不同施工阶段的作用，压裂液分为前置液、携砂液、顶替液 3 部分。前置液是破裂地层并造成一定规模裂缝以备后面携砂液进入的前提，具有降温增效的作用；携砂液将支撑剂带入已形成的裂缝中，并将支撑剂带入预定位置；顶替液用来将携砂液送到预定位置，完成携砂液注入后，将全部携砂液顶替于裂缝中。典型加骨料水力压裂压力变化曲线如图 3-37 所示。

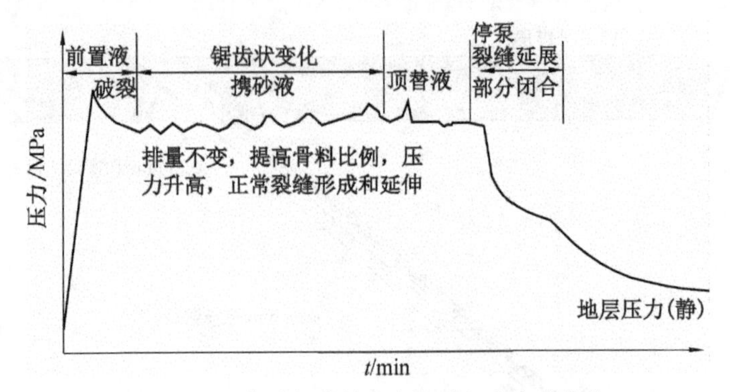

图 3-37 典型加骨料水力压裂压力变化曲线

5）封孔技术

（1）钻孔施工结束后，全孔下套管，目标煤层 1/2 段下花管（图 3-36）。具体为钻孔目标煤层 1/2 段下 ϕ25 mm 的无缝钢花管，花管外下 ϕ25 mm 的无缝钢管直至孔口，另下 ϕ12 mm 注浆管 4 m（ϕ25 mm 铁管 2 根），返浆管采用囊袋封孔器上所用软管，且返浆管下至 ϕ25 mm 钢花管向外 2 m 处，同时孔底 1 m 返浆管扎好洞眼，以便注浆。

（2）孔口向里 2 m 套管处设置外堵头，长度不小于 2 m，采用裹扎聚氨酯方法制作。

（3）待外堵头处聚氨酯凝固后，用注浆泵将调好的水泥浆液通过孔口的注浆管注入孔内，注浆量以孔口返浆管返浆为准。待返浆后，从返浆管注入适量清水清洗管路，防止水泥凝固。

（4）第一次注浆时间间隔 12 h 后，从返浆管继续注浆，待无缝钢管返浆后关闭孔口闸阀，再次使用返浆管带压注浆，注浆压力不小于 4 MPa，注浆完毕打开孔口闸阀并使用清水清洗无缝钢管。

（5）水泥浆液按水∶水泥 =0.8∶1 配制（质量比）；聚氨酯 A∶B 料按 1∶1 比例配比使用；采用自动搅拌桶；无缝钢管各接头处采用专用接头进行连接，并缠生料带加强气密性。

3. 应用情况

1）基本情况

潘三矿 17102（3）工作面部分区域下伏保护层 11 -2 号煤层冲刷尖灭，13 -1 号煤层存在未被保护的实体煤段。13 -1 号煤层实体煤区域最大瓦斯含量为 8.4 m^3/t，实测最大瓦斯压力为 2.8 MPa，煤层透气性系数为 0.013 $m^2/(MPa^2 \cdot d)$，煤层原始含水率为 2.2%。

2）钻孔施工

松软低透气煤层穿层钻孔水力压裂加骨料增透技术在 -817 m 东翼轨道大巷实施，该巷位于 13 -1 号煤层底板，距 13 -1 号煤层法距为 35 ~42 m，外错 17102（3）工作面运输巷 55 m（平距）。钻孔布置如图 3 -38 所示。

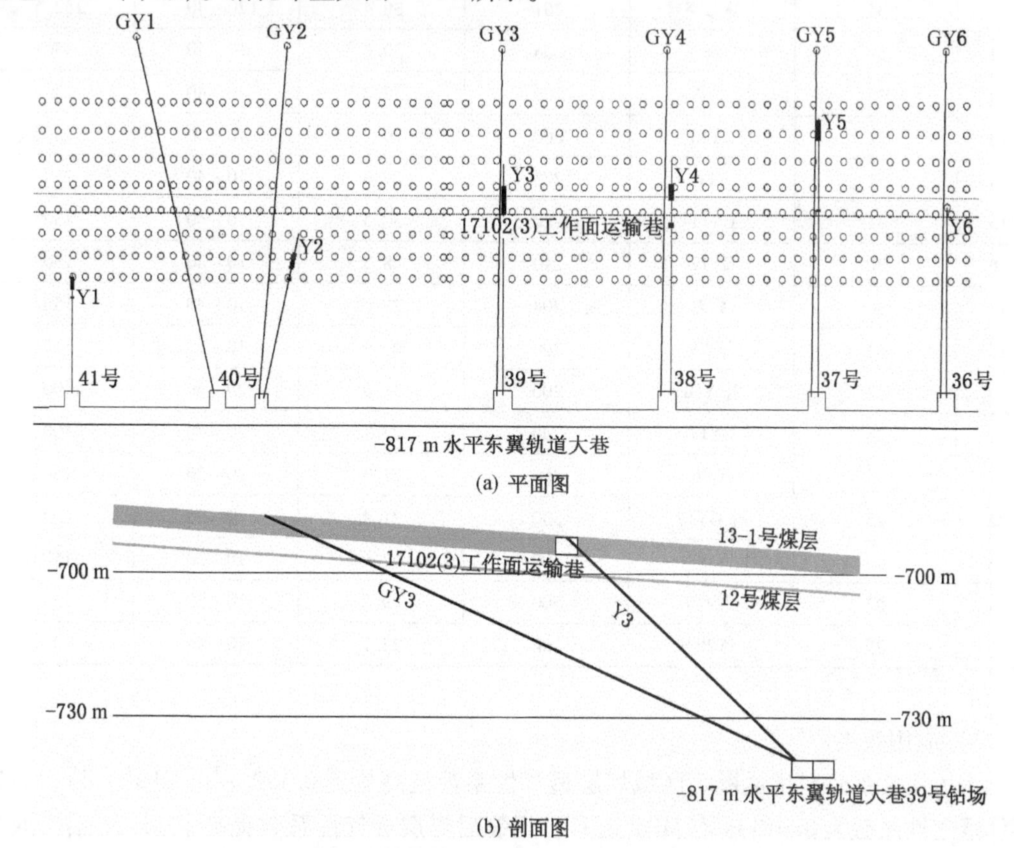

图 3 -38　松软低透气煤层穿层钻孔水力压裂加骨料增透钻孔布置图

17102（3）工作面在－817 m 东翼轨道大巷共有 25 个钻孔进行了水力压裂加骨料增透，平均单孔压入水量 230 m^3，其中 41 号钻场内的 Y1 压入水量 312 m^3，为最大压裂水量钻孔。采用加石英砂作为骨料，骨料粒径为 60～80 目、20～40 目、10～20 目，加砂最大单孔为 35 号钻场补 Y7 号孔，加 20～40 目石英砂 240 kg，平均单孔加砂 135 kg，水力压裂加骨料增透钻孔施工情况见表 3－12。

表 3－12　水力压裂加骨料增透钻孔施工情况

编号	钻场号	孔号	注水量/m^3	注水压力/MPa	骨料粒径/目	骨料量/kg
1	41	QY1	216	26.5	60～80	4.5
2	41	Y1	312	26	60～80	32
3	35	GY7	243	29.6	20～40	110
4	硐室	补 Y2	260	29	20～40	116
5	39	补 Y3	200	29.5	20～80	170
6	38	补 Y4	210	29.5	20～40	165
7	37	补 Y5	201	30.6	10～40	150.5
8	35	补 Y7	260	33.4	20～40	240
9	34	GY8	202	32.8	10～40	122.5
10	34	补 GY8	201	30.4	20～40	152.5
11	34	Y8	206	30.6	10～40	150
12	33	GY9	200	32.2	10～40	150
13	32	GY10	200	30.7	10～40	150
14	31	Y11	223	29.8	10～40	150
15	31	GY11	220	30.5	10～40	150
16	30	GY12	210	28.3	10～40	150
17	30	Y12	204	27.5	10～40	150
18	33	补 Y9	200	27.9	10～20	115
19	32	补 Y10	200	27.6	20～40	100
20	28	GY14	200	27.1	20～40	100
21	25	Y17	300	22.3	10～20	150
22	25	补 GY17	300	21.4	10～20	150
23	23	Y19	300	22.6	10～20	150
24	22	地质 7	300	19.2	10～20	150
25	22	Y20	160	22.7	20～40	105

3）应用效果

水力压裂加骨料增透影响区域煤层透气性系数最高达到 0.173 $m^2/(MPa^2 \cdot d)$，原始煤体透气性系数为 0.013 $m^2/(MPa^2 \cdot d)$，压裂后煤层透气性系数提高了 13.31 倍。通过考察压裂区域与未压裂区域百孔抽采纯量，钻孔施工结束 1 个月后，未压裂区域平均百孔纯量为 1 m^3/min，压裂区域平均百孔纯量为 2.3 m^3/min，且压裂区域钻孔百孔纯量稳定性较好（图 3－39）；增透区域抽采达标时间较未增透区域减少 26 d。

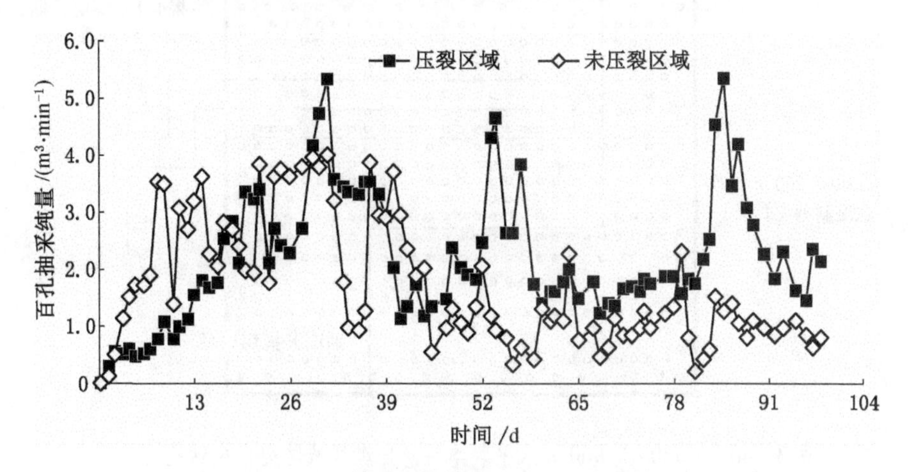

图 3－39　增透与未增透区域百孔纯量对比

3.3.8　强突煤层石门揭煤地面钻井掏煤预抽辅助消突技术

1. 技术原理

随着矿井开采深度的增加，煤层原始瓦斯含量、压力增加。当煤层瓦斯压力达到或超过 3 MPa 时，易发生喷孔、顶钻、夹钻等动力现象，导致石门揭煤安全威胁大，揭煤时间长，甚至影响矿井生产系统安全。《防治煤与瓦斯突出细则》第六十四条规定：煤层瓦斯压力达到 3 MPa 的区域应当采用地面井预抽煤层瓦斯，或者开采保护层，或者采用远程操控钻机施工钻孔预抽煤层瓦斯。

强突煤层石门揭煤地面钻井掏煤预抽辅助消突技术利用地面钻井技术，从地面向井下预揭突出煤层施工钻井，并采用高压水切割、动力掏穴、压裂、抽采等措施，提前抽采井下预揭突出煤层的瓦斯，降低井下预揭突出煤层的瓦斯压力和瓦斯含量。

2. 适用条件

强突煤层石门揭煤地面钻井掏煤预抽辅助消突技术主要适用于煤层瓦斯压力大、瓦斯含量高、煤与瓦斯突出灾害严重、井下打钻喷孔严重，甚至可能诱发突出等安全事故，以及井下揭煤措施施工困难的情况。

3. 应用情况

1）基本情况

潘三矿 －730 ~ －960 m 联络斜巷揭 4－1 号煤层标高为 －910 ~ －920 m，揭煤段 4－1 号煤层厚 9.8 m，实测 4－1 号煤层原始瓦斯压力为 3.1 MPa、原始瓦斯含量为 9.27 m^3/t。在前探测压钻孔施工过程中多次发生喷孔、顶钻、埋钻等异常现象。

2）揭煤钻孔（井）布置

（1）揭煤钻孔布置。

潘三矿 －730 ~ －960 m 水平联络斜巷揭煤区域采取揭 4－1 号煤层瓦斯专用治理巷施工穿层钻孔预抽煤层瓦斯区域防突措施，区域防突措施共设计 587 个钻孔（含减压孔，图 3－40）。

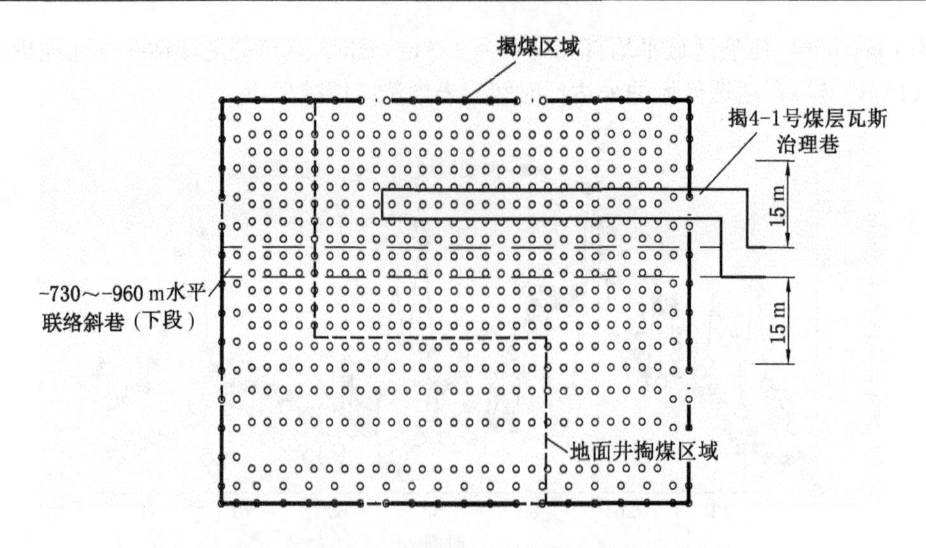

图 3-40 -730～-960 m 水平联络斜巷揭煤区域防突措施钻孔设计图

（2）地面钻井布置。

潘三矿 -730～-960 m 水平联络斜巷揭煤区域设计施工 1 口多底定向井，三开井段共有 6 个分支（图 3-41），编号依次为 PS01-1～PS01-6。

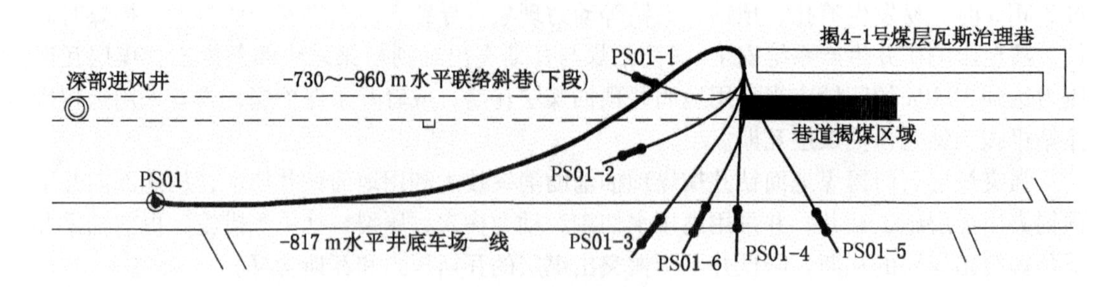

图 3-41 地面钻孔轨迹平面图

具体地面钻井施工工艺如下：

（1）首先进行 PS01 孔一开、二开及 PS01-4 分支段的钻井工程，按设计要求完成测井、固井作业。

（2）对目标煤层段依次进行机械造穴和水力切割掏煤，最终在煤层段形成洞穴，并将洞穴及井筒内水、煤粉等返排至地面。

（3）连接瓦斯抽采管路，进行瓦斯负压抽采。

（4）在 PS01-4 分支井段 4-1 号煤层上部稳定地层进行架桥作业，注水泥封填至二开套管底口。

（5）按照设计钻进 PS01-5 井段，并按照第二步、第三步和第四步完成掏煤、瓦斯抽采和注浆封孔作业。

（6）参照第五步，依次完成 PS01-2、PS01-1、PS01-3 和 PS01-6 井段的施工作业。

（7）在抽采期间选取一个分支，对接井下施工穿层钻孔。抽采结束后，从井口注水，建立井上下循环通道，通过水流冲刷煤体，尽可能扩大消突影响范围。

（8）将 PS01 井全井段水泥封孔。

PS01 井一开井深 350.31 m，套管下深 349.97 m；二开井深 867.00 m，套管下深 863.44 m。PS01－2、PS01－3、PS01－4、PS01－5 和 PS01－6 分支孔完井深度分别为 985 m、985 m、990 m、985 m 和 985 m，共计掏煤 134 t。

3）应用效果

地面钻井掏煤辅助消突工程完成后，在－730～－960 m 联络斜巷揭 4－1 号煤层瓦斯治理巷向掏煤影响区域施工了 7 个验证钻孔，采用瓦斯含量直接测定方法对地面钻孔掏煤区域消突效果进行验证，测定最大瓦斯含量为 4.85 m^3/t，最大瓦斯压力为 1.8 MPa，瓦斯压力及含量均下降为原始值的 50% 左右。

辅助消突工程施工前，井下抽采钻孔最大抽采浓度、纯量分别为 35.4%、1.14 m^3/min；辅助消突工程施工后，井下抽采钻孔最大抽采浓度、纯量分别为 56%、3.7 m^3/min，抽采效果提升 2 倍以上，如图 3－42 所示。

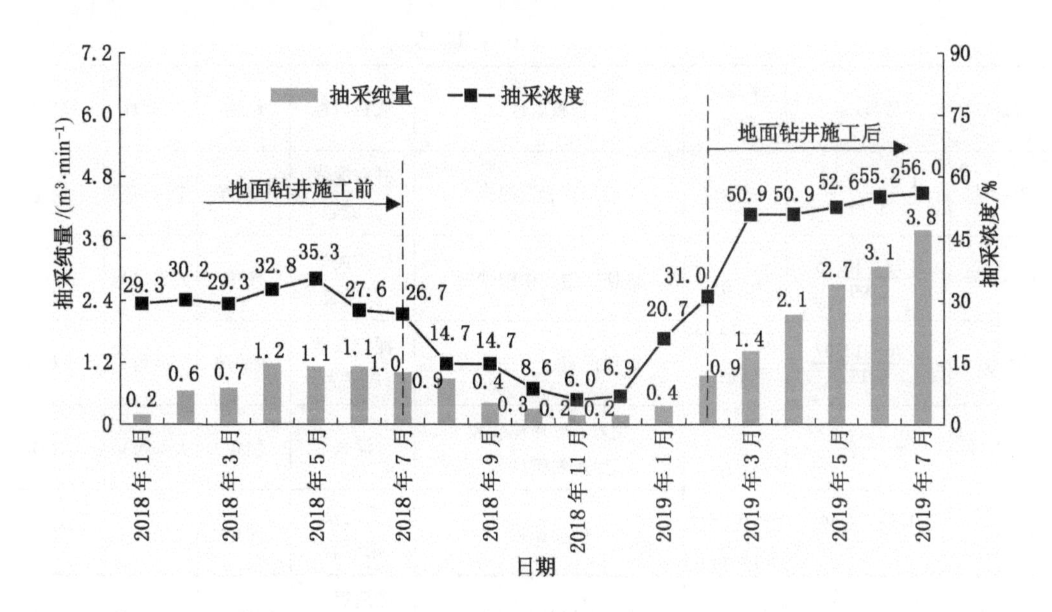

图 3－42　地面钻井掏煤施工前后措施钻孔浓度与纯量变化

地面钻井掏煤后，井下恢复施工揭煤区域防突措施钻孔，钻机台效明显提高。钻孔施工期间未发生喷孔、夹钻、顶钻等现象，且钻孔透煤期间进度提高，确保了施工进度及打钻安全。

根据验证结果，对揭煤区域防突措施钻孔进行了优化，取消了地面钻井掏煤影响区域内的减压孔，同时减少了地面钻井掏煤影响区域内的措施孔穿煤长度，优化后区域防突措施钻孔减少 85 个。

巷道远距离爆破揭煤期间，回风流瓦斯最大值为 0.06%，实现了安全高效揭煤作业，比计划揭煤工期提前 60 d。

3.4 应用实例

3.4.1 下保护层开采卸压瓦斯抽采模式应用实例

3.4.1.1 概况

1. 矿井基本情况

淮南矿业集团潘三矿位于安徽省淮南市西北部淮河北岸，距淮南市（洞山）约34 km，距凤台县城15 km左右，行政区划隶属淮南市潘集区内，矿井扩建后生产能力为5.0 Mt/a。矿井东西走向长约9.6 km，南北倾斜宽约5.8 km，面积约54.2766 km^2。

2. 煤层赋存条件

潘三井田含煤地层主要为二叠系上统上石盒子组和下统下石盒子组、山西组，含煤地层总厚度为754 m，共含煤32层，煤层平均总厚度为33.76 m；含煤系数为4.5%。矿井可采煤层为10层，分别为13－1号、11－2号、8号、7－1号、6－1号、5－2号、4－2号、4－1号、3号、1号煤层，平均总厚度为26.94 m，占煤层总厚度的79.8%。井田自上而下可采煤层特征见表3－13。

表3－13 井田可采煤层特征

煤层	厚度/m	平均间距/m	顶板岩性	底板岩性	结构	可采性	稳定性
13－1号	1.34～6.81 3.74	75.81	粉细砂岩及泥岩	砂质泥岩及泥岩	较简单	全区可采	稳定
11－2号	0.72～10.55 1.99	91.05	砂质泥岩、中细砂岩	砂质泥岩及泥岩	简单	大部可采	较稳定
8号	0.76～12.07 3.13	14	砂质泥岩、中细砂岩	泥岩及砂质泥岩	较简单	全区可采	不稳定
7－1号	0.7～3.3 1.51	21.07	泥岩、砂质泥岩和少量粉细砂岩	泥岩	简单	大部可采	不稳定
6－1号	0.75～2.54 1.27	15.79	砂质泥岩	泥岩及粉砂岩	简单	大部可采	不稳定
5－2号	0.7～10.13 2.71	14.91	砂质泥岩及粉细砂岩	砂质泥岩及泥岩	较简单	全区可采	较稳定
4－2号	0.7～6.58 1.60	10.68	砂泥岩互层及粉细砂岩	粉细砂岩	简单	大部可采	较稳定
4－1号	0.75～7.92 3.77	98.42	粉细砂岩及砂泥岩互层	泥岩	简单	全区可采	较稳定
3号	0.89～8.28 3.94	99.92	砂质泥岩和少量粉细砂岩	砂质泥岩及泥岩	简单	局部可采	极不稳定
1号	0.71～8.00 3.34		砂质泥岩和少量粉细砂岩	砂泥岩互层及泥岩	较简单	大部可采	不稳定

矿井 11 - 2 号煤层厚度为 0.72 ~ 10.55 m，平均厚度为 1.99 m，平均倾角为 6°，东部赋存较稳定，西部赋存稳定，回采下限标高为 - 880 m；13 - 1 号煤层厚度为 1.34 ~ 6.81 m，平均厚度为 3.74 m，平均倾角为 6°，为全区可采煤层，回采下限标高为 - 810 m。

3. 地质构造

潘三矿位于淮南复向斜中潘集背斜的南翼中部，总体形态为一单斜构造；地层走向为 NWW - SEE，地层倾角一般为 5° ~ 10°，呈浅部陡深部缓的趋势。因受区域性南北挤压的作用，发育有次一级的董岗郢向斜和叶集背斜。

井田内断层走向以 NWW 或 NW 向为主，NE 向次之。其中 NWW 或 NW 向断层从北向南发育 3 个断层组，以 3 个断层组为界，相应构成北、中、南 3 个近 EW 向的构造分区。确定 F47、F5 断层以北的两个构造分区（北区和中区）地质构造复杂程度为中等偏复杂，F47、F5 断层以南（南区）为中等复杂，全井田地质构造复杂程度为中等复杂。

4. 矿井开拓开采

矿井采用立井、石门及集中大巷开拓方式，两翼对角抽出式通风。全井田共划分两个水平开拓，一水平标高为 - 650 m，西翼 - 810 m 设辅助水平；二水平正在准备开拓。目前开采的一水平划分为 5 个采区。矿井现主采 13 - 1 号、11 - 2 号和 8 号煤层，11 - 2 号煤层作为下保护层首先开采，保护上覆 13 - 1 号煤层，采用一次采全高采煤法、全部垮落法管理顶板。矿井保持两个综采工作面连续回采，一个 11 - 2 号煤层保护层工作面、一个 13 - 1 号煤层被保护层工作面。

5. 煤层瓦斯情况

目前，矿井最大采深为 - 960 m，2019 年绝对瓦斯涌出量为 120.48 m^3/min，相对瓦斯涌出量为 19.37 m^3/t，13 - 1 号、11 - 2 号、8 号、4 - 2 号、4 - 1 号煤层均为突出煤层，矿井为突出矿井。13 - 1 号煤层实测最大瓦斯压力为 5.05 MPa，最大瓦斯含量为 12.26 m^3/t；11 - 2 号煤层实测最大瓦斯压力为 3.81 MPa，最大瓦斯含量为 11.6 m^3/t。同一水平深度下，13 - 1 号煤层瓦斯含量较高，11 - 2 号煤层瓦斯含量较低，且瓦斯分布不均匀，但有明显分区分带特征。建矿以来共发生 14 次煤与瓦斯突出事故，其中 13 - 1 号煤层发生 13 次。

3.4.1.2 下保护层开采卸压瓦斯抽采模式应用

潘三矿 11 - 2 号、13 - 1 号煤层均为突出煤层，平均层间距为 75.81 m，属于典型的远距离下保护层赋存条件；13 - 1 号煤层为严重突出煤层，普遍采用下保护层开采卸压瓦斯抽采模式，即首采下保护层 11 - 2 号煤层对上覆被保护层 13 - 1 号煤层进行区域瓦斯治理。矿井针对首采突出 11 - 2 号煤层及其远距离被保护层 13 - 1 号煤层的瓦斯治理工作进行了大量研究，逐步形成了适合矿井瓦斯地质赋存条件的下保护层开采卸压瓦斯抽采模式，主要配套技术有：地面钻井 + 综合瓦斯治理巷穿层钻孔卸压瓦斯抽采技术、下向钻孔排水高效抽采技术、强突煤层石门揭煤地面钻井掏煤预抽辅助消突技术、松软低透气煤层水力压裂加骨料增透抽采技术、松软煤层顺层定向钻孔抽采技术等。

1. 地面钻井 + 综合瓦斯治理巷穿层钻孔卸压瓦斯抽采技术

以 11 - 2 号煤层 17181（1）工作面为例，介绍潘三矿远距离下保护层开采时地面钻井 + 综合瓦斯治理巷穿层钻孔卸压瓦斯抽采技术。

1）基本情况

17181（1）工作面位于潘三矿一水平东四采区，可采走向长 1190 m，工作面长 200 m，平均煤层厚度为 1.7 m，平均倾角为 7°，标高为 -710 ~ -780 m，实测工作面内 11-2 号煤层最大瓦斯压力为 1.5 MPa。

对应被保护层工作面为 17111（3）工作面，与 11-2 号煤层的平均间距为 72 m，煤层厚度为 3.8 m，平均倾角为 7°，标高范围为 -640 ~ -710 m，实测工作面内 13-1 号煤层最大原始瓦斯压力为 2.9 MPa。

2）巷道与钻孔布置

（1）巷道布置。

17181（1）工作面走向上布置 3 条巷道，分别为运输巷、回风巷和综合瓦斯治理巷，如图 3-43、图 3-44 所示。回风巷沿上阶段采空区布置，留设 8 m 煤柱；综合瓦斯治理巷外错运输巷平距为 35 m，距 11-2 号煤层顶板法距为 25 m。

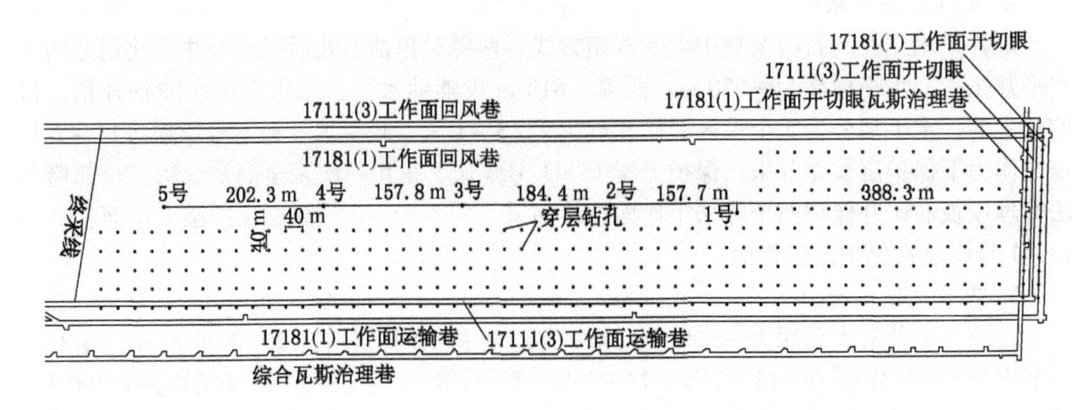

图 3-43 潘三矿远距离下保护层工作面地面钻井与上向穿层钻孔布置平面图

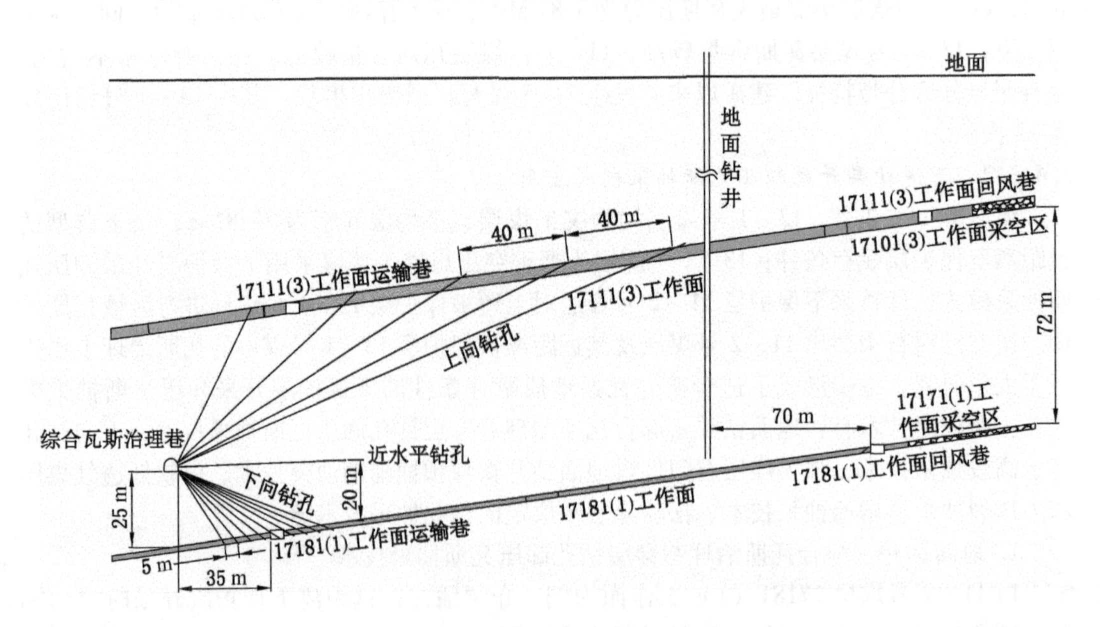

图 3-44 潘三矿远距离下保护层工作面巷道及地面钻井布置剖面图

（2）保护层工作面煤巷条带钻孔布置。

17181（1）工作面回风巷沿空掘进，17181（1）工作面运输巷、开切眼的煤巷条带采用下向钻孔预抽，运输巷掩护钻孔在综合瓦斯治理巷内施工，开切眼掩护钻孔在边界回风巷内施工。

（3）保护层工作面钻孔布置。

顺层钻孔布置：通过在17181（1）工作面回风巷、运输巷施工顺层钻孔进行消突，开孔、终孔间距按不大于10 m布置，孔径为113 mm；钻孔采用囊袋“两堵一注”封孔，封孔段长度不小于20 m，全孔下1寸花眼套管。

17181（1）工作面回采期间采用“近水平钻孔+采空区埋管+风排”综合方式治理11－2号煤层瓦斯。工作面采用U形通风方式，运输巷进风，回风巷回风，工作面配风量为2500 m^3/min。在17181（1）工作面综合瓦斯治理巷内施工近水平钻孔，每10 m一组，每组3个孔，综合瓦斯治理巷布置一路DN377 mm瓦斯管进行抽采（前期用于11－2号煤层条带预抽）；采空区瓦斯通过在回风巷布置一路DN377 mm管路进行抽采。

（4）被保护层工作面钻孔布置。

通过地面钻井和上向钻孔进行13－1号煤层被保护层卸压瓦斯抽采。

在综合瓦斯治理巷内施工的上向钻孔，按照40 m×40 m布置，钻孔长度为60～238 m，钻孔倾角为19°～60°，布置一路DN426 mm瓦斯管进行抽采。

地面钻井布置间距为157.8～202.3 m（图3－43），地面布置一路DN325 mm瓦斯管进行抽采。地面1号井距17181（1）工作面开切眼388.3 m（该范围内地面无地面井布置条件），距17181（1）工作面回风巷82.3 m；2号井距1号井157.7 m，距回风巷72.6 m；3号井距2号井184.4 m，距回风巷72.1 m；4号井距3号井157.8 m，距回风巷72.3 m；5号井距4号井202.3 m，距回风巷71.6 m，距17181（1）工作面终采线85.3 m。

2. 下向钻孔排水工艺

下向钻孔由于施工工艺、煤层水文地质条件及含水率等因素的影响，一般会积存大量的水。积水既会降低有效气流断面，又会增大抽采负压损耗，而堵孔面积和长度的增加，将直接减小或堵实钻孔内部瓦斯运移产出通道，导致瓦斯抽采钻孔失效；而且在煤质松软煤层中，钻孔中的积水长时间浸泡孔壁煤体将会导致钻孔坍塌，进而导致出现瓦斯抽采空白带，给煤矿生产带来很大的安全隐患。潘三矿针对下向瓦斯抽采孔排水问题，采用了“分组分排吹”技术工艺，实现了下向钻孔高效抽采。

1）工艺概述

下向穿层钻孔封孔结束48 h内，采用孔内吹水管连续向孔内注入压风，吹尽孔内残余煤（岩）渣，确保了下向钻孔畅通，并且封孔水泥充分凝固后合茬抽采保证了封孔质量。

在钻场每个抽采支管上安装一个控制闸阀，实现了每组钻孔“分组分排吹”，避免了孔内积水回流现象，增大了每个钻孔的供风量，提高了钻孔吹水效果，确保了钻孔通畅无积水。

首先在钻场内安装压风气包，每个支管上安装一路压风管路，每个压风支管连接10～15个穿层钻孔（图3－45），实现“分组吹”；再在钻场每个抽采支管上安装一个控制闸阀，实现“分排吹”，避免压风回流影响其他钻孔抽采。

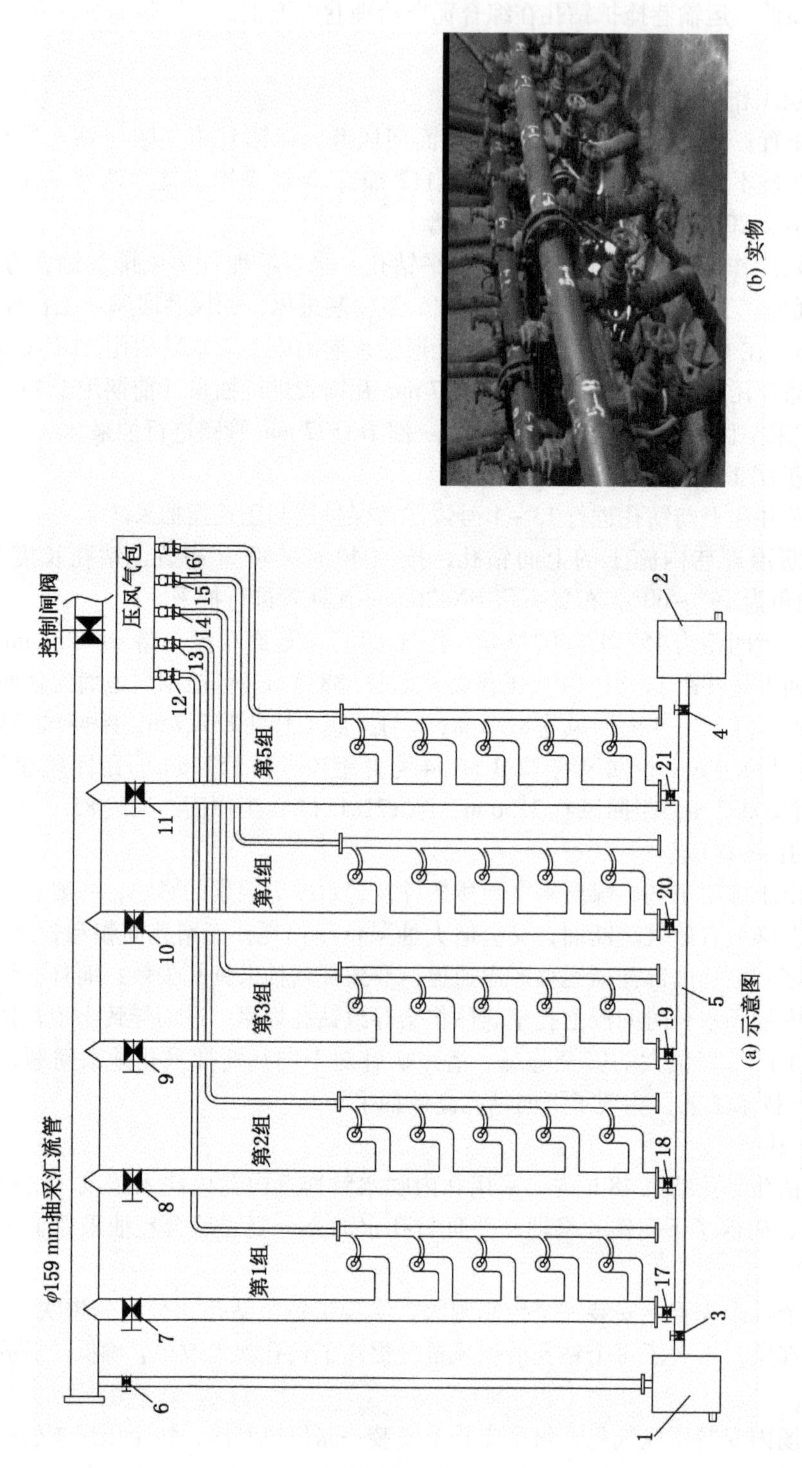

1—气水分离器；2—自动放水器；5—φ50 mm 排水管；3、4、17、18、19、20、21—排水管控制闸阀；
6、7、8、9、10、11—抽采管控制闸阀；12、13、14、15、16—压风管控制闸阀

图3-45 “分组分排吹”示意图与实物

2）下向孔吹水步骤

（1）安设瓦斯便携仪；吹水前，将瓦斯便携仪悬挂在排水口下风侧 2 m 范围内，用于随时观察吹水过程中排水口瓦斯变化，根据瓦斯大小调节压风供风量。

（2）检查管路各连接部位是否牢靠，二次保护是否到位。

（3）微微开启压风气包主管管路闸阀，将压风缓缓送入钻孔置换孔内瓦斯，防止造成排水口瓦斯异常。

（4）打开排水管控制闸阀 4，打开抽采管控制闸阀 6，关闭排水管控制 5，确保气体经气水分离器进入抽采系统，水经气水分离器下部出口排出。

（5）关闭压风管控制闸阀 13、14、15、16，关闭抽采管控制闸阀 7，关闭排水管控制闸阀 18、19、20、21，对第 1 组进行单组吹水。

（6）缓慢打开压风管控制闸阀 12，同时观察排水口瓦斯情况，合理控制供风量，同时观察出水口便携仪瓦斯变化情况，确保瓦斯不大于 0.5% 。

（7）重复步骤 5、6 依次对第 2、3、4、5 组进行吹水作业。

（8）吹水完成后，关闭压风管路主管及支管闸阀。

（9）打开排水管 5，关闭排水管控制闸阀 4，关闭抽采管控制闸阀 6；打开所有抽采支管闸阀恢复正常抽采。

（10）检查钻孔管路连接情况，有无漏气现象，钻场吹水结束。

开启压风管路，吹水初期由于孔内瓦斯没有得到充分稀释，造成排水口瓦斯异常涌出，易造成事故。通过安装气水分离装置（图 3-46），将瓦斯与水分隔，吹出的瓦斯通过旁通抽回瓦斯管内，吹出的水通过排水口流出，可以有效避免吹水过程中瓦斯异常涌出造成回风流瓦斯超限。

图 3-46　气水分离器防喷实物

3. 被保护层瓦斯治理效果

1）被保护层瓦斯抽采量

17111（1）工作面评价区域内上向穿层钻孔瓦斯抽采量为 154.7 万 m^3 [17181（1）工作面综合瓦斯治理巷上向穿层钻孔瓦斯抽采量如图 3-47 所示]，地面钻井瓦斯抽采量为 32.0 万 m^3（1 号钻井瓦斯抽采量如图 3-48 所示），预抽率为 57.6%；经效果检验实测最大残余瓦斯压力为 0.14 MPa，最大残余瓦斯含量为 2.46 m^3/t；在 90°垂直投影的区域内，被保护层 13-1 号煤层最小膨胀变形率为 19.37‰。

2）17111（3）工作面瓦斯涌出

被保护层 17111（3）工作面在日产 10000t 时工作面涌出量仅为 11 m^3/min。采用高位顶板走向孔 + 风排瓦斯治理措施，在回风巷每隔 110 m 施工一个高位钻场，每个高位钻场施工 10 个顶板走向钻孔，瓦斯抽采量为 9.5 m^3/min，抽采浓度为 25%，在回风巷布置一路 DN377 mm 瓦斯管进行抽采；工作面配风量为 2000 m^3/min，上隅角充填墙内瓦斯浓度不大于 0.2%、回风流瓦斯浓度为 0.08%；实现了安全高效回采。

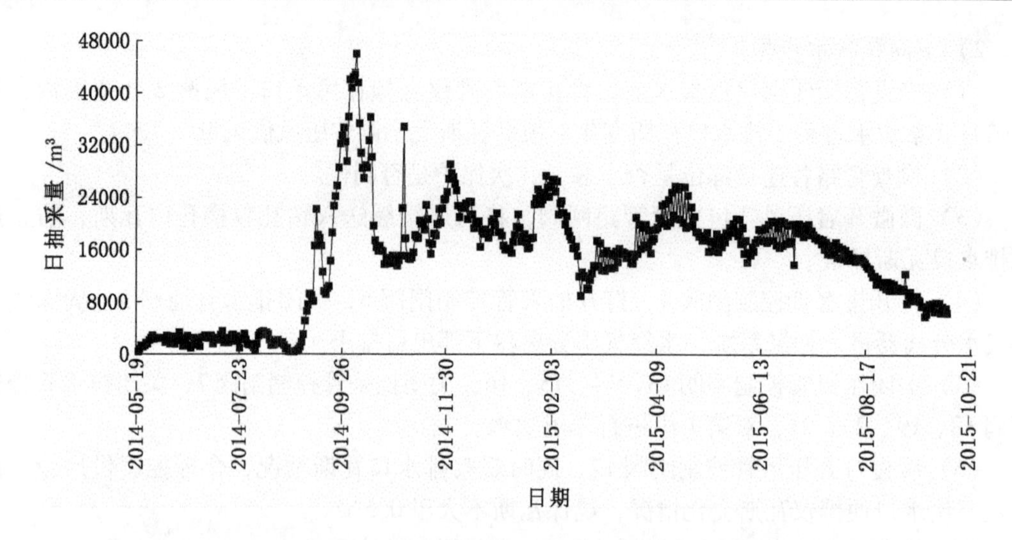

图3-47 17181 (1) 工作面综合瓦斯治理巷上向穿层钻孔瓦斯抽采量变化曲线

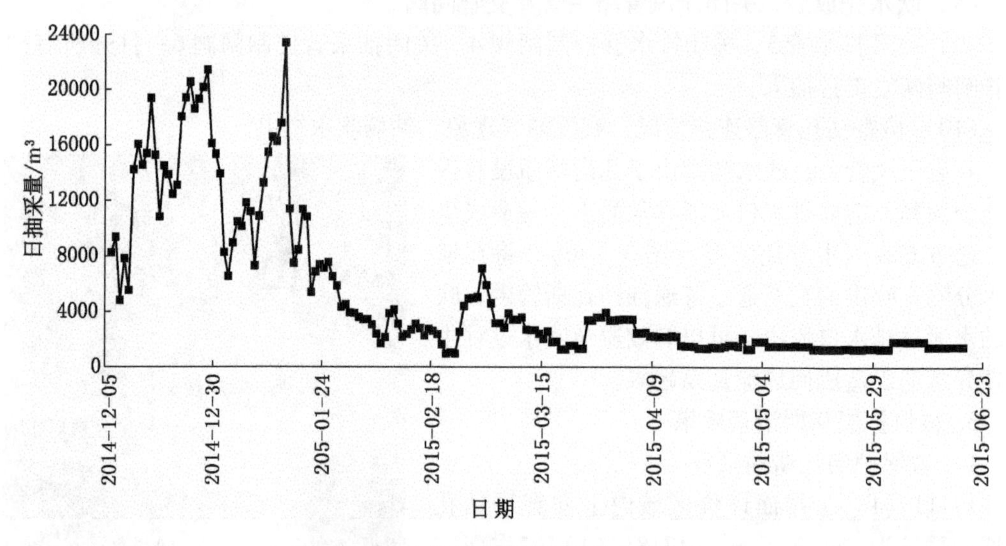

图3-48 1号钻井瓦斯抽采量变化曲线

3）总体效果

通过采用“一面三巷”+地面井的综合瓦斯治理模式，实现了安全经济技术一体化。在开采11-2号煤层关键保护层的同时，利用11-2号和13-1号煤层间的综合瓦斯治理巷和地面钻井，在90°垂直投影区域内保护效果有效，而且消除了强突出13-1号煤层突出危险性。

3.4.2 上保护层开采卸压瓦斯抽采模式应用实例

3.4.2.1 概况

1. 矿井概况

祁东矿是安徽恒源煤电股份有限公司所属骨干突出矿井，1996年12月26日开工建设，2002年5月22日建成投产，生产能力240万t/a。矿井位于宿南向斜东南端，属宿南向斜东南翼，其构造形态基本为一走向近EW、倾向北、倾角为10°~15°的单斜构造，并在其上发育有次一级褶曲和断层。

2. 煤层赋存及开拓开采

矿井含煤地层为石炭－二叠系，含煤层段为山西组、下石盒子组、上石盒子组，共含11个煤层（组）。可采煤层自上而下编号为1号、2_2号、2_3号、3_2号、6_0号、6_1号、6_2号、6_3号、7_1号、7_2号、8_1号、8_2号、9号和10号，共计14层，平均总厚度为15.2 m。其中3_2号、7_1号、8_2号、9号煤层为主要可采煤层，6_1号、6_3号煤层为可采煤层，1号、2_2号、2_3号、6_0号、6_2号、7_2号、8_1号、10号煤层为局部可采煤层，主采和可采煤层均属较稳定型。可采煤层主要是气煤、肥煤，此外有一定量的天然焦、无烟煤和贫煤。

矿井3_2号煤层单独开采（距下伏6_1号煤层80 m以上），中组煤（6_1号、6_2号、6_3号、7_1号、7_2号、8_1号、8_2号、9号和10号）分组联合开采。中组煤主要可采与可采煤层自上而下开采层间距见表3－14。

表3－14　祁东矿中组煤各煤层间距

煤层	6_1号	6_3号	7_1号	7_2号	8_2号	9号
平均煤层厚度/m	1.12	0.97	1.75	1.45	1.65	2.65
层间距/m	$\frac{14.9\sim20.6}{19.07}$	$\frac{19.55\sim31.29}{22.0}$	$\frac{0\sim7.62}{3.37}$	$\frac{22.73\sim33.42}{26.82}$	$\frac{7.65\sim16.26}{11.28}$	

3. 煤层瓦斯情况

2019年矿井绝对瓦斯涌出量为46.64 m^3/min，相对瓦斯涌出量为13.90 m^3/t，矿井为突出矿井，中组煤开采层瓦斯基本参数见表3－15。

表3－15　祁东矿中组煤开采层瓦斯基本参数

煤层编号	地勘瓦斯含量/($mL\cdot g^{-1}$)	瓦斯压力/MPa	瓦斯含量/($m^3\cdot t^{-1}$)	坚固性系数	瓦斯放散初速度/mmHg
6_1号	5.05~14.15	2.71	12.67	0.69~0.87	4~7.3
7_1号	3.33~11.69	1.5	8.3	0.22~0.65	8~13
8_2号	9.78	2.66	11.4	0.19	10~13
9号	6.56~11.61	3.3	11.2	0.23~0.32	15~16

矿井9号煤层为严重突出煤层，原始透气性系数低[$\lambda=0.06\sim0.68\ m^2/(MPa^2\cdot d)$]，打钻存在严重的喷孔、夹钻、吸钻、顶钻现象。

矿井投产至今先后发生过28次煤与瓦斯突出事故，其中25次发生在9号煤层，平均突出强度为33 t，最大突出强度为104 t，涌出瓦斯11617 m^3，吨煤瓦斯涌出111.7 m^3/t，并造成瓦斯逆流110 m。

3.4.2.2　上保护层开采卸压瓦斯抽采模式应用

矿井二采区采用自上而下的上保护层开采卸压瓦斯抽采模式，首先开采7_1号煤层作为8_2号、9号煤层的中距离上保护层，然后开采8_2号煤层作为9号煤层的近距离上保护层。以7_1号煤层$7_1$22保护层工作面为例，介绍祁东矿上保护层开采卸压瓦斯抽采技术及应用效果。

1. 工作面概况

祁东矿二采区首采 7_1 号煤层上保护层 7_122 工作面，该工作面位于井田西翼一水平二采区，起止标高为 -460 ~ -500 m，平均倾向宽 164 m，走向长 1090 m。东（工作面开切眼）靠近 F25 断层，南（工作面回风巷）标高为 -460 m，北（工作面运输巷）标高为 -500 m，西至二采区运输上山，靠近 F1 支断层，北靠近已开采完毕的 7_123 工作面。7_122 工作面巷道布置平面如图 3-49 所示。

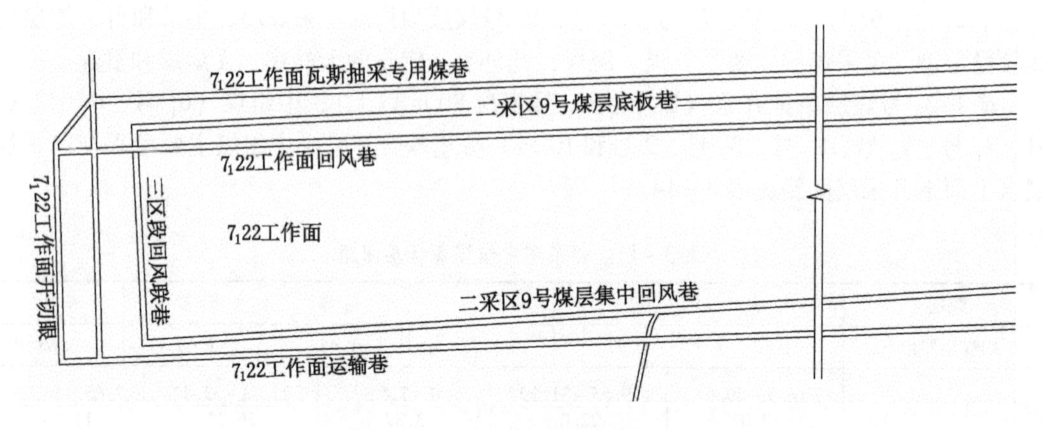

图 3-49 7_122 工作面巷道布置平面图

2. 保护层 7_122 工作面瓦斯治理巷道与钻孔布置

为预防保护层 7_122 工作面瓦斯超限，采用采空区埋管抽采、瓦斯专用抽采巷（回风巷上侧 25 ~ 30 m 范围）、高位钻孔等综合抽采 7_122 工作面采空区瓦斯，如图 3-50 所示。

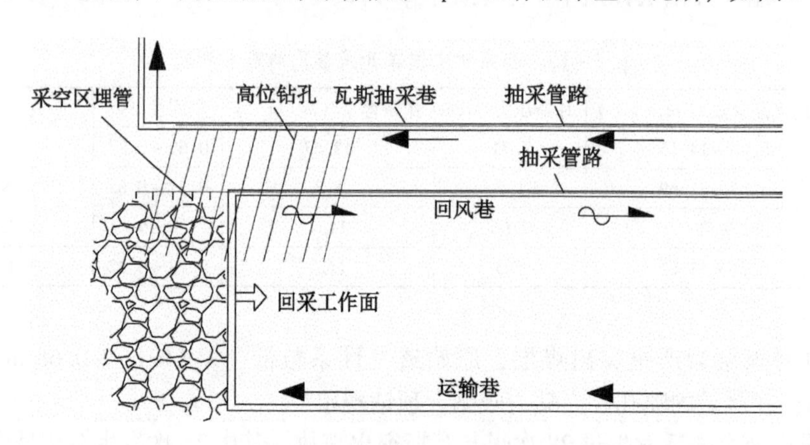

图 3-50 上保护层 7_122 工作面及采空区瓦斯治理设计示意图

3. 被保护层 8_2 号、9 号煤层卸压瓦斯抽采巷道与钻孔布置

在保护层 7_122 工作面开采过程中，利用二采区 9 号煤层底板巷、二采区 9 号煤层集中回风巷施工穿层钻孔抽采被保护层 8_2 号、9 号煤层的卸压瓦斯，距 9 号煤层底板法距为 25 ~ 30 m，二采区 9 号煤层底板巷与 7_122 工作面运输巷平距为 11 ~ 14 m，二采区 9 号煤层集中回风巷与 7_122 工作面回风巷平距为 13 ~ 26 m，钻孔间距为 26 m × 26 m。钻孔布置如图 3-51 所示。

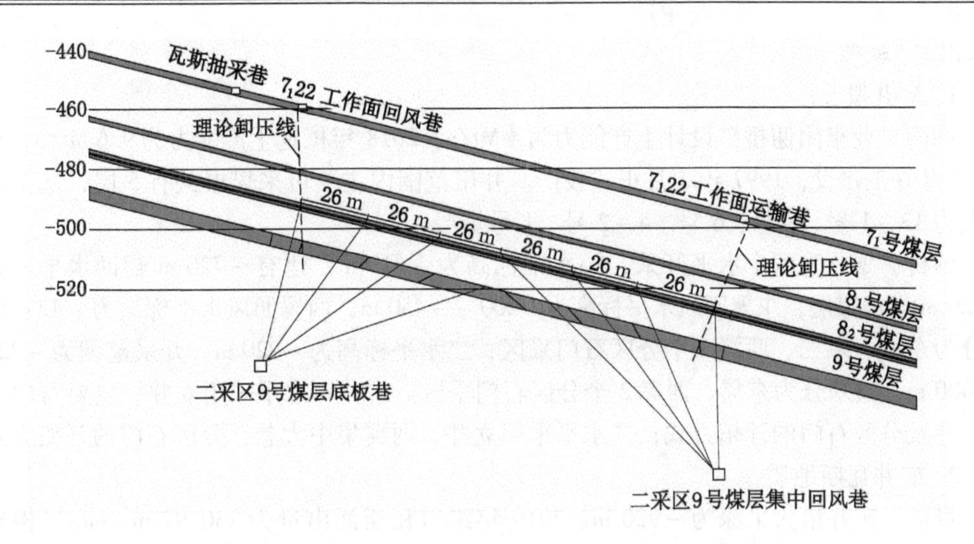

图 3-51 被保护层 8_2 号、9 号煤层底板巷穿层抽采钻孔布置图

4. 瓦斯治理效果

上保护层 $7_1$22 工作面采用 U 形通风，回采工作面配风量为 1350 m^3/min，工作面回采期间回风流瓦斯浓度如图 3-52 所示。

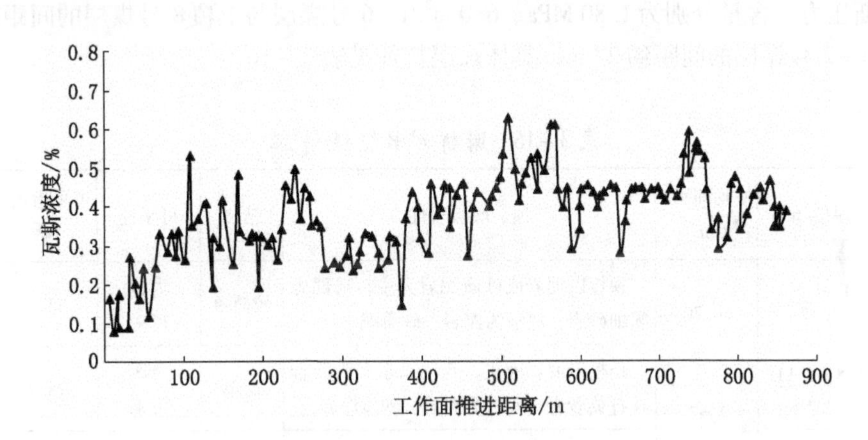

图 3-52 $7_1$22 工作面回风流瓦斯浓度随采煤工作面推进的变化规律

$7_1$22 工作面高位抽采钻孔抽采瓦斯量为 2.3 m^3/min，专用抽采巷抽采瓦斯量为 3.6 m^3/min，回风巷排放瓦斯量为 8.7 m^3/min，$7_1$22 工作面瓦斯涌出总量为 14.6 m^3/min。采用采空区埋管抽采、瓦斯专用抽采巷高位钻孔抽采的治理技术有效降低了保护层工作面的瓦斯浓度，工作面回采速度由 2.4 m/d 提高到 3.2 m/d，工作面回风流中瓦斯浓度小于 0.8%，实现了保护层安全开采。

上保护层 $7_1$22 工作面开采前、后被保护层 9 号煤层透气性系数 λ 分别为 0.0045 ~ 0.0541 $m^2/(MPa^2 \cdot d)$、0.962 ~ 21.247 $m^2/(MPa^2 \cdot d)$，其透气性系数增大了 798 ~ 1484 倍。底板穿层钻孔单孔瓦斯流量在 $7_1$22 工作面开采前、后分别为 1 L/min、24.8 L/min。

3.4.3 中间保护层开采卸压瓦斯抽采模式应用实例

3.4.3.1 概况

1. 矿井概况

淮南矿业集团谢桥矿设计生产能力为4 Mt/a，2018年核定生产能力为9.6 Mt/a，1983年12月开工建设，1997年5月正式投产。井田范围内主要可采煤层共有5层，从上往下依次为13－1号、8号、6号、4－2号、1号煤层。

谢桥矿划分为两个水平开采，一水平标高为－610 m，建有－720 m辅助水平，开采－720 m以浅煤层，东翼回风水平标高为－400～－450 m，西翼回风水平标高为－427.5 m，划分为东一、东二、西翼3个分区石门采区；二水平标高为－920 m，开采范围为－720～－1000 m，共划分为东翼、西翼2个分区石门采区。矿井一水平采用立井、主要石门、集中大巷及分区石门的开拓方式；二水平采用立井、两翼集中大巷、分区石门的开拓方式。

2. 矿井瓦斯地质

目前，矿井最大采深为－920 m，2019年绝对瓦斯涌出量为230.97 m^3/min，相对瓦斯涌出量为14.95 m^3/t，13－1号、8号、6号、4－2号煤层为突出煤层，矿井为突出矿井。

矿井B组煤（8号、6号、4－2号煤层）剩余可采储量相对较多，其作为补充资源已成为矿井重要开采煤组。矿井4－2号煤层实测最大瓦斯压力、含量分别为1.90 MPa、6.3 m^3/t，6号煤层实测最大瓦斯压力、含量分别为1.48 MPa、6.25 m^3/t，8号煤层实测最大瓦斯压力、含量分别为1.80 MPa、6.0 m^3/t。6号煤层与上覆8号煤层的间距约35 m，与下伏4－2号煤层的间距约27 m，具体煤层特征见表3－16。

表3－16 谢桥矿B组煤特征

煤层	厚度/m	平均间距/m	顶、底板岩性	结构	可采性	可采指数/%	稳定性
11－2号	$\frac{0\sim4.50}{1.97}$	86.70	顶板以泥岩或砂质泥岩为主，局部为粉细砂岩；底板为泥岩、砂质泥岩	较简单	大部可采	82.1	较稳定
8号	$\frac{0.8\sim8.11}{3.4}$	4.57	顶板以泥岩为主，八线以东多为砂岩及石英砂岩；底板为泥岩、砂质泥岩	简单	全区可采	98.2	稳定
7－2号	$\frac{0\sim1.80}{0.89}$	5.11	顶、底板多为泥岩，局部为砂质泥岩、粉砂岩	简单	大部可采	80	较稳定
7－1号	$\frac{0\sim2.29}{0.76}$	23.58	顶板为泥岩及砂质泥岩，底板以泥岩为主	简单	局部可采	61	不稳定
6号	$\frac{0\sim6.75}{2.91}$	18.12	顶板以泥岩及砂质泥岩为主，局部为粉砂岩；底板为砂质泥岩、泥岩	较复杂	大部可采	81	较稳定
5号	$\frac{0\sim2.60}{1.22}$	7.50	顶板为泥岩、砂质泥岩及粉细砂岩；底板为泥岩、砂质泥岩及砂泥岩互层	简单	大部可采	82	较稳定
4－2号	$\frac{0\sim4.33}{2.29}$		顶板为泥岩及砂质泥岩，底板以泥岩为主	简单	大部可采	94	稳定

由于中组煤8号、6号、4－2号煤层均为突出煤层，矿井二水平范围内的中组煤基本处于突出危险区，采用选择中间6号煤层作为保护层首先进行开采的瓦斯治理模式，上保护层8号煤层、下保护层4－2号煤层，工作面回采期间同时抽采8号、4－2号煤层卸压瓦斯。

3.4.3.2 中间保护层开采卸压瓦斯抽采模式应用

1. 基本情况

12526工作面位于一水平西翼采区6号煤层五区段，上区段12426工作面已回采完毕，该工作面上覆8号煤层、下伏4－2号煤层均未采掘，工作面巷道布置平面图及剖面图如图3－53、图3－54所示；工作面可采走向长2864 m，工作面长194.2 m，煤层平均厚度为3.4 m，平均倾角为14.5°，工作面标高为－661.9～－737.3 m，可采出煤量为249.6万t；实测该工作面6号煤层最大瓦斯压力、含量分别为1.04 MPa、6.0 m^3/t，工作面日产煤炭9475 t时，预计回采期间绝对瓦斯涌出量约为44.4 m^3/min。

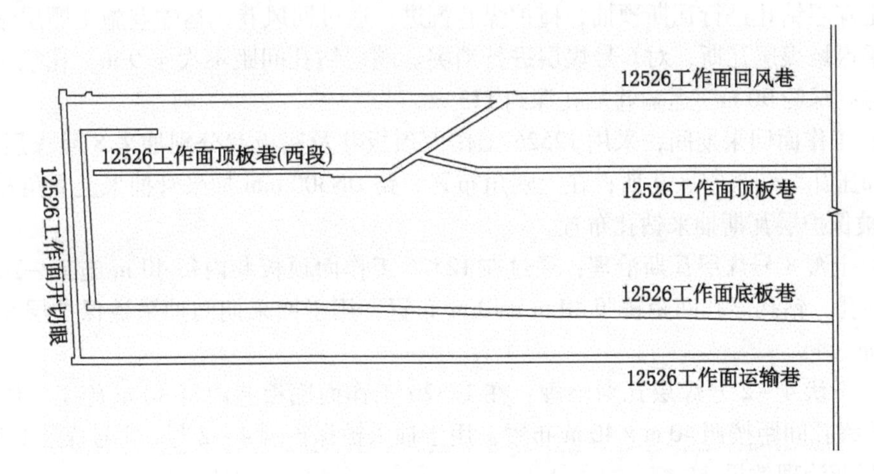

图3－53 谢桥矿12526工作面巷道布置平面图

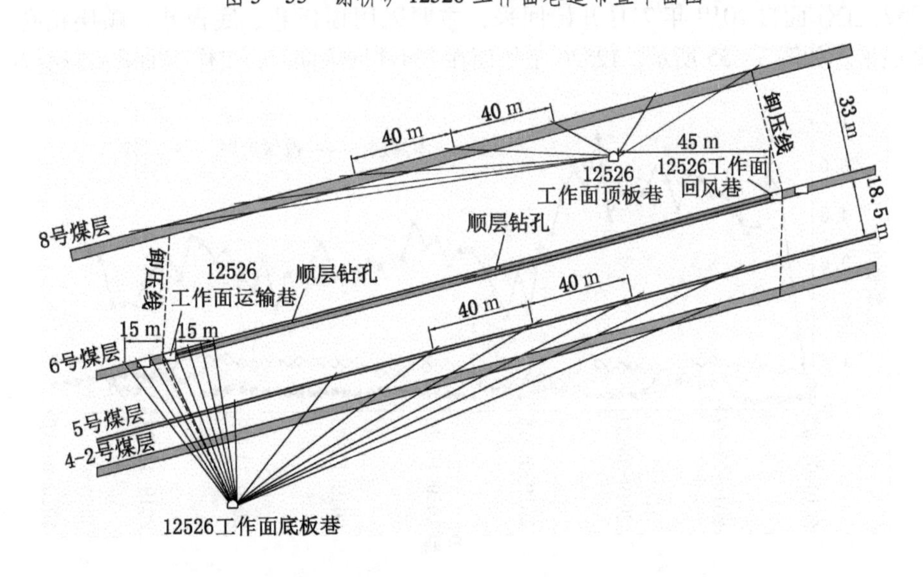

图3－54 谢桥矿12526工作面巷道布置剖面图

6 号煤层回采期间，采用顶板巷、底板巷、顺层钻孔、上隅角埋管抽采和风排等方式治理瓦斯。6 号煤层开采后，对其上覆 8 号煤层、下伏 4 -2 号煤层产生卸压作用，采用 6 号煤层顶板巷、4 号煤层底板巷施工的穿层钻孔抽采邻近层瓦斯。

2. 瓦斯治理巷道布置

6 号煤层 12526 工作面采用“一面四巷”布置，即 12526 工作面回风巷、12526 工作面运输巷、12526 工作面底板巷、12526 工作面顶板巷。

（1）12526 工作面底板巷位于 4 号煤层底板，巷道内错 12526 工作面回风巷，平距为 20 ~ 35 m，距 6 号煤层底板法距为 27.4 ~ 60.5 m。

（2）12526 工作面顶板巷位于 6 号煤层顶板，巷道内错 12526 工作面运输巷，平距为 48.9 ~ 49.7 m，距 6 号煤层顶板法距为 12.3 ~ 35.6 m。

3. 保护层工作面瓦斯抽采钻孔布置

（1）6 号煤层 12526 工作面运输巷煤巷条带采用位于 4 号煤层底板的 12526 工作面底板巷施工穿层钻孔进行瓦斯预抽，掩护煤巷掘进；通过回风巷、运输巷施工顺层钻孔进行预抽回采区域煤层瓦斯，对 6 号煤层进行消突。顺层钻孔间距不大于 9 m，孔径 113 mm，回风巷侧孔深约 90 m，运输巷侧孔深约 113 m。

（2）工作面回采期间，采用 12526 工作面顶板巷及底板巷分别抽采 8 号煤层和 4 -2 号煤层卸压瓦斯和采空区瓦斯；在上隅角布置一路 DN300 mm 抽采管抽采上隅角瓦斯。

4. 被保护层瓦斯抽采钻孔布置

（1）上覆 8 号煤层瓦斯治理：通过在 12526 工作面顶板巷内每 40 m 施工一组 8 号煤层穿层钻孔，钻孔终孔间距按照 40 m × 40 m 布置，用于回采期间抽采被保护层 8 号煤层卸压瓦斯。

（2）下伏 4 -2 号煤层瓦斯治理：在 12526 工作面底板巷内每 40 m 施工一组穿层钻孔，钻孔终孔间距按照 40 m × 40 m 布置，用于抽采被保护层 4 -2 号、5 号煤层卸压瓦斯。

5. 瓦斯治理效果

12526 工作面自 2019 年 7 月开始回采，主要采用顶板巷、底板巷、顺层钻孔、上隅角埋管抽采。如图 3 -55 所示，12526 工作面在 204 d 回采期间，工作面抽采瓦斯量为 951.79

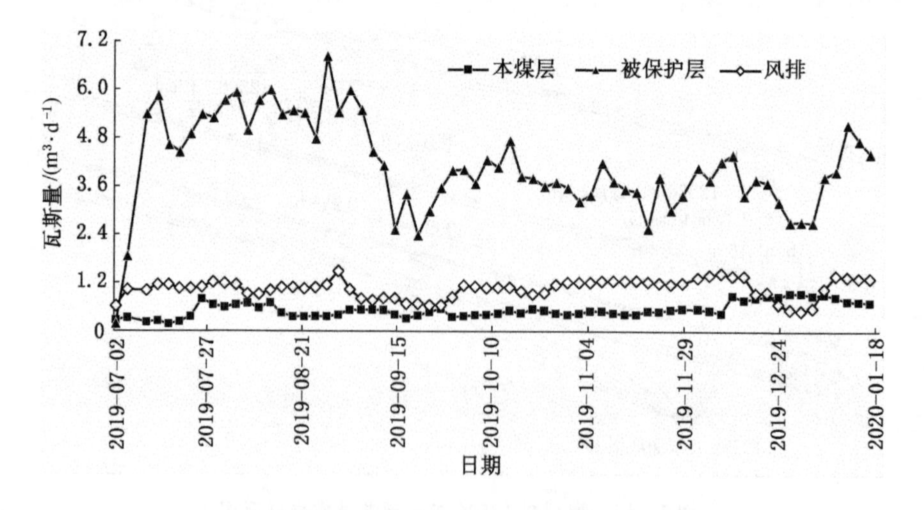

图 3 -55　12526 工作面回采期间瓦斯涌出量

万 m^3，其中，本煤层瓦斯抽采量为 111.3 万 m^3，被保护层瓦斯抽采量为 840.46 万 m^3。风排瓦斯量为 215.69 万 m^3，工作面瓦斯抽采率为 81.53%。

图 3-56、表 3-17 中，12526 工作面 204 d 回采期间，顶板巷抽采瓦斯量为 631.66 万 m^3，占总抽采量的 66.37%；底板巷抽采瓦斯量为 208.8 万 m^3，占总抽采量的 21.94%；顺层钻孔、上隅角埋管抽采瓦斯量占抽采总量的 11.7%。工作面回采期间风量为 2200～2541 m^3/min，回风流瓦斯浓度为 0.16%～0.50%。上述数据表明谢桥矿首采中间关键保护层+穿层钻孔抽采邻近层卸压瓦斯的治理模式，在保障保护层工作面安全开采的同时，能够高效抽采邻近被保护层卸压瓦斯。

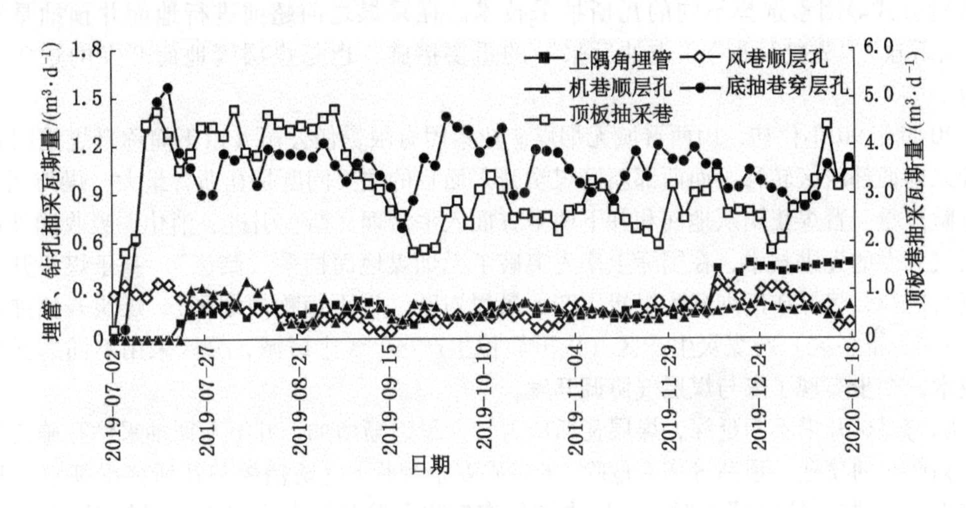

图 3-56 12526 工作面不同抽采方式下的抽采瓦斯量

表 3-17 12526 工作面不同抽采方式下的抽采瓦斯量统计

抽采方式	最小抽采量/（万 $m^3 \cdot d^{-1}$）	最大抽采量/（万 $m^3 \cdot d^{-1}$）	平均抽采量/（万 $m^3 \cdot d^{-1}$）	抽采总量/m^3	占比/%
顶板巷	0.19	5.60	3.11	631.66	66.37
底板巷	0.06	1.73	1.04	208.80	21.94
运输巷顺层钻孔	0.05	0.44	0.19	34.15	3.59
回风巷顺层钻孔	0.04	0.37	0.18	35.85	3.77
上隅角埋管	0.08	0.50	0.22	41.33	4.34

中间保护层 12526 工作面开采前后上覆被保护层 8 号煤层透气性系数分别为 0.04776 $m^2/(MPa^2 \cdot d)$、27.6212 $m^2/(MPa^2 \cdot d)$，其透气性系数增加了 578 倍；工作面开采前后下伏被保护层 4 号煤层透气性系数分别为 0.03082 $m^2/(MPa^2 \cdot d)$、60.0896 $m^2/(MPa^2 \cdot d)$，其透气性系数增加了 1949 倍。

中间保护层 12526 工作面回采后，相邻的被保护层 4 号、8 号煤层得到充分卸压，而且 8 号煤层和 4 号煤层的瓦斯涌出量在工作面开采前后增加效果明显，8 号煤层、4 号煤层瓦斯涌出量分别增加了约 38 倍、12.5 倍。

4 三区联动井上下立体瓦斯抽采模式

“先抽后建”“先抽后掘”“先抽后采”的瓦斯抽采全覆盖工程已成为解决煤矿瓦斯灾害的广泛共识。在实际生产过程中，需要根据矿井地质条件、瓦斯赋存状况、井巷布置方式等因素选择不同的瓦斯抽采技术。在采煤之前超前进行地面井预抽是实现“先抽后建”“先抽后掘”“先抽后采”的重要措施，也是煤层气地面开发的重要组成部分。

20世纪90年代初，山西晋城无烟煤矿业集团有限责任公司（以下简称晋煤集团）煤炭开采向西部新区转移，而西部新区煤炭开采面临的主要问题是瓦斯含量大，煤与瓦斯突出危险严重。晋煤集团从地面和井下两个方面入手治理瓦斯，引进、消化、吸收国外地面煤层气开发的先进技术，在国际上率先突破了无烟煤地面抽采“禁区”。基于煤炭开发时空接替规律，将煤矿区划分为煤炭生产远景规划区（以下简称规划区）、煤炭开拓准备区（以下简称准备区）与煤炭生产区（以下简称生产区）3个区域，分区采用不同的瓦斯抽采技术，初步实现了煤与煤层气协调开发。

随着煤矿开采不断延深，煤层瓦斯压力、含量逐渐增加，井下瓦斯抽采钻孔施工过程中面临严重的喷孔、顶钻等伤人危险。《煤矿安全规程》《防治煤与瓦斯突出细则》均要求突出矿井“先抽后建”，对首采区内评估有突出危险且瓦斯含量大于或等于12 m^3/t的煤层进行地面井预抽煤层瓦斯，预抽率应当达到30%以上。我国瓦斯灾害治理措施向着地面化方向发展，三区联动井上下立体瓦斯抽采模式为突出及高瓦斯矿井瓦斯灾害治理开创了一条新的技术途径。

本章重点介绍了三区联动井上下立体瓦斯抽采模式的典型瓦斯地质条件、模式、配套技术及应用。

4.1 典型瓦斯地质条件

4.1.1 沁水盆地

山西沁水盆地整体上为一个大型复式向斜构造，南北翘起呈箕状斜坡，东西两翼基本对称，边侧下古生界出露区为较大倾角的单斜，向内变平缓，古生界和中生界背、向斜褶曲发育。含煤地层地质构造简单、构造煤不发育，内部总体断裂稀少，每平方千米不足5条断层，非常有利于煤层瓦斯富集和煤炭开采。沁水盆地是我国最大和最重要的优质无烟煤生产基地，具有优越的地质条件和高级别煤层瓦斯资源条件，煤层瓦斯资源丰富，总资源量为3.95万亿m^3，资源可靠性强，全区可以整体开发。区内主要包括晋城、潞安、阳泉、东山、霍东、武夏等矿区，主要含煤地层为山西组3号煤层、太原组15号煤层，全区发育、分布稳定、厚度大、煤层结构简单、产状平缓。3号煤层南部较厚，平均厚度为5~6 m，中北部变薄，晋城矿区煤层平均厚度为6.5 m左右。潞安矿区煤层厚度为2~6 m。在北部的阳泉矿区，3号煤层较薄，平均厚度为1.35 m，有些地方不可采；15 号煤层相反，北部较厚，南部变薄。晋城矿区煤层厚度为 1.21 ~ 6.47 m，平均厚度为 4.06 m；潞安矿区煤层分叉现象明显，平均厚度为 4.67 m；北部阳泉矿区煤层平均厚度为 5.20 m。

晋城矿区 3 号煤层瓦斯含量为 19.46 ~ 22.77 m^3/t，15 号煤层瓦斯含量为 20.89 ~ 22.09 m^3/t，煤层瓦斯含量自东西边缘向盆地内部升高。以寺头断层为界，西侧煤层瓦斯含量自西向东逐渐增大，瓦斯含量多在 20 m^3/t 以上；寺头断层东侧，瓦斯含量具有自东向西增大的趋势，最高瓦斯含量超过 22 m^3/t。潞安矿区常村矿、漳村矿等均为高瓦斯矿井。

沁水盆地中阳泉、武夏、晋城为高瓦斯突出矿区，最浅始突深度为 185.75 m，发生于阳泉矿区阳煤三矿裕公井，最大突出发生在寺河矿，突出强度为 370 t/次、涌出瓦斯量为 87000 m^3/次。阳泉矿区阳煤三矿最大瓦斯压力为 4.3 MPa；新景矿最大瓦斯含量为 36.25 m^3/t。

4.1.2　晋城矿区

晋城矿区行政区划隶属晋城市区及其泽州、高平、阳城、沁水等县（市），绝大部分范围属于晋城市管辖。矿区位于沁水煤田南端，属于典型的单斜构造，矿区内构造简单，以褶皱为主；断层稀少，主要断层为寺头正断层，走向 NE60°，倾向 NW，倾角 70°，落差 350 m，延伸长度约 10 km。整体具有煤层赋存稳定、煤层瓦斯赋存条件好的特点，是我国最具煤层气开发潜力的矿区。井田地层由老至新简述如下：

（1）中奥陶统峰峰组（Q2f）：煤系地层的基盘，厚 60 ~ 140 m，一般厚 100 m。岩性由灰 ~ 深灰色中厚层石灰岩、泥质灰岩、泥灰岩、角砾状灰岩和白云质灰岩组成。

（2）中石炭统本溪组（C2b）：厚 0 ~ 7.38 m，厚度一般小于 3 m。岩性主要为灰 ~ 浅灰色富含鲕粒的铝质泥岩，不显层理；底部常含菱铁矿、黄铁矿细粒团块和结核（山西武铁矿）。

（3）上石炭统太原组（C3t）：矿区内主要含煤地层，厚 85.01 ~ 94.48 m，一般厚 89.64 m。底部以 K1 砂岩与本溪组分界或直接覆盖在中奥陶统峰峰组之上。岩性主要由砂岩、粉砂岩、砂质泥岩、泥岩、煤层和石灰岩组成。

（4）下二叠统山西组（P1s）：矿区内主要含煤地层，厚 42.82 ~ 52.62 m，一般厚 47.66 m。底部以 K7 砂岩与下伏太原组整合接触，主要岩性为砂岩、粉砂岩、砂质泥岩、泥岩及煤层。

（5）下二叠统下石盒子组（P1x）：厚 70.13 ~ 86.71 m，平均厚 77.37 m，与下伏山西组地层整合接触，连续沉积。岩性主要由砂岩、粉砂岩、砂质泥岩、铝质泥岩等组成。

（6）上二叠统上石盒子组（P2s）：一般厚 511 m，由杂色泥岩、黄色泥岩、砂质泥岩和砂岩组成。

（7）上二叠统石千峰组（P2sh）：根据岩性组合特性，自下而上分为两个岩段，属陆相淡水沉积环境。第一段（P2sh）由厚层黄绿色砂岩夹 3 ~ 5 层紫色泥岩组成；第二段（P2sh2）由砖红色、暗棕色泥岩夹薄层粉砂岩组成。

（8）第四系中更新统（Q2）：红色亚黏土，含钙质结核，下部有时见紫红色亚黏土和砂砾石。厚 0 ~ 30 m，一般厚 16 m。

（9）第四系上更新统（Q3）：主要分布于井田东部，为浅黄色粉质黏土，含零星钙质结核，垂直节理发育，底部有时见细砂。厚 3 ~ 30 m，一般厚 20 m。

（10）第四系全新统（Q4）：主要分布于河漫湾和沟谷中。岩性由现代冲积层、亚黏土、砂、砾组成。厚 0 ~ 15 m，一般厚 8 m。

太原组（C3t）属海陆交互相沉积；自下而上 K2、K3、K5 三层灰岩普通发育，是对比煤层的良好标志层；本组共含煤 12 层，自下而上编号为 16 ~ 5 号，其中 15 号煤层（平均厚度为 3 m 左右）稳定可采，9 号煤层较稳定、大部分可采，5 号煤层不稳定、局部可采，其他煤层均不可采；全组厚 77. 52 ~ 112. 07 m，平均厚度为 91. 98 m，煤层总厚 3. 25 ~ 8. 95 m。下二叠统山西组（P1s）为过渡相沉积；本组共含煤 1 ~ 3 层，其中主要煤层一层，编号为 3 号，平均厚度为 6. 44 m。全组厚 39. 45 ~ 73. 08 m，平均厚度为 49. 83 m，煤层总厚 5. 49 ~ 6. 93 m。矿区主要为高阶无烟煤，埋深 300 ~ 700 m。晋城矿区主要生产矿井瓦斯地质参数见表 4 – 1。

表 4 – 1　晋城矿区主要生产矿井瓦斯地质参数统计

编号	矿井名称	瓦斯等级	主采煤层	原始平均瓦斯含量/($m^3 \cdot t^{-1}$)	瓦斯压力/MPa	煤的坚固性系数	核定能力/万 t	煤层透气性系数/($m^2 \cdot MPa^{-2} \cdot d^{-1}$)
1	寺河矿东井	突出	3 号	10. 4	0. 52	1. 22 ~ 1. 48	500	0. 87 ~ 4. 26
	寺河矿西井	突出	3 号	20. 33	1. 83	1. 58 ~ 1. 74	400	1. 67 ~ 4. 26
2	成庄矿	高	3 号	9. 95	0. 69	0. 9 ~ 1. 15	830	0. 44 ~ 5. 97
3	赵庄矿	高	3 号	10	0. 71	0. 50 ~ 0. 59	800	0. 4635 ~ 1. 7474
4	长平矿	高	3 号	7. 26	0. 66	0. 50 ~ 0. 8	500	0. 0116 ~ 0. 052
5	寺河矿二号井	高	9 号	7. 6	0. 23	1. 67	180	0. 0915
			15 号	7. 5	0. 25	1. 43		0. 6701
6	胡底煤业	突出	3 号	13. 4	3. 83	0. 65 ~ 0. 77	60	13. 03 ~ 21. 03
7	岳城矿	高	3 号	14. 45	0. 72	0. 55 ~ 2. 9	150	18. 73 ~ 52. 38
8	坪上煤业	突出	3 号	16. 86	0. 95	1. 71 ~ 1. 88	90	7. 16 ~ 9. 71

晋城矿区瓦斯赋存特征是：①煤层瓦斯含量高，目前一般处于 10 ~ 20 m^3/t 之间，后备井田瓦斯含量最高达到 40 m^3/t；②瓦斯含量分布表现为垂直方向下部 15 号煤层含量明显高于上部 9 号煤层和 3 号煤层，平面上瓦斯含量呈现“中部高、四周低”的特点；③主要气体组分为甲烷，一般在 90% 以上，个别达到 99%；④瓦斯生成和保存条件较好，丰度高，煤层瓦斯资源丰度大于 2 亿 m^3/km^2；⑤具有较好的抽采性，煤层渗透率中等偏高，透气性系数一般超过 0. 1 $m^2/(MPa^2 \cdot d)$，最高可达到 52. 38 $m^2/(MPa^2 \cdot d)$，根据煤层瓦斯抽采难易程度，属于可以抽采或容易抽采类别。

4.2　三区联动井上下立体瓦斯抽采模式

4.2.1　概述

4.2.1.1　模式原理

通过多年的研究与实践，以晋煤集团寺河矿、成庄矿等为主要代表，根据煤炭开发时空接替关系提出三区联动井上下立体瓦斯抽采模式，原理如图4－1所示。该模式突破了井下瓦斯抽采时空限制，依据矿井煤层气开发、煤炭开采（开拓布置、生产能力）、瓦斯治理对时间与空间的需求，将井田划分为规划区、准备区、生产区3个区域。目前，该模式已推广应用至阳泉、西山、潞安等矿区。

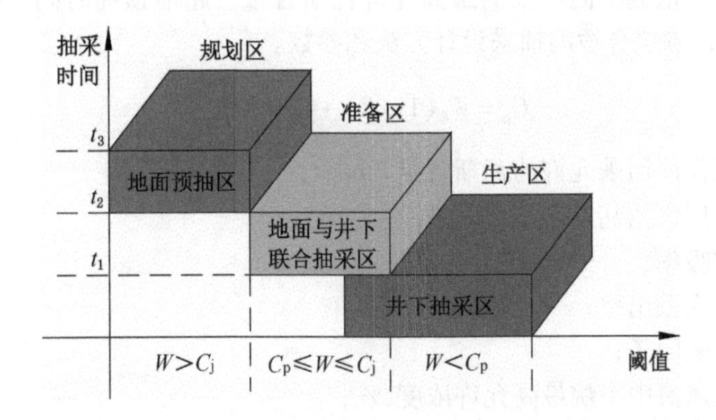

W—煤层瓦斯含量；C_j—矿井开拓掘进允许的瓦斯含量；C_p—工作面回采允许的瓦斯含量

图4－1　三区联动井上下立体瓦斯抽采模式原理

1. 规划区

煤层瓦斯含量高于矿井开拓掘进允许的瓦斯含量 C_j；一般是指在矿井采矿许可范围内需要较长时间（一般在5～10年之后）的采掘活动才能涉及的区域，因此，不具备井下介入条件，采用地面开发方式进行瓦斯预抽。不受井巷施工时序的影响，煤层瓦斯抽采时间较长，可为地面预抽提供充足时间。根据整块井田的开采设计与全局部署，首先对全矿区抽采地质条件进行分类，形成抽采地质条件分类体系，进而结合地形地貌条件和煤矿采掘规划优选井型、井网和井间距，形成地面抽采方式、方法的优化方案。其次，结合煤矿采掘规划，确定不同区域（允许）抽采时限，划分抽采阶段和抽采规模（强度），形成规划区抽采规划方案。

2. 准备区

煤层瓦斯含量低于矿井开拓掘进允许的瓦斯含量 C_j 但高于工作面回采允许的瓦斯含量 C_p；是指按照井田（煤矿）采掘计划3～5年内即将开采的区域，该区域仅掘进开拓巷道，未进行工作面回采。由于该区域将很快进入井下煤巷工程，属于煤炭开采和煤层气开采相互影响区，主要表现在巷道掘进的安全指标限制，即煤层瓦斯抽采达标后方可进行采掘工程。准备区内煤层瓦斯可采用地面抽采、井下抽采或井上下联合抽采3种方式进行。

3. 生产区

煤层瓦斯含量低于工作面回采允许的瓦斯含量 C_p；是指按照井田（煤矿）采掘计划短期内将开采的区域，是煤与煤层气协调开发的直接影响区，受煤炭采动影响，煤层瓦斯会大量涌出，考虑到其抽采时间有限，区域内煤层瓦斯采用井下抽采方式。

依据地面试验井抽采效果、井下抽采参数考察结果、目标瓦斯含量确定抽采措施最低提前实施时间。三区对应的最低提前实施时间：①规划区地面井提前预抽时间 t_3；②准备区井上下联合抽采区提前预抽时间 t_2；③生产区井下抽采区提前抽采时间 t_1。通过对三区合理划分，对抽采时间、瓦斯开发与治理协调规划，形成煤与煤层气共采的良好局面。

为定量判识煤层瓦斯抽采效果，晋城矿区在长期实践过程中，建立了工作面回采允许的瓦斯含量 C_p 与煤层原始瓦斯含量 W_0、单位时间煤炭产量 P、回风巷允许风速 V_h、回风流中甲烷最高允许浓度 M_c 等的关系，创建了工作面回采允许阈值预测方法，见式（4-1）和式（4-2）。依据不同阶段的最高允许瓦斯含量、超前预抽时间、抽采技术的适应条件和抽采能力，确定合适的抽采设计方法和参数。

$$C_p = W_0(1-R)+\beta\varepsilon\frac{M_c S_h V_h}{nP} \tag{4-1}$$

式中 C_p——工作面回采允许的瓦斯含量，m^3/t；

W_0——煤层原始瓦斯含量，m^3/t；

R——解吸率；

β——煤炭采出率；

ε——影响因子；

M_c——回风流中甲烷最高允许浓度，%；

S_h——回风巷断面面积，m^2；

V_h——回风巷允许风速，m/s；

n——工作面迎头前方影响距离与推进速度的比值；

P——单位时间煤炭产量，t/s。

$$\eta_L = \frac{W_0 - C_p}{W_0}\times 100\% \tag{4-2}$$

式中 η_L——最低预抽采率，%。

4.2.1.2 模式优点

三区联动井上下立体瓦斯抽采模式通过采煤采气统筹规划，先抽气后采煤，瓦斯抽采、矿井建设、煤矿生产的有序衔接；按照矿井衔接规划，按区域选择瓦斯抽采技术，并实现各区域之间的有序递进；地面预抽与井下抽采相结合，实现高效快速抽采；煤炭开采和煤层气开发统筹规划，地面抽采与井下抽采在时间和空间上与煤矿生产相结合；通过抽采为煤炭安全开采创造条件，做到“以采气保采煤，以采煤促采气”。

三区联动井上下立体瓦斯抽采模式的优点主要体现在空间上、时间上、方式上3个方面。

（1）在空间上体现为井上下结合，即地面与井下瓦斯抽采相结合，与煤矿开采衔接完全一致。

（2）在时间上体现为煤矿规划区实施地面超前预抽、煤矿准备区实施井上下联合抽采、煤矿生产区实施井下瓦斯精准抽采。

（3）在方式上体现为多种抽采方式相结合，即地面抽采、井上下联合抽采、煤矿井下长钻孔抽采和顺层钻孔抽采方法相结合。

三区联动井上下立体瓦斯抽采模式较好地解决了何时抽、何种方法抽、抽多长时间等问题，其显著特征是具有超前性、区域性、连续性，关键在于实现井上下相互结合。

晋煤集团经过不断探索、实践和总结，形成了符合其区域瓦斯地质条件的三区联动井上下立体瓦斯抽采模式：煤体瓦斯含量超过 16 m^3/t 时，提前 8~10 年或更长时间采用地面钻井预抽；为 8～16 m^3/t 时，提前 3～5 年采用井上下联合抽采；低于 8 m^3/t 时，采取井下区域递进式抽采。三区联动井上下立体瓦斯抽采模式在山西晋城矿区成功应用，显著提高了瓦斯抽采量和利用量，杜绝了矿井瓦斯超限问题。

4.2.1.3　模式适用条件

三区联动井上下立体瓦斯抽采模式适用地质条件：地质构造相对简单，现代地应力作用较弱，地面条件有利于地面井施工；煤层赋存稳定，中硬及以上（$f>0.5$），渗透性较好（透气性系数 $\lambda>0.1\ m^2/(MPa^2\cdot d)$）；瓦斯（煤层气）资源丰富且赋存条件好。

随着地面定向井顶、底板分段压裂抽采等技术装备的不断优化与提高，该模式适用范围可逐步扩大。

4.2.2　三区联动井上下立体瓦斯抽采模式技术体系

针对不同区域瓦斯赋存情况，三区联动井上下立体瓦斯抽采模式技术体系可分为：规划区主要采用地面钻井预抽技术体系，包括地面垂直井预抽技术、地面压裂井预抽技术、地面多分支水平井预抽技术、地面丛式井预抽技术及地面 U 型井预抽技术等；准备区主要采用地面钻井抽采与井下区域预抽相结合的井上下联合抽采技术体系，包括地面垂直井与井下长钻孔联合抽采技术、地面多分支水平井与井下钻孔对接抽采技术等；生产区主要采用区域递进式抽采技术体系，包括顺层定向长钻孔抽采技术（区域递进式抽采、模块化顺层抽采）、采动区地面井抽采技术、高位钻孔抽采技术、梳状定向钻孔抽采技术等。三区联动井上下立体瓦斯抽采模式技术体系如图 4－2 所示。

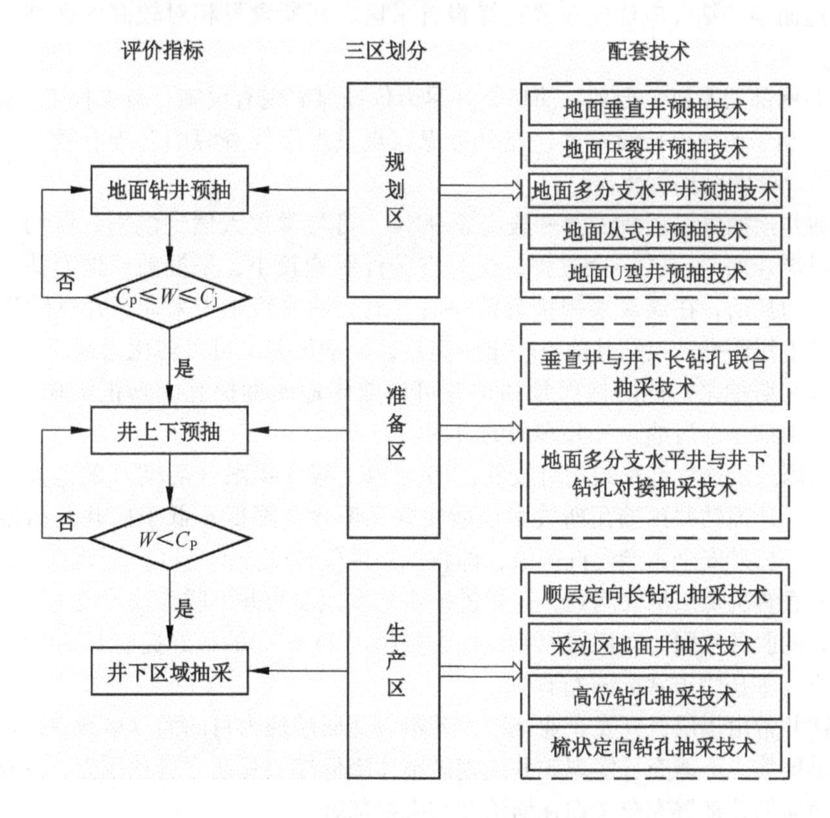

图 4－2　三区联动井上下立体瓦斯抽采模式技术体系

矿井应根据区域地质条件，可选择实施三区联动井上下立体瓦斯抽采模式技术体系中的各种技术组合。具体矿井根据采掘接替部署、可利用抽采时间、临界瓦斯阈值等，最终确定所选用的技术。

4.2.2.1 地面钻井预抽

1. 布置原则

地面预抽钻井从钻井密度上讲，一要考虑单井的抽采效果，二要考虑允许抽采的时间，三要考虑使煤层瓦斯均匀地降低，消除煤层瓦斯突出危险；从为煤炭开采创造安全条件的角度上讲，一要考虑避让井下采掘巷道和井筒硐室，二要考虑使工作面抽采效果达到最佳，三要考虑在抽采全程中，真正做到“一井多用”。

地面预抽钻井部署需要根据煤炭采掘规划、采掘巷道与工作面布置及瓦斯治理效果（抽采有效影响半径）等综合确定，其主要目的是降低煤层瓦斯压力和含量，为煤矿生产创造安全环境。地面预抽钻井部署的总体原则如下：

（1）立足矿区煤层气（瓦斯）资源，坚持以服务煤矿安全生产、降低矿井瓦斯含量为中心，并兼顾煤层气开发的经济效益。

（2）与煤矿生产采掘部署相统一，与煤矿生产紧密衔接，最大限度地保证在采煤时达到煤矿安全生产的最低瓦斯含量要求。

（3）部署区域应考虑地面预抽钻井的服务年限和煤炭采掘规划与衔接，结合矿井采掘衔接计划，在确保井下安全的情况下布井。

（4）地面预抽钻井应优先布置在煤炭首采区、瓦斯含量相对较高的区域，尽量避开地质构造。

（5）井网部署紧密、合理、简单，并尽力依托煤矿现有设施，减少投资，降低成本。

（6）有利于矿区可持续发展，充分考虑煤炭及煤层气资源的合理有效利用，并有利于环境保护及能源结构优化等。

地面钻井预抽煤层瓦斯浓度一般高于90%，可与常规天然气混输、混用。地面钻井抽采贯穿煤炭开采“三区”全过程，受时空条件影响较小；采掘前，地面钻井的目的是预抽煤层中的瓦斯，在煤炭采掘接近钻井后，地面钻井转化为采动区井继续进行瓦斯抽采，在采煤工作面推进至钻井前方一定距离后，采动区井又可以转化为地面采空区井继续进行采空区瓦斯抽采；同时地面预抽钻井可以兼作地质勘探孔，真正实现“地质勘探、采前抽、采中抽、采后抽”一井多用的目的。

由于我国煤层透气性系数相对较低，10年以上服务年限（后期）的地面钻井瓦斯产能低。目前，地面钻井预抽瓦斯技术仅能实现瓦斯含量降低至低于矿井开拓掘进允许阈值，但仍高于煤矿安全生产允许阈值，即将规划区仅转变为准备区，不能直接转变为生产区，不能彻底解决煤层消突问题，需要进一步采取地面与井下联合抽采技术。为进一步提高地面钻井的服务年限，对煤层原始瓦斯含量超过16 m^3/t 的最好提前15年以上或采取强化增透措施（如压裂方式）进行预抽。

地面钻井常由煤层气开发企业施工，若不以瓦斯治理为目的而以单纯获取经济效益为目的开发煤层气，不能充分实现矿井规划区整体降低煤层瓦斯含量和压力，易存在一定盲区。建议地面钻井部署充分考虑瓦斯治理与采掘部署。

2. 特点

规划区地面钻井预抽是实现预抽时间长、井下条件受限的高瓦斯、突出煤层向低瓦斯煤层转变的根本之路，只有采取地面预抽措施，才能实现瓦斯治理与安全生产的良好衔接，实现由开采前高瓦斯、突出煤层向开采时低瓦斯煤层转变。优势不受空间约束、不受时间限制，超前进行大面积预抽，既可提高抽采效果，又可形成产业规模。规划区煤炭资源一般在5～10年甚至更长时间后方可进行采煤作业，留有足够的瓦斯抽采时间。规划区地面钻井预抽的目的是采用合理的地面钻井井型与瓦斯抽采技术最大限度地超前预抽煤层瓦斯，降低煤层瓦斯含量，为后续开拓、井下瓦斯治理工程奠定基础。

对于透气性好［透气性系数 $\lambda > 1\ m^2/(MPa^2 \cdot d)$］的煤层可以采用垂直井、水平井、丛式井等多种常规地面钻井抽采技术，对于透气性差［透气性系数 $\lambda < 0.1\ m^2/(MPa^2 \cdot d)$］的煤层可以采用地面垂直井水力压裂、水平井分段压裂等地面增透抽采技术。

3. 适用条件

地面钻井预抽一般适用于原始瓦斯含量大（一般大于 $10\ m^3/t$）、储量丰富、煤层赋存稳定、较高渗透性［透气性系数 $\lambda > 0.1\ m^2/(MPa^2 \cdot d)$］、中硬煤层（$f > 0.5$）、地质构造简单、现代地应力作用较弱及适合地面井施工的地质条件。

4.2.2.2　井上下联合抽采

1. 特点

准备区的煤层瓦斯含量低于矿井开拓掘进允许的瓦斯含量，但高于工作面回采允许的瓦斯含量，而且瓦斯压力高于安全生产允许阈值。井上下联合抽采主要解决准备工作面巷道掘进中的瓦斯涌出、瓦斯突出以及超限等问题，掘进前工作面瓦斯含量与压力等指标必须满足《防治煤与瓦斯突出细则》等相关规定。

准备区介于规划区与生产区之间，一般3～5年内转化为生产区，急需快速降低煤层瓦斯含量。准备区的井下巷道工程已进入开拓阶段，将地面钻井的压裂或排采影响区与井下定向长钻孔抽采相互配合，高效快速地抽采准备区范围内的煤层瓦斯，可快速降低开拓巷道和煤炭生产区内煤层瓦斯含量，实现提高井巷工程施工的安全性、缩短开拓准备区施工时间的目的。准备区井上下联合抽采技术特点如图4－3所示。

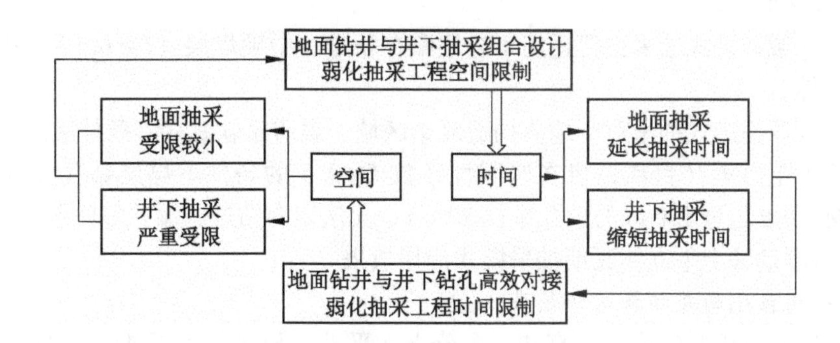

图4－3　准备区井上下联合抽采技术特点

利用地面钻井技术与井下定向长钻孔技术的叠加优势，最大限度地降低时空条件对瓦斯抽采工程的限制，为准备区加速转化为生产区创造有利条件。准备区井上下联合抽采主要采用井上、井下联合的全方位立体抽采，地面钻井与井下区域预抽同步进行，而且以地面钻井抽采为辅、井下区域预抽为主对煤层进行大面积预抽。

采用井上下联合抽采的准备区瓦斯治理不受时间、空间的限制，可以减少井下钻孔工程量及预抽时间，消除矿井采掘衔接紧张局面；井下长、短钻孔精准抽采可有效消除地面钻井预抽形成的空白带并实现区域强化抽采，有效缩短区域预抽时间。

2. 适用条件

井上下联合抽采主要在已有地面井预抽的区域实施，一般适用于煤层赋存稳定、中硬煤层（$f>0.5$）、地质构造简单、地面平坦（有利于地面井施工）的地质条件。

4.2.2.3　生产区区域递进式抽采

1. 特点

为了保障安全高效的高强度生产，特别是高强度回采工作面上隅角瓦斯超限问题，需要采用边掘（采）边抽、采空区抽采、加强通风、监测监控等综合瓦斯治理技术治理采掘活动中涌出的瓦斯。

为保证时间和空间上提前解决采掘工作面瓦斯问题，在工作面运输巷或回风巷掘进过程中，利用千米钻机等机具，向邻近工作面及相邻巷道施工长钻孔，实施区域递进式预抽，为下一个工作面的布置和预抽瓦斯创造有利条件。

晋城矿区针对单一煤层、大采高回采工艺、高瓦斯赋存条件，采用采空区地面井抽采技术、区域递进式抽采技术、模块化顺层钻孔抽采技术等实现区域提前抽采。华晋焦煤集团沙曲矿针对煤层群赋存条件采用采动区地面直井抽采技术、沿空留巷瓦斯抽采技术、高位钻孔抽采技术、高抽巷抽采技术等实现提高瓦斯抽采效率和降低瓦斯超限的目标，采用井下本煤层区域递进式预抽技术实现了超前抽采。

生产区区域递进式抽采不仅解决了采掘工作面瓦斯涌出问题，而且对邻近采掘工作面瓦斯进行预抽。保证采掘工作面抽采时间及预抽效果，实现回采工作面与接替工作面的循环递进、良性接替。尤其是通过超前抽采，可有效消除工作面掘进过程中的突出危险性，进而减少岩巷掘进量和钻孔工程量、缩短工作面准备时间、降低吨煤成本，同时满足高产高效综采技术的要求。

2. 适用条件

生产区区域递进式抽采主要适用于煤层赋存稳定、中硬煤层（$f>0.5$）、地质构造简单的地质条件。

生产区区域递进式抽采对于地质构造复杂区域、煤质松软赋存等条件适用性差，存在井下钻孔施工距离短（目前钻机在坚固性系数$f\leqslant0.5$的条件下煤层钻孔深度一般小于200 m，钻孔深度超过150 m的成孔率仅70%）、无法定向钻进、塌孔等问题。

4.2.3　三区联动井上下立体瓦斯抽采模式应用效果

4.2.3.1　规划区地面井预抽应用效果

晋城矿区8对矿井的地面垂直井、多分支水平井、丛式井和U型（L型）井布置数量和日抽采效果见表4－2。截至2017年底，晋煤集团已累计施工煤层瓦斯（地面预抽）钻井2593口，地面和井下瓦斯抽采量均在400万m^3/d以上，2017年抽采煤层瓦斯11.06亿m^3。

表4-2 晋城矿区地面抽采煤层气井布置情况（截至2017年底）

井型		寺河矿	岳城矿	成庄矿	胡底矿	郑庄矿	沁城矿	赵庄矿	长平矿
井数/口	现有总井数	908	144	357	308	487	128	176	85
	运行井数	560	63	261	285	475	117	147	61
	垂直井数	545	63	256	255	371	116	143	57
	丛式井数	—	—	—	30	103	—	—	—
	多分支水平井数	1	—	—	—	—	—	—	—
	地面L型井数	8	—	—	—	1	1	—	—
	U型井数	6	—	5	—	—	—	4	4
	报废井数	348	81	96	23	12	11	29	24
产气效果/（万 $m^3 \cdot d^{-1}$）	垂直井	0.212	0.212	0.104	0.100	0.037	0.063	0.009	0.009
	丛式井	—	—	—	0.100	0.037	—	—	—
	多分支水平井	0.720	—	—	—	—	—	—	—
	地面L型井	0.356	—	—	—	0.150	0.200	—	—
	U型井	0.556	—	0.011	—	—	—	0.278	0.056
抽采浓度	晋城矿区地面钻井抽采煤层瓦斯抽采浓度较高，一般大于90%								

截至2017年底，晋煤集团寺河矿地面正常运行井560口，因井下采掘已拆除或者报废的煤层气井348口，日抽采瓦斯量为75~80万 m^3/d，地面瓦斯预抽有效降低了煤层瓦斯含量。经过近7年的地面抽采，寺河矿东五盘区3号煤层瓦斯含量下降幅度平均为55%，瓦斯含量降至10.51 m^3/t；经过5年的抽采，西二盘区3号煤层瓦斯含量下降幅度平均为42%，瓦斯含量降至14.13 m^3/t；预计经过10年的抽采瓦斯含量下降幅度达到71%，预计经过15年的抽采瓦斯含量降至3.24 m^3/t，瓦斯含量降低幅度达86%。运用抽采效果的实测成果，寺河矿调减煤矿井下瓦斯抽采工程投入1200万元；寺河矿东五盘区巷道掘进工期比预计缩短了4个月，缩短工期35%，且未发生瓦斯超限事故。

4.2.3.2 准备区井上下联合抽采应用效果

对于近5年内即将开采且瓦斯含量大于8 m^3/t 的准备区，晋煤集团寺河矿、成庄矿等中硬煤层矿井采取井上下联合抽采工艺加速实现抽采达标。晋煤集团在现场施工了多组地面直井压裂、井下定向长钻孔联合抽采井组，其中赵庄矿试验施工6组、成庄矿试验施工5组，试验区井下长钻孔与地面直井压裂影响区对接准确率达到100%。赵庄矿1308工作面实施了井上压裂、井下定向水平钻孔联合抽采技术，影响区内的煤层瓦斯抽采量、抽采浓度等均有所提高；成庄矿四盘区4315、4321、4325工作面的应用效果表明，联合抽采区内煤层瓦斯抽采浓度和百米抽采量提高了1倍以上，煤层瓦斯抽采均取得显著效果。

4.2.3.3 生产区区域递进式抽采应用效果

晋煤集团寺河矿东5盘区采空区示范2口采动区地面井，2011ZX-CK01井累计正常试验抽采67 d，抽采煤层气20.95万 m^3，日均抽采量为3120 m^3；2011ZX-CK02井累计正常试验抽采30 d，抽采煤层气10.29万 m^3，日均抽采量为3420 m^3。寺河矿3313工作面施工了1口沿煤层顶板裂隙带钻进的L型地面井，累计运行300余天，抽采纯量最高达到

3.11 万 m^3/d、平均纯量为 2.2 万 m^3/d，累计抽采煤层气 650 余万 m^3。岳城矿 2012ZX - YCCD - 02 井投运后平均抽采瓦斯量为 1.54 万 m^3/d，平均瓦斯浓度为 55.3%，工作面推至井位处时，瓦斯抽采量最大为 3.79 万 m^3/d，抽采时间为 10 个月，累计抽采瓦斯量约为 360 万 m^3，取得了较好效果。

4.2.3.4　晋城矿区总体应用效果

2008—2018 年，晋城矿区累计生产原煤 61672 万 t，瓦斯抽采量为 240.49 亿 m^3、瓦斯利用量达到 154.66 亿 m^3，见表 4 - 3。

表 4 - 3　晋城矿区煤层瓦斯抽采效果

年份	煤炭产量/万 t	瓦斯超限次数/次	煤层瓦斯年抽采量/亿 m^3	煤层瓦斯年利用量/亿 m^3	利用率/%
2008	3709	141	7.76	3.17	41
2009	4260	107	11.69	7.05	60
2010	4597	82	15.73	10.13	64
2011	5253	14	20.42	13.06	64
2012	5393	9	23.78	14.67	62
2013	5709	9	25.16	15.11	60
2014	6476	7	25.43	17.12	67
2015	7041	7	25.79	18.09	70
2016	6115	8	26.62	17.26	65
2017	6487	5	28.53	18.77	66
2018	6722	0	29.58	20.23	68

2018 年与 2008 年对比：矿区煤炭产量由 3709 万 t 增加至 6722 万 t，增产 3013 万 t，瓦斯超限次数由 141 次减少至 0 次，瓦斯年抽采量由 7.76 亿 m^3 增加至 29.58 亿 m^3，瓦斯年利用量由 3.17 亿 m^3 增加至 20.23 亿 m^3，利用率由 41% 增加至 68%，变化趋势如图 4 - 4、图 4 - 5 所示。

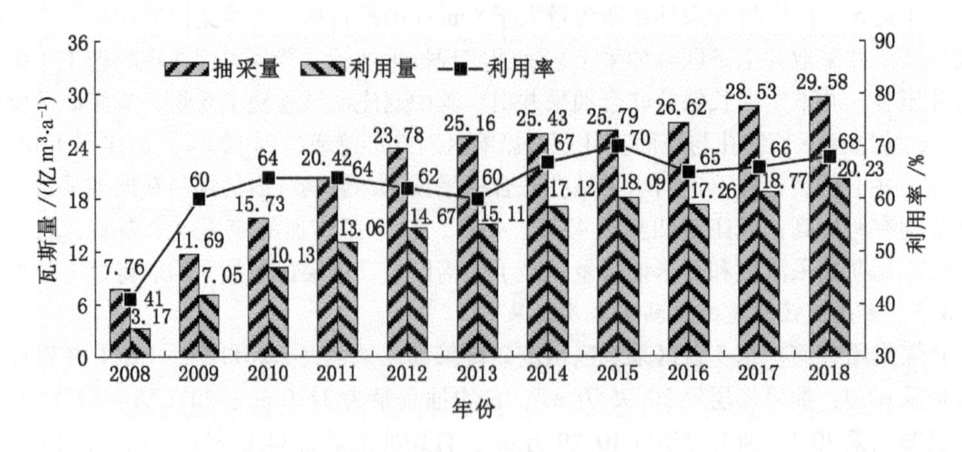

图 4 - 4　晋城矿区煤层瓦斯抽采量、利用量、利用率变化图

图4-5　晋城矿区煤炭产量与瓦斯超限次数变化图

近年来，随着瓦斯抽采力度的加大，晋煤集团的井下瓦斯抽采量逐年递增。矿井平均瓦斯抽采率达到80%，井下单日平均瓦斯抽采量超过400万 m^3，其所属各矿井2017年生产及瓦斯涌出情况见表4-4。

表4-4　晋煤集团2017年生产及瓦斯涌出情况统计

编号	矿井名称	核定能力/万t	绝对瓦斯涌出量/($m^3\cdot min^{-1}$)	风排瓦斯量/($m^3\cdot min^{-1}$)	井下抽采量/($m^3\cdot min^{-1}$)
1	寺河矿	东井：500 西井：400	1681	202	1479
2	成庄矿	830	432	142	289
3	赵庄矿	800	159	74	85
4	长平矿	500	155	83	72
5	寺河矿二号井	180	94	32	62
6	胡底煤业	60	157	24.	133
7	岳城矿	150	288	33	255
8	坪上煤业	90	328	46	282

4.3　三区联动井上下立体瓦斯抽采模式配套技术

4.3.1　规划区地面钻井预抽配套技术

根据矿区（井）煤层赋存条件和地形地貌，地面钻井预抽煤层瓦斯可选用地面垂直井、地面定向井（丛式井、水平井、多分支水平井、U型井、L型井）等井型，如图4-6所示。

地面井各种井型具有不同的特点及适应条件（表4-5），应根据煤层瓦斯抽采实际条件与特征选择合理的井型、钻井参数、井间距、井深等基本参数。

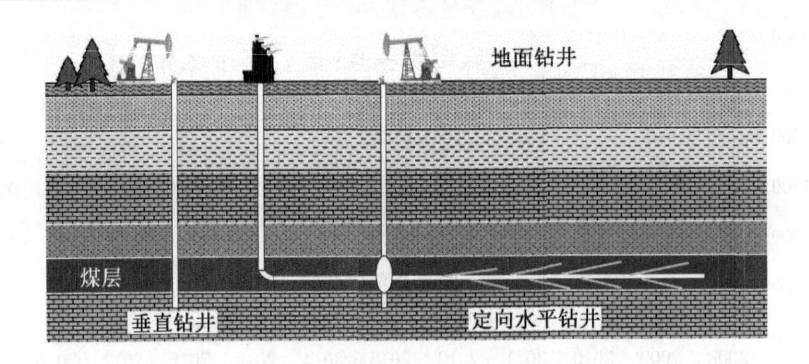

图4-6　地面钻井预抽示意图

表4-5　不同井型的特点和适应条件

条件		地面垂直井	丛式井	水平井
地形条件		地形平整	要求低	要求较低
占地面积		大	小	较小
地质条件	构造条件	复杂~简单	简单	较简单
	煤阶	低~高阶煤	高阶煤	低~高阶煤
	煤硬度	软~硬	软~较硬	硬
	含气量	低~高	低~高	高
	目标煤层数/层	1~3	1~3	1
	目标煤层厚度	较大~大	大	大
	发育状况	较稳定~稳定	稳定	较稳定
	埋藏深度/m	300~1000	>400	300~800
	渗透性	较高~高	较高~高	较低~高
	水文地质条件	简单~较复杂	简单~较复杂	简单
单井产量		低	高	低
技术条件		成熟	较成熟	较成熟
工艺		简单	较复杂	复杂
钻井投资成本		低	低~较高	较高

4.3.1.1　地面垂直井预抽

1. 布置原则

地面垂直井预抽煤层瓦斯技术是在地面施工垂直井进入目标煤层，通过排水、降压使煤层中的吸附瓦斯解吸出来，由井筒流至地面，或利用自然压差或泵抽采。目前煤层气垂直井均需要采取一定的增产措施来提高瓦斯产量，如裸眼洞穴完井技术、地面钻井压裂技术。

布置原则：从煤层气开发角度，钻井间距一般为300 m×300 m；从区域防突角度，无地质构造区域地面钻井间距一般为300 m×300 m，在地质构造带地面钻井间距可适当减小。寺河矿西井区井田内一口地面钻井控制范围为300 m×300 m，按实际平均瓦斯抽采量约 2000 m^3/d，一口井服务一年可使煤层瓦斯含量降低约 1 m^3/t。

2. 技术特点

（1）钻井工艺简单，技术难度较低。

（2）单井钻进成本低，服务年限长，稳产时间长。

（3）单井施工对地表要求低。

（4）维护作业分散，投资回收较慢，综合作业成本高。

3. 适用条件

从煤层瓦斯预抽角度，地面垂直井主要适宜于地面地形平坦、交通方便、井下构造简单或相对简单、目标煤层深度为 300 ~ 1200 m、厚度大且稳定、目标煤层数量为 1 ~ 3 层、煤层以碎裂—原生结构为主、煤层瓦斯含量及渗透性相对较高的条件。

4. 抽采效果

“十二五”期间，在寺河矿施工 3 口地面垂直井（套管固井 - 射孔压裂）。2012ZX - F - 01 井瓦斯抽采量稳定，最大瓦斯抽采量达到 2040 m^3/d，平均瓦斯抽采量约为 1300 m^3/d；2012ZX - F - 02 井和 2012ZX - F - 03 井最大瓦斯抽采量分别为 1608 m^3/d 和 1224 m^3/d，平均瓦斯抽采量约为 1000 m^3/d。

该矿东五盘区原始煤层瓦斯含量为 18.98 ~ 29.02 m^3/t，平均瓦斯含量为 23.68 m^3/t，施工 141 口地面垂直预抽井，2005 年开始抽排；2012 年施工 14 口地面效果检验井，检测东五盘区剩余煤层含气量为 8.47 ~ 13.76 m^3/t，平均含气量为 10.51 m^3/t，如图 4 - 7 所示。

4.3.1.2 地面多分支水平井预抽

1. 特点

多分支水平井是在常规水平井和分支井的基础上结合煤层实际地层特征发展起来的一种新技术，集钻井、完井和增产措施于一体。具体地讲是指地面钻直井到造斜点后以中、小曲率半径钻进目标煤层主水平井，再从主井两侧不同位置水平侧钻分支井作为泄气通道，进而形成像羽毛状的多分支水平井，如图 4 - 8 所示。

与常规垂直钻井相比，地面多分支水平井预抽煤层瓦斯增产原理主要体现在：

（1）提高导流能力。水平井内流体的流动阻力小于煤层裂隙系统，分支钻孔与煤层裂隙相互交错，提高裂隙的导流能力。

（2）降低对煤层的伤害。常规垂直井钻井完钻后要固井或进行水力压裂改造，每个环节均对煤层造成不同程度且难以恢复的伤害。多分支水平井钻井完井技术采用清水、欠平衡钻进避免对煤层的伤害。

（3）增大解吸波及面积，沟通更多裂隙。多分支水平井在煤层中呈网状分布，将煤层分割成多条连续狭长带，扩大煤层瓦斯供给范围。

（4）单井产量高，经济效益显著。多分支水平井，单井成本比直井高，但在一个较大区域减少了钻井数量、钻前工程、材料消耗等，综合成本降低；产量通常是常规直井的 2 ~ 10 倍，采出程度平均高出 2 倍，提高了经济效益，充分利用了资源。

2. 适用条件

多分支水平井适用于地质条件稳定、煤层中硬、渗透率中等、地面布井受限且井下抽采范围大的区域。

3. 抽采效果

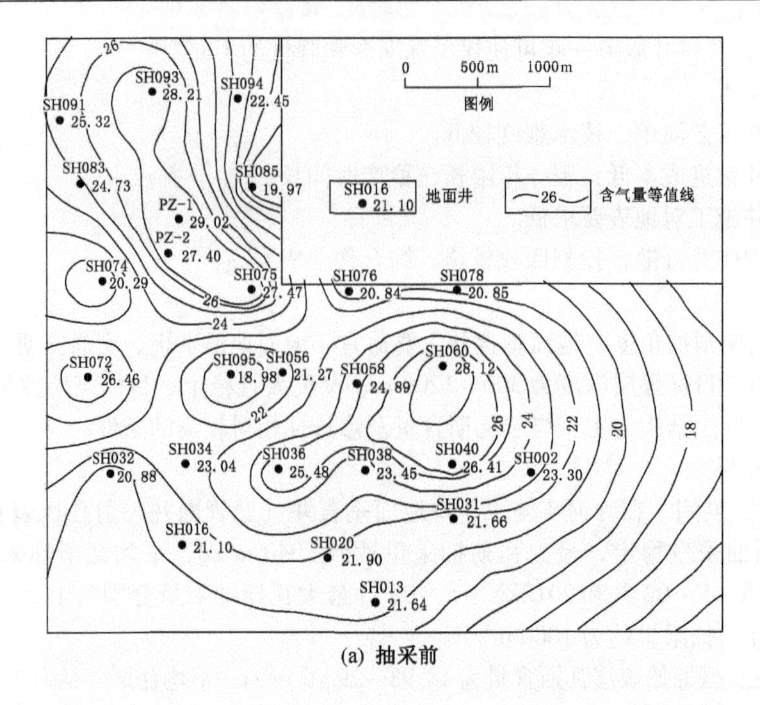

(a) 抽采前

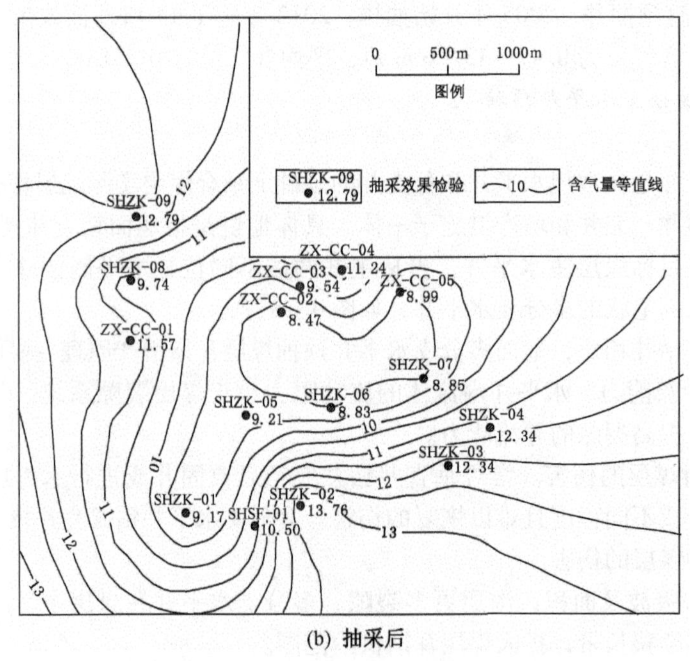

(b) 抽采后

图 4-7 寺河矿东五盘区地面垂直井抽采效果分析

2004 年奥瑞安能源国际有限公司在山西晋城大宁矿区成功实施了我国第一口多分支水平井（DNP02），预抽量为 1.50 万～2.00 万 m^3/d，稳产时间超过两年；“十一五”期间，晋煤集团在寺河矿西区施工了 2 口多分支水平井，平均单井日预抽量为 15400 m^3/d。随后山西宁武、端氏、潘庄、柳林、大宁和陕西韩城等地施工了多口多分支水平井，多口

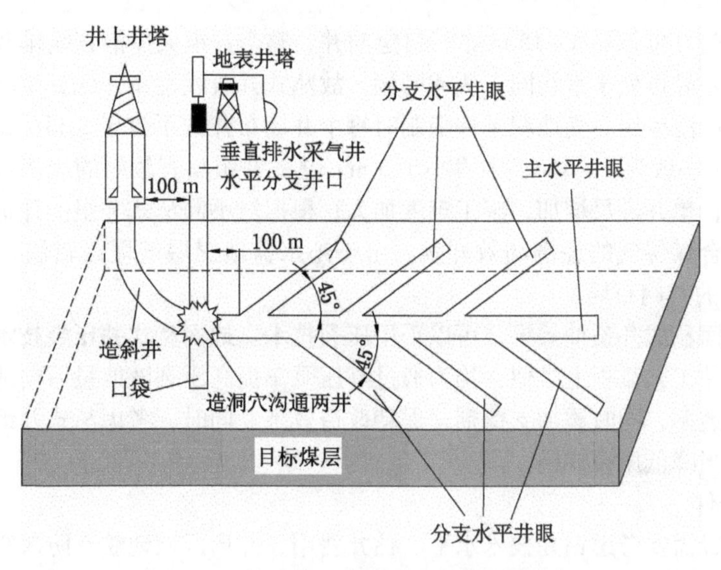

图 4-8 地面多分支水平井预抽瓦斯技术

井瓦斯抽采量高于 1 万 m^3/d，最高达到 10 万 m^3/d；从现场应用情况来看，单井日瓦斯抽采量为 3.40 万 ~5.70 万 m^3。

4.3.1.3 地面丛式井预抽

1. 地面丛式井布置原则

丛式井是指在一个井场上有计划地钻出两口及以上的定向井组，井口相距数米，各井井底伸向不同方位。国内最常见的丛式井布井方式是五点法、直线型布井法。丛式井五点法是在钻井平台的中心布一口直井，然后朝 4 个方向各布一口定向井，如图 4-9 所示。丛式井直线型布井法通常是沿一条或相邻平行的两条直线布置井网，分为单排排列法和双排排列法，单排排列法如图 4-10 所示。

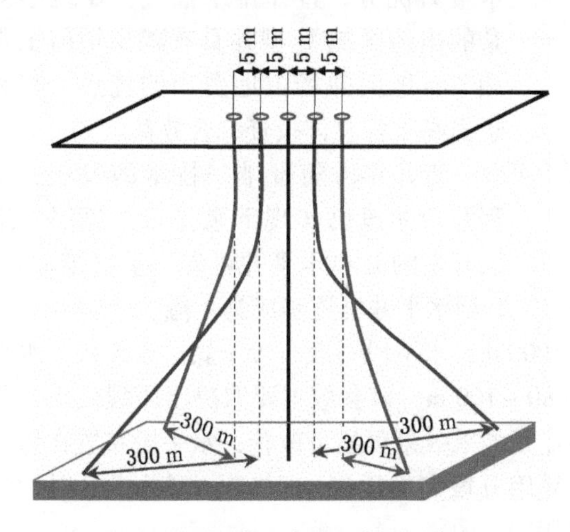

图 4-9 丛式井地面五点法示意图

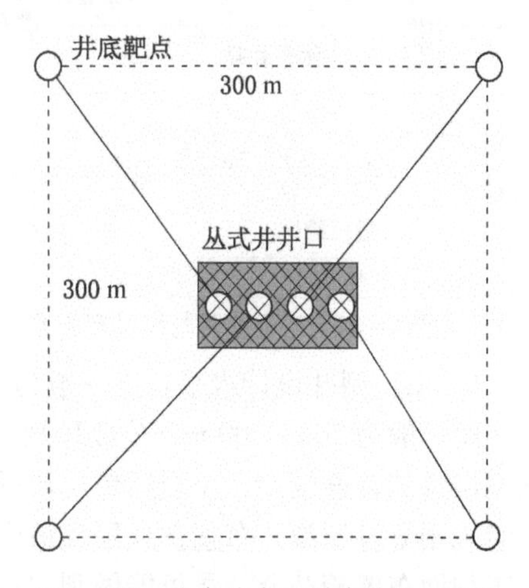

图 4-10 丛式井直线型布井法示意图

对于沟谷纵横地区，适于五点法布井的宽阔平地少，适合直线型布井的狭长地形较多。直线型单排排列法布井一般布置在岭谷之间较为平坦区域，结合沟谷延伸方向设计大门方位，沿大门方位每隔 8 ~ 15 m 布一口定向井，整个井组大体沿直线排开，各定向井靶点因煤层特征差异可处于直线同一侧或两侧，故丛式井直线型布井尤其是单排排列法在沟谷较多的地区广泛应用。受地貌条件限制时每个井场布井数不少于 3 口，通常井数为 4 ~ 9 口，井口间距一般为 4 ~ 6 m，不得小于 3 m。丛式井组具有较好的经济效益，但随着布井数量的增加，单井进尺增加，施工难度加大；根据对不同丛式井组的评价，直线型四井组丛式井最适合煤层气的经济高效开发。由于沁水盆地煤层气埋藏较浅，目前主要采用 300 m × 300 m 的井网布局。

为提高地面丛式井预抽效果，可以采用压裂技术。地面丛式井压裂技术与地面垂直井压裂技术在单井工艺流程上类似，均为通过高压泵车提高压裂液能量后向地层内注入，用以改造储层渗透率，同时添加支撑剂，保持改造效果。同时，考虑丛式井组各井揭煤点距离较近，应适当降低压裂规模。

2. 适用条件

丛式井布置需要考虑钻井技术水平、钻井费用、井场区域地貌、防碰绕障等因素，适用于地面地形条件较差、征地和道路修整困难、地质条件稳定、煤层中硬、地面布井受限且井下抽采范围大、埋深相对较大区域。

3. 抽采效果

晋煤集团沁水蓝焰煤层气有限公司、中石油煤层气有限责任公司和中联煤层气有限责任公司等陆续采用了丛式井钻采技术，该技术在沁水盆地和鄂尔多斯盆地东缘已逐步得到应用，其中沁水盆地南部施工了 100 多口丛式井，单井产量约 2500 m^3/d。

4.3.1.4　地面 U（L）型井预抽

1. 技术原理

地面 U 型井一般由直井和定向水平井两口井组成，如图 4 - 11 所示。由于水平井在水平段靶点末端与洞穴直井相通，两口井形成 U 字形井筒结构。U 型井充分利用了煤层水重力优势，直井排水抽气，在地形复杂的山地区域 U 型井具有减少钻前工程和节省地面井场占地费用的优点，有利于提高工程总体投资综合效益。

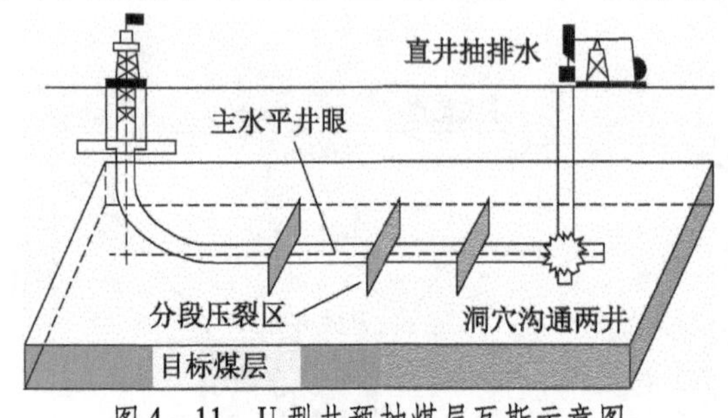

图 4 - 11　U 型井预抽煤层瓦斯示意图

近几年，随着排采技术的发展，工程井弯曲段已实现下泵排采，煤层气地面开发的 U 型水平井可省下垂直排采井，L 型水平井已逐步成为主流。

U（L）型井设计水平长度一般为 600 ~ 1000 m；水平段一般布置于煤层或顶板，水平段间距一般为 200 ~ 300 m，分段压裂间距为 80 ~ 100 m，该参数主要取决于压裂效果。我国煤层透气普遍较差，压裂后煤层渗透性和瓦斯抽采效果可显著改善；水平段布置在煤层中时采用分段压裂；布置在煤层顶板中时，采用分段定向压裂。U（L）型井设计时，应与工作面布置相结合，尽可能做到“一井多用”。

2. 适用条件

U（L）型井抽采煤层瓦斯技术主要适用于地质构造简单、煤层瓦斯含量高、水文地质条件简单、煤层厚度大且分布稳定的瓦斯地质条件。

3. 抽采效果

赵庄矿 2012ZX－SP－02V 井平均预抽量为 5150 m^3/d，目前该井型在韩城、晋城、淮北矿区均有应用。

4.3.2　准备区井上下联合抽采配套技术

准备区是指按照井田（煤矿）采掘规划一般在 3～5 年内即将进行回采的区域。准备区一般在 3～5 年转化为煤炭生产区，超过 5 年以上会增加维护成本，时间太短会造成瓦斯抽采不达标。按照矿井生产衔接规划，由于准备区（规划区由地面钻井预抽后逐渐转变成的准备区或未进行地面钻井预抽的准备区）将进入井下煤巷工程，属于煤炭开采和地面井预抽（煤层气开采）的相互影响区。由于巷道掘进安全指标的限制，需要瓦斯抽采达标后方可进行采煤工程。

井上下联合抽采配套技术主要有地面多分支水平井与井下长钻孔对接联合抽采技术、地面垂直井与井下长钻孔联合抽采技术。井下抽采技术主要有底抽巷穿层钻孔抽采技术、大孔径定向长钻孔抽采技术等。

4.3.2.1　地面垂直井与井下长钻孔联合抽采

对于已经进行地面钻井预抽的准备区或未进行地面钻井预抽的准备区，采用地面压裂井与井下顺层长钻孔联合抽采技术，如图 4－12 所示。

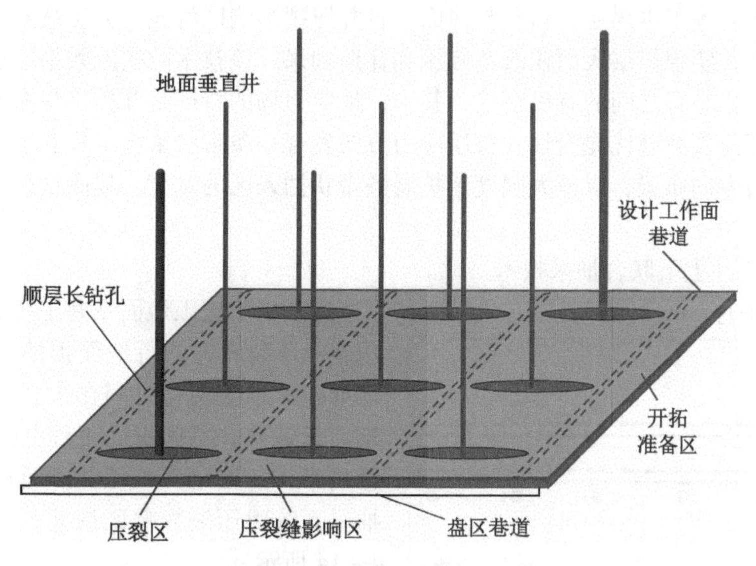

图 4－12　地面垂直井与井下长钻孔联合抽采技术（已预抽）

1. 地面钻井已预抽准备区井上下联合技术

在煤矿规划区地面钻井预抽的基础上，当该区转化为准备区时，在煤矿井下施工顺层长钻孔，贯通已有的地面垂直井及其压裂影响区域，形成直井与顺层长钻孔构成的立体抽采网络。此种技术是由地面直井、煤层压裂区和井下顺层长钻孔 3 部分组成抽采通道，其中压裂区起“桥梁纽带”作用，地面直井与井下顺层长钻孔对接，通过煤层压裂区内的裂缝沟通成一个整体，进而形成地面直井＋压裂＋井下顺层长钻孔三者构成的立体化抽采工艺。

地面垂直井与井下定向水平长钻孔联合抽采技术基本原理（图 4－13）：首先通过施工井下顺层长钻孔与地面井压裂区的裂缝沟通形成地面－井下立体化抽采通道；然后封堵

井下顺层长钻孔并利用井下钻孔集中控制排除煤层内的水，同时通过地面井以无动力的方式进行煤层瓦斯抽采，在抽采通道和抽采工艺两个方面进行井上下联合，使排水和采气均以无外加动力的方式分开进行，实现准备区的煤层瓦斯高效抽采。

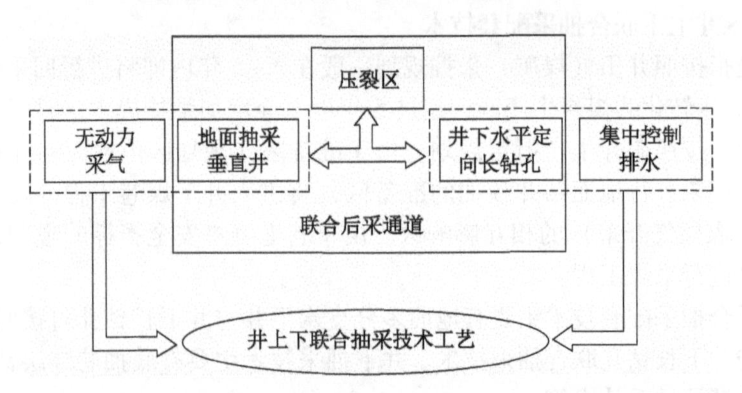

图4－13　地面垂直井与井下定向水平长钻孔联合抽采技术基本原理

地面垂直井与井下定向钻孔联合抽采技术充分发挥了地面压裂井增加煤层透气性与井下长钻孔覆盖范围广的优势，实现井上下联合，抽采效率提高，缩短了抽采达标时间。利用千米钻机定向施工本煤层长钻孔与地面垂直井压裂影响区沟通，人工裂缝与长钻孔构成立体抽采网络，实现煤层大面积改造卸压和瓦斯抽采。该技术的实施效果取决于采煤工程布置与地面工程布置之间的有机衔接。其中，地应力场的特征是Ⅱ类工程布置所要考虑的地质条件，即压裂裂缝优先沿最大挤压应力方向发育，条带状采煤工程和地面井组垂直于最大挤压应力方向布置，以最大限度地扩展条带状抽采区的宽度，提高抽采效率，缩短抽采时间。

2. 条带式井上下联合抽采技术

条带式井上下联合抽采技术在地面沿待掘巷道条带状施工地面钻井工程，并进行水力压裂，压裂后先进行地面预抽。根据规划区与准备区衔接转化时间在大巷两侧施工顺层定向长钻孔，贯通地面工程井压裂裂缝及其影响带；封堵地面工程井，通过井下钻孔和抽采系统对压裂影响区快速抽采瓦斯，如图4－14所示。

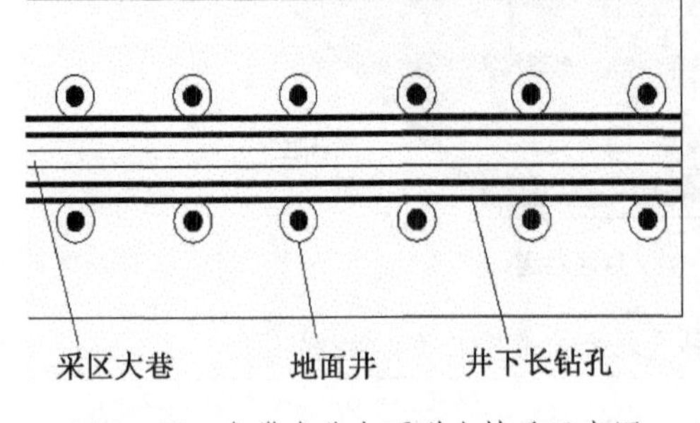

图4－14　条带式井上下联合抽采示意图

地面垂直井与井下长钻孔联合抽采技术工艺的特点与优势为：

（1）立体化联合抽采通道在结构形式上具有与地面多分支水平井相似的特点，即在煤层中水平段增加了煤层瓦斯有效供给范围，提高了导流能力。然而，在施工成本与难度方面，立体化抽采通道中的水平孔段在井下施工，较地面多分支水平井的施工成本低、难度小，且轨迹设计与控制更加灵活。

（2）与井下负压抽采相比，立体化抽采通道中水平孔段内积聚的瓦斯经压裂裂缝、地面垂直井采出，浓度高、可利用性好；同时可充分利用地面瓦斯配套开采、集输管道系统及净化、压缩等基础性设施。

（3）联合抽采技术利用井下水平定向钻孔控制排水，通过地面垂直井无动力方式抽采瓦斯，这种联合抽采工艺的采气成本低，经济性好。

（4）联合抽采技术可利用低产或停止产气的地面压裂垂直井作为目标井，使其增产或“重新”产气，可以达到挖潜及进一步延长地面井产气年限的目的。

4.3.2.2 地面多分支水平井与井下钻孔对接

地面多分支水平井与井下钻孔对接预抽瓦斯技术是将地面多分支水平井沿着工作面的采掘方向设计，将多分支水平井的超前性与井下抽采系统的便利性相结合。主水平段和水平分支段均在煤层中钻进，在水平井施工结束后，通过相应的定向装备实现地面分支水平井与井下钻孔的对接，并与煤矿井下瓦斯抽采管网连接，利用煤矿瓦斯抽采泵实现井下集中抽采，如图 4－15 所示。

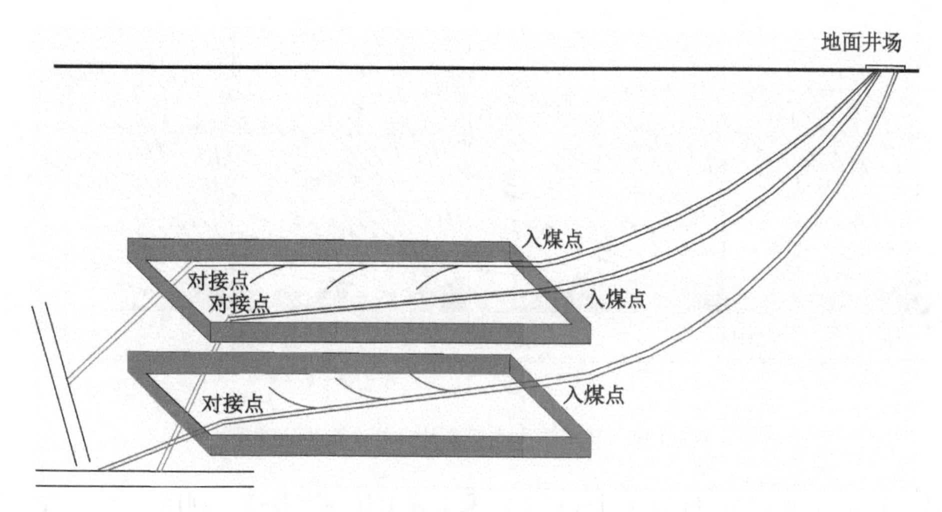

图 4－15　地面多分支水平井与井下抽采钻孔对接剖面示意图

多分支水平井与井下瓦斯抽采钻孔对接后，改善孔内流体流动环境，增大孔内瓦斯供给范围，减少围岩内残余瓦斯量及井下常规瓦斯抽采钻孔工程量，提高井下瓦斯预抽采效率。

2010 年山西寺河井田实施 L 型水平对接井，目标煤层为 3 号煤层，埋深为 231.77～237.53 m。该井采用三开井身结构，水平段长为 500 m，采用裸眼完井方式，最高产气量为 22000 m^3/d。

4.3.3 生产区区域递进式抽采配套技术

生产区是指按照井田（煤矿）采掘规划 3 年内开采的区域。该区域已进行各类井巷工程，考虑到其抽采时间有限，区域内煤层瓦斯仅考虑井下抽采方式。此区域虽然已经实现了掘进条件下区域抽采达标，但仍然存在局部瓦斯含量和瓦斯压力仍大于煤矿安全生产允许值的情况。生产区主要采用井下抽采技术，应用于生产区的煤层瓦斯抽采，是煤与煤层瓦斯开采相互影响的重要阶段，也是煤层瓦斯强化抽采的阶段。配套技术主要包括区域递进式抽采技术、高位定向钻孔抽采技术、采动区地面直井抽采技术。

受煤体内煤层瓦斯吸附解吸特性的影响，煤炭生产过程中会产生大量瓦斯，为了保证煤炭生产过程中的安全高效，使煤炭尽快进入生产阶段，同时尽可能地增加瓦斯抽采量，煤层瓦斯井下抽采通过对煤层的采前强化预抽、边采边抽，以及采后抽等方法的时空配合，使原始煤层的瓦斯含量降到安全生产标准以下，保证煤炭生产工作面的瓦斯浓度不超限，最终实现煤与煤层瓦斯的协调开发。

4.3.3.1 井下顺层定向长钻孔瓦斯抽采

井下顺层定向长钻孔区域递进式抽采技术主要在采煤工作面布置前进行大规模强化预抽煤层瓦斯，即掘进顺槽时，在外侧顺槽提前向邻近工作面施工定向长钻孔，钻孔长度覆盖邻近下一工作面两侧的巷道条带。如此，在布置第一个工作面期间，就提前对第二个工作面区域进行抽采，消除第二个工作面区域煤体掘进时的突出危险性。布置第二个工作面巷道时，再通过第二个工作面外侧顺槽提前向第三个工作面区域施工长钻孔，如此递进式向前推进（图4－16），有序地实行递进式预抽煤层瓦斯，保证抽、掘、采平衡和采掘正常接替。

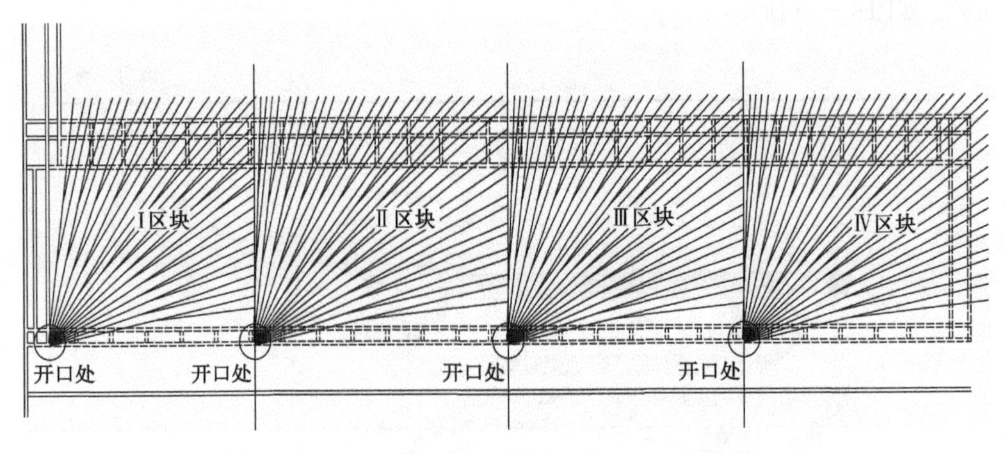

图4－16 区域递进式瓦斯抽采钻孔布置示意图

井下顺层定向长钻孔区域递进式抽采技术主要依托现有巷道，利用已掘巷道的横川作钻场，向接替工作面顺槽巷道施工曲线钻孔；或者在接替工作面顺槽巷道掘进前，利用盘区巷道施工千米掩护钻孔；或者利用已掘巷道施工专门钻场，向接替工作面顺槽巷道施工直线钻孔，实施远距离、大范围的抽采。各种钻孔布置方式的优缺点对比见表4－6。

表4－6 不同钻孔布置方式的优缺点对比

布置方式	利用横川钻场	利用盘区巷道	利用专门钻场
优点	钻孔施工长度达到300 m；可以跨越工作面提前实现对接替工作面顺槽巷道的超前抽采	钻孔施工长度达到600 m；钻孔具有掩护掘进巷道的作用；钻孔施工工程量相对较大，搬家次数较少	钻孔多为直孔，施工难度小，长度达到750～1000 m；钻孔覆盖均匀，钻孔施工无盲区；钻机400～700 m搬家一次；钻孔兼具有掩护巷道掘进、预抽接替采煤工作面及顺槽三巷的作用，抽采时间长；钻孔数量减少、集中，便于管理
缺点	钻场之间会出现三角空白区域，补孔施工难度较大；钻孔弯度较大，施工难度大；钻孔不能作为掩护掘进巷道的超前钻孔，仍需要施工钻场用普通钻机施工钻孔掩护巷道掘进；钻机搬家次数多；钻孔开孔数量多，钻机效率低	施工位置比较特殊，只有在盘区巷道到位后可以采用此种布孔方式	钻孔达到700 m之后，钻进速度较慢

根据钻机的类型特点不同，可以使用两种方法进行区域递进式抽采。

1. 大功率钻机递进式瓦斯抽采

在工作面外侧巷道掘进期间，每隔 5～10 m 使用大功率钻机向相邻工作面施工一个长钻孔，钻孔基本垂直巷道布置，长度不小于 300 m，抽采范围覆盖相邻工作面及其煤巷，对下一个工作面及其煤巷的本煤层瓦斯进行长时间预抽，从而使抽采区域内的瓦斯浓度降到工作面回采允许瓦斯含量的范围内。

2. 千米钻机递进式瓦斯抽采

采用孔底马达定向钻进技术的千米钻机可以实现钻孔定向钻进，能够保证钻孔施工至指定位置，并探明地质构造，做到长距离钻进。通过钻孔开分支能增加抽采钻孔有效长度，提高抽采效果。钻孔的精确定位可以使钻孔轨迹沿煤层方向前进，提高钻孔的针对性，大幅度减少岩巷及钻孔工程量。千米钻机的使用可以提高递进式抽采区域的效率。递进式抽采区域覆盖范围可以达到 500～600 m，包含两个工作面（图 4－17），从而为大范围区域消突和快速掘进创造了条件。长钻孔抽采减少了封联孔环节，可以提高抽采浓度和抽采系统效率。

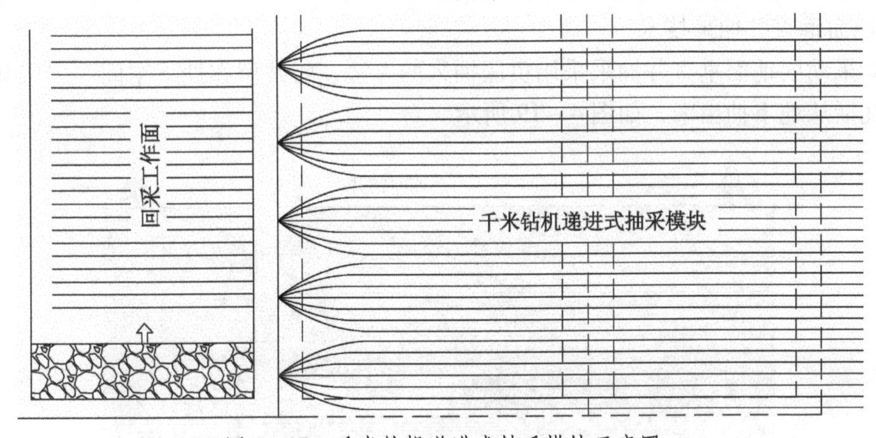

图 4－17　千米钻机递进式抽采模块示意图

井下顺层定向长钻孔区域递进式抽采技术在时间和空间上提前解决了回采工作面的瓦斯问题，提高了回采效率；适用于煤层稳定、倾角较小、透气性较好、适合施工长钻孔的硬煤层。井下顺层定向长钻孔区域递进式抽采技术的关键是抽采合理参数的选择、严封孔、长封孔、抽采效果的科学准确预测，切实保证钻孔长时间抽采，提高区域抽采效果。

4.3.3.2　高位定向长钻孔抽采

高位定向长钻孔抽采技术主要解决煤炭开采过程中工作面上隅角及回风流瓦斯浓度偏高而影响煤炭安全生产的难题，即利用在我国已经发展成熟的长距离定向钻进技术，在回风巷向回采工作面顶板施工定向长钻孔抽采瓦斯。根据采空区上覆岩层运动的“三带”理论，将钻孔布置在裂隙带内，形成了卸压瓦斯的流动通道；定向技术能够使抽采钻孔层位始终保持在采空区一定高度范围内，避免了由于顶板垮落对普通高位钻孔造成封堵、泄气等弊端，还能够有针对性地对采空区涌出带、过渡带瓦斯进行抽采，钻孔利用率更高；长钻孔施工技术能够减少钻进设备搬运次数，提高工作效率；部分矿区利用高位定向钻孔取代高抽巷也取得了较好的技术经济效果。高位定向长钻孔布置示意如图 4－18 所示。

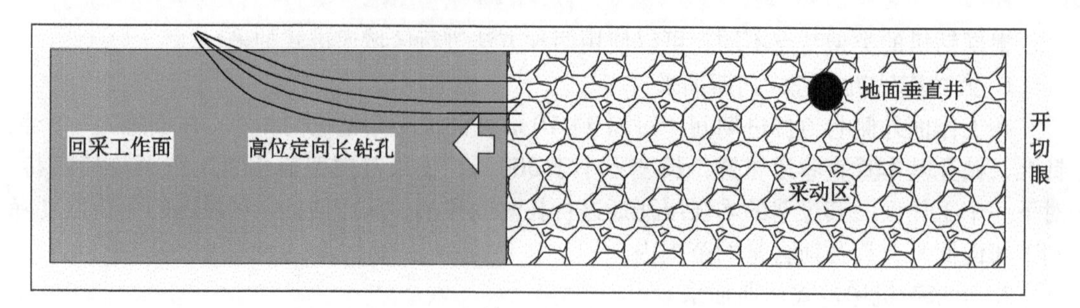

图 4－18　高位定向长钻孔布置示意图

4.3.3.3　采动区地面井抽采

由于采煤后形成的采动区内瓦斯浓度较高，给煤炭安全生产造成了威胁，因此，为了保证采煤安全并提高采动区内的瓦斯抽采量，通过布置在采动区内的地面垂直井或L型井抽采井下瓦斯。采动区内的地面井抽采技术属于煤层气地面井开发技术，由于其主要的服务对象为生产区内的采动区，并且抽采的瓦斯为煤炭生产中的气源，因此，将该技术归纳为一种煤炭生产区的煤层瓦斯井下抽采技术。

1. 地面垂直井抽采技术

煤矿采动区地面垂直井抽采采用负压抽采的方法，将残留在地下空间、岩层和煤层中的煤层瓦斯从地下抽出来，如图 4－19 所示。

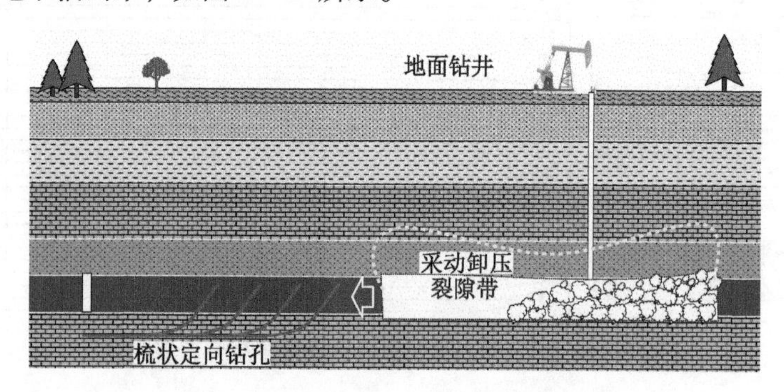

图 4－19　地面垂直井与采动影响联合抽采示意图

采动区涉及正在经受采动影响并发生剧烈岩层运动的区域和经历采动影响后已经基本稳定的老采空区。正在经受采动影响并发生岩层剧烈运动的区域地面井应重点考虑岩层剪切、离层作用对地面井井身结构造成破坏的问题，优化设计井身结构；经历采动影响后基本稳定的老采空区地面井应重点考虑资源赋存和破碎覆岩带钻完井问题，进行资源评估并完善钻完井工艺。

2. 地面L型井抽采技术

地面L型井抽采技术是一种新型的煤层瓦斯抽采技术，是在竖直地面井的基础上加一段井下水平长孔，形成L型的地面井煤层瓦斯抽采方式。地面L型井抽采技术融合了地面垂直井、地面采动区井和井下水平井3种抽采技术的优点，发挥了煤炭开采对覆岩应力场与裂隙场的改变作用、地面钻井施工简便和抽采集输优势，主要对受卸压和煤体破坏影响的回采工作面及前方涌出的（随采过程）煤层瓦斯进行高效抽采，降低煤炭开采过程中的工作面煤层瓦斯浓度，实现采煤促采气和煤与瓦斯共采的目的。

地面L型井抽采技术的原理是：根据煤岩地质特征、采煤工作面的布置及井下通风设计，在煤炭开采卸压区（裂隙带）内设计L型井的水平段轨迹分布，通常井下水平井分布在煤层顶板，通过水平井抽采煤炭开采过程中涌出的高浓度瓦斯，其效果类似于工作面上方施工的高位巷；同时通过施工地面垂直井与井下水平井段对接连通，将煤层瓦斯抽采至地面集输利用（图4－20）。

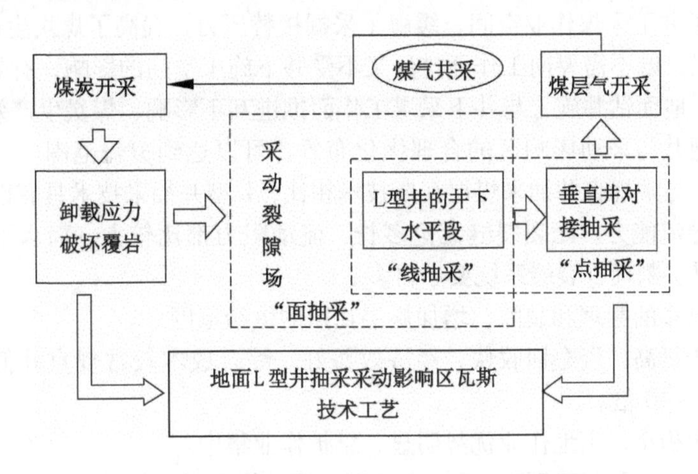

图4－20　地面L型井抽采采动影响区瓦斯技术

地面L型井常采用"单弧剖面"（直—增—水平）三段制剖面形式，如图4－21所示。该形式相对简单，工具选择方便，施工易于控制；三段制剖面弯曲（高造斜率段）井段相对较短，有利于降低钻柱下入摩阻，确保钻具能够安全顺利地通过弯曲段，有利于钻井成本控制，确定造斜率为（7°～9°）/30 m、水平段距煤层的垂直距离为40～70 m。

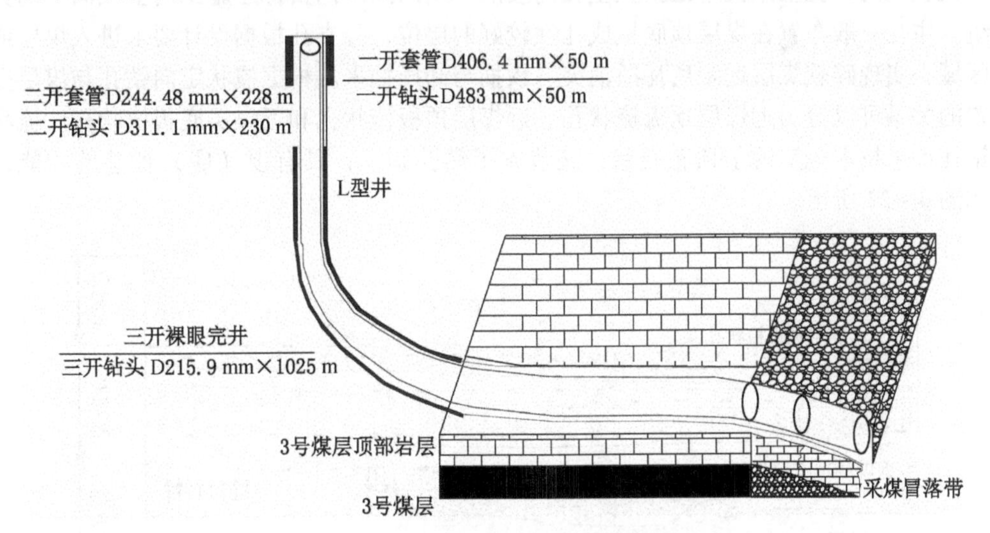

图4－21　地面L型井布置示意图

地面L型井抽采采动影响区瓦斯技术工艺的特点与优势为：

（1）在煤层瓦斯抽采工艺上，充分利用了煤炭开采的采动影响，通过井下水平井将地面垂直钻井的"点抽采"转变为"线抽采"，并通过采动裂隙带将"线抽采"转变为

"面抽采"，增大了地面钻井的抽采范围，增强了地面钻井的抽采性能；同时，发挥了地面钻井施工方便、安全的优势，实现了煤与煤层瓦斯共采。

（2）促进了煤炭安全开采。地面 L 型井高效抽采了随采过程中的煤层瓦斯，有效降低了工作面的煤层瓦斯涌出量和上隅角瓦斯浓度，缓解了工作面的通风压力，为煤炭高效集约化开采提供了重要的安全保障。

（3）增加了井下采煤作业空间，缓解了采掘接替压力，提高了煤炭生产效率。由于 L 型井为井上施工，既不需要向工作面排矸又不受井下施工空间的影响，有效解放了井下作业的空间限制，地面钻井施工与井下采煤工作面推进互不影响，煤炭生产效率提高。

通过对 L 型井与采动影响区的合理优化布置，可以达到覆盖范围广、抽采煤层瓦斯效果优的目的。与常规直井抽采煤层瓦斯技术相比，L 型井抽采技术具有以下特点：

（1）提高导流能力。压裂裂缝无论多长，流动阻力都比较大，而水平井内流体的流动阻力相对于煤层割理、裂缝系统要小得多。

（2）沟通更多的割理和裂隙，增加煤层瓦斯的供给范围。

（3）单井产量高，资金回收快，经济效益好。综合成本较常规直井低，产量可以达到常规直井的 3～10 倍。

（4）占地面积小，山地作业优势明显，维护作业集中。

L 型井既适用于采动区瓦斯抽采，也适用于原始煤层瓦斯预抽，特别适用于各向异性明显、煤层厚度较大且相对稳定、高阶煤、低渗透、高强度和高瓦斯含量的煤层。L 型井抽采技术，钻井施工工程量大，费用高，特别是水平钻井的位置确定直接影响钻井的抽采效果、钻井稳定性和钻井时效性。

4.3.3.4　梳状定向钻孔抽采

梳状定向钻孔抽采技术是指在主孔内按照一定的间距向目标层施工向上或向下的分支孔组，主孔一般布置在煤层顶底板成孔性较好的层位，分支孔根据设计要求进入煤层或目标区域，实现碎软煤层远距离瓦斯消突、预抽与卸压抽采。根据梳状定向钻孔与煤层空间位置的关系可以分为远煤层顶板梳状孔、近煤层顶板梳状孔和近煤层底板梳状孔。梳状定向钻孔抽采技术既节约了顶底板巷，又节省了钻孔施工，具有顶（底）抽巷的功能，具体如图 4－22 所示。

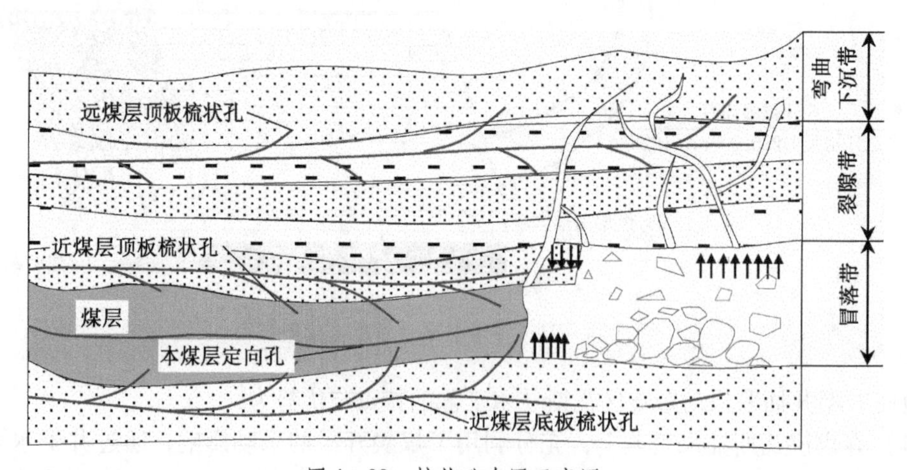

图 4－22　梳状孔布置示意图

（1）近煤层顶板（底板）梳状孔解决了碎软煤层瓦斯预抽，安全高效。由于煤层碎软、成孔难，利用梳状孔抽采技术在煤层顶板（底板）施工定向长钻孔后再施工若干个分支孔进入煤层，从而实现远距离对碎软煤层瓦斯预抽和防突、掩护煤层巷道掘进、工作面瓦斯区域化消突。

（2）远煤层顶板梳状孔用于采空区瓦斯有效治理。通过在煤层顶板裂隙带内适当岩层施工水平定向长钻孔作为主孔，之后从主孔向下开若干分支进入“冒落带”，形成“冒落带”与主孔抽采通道，从而在煤层回采期间采空区的卸压瓦斯可以通过梳状孔抽采，降低上隅角瓦斯浓度，保障工作面安全回采。

4.4 应用实例

4.4.1 寺河矿三区联动井上下立体瓦斯抽采模式应用实例

4.4.1.1 矿井概况

寺河矿位于沁水煤田东南边缘，井田面积为114.4925 km²，证载范围内保有储量为729.4 Mt，可采储量为396.7 Mt，东井核定生产能力为500万t/a，西井核定生产能力为400万t/a，东、西井区均为煤与瓦斯突出矿井。含煤地层为二叠系下统山西组、石炭系上统太原组，含煤15层，煤层平均总厚度为14.67 m。目前开采3号煤层，煤层倾角为0°~10°，一般为5°左右。采用综合机械化大采高采煤方法，掘进主要采用连掘施工工艺。

寺河矿东、西井3号煤层瓦斯基本参数测定结果见表4-7、表4-8。东、西井3号煤层自燃倾向性为Ⅲ类，属于不易自燃煤层，煤尘无爆炸性。

表4-7 寺河矿东井3号煤层瓦斯基本参数测定结果

<table>
<tr><td rowspan="5">3号</td><td>煤层透气性系数/($m^2 \cdot MPa^{-2} \cdot d^{-1}$)</td><td>瓦斯压力/MPa</td><td>原煤瓦斯含量/($m^3 \cdot t^{-1}$)</td><td>煤的坚固性系数</td><td>煤层瓦斯放散初速度/mmHg</td></tr>
<tr><td>0.87114~4.258</td><td>0.29~0.52</td><td>8.66~13.15</td><td>1.22~1.48</td><td>36~49</td></tr>
<tr><td colspan="2">百米钻孔初始瓦斯流量/($m^3 \cdot min^{-1} \cdot hm^{-1}$)</td><td colspan="2">钻孔瓦斯流量衰减系数/d^{-1}</td><td>残存瓦斯含量/($m^3 \cdot t^{-1}$)</td></tr>
<tr><td colspan="2">0.1288~0.2877</td><td colspan="2">0.0018~0.0089</td><td>3.54</td></tr>
</table>

（表头首列：煤层）

表4-8 寺河矿西井3号煤层瓦斯基本参数测定结果

<table>
<tr><th>煤层</th><th>煤层透气性系数/($m^2 \cdot MPa^{-2} \cdot d^{-1}$)</th><th>瓦斯压力/MPa</th><th>原煤瓦斯含量/($m^3 \cdot t^{-1}$)</th><th>煤的坚固性系数</th><th>煤层瓦斯放散初速度/mmHg</th></tr>
<tr><td rowspan="3">3号</td><td>1.6687~4.2579</td><td>1.05~1.83</td><td>19.33~21.8</td><td>1.58~1.74</td><td>38~46</td></tr>
<tr><td colspan="2">百米钻孔初始瓦斯流量/($m^3 \cdot min^{-1} \cdot hm^{-1}$)</td><td colspan="2">钻孔瓦斯流量衰减系数/d^{-1}</td><td>残存瓦斯含量/($m^3 \cdot t^{-1}$)</td></tr>
<tr><td colspan="2">0.1288~0.2851</td><td colspan="2">0.0042~0.0089</td><td>3.52</td></tr>
</table>

2018年瓦斯涌出量测定结果为：东井绝对瓦斯涌出量为936.69 m³/min（其中风排量为94.47 m³/min、瓦斯抽采量为842.22 m³/min），瓦斯抽采率为89.91%；西井绝对瓦斯涌出量为704.56 m³/min（其中风排量为91.7 m³/min、瓦斯抽采量为612.86 m³/min），

瓦斯抽采率为86.98%。

寺河矿以“不超限、不积聚、不突出”为瓦斯防治的最基本原则，始终坚持“没有抽不出的瓦斯，只有不到位的方法”的瓦斯治理理念，开展瓦斯治理工作。通过以地面钻井和井下顺层长钻孔抽采为主、穿层钻孔和采空区抽采为辅的试验研究，形成了规划区超前抽采、准备区联合抽采、生产区区域递进式抽采的瓦斯抽采技术体系，从而实现三区联动立体式抽采。

4.4.1.2 规划区地面钻井预抽

寺河矿规划区地面钻井是实现高瓦斯煤层向低瓦斯煤层转变的根本之路，具体为将未受地下煤层开采扰动影响的区域，提前5~10年布置地面预抽钻井从而降低煤体瓦斯含量。目前矿井主要预抽井有垂直井、定向井（L型井、U型井、多分支水平井）、穿采空区井。

1. 垂直井预抽

垂直井布置间距为300 m×300 m，如图4-23所示，在地质构造带，地面钻井间距为150 m×150 m，可抽采煤层为3号、9号、15号煤层，根据井深结构布置有二开、三开两种施工工艺，如图4-24所示。

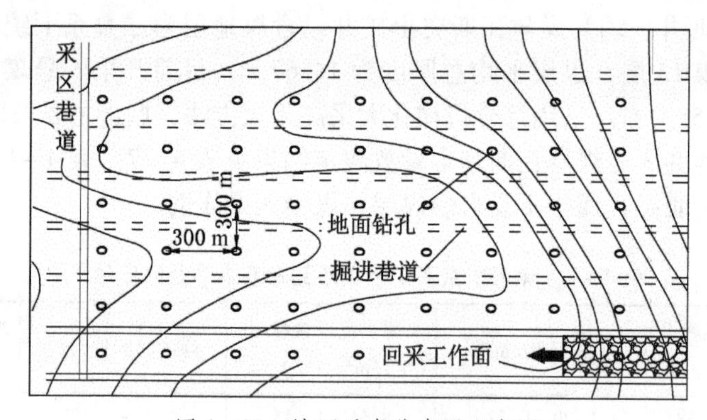

图4-23　地面垂直井布置示意图

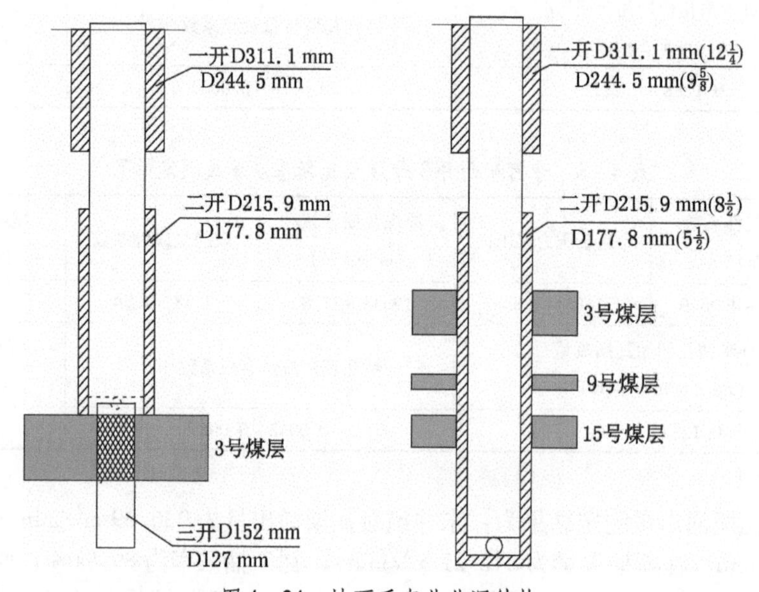

图4-24　地面垂直井井深结构

截至2018年底，寺河矿已布置垂直井813口，在抽409口、采掘拆除346口、倒吸关井58口。2005年、2007年在东五盘区和西二盘区分别布置141口、88口垂直井，排采后平均单井产量达到4450 m^3/d、2979 m^3/d，通过大规模布井，大面积抽采，既可降低瓦斯含量，又可形成产业规模，效果非常显著。

2. 定向井预抽

定向井是指井口与井底不在同一条铅垂线上的井。在煤层气方面，主要有L型井、U型井、多分支水平井。

1）L型井

L型井覆盖面积为200000 m^2，可抽采煤层为3号、9号、15号煤层。井深结构布置主要为三开工艺（图4-25）。

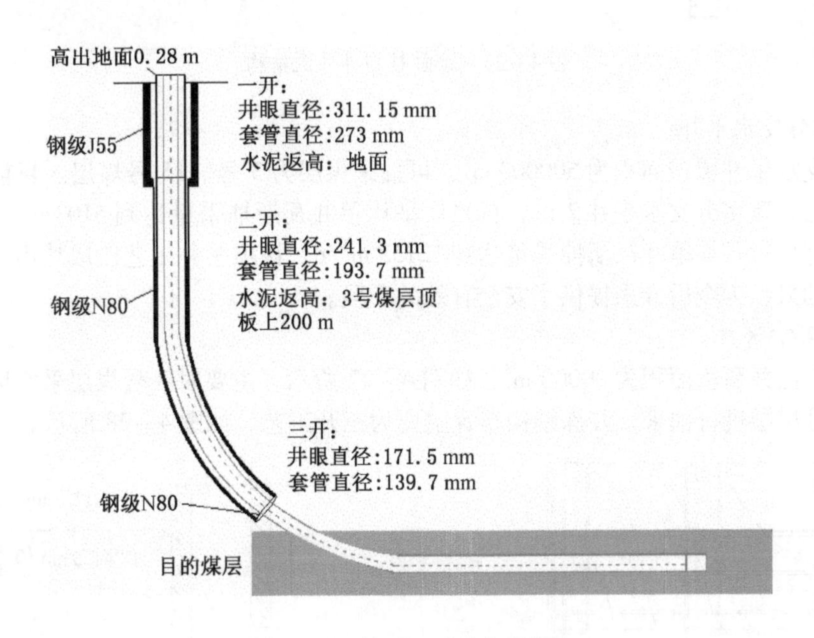

图4-25　地面L型井井深结构

目前，寺河矿已布置L型井10口，其中9号煤层2口、3号煤层2口、15号煤层6口，全部正常排采。东五盘区2口（全部为9号煤层），排采后平均单井瓦斯抽采量达到1531 m^3/d；西井区8口（3号煤层2口、15号煤层6口），排采后平均单井瓦斯抽采量达到4512 m^3/d。该项钻井工艺已成功运用，提前对煤层进行瓦斯抽采。

2）U型井

U型井覆盖面积为200000 m^2，可抽采煤层为3号、15号煤层。井深结构布置主要为三开工艺（图4-26）。

目前，寺河矿已布置U型井9组共16口，其中3号煤层3组4口、15号煤层6组12口，在抽6组12口、倒吸关井2组4口。东五盘区3组4口（全部为3号煤层），排采后平均单井瓦斯抽采量达到4651 m^3/d；西井区6组12口（全部为15号煤层），排采后平均单井瓦斯抽量达到5136 m^3/d。该项钻井工艺已成功运用，该井提前对煤层进行瓦斯抽采，为后续开采提供了安全有效的措施。

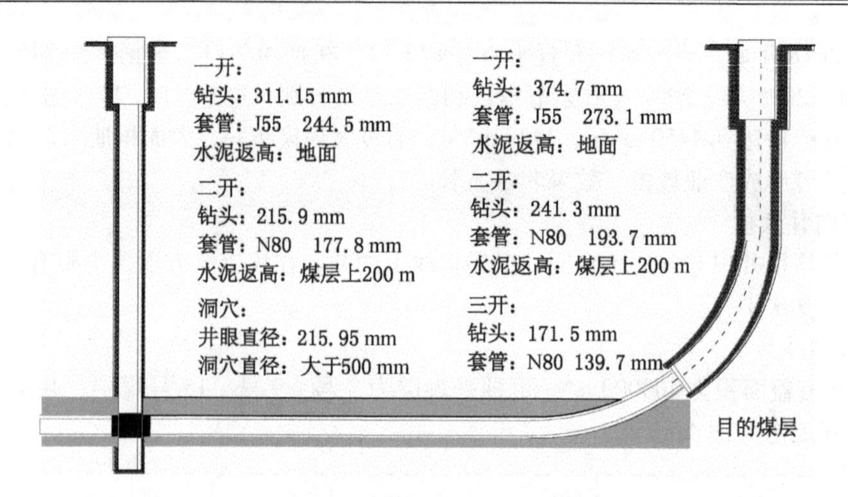

图4-26　地面U型井井深结构

3）多分支水平井

多分支水平井覆盖面积为500000 m^2，可抽采煤层为3号、15号煤层。目前，寺河矿西三盘区已布置多分支水平井2口，排采后平均单井瓦斯抽采量达到5103 m^3/d；东六盘区1口，排采后平均单井瓦斯抽采量达到12155 m^3/d。该项钻井工艺已成功运用，提前对煤层进行抽采，为今后开采提供了安全有效的手段。

3. 穿采空区井

穿采空区井覆盖面积为90000 m^2，如图4-27所示，主要对3号煤层采空区的下组煤9号、15号煤层进行抽采，井深结构布置主要为三开工艺，如图4-28所示。

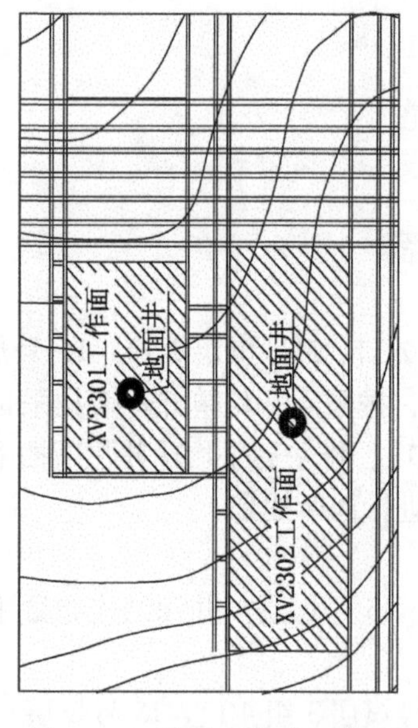

图4-27　穿采空区井示意图

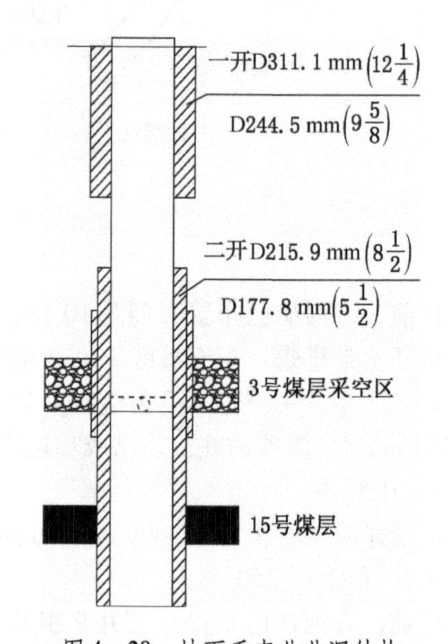

图4-28　地面垂直井井深结构

截至2017年寺河矿钻井已施工132口，投运108口。其中东井区已施工107口，投运85口；西井区已施工25口，投运23口。东井区东一盘区、东五盘区钻井平均瓦斯抽采量分别为1716 m^3/d、2343 m^3/d，西井区西一盘区钻井平均瓦斯抽采量为3081 m^3/d。

作为新型钻井今后可大规模布井，大面积抽采，提前预抽下组煤瓦斯，可形成产业规模，为开采下组煤安全护航。

4.4.1.3 准备区井上下联合抽采

1. 地面井压裂抽采

利用井下掘进岩巷所揭露的地面煤层气井作为地面与井下的连接通道，采用高压油管作为压裂液流动管路，在地面采用油气井压裂设备对井下定向长钻孔进行压裂，然后再在井下针对压裂控制范围施工瓦斯抽采钻孔（图 4－29）。

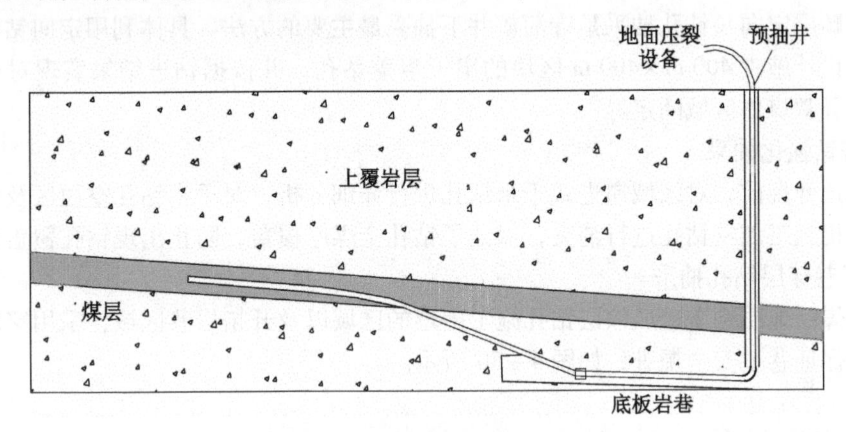

图 4－29 地面井压裂抽采示意图

通过压裂改造，煤层透气性有一定程度的提高，钻孔平均瓦斯抽采量由压裂前的 5.62 m^3/min 提高到 8.74 m^3/min，见表 4－9。

表 4－9 钻孔瓦斯参数测量

测量时间	负压/kPa	压差/Pa	混合量/（$m^3 \cdot min^{-1}$）	浓度/%	纯量/（$m^3 \cdot min^{-1}$）
压裂前	20.63	255	6.9	81.5	5.62
压裂后 3 d	33.83	198	86.2	5.68	4.90
压裂后 6 d	32.58	64	7.2	85.8	6.18
压裂后 9 d	30.93	68	7.71	92.8	7.15
压裂后 12 d	26.59	57	6.94	80.5	5.59
压裂后 19 d	29.78	47	7.23	82.0	5.99
压裂后 26 d	32.02	88	8.55	87.8	7.51
压裂后 30 d	30.52	52	6.51	83.3	5.42
压裂后 37 d	30.26	106	9.56	87.9	8.40
压裂后 41 d	29.49	89	8.3	80.4	6.67
压裂后 45 d	32.31	114	9.32	85.1	7.93
压裂后 49 d	31.82	87	8.35	80.7	6.74
压裂后 53 d	31.22	52	6.75	92.6	6.25
压裂后 60 d	29.51	102	9.61	90.9	8.74

2. 地面钻井与井下定向钻孔联合抽采

在地面井区域，利用地面井压裂的裂隙带、影响带与井下定向长钻孔导通，构成立体式瓦斯抽采网络。

4.4.1.4 生产区区域递进式抽采

目前寺河矿井下瓦斯治理主要有顺层定向长钻孔抽采、普钻强化抽采、岩巷穿层钻孔抽采、采空区瓦斯抽采。

1. 顺层定向长钻孔抽采

井下顺层定向长钻孔抽采是寺河矿井下抽采最主要的方法。具体利用定向钻机在3号煤层中按设计施工400 m×400 m区块的扇形覆盖钻孔，并依据钻进结果实现对构造的探测分析、异常煤体区域圈定等。

2. 普钻强化抽采

在巷道开掘前，对区域递进式千米钻孔进行详细分析，对千米钻孔空白区及异常点使用普通钻机施工加密钻孔进行消突，保证了钻孔全煤厚覆盖，防止出现钻孔覆盖盲区。

3. 岩巷穿层钻孔抽采

在揭煤、地质构造造成顺层钻孔施工困难的区域以及开拓岩巷区域，采用穿层钻孔区域预抽，保证巷道安全掘进，如图4－30所示。

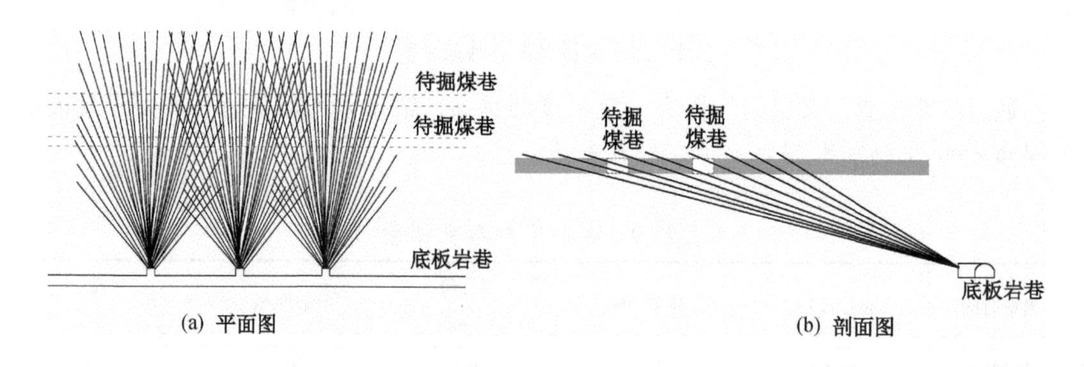

图4－30 底板岩巷穿层钻孔布置示意图

4. 采空区瓦斯抽采

采用多种强化抽采措施进行采空区抽采，减小采空区瓦斯涌出，并在此基础上实现采煤工作面U型通风方式。具体的抽采方法有封闭墙埋管抽采、高位钻孔抽采、上隅角负压伸缩风筒抽采、L型钻井抽采等。

1）封闭墙埋管抽采

在回风巷内敷设抽采管路，管路在工作面的每个横川处接三通支管作为抽采采空区瓦斯的吸气口。当工作面推过横川封闭后，打开管路阀门进行抽采，如图4－31所示。

2）高位钻孔抽采

高位钻孔抽采是在回风巷利用横川煤柱使用千米定向钻机向采空区裂隙带（一般为采高6～8倍高度层位）提前施工高位钻孔，定向钻孔一般施工长度为450～480 m，每个高位钻场施工钻孔4～5个，终孔位置布置在工作面回风巷以里20～50 m范围，全部采用大直径封孔管进行封孔。5309工作面高位钻孔施工布置示意如图4－32所示。

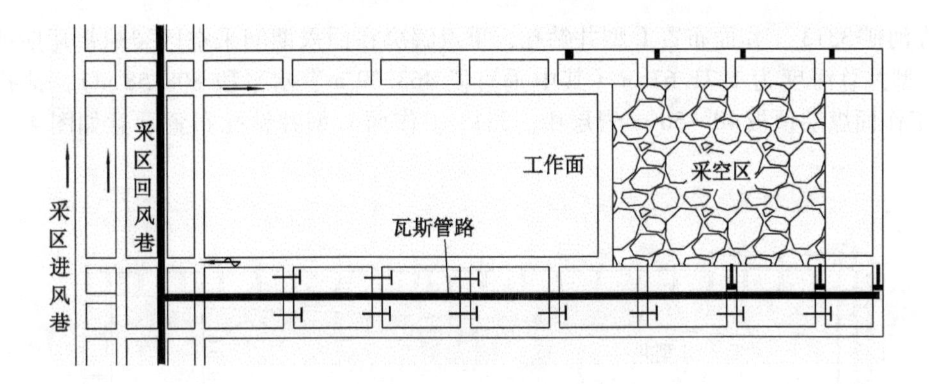

图 4－31　封闭墙埋管抽采示意图

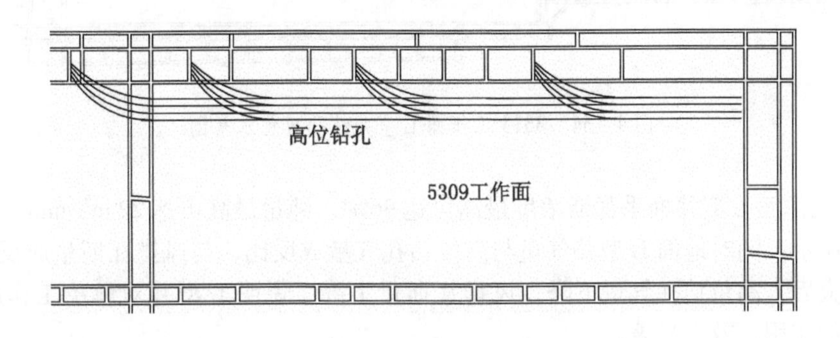

图 4－32　5309 工作面高位钻孔施工布置示意图

3）上隅角负压伸缩风筒抽采

回风巷抽排系统每一个横川口布置一个管路三通，通过管路三通续接一趟抽排风筒至上隅角“三角区”抽采瓦斯，有效降低采煤工作面上隅角瓦斯浓度，布置示意如图 4－33 所示。

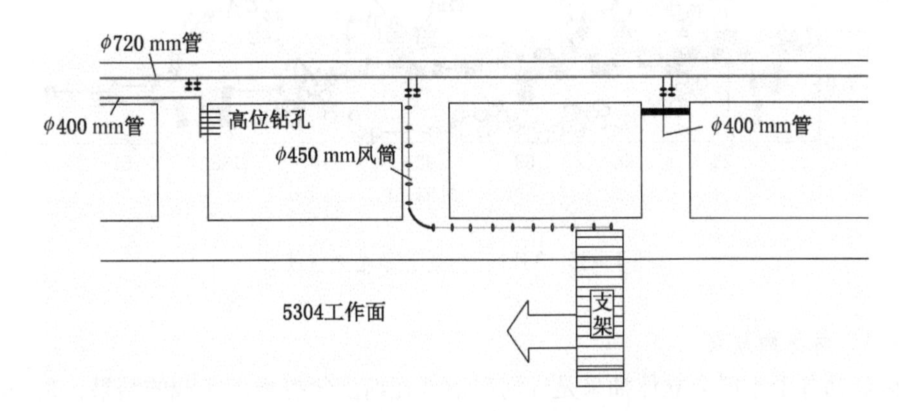

图 4－33　工作面上隅角伸缩风筒布置示意图

4）L 型钻井抽采

寺河矿3313工作面布置L型井钻孔，重点解决在回采期间采空区裂隙带瓦斯抽采问题。L型井总深度为1271.67 m（其中垂直段463.09 m、水平段808.58 m），钻孔位于3313工作面煤层顶板40～50 m岩层中。3313工作面L型井钻孔布置示意如图4－34所示。

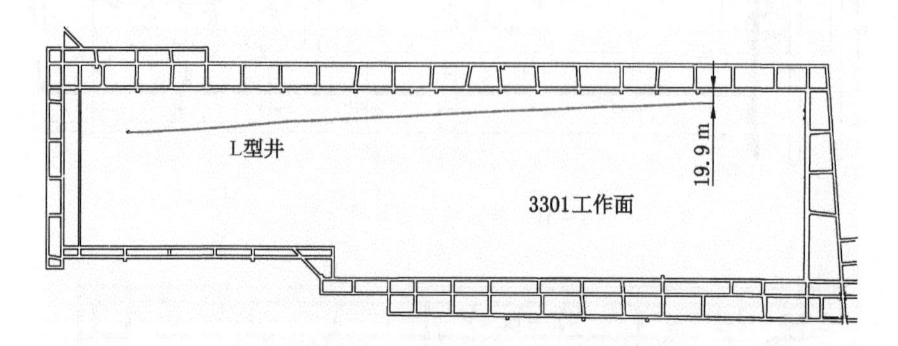

图4－34　3313工作面L型井钻孔布置示意图

3313工作面L型井抽采瓦斯浓度最高可达96%，纯量最高可达22 m^3/min，抽采量如图4－35所示。同时地面L型井气量与高位钻孔气量成反比，与风排瓦斯量成反比。L型井参数变大后，高位钻孔气量下降，风排瓦斯量下降，说明L型井对解决工作面瓦斯起到了积极的作用，效果显著。

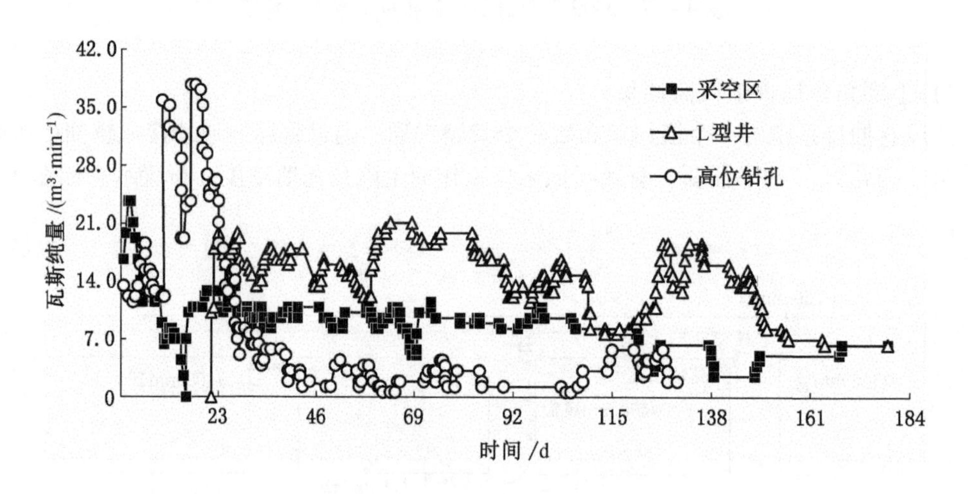

图4－35　3313工作面瓦斯抽采量统计

4.4.1.5　瓦斯治理效果

三区联动井上下联合立体抽采是寺河矿治理瓦斯多年探索和实践的结果，是一项系统性工程，是实现煤层开采前高瓦斯向低瓦斯转化的有效措施，真正做到“以采气保采煤、以采煤促采气”，抽采效果不断提升，矿井安全隐患不断降低。

近10年，寺河矿瓦斯涌出量逐渐增加，瓦斯抽采量逐渐增加，瓦斯超限次数逐渐降低，具体情况如图4－36至图4－38所示。

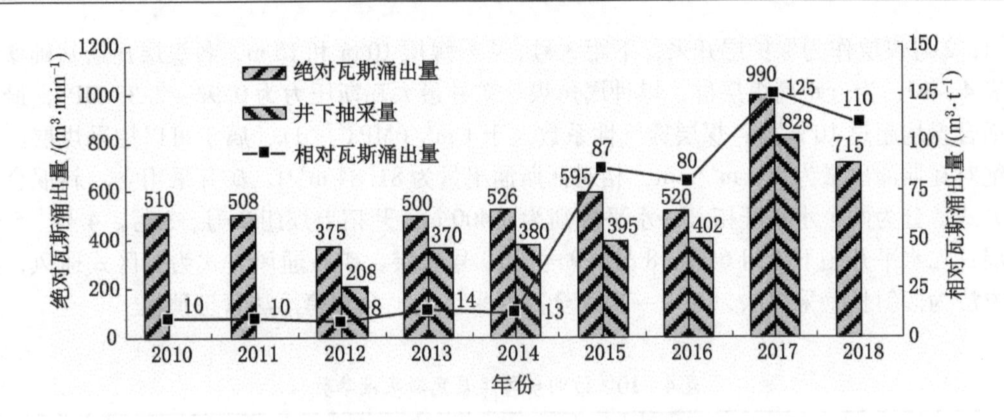

图 4-36　寺河矿东井区历年瓦斯涌出量测定

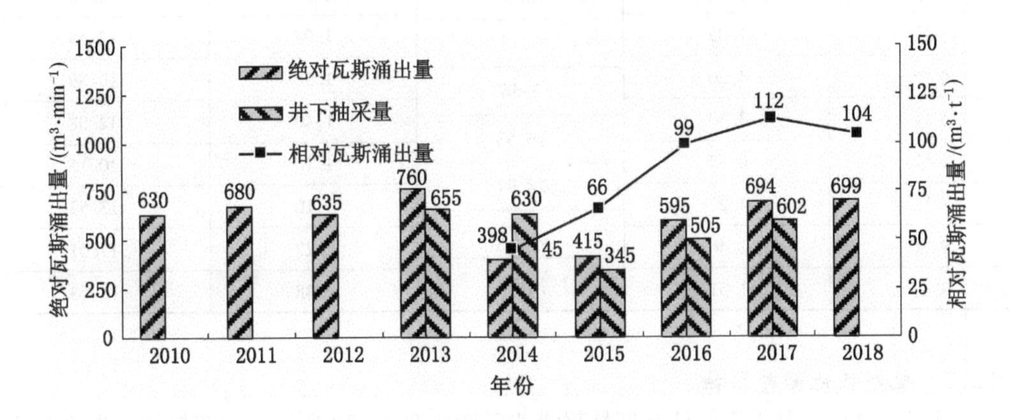

图 4-37　寺河矿西井区历年瓦斯涌出量测定

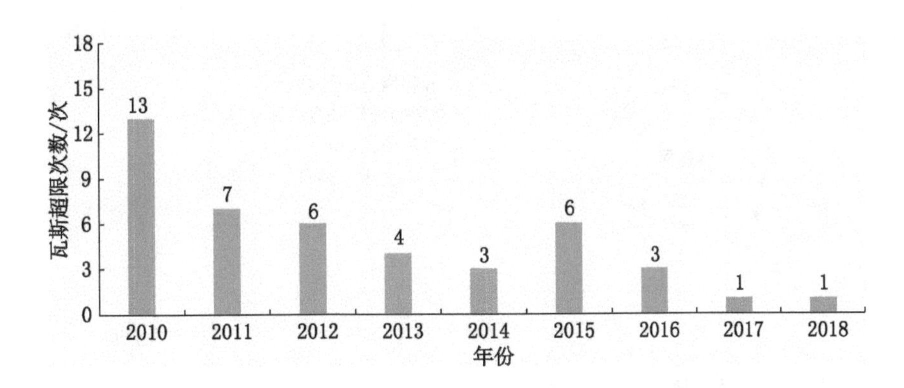

图 4-38　寺河矿历年瓦斯超限次数统计

4.4.2　沙曲矿三区联动井上下立体瓦斯抽采模式应用实例

4.4.2.1　矿井概况

沙曲矿设计生产能力为 300 万 t/a，井田走向长 22 km，倾斜宽 4.5 ~ 8 km，面积为 138.35 km^2，地质储量为 22.52 亿 t，可采储量为 12.76 亿 t。可采煤层为 8 号煤层，矿井主要开采 2 号、3 号、4 号、5 号煤层，均为突出煤层。3 号煤层原煤瓦斯含量高达 12.55

m^3/t；2 号煤层作为保护层开采，下距 3 号、4 号煤层 10 m 和 15 m，各煤层瓦斯基础参数见表 4－10，为近距离煤层群，煤种属焦煤。矿井最大瓦斯压力为 0.92～2.38 MPa，最大瓦斯含量均超过 10 m^3/t；煤层透气性系数大于 1 $m^2/(MPa^2 \cdot d)$，属于可以抽采煤层。矿井绝对瓦斯涌出量为 500 m^3/min，相对瓦斯涌出量为 81.84 m^3/t。矿井采用立、斜混合开拓方式，分为两个水平开拓，一水平标高为 +400 m，开拓上煤组 2 号、3 号、4 号、5 号煤层；二水平开拓下煤组 6 号、8 号、9 号、10 号煤层。矿井通风方式为分区式通风，采煤方法为倾斜长壁采煤法，综采一次采全高回采工艺，全部垮落法管理顶板。

表 4－10　沙曲矿各煤层瓦斯基础参数

煤层编号	厚度/m	层间距/m	瓦斯压力/MPa	瓦斯含量/($m^3 \cdot t^{-1}$)
2 号	0.89	10.34	0.92	10.65
3 号	1.05	5.16	1.08	12.55
4 号	4.20	5.56	1.50	10.89
5 号	3.30	16.53	1.40	12.08
6 号	0.55	28.97	1.70	10.15
8 号	4.27	2.13	2.10	13.52
9 号	1.46	12.18	2.22	17.01
10 号	1.51		2.38	12.63

4.4.2.2　规划区地面井预抽

沙曲矿三区联动井上下立体瓦斯抽采模式示意如图 4－39 所示，对于煤体瓦斯含量大于 8 m^3/t 的规划区域，利用地面抽采井提前 8 年进行抽采，将煤层瓦斯含量降至 8 m^3/t 以下。

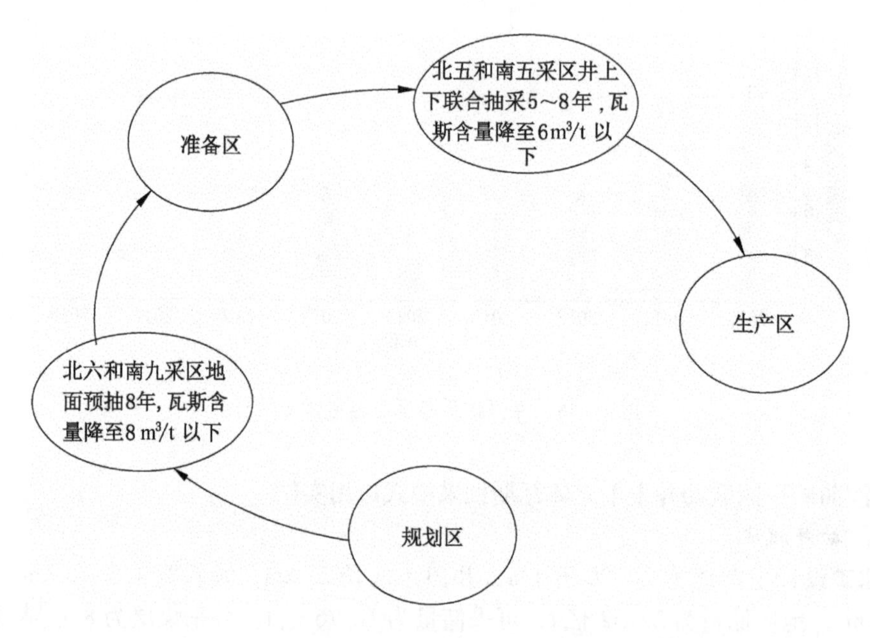

图 4－39　沙曲矿三区联动井上下立体瓦斯抽采模式示意图

地面井瓦斯抽采主要是在沙曲井田施工不同类型的地面钻井对井下瓦斯进行预抽。在沙曲矿北翼煤层较厚区域以施工水平井为主，辅以压裂直井补充水平井间的盲区；在沙曲矿南翼煤层较薄的区域施工地面抽采直井；在靠近煤层开采区的厚煤层区域，施工水平对接井；在靠近煤层开采区的薄煤层区域，施工防突井。

沙曲矿井田范围内共施工各类钻井359口。沙曲矿北翼共施工地面抽采井53口，其中水平井16口、地面抽采直井37口；沙曲矿南翼共施工地面抽采井306口，其中防突井12口、地面抽采直井239口、定向井55口。目前部分钻井进入稳产采气及利用阶段。

在沙曲矿5年规划区以内布置防突井，对4号主采煤层实施压裂增透，然后封井，在井下巷道对目标区域施工抽采钻孔，目前已施工12口（其中3口已压裂），井下单孔日抽采瓦斯量约为1000 m^3，产气效果良好。另外还施工了346口抽采直井，其中沙曲矿北翼53口井，沙曲矿南翼239口井已进入排采期。

4.4.2.3　准备区井上下联合抽采

华晋公司与宁夏煤田地质局合作开展“地面多分支水平井与煤矿井下钻孔对接抽采煤层瓦斯技术研究”项目，现已成功施工一口多分支水平对接井（24307水平井）。2012年12月17日至2017年6月18日累计抽采瓦斯量为1559万 m^3，平均浓度为86.1%，抽采效果良好。

沙曲矿基于井孔定向对接技术研发，成功实施了多分支水平井与井下千米钻孔对接高效抽采技术，结合近距离煤层群开采的区域卸压瓦斯抽采方法，提出了一套基于井孔定向对接的井上下联合抽采技术体系，即采用地面井抽采+井下保护层开采、底板巷穿层钻孔群、本煤层递进式长钻孔群大面积区域预抽+多分支水平井与井下千米钻孔对接高效抽采的井上下联合抽采技术体系。

沙曲矿煤层突出危险性大，且邻近层瓦斯涌出量大，瓦斯经常超限，井下钻孔抽采瓦斯方法无法满足安全生产的需要。鉴于此，矿井在24307工作面实施了多分支水平井与千米钻孔定向对接，建立了近钻头电磁测距法定向对接工艺系统，确定其工艺参数，提出了井、孔对接后正压瓦斯抽采方法，研发出高压水渣分离器并确定合理的抽采参数，进而形成井上下联合高效抽采技术。

（1）采用高压水控PDC钻头钻进工艺，并改进了PDC钻头结构，提升了其深孔造斜能力，

合理确定了工艺参数，造穴参数满足直径不小于0.6 m、长度不小于1 m，成功实现了扩孔连通。

（2）采用近钻头电磁测距法定向对接系统，优化磁信号测距软件，实现了旋转磁接头精确定位，并实时显示钻头与对接钻孔的距离和方位变化，合理确定钻头倾斜角度、钻进压力及转速等参数，实现多分支水平井与井下千米钻孔的精准对接，如图4-40所示。

图4-40　水平井与千米钻井对接示意图

（3）采用控压瓦斯抽采方法，确定不

同阶段的抽采压力，保证井、孔对接后的前期阶段瓦斯匀速抽采，研发出了高压气水渣分离器，合理卸除高能瓦斯压力并分离出瓦斯和水汽，保证抽采系统和设备安全，实现了突出煤层瓦斯规模化抽采。

4.4.2.4 生产区区域递进式抽采

针对生产区回采工作面上隅角瓦斯超限、井下抽采钻孔存在钻孔距离短、不能定向钻井及塌孔等问题，沙曲矿近年来引入澳钻、德钻等先进定向钻机及设备，实现了煤层群开采大孔径定向长钻孔“三位一体”的立体式抽采技术及工艺，同时在煤层厚度大、瓦斯涌出量极大的工作面采用大采高沿空留巷瓦斯抽采技术，有效解决了上隅角瓦斯超限问题，提高了瓦斯抽采效果。

沙曲矿目前生产区采用的瓦斯治理方法主要有采动区地面井抽采、井下本煤层递进式区域预抽、大孔径定向长钻孔立体精准抽采、大采高沿空留巷瓦斯综合抽采，以及大孔径千米定向钻孔抽采。

1. 大孔径定向长钻孔立体精准抽采

沙曲矿首次采用 DDR－1200 型大孔径千米定向钻机在 14301 工作面靠近采区回风巷处钻进顶、底板大孔径千米定向钻孔，抽采上下邻近层及采空区瓦斯。钻孔长度为 1200 m，孔径为 170 mm，间距为 40 m，布置在靠近回风巷侧，钻孔层位布置在 4 号煤层顶板采动裂隙带，距离顶板（22±2.8）m，如图 4－41 所示。结合德国 ADR－250 型钻机，通过施工顺层倾向长钻孔来高效抽采 14301 工作面瓦斯，钻孔长度为 200 m，孔径为 200 mm，该方法减少了钻场、钻孔数量，提高了瓦斯抽采效果。

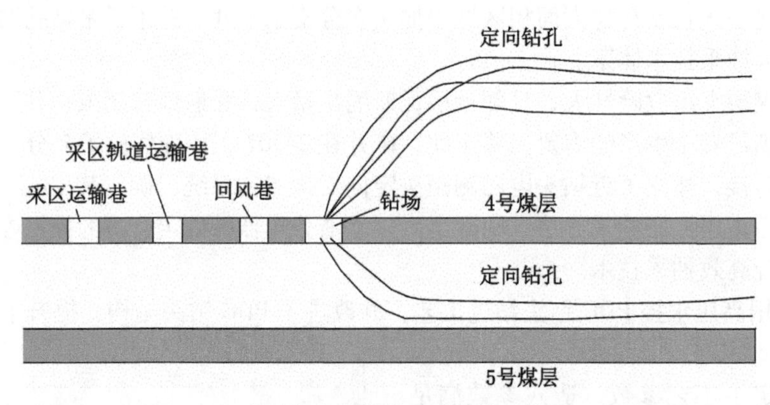

图 4－41 大孔径定向长钻孔立体精准抽采示意图

基于顶、底板裂隙带大孔径定向长钻孔抽采邻近层及采空区瓦斯，结合大孔径长距离钻孔抽采本煤层瓦斯，进而形成高位、中位和低位大孔径定向长钻孔配合形成“三位一体”的立体瓦斯抽采技术，实现了煤层群抽采钻孔的定向精确布控，避免了抽采盲区。

2. 大采高沿空留巷瓦斯综合抽采

沙曲矿近距离强突煤层群间距为 5.56～28.97 m，4 号煤层厚度为 4.2 m，大采高、高强度开采卸压范围更大，邻近层卸压瓦斯大量涌入工作面，瓦斯治理难度大。沙曲矿对大采高采场覆岩活动及裂隙发育规律、围岩变形失稳机理、留巷承载结构稳定性控制及采空区瓦斯流场和全方位抽采技术进行了深入研究，并试验了大采高沿空留巷瓦斯综合抽采技术。

沿空留巷 Y 型通风有效解决了上隅角瓦斯治理难题，实现了无煤柱开采，提高了采区采出率，减少了巷道掘进投入，为卸压瓦斯抽采提供了时空条件。沙曲矿北翼 3 +4 号煤层，采高为 4.2 m，更加剧烈的采动影响使扰动卸压范围更大，留巷支护更加困难。在目前国内外尚无 4m 以上大采高沿空留巷成功先例的情况下，成功进行了 4.2 m 大采高沿空留巷工程实践，填补了国内外相关空白。到目前为止，沙曲矿已在多个工作面成功实施了充填留巷 Y 型通风，并实现了无煤柱开采，取得了较好的工程实践效果。

3. 大孔径千米定向钻孔抽采

为了提高瓦斯预抽效率和扩大区域预抽面积，沙曲矿采用德国的 DDR－1200 型、ADR－250 型，澳大利亚的 VLD－1000 型长距离大直径定向钻机和国产的 ZDY－4000L 型、ZYWL－6000 型、CMS1－6000 型履带式钻机，使钻孔施工工艺和钻进深度显著提高。矿井主要采用大直径长距离钻孔立体式抽采、底抽巷 + 穿层钻孔群等多种方法开展规模性、综合性区域预抽，煤层得到了有效消突，为安全生产提供了有效保障。

1）顺层钻孔区域预抽煤层瓦斯

（1）区域预抽掩护本巷道掘进。掘进工作面正前施工顺层钻孔，孔深 100～500 m，在巷道两侧施工钻孔，辐射巷道轮廓线两侧 20 m。

（2）区域预抽掩护邻近巷道掘进。利用现有巷道布置区域性预抽钻场，施工顺层钻孔区域预抽掩护邻近巷道掘进，如 4208 工作面回风巷施工顺层钻孔掩护 4209 工作面运输巷掘进，4209 工作面运输巷日掘进进尺大于 10 m，如图 4－42 所示。

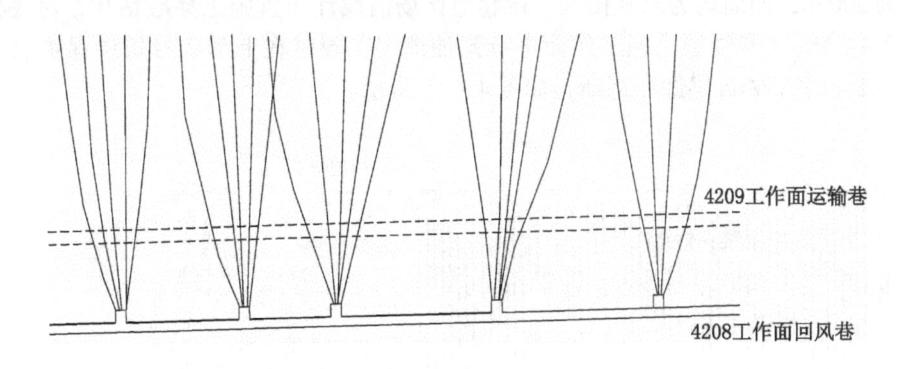

图 4－42　顺层钻孔区域预抽掩护邻近巷道掘进区域预抽钻孔布置图

（3）区域预抽本煤层工作面瓦斯。施工顺层钻孔区域预抽本煤层工作面瓦斯，如 4305 工作面回风巷向 4306 工作面施工区域预抽钻孔，如图 4－43 所示。

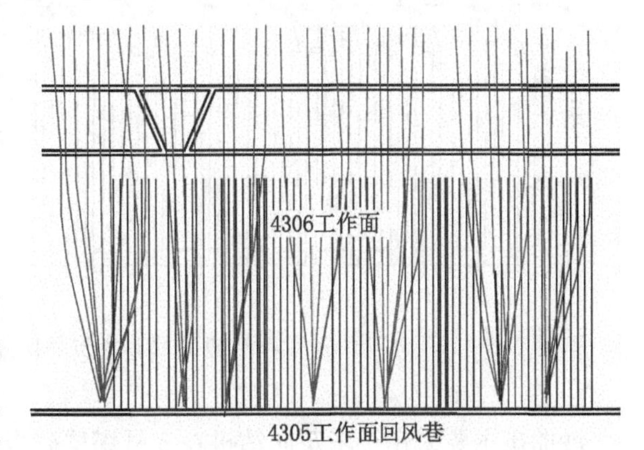

图 4－43　4306 工作面递进式区域钻孔示意图

2）穿层钻孔预抽

（1）预抽工作面邻近层瓦斯。利用现有巷道布置区域预抽钻场，向下方施工长距离、大孔径、大范围的区域性预抽钻孔，如在 4307 工作面运输巷施工穿层钻孔区域预抽下邻近层 5

号煤层瓦斯，如图 4 - 44 所示。

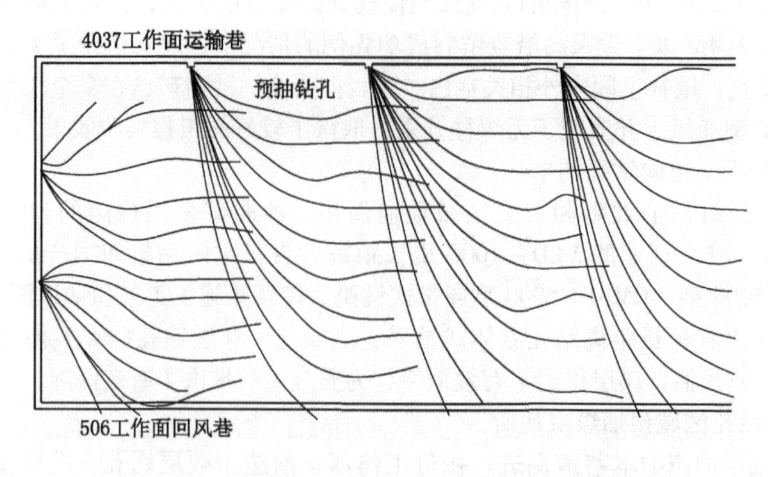

图 4 - 44　下邻近层 5 号煤层区域预抽钻孔分布图

（2）底抽巷区域预抽瓦斯。沙曲矿二采区 2 号煤层底板瓦斯抽采巷位于矿井下龙花垣进风立井南侧，轨道大巷西侧，与二采区 1 号煤层底板瓦斯抽采巷平行于同一层位，水平距离为 300 m，四周均为未开拓区。在巷道钻场内设计布置施工穿层钻孔，对底板巷上部两翼 3 +4 号、5 号煤层采掘工作面进行预抽消突，同时在上部 2 号煤层保护层工作面回采时拦截抽采下邻近层卸压瓦斯，如图 4 - 45 所示。

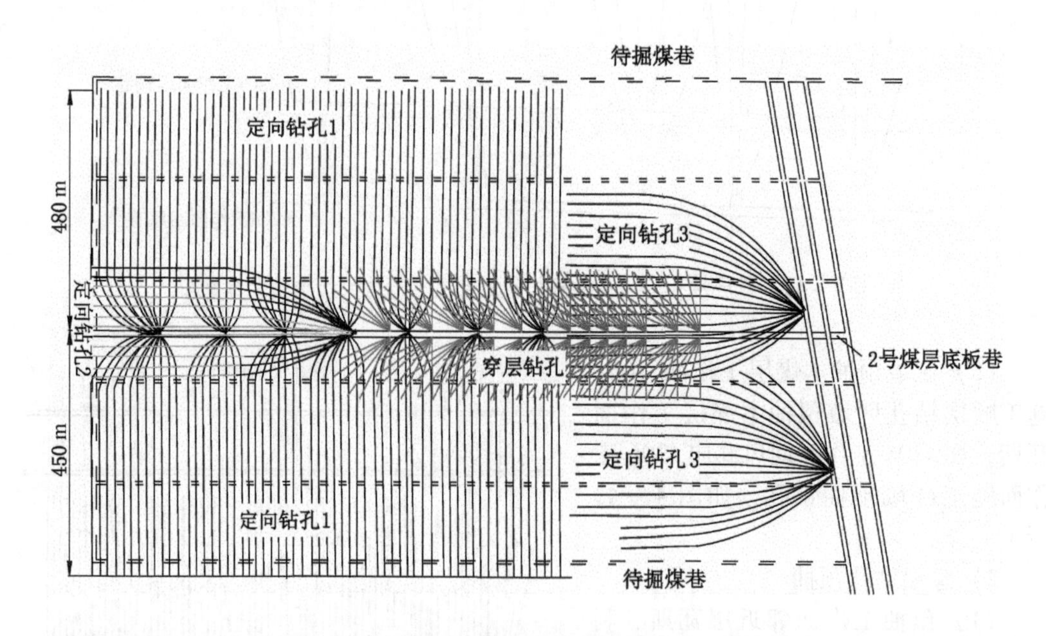

图 4 - 45　2 号煤层底板巷区域预抽钻孔布置图

沙曲矿主要采用千米定向钻机在 2 号煤层底板巷施工穿层钻孔，在巷道两侧钻场沿走向向双翼布置 3 +4 号、5 号煤层定向钻孔，进行长距离（两翼布置辐射长度达到 930 m）、大面积区域预抽，即钻孔采用千米定向钻机开孔，先穿过2号煤层底板巷顶板上部L5灰岩，见目标5号、3+4号煤层后，沿目标煤层和目标方位轨迹定向钻至设计孔深的方式施工，定向钻孔1单孔设计深度为450~500 m。穿层定向钻孔从开孔到目标煤层之间的钻进穿岩段，留下的空白区域，采用定向钻机沿倾向在巷道钻场顶板补充施工条带式穿层定向钻孔2，消除沿走向布置钻孔钻进穿岩段未预抽区域煤层瓦斯空白带，最终完成整个区域抽采覆盖。

4.4.2.5　瓦斯治理效果

2010—2017年沙曲矿瓦斯抽采量、利用量见表4-11。图4-46中，2010—2017年瓦斯超限次数逐年大幅度下降，由85次降至1次，瓦斯综合治理水平显著提高。

表4-11　2010—2017年沙曲矿瓦斯抽采量、利用量统计

年份	标准状况抽采量		标准状况利用量			
	年度总混合量/万 m^3	年度总纯量/万 m^3	年度总量/万 m^3	民用量/万 m^3	工业用量/万 m^3	利用率/%
2010	49738.15	10115.18	3986.75	2140.10	1846.65	39.41
2011	49152.31	10476.91	3888.65	1345.84	2542.81	37.12
2012	54122.79	12571.43	4087.07	1004.84	3082.23	32.51
2013	52369.02	13424.49	4267.60	—	2936.78	31.79
2014	61728.79	13882.27	4870.92	981.16	3889.76	35.09
2015	64241.54	13754.87	6119.83	1011.05	5108.78	44.49
2016	45175.88	8528.79	4375.22	0.00	4375.23	51.30
2017	33339.07	7819.12	3995.17	0.00	3995.17	51.09

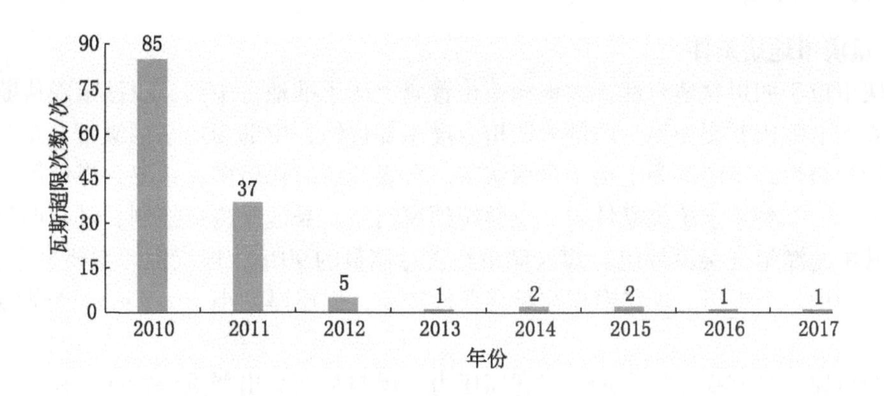

图4-46　2010—2017年沙曲矿瓦斯超限次数统计

5 三区配套三超前“水”治瓦斯模式

我国西南地区的煤矿瓦斯地质复杂，煤层原始瓦斯压力高、含量大，煤与瓦斯突出灾害严重。矿区地表多为中低山切割剥蚀、侵蚀地形地貌特征，起伏不定，多为高山峡谷，交通条件极为不便，矿区内仅有极少数矿井具备地面井预抽条件；而矿井所采煤层大多为单一或近距离严重突出煤层群，不具备保护层开采条件或首采保护层具有突出危险。因此，绝大多数矿井瓦斯治理需要采用井下预抽技术。

重庆市能源投资集团有限公司联合国内多家科研院所，采取产学研用结合的方式，进行严重突出煤层群瓦斯治理。为实现煤矿井下瓦斯抽采、掘进、采煤等平衡，将煤矿区划分为开拓区、准备区、生产区的三区，全面实施瓦斯抽采专用巷超前、抽采超前、保护层开采超前的三超前战略，确保矿井开拓煤量、准备煤量、回采煤量及安全煤量比例合理；通过消化吸收低渗透油气开发技术，采用全方位水力化增透立体抽采技术，解决了低透气性煤层瓦斯抽采的难题，形成了三区配套三超前“水”治瓦斯模式，基本实现了煤与瓦斯协调开采。

本章着重介绍了三区配套三超前“水”治瓦斯模式的原理、内涵、配套瓦斯治理技术及其应用效果。

5.1 典型瓦斯地质条件

5.1.1 重庆市地质条件

重庆市位于四川盆地东部，大地构造位置属上扬子准地台中部，以沙市隐伏断裂、华蓥山断裂和七曜山断裂为界。西部为四川台坳东部边缘，中部为川东褶皱带，东北部为大巴山台坳褶皱带，东南部为上扬子台褶皱带。含煤地层时代较多，主要含煤地层为二叠系上统龙潭组、二叠系上统吴家坪组、三叠统须家河组，受地质构造控制，具有明显的带状分布，其中龙潭组（吴家坪组）煤炭储量约占总储量的90%，煤炭资源主要分布在南桐、永荣、华蓥山3个煤田。煤层聚积与赋存条件较差，煤层厚度小于1.3 m的薄煤层占50%左右。

龙潭组煤层具有高瓦斯含量、高瓦斯压力、煤与瓦斯突出严重等特征，瓦斯含量一般为15~25 m^3/t，瓦斯含量最高达29.45 m^3/t；瓦斯压力一般为2~4 MPa，最大瓦斯压力为13.9 MPa。吴家坪组煤层瓦斯含量一般为5~15 m^3/t，瓦斯含量最高达27.05 m^3/t；瓦斯压力一般为0.2~0.8 MPa，最大瓦斯压力为1.74 MPa，主要发育海陆过渡相的潟湖—海湾—潮坪沉积体系，煤层顶、底板为覆盖能力较强的泥岩或粉砂质泥岩。该地区主要煤矿开采区域位于川东高陡褶皱带和南大巴山弧形褶皱带，是我国煤与瓦斯突出最严重的地区之一，煤与瓦斯突出频率高、强度大，历年有记载的突出次数达2000多次。1975年8月8日天府矿业公司三汇一矿发生过一次亚洲最大、世界第二强度的煤与瓦斯突出，突出煤量12780 t、瓦斯量140万 m^3。须家河组煤层瓦斯含量一般为2~8 m^3/t，最高瓦斯含量为 23.47 m^3/t；瓦斯压力一般为 0.2 ~ 0.6 MPa，最大瓦斯压力为 1.66 MPa。

重庆市高瓦斯和突出矿井主要分布于龙潭组和吴家坪组煤层中，而开采须家河组煤层的矿井主要为低瓦斯矿井，煤矿瓦斯等级具有区域性分布规律；煤与瓦斯突出矿井主要分布于渝北、北碚、南川、万盛、綦江等区县，包括南桐、松藻、天府、中梁山等矿区，具体情况见表 5 - 1。上述矿区龙潭组煤层，最小始突深度在南桐鱼田堡矿，为 74 m，其中松藻矿区同华矿为 113 m，天府磨心坡矿为 215 m，中梁山南矿为 97 m。重庆市煤矿区瓦斯分布划分为南桐、华蓥山、永荣、渝东南、渝东和大巴山高瓦斯带共 6 个区域性瓦斯地质带。

表 5 - 1　重庆市主要煤矿区瓦斯地质特征

矿区名称	始突深度/m	最大突出强度		最大瓦斯含量/($m^3 \cdot t^{-1}$)		最大瓦斯压力/MPa	
		t/次	m^3/次				
		标高/m	埋深/m	标高/m	埋深/m	标高/m	埋深/m
松藻	113	2910	25000	29.45		4.6	
		+534	310	+190	584	+607	421
南桐	74	8765	201000	28		12	
		+21	323	-213	610	-333	776
天府	215	12780	1400000	22.84		13.9	
		+280	520	+330	712.5	-10	605
中梁山	97	2800	803300	28.33		5.1	
		+130	500	+50	580	+70	540
永荣				18.12		0.98	
				+110	450	+110	450

5.1.2　松藻矿区地质条件

松藻矿区位于重庆市南，渝、黔两省市交界的綦江区赶水、打通、安稳、石壕镇境内，矿区范围北起重庆市万盛区与綦江区交界的藻渡河，南止贵州省习水县温水镇，南北走向长 39.5 km，东西宽 2.0 ~ 15 km，面积约 235.5 km^2。松藻矿区属于二叠系龙潭组，含煤系数高、煤层稳定；龙潭组煤系地层总厚为 54.49 ~ 88.60 m，平均厚度为 78.45 m，共含煤 5 ~ 14 层，含煤系数自北向南为 6.8% ~ 7.9%。全区可采及局部可采煤层为 3 ~ 6 层，全区稳定可采煤层仅 M8（K3b）号煤层，平均厚度为 2.02 ~ 3.83 m，约占矿区总储量的 60%，M6 号、M7 号、M11（K2）号、M12（K1）号煤层均为局部可采煤层，煤层平均厚度为 0.1 ~ 1.7 m。松藻矿区煤层赋存情况见表 5 - 2。

矿区各开采煤层均属高变质无烟煤，瓦斯储量丰富，据 2010 年资料，矿区煤层瓦斯总储量为 383 亿 m^3，可抽采储量为 183 亿 m^3。矿区各煤层瓦斯压力变化幅度较大，变化范围为 1.5 ~ 6.5 MPa；煤层多为Ⅳ ~ Ⅴ类构造煤，煤的坚固性系数为 0.1 ~ 0.8；开采煤层渗透率低，普遍只有 1.4×10^{-4} ~ 8×10^{-4} mD；煤层平均瓦斯含量为 17.1 m^3/t，最高为 29 m^3/t；各开采煤层均有煤与瓦斯突出危险性，各相邻煤层的层间距一般为 6 ~ 18 m。矿

表5-2 松藻矿区煤层赋存情况

所属矿井	煤层	平均厚度/m	邻近煤层间距/m	瓦斯含量/($m^3 \cdot t^{-1}$)	瓦斯压力/MPa
逢春煤矿	M6	0.98	—	14.23	—
	M7	0.96	4.06	18.13	—
	M8	2.86	14.92	20.44	—
	M9	0.65	—	18.21	—
	M11	0.60	—	18.21	—
梨园坝煤矿	M5	0.32	—	—	—
	M6	1.16	9.93	22.68	—
	M7	0.99	8.480	—	—
	M8	3.89	6.27	27.29	—
石壕煤矿	M6	1.0	4.7	12.32	1.70
	M8	2.6	11.7	21.34	3.20
松藻煤矿	K1	1.75	—	15.97	—
	K2b	2.15	1.45	18.94	—
	K3b	2.98	2.98	22.23	—
	K4	0.5	8.81	16.92	—
同华煤矿	K1	0.7	—	16.36	—
	K3	2.5	—	23.46	—
	K6	0.9	—	—	—
打通一矿	M6	0.88	7.1	14.58	2.05
	M7	1.08	5.88	19.41	2.94
	M8	2.25	6.68	22.5	3.50
渝阳煤矿	M6	0.68	—	14.58	—
	M7	0.9	7.76~11.32	18.59	—
	M8	2.64	5.8~8.02	17.85	—
	M11	0.65	22.47~27.73	17.39	—

区煤与瓦斯突出灾害十分严重，1958—2010年，总计发生突出489次，最大一次突出强度7138 t、涌出瓦斯量28.5万m^3。矿井绝对瓦斯涌出量达71.6~225.6 m^3/min，相对瓦斯涌出量达49.9~78.5 m^3/t；尤其是首采层工作面，平均绝对瓦斯涌出量达60~70 m^3/min，最高达110 m^3/min。因此，松藻矿区是我国松软低渗突出煤层的典型代表。

矿区煤层及煤系的主要变化规律是：煤层层数及厚度由北向南有所增加，而煤层结构、煤系组成等，则由北向南趋于复杂，煤系厚度由北向南渐次变小。大部分为近水平—缓倾斜煤层，倾角为3°~13°；部分为缓倾斜—倾斜煤层，倾角为20°~30°；少数为急倾斜煤层，倾角在60°以上。矿区由东向西有四个大褶曲，分别为两河口向斜、羊叉滩背斜、大木树向斜、鱼跳背斜。对开采影响较大的断裂地层分布在羊叉滩背斜、大木树背斜轴部及两河口一带和仙洞河以南。矿区地质构造分布如图5-1所示。

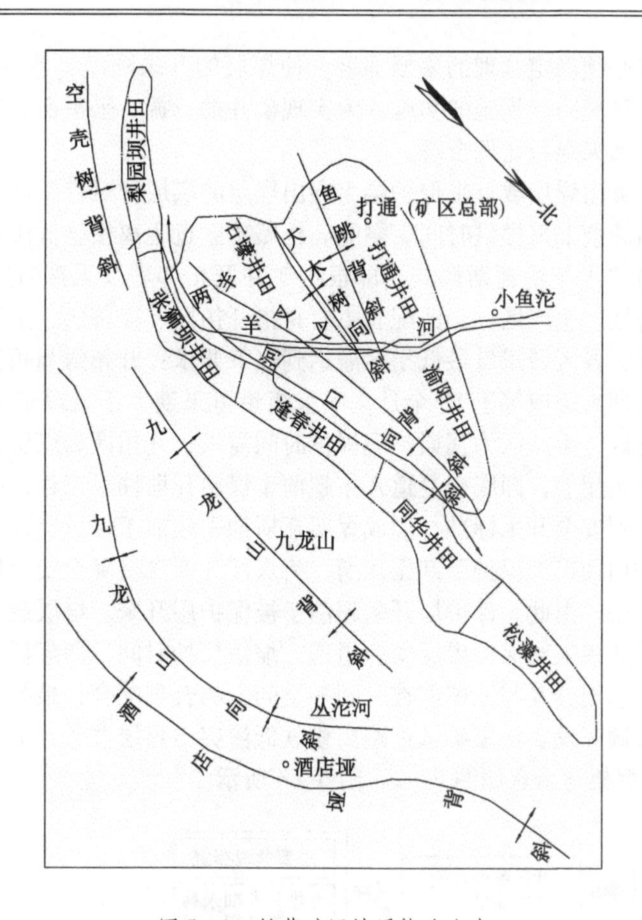

图5-1　松藻矿区地质构造分布

松藻矿区地质构造复杂，煤层赋存条件差、开采难度大，原始瓦斯含量高、瓦斯压力大，煤层松软、渗透率低，煤层气资源丰富且分布相对均衡，储层压力梯度为4.8 kPa/m；矿区煤层渗透率仅为1.4×10^{-4} mD，主采煤层M8（K3b）号煤层坚固性系数为0.1～0.8，平均坚固性系数为0.4。松藻矿区地面地形复杂，进行地面小井网抽采煤层瓦斯试验困难，不具备地面钻井预抽煤层瓦斯开发条件。

针对松藻矿区复杂地质条件、煤层层间距近、煤层松软、透气性低、煤与瓦斯突出严重、瓦斯抽采困难等问题，通过十一五、十二五国家科技重大专项及瓦斯治理示范矿井建设项目的支持，形成了煤矿井下近距离煤层群三区配套三超前“水”治瓦斯模式。

5.2　三区配套三超前“水”治瓦斯模式

5.2.1　概述

一般认为开拓煤量可采3～5年以上，准备煤量可采1年以上，回采煤量可采4～6个月以上，可实现采掘平衡，但难以保障瓦斯灾害治理的需要。《煤矿瓦斯抽采达标暂行规定》第十一条规定：矿井在编制生产发展规划和年度生产计划时，必须同时组织编制相应的瓦斯抽采达标规划和年度实施计划，确保“抽掘采平衡”。矿井生产规划和计划的编制应当以预期的矿井瓦斯抽采达标煤量为限制条件。《防治煤与瓦斯突出细则》第二十三条规定：突出矿井必须确定合理的采掘部署，使煤层的开采顺序、巷道布置、采煤方法、采掘接替等有利于区域防突措施的实施。为实现矿井抽、掘、采平衡，需要确保矿井开拓煤量、准备煤量、回采煤量比例合理。

单一高瓦斯、突出煤层或首采保护层为突出煤层的煤层群赋存条件下瓦斯灾害治理的关键是为煤层瓦斯超前抽采提供时间、空间。松藻矿区近距离松软低渗突出煤层群条件下的三区配套三超前“水”治瓦斯模式，即根据矿井开拓部署及采掘时空顺序的不同，划分成开拓区、准备区、生产区。三区配套主要是指开拓区、准备区、生产区的煤量满足瓦斯治理的时间需求，各区域煤量最低指标需达到以下要求：开拓煤量可采期大于或等于5年，准备煤量可采期大于或等于18个月，回采煤量可采期大于或等于1年。三超前主要是指开拓区、准备区、生产区为瓦斯治理提供时间需求，开拓区为煤层瓦斯超前抽采提供空间条件，实现开拓超前，即底板巷道开拓超前于煤层瓦斯抽采工程；准备区内对保护层进行超前预抽并达到安全开采标准，形成煤层瓦斯抽采超前于保护层开采；保护范围内利用采动卸压增透作用抽采被保护层卸压瓦斯，将煤层瓦斯含量降至安全标准以下，同时对采空区瓦斯进行抽采，由此，保护层开采超前于被保护层开采。煤层透气性差，预抽时间长，利用水力化增透措施对保护煤层实施增透，缩短预抽时间，即降低三区配套的煤量需求。经过三区的合理划分及与三超前在时间—空间上的合理配合，最终实现松藻矿区煤与煤层瓦斯资源的协调开发。松藻矿区近距离松软低渗突出煤层群条件下的三区配套三超前“水”治瓦斯模式框架与示意如图5－2、图5－3所示。

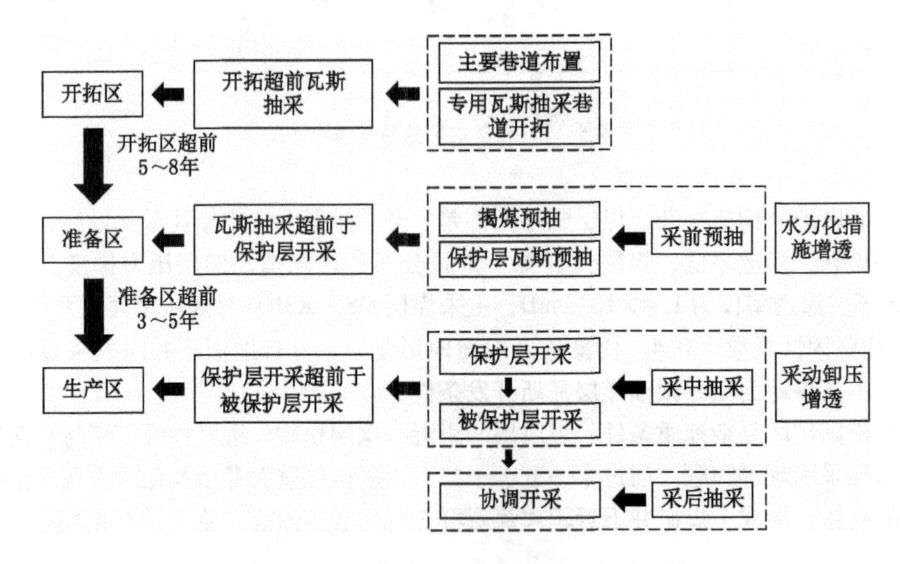

图5－2　松藻矿区三区配套三超前“水”治瓦斯模式框架

总体上，三区配套三超前“水”治瓦斯模式解决了单一高瓦斯、突出煤层或首采保护层为突出煤层的煤层群赋存条件下瓦斯高效抽采的难题。将开拓巷道掘进（底板瓦斯抽采卷）、抽采钻孔施工与抽采、准备巷道掘进、采煤等统筹协调，煤矿三区既相对独立又相互配合，同时坚持抽采准备巷道超前部署，抽采系统超前运行，保护层超前开采，形成三区配套三超前的配套系统；通过全方位水力化增透技术和全方位水力化实施机制对煤层进行卸压增透，结合底板穿层钻孔、顺层钻孔、邻近层抽采等井下钻孔抽采为主的综合

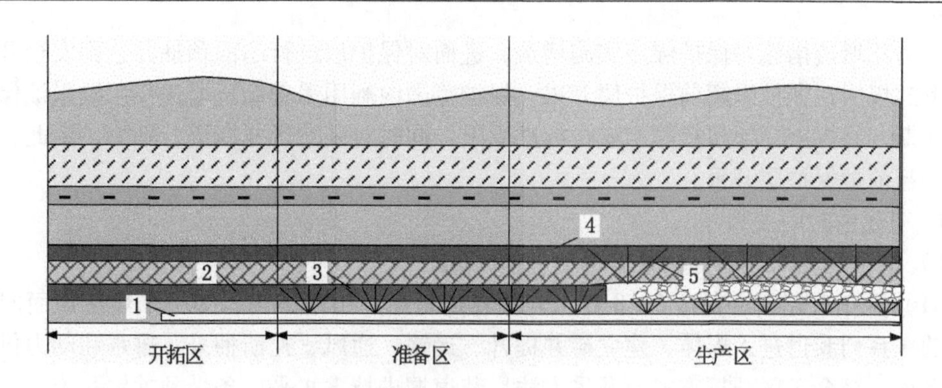

1—底板巷道掘进；2—下保护层；3—底板巷预抽穿层钻孔；4—被保护层；5—卸压抽采钻孔

图5-3　三区配套三超前“水”治瓦斯模式示意图

多源立体超前预抽方式，将采煤采气统筹协调开采，最终形成三区配套三超前“水”治瓦斯模式。

5.2.2　模式特点

三区配套三超前“水”治瓦斯模式是指根据松藻矿区复杂地质条件下的煤层及瓦斯赋存条件，构建三区配套三超前系统，坚持全方位水力化增透立体抽采，形成全方位水力化实施机制。

5.2.2.1　三区配套

三区配套是指将煤矿区分为开拓区、准备区、生产区，3个区域相对独立、相互配合。开拓煤量是指井田范围内已掘进的开拓巷道，针对松藻矿区具体可包括运输大巷、轨道大巷、回风大巷、底板瓦斯抽采巷等底板开拓系统所圈定的尚未采出的可采储量；准备煤量是指已经完成采区上山及车场、区段集中平巷及必要的联络巷等准备巷道，正在进行煤层增透或已经抽采达标的煤量；回采煤量是指抽采已经达标，并且已经掘进完成的回采巷道和开切眼所圈定的可采储量；通过对3个煤量可采期的规定，从开采角度保证开拓、准备、回采工作的顺利衔接。三区的衔接可按如下接替进行布局：

（1）在水平生产能力开始递减前1~1.5年，必须完成接替水平的基本井巷工程、安全系统、安装工程。水平接替是矿井采掘接替工作最重要的环节，新水平井巷工程、安装系统、安装工程工作量大，难以在短期内构成生产系统，形成生产能力，必须对接替水平提早计划，提前准备，保证原生产水平生产能力开始递减前1~1.5年，完成接替水平的基本井巷工程、安全系统、安装工程，从而保证矿井产量平稳。

（2）在采区（盘区）生产能力开始递减前6个月，接替采区（盘区）必须完成设备安装并调试运转正常。

（3）矿井保护煤量可采期不得少于24个月，可供布置工作面的保护煤量可采期不得少于18个月。

5.2.2.2　三超前

三超前是指瓦斯抽采专用巷超前、抽采超前、保护层开采超前，即开拓超前瓦斯抽采，瓦斯抽采超前煤炭生产，保护层开采超前被保护层开采。开拓区为煤层瓦斯超前抽采提供时间、空间条件，实现开拓超前，即底板巷道开拓超前煤层瓦斯抽采工程；准备区内利用水力化增透措施对保护煤层实施增透，进而对保护层进行超前预抽并达到安全开采标准，形成煤层瓦斯抽采超前保护层开采；保护范围内利用采动卸压增透作用抽采被保护层卸压瓦斯，将煤层瓦斯含量降至安全标准以下，同时对采空区瓦斯进行抽采，由此，保护层开采超前被保护层开采。

1. 三超前时间关系

1）准备区瓦斯抽采专用巷道掘进超前时间

（1）开拓区超前准备区5～8年。开拓巷道是指井田范围内，为了采煤从地面向地下开掘的一系列巷道进入煤体，建立矿井提升、运输、通风、瓦斯抽采、排水和动力供应等生产系统。综合矿区开拓方式、开采方法、巷道掘进技术水平，条带预抽钻孔施工、水力压裂、预抽时间等因素，为了保证开拓区巷道掘进与准备区瓦斯预抽相互衔接，开拓区超前准备区5～8年，即主要开拓巷道（包括运输大巷、轨道大巷、回风大巷、底板专用瓦斯抽采巷）超前准备区工序（包括条带预抽、石门揭煤预抽等）5～8年。制定年度生产计划时应根据矿井采掘部署，列出需要开掘的巷道名称、断面、长度等，安排足够的施工力量保证超前时间的完成，为条带预抽、石门揭煤预抽提供时间保障。

（2）开采水平可采储量剩余服务年限不足8年，新水平必须进行延深施工。

（3）各类回采巷道准备超前时间应根据各矿井自身条件测定总结得出，没有形成实测数据之前，用于穿层抽采钻孔施工地点的巷道最低超前时间为4个月，用于工作面本层抽采钻孔施工地点的巷道最低超前时间为6个月，不作工作面本层抽采的回采巷道最低超前时间为2个月。

2）抽采超前时间

（1）准备区煤层瓦斯抽采超前回采区煤层开采3～5年。保护层、被保护层煤层开采之前必须采取综合预抽措施，保证抽采达标，其中准备区是瓦斯抽采的主要环节。综合预抽措施包括：揭煤预抽、保护层煤巷条带预抽、保护层回采区域预抽、被保护层预抽，在揭煤预抽、保护层煤巷条带预抽、保护层回采区域预抽中，采用了水力割缝、水力压裂等增透强化措施。综合考虑增透后煤层透气性、瓦斯含量、抽采影响范围、增透抽采技术水平等因素，为了确保足够的瓦斯预抽时间，保证抽采达标，实现瓦斯预抽和煤炭安全开采的衔接，准备区瓦斯抽采应超前回采区煤炭开采3～5年。

（2）不同区域瓦斯抽采超前时间应根据各矿井自身条件测定总结得出，没有实测数据之前，超前时间必须满足以下条件：

①突出薄煤层巷道超前掘进条带预抽采最低超前时间为6个月。

②突出薄煤层回采工作面本层采前预抽采最低超前时间为3个月。

③突出中厚煤层巷道掘前掘进条带预抽采最低超前时间为12个月。

④突出中厚煤层回采工作面开采前本层预抽采最低超前时间为6个月全部完工。

⑤被保护中厚煤层网格预抽采最低超前时间为6个月。

⑥突出煤层揭煤点预抽采最低超前时间为6个月。

3）保护层开采超前时间

（1）保护层工作面的回采巷道采前形成时间不少于8个月，以满足首采层工作面本层先抽后采的要求。

（2）接续采区首采工作面至少提前6个月具备生产条件。

（3）采煤工作面相邻接替间隔时间不超过 3 个月。

2. 三超前空间关系

1）掘进超前空间距离

空间层面上实现掘进超前是为了给待接替区域的采前预抽与工作面的准备提供施工空间条件，空间层面上的掘进超前必须满足的最低指标，具体可按以下执行：

（1）煤层开拓巷道必须超前保护层准备工作面一个工作面条带，确保下一个工作面的施工具备空间条件。

（2）底板开拓巷道必须超前瓦斯巷一个工作面条带，确保下一个瓦斯巷的施工具备空间条件。

（3）瓦斯抽采专用巷必须超前保护层准备工作面两条瓦斯巷，确保下一个保护层准备工作面煤层巷道的掘进条带抽采钻孔的施工。

2）抽采超前空间距离

空间层面上实现抽采超前是为了给接替区域提供采前预抽空间条件，进而保障足够充分的抽采时间消除煤层突出危险性，保障煤炭安全高效开采。应根据矿井煤巷条带预抽、回采工作面本层采前预抽、被保护层网格预抽条件下，各种预抽技术抽采达标时间的经验值并结合掘进工作面的掘进速度、回采工作面的回采速度，确定抽采超前最低控制指标。没有实测数据之前，最小超前距离可采用以下参考指标：

（1）突出薄煤层巷道掘前掘进条带预抽达标最小超前距离为 600 m。

（2）突出薄煤层工作面本层采前预抽达标范围最小超前距离为 600 m。

（3）突出中厚煤层巷道掘前掘进条带预抽采最小超前距离为 1000 m。

（4）突出中厚煤层工作面开采前预抽达标。

（5）薄煤层开采时，中厚煤层网格预抽达标最小超前距离为 300 m。

3）保护层开采超前空间范围

被保护层的保护范围受与保护层的距离和卸压角影响，随着层间距增大与卸压角减小，保护范围随之减小。因此，为了提高矿井煤炭产量，必须要增大主采的中厚煤层开采范围，需要合理配比保护层工作面与被保护层工作面开采面积，一般要求厚薄面积比不低于 1.2∶1。

5.2.2.3　全方位水力化卸压增透立体抽采

水力化卸压增透是通过高压水的作用使煤体内部造成损伤破坏增加煤层裂隙范围，增加煤体内裂缝和裂隙的数量，改变煤体的应力状态，实现煤体自卸压，增大煤层内部裂隙、裂缝和孔隙的连通面积，形成相互交织的多裂隙连通网络，提供瓦斯运移的通道，提高煤层透气性。同时在抽采负压的作用下将煤层大量瓦斯抽出，一方面提高瓦斯的抽采浓度及抽采量，实现本煤层抽采最大化，快速降低或消除煤层突出危险；另一方面降低开采过程中煤体瓦斯涌出所造成的危险，提高开采过程中的安全系数。

目前水力增透的关键技术主要包括水力压裂、水力割缝、水力扩孔 3 种。水力压裂增透作用原理是通过向钻孔内注入高压水压裂，在钻孔周围形成若干宏观裂隙和分支裂隙，为瓦斯的解吸流动提供通道，增大钻孔的有效抽采范围；超高压水力割缝和中高压水力扩孔是将煤层内部煤体破碎并经钻孔排出煤层，扩大钻孔的出煤量，使钻孔周围的煤体蠕变运移，降低煤体地应力水平，促进煤层内裂隙通道的扩展、连通，提升煤层渗透性，促进瓦斯解吸流动，提高钻孔瓦斯抽采效果；同时煤层含水率的增加能降低煤的弹性模量和抗压强度，特别是硬煤分层的强度，导致整个煤层软化，显著提升煤体的塑性，有利于将应力集中峰值推向工作面前方更远处，扩大采掘工作面前方形成的塑性卸压区范围，使得具有突出危险的软分层内瓦斯能够在暴露前提前释放；煤层注水过程中可以驱替其中的瓦斯，煤层含水率的增大可以显著降低煤的瓦斯解吸速度、解吸量，降低煤层瓦斯供给能力，消除煤层突出危险性。

松藻矿区针对低透气性突出煤层的掘进工作面、回采工作面、石门揭煤工作面均实施了水力压裂、水力割缝、水力扩孔等水力化措施，增加煤层透气性，实现工作面安全、高效、掘进与生产。

根据石门揭煤、煤巷掘进、工作面回采、形成采空区时间顺序，将瓦斯抽采划分为开拓区掘前预抽、准备区掘前预抽、回采生产区采前预抽与采中抽采、采后抽采4个阶段。掘前预抽中的石门揭煤预抽技术主要抽采石门揭煤区域的瓦斯；掘前预抽中的保护层穿层条带预抽技术和采前预抽、采中抽采中的保护层顺层卸压抽采技术主要抽采保护层瓦斯；采中抽采中的被保护层穿层卸压抽采技术主要抽采被保护层煤层瓦斯；采后抽采技术主要抽采保护层采空区及被保护层采空区瓦斯。瓦斯抽采技术体系框图如图5－4所示。

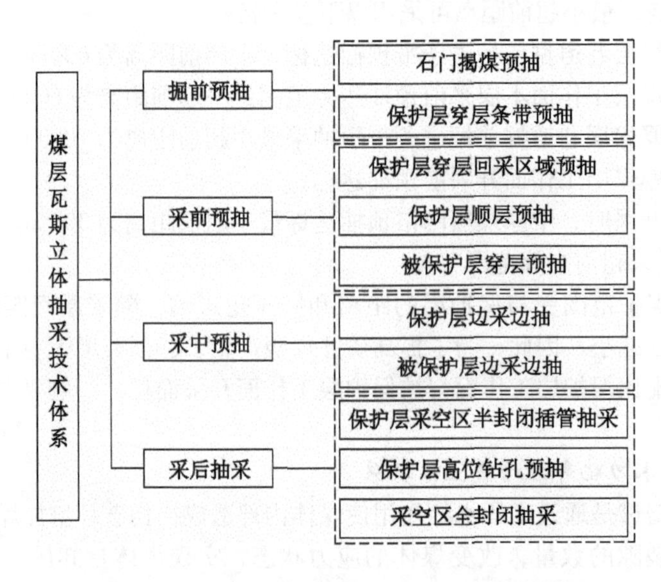

图5－4　松藻矿区煤层瓦斯抽采技术体系框图

1. 掘前预抽

掘前预抽包括石门揭煤预抽和保护层穿层条带预抽。岩石巷道进入煤层之前，在石门掘进工作面向揭煤区域施工穿层钻孔抽采揭煤区域煤层瓦斯，消除揭煤影响区域煤层突出危险；进入煤层后，在煤层内掘进服务于煤炭开采的具有运输、通风等功能的煤层巷道，煤巷掘进前在底板瓦斯抽采巷内施工上向穿层钻孔抽采掘进条带区域煤层瓦斯，消除掘进条带区域煤层突出危险。

2. 采前预抽

采前预抽主要进行保护层工作面回采区域煤层瓦斯的抽采与对应的被保护层未受采动影响区域煤层瓦斯的抽采。当保护层工作面回采巷道和开切眼贯通后，在运输巷和回风巷施工顺层钻孔抽采回采区域煤层瓦斯或穿层钻孔抽采回采区域煤层瓦斯，消除回采区域煤层突出危险。保护层煤体松软，容易造成抽采钻孔塌孔，采用顺层钻孔筛管护孔技术可以有效防治钻孔塌孔，保障抽采效果。被保护层在受采动影响卸压前，在底板茅口灰岩的瓦斯抽采巷道内向被保护层施工穿层网格钻孔对煤层进行预抽。

3. 采中抽采

采中抽采包括保护层顺层边采边抽和被保护层穿层卸压抽采。保护层回采期间利用采前预抽阶段施工的顺层钻孔或穿层钻孔抽采保护层工作面前方卸压区煤层瓦斯，保障工作面回采安全。保护层回采期间采场围岩岩层移动导致应力重新分布，使得被保护层卸压、透气性增大，利用底板瓦斯抽采巷道内预先施工的上向穿层网格钻孔抽采被保护层卸压瓦斯，实现开发被保护层瓦斯资源和消除其突出危险性的双重目的。

4. 采后抽采

采后抽采包括保护层高位钻孔抽采、采空区封闭抽采。保护层回采时，采空区内积聚的煤层瓦斯向保护层回采区域涌入并造成工作面上隅角瓦斯超限的可能，采取采空区半封闭式抽采可以消除瓦斯超限事故。保护层工作面回采期间，在工作面回风巷向顶板施工高位抽采钻孔进入工作面后方采空区覆岩裂缝带，对采空区瓦斯进行抽采，防止工作面上隅角瓦斯超限。保护层工作面回采后，对采空区进行完全封闭，由于周边煤壁、遗煤、邻近层煤层瓦斯的涌出，封闭空间内积聚大量的瓦斯，采用采空区全封闭抽采技术对煤层瓦斯资源进行最大化开发。

5.2.2.4 全方位水力化实施机制

1. 专业化队伍

勘探处或抽采队等相关部门专门设立水力压裂试验班，包括矿井、公司的专业人员及外部科研机构的专家，专业队伍、专业作业、专业指导，为水力压裂增透技术的实验研究和工程应用提供重要的技术保障。

2. 成套化装备

针对各应用矿井的特点，组建专门机构（如重庆能源集团在科技公司下组建瓦斯研究院）协调内外科技力量，加强产学研合作，消化吸收低渗透油气藏开发技术，组织攻克煤矿水力化增透技术涉及的钻机和泵组选型配套、压裂设计、封孔设备、滤失伤害、返排机理、连续作业和效果评估等难题，解决低渗透率油气开发技术在矿井不适应的问题，考察压力、压裂影响范围、单孔流量等参数，研发高效钻进机具及工艺、钻孔参数动态检测仪、水力化增透范围探测器等装备，形成符合矿井实际且行之有效的成套水力化增透工艺。

3. 规范化技术

目前已经制定了《煤矿井下水力压裂技术安全规范》（DB50/T 461—2012），规定了煤矿井下水力压裂的实施条件、工艺技术、设备要求及安全保障措施。

4. 配套化政策

提出了三区配套三超前治理瓦斯理念，坚持开拓巷道掘进超前、瓦斯抽采超前、保护层开采超前，从生产部署上为瓦斯治理提供足够的时间和空间。

5.2.3　模式应用效果

松藻矿区形成了井下近距离煤层群三区配套三超前“水”治瓦斯模式，并研究建立了以低透气性煤层井下水力压裂增透抽采为主的技术支撑体系。通过在同华煤矿、逢春煤矿、打通一矿等矿井进行水力化强化卸压增透项目，以松软突出煤层水力压裂增透为主的综合抽采技术在松藻矿区得到成功应用，推动了高突矿井煤层气抽采技术的大幅度提升，为我国煤矿井下松软突出煤层的安全高效开采树立了典范，取得了显著的经济效益和社会效益。

5.2.3.1　煤层透气性大幅度提高

松藻矿区实施水力化增透技术以后，原始煤层透气性系数一般可提高到 0.75～3.63 $m^2/(MPa^2 \cdot d)$，是原来的 75～366 倍，煤层透气性大幅度提高，由较难抽采煤层转变成了容易抽采煤层，瓦斯抽采效果得到飞速提升。

5.2.3.2　抽采浓度、抽采量成倍增加

松藻矿区煤层实施水力化增透技术以前，单孔瓦斯抽采纯量为 0.002365～0.0065 m^3/min，单巷平均瓦斯抽采浓度为 10%～40%，最低为 1%～2%，抽采效果非常差。实施水力化增透技术以后，单孔瓦斯抽采纯量为 0.0047～0.039 m^3/min，是之前的 2～6 倍；单巷平均瓦斯抽采浓度普遍为 30%～50%，最高达 60%～75%，较之前提高了 20%～35%。效果特别突出的是渝阳煤矿，实施水力压裂后平均抽采浓度增大了 3～8 倍，平均抽采纯量增大了 19～35 倍。

5.2.3.3　抽采达标时间明显缩短

松藻矿区实施水力化增透技术以后，预抽达标时间平均缩短了 25%～50%，不仅达到集团公司提出的抽采达标时间缩短 1/3 的奋斗目标，而且还为生产部署赢得了主动。其中松藻煤矿效果特别明显，实施水力压裂后抽采达标时间仅需 2 个月左右，比以前减少了 4～10 个月；同华煤矿实施水力压裂后抽采达标时间只需 3 个月左右，比以前减少了 3～9 个月。

5.2.3.4　石门揭煤时间大幅度缩短

松藻矿区各矿井石门揭煤均严格按要求提前实施了水力化增透技术，据统计，石门揭煤预抽达标时间平均缩短了 2～3 个月，较以前缩短了 30%～50%，揭煤时间一般只需 6 个月左右，揭煤进度较以前提高了 40%～60%，均实现了快速、高效揭煤，且未发生过一次突出事故，进一步缓解了部署紧张的局面。

5.2.3.5　采掘综合单进成倍提高

松藻矿区各矿井推广应用穿层钻孔水力化增透技术以后，抽采效果大幅度提升，采掘综合单进也成倍提高，原煤弹性生产能力和掘进效率也得到了充分发挥。据统计，保护层工作面平均单进由 30～50 m/月提高到 40～80 m/月，提高了 1.3～1.6 倍；掘进综合单进由 40～60 m/月提高到 100～120 m/月，提高了 2～2.5 倍。其中效果最好的是打通一矿，每百米巷道掘进用时减少 19～24 d，最高月单进达到 149 m，创下了历史最好纪录。

5.2.3.6　瓦斯治理效果

2017 年松藻矿区所属煤矿采掘活动瓦斯超限共计 83 次，2018 年因采掘活动瓦斯超限共计 38 次，瓦斯超限次数同比下降 54%。2017 年，瓦斯抽采量达到 4.2 亿 m^3，原煤产

量仅占全国的0.3%，而瓦斯抽采量却占全国的3.6%，瓦斯超限次数持续下降。

2008—2017年，矿区累计生产原煤5938万t，抽采煤层瓦斯26.93亿m^3，利用煤层气达到18.37亿m^3。2017年与2007年对比：煤矿数量由7对减少至5对；煤炭产量由489万t增加至527万t，增产38万t；瓦斯超限次数由10162次减少至37次；减少99.6%；瓦斯年抽采量由1.96亿m^3增加至2.47亿m^3，增加0.51亿m^3；抽采率由55.89%增加至67.33%，增加11.44%；瓦斯年利用量由1.15亿m^3增加至1.97亿m^3，增加0.82亿m^3；利用率由58.67%增加至79.76%，增加21.09%。具体情况见表5-3、图5-5、图5-6。

表5-3 2007—2017年松藻矿区煤炭产量及瓦斯抽采利用情况

年份	矿井数量/对	煤炭产量/万t	瓦斯超限次数/次	瓦斯年抽采量/亿m^3	抽采率/%	瓦斯年利用量/亿m^3	利用率/%
2007	7	489	10162	1.96	55.89	1.15	58.67
2008	7	506	8165	2.23	58.02	1.37	61.43
2009	7	534	6185	2.45	60.05	1.54	60.47
2010	7	558	1420	2.58	63.01	1.56	60.47
2011	7	558	1155	2.58	60.41	1.56	60.47
2012	7	571	833	2.52	58.67	1.93	76.59
2013	7	581	497	2.75	63.11	1.99	72.36
2014	6	557	79	2.51	60.30	1.72	68.53
2015	5	521	65	2.45	63.87	1.76	71.84
2016	5	536	64	2.43	62.94	1.82	74.90
2017	5	527	37	2.47	67.33	1.97	79.76

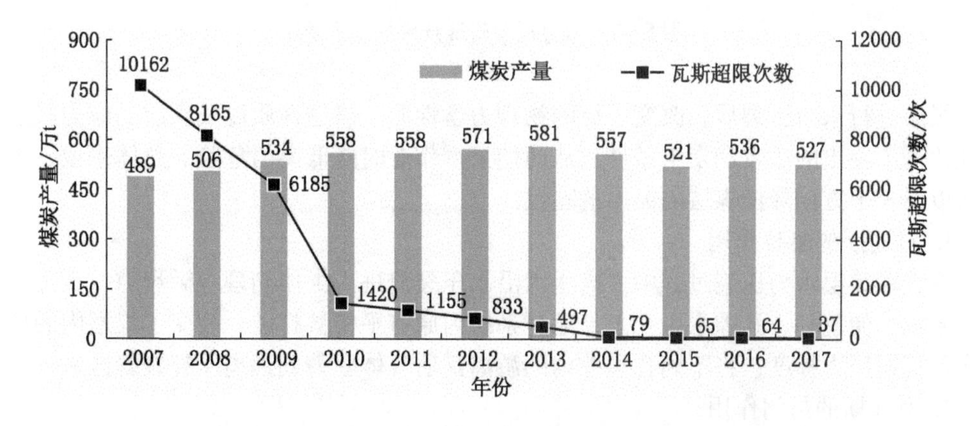

图5-5 2007—2017年松藻矿区煤炭产量及瓦斯超限次数

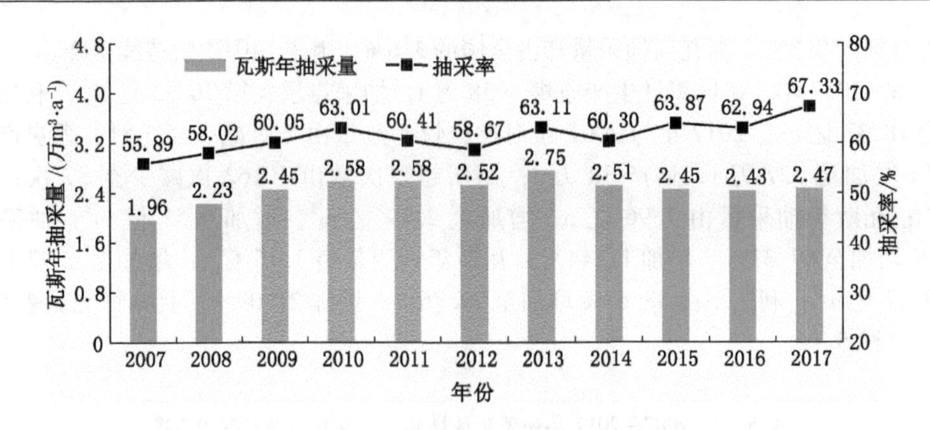

图5-6　2007—2017年松藻矿区瓦斯抽采情况

5.3　三区配套三超前“水”治瓦斯模式配套技术

5.3.1　水力压裂

5.3.1.1　技术原理

水力压裂是通过压裂钻孔向煤层注入高压水，在高压水力作用下周围的煤岩层发生破坏，各种原生弱面产生的劈裂或支撑作用使弱面张开、扩展和延伸，从而使煤层内形成相互交织的多裂隙连通网络。其实质是将流体以大于地层滤失速率的排量和破裂压力注入使煤岩破裂形成裂隙，从而增加煤层的渗透率，当压入的液体被排出时，裂隙为瓦斯的流动创造了良好的条件，提高了煤层的透气性系数，加强了煤体内部瓦斯气体的流动。水力压裂增透技术原理示意如图5-7所示。

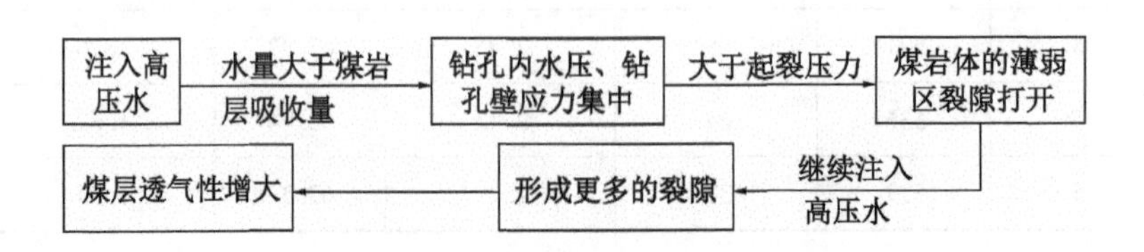

图5-7　水力压裂增透技术原理示意图

煤层进行水力压裂后，改变了煤的物理力学性质、渗透性质以及煤层的应力状态，相应地改变了突出的激发和发生条件，从而使采掘作业时降低突出危险。总体来说，水力压裂从以下3个方面降低煤层的突出危险性。

1. 对瓦斯的驱替作用

含瓦斯煤层水力压裂过程中，高压水沿水压裂缝进入煤体割理—微裂隙—孔隙组成的通道系统，使割理、孔隙水压升高，通道系统内原有平衡被打破，改变了煤层内的应力场分布及瓦斯压力梯度，将不同孔裂隙内的游离瓦斯气体驱替到远离压裂裂缝区域。

2. 对瓦斯的封闭作用

煤层含水率增加后，煤层颗粒更易于黏结，同时水的存在使煤颗粒间形成结合水膜，相邻煤颗粒间由公共水膜连接起来，形成团粒结构，该结构能提供一定的黏聚力。随着含水率的增大，结合水膜的连接作用逐渐增强，并使煤颗粒形成团粒结构，表现为剪切强度有所增加；压裂完毕后当水未排出时，结合水膜阻止了瓦斯流动，起到封闭作用。

3. 改变地应力的分布规律

水力压裂孔可使煤孔段附近一定空间范围卸压，采掘工作面前方应力通过水压的传递作用变得更加均匀，从而降低由于应力集中分布造成的煤层动力危险。

5.3.1.2　适用条件

从煤的破坏类型、煤体硬度两个方面分析压裂适用条件，《煤矿瓦斯等级鉴定办法》中按照煤体破碎程度将煤的破坏类型划分为5种，不同类型煤体具有不同的压裂适应性，见表5-4。按照煤的坚固性系数可将煤体划分为3种类型，不同硬度的煤体具有不同的压裂适应性，见表5-5。

表5-4　不同类型煤体结构的压裂适应性

煤的破坏类型	Ⅰ	Ⅱ	Ⅲ	Ⅳ	Ⅴ
压裂适应性	适合压裂	适合压裂	适合压裂	可压裂	不适合压裂

Ⅰ类：煤体未遭受破坏，原生沉积结构、构造清晰

Ⅱ类：煤体遭受轻微破坏，呈碎块状，条带结构和层理仍可被识别

Ⅲ类：煤体遭受中等破坏，呈碎块状，原生结构、构造和裂隙系统已不被保存

Ⅳ类：煤体遭受强破坏，呈粒状

Ⅴ类：煤体破碎呈粉状

表5-5　煤的坚固性系数与压裂适应性

煤的坚固性系数	$f<0.2$	$0.2\leqslant f<0.5$	$0.5\leqslant f<1$	$f\geqslant 1$
压裂适应性	不适合压裂	可压裂	适合压裂	可压裂

具体来说，一般情况下以下条件适合水力压裂。

（1）煤体硬度$0.2\leqslant f\leqslant 1$的煤层。

对于硬度$f<0.2$的煤层，由于钻孔受高压水作用，煤层压开以后，煤层内主裂隙方向持续向前扩展，随着压裂过程不断进行，压裂水携带大量的煤屑共同向前压裂煤层，导致部分煤屑堵塞已产生的裂隙，另外由于大量煤屑的阻滞作用，减缓水流速度，降低高压水产生裂隙的能力，容易形成空腔体压缩效应。同时，松软煤层中钻孔施工困难，塌孔、卡钻现象严重。对于硬度$f>1$的煤层，起裂压力较高，现有设备不能满足要求，难以达到大面积压裂的目的。

（2）围岩分级为Ⅰ、Ⅱ级的应用效果较好，Ⅲ级围岩在采用全断面喷注浆和深浅孔注浆加固措施后可压裂，Ⅳ、Ⅴ级围岩不适合压裂。

对于顶底板岩巷围岩破碎段，易出现跑、漏水现象，水压压垮巷道甚至引起突出；另外，煤层直接顶底板为泥质等软岩遇水软化、膨胀时，煤层压裂效果差，且在开采过程中支护困难；再者，地质构造破碎带、断层两侧各50 m范围不得进行穿层钻孔水力压裂，其负效应也较明显，这些情况均不宜进行水力压裂。

（3）岩柱宜为20 m左右，必要时注浆加固。

我国在中等硬度底板岩柱厚度为12～15 m进行水力压裂时，曾发生过压垮巷道及冒顶诱发突出的事例，深部矿井底板巷岩柱小于15 m时进行压裂存在较大风险。

（4）顶底板岩层不存在含水层。

水力压裂关键工艺中封孔长度、质量对水力压裂效果至关重要，顶底板为含水层的煤层，容易导致水泥凝固性能较差，封孔长度和质量达不到压裂封孔要求，存在安全隐患，不宜压裂；另外，压裂半径范围内存在透水型地质构造时，压裂过程中高压水通过地质构造进入巷道甚至压垮巷道，造成压裂失败，故存在透水型地质构造的煤岩层不宜压裂。

5.3.2　水力割缝

5.3.2.1　技术原理

水力割缝即在超高压水射流的切割作用下，钻孔周围一部分煤体被高压水击落冲走，形成扁平缝槽空间，这些缝槽相当于在局部范围内开采了一层极薄的保护层，缝槽在地压的作用下，周围煤体产生空间移动，改变了煤体的原应力，增大了煤体的暴露面积，扩大了缝槽卸压、排瓦斯范围，有效改善了瓦斯流动状态，提高了煤层的透气性和瓦斯释放能力，为瓦斯排放创造了有利条件。该技术既可削弱或消除突出的动力，又可增加突出煤层的强度，有效防止煤与瓦斯动力灾害的发生。高压旋转水射流割缝示意如图5－8所示。

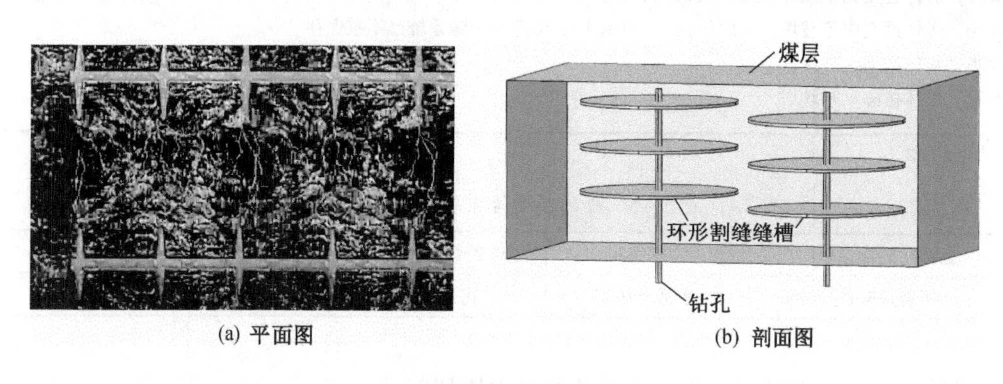

(a) 平面图　　(b) 剖面图

图5－8　高压旋转水射流割缝示意图

5.3.2.2　适用条件

水力割缝主要适用于煤层硬度$f>0.4$工作面、煤巷条带顺层钻孔、穿层钻孔及石门揭煤卸压增透、冲击地压防治等，且煤层硬度越大形成的缝槽越规整，卸压效果较好，对于地质构造复杂区域也有较好的应用效果。

5.3.3　水力扩孔

5.3.3.1　技术原理

水力扩孔是以岩柱穿层扩孔或煤柱本层扩孔作为安全屏障，向有自喷能力的突出煤层打钻后，采用中低压水通过高效喷头冲击钻孔周围的煤体，造成煤体破碎，逐渐形成一个大尺寸的水力掏槽孔，应力集中向扩孔周围移动，使扩孔附近煤体卸压增透，提高抽采效果。同时，钻孔周围煤体向钻孔径向方向发生大幅度移动，造成煤体膨胀变形，钻孔影响范围内地应力降低，煤体得到充分卸压，裂隙增加，使煤层透气性大幅度提高，促进瓦斯解吸和排放，大幅度释放了煤岩层中的弹性能和瓦斯膨胀能。通过高压水的浸泡增加了煤体塑性，改变了煤体应力分布，消除了突出的动力，从而起到防止煤与瓦斯突出的作用。水力扩孔技术原理示意如图5－9所示。

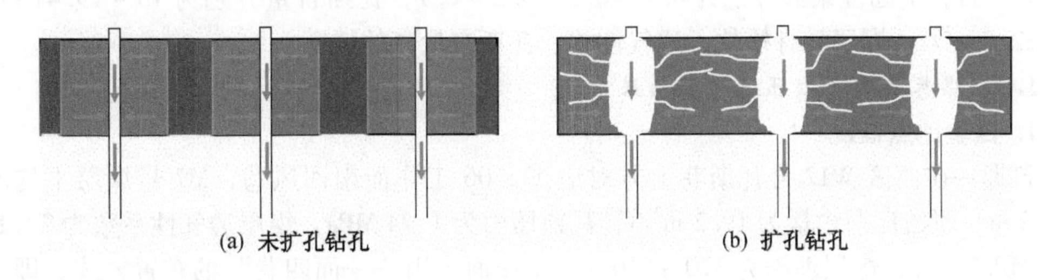

图5－9　水力扩孔技术原理示意图

5.3.3.2　适用条件

水力扩孔技术的现场应用证明，在松软低透突出煤层区域抽采消突措施中应用效果显著，主要适用于石门揭煤消突、煤巷条带穿层钻孔消突，根据水力扩孔技术工艺特点、防突机理及增透效果分析，其对松软煤层（$f<0.5$）应用效果较好，特别是对于瓦斯危害严重、煤质较软的高构造应力区也具有较好的应用效果。特别指出，对于上向穿层孔在保障扩孔效果的前提下要控制扩孔，严格按照评价指标规定进行，防止过度扩孔诱导突出；下向孔和平孔要适度加大水量扩孔，保障钻孔内水的流量和流速，使钻孔内排渣顺畅。

5.4　应用实例

5.4.1　煤巷条带水力压裂强化抽采应用实例

5.4.1.1　矿井概况

打通一矿位于松藻矿区东南部，渝黔省市交接附近，隶属重庆市綦江区打通镇。矿井于1964年开工建设，1970年投产，1982年设计生产能力为60万t，1985年改扩建，产能提升为150万t，2015年核定产能为240万t。矿井可采煤层3层，从上至下依次为M6号、M7号、M8号煤层，煤质均属无烟煤，均为突出煤层，煤层平均间距为5 m左右，属近距离煤层群赋存，矿井为煤与瓦斯突出矿井。

矿井设计井深400 m，主采东、西两个采区的＋350 m水平，矿井开拓方式为斜井、立井混合式开拓。矿井开采M6号、M7号煤层，同时对M8号煤层瓦斯进行卸压抽采。采用倾斜长壁综合机械化一次采全高的采煤工艺，全部垮落法管理顶板。保护层工作面采用W型通风系统，被保护层工作面采用U型＋尾排通风系统。

5.4.1.2　矿井瓦斯地质条件

打通一矿位于高原与盆地的过渡地带，地势东南高西北低，区内受河流的切割风化、溶蚀和剥蚀作用形成局部由西向东的倾斜坡地，矿区属侵蚀剥蚀及岩溶～低丘地貌类型，相对高程为523.66 m。该区含煤地层为二叠系上统龙潭组，含煤10～12层，煤层倾角为3°～13°，主采煤层为M6号、M7号、M8号煤层。其中，M6号、M7号煤层均为薄煤层，M6号煤层厚度为0.15～1.25 m，平均厚度为0.88 m，局部可采；M7号煤层厚度为0.5～1.73 m，平均厚度为1.08 m，全区可采；M8号煤层厚度为0.57～4.43 m，平均厚度为

2.25 m。

M7 号、M8 号煤层透气性系数分别为 4.5×10^{-3} $m^2/(MPa^2\cdot d)$、2.8×10^{-3} $m^2/(MPa^2\cdot d)$，坚固性系数分别为 0.3 ~ 0.7、0.2 ~ 0.7，瓦斯含量分别为 15 ~ 19.41 m^3/t、18 ~ 22.5 m^3/t，煤层具有松软、透气性差、瓦斯含量高的特征。

5.4.1.3　煤巷条带水力压裂卸压抽采

1. 试验地点概况

打通一矿西区 W12 号瓦斯巷上方对应 W2706 工作面南回风巷，M7 号煤层平均厚度为 1.2 m，原始瓦斯含量为 19.2 m^3/t，瓦斯压力为 1.74 MPa，煤层透气性系数为 2×10^{-5} $m^2/(MPa^2\cdot d)$，煤层埋深为 370 ~ 510 m。工作面采用“一面四巷”的布置方式，即工作面两巷及两条底板岩巷，底板岩巷位于 M7 号煤层底板 57.5 m。煤巷掘进期间，采用底板穿层钻孔预抽煤巷条带瓦斯掩护煤巷掘进的区域消突措施，但钻孔抽采量及浓度小，钻孔工程量大，预抽时间长，且区域措施效果不明显，煤巷掘进率低，严重制约矿井生产部署。

2. 压裂孔施工

为实现煤巷安全快速掘进，减少钻孔工程量，煤巷掘进前每隔一定距离通过底板穿层钻孔采用水力压裂技术对煤体增透。在 W2706 工作面南回风巷掘进条带累计设计压裂钻孔 9 个，距地质构造带大于 30 m，压裂孔间距为 80 ~ 100 m，水压为 30 MPa，单孔水量为 200 t，其中，保压 1 个月，放水 3 个月，钻孔布置平面图、剖面图如图 5 - 10 所示，压裂钻孔参数见表 5 - 6。

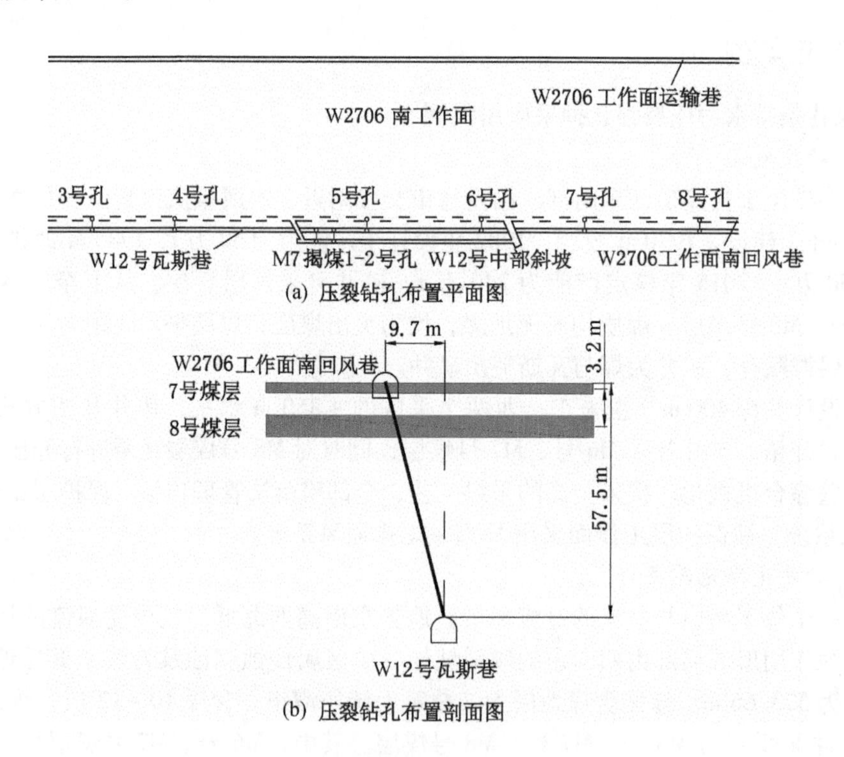

图 5 - 10　打通一矿底板穿层压裂钻孔布置平面图、剖面图

表5-6 压裂钻孔参数

孔号	倾角/(°)	孔深/m
1	80.4	53
2	79.6	56
3	79.6	57.5
4	79.6	58
5	79.2	55
6	79.2	54
7	79.4	49
8	81.0	60
9	81.9	68.5

3. 压裂钻孔封孔工艺

压裂钻孔采用 ϕ75 mm 钻头施工完成后，用 ϕ94 mm 的钻头扩孔至压裂煤层底板，确保 DN20 mm 注浆管能正常送入孔内至 M7 号煤层底板。孔内压裂管为 DN25 mm、壁厚 8.0 mm 的无缝钢管，每根长 2 m，采用螺纹连接；压裂管前端为 2 根筛管，筛管靠近“马尾巴”50～100 cm 用纱布包裹，防止砂浆回流堵塞压裂管；压裂管每根长 2 m，采用钻机送入，直接送入压裂钻孔孔底。封孔注浆管采用 DN20 mm 钢管，每根钢管长 2 m，两头套丝，采用管箍连接，送入孔内压裂煤层底板下 0.6 m。注浆管口与截止阀连接，截止阀与注浆泵注浆管连接；注浆时开启球阀，注浆结束后及时关闭截止阀；在第 3 根压裂管上捆绑棉纱，其形状如“马尾巴”，其方法是将棉纱一端绑在压裂管上，当压裂管筛管送至孔底时停止送管，向孔外方向拉动压裂管，棉纱收缩，起到封堵水泥砂浆及过滤水的作用；棉纱长度不小于 0.4 m，数量以与孔壁较紧密接触为准，为与压裂管绑捆，可在压裂管上焊接小齿。压裂钻孔孔口采用马丽散加棉纱封堵，长度不小于 1.5 m，同时在孔口打入木塞；压裂钻孔采用水泥砂浆机械封孔，注浆至压裂煤层底板位置。压裂钻孔封孔示意如图 5-11 所示。

采用 3 次注浆封孔技术，套管及注浆管送入钻孔设计层位后，孔口采用木塞及棉纱封堵后，开始首次注浆，注浆水泥用量 3 包，用于固定管道，首次注浆后打开注浆管控制阀，放出水泥浆液；间隔 12 h 后，二次注浆至孔底压裂管返浆为止，放出注浆管内水泥浆；间隔 12 h 后三次注浆至孔底，封孔至设计层位，凝固 48 h 后可进行压裂。

4. 试验过程

1 号孔终孔于 M7 号煤层顶板 1.5 m，封孔至 M7 号煤层底板，采用水泥砂浆封孔；压裂 2 号孔终孔于 M8 号煤层顶板 1.5 m，封孔至 M12 号煤层底板。随后采用 HTB500 型泵实施压裂。压裂 1 号孔在 M7 号煤层累计注水 310.39 m^3，泵压 26.7～41.6 MPa，流量 0.6～13.7 m^3/h。泵压、流量与时间的关系曲线如图 5-12 所示。

通过分析 1 号孔压裂过程中泵压、流量与时间的关系曲线（已消除开关泵过程中泵压、流量变化对曲线的影响），可以得出以下结论：

（1）高渗透性硬煤层在压裂过程中，压力达到煤层起裂压力后煤层压开，压力急速

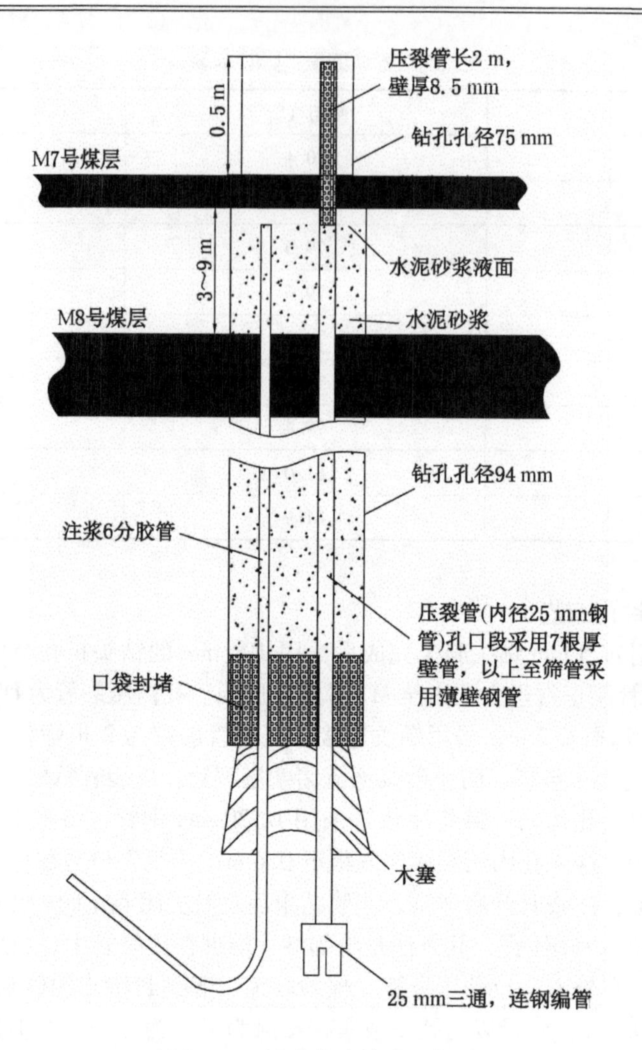

图5-11　压裂钻孔封孔示意图

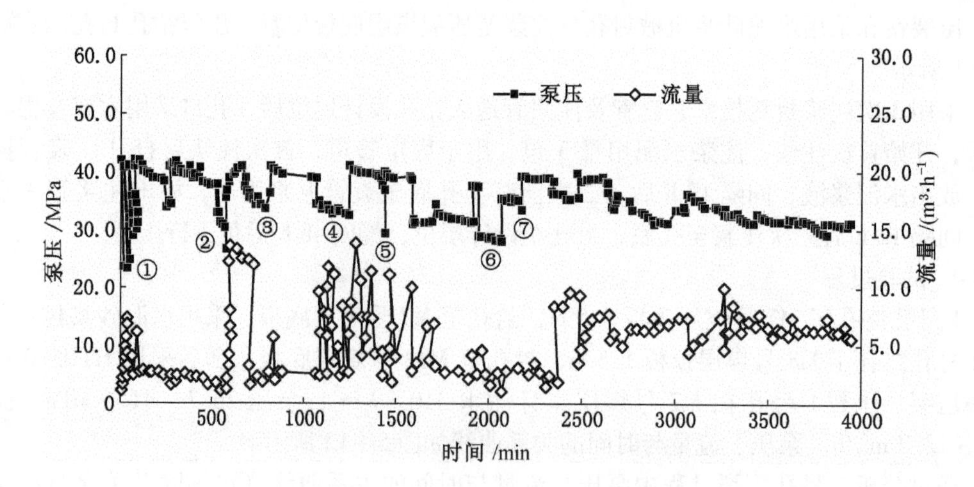

图5-12　泵压、流量与时间的关系曲线

下降，流量大幅度上升，最终压力流量稳定。与高渗透性硬煤层水力压裂不同，打通一矿松软突出煤层在进行水力压裂时呈现特有的周期性启裂后流量增大的规律。

（2）在高压水压裂过程中，经过反复多次压力下降过程（图5－12中较为明显的有7处，编号为①～⑦），多次压力下降过程中，对应出现明显的流量上升，推断为多次小范围压开后，注水量增加。

（3）最终压力、流量相对稳定变化，压裂过程终止。

从压裂2号孔压裂过程中的数据来看，整个压裂过程中泵压为17～24.4 MPa，流量为18.1～29.5 m^3/h，累计注水量为390.13 m^3。从压力与流量的关系推断，该孔由于压裂范围较大（M7号～M12号煤层），中间出现渗透率较大的煤岩层，造成流量较大，压力降低。

5. 压裂效果考察

此次通过在压裂孔周围布置检测孔10个，考察压裂后煤层瓦斯含量、煤层瓦斯压力、煤层含水量，获得压裂影响半径。经试验考察，在打通一矿压裂工况条件下，得出合理的煤矿井下松软突出煤层水力压裂参数：掘进条带压裂孔间距为80～150 m，单孔压裂水量为300～400 t。在W2706工作面运输巷压裂后，施工预抽钻孔，平均抽采浓度为47%～63%，预抽钻孔全部施工完成后，主管道平均抽采量为10.5 m^3/min，平均单孔抽采纯量为0.009 m^3/min。

5.4.1.4　瓦斯治理效果

2013年1—11月，打通一矿分别在西二区W204号瓦斯巷、南二区总回风巷、西区W2709S专抽巷、西区W2709N专抽巷、西区W14号瓦斯巷、W2706S专抽巷、W2706N专抽巷7个地点，累计压裂成孔54个，平均单孔注水量为270 m^3。其中，掘进条带压裂孔20个，网格压裂孔34个。

煤巷条带采用水力压裂后，预抽钻孔抽采瓦斯浓度达到50%～73%，最高单孔浓度为91%；抽采达标时间由25～36个月缩短至8～12个月；水力压裂后抽采钻孔间距按7 m×7 m设计，比原来按5 m×5 m设计，预抽钻孔进尺减少40%。打通一矿煤巷掘进期间水力压裂（W12号瓦斯巷）与未压裂（W10号瓦斯巷下段）抽采纯量及浓度随抽采时间的变化如图5－13所示。通过对比分析可知，实施压裂区域抽采钻孔稳定后抽采主管瓦斯浓度为48%～68%；平均单孔抽采量为0.008～0.011 m^3/min，提高了3～5倍；压裂后煤层透气性系数为（2.24～4.3）$\times 10^{-3}$ $m^2/(MPa^2 \cdot d)$，提高了112～215倍。

W2704工作面南回风巷未压裂时平均月单进57.8 m，W2706工作面运输巷、W2706S工作面回风巷压裂后平均月单进89.7 m和107 m，分别提高了55%和85%。每百米压裂巷道比未压裂巷道用时平均减少20 d，预测超标率减少23%，预测钻孔减少61个，过相同落差为1.2 m断层所用时间减少90 d。瓦斯抽采达标治理效果明显，掘进过程中瓦斯超限次数、防突指标超标次数大幅度降低。工作面煤巷掘进动态如图5－14所示。

5.4.2　石门揭煤水力压裂强化抽采应用实例

5.4.2.1　矿井概况

渝阳煤矿地处重庆市綦江区安稳镇罗天村，井田东以两河口向斜轴线与逢春煤矿和同华煤矿分界，南以9号勘探线和羊叉河与逢春煤矿和石壕煤矿分界，西以羊叉河与打通一矿分界，北以－200 m标高为开采边界。矿井始建于1966年，1971年投产，设计生产能力为45万t/a，1983年达产，2004年核定生产能力为90万t/a。

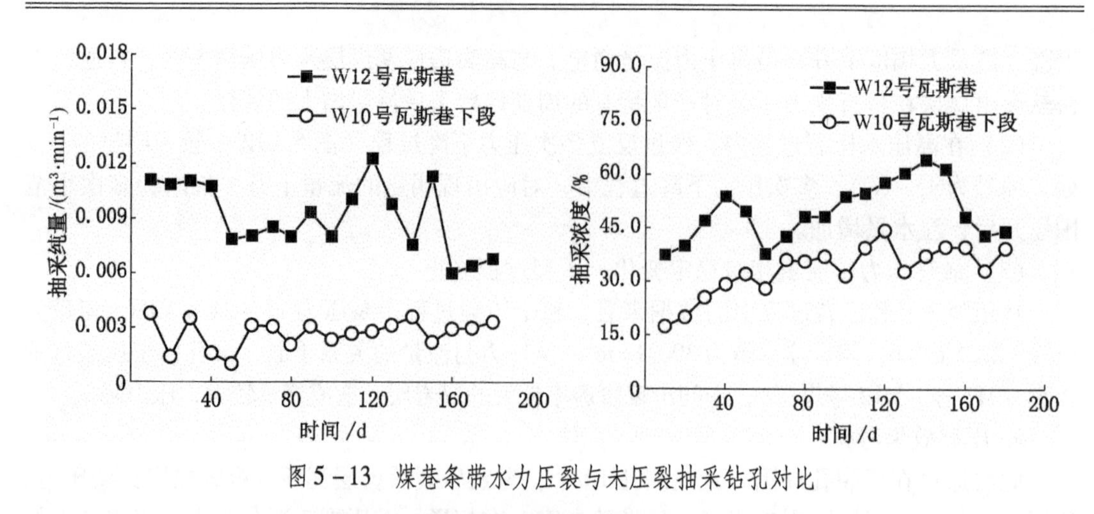

图5-13　煤巷条带水力压裂与未压裂抽采钻孔对比

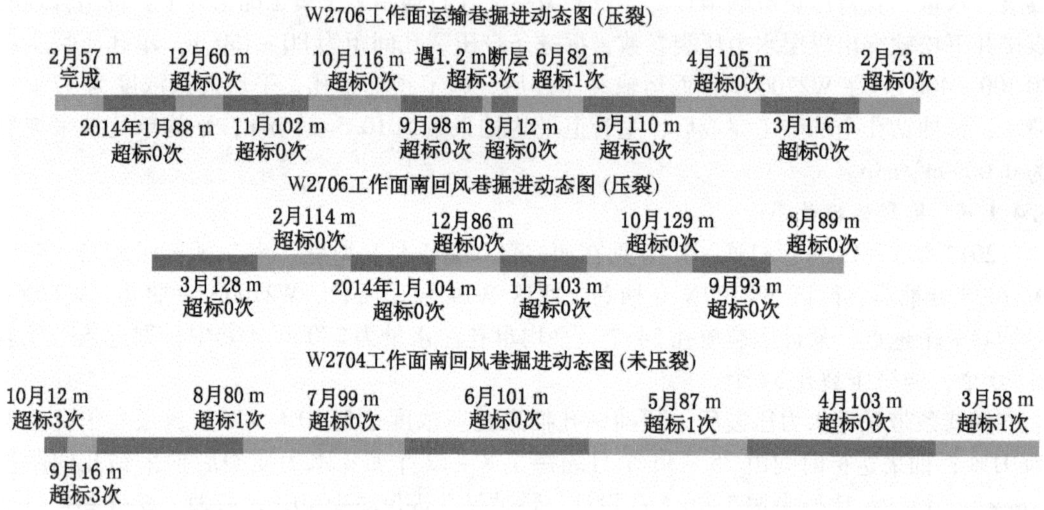

W2706工作面运输巷掘进动态图(压裂)

2月57 m 完成　12月60 m 超标0次　10月116 m 超标0次　遇1.2 m断层 超标3次　6月82 m 超标1次　4月105 m 超标0次　2月73 m 超标0次

2014年1月88 m 超标0次　11月102 m 超标0次　9月98 m 超标0次　8月12 m 超标0次　5月110 m 超标0次　3月116 m 超标0次

W2706工作面南回风巷掘进动态图(压裂)

2月114 m 超标0次　12月86 m 超标0次　10月129 m 超标0次　8月89 m 超标0次

3月128 m 超标0次　2014年1月104 m 超标0次　11月103 m 超标0次　9月93 m 超标0次

W2704工作面南回风巷掘进动态图(未压裂)

10月12 m 超标3次　8月80 m 超标1次　7月99 m 超标0次　6月101 m 超标0次　5月87 m 超标1次　4月103 m 超标0次　3月58 m 超标1次

9月16 m 超标3次

图5-14　打通一矿工作面采用水力压裂和未采用水力压裂煤巷掘进动态图

矿井采用斜井阶段石门开拓，采用倾向长壁综合机械化采煤工艺，全部垮落法管理顶板。可采煤层或局部可采煤层4层，自上而下依次为M6号、M7号、M8号和M11号煤层，其中M6号、M7号和M11号煤层为薄煤层，M8号煤层为主采煤层。M7号、M8号煤层均为突出煤层，矿井为突出矿井。

5.4.2.2　矿井瓦斯地质

矿区位于四川盆地东南缘与贵州高原过渡地带，地势东南高西北低，并被河流切割成各种形状的河间地块，属低山浅切割地形，侵蚀剥蚀地貌。该井田含煤地层为上二叠统龙潭组，属海陆过渡带潮坪—潟湖—碳酸盐台地内侧海沉积体系成煤环境，含煤地层一般为8~9层，煤层总厚度为3.11~8.59 m，平均厚度为6.45 m，全区可采及局部可采煤层4层，自上而下依次为M6号、M7号、M8号和M11号煤层。其中，M6号煤层局部可采，M7号煤层绝大部分可采，M8号煤层全区可采，M11号煤层大部分可采，总厚度为1.94~7.41 m。煤层倾角为5°~15°，属缓倾斜煤层。煤种均为无烟煤。

煤层瓦斯含量为15.08~26.4 m^3/t，瓦斯压力达到2.23~4.87 MPa。矿井瓦斯灾害严重，建矿以来共计发生煤与瓦斯突出64次，最大突出强度695 t，喷出瓦斯41000 m^3。

5.4.2.3　石门揭煤水力压裂卸压抽采

1. 试验地点概况

渝阳矿北三采区M7号、M8号煤层厚度分别为0.9 m、2.8 m，平均间距为5.9 m，为近距离煤层赋存，瓦斯含量分别为18.57 m^3/t、16.61 m^3/t，均为突出煤层，透气性系数仅为0.002486 $m^2/(MPa^2 \cdot d)$，属于较难抽采煤层。矿井将M7号煤层作上保护层开采，煤层埋深为700～900 m，M7号煤层揭煤预抽钻孔瓦斯浓度仅为10%左右，平均单孔抽采纯量为0.0016 m^3/min，抽采效果差，一般抽采达标时间需要8～12个月，如揭N3702中部一号、二号、三号中部上山时，均需停头再补打抽采钻孔，重新接抽，因此，抽采时间延长2～3个月，导致揭煤周期多达10个月以上。

2. 钻孔布置及施工情况

为增加煤层透气性，提高煤层抽采效果，在N3704东瓦斯巷对N3704中部二号上山揭煤期间，对M7号、M8号煤层实施高压水力压裂，M7号、M8号煤层各压裂1个孔。钻孔施工参数见表5－7，平面图、剖面图如图5－15所示。

表5－7　压裂钻孔施工参数及注水情况

施工地点	压裂孔数/个	方位/(°)	倾角/(°)	终孔深度/m	压裂煤层	压裂主要参数	
						主泵压力/MPa	注水量/m^3
N3704东瓦斯巷下	1	90	77	47	M8号	24.2～42.9	255.6
	1	90	79	55	M7号	32.4～49.5	296.4

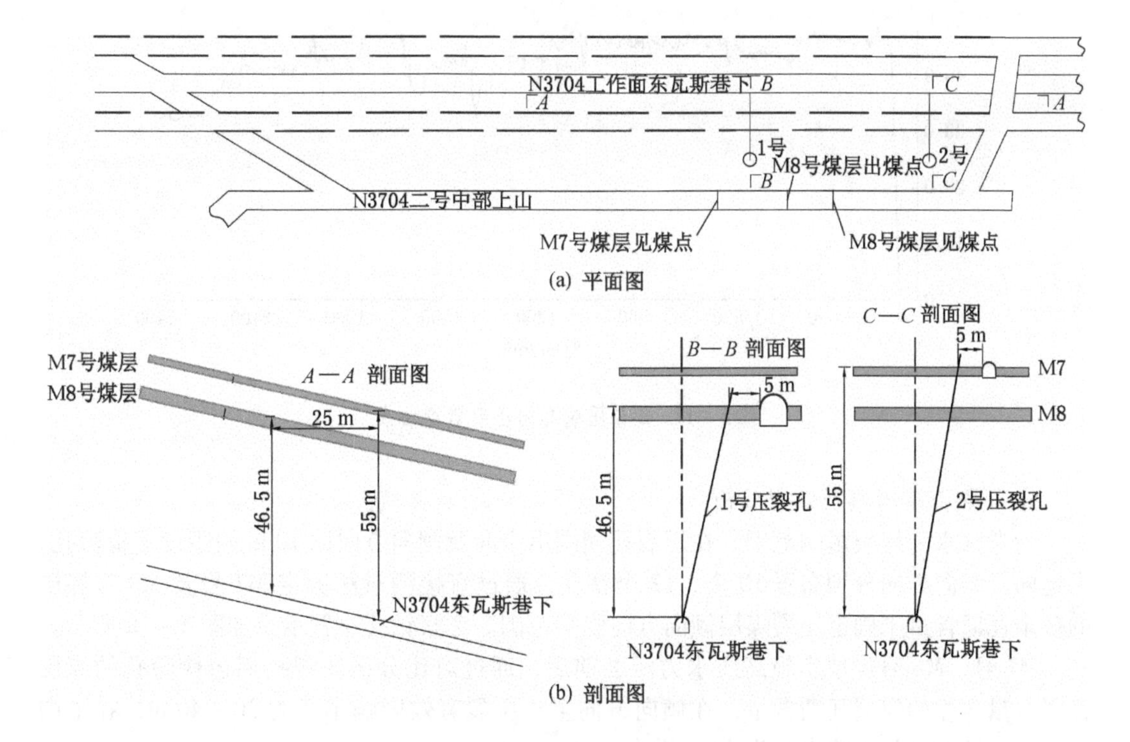

图5－15　M7号、M8号煤层水力压裂钻孔平面图、剖面图

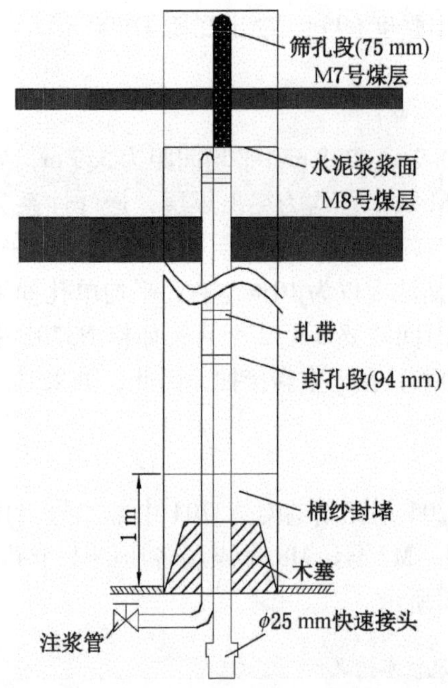

图 5-16　煤层水力压裂钻孔封孔示意图

3. 水力压裂钻孔封孔技术

渝阳矿根据井下条件，改进水力压裂孔封孔技术及工艺，实现了水力压裂—接抽一体化封孔工艺，钻孔封孔成功率为 100%。图 5-16 为封孔示意图。

孔内套管采用钢管加工，主要由孔底筛管（长度 2 m/根，壁厚 5.5 mm，1 根）、中间煤岩层段过渡管（长度 1.5 m/根，壁厚 5.5 mm，若干）、孔口加强管（长度 1.5 m/根，壁厚 8.5 mm，6 根，最后一根焊接 ϕ25 mm 快速接头）3 部分组成，套管采用螺纹连接。套管采用钻机送入孔内，注浆用 ϕ20 mm 聚乙烯管与套管采用扎带连接，同时送入孔底。采用聚乙烯管替代注浆钢管降低了劳动强度，提高了送管效率。

4. 压裂过程

在 N3704 东瓦斯巷实施水力压裂的过程中考察压力变化和实际注水量，在压裂孔孔口安装了压力传感器。2 号压裂孔的压裂监测曲线如图 5-17 所示。

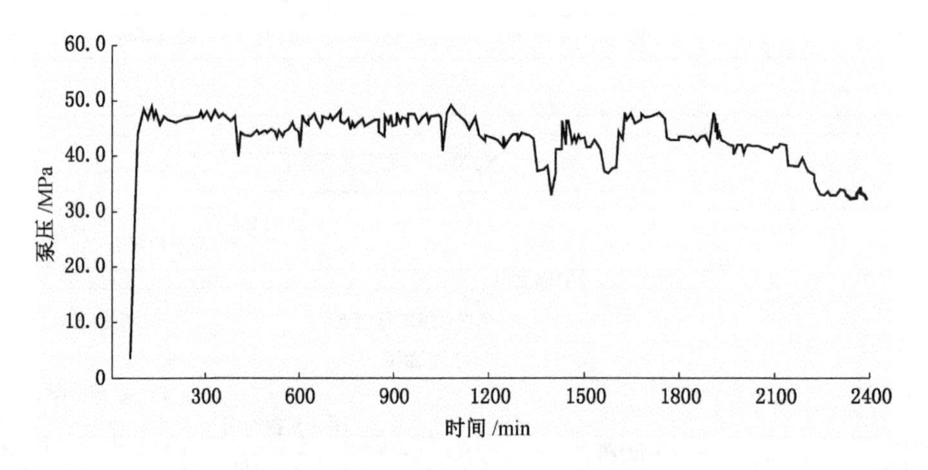

图 5-17　2 号压裂孔的压裂监测曲线

5. 压裂范围考察及效果分析

为考察水力压裂影响范围，在压裂孔周围沿走向及倾向方向以 10 m 间距设置检验孔，沿走向、倾向方向分别布置 10 个、12 个钻孔，通过直接测量法测定 M7 号及 M8 号煤层的残余瓦斯含量来确定压裂煤层倾向方向影响范围。考察钻孔布置示意如图 5-18 所示。

M7 号、M8 号煤层实施高压水力压裂前后，通过对比分析压裂孔周边检验孔的煤层瓦斯含量与原始煤层瓦斯含量，在倾向方向上，压裂有效影响半径为 30 ~ 40 m；在走向方向上，压裂有效影响半径为 40 m 左右。

5.4.2.4 瓦斯治理效果

水力压裂的 N3704 工作面与未压裂的 N3702 工作面的瓦斯抽采纯量及浓度随抽采时间的变化曲线如图 5-19 所示。通过对比分析可知，水力压裂的钻孔总抽采浓度为 54.1%，未进行水力压裂的钻孔总抽采浓度为 18.7%，瓦斯抽采浓度提高了 30%~40%；抽采 200 d 后，累计抽采瓦斯 28 万 m^3，比原来 6.22 万 m^3 增加了 3.5 倍，预抽率达 72%，抽采达标时间为 6 个月，时间缩短 5 个月以上；同时，揭煤钻孔由 373 个减少为 190 个，工程量减少 49%。

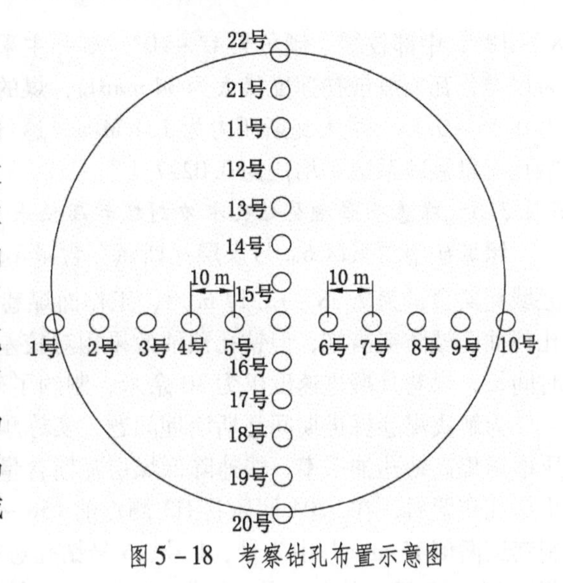

图 5-18 考察钻孔布置示意图

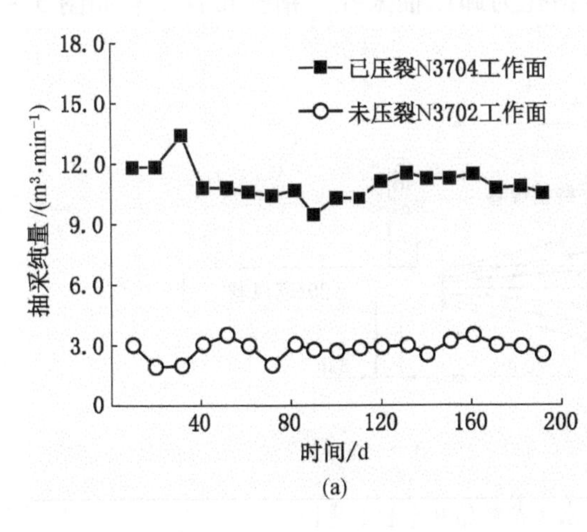

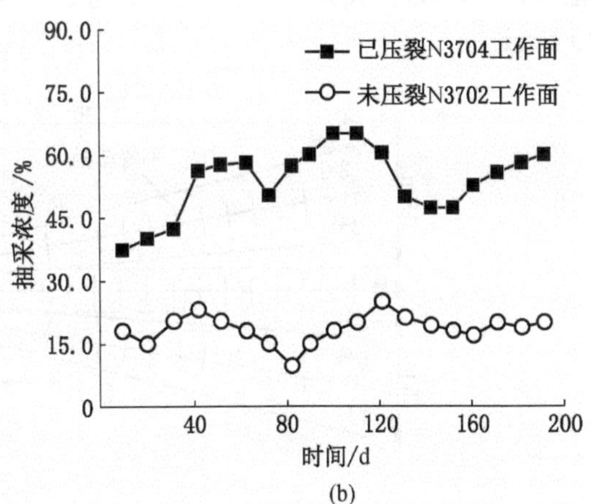

图 5-19 压裂钻孔与未压裂钻孔抽采纯量及浓度随时间的变化曲线对比

5.4.3 煤巷条带顺层钻孔水力割缝强化抽采应用实例

5.4.3.1 矿井概况

绿塘矿设计生产能力为 180 万 t/a，井田范围内可采煤层共 7 层，分别为 $6_中$ 号、$6_下$ 号、7 号、10 号、16 号、26 号、33 号煤层。矿井采用平硐—斜井开拓方式，矿井共布置 5 个井筒，分别为主平硐、副平硐、中央回风斜井、后坝进风斜井、后坝回风斜井，全井田划分为 2 个水平，8 个采区；水平标高分别为 +1730 m 和 +1630 m。采煤工作面采用走向长壁后退式采煤法、综合机械化落煤工艺、全部垮落法管理顶板。

5.4.3.2 矿井瓦斯地质

绿塘矿位于落脚河向斜西翼，维新背斜东南翼，整体呈一平缓单斜构造，区内北部有次一级褶曲。地层走向北东，倾向南东，地层倾角一般为 4°~18°，含煤地层中浅部地层倾角较陡，为 8°~18°，往深部倾角为 4°~10°。在平面上，南部和北部地层倾角一般为

8°~18°，中部较缓，倾角为4°~10°。矿井主采的$6_中$号煤层为突出煤层，最高破坏类型为Ⅳ类，瓦斯放散初速度最大为34 mmHg，煤的破坏类型为Ⅲ~Ⅳ类，软分层坚固性系数为0.46~0.55，最大瓦斯压力为1.1 MPa，透气性系数平均值为0.7663 $m^2/(MPa^2 \cdot d)$，钻孔流量衰减系数平均值为0.0277 d^{-1}。

5.4.3.3　煤巷条带顺层钻孔水力割缝卸压抽采

绿塘矿南二采区$6_中$号煤层瓦斯赋存含量不均，局部区域瓦斯含量较高。S204工作面区域瓦斯含量为7.78~13.17 m^3/t，工作面煤巷条带掘进采取顶板巷穿层钻孔及顺层长钻孔预抽区域防突措施，但钻孔预抽效果相对较差，瓦斯抽采量和浓度相对偏低，抽采达标时间长，煤巷月掘进速度仅为30余米，制约了矿井的采掘接替。

为解决煤巷掘进期间瓦斯治理问题，实施顺层钻孔超高压水力割缝增透技术，通过卸压增透提高钻孔抽采率，快速降低煤层瓦斯含量，实现煤巷快速掘进。首轮循环前后的密集钻孔布置后，在S204回风巷H3测点前158~218 m煤巷条带共设计7个顺层钻孔，控制巷道两侧15 m，其中2号、4号、6号钻孔进行水力割缝，每隔3 m割一刀，每个钻孔割缝12~13刀，其余1号、3号、5号、7号钻孔为卸压抽采孔。钻孔布置示意如图5-20所示。

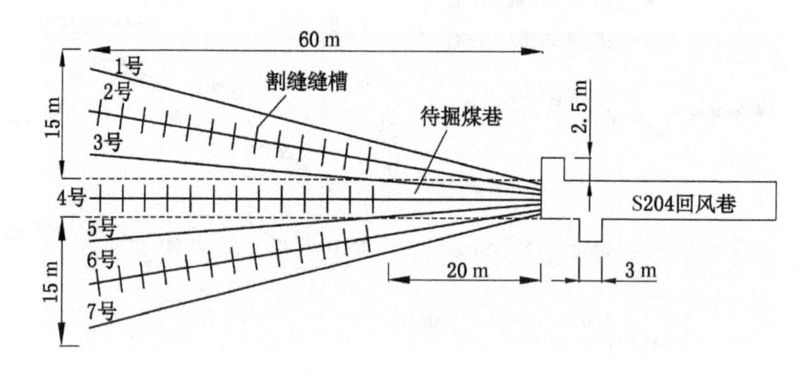

图5-20　顺层钻孔超高压水及割缝钻孔布置示意图

5.4.3.4　瓦斯治理效果

S204回风巷掘进期间实施顺层钻孔超高压水力割缝增透技术，采用顺层钻孔及顶板巷穿层钻孔预抽煤巷条带区域防突措施，对瓦斯抽采纯量、达标时间及工程量进行对比分析。

钻孔瓦斯抽采纯量：割缝前顺层钻孔单孔平均抽采纯量为0.013~0.018 m^3/min，割缝后为0.031~0.059 m^3/min，单孔瓦斯抽采纯量提高了2.4倍以上；割缝前顶板巷单孔抽采纯量为0.00036~0.00205 m^3/min，割缝后为0.026~0.058 m^3/min，顶板巷平均单孔抽采纯量提高了72倍以上。割缝前后顺层钻孔及顶板巷穿层钻孔抽采纯量曲线如图5-21、图5-22所示。

绿塘矿南二采区$6_中$号煤层煤巷掘进采用超高压水力割缝后取得了较好的效果。

1. 抽采达标时间缩短

割缝前，钻孔预抽时间为96 d，抽采达标时间为106 d；割缝后，钻孔预抽时间为10 d，抽采达标时间为13 d，抽采达标时间缩短了88%以上。

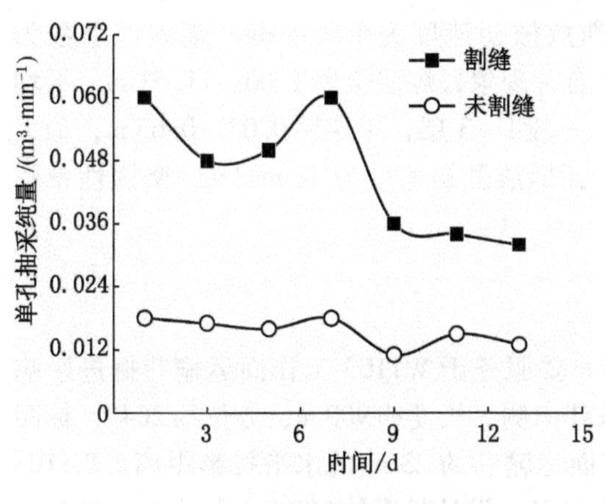

图 5-21　顺层钻孔单孔割缝前后抽采纯量对比

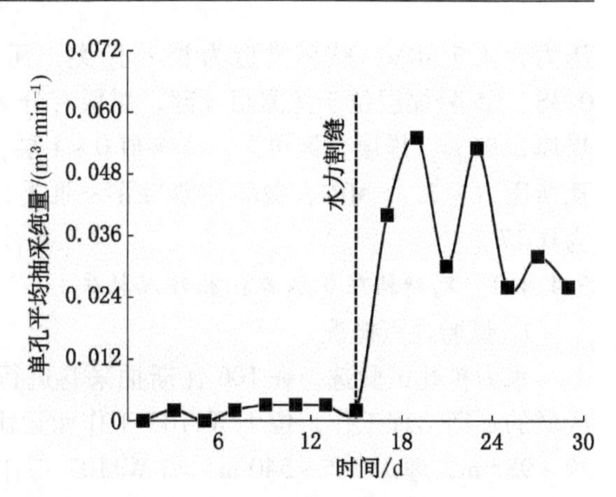

图 5-22　顶板巷穿层钻孔割缝前平均抽采纯量对比

2. 钻孔工程量减少，煤巷月进度提高两倍

在煤巷掘进过程中，割缝前需要施工 51 个顺层预抽孔、173 个顶板穿层钻孔；割缝后煤巷条带每 60 m 循环仅施工顺层预抽孔 7 个，每循环可减少钻孔工程量 11937 m。煤巷综合月进度提高两倍，达到 87.5 m。

3. 掘进安全性显著提高

采用水力割缝措施后，抽采 13 d 时煤层瓦斯含量由 12～13 m^3/t 降低至 7.3 m^3/t 左右，且掘进过程中工作面突出危险性预测无指标超限且回风流瓦斯无超限现象。

5.4.4　高压水力扩孔强化抽采应用实例

5.4.4.1　矿井概况

观音山矿设计生产能力为 2400 kt/a（一井为 1800 kt/a、二井为 600 kt/a），设计服务年限为 54.2 年。井田可采煤层为 C1 号、C5 号两层，其中 C5 号煤层为全区可采煤层，C1 号煤层为大部分可采煤层，均为突出煤层。矿井共划分为 4 个水平，即 +800 m、+500 m、+250 m、±0 m 水平，每个水平走向上各划分为 4 个采区，各采区走向长（双翼）在 3000～3200 m 之间。投产时，设计在西一一、西一二采区的 C5 号煤层中各布置一个综采工作面，以两区两面来保证矿井 1800 kt/a 的产量。根据井田煤层赋存及开采技术条件，设计采用走向长壁式采煤方法，后退式开采，全部陷落法管理顶板。C5 号煤层采用综采采煤工艺，C1 号煤层采用高档普采采煤工艺。

5.4.4.2　矿井瓦斯地质

矿区地貌属中山山地，山脉与地层走向一致呈东西向延展，中部地势高，向南北两侧降低；南侧为反向陡坡，多悬崖绝壁，地形切割强烈，沟谷纵横；北侧为顺向坡，地势相对平缓。一般海拔标高为 +1300～+1500 m，西部尖峰山最高达 +1697 m，最低侵蚀基准面位于井田中段东部南缘的麟凤河谷地，海拔高程为 +1090 m，相对高差达 607 m。井田含煤地层为上二叠统长兴组（P2c）与龙潭组（P2l），C1 号煤层位于长兴组（P2c）顶部，煤层全厚 0～2.3 m，平均厚 1.16 m。一般含夹矸 1～2 层，煤层结构简单，大部分可采。在 4 线以西煤厚普遍在 1.1 m 以上，相对较厚；在 4 线以东煤厚普遍在 1 m 以下，且在 4、67 线之间出现不可采区，煤层厚度有向深部总体变薄的趋势。C1 号煤层最大瓦斯压力为 1.7 MPa，破坏类型为Ⅲ～Ⅳ类，瓦斯放散初速度为 19 mmHg，坚固性系数为 0.38。C5 号煤层位于龙潭组顶部，煤层有分叉合并现象，煤层全厚 1.00～11.51 m，平均煤厚 2.96 m，煤层全区可采。含夹矸 0～4 层，一般 1～3 层，单层厚 0.03～0.65 m，最大瓦斯压力为 2.25 MPa，破坏类型为Ⅱ～Ⅲ类，瓦斯放散初速度为 38 mmHg，坚固性系数为 0.17。

5.4.4.3　瓦斯抽采巷水力扩孔卸压抽采

1. 试验地点概况

水力扩孔试验选择在 106 瓦斯抽采巷进行，要服务于 W1103 工作面运输巷掘进影响区域的瓦斯治理工作，位于 W1103 工作面运输巷南侧，长度约 900 m，方位约 264°，标高约 +985 m，埋深 365～540 m，与 W1103 工作面运输巷约 23 m 的水平投影距离。W1103 工作面运输巷位于 W1101 工作面北侧，方位约 264°，设计长度约 900 m，标高约 +995 m，埋深 355～530 m，仅完成了石门揭煤工作，尚未开始掘进。

2. 钻孔设计方案

巷道控制范围内煤层厚度为 1～7 m，平均厚度约为 4.6 m，煤层倾角约为 35°。扩孔区域钻孔布置 5 列、每列 6 孔，终孔间距为 7 m，孔径为 113 mm。钻孔施工过程中，考察扩孔、埋管、封孔、连抽等工艺及参数。未扩孔区域钻孔布置 3 列、每列 6 孔，终孔间距为 7 m，孔径为 113 mm。钻孔布置平面如图 5－23 所示。

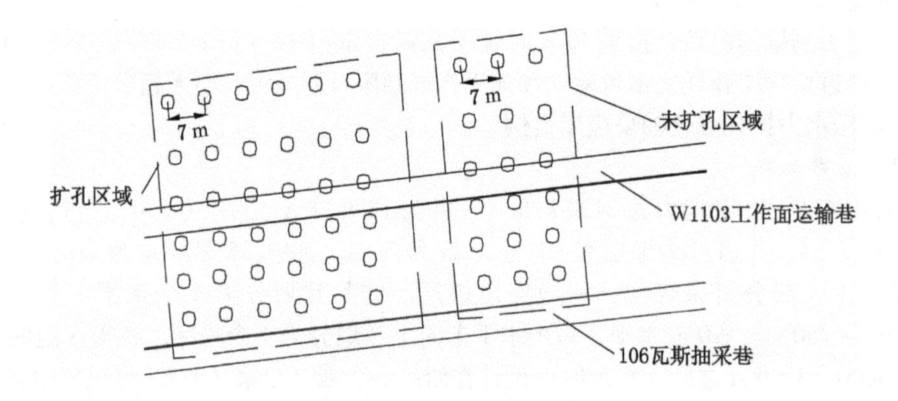

图 5－23　钻孔布置平面图

5.4.4.4　瓦斯治理效果

煤巷采用高压水力扩孔后取得了较好的效果。

（1）扩孔钻孔单孔出煤量为 1.82～6.72 t，平均每米出煤量为 0.45～1.48 t。

（2）扩孔后将在煤体中形成大直径孔洞，按标准圆柱体估算，扩孔后孔径为 0.62～1.12 m，平均为 0.82 m。

（3）普通钻孔瓦斯抽采量为 0.00788～0.01532 m^3/min；扩孔后瓦斯抽采量为 0.03207～0.19507 m^3/min，扩孔工艺对于普通钻孔瓦斯抽采能力提高 2.1～24.8 倍。

（4）扩孔工艺能有效提高煤体透气性，延长煤体高效抽采期，普通钻孔抽采 40～50 d后，单孔浓度普遍出现明显的下降趋势，扩孔钻孔在抽采 60 d 后，未出现明显的下降趋势。

（5）扩孔工艺能有效提高单孔抽采浓度，尤其在含水层、煤体破碎等异常区域，普通钻孔平均单孔浓度低于10%时，扩孔钻孔平均单孔浓度能达到50%以上，混合流量为普通钻孔的1.4~2.8倍。

（6）扩孔工艺能有效提高抽采纯量及抽采效率，扩孔钻孔控制区域瓦斯含量降低幅度远大于普通钻孔控制区域，抽采50 d后，扩孔钻孔控制区域瓦斯含量比普通钻孔控制区域瓦斯含量低2.93 m^3/t。

6 特厚煤层开采瓦斯治理技术

放顶煤开采、分层开采是我国目前特厚煤层（厚度大于或等于 8 m）开采应用最为广泛的工艺，具有高产、高效等特点。特厚煤层瓦斯地质存在差异，开采方式不同，工作面瓦斯涌出规律及涌出形式不尽相同。虽然开采煤层瓦斯含量低，但因工作面产能高，其绝对瓦斯涌出量特别高；工作面瓦斯涌出量大及上隅角瓦斯易超限是特厚煤层开采所面临的主要难题，同时需要考虑瓦斯与煤尘、火或其他有毒有害气体协调治理，矿井瓦斯治理技术具有鲜明的特色与示范意义。

特厚煤层工作面瓦斯综合治理方式以抽采为主、风排为辅，抽采方式具体包括采前预抽、开采过程中边采边抽、邻近层卸压瓦斯抽采、采空区瓦斯抽采等。

塔山矿、白芨沟矿及乌东矿的特厚煤层瓦斯治理分别取得了显著效果，本章重点介绍了塔山矿近水平低瓦斯含量特厚煤层综放高强度开采、白芨沟矿高瓦斯含量特厚煤层分层开采、乌东矿急倾斜特厚煤层分段大采放比综放开采的瓦斯治理技术。

6.1 概况

6.1.1 特厚煤层分布情况

在我国煤炭储量和产量中，厚煤层（厚度大于或等于 3.5 m）的产能和储量占比均为 45% 左右。厚煤层是我国高产高效开采的主力煤层，具有资源储量优势。特厚煤层主要分布在东北、蒙东、晋陕蒙（西）宁、西南、北疆等区域，其中北疆地区的特厚煤层储量占总储量的 70% 以上。

东北区特厚煤层常出现于白垩世含煤地层和古近纪煤层，其中白垩世的元宝山组、奶子山组含煤地层最大厚度超过 100 m，古近纪含煤地层最大厚度达到 54 m，主要分布在抚顺矿区，煤层厚度一般在 8 m 以上。蒙东区特厚煤层一般位于白垩纪、古近纪和新近纪，主要分布在扎赉诺尔、伊敏河、宝日希勒、大雁、霍林河、白音华、平庄、胜利等矿区。晋陕蒙（西）宁区特厚煤层一般位于晋北、晋中、晋东、宁东区域。西南区特厚煤层一般位于古近纪、新近纪，主要分布在小龙潭、昭通矿区。北疆区一般为厚—特厚煤层，主要分布在乌鲁木齐、哈密、艾维尔等矿区。

6.1.2 特厚煤层开采方法

20 世纪 80 年代以前，我国特厚煤层开采主要采用分层开采。1982 年，引进了综采放顶煤开采技术，由于其工作面生产能力大、巷道掘进率低，目前已成为特厚煤层开采的主要采煤方法；部分矿区因开采条件限制、煤层价值高、减少煤炭资源损失等原因，仍采用分层开采。

我国特厚（厚）煤层多为近水平、缓倾斜煤层，分布比较广泛，兖州、潞安、阳泉、大雁、枣庄、开滦、淮南新集、大同、黄陵、平朔、乌海、神东等矿区，大同塔山矿、平朔井工一矿等应用放顶煤开采方法实现了单工作面年产 1000 万 t 以上；鹤壁、兖州、大同、鹤岗、银川、宝鸡等矿区采用预采顶分层综放开采，石炭井矿区采用倾斜分层放顶煤开采特厚煤层；我国急倾斜煤层中，赋存有大量厚度在 10 m 以上的特厚煤层，窑街、乌鲁木齐等矿区采用水平分段放顶煤技术，其中乌鲁木齐矿区的乌东矿生产能力达到600 万 t/a。

6.1.3 特厚煤层开采瓦斯治理概述

6.1.3.1 *瓦斯涌出规律*

1. 特厚煤层综放开采

特厚煤层开采矿井多为国有重点煤矿，其中高瓦斯矿井较多，低瓦斯矿井、突出矿井相对较少，且突出矿井的煤层突出危险性一般较小。综放工作面瓦斯涌出有如下特点：

（1）综放工作面产能普遍较大，绝对瓦斯涌出量高。

（2）邻近层瓦斯涌出量增大。由于综放工作面采厚大，工作面冒落带和裂隙带的高度扩大，可影响的上下邻近层范围增加，加剧了邻近层的瓦斯卸压排放程度。

（3）局部瓦斯积聚加剧。瓦斯局部积聚区域增多，瓦斯积聚程度加剧。综放工作面除存在与一般回采工作面相同的上隅角瓦斯积聚外，放煤口和架顶 2 个区域也存在瓦斯局部积聚。

（4）采空区瓦斯涌出量增大。采空区遗煤增加，使得采空区瓦斯涌出量显著增大。

（5）瓦斯涌出不均衡。综放工作面采场瓦斯涌出在时空上是不均衡的，瓦斯涌出不均衡系数一般为 1.3 ~ 1.8，有时可超过 2。

如果不考虑开采强度的影响，综放工作面瓦斯涌出量大小只取决于煤层开采条件及开采方式。开采条件主要包括开采层煤厚、开采层瓦斯含量、是否有邻近煤层，以及邻近煤层厚度、瓦斯含量与开采层距离等；开采方式可分为一次采全厚和分层综放开采。我国现有综放工作面煤层开采条件有 3 种类型。

Ⅰ类：开采层瓦斯含量较小（包括原始瓦斯含量虽然较大，但经过瓦斯预抽或分层开采上分层等措施使煤层瓦斯含量显著降低的情况），无邻近层瓦斯涌入（包括邻近层瓦斯含量虽然很大，但由于上部煤层开采已充分卸压排放的情况），一次采全厚。

Ⅱ类：开采层瓦斯含量较大，无邻近层瓦斯涌入，特厚煤层分层综放开采。

Ⅲ类：开采层瓦斯含量很小（包括原始瓦斯含量虽然较大，但经过诸如瓦斯预抽或分层开采上分层措施使煤层瓦斯含量显著降低的情况），邻近层较多且瓦斯含量较高，一次采全厚。

上述第Ⅰ类开采条件的综放工作面瓦斯涌出量较小，一般情况下可通过加大风量防止工作面回风流瓦斯浓度超限。第Ⅱ、Ⅲ类开采条件下的综放工作面瓦斯涌出量较大，加大风量无法解决工作面瓦斯超限的难题，必须采取瓦斯抽采等专门防治措施。需要指出的是，近年来特厚煤层开采单面产能增加，综放工作面日产量超过 20000 t，即使开采煤层瓦斯含量很小，工作面瓦斯涌出量也非常大，具有“低瓦斯赋存，高瓦斯涌出”的特点。例如塔山矿 5（3 - 5）号煤层实测原始瓦斯含量为 1.548 ~ 3.232 m^3/t，平均含量为 2.39 m^3/t，工作面日产量为 20000 ~ 30000 t，绝对瓦斯涌出量仍可达 40 ~ 50 m^3/min，甚至更高。

2. 特厚煤层分层开采

特厚煤层首分层工作面瓦斯主要来源于受采动影响的下分层卸压瓦斯，其工作面绝对瓦斯涌出量通常是下分层的数倍。在瓦斯赋存相同的情况下，煤层越厚首采层瓦斯涌出越大。例如白芨沟矿 010202 区段开采二$_1$ 号煤层，平均厚度为 17.6 m，平均瓦斯含量为 21.77 m^3/t，分6个分层开采，每个分层采高为3 m；预抽后工作面瓦斯含量由 21.77 m^3/t 降至6.57 m^3/t，首分层回采时绝对瓦斯涌出量仍达到 100.8 m^3/min。其余分层开采时，由于首采层开采后大部分瓦斯被卸压抽采，瓦斯涌出量相对较小。

6.1.3.2　瓦斯治理技术

1. 增加工作面通风能力

为增加综放工作面通风能力，主要采用改进通风方式。例如立体 W 型通风方式，即在工作面中部沿顶板开一条回风巷道，工作面形成“两进一回”或“一进两回”的通风方式，增大工作面的通风能力，由于回风巷道位于靠近顶板位置，可以利用该巷施工钻孔抽采开采层、邻近层或采空区瓦斯，实现“一巷多用”。

增加工作面通风能力仅能作为解决工作面瓦斯的辅助手段。特别是2016 年修订《煤矿安全规程》以后，删除专用排瓦斯巷规定，强化抽采在瓦斯治理中的作用，倒逼企业落实瓦斯先抽后采要求，实现抽采达标、抽掘采平衡，以有效防范和遏制煤矿重特大瓦斯事故的发生。

2. 瓦斯抽采技术

《煤矿安全规程》第一百一十五条规定采用放顶煤开采时，高瓦斯、突出矿井的容易自燃煤层，应当采取以预抽方式为主的综合抽采瓦斯措施和综合防灭火措施，保证本煤层瓦斯含量不大于6 m^3/t。《煤矿瓦斯抽采达标暂行规定》第二十七条规定预抽煤层瓦斯，对瓦斯涌出量主要来自于开采层的采煤工作面还应同时满足可解吸指标要求，如工作面日产量超过 10000 t，可解吸瓦斯应小于4 m^3/t。

特厚煤层瓦斯治理主要采用以抽采为主、风排为辅的瓦斯综合治理措施。低、高瓦斯矿井主要通过地面垂直井、井下顺层及穿层钻孔进行采前预抽，开采过程中对于卸压瓦斯及采空区瓦斯抽采，主要有地面垂直井及 L 型井、顶板高抽巷、上隅角埋管抽采等方法。突出矿井采用保护层结合卸压瓦斯抽采或穿层钻孔预抽，待煤层消除突出危险、预抽达标后实现安全开采。

总体来说，特厚煤层开采前应尽可能降低煤层瓦斯含量，开采过程中利用预抽钻孔进行边采边抽、邻近层卸压瓦斯抽采、采空区瓦斯抽采等综合瓦斯抽采方法，保障工作面安全高效开采。

6.2　低瓦斯含量特厚煤层综放高强度开采瓦斯治理技术

6.2.1　塔山矿瓦斯地质概况

6.2.1.1　矿井概况

同煤大唐塔山煤矿有限公司（以下简称塔山矿）是“十一五”期间山西大同煤矿集团公司建设的第一个千万吨级矿井。井田东西长 24.3 km，南北宽 11.7 km，面积约 170.91 km^2。矿井地质储量为50.7 亿 t，可采储量为31.63 亿 t，服务年限为140 年。塔山矿设计生产能力为1500 万 t/a，可采煤层为山4 号、2 号、5（3 –5）号、8 号煤层。目前主采的石炭—二叠系5（3 –5）号煤层平均煤厚15 m，最厚达20 m以上，采用大采高综放一次采全高开采方法。

矿井开拓方式为平硐立井联合开拓，大巷水平为 +1070 m 水平。全矿共有 9 个井筒“六进三回”，分别为主平硐、副平硐、一盘区进风立井、一盘区回风立井、二盘区进风立井、二盘区回风立井、三盘区进风立井、三盘区回风立井、三盘区辅助运输平硐，其中 3 个回风井分别担负 3 个盘区的通风任务，各盘区实现分区通风。矿井每个盘区均布置辅运巷、皮运巷、回风巷 3 条大巷，其中辅运巷和皮运巷为进风大巷，一条专用回风巷。

矿井通风系统、瓦斯抽采系统及防灭火系统能力强，能满足安全高效生产要求，地面建有采空区抽采及井下管路瓦斯抽采系统、防灭火束管自然发火监测、注浆及注氮系统。塔山矿综放工作面开采强度大，瓦斯涌出量大，同时还伴随煤尘、火、顶板及水害等灾害，治理难度增加。

6.2.1.2　井田瓦斯地质

塔山井田位于大同煤田中东缘地段，总体为一走向北偏东 10°~50°、倾向北西的单斜构造，局部发育规模较小的背向斜构造。井田地层由老至新依次为：奥陶系下统冶里组，石炭系中统本溪组，二叠系下统山西组和下石盒子组，二叠系上统上石盒子组，侏罗系下统永定庄组和侏罗系中统大同组、云岗组，白垩系下统左云组，第四系中上更新统全新统。含煤地层为石炭系上统太原组和二叠系下统山西组，共含煤 15 层。其中，山西组含煤 5 层，仅山 4 号煤层可采；太原组含煤 10 层，其中 2 号、3 号、5（3-5）号、8 号煤层为可采煤层，5（3-5）号、8 号煤层为主要可采煤层，其余煤层不稳定，仅零星赋存，个别区域可采。矿井各可采煤层赋存特征见表 6-1。

表 6-1　矿井各可采煤层赋存特征

<table>
<tr><th rowspan="2">含煤地层</th><th rowspan="2">煤层名称</th><th rowspan="2">煤层平均厚度/m</th><th rowspan="2">平均层间距/m</th><th colspan="2">顶底板岩性</th><th rowspan="2">煤层结构（煤分层数）/层</th><th rowspan="2">赋存范围</th></tr>
<tr><th>顶板</th><th>底板</th></tr>
<tr><td>山西组</td><td>山4号</td><td>3.85</td><td rowspan="2">20.3</td><td>—</td><td>高岭质泥岩、粉砂岩</td><td>1~6</td><td>全区大部</td></tr>
<tr><td rowspan="4">太原组</td><td>2号</td><td>3.96</td><td colspan="2">高岭质泥岩、砂质泥岩、粉砂岩</td><td>2~6</td><td rowspan="2">中西部</td></tr>
<tr><td>3号</td><td>5.40</td><td>3.21
2.05</td><td rowspan="2">炭质泥岩、高岭质泥岩、粉砂岩</td><td>高岭质泥岩、粉砂岩</td><td>1~5</td></tr>
<tr><td>5(3-5)号</td><td>15.72</td><td rowspan="2">34.82</td><td>高岭质泥岩、碎屑高岭岩、粉砂岩</td><td>6~35</td><td rowspan="2">全区</td></tr>
<tr><td>8号</td><td>8</td><td>砂质泥岩、粉砂岩</td><td>高岭质泥岩、高岭岩、粉砂岩</td><td>1~5</td></tr>
</table>

特厚煤层 5（3-5）号煤层以气煤为主，1/3 焦煤次之，局部有 1/2 中黏煤、弱黏煤、长焰煤和不黏煤。该煤层位于 3 号煤层之下，埋深为 360~560 m，煤层厚度为 1.63~29.41 m，平均厚度为 15.72 m，含 6~35 层夹矸，结构复杂，为全区可采的较稳定煤层。

塔山井田处于瓦斯风化带之内，按瓦斯分带属于氮气-甲烷带。矿井 5（3-5）号煤层实测原始瓦斯含量为 1.548~3.232 m^3/t，平均瓦斯含量为 2.39 m^3/t，残存瓦斯含量为 1.17 m^3/t；瓦斯压力为 0.09~0.245 MPa，煤层透气性系数为 171.71~428.80 $m^2/(MPa^2 \cdot d)$。主采煤层易自燃，最短发火期 28 d。

3 号~5 号煤层与侏罗系煤层间距约为 200 m（上部侏罗系煤层大部分已采）；与上覆

2 号煤层间距为 3 ~ 8 m，平均间距为 5. 26 m；与下伏 8 号煤层间距为 20. 35 ~ 46. 46 m，平均间距为 34. 82 m。

矿井为高瓦斯矿井，2009—2018 年绝对瓦斯涌出量为 41. 4 ~ 112. 82 m^3/min，相对瓦斯涌出量为 1. 19 ~ 3. 12 m^3/t。矿井掘进工作面绝对瓦斯涌出量一般为 0. 5 ~ 1. 0 m^3/min，特厚煤层综放工作面绝对瓦斯涌出量为 25 ~ 40 m^3/min；瓦斯异常涌出期间，工作面绝对瓦斯涌出量可以达到 40 ~ 50 m^3/min，甚至更高。塔山矿特厚煤层 5(3 – 5) 号煤层综放工作面瓦斯涌出具有“低瓦斯赋存，高瓦斯涌出，瓦斯瞬间集中释放”的特点，主要原因如下：

（1）特厚煤层高强度综放开采工艺瞬间落煤量大造成瓦斯瞬间大量涌出，瓦斯涌出不均衡系数大。

（2）邻近层卸压瓦斯通过采空区涌入开采层工作面。

（3）煤层破碎区域及地质构造带区域瓦斯含量较大，造成瓦斯异常涌出。

（4）煤层开采后，坚硬难垮顶板大面积悬露在采空区而不垮落，一旦垮落，一次垮落的面积大，瓦斯集中释放，易造成工作面瓦斯异常涌出。

（5）周期来压期间，采空区顶板瞬间垮落造成采空区瓦斯集中涌出。

此外，瓦斯涌出的不均衡还体现在局部区域赋存的相对高瓦斯区，主要体现为断层群区域动力破碎煤体富含瓦斯，火成岩侵入区域上覆煌斑岩的致密性导致瓦斯无法放散，汇集至下部硅化煤区域。

6. 2. 2 矿井瓦斯综合治理技术

矿井特厚煤层综放工作面高强度开采回风流及上隅角瓦斯浓度超过 90% 的瓦斯来源于工作面顶煤卸压解吸的游离瓦斯及采空区瓦斯（包括采空区周边煤柱、遗留煤及邻近层卸压的瓦斯涌入），控制采空区瓦斯向工作面大量涌出是瓦斯治理的关键。因此，通风排放瓦斯是基础，采空区瓦斯抽采是关键。

矿井实行分区通风，对进风角联风量加强监控，确保通风系统稳定；矿井通风能力富余，综放工作面配风量为 2500 ~ 4000 m^3/min。针对主采特厚 5(3 – 5) 号煤层综放工作面区域瓦斯地质、煤系地层赋存及其瓦斯分源涌出预测情况，采取地面垂直钻井、地面 L 型井、顶板高抽巷、综放工作面上隅角埋管及边采边抽等综合抽采方法抽采采空区瓦斯，解决“低瓦斯赋存、高瓦斯涌出、高强度开采瓦斯瞬间集中释放”特点下的综放工作面瓦斯涌出问题，同时控制和改变综放工作面上隅角流场，防止瓦斯超限及煤层自然发火。

矿井瓦斯抽采采用“大流量、低负压”抽采系统，配套大直径瓦斯抽采通道（管道、钻井、巷道）。抽采泵型号包括：2BEC62、2BEC87、2BEC80、2BEC120 型水环真空泵；抽采通道包括：顶板高抽巷（断面规格为 4 m × 3. 1 m）、DN600 mm 管路、DN900 mm 管路、DN300 mm 管路、ϕ311 mm 地面钻井等。总体呈现抽采瓦斯浓度低（0 ~ 2. 5%）、低负压（管道负压为 20 ~ 30 kPa）、大流量（单个综放工作面抽排流量最大可达 1600 ~ 1800 m^3/min）的特点。

6. 2. 2. 1 地面钻井抽采采空区瓦斯技术

根据地面钻井井型的不同，塔山矿地面钻井抽采采空区瓦斯技术主要包括地面垂直钻井和地面 L 型井抽采。

1. 技术原理

由于受煤层采动影响，采空区上覆岩层中的断裂带内产生大量离层裂隙，进一步增大了煤层的透气性，为煤层释放瓦斯提供了流动通道。通过在采煤工作面回风侧施工地面钻井，一方面预抽工作面前方煤体瓦斯，降低煤层瓦斯含量；另一方面钻井进入采空区后，将积聚在采空区的瓦斯抽采至地面，避免采空区大量瓦斯涌向工作面，最终达到治理工作面瓦斯的目的。地面垂直钻井抽采采空区瓦斯原理如图 6 - 1 所示。

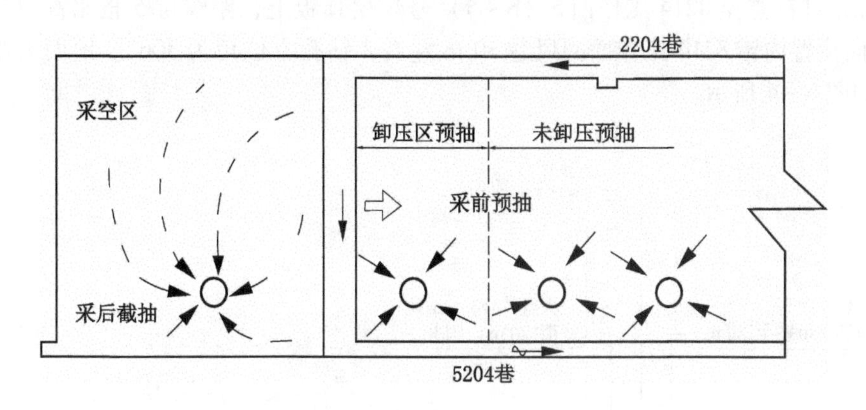

图 6 - 1　地面垂直钻井抽采采空区瓦斯原理图

2. 布置参数

1）地面垂直钻井抽采采空区瓦斯

（1）钻井布置。

塔山矿 5204 工作面采用地面垂直钻孔抽采瓦斯，沿工作面走向 320 m 范围内布置 7 个垂直钻井，孔间距平均为 50 m，内错 5204 巷 15 ~ 30 m，1 号钻孔距工作面开切眼 32 m，地面钻井布置示意如图 6 - 2 所示。

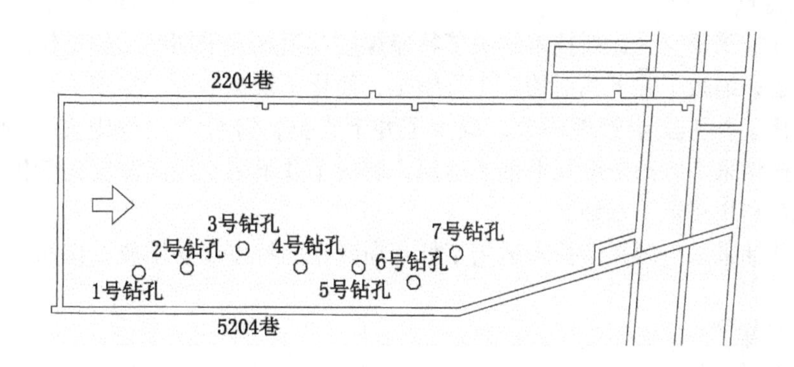

图 6 - 2　地面钻井布置示意图

（2）技术参数。

钻井超前工作面 15 ~ 20 m 预抽，滞后工作面 80 ~ 120 m 停止抽采。钻井终孔进入煤层 3 ~ 5 m，距煤层底板 10 m，0 ~ 120 m 段钻井孔径 425 mm，下 ϕ355 mm 套管；120 m 至终孔点段孔径 311 mm，裸孔。地面垂直钻井井身结构示意如图 6 - 3 所示。

2）地面L型钻井抽采采空区瓦斯

塔山矿8214工作面采用地面L型钻井抽采采空区瓦斯，开孔位置位于邻近的8216工作面，终孔位置位于工作面采空区裂隙带层位，用于抽采采空区上方裂隙带的高浓度瓦斯。

钻井直径段深度为118 m，由直井段落点向靶域方向（8214工作面内）造斜施工一弧形孔，弧形孔落点至8214工作面5（3－5）号煤层顶板上，距煤层5倍采高（＋1113.8 m），平面位置内错8214工作面回风巷30 m左右，钻孔方位角为306°。地面L型钻井布置示意如图6－4所示。

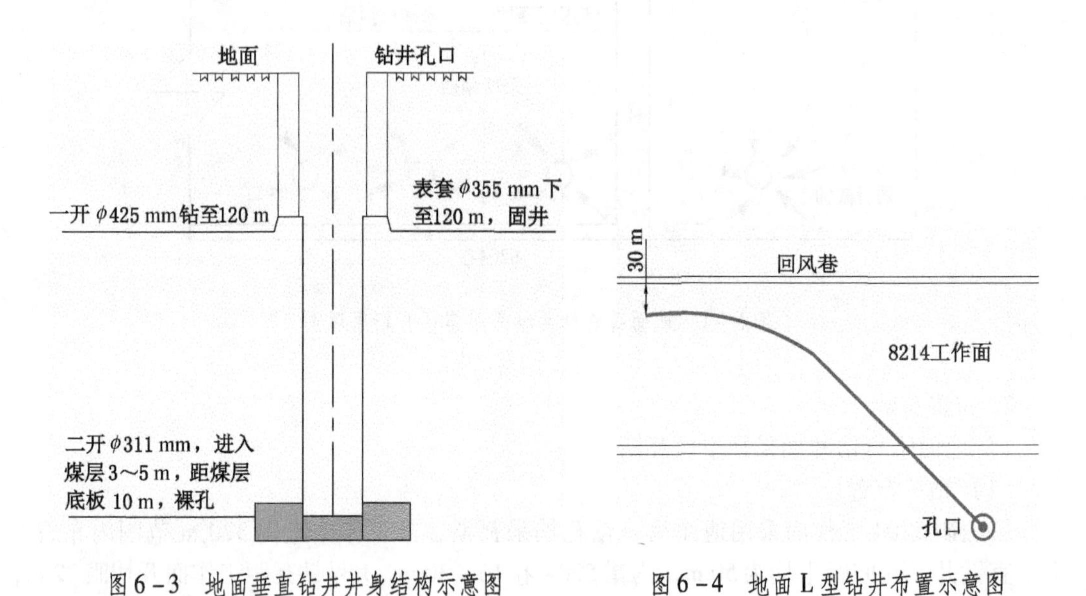

图6－3　地面垂直钻井井身结构示意图　　图6－4　地面L型钻井布置示意图

3. 技术特点

地面钻井抽采采空区瓦斯技术解决了特厚煤层放顶煤开采期间综放工作面瓦斯瞬间集中涌出的问题；缩减了井下瓦斯治理工程施工，简化了采掘接替，实现了井下抽采工程井上施工，简化了井下安全管理环节，减少了井下人员，符合“人少则安”的安全理念。同时可以直接将采空区高浓度瓦斯抽至地面，解决了井下采空区高浓度瓦斯积聚问题，为矿井瓦斯综合利用奠定了基础。

地面钻井抽采采空区瓦斯技术适用于低瓦斯赋存的特厚煤层综放工作面上覆无采空区的条件。

4. 应用效果

塔山矿先后在8204、8201、8101、8203等工作面实施了地面钻井抽采采空区瓦斯技术，有效降低了各监测点的瓦斯浓度，采煤工作面上隅角、后溜尾瓦斯浓度控制在0.3%左右，工作面回风流瓦斯浓度控制在0.25%左右。地面钻井抽出的瓦斯浓度最高达28.69%，单井瓦斯抽采量为20 m^3/min左右；正常回采期间，地面钻井抽采系统抽出瓦斯量占工作面绝对瓦斯涌出总量的40%～70%，工作面采空区内瓦斯浓度降低至3%以下，极大地降低了采空区瓦斯积聚隐患。

6.2.2.2 顶板高抽巷机械式封闭抽采采空区瓦斯技术

1. 技术原理

采用顶板高抽巷机械式封闭抽采的方法，对采空区实施大流量、低负压抽采，截流抽采由采空区涌向工作面的瓦斯。在负压的作用下顶板高抽巷将采空区漏风流携带的瓦斯抽出，并能够有效拦截邻近层涌入采空区内的瓦斯，同时可有效消除上隅角位置处涡流问题，最终达到治理工作面瓦斯的目的。利用负压流场，截留工作面采空区漏风带瓦斯，实现对工作面上隅角及回风流瓦斯浓度的控制。具体情况如图6-5、图6-6所示。

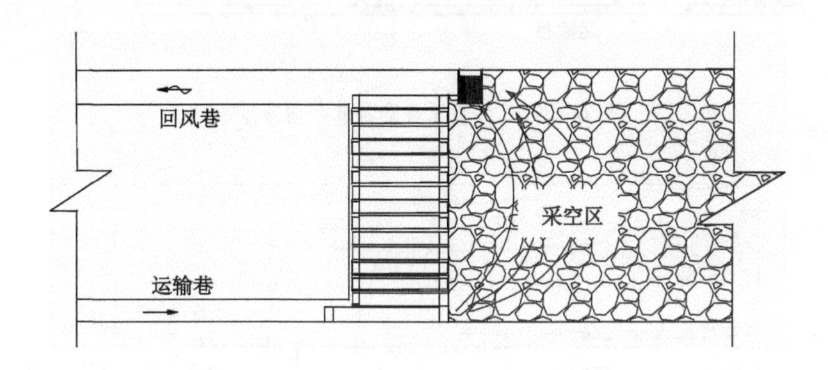

图6-5 综放工作面U型通风采空区流场分布

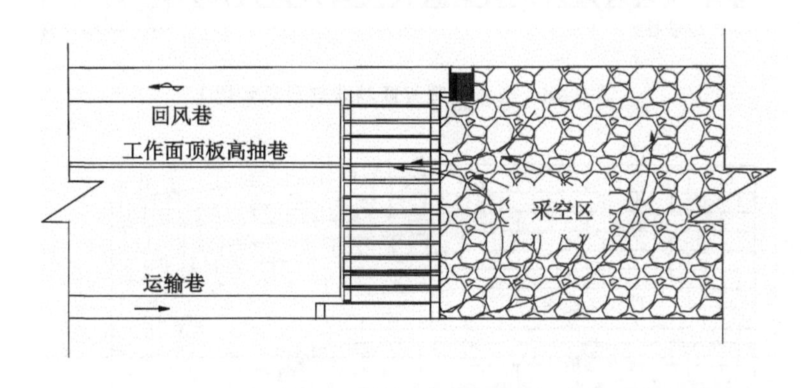

图6-6 综放工作面U+I型通风采空区流场分布

2. 布置参数

综放工作面采用“一面三巷”布置，即运输巷、回风巷和顶板高抽巷，其中运输巷和回风巷均沿特厚煤层底板掘进，高抽巷布置在煤层顶板，垂直方向与煤层顶板法距为20 m，水平方向与工作面回风巷内错20 m（图6-7至图6-9）。此位置既能保证采空区及周边破裂煤体释放的瓦斯容易进入高抽巷，又能保证高抽巷对工作面后溜尾及上隅角瓦斯浓度的控制能力。

3. 技术特点

顶板高抽巷瓦斯抽采量大，能有效降低放顶煤高强度开采瓦斯涌出，预防采煤工作面上隅角瓦斯超限问题；但顶板高抽巷内瓦斯浓度不易控制，经常超过2.5%，甚至达到

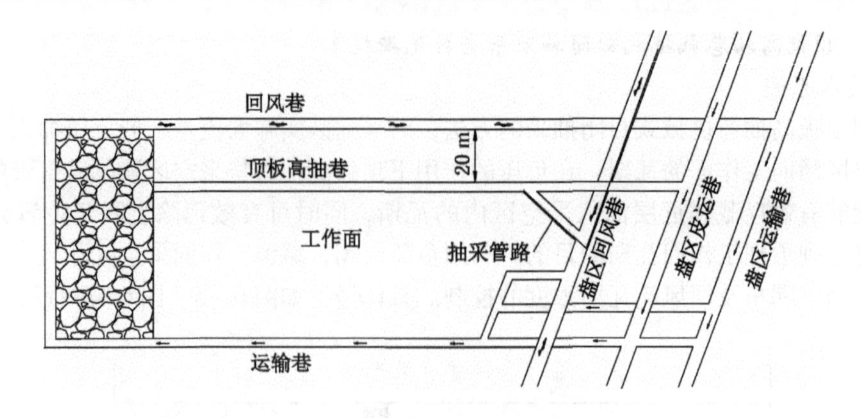

图 6-7　工作面顶板高抽巷平面布置图

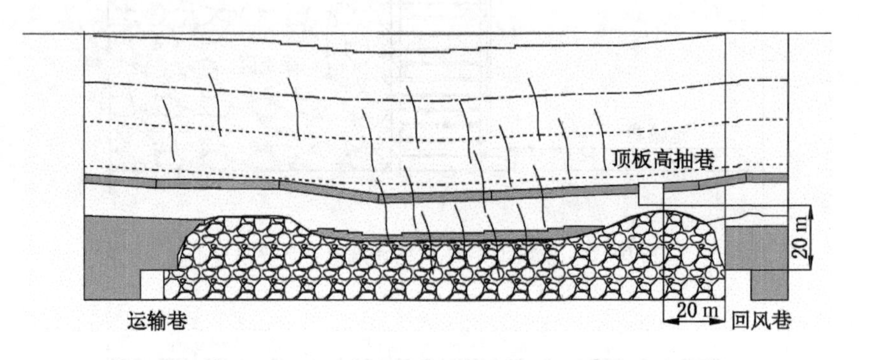

图 6-8　工作面顶板高抽巷剖面示意图 1

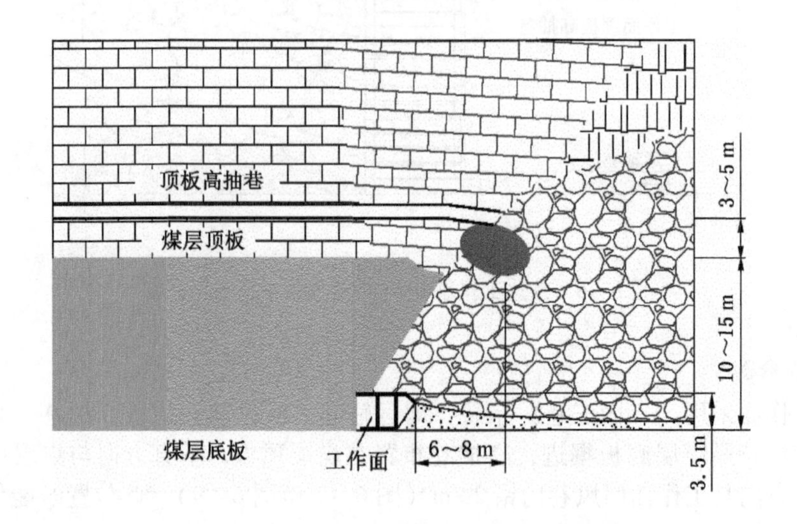

图 6-9　工作面顶板高抽巷剖面示意图 2

3.5% 以上，最高时达到 5%，且顶板高抽巷与采空区贯通附近瓦斯浓度不易控制，有产生瓦斯爆炸的隐患，要求顶板高抽巷密闭外端附近抽采管路系统必须安设隔抑爆安全设施。随着井下定向大直径长钻孔施工技术装备的发展，施工顶板定向大直径长钻孔的

“以孔代巷”采空区瓦斯抽采技术成为发展趋势。

4. 应用效果

以塔山矿综放工作面瓦斯治理为例，工作面采用“一进一回一抽”的通风方式，采用以通风稀释瓦斯为基础，以顶板高抽巷封闭机械式抽采截留工作面采空区漏风带瓦斯为主要手段的工作面瓦斯治理方法。

塔山矿 8112、8228 工作面采用该项抽采技术治理综放工作面瓦斯涌出，其中 8112 工作面利用井下 1070 西翼瓦斯抽采泵站内的 2 台 2BEC80 型泵实施抽采，抽排风量为 963 m^3/min，瓦斯浓度为 1.70%；8228 工作面利用二风井地面瓦斯抽采泵站内的 2 台 2BEC120 型泵实施抽采，抽排风量为 1612 m^3/min，瓦斯浓度为 1.75%。

6.2.2.3　上隅角埋管抽采采空区瓦斯技术

1. 技术原理

上隅角埋管抽采采空区瓦斯技术是在工作面上隅角形成一个负压区，利用抽采管路抽走积聚的高浓度瓦斯，避免因工作面上隅角局部位置风流不畅引起瓦斯超限或漏风使采空区向上隅角涌出瓦斯而造成的瓦斯超限。

2. 布置参数

为便于埋管抽采，在上隅角砌一墙体消除上隅角瓦斯积聚空间，便于风流带走瓦斯及在上隅角后方形成一道密闭的空间，在工作面上风巷布置一趟抽采管路，利用专门的移动抽采泵进行抽采；立管高度根据上风巷回采的高度进行留设，立管为花管，管头用金属网包裹；下延放管根据上隅角回柱时的空间位置沿倾斜往下预埋 2～3 m，同时在走向上铺设三通并用金属网包裹。工作面上隅角封堵及埋管示意如图 6－10、图 6－11 所示。

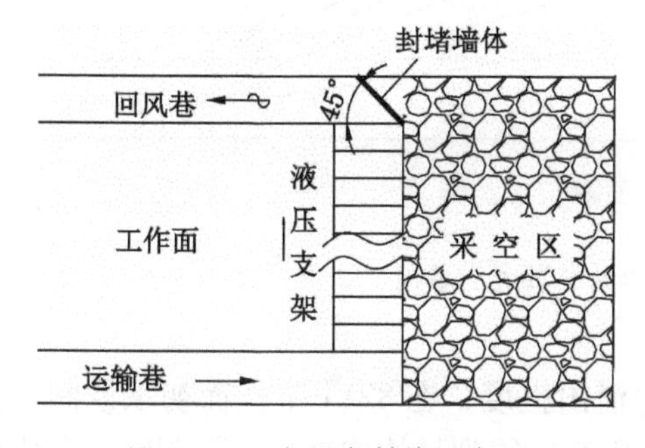

图 6－10　上隅角封堵示意图

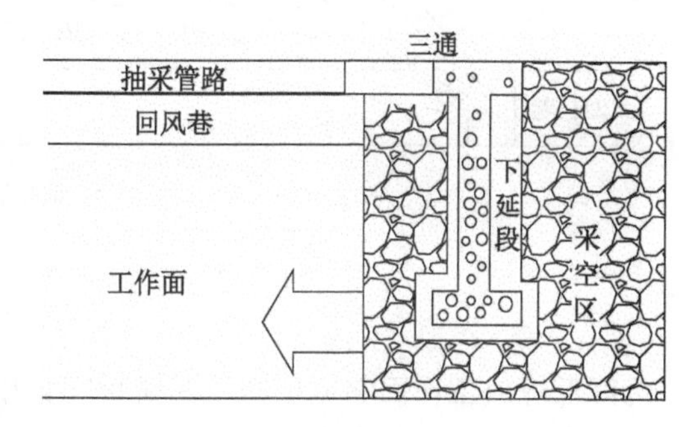

图 6－11　上隅角埋管示意图

6.2.2.4　综放工作面边采边抽技术

1. 技术原理

受工作面采动超前矿压影响，在超前工作面一定范围内形成卸压区域，该区域煤层裂隙增加，透气性提高，煤体解吸瓦斯量增大。通过提前施工钻孔对卸压区域瓦斯进行预抽，可最大限度地提高钻孔抽采效果，进而达到治理工作面瓦斯的目的。

2. 布置参数

在钻孔布置方式上，在采煤工作面瓦斯富集区域的两巷施工双向钻孔，并采用扇形布置，在水平方向上向工作面延伸，在垂直方向上覆盖煤层全厚，如图 6－12 所示。考虑到钻孔覆盖范围、布置方式、抽采效果及钻机性能，单个钻孔的平均长度按照 100 m 进行设计，孔径均选择 ϕ113 mm。

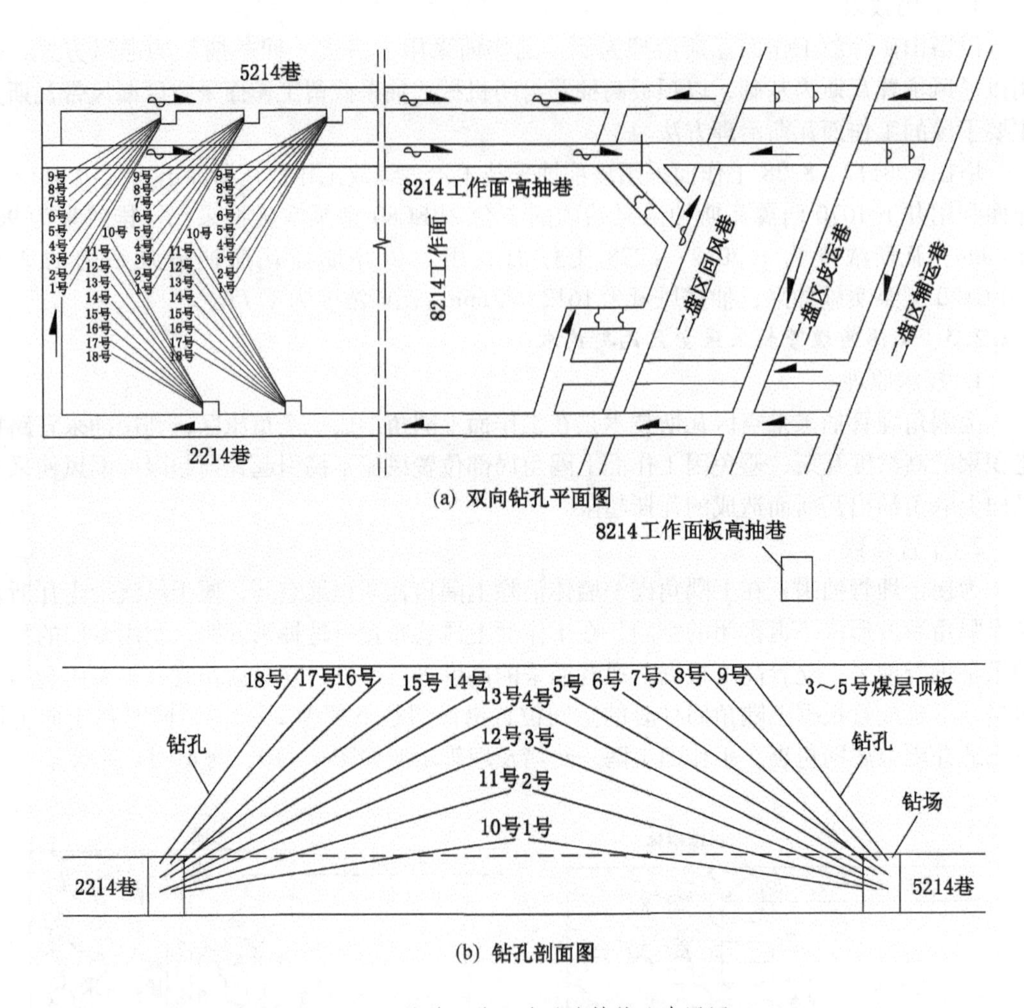

(a) 双向钻孔平面图

(b) 钻孔剖面图

图 6-12　综放工作面边采边抽钻孔布置图

为降低综放工作面邻近层卸压瓦斯瞬间集中涌出强度，在 8214 工作面初采期间实施水压致裂方法，减小初次来压强度，使邻近层卸压瓦斯得到较均匀释放，控制瞬间集中涌出强度；同时在主采特厚 5（3-5）号煤层上覆 2 号煤层可采区域，试验优先开采上覆保护层，使主采 5（3-5）号煤层得到卸压抽采，以降低主采煤层开采前原始瓦斯含量，从而降低主采煤层开采过程中的瓦斯涌出强度。

6.2.3　矿井瓦斯治理效果

塔山矿针对 5（3-5）号煤层瓦斯含量低、透气性差及综采放顶煤高强度开采工艺下绝对瓦斯涌出量大的实际情况，矿井瓦斯治理形成了以通风排放瓦斯为基础，采用地面钻井抽采采空区瓦斯技术、顶板巷机械式封闭抽采采空区瓦斯技术、上隅角埋管抽采采空区瓦斯技术和综放工作面边采边抽技术等技术治理工作面瓦斯的技术体系。正常回采期间，综放工作面上隅角瓦斯浓度控制在 0.2% ~0.4% 之间，工作面回风流瓦斯浓度控制在 0.3% 以下，工作面尾部支架后溜通道放煤时瓦斯浓度降到 0.4% 以下，工作面瓦斯得到有效治理。

该技术体系适合塔山矿开采的实际情况，切实解决了塔山矿乃至石炭－二叠系特厚煤层放顶煤开采期间瓦斯涌出量大及上隅角异常涌出的问题，具有较强的适用性和针对性，已在山西同煤集团所有放顶煤开采工作面投入使用。

6.3　高瓦斯含量特厚煤层分层综采瓦斯治理技术

6.3.1　白芨沟矿瓦斯地质概况

6.3.1.1　矿井概况

白芨沟矿位于宁夏回族自治区平罗县境内，行政隶属宁夏回族自治区石嘴山市大武口区，是神华宁夏煤业集团公司一座生产优质无烟煤的井工矿。矿井设计生产能力为120万t/a，2007年核定生产能力为160万t/a。白芨沟矿地处贺兰山北段，处于高山环绕沟谷纵横的地貌环境，井田东、北、西三面以七层煤露头为自然境界，均为山岭荒野；南部与大峰露天矿相毗邻。井田为盆状向斜构造，南北走向长约6.3 km，两翼宽约1.78 km，面积约11.27 km^2。

矿井开拓方式为伪倾斜皮带斜井、单水平、主要运输石门、环形大巷、上下山开拓。自2010年矿井安全系统技术改造后，形成了“一井一面”的生产格局。目前矿井主要开采二$_3$号煤层，下组煤（三～七号煤层）尚未进行开拓，计划采用露天开采。二$_3$号煤层为高变质无烟煤，为提高无烟煤资源的回收率，采用走向长壁倾斜分层开采＋金属网假顶（便于顶板控制）综采采煤工艺，分层采高为3 m左右，一般4～7分层开采；工作面一般走向长1600 m、倾向宽240 m左右，采用U型通风。矿井主运输方式为斜井带式输送机运输，辅助运输方式为无轨防爆胶轮车运输，人员运送以架空索道乘人器为主。

白芨沟矿属于高瓦斯矿井，采用多风井分区对角式通风；建有地面抽采系统、束管监测系统、黄泥灌浆体系及注氮系统。

6.3.1.2　井田瓦斯地质

白芨沟井田含煤地层为下侏罗纪延安组，厚度为231 m，可采及局部可采煤层7层，自上而下编号为二$_1$号（二$_2$号、二$_3$号）、三号、四号、五号、六号、七号，其中二号、三号、五号、七号煤层为主要和大部可采煤层，四号、六号煤层为不稳定的局部可采煤层。煤层赋存及顶底板岩性特征见表6－2。

表6－2　白芨沟矿煤层赋存及顶底板岩性特征

煤层	煤层平均厚度/m	煤层结构			平均层间距/m	煤层稳定程度
		主要夹矸		类型		
		层数/层	厚度/m			
二$_1$号	2.22	0～4	0.01～2.34	较复杂		不稳定
二$_2$号	2.18	0～2	0.39～0.45	较复杂	11.20	不稳定
二$_3$号	20.84	1～8	0.02～5.07	较复杂	5.01	较稳定
三号	1.40	1～5	0.02～0.99	较复杂	45.1	较稳定
四号	0.95	1～3	0.02～0.46	简单～复杂	14.2	极不稳定

表 6-2（续）

煤层	煤层平均厚度/m	煤层结构			平均层间距/m	煤层稳定程度
		主要夹矸		类型		
		层数/层	厚度/m			
五号	1.30	0～4	0.02～0.46	简单～复杂	25.1	不稳定
六号	1.04	1～3	0.02～0.55	简单～复杂	7.1	较稳定
七号	1.66	0～5	0～1.17	复杂	15.4	较稳定

矿井现主采二$_3$号煤层，埋深200～300 m，平均厚度为20.84 m，煤层倾角为0°～8°，平均倾角为4°。顶底板岩性以粗砂岩、粉砂岩为主。井田是一盆状向斜构造，瓦斯赋存总体上南部大于北部，深部大于浅部，瓦斯含量与覆盖深度有较好的线性关系，大体上深度每下降100 m，瓦斯含量大约增加5 m^3/t。对于白芨沟矿近水平特厚煤层，随着开采深度的增加，煤层瓦斯含量逐渐增大，目前二$_3$号煤层瓦斯含量已经超过20 m^3/t；盆地中央是相对瓦斯涌出量大于30 m^3/t的高瓦斯区。

2018年矿井瓦斯等级鉴定为高瓦斯矿井，矿井绝对瓦斯涌出量为46.49 m^3/min，相对瓦斯涌出量为15.48 m^3/t；开采煤层不具有突出危险性，煤尘爆炸指数为9.41%～9.52%，无爆炸性，自然发火期为9.1个月，自然发火等级为Ⅲ级，不易自燃。白芨沟矿二$_3$号煤层瓦斯参数见表6-3。

表 6-3　白芨沟矿二$_3$号煤层瓦斯参数

吸附常数 a	吸附常数 b	原始瓦斯压力/MPa	孔隙率/%	透气性系数/(m^2·MPa^{-2}·d^{-1})	原始瓦斯含量/(m^3·t^{-1})	残存瓦斯含量/(m^3·t^{-1})
39.53	0.072	0.45	3.84～4.06	0.22	4.77～23.59	4.00
坚固性系数	瓦斯放散初速度/mmHg		钻孔初始瓦斯涌出量/(m^3·min)		钻孔瓦斯流量衰减系数/d^{-1}	
0.96～1.17	13～21		0.046～0.065		0.00741～0.0004	

矿井煤系地层含煤层数多，埋深浅；主采特厚二$_3$号煤层，采空区往往与地表沟通，造成采空区外部漏风率高；采煤工作面通风风流进入采空区的范围、稳定性不易控制，有毒有害气体等自然发火监测较困难；二$_3$号煤层首分层综采放顶煤开采底部煤层卸压瓦斯涌入采空区量大，采空区自然发火在高浓度瓦斯积存的条件下易发生瓦斯爆炸，矿井曾发生过采空区瓦斯燃烧爆炸，瓦斯治理难度大。

6.3.2　矿井瓦斯综合抽采技术

针对白芨沟矿特厚煤层瓦斯含量高、瓦斯涌出量大的难题，白芨沟矿提出了“超前规划、超前实施、超前评价”的瓦斯治理思路，坚持把瓦斯治理作为煤矿生存和发展的生命工程、资源工程和系统工程。煤矿始终坚持“先抽后采、监测监控、以风定产”的原则，积极落实瓦斯治理“三同时”要求，不断加大矿井瓦斯抽采力度，以瓦斯抽采为先，为瓦斯抽采提供充足的“时间和空间”保障。煤矿提前调整采掘部署，从根本上消除采煤、掘进、瓦斯抽采接替紧张的关系，提前5～10年对瓦斯抽采治理进行规划，由被动抽采变为主动抽采。

由于矿井地处贺兰山北段，处于高山环绕沟谷纵横的地貌环境，且煤层顶板岩层为粗砂岩、粉砂岩，不宜采用地面抽采技术，主要采用井下钻孔立体抽采技术。根据近水平特厚煤层首分层瓦斯涌出规律、采空区外部漏风及自然发火等灾害特点，提出了“三大一高一密”（大瓦斯泵、大管径、大钻孔，高负压、密钻孔）的瓦斯抽采理念，对采空区卸压瓦斯采取了“多渠道、低负压、严管理”综合立体式抽采，形成了“本煤层超前预抽+邻近层卸压抽采+采空区抽采”的综合立体式瓦斯治理技术体系，即采用“底板穿层钻孔+定向长钻孔”进行井下预抽（卸压抽采），并结合工作面顺层钻孔进行强化抽采。首分层回采期间采用底板钻孔、顶板定向长钻孔及高位钻孔拦截抽采卸压瓦斯、联络巷/回风横川埋管抽采采空区瓦斯；对于工作面瓦斯含量相对较高且预抽时间短的区域，采用上隅角插管抽采、近距离上覆采空区穿层钻孔等措施加强抽采。

6.3.2.1　特厚煤层首分层采前预抽瓦斯技术

白芨沟矿瓦斯赋存的主控因素为汝箕沟向斜、煤层埋深和煤厚，井田发育的 NE 和 NNE 向逆掩断层控制局部瓦斯积聚。对于白芨沟矿井近水平特厚煤层，深部二$_3$号煤层瓦斯含量已经超过 20 m^3/t，其首分层综采工作面瓦斯涌出量预计达 80 m^3/min 左右，常规的抽采措施已经不能满足厚煤层采前区域性预抽瓦斯的需求。矿井深部采用“底板穿层钻孔+定向长钻孔”的井下立体抽采模式，并结合工作面本层及邻近层钻孔进行强化等预抽，实现特厚煤层区域立体、协调预抽。

1. 长距离水平定向钻孔预抽瓦斯技术

长距离水平定向钻孔具有单孔距离长、钻孔适应性强、煤孔段比例高、单孔瓦斯流量及浓度高、覆盖范围广的特点。特别是特厚煤层分层开采时，应确保钻孔位于煤层中间实现一分层开采而钻孔不被揭露，增加预抽周期，达到强化抽采的目的。

矿井在 1640 集中巷和 1650 集中回风石门沿煤层走向和倾向施工了 87 个长距离水平定向钻孔，主要覆盖 010202 区段北部 700 m 范围；在 1640 中巷布置 7 个钻场 80 个定向钻孔，主要覆盖 010202 区段南部 850 m 范围。钻孔间距 15 m，距煤层顶板 8 m，平均深度 800 m，孔径 96 mm，预抽时间 5～6 年。长距离水平定向钻孔布置示意如图 6－13 所示。

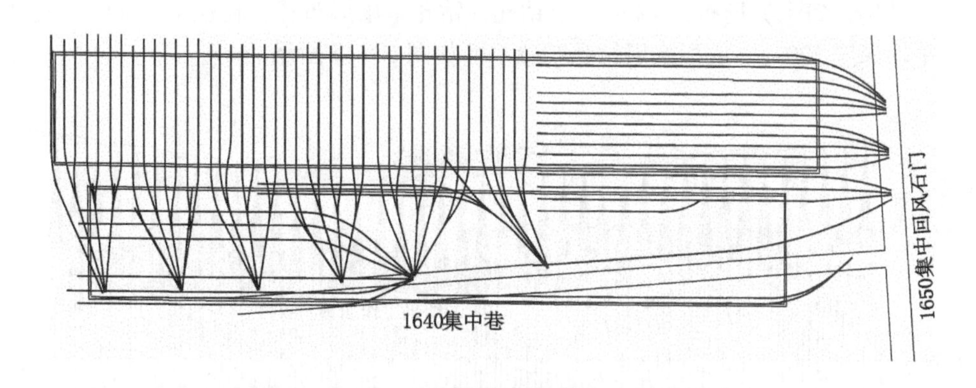

图 6－13　长距离水平定向钻孔布置示意图

此次以 1650 集中回风石门钻场走向长钻孔作为试验考察对象，选取 5 组具有代表性的钻孔单孔瓦斯抽采量进行分析。根据走向长钻孔预抽瓦斯流量、浓度、负压等参数的观测结果，得到了二$_3$号煤层长距离水平定向钻孔预抽瓦斯抽采量随时间的变化关系，如图6－14所示。

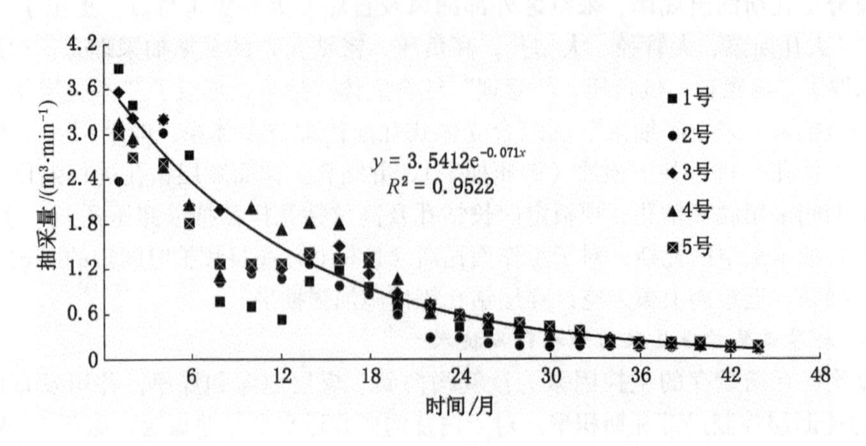

图6－14　长距离水平定向钻孔预抽瓦斯抽采量随时间的变化曲线

根据图6－14所示的长距离水平定向钻孔抽采量随时间的变化规律，钻孔抽采初期流量较大，但衰减较快，经过6～8个月的抽采以后，流量逐渐趋于稳定且保持较高水平。随着抽采时间的逐渐延长，钻孔瓦斯流量逐渐减小，经过24～36个月的抽采，钻孔瓦斯流量逐渐衰减并趋于稳定。钻孔瓦斯流量随时间变化呈现指数函数衰减关系［式（6－1)］。

$$q = 3.5412 \times e^{-0.071t} \quad R^2 = 0.9522 \tag{6-1}$$

2. 底板穿层钻孔预抽瓦斯技术

在特厚煤层底板岩巷中施工穿层钻孔穿过整个煤层进行预抽，该技术能够对煤层进行采前预抽及在首分层开采期间对下分层卸压瓦斯进行抽采，拦截下分层的卸压瓦斯进入首分层工作面。矿井在1665集中巷和边界进风上山向010202条带施工穿层钻孔，每30 m布置一个钻场，每个钻场布置12～15个钻孔，钻孔呈扇形布置，孔径113 mm，终孔间距10 m，平均深度220 m。底板穿层钻孔布置平面如图6－15所示。

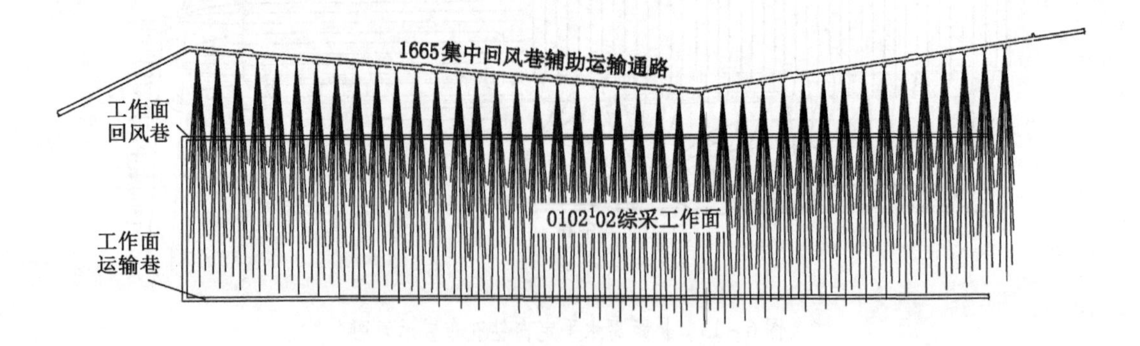

图6－15　底板穿层钻孔布置平面图

选取1665集中巷1号钻场穿层钻孔作为试验考察孔，选取2组具有代表性的钻孔单孔瓦斯抽采量进行分析。根据1665集中巷1号钻场试验钻孔预抽瓦斯流量、浓度、负压等参数的观测结果，得到二$_3$号煤层底板穿层钻孔预抽瓦斯流量随时间的变化关系，如图6－16、图6－17所示。

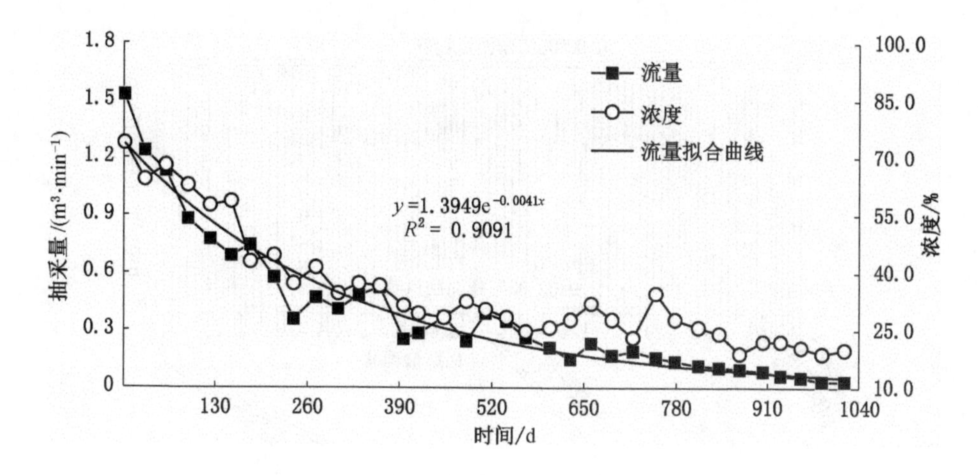

图6－16　1号钻孔抽采量和浓度随时间的变化曲线

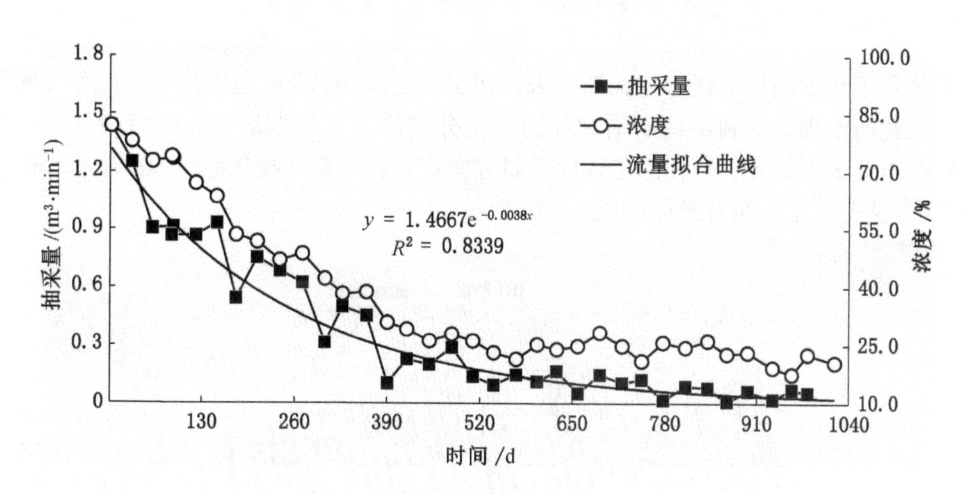

图6－17　2号钻孔抽采量和浓度随时间的变化曲线

抽采前期钻孔抽采瓦斯流量较大，但衰减较快，经过8～10个月的抽采，流量逐渐趋于稳定且保持较高水平。随着抽采时间的逐渐延长，钻孔瓦斯流量逐渐减小，经过20～24个月的抽采，钻孔瓦斯流量逐渐趋于稳定。钻孔瓦斯流量随时间变化呈现指数函数衰减关系。

$$q_{1号} = 1.3949 \times e^{-0.0041t} \qquad R^2 = 0.9091 \tag{6-2}$$

$$q_{2号} = 1.4667 \times e^{-0.0038t} \qquad R^2 = 0.8339 \tag{6-3}$$

3. 首分层顺层钻孔强化预抽技术

矿井010202区段二$_3$号煤层南部瓦斯含量高于北部，且南部区域长距离水平定向钻孔预抽时间相对较短，为降低该区域的瓦斯含量，从 2010 年开始提前施工 0102[1]02 工作面回风巷（二川～开切眼），并利用回风巷每隔 3 m 施工一个顺层钻孔，钻孔平均长度为 226 m，孔径为 113 mm。钻孔预抽期最长为 4 年，最短为 1.2 年，钻孔布置平面如图 6－18 所示。

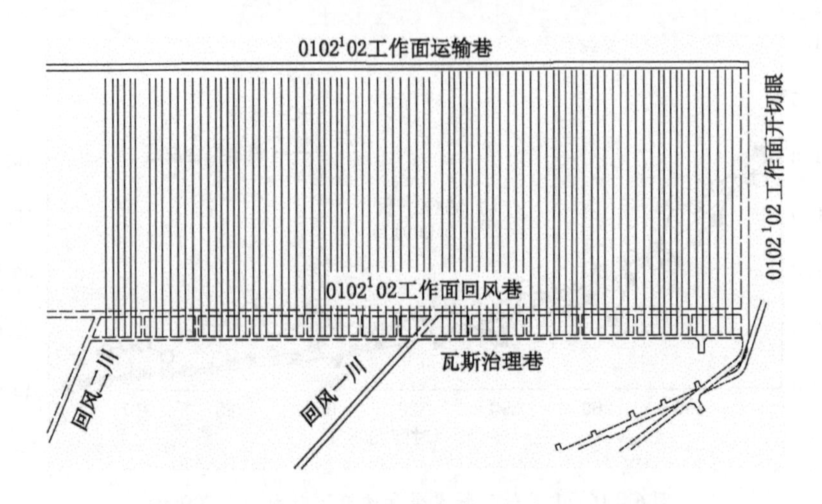

图 6－18　首分层顺层抽采钻孔布置平面图

为强化工作面南部下伏分层瓦斯抽采，在工作面南部 300 m 范围内沿回风巷外侧 25 m 布置一条瓦斯治理巷，利用瓦斯治理巷向下伏分层施工下行顺层钻孔，每隔 6 m 布置一组，每组布置 2 个钻孔，钻孔沿工作面倾斜方向布置，与瓦斯抽采巷呈 60°夹角，布置 47 组共 94 个钻孔。钻孔布置平面如图 6－19 所示。

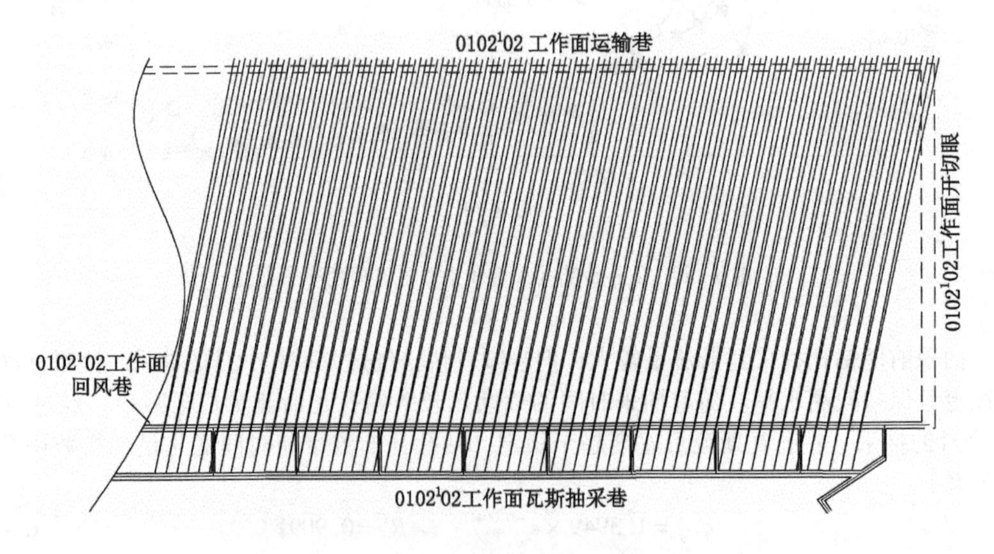

图 6－19　下向顺层抽采钻孔布置平面图

在 0102[1]02 工作面运输巷施工顺层钻孔用来强化抽采首分层煤层瓦斯，统计了 31 号、

32 号、34 号和35 号抽采钻孔（负压为25～40 kPa；浓度约为20%，最大达到43%）近1年的顺层钻孔标况抽采纯量变化趋势，如图6－20所示。

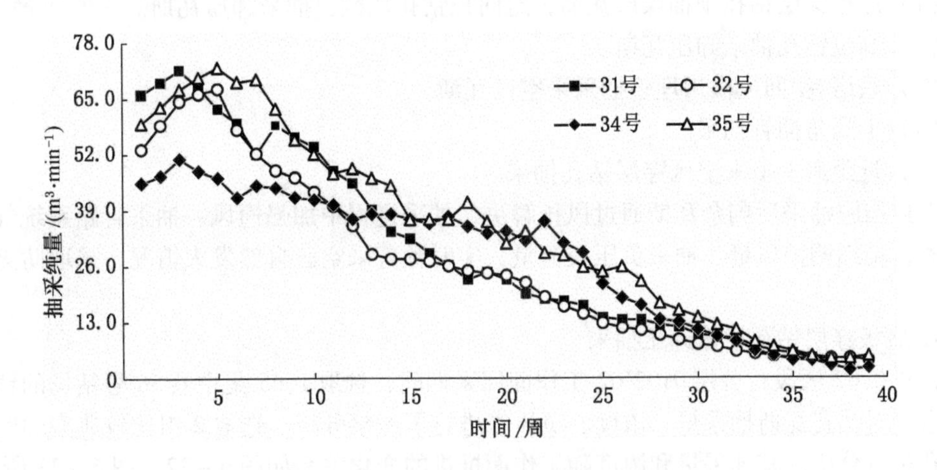

图6－20 顺层钻孔标况抽采纯量变化趋势

4. 邻近层长距离水平定向钻孔预抽瓦斯技术

矿井010202区段工作面南部700 m范围内的二$_3$号煤层上覆有一层厚度为0.8～2 m的二$_1$号煤层，最大层间距为25 m，由南向北逐渐与二$_3$号煤层合并，平均瓦斯含量为7 m^3/t。为避免二$_3$号煤层开采时，二$_1$号煤层大量卸压瓦斯向工作面涌出，在0102^{1}02工作面回风巷布置的两个钻场施工定向钻孔提前预抽二$_1$号煤层瓦斯，钻孔间距为20 m，共布置25个定向钻孔。2011年7月开始施工，11月全部施工完成，钻孔预抽期达3年左右，钻孔布置平面如图6－21所示。

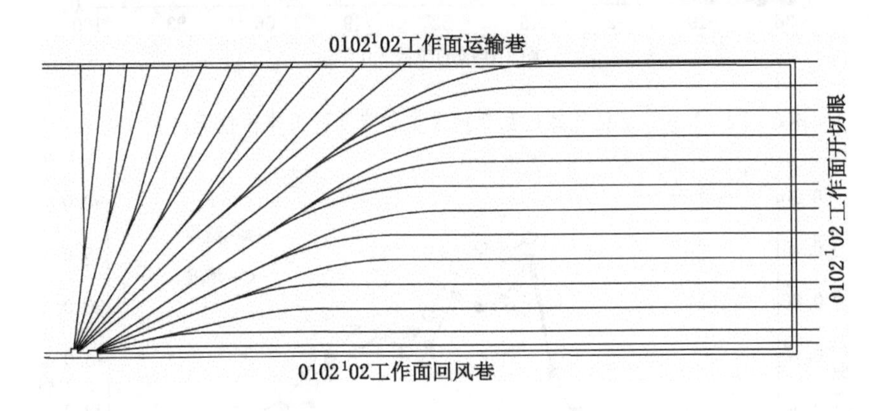

图6－21 邻近层长距离水平定向钻孔布置平面图

6.3.2.2 首分层回采期间卸压瓦斯拦截抽采瓦斯技术

基于对0102^{1}02工作面回采期间瓦斯来源的分析，采用DGC瓦斯含量测定装置测定了0102^{1}02工作面及下伏分层的残余瓦斯含量。根据测定结果，采用基于修正后的瓦斯分源预测法进行瓦斯涌出量预测，相对瓦斯涌出量为20.46 m^3/t。在0102^{1}02工作面正常回采期间，工作面日产量按设计 6000 t 计算，绝对瓦斯涌出量为 85.26 m^3/min。回采期间的瓦斯治理采用以下综合治理方案。

（1）底板穿层钻孔预抽煤层瓦斯，定向长钻孔拦截、抽采卸压瓦斯。

（2）高位钻孔抽采卸压瓦斯。

（3）联络巷/回风横川埋管抽采采空区瓦斯。

（4）上隅角插管抽采。

（5）近距离上覆采空区穿层钻孔抽采。

上述措施抽采后剩余瓦斯通过风排解决，抽采过程中加强通风、抽采管路系统气体组分检测，精细调控风量、抽采负压及流量，实时预警采空区自然发火情况，采取防灭火措施。

1. 底板穿层钻孔拦截卸压抽采

在 010202 区段首分层 0102[1]02 工作面回采期间，选取 1665 集中巷 56 号钻场的钻孔进行考察，对钻孔瓦斯抽采量、浓度、负压等进行了考察分析。选取 2 组比较典型的底板穿层钻孔进行分析，其抽采量和浓度随工作面推进的变化关系如图 6－22、图 6－23 所示。

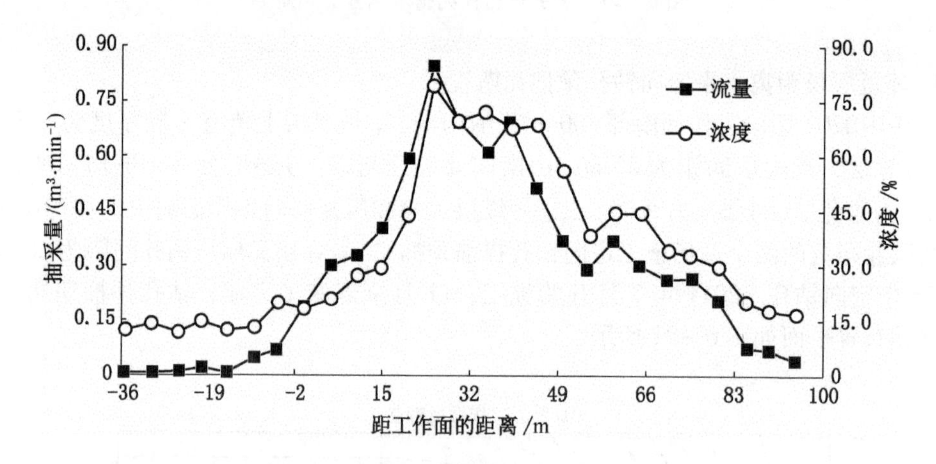

图 6－22　1 号穿层钻孔卸压瓦斯抽采量和浓度随工作面推进的变化关系

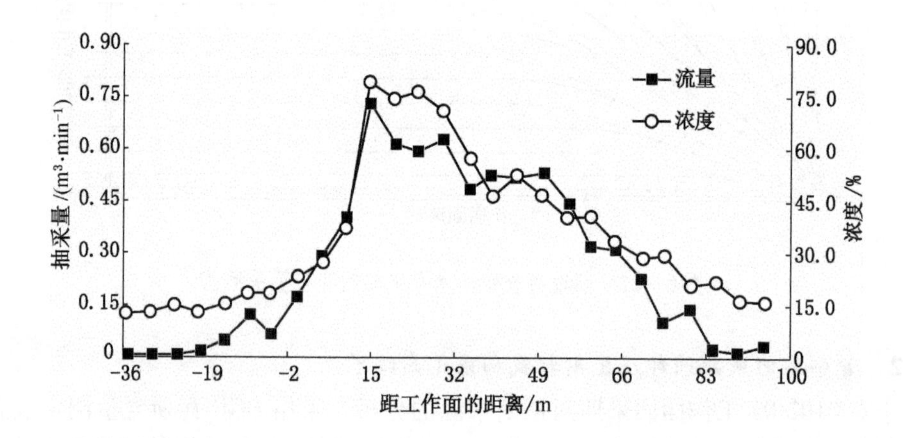

图 6－23　2 号穿层钻孔卸压瓦斯抽采量和浓度随工作面推进的变化关系

由图6－22、图6－23可知，对于单个钻孔，工作面在钻孔后方15～25 m以外时，钻孔瓦斯流量及浓度小且保持稳定，此时该区域受首分层工作面开采卸压瓦斯的影响较小。随着工作面向前推进，工作面在钻孔后方10～15 m时钻孔瓦斯流量及浓度开始上升；在工作面推过钻孔20～50 m范围内，卸压比较充分，产生大量裂隙，钻孔瓦斯流量及浓度均有较大提高，且流量及浓度都保持在较大值。此时，煤层承受的应力减小，被保护层变形和透气性增加，瓦斯压力下降，瓦斯涌出量达到最大值。在工作面推过钻孔50～80 m以后，由于应力逐渐恢复，采空区逐渐压实，钻孔瓦斯流量及浓度开始逐渐下降。总体上来说，试验考察钻孔瓦斯流量及浓度随工作面的推进呈现先增加后逐渐减小的趋势。

在回采期间，当工作面推进至距离56号钻场30 m时开始，直至工作面推过试验钻孔100 m，历时40 d左右。根据抽采统计，56号钻场的钻孔共计抽采瓦斯37.44万m^3，平均每天抽采0.936万m^3，平均瓦斯抽采量达到6.5 m^3/min，达到预期估算的瓦斯抽采量。

在工作面持续推进过程中，底板穿层钻孔卸压瓦斯抽采量和浓度基本保持一致，且抽采稳定，达到良好的抽采效果。

2. 煤层定向长钻孔拦截抽采瓦斯技术

在0102[1]02工作面推进过程中，利用布置在距煤层顶板8 m的水平定向长钻孔拦截抽采卸压瓦斯，其长距离水平定向长钻孔单孔瓦斯流量和浓度随工作面推进的变化关系分别如图6－24、图6－25所示。

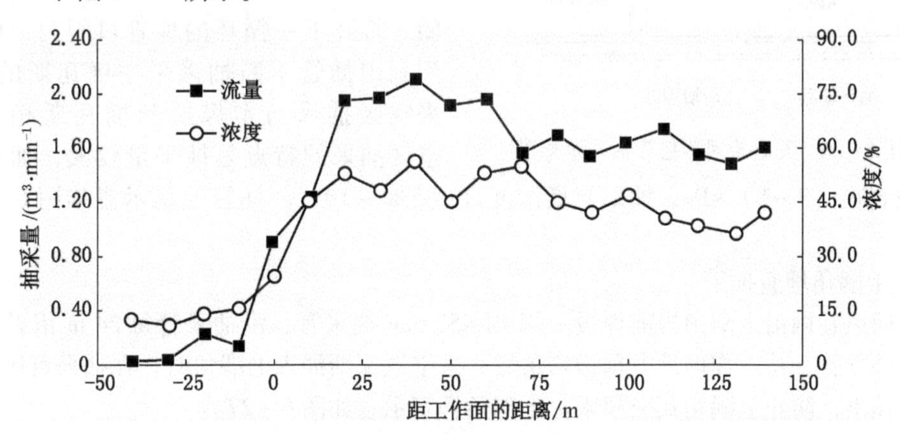

图6－24　1号定向钻孔卸压瓦斯抽采量和浓度随工作面推进的变化关系

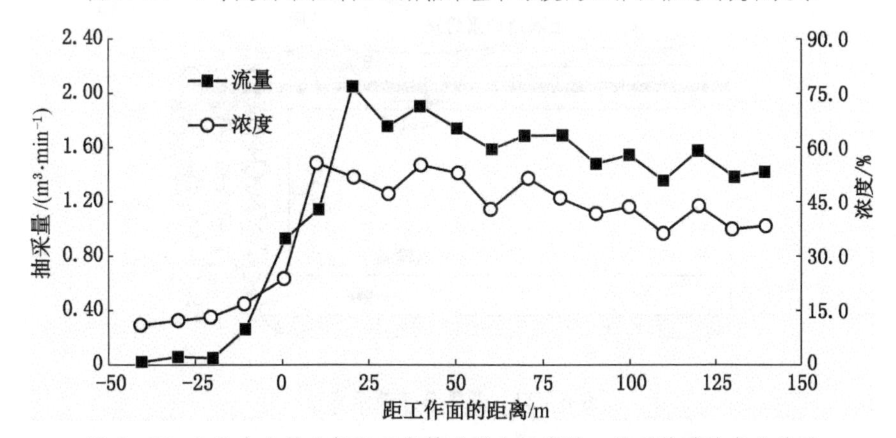

图6－25　2号定向钻孔卸压瓦斯抽采量和浓度随工作面推进的变化关系

单孔瓦斯抽采量基本维持在 1.5 m^3/min 左右，瓦斯抽采浓度为 45% 左右；降低了底部煤层卸压瓦斯涌出采空区造成工作面瓦斯超限的风险。

6.3.2.3 首分层回采过程中采空区瓦斯抽采技术

根据矿井特厚煤层首分层瓦斯涌出规律，采空区瓦斯涌出量约占工作面瓦斯涌出量的 60% 以上，为了强化采空区抽采，采取了“上隅角埋管 + 瓦斯治理联络巷埋管 + 高位钻孔近距离上覆采空区大孔径钻孔”等网格立体式的瓦斯治理措施。

1. 瓦斯抽采巷埋管抽采

在 0102[1]02 工作面瓦斯治理巷内敷设抽采管，在工作面开采后通过联络巷抽采采空区瓦斯。联络巷间距为 50 m，采用负压抽采，使采空区气体向抽采管口流动，将采空区瓦斯抽出，避免工作面瓦斯超限。

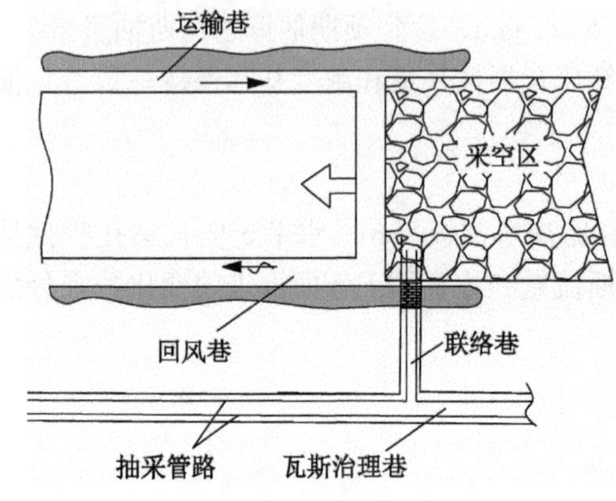

图 6-26 瓦斯治理巷插管抽采示意图

在安装通路埋设一趟 DN450 mm 抽采管，在抽采管上每隔 50 m 安装一组三通、控制阀门等组件，在工作面推进过程中，将抽采管口保留在工作面采空区，通过抽采系统对采空区和上隅角瓦斯进行抽采。当工作面推进至下一个抽采管口三通处，将埋在采空区里的前一埋管段控制阀门关闭，打开下一循环的埋管口阀门，以此达到利用插管不断抽采采空区瓦斯的目的。采空区抽采与本煤层预抽瓦斯相比，采空区抽采的特点是抽采量较大，抽采负压一般控制在（3 ~ 5）kPa，抽采瓦斯浓度可达 5% ~ 10%。插管抽采示意如图 6-26 所示。

2. 上隅角埋管抽采

在回风巷内沿上隅角提前埋设一趟 DN450 mm 抽采管，沿抽采管每 24 m 留设一个三通，安装立管，待工作面后方顶板垮落后，采空区瓦斯涌入上隅角时，在抽采负压作用下将瓦斯抽出，防止上隅角瓦斯超限。上隅角埋管示意如图 6-27 所示。

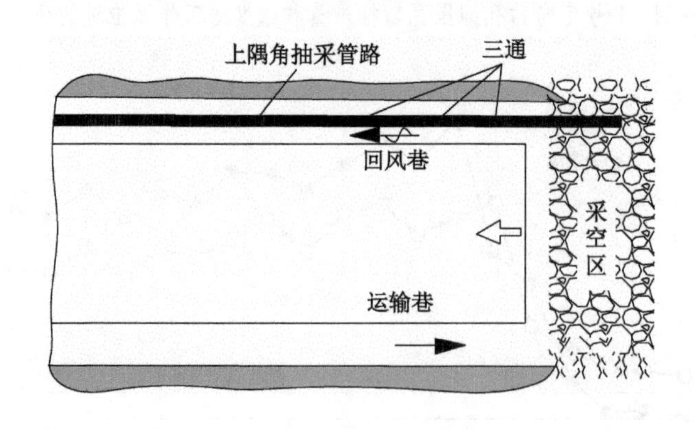

图 6-27 上隅角埋管示意图

3. 高位钻孔抽采采空区瓦斯

在瓦斯抽采巷下帮迎向工作面推进方向施工顶板扇形钻孔，钻场间距为 35 m，每个钻场布置 6 个钻孔，钻孔穿过二$_1$ 号煤层顶板，布置在裂隙带内，位于煤层顶板 10 ~ 15 m，通过抽采负压作用，抽采卸压带瓦斯，钻孔布置示意如图 6 – 28 所示。钻孔覆盖回风巷内侧 70 m 的范围，钻孔抽采负压保持在 5 ~ 8 kPa。在工作面推进至距 1 号钻场 80 m（距钻孔终孔位置 10 m）时打开 1 号钻场的钻孔开始进行抽采，并在工作面推进至距 2 号钻场 80 m 时打开 2 号钻场的钻孔。依次类推，同时确保在工作面瓦斯涌出量大的情况下，至少保证两个钻场同时抽采，确保瓦斯抽采达到良好的效果。

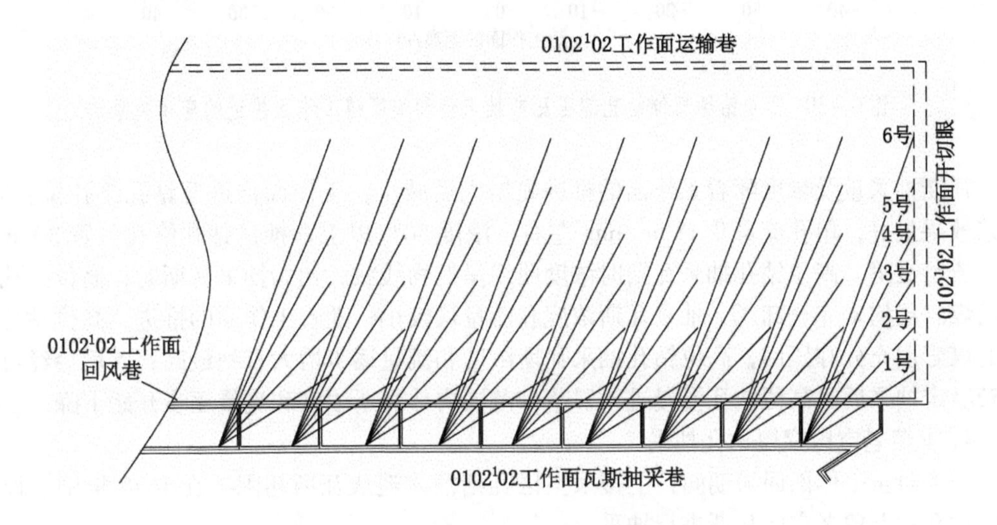

图 6 – 28　瓦斯抽采巷高位钻孔布置示意图

对单个钻场瓦斯抽采量及浓度随工作面推进的时空关系进行了统计分析，试验钻场瓦斯抽采量和浓度随工作面推进的变化关系分别如图 6 – 29、图 6 – 30 所示。

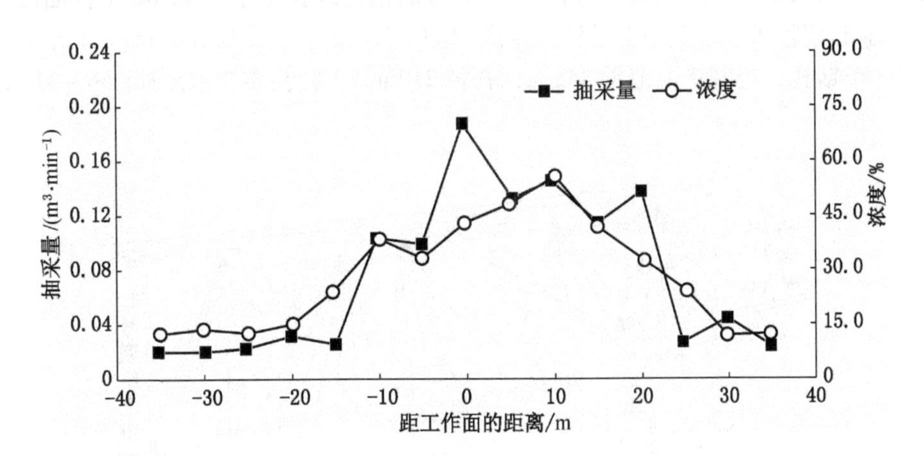

图 6 – 29　1 号钻场高位钻孔卸压瓦斯抽采量和浓度随工作面推进的变化关系

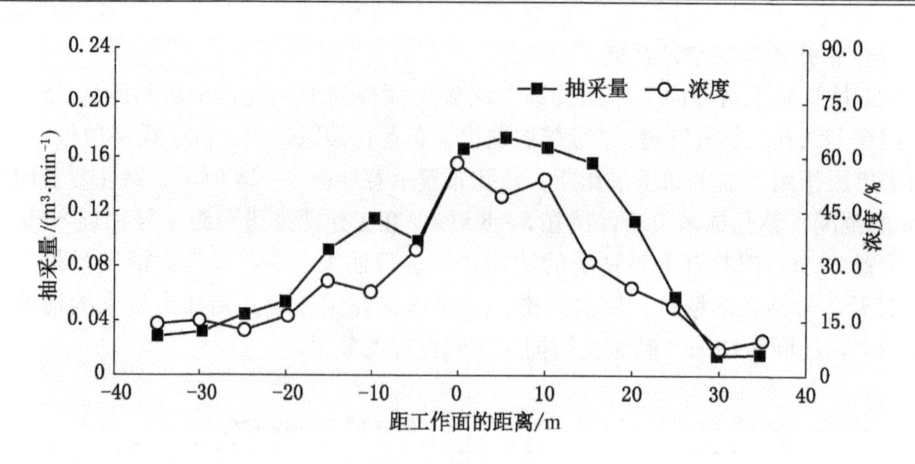

图 6-30　2 号钻场高位钻孔卸压瓦斯抽采量和浓度随工作面推进的变化关系

瓦斯抽采量及浓度随着工作面的推进先增大后减小，工作面推进至钻孔终孔位置时，抽采效果最好，单孔流量 0.18 m^3/min 左右，浓度 50% 以上，推过钻孔终孔位置 30 m 以后，流量衰竭。高位钻孔抽采瓦斯时浓度曲线呈抛物线状，初始抽采瓦斯时，高位钻孔周围的煤岩层均未完全卸压，抽采瓦斯浓度和流量均较小；随着工作面的推进，高位钻孔四周的煤岩层充分卸压后，高位钻孔抽采瓦斯浓度和流量逐步增大直到最高；此后会经过一段较稳定抽采后，高位钻孔慢慢进入冒落带范围内，瓦斯浓度和流量逐步开始下降。

4. 上覆老空区穿层钻孔抽采

为了防止工作面回采期间，上覆采空区瓦斯涌入造成瓦斯超限，在 1655 集中巷设计穿层钻孔对上覆老空区瓦斯进行抽采。

对于 1611 工作面老空区，利用 1665 集中回风巷 17 号钻场、15 号钻场、12 号钻场、11 号钻场和 9 号钻场施工大孔径钻孔进行抽采，每个钻场施工 7 个钻孔，上述各钻场与 1611 工作面采空区层间距为 24 m。每个钻场编号为 1 号、3 号、5 号、7 号的钻孔终孔位于 1611 工作面采空区，编号为 2 号、4 号、6 号的钻孔终孔位于 0102¹02 工作面回风巷上方 5 m，终孔间距 10 m，其中 1 号钻孔距离 1611 工作面开切眼 10 m。1611 工作面采空区共施工 35 个钻孔，控制走向范围 342 m，孔径 219 mm。钻孔布置示意如图 6-31 所示。

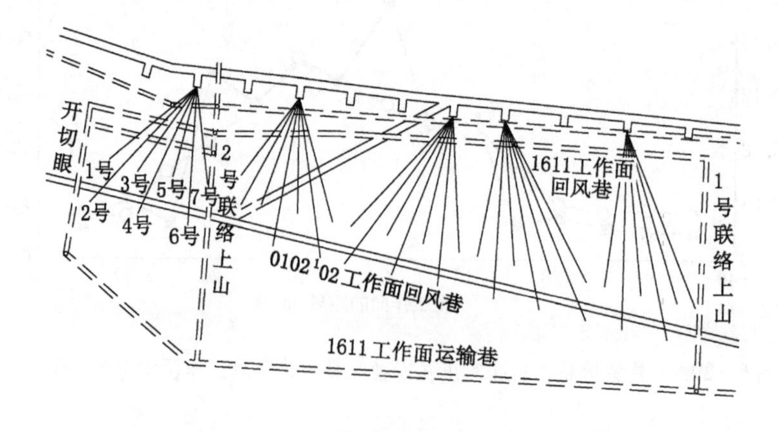

图 6-31　1611 工作面老空区抽采钻孔布置示意图

针对近距离上覆多重采空区瓦斯异常涌出治理难题，在瓦斯治理上始终坚持科技进步与装备投入并重，采取底板大孔径钻孔抽采上覆近距离多重采空区瓦斯治理技术，在白芨沟矿井010¹202首分层工作面得到成功应用，取得了较好的效果，杜绝了老空区瓦斯突然涌入开采层采空区造成瓦斯超限。

6.3.3 矿井瓦斯治理效果

针对白芨沟矿近水平高瓦斯含量特厚煤层多分层综采瓦斯治理，形成了“本煤层超前预抽＋邻近层卸压抽采＋采空区抽采”的综合立体式瓦斯治理技术体系。矿井采用“底板穿层钻孔＋长距离定向水平钻孔”的井下预抽，并结合工作面顺层钻孔进行强化抽采，0102¹02首分层工作面在回采期前，煤层原始瓦斯含量由原来的21.77 m^3/t降为6.57 m^3/t，工作面抽采率达到82%，满足相关要求。首分层工作面回采期间采用底板穿层钻孔＋长距离定向水平钻孔、高位钻孔抽采卸压瓦斯、联络巷/回风横川埋管抽采采空区瓦斯等措施，使回风流中的瓦斯浓度最大为0.45%左右，上隅角瓦斯浓度最大为0.68%，取得了较好的瓦斯治理效果，实现了特厚煤层区域立体、协调抽采。0102¹02工作面自2014年9月至2015年11月回采期间，未发生过瓦斯超限现象。首分层工作面回采期间瓦斯浓度变化趋势如图6－32所示。

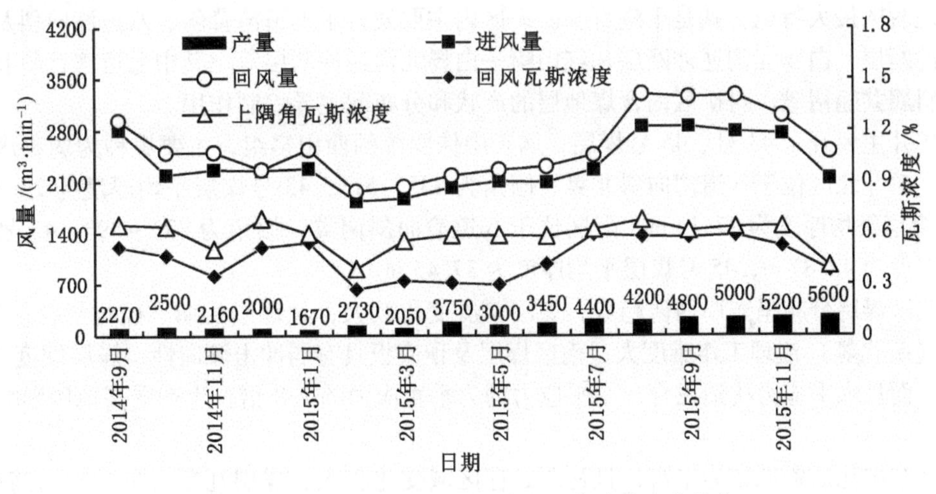

图6－32 首分层工作面回采期间瓦斯浓度变化趋势

基于“三大一高一密”（大瓦斯泵、大管径、大钻孔，高负压、密钻孔）的瓦斯抽采理念，白芨沟矿在010¹202工作面对采空区卸压瓦斯采取了“多渠道、低负压、严管理”综合立体抽采，所形成的“本煤层超前预抽＋邻近层卸压抽采＋采空区抽采”综合立体协调抽采技术体系在矿区得到了推广应用。近年来，矿井杜绝了瓦斯超限，实现了煤和瓦斯两种资源安全、高效共采，确保了矿井安全开采，为类似条件下矿井的瓦斯治理提供了借鉴和指导。

6.4 急倾斜特厚煤层大采放比开采瓦斯治理技术

6.4.1 乌东矿瓦斯地质概况

6.4.1.1 矿井概况

乌东矿位于准南煤田东南段，乌鲁木齐市东北部约 34 km，北距米东新区 13 km，行政区划属乌鲁木齐市米东新区管辖。井田面积约 19.94 km^2，井田内地质资源量 12.8 亿 t，设计可采储量 6.61 亿 t，矿井设计生产能力 600 万 t/a。乌东矿是一个联合技术改造及产业升级项目，是对乌东井田内的大洪沟矿、小红沟矿、铁厂沟矿及碱沟矿 4 个生产矿井进行的统筹规划。原铁厂沟井田划分为北区，原大洪沟、小红沟井田划分为南区，原碱沟矿井田划分为西区。

矿井采用集中出煤分区开拓方式，划分为 2 个开采水平，一水平标高 +400 m，二水平标高 +200 m，各采区间通过石门连接，形成集中出煤、运输、排水的开拓方式。目前南、北、西区已形成集中排水系统，南北区实现集中主运输，分区辅助运输，各大系统均稳定可靠。

乌东矿各采区工作面均采用急倾斜特厚煤层水平分层采煤方法，综采放顶煤采煤工艺，采放比 1:7.3，分层厚度 25 m，全部垮落法管理顶板。矿井通风方式采用分区式通风，通风方法为机械抽出式。

6.4.1.2 井田瓦斯地质

乌东井田属博格达北麓的山前丘陵带，南高北低，最大相对高差 130 m，一般高差 60 m。矿区地貌的最大特征，就是千疮百孔。矿区内主要发育了七道湾背斜、八道湾向斜及碗窑沟逆冲断层、白杨北沟逆冲断层和红山嘴—白杨北沟逆冲断层等。其中七道湾背斜和八道湾向斜属共轭褶皱，对矿区内含煤地层的产状和分布起主导控制作用。

矿井主要开采 43 号、45 号煤层，属于中侏罗统的西山窑组，主要煤种为弱黏煤和长焰煤。矿井北区位于八道湾向斜北翼，倾角为 43°~51°，43 号煤层平均厚度为 23.39 m，45 号煤层平均厚度为 27.14 m；南区位于八道湾向斜南翼，倾角为 83°~89°，43 号煤层平均厚度为 48.87 m，45 号煤层平均厚度为 37.45 m。

北区煤层分布呈东厚西薄趋势，煤层厚度变化较大，且煤层瓦斯、硫化氢含量较高，瓦斯（硫化氢）治理工作难度大；南区煤层及顶底板具有弱冲击倾向性，煤层硬度为 0.8 左右；而且水平应力构造发育，水平应力约为垂直应力的 1.8 倍，生产受高地压影响较为严重。

乌东矿瓦斯资源较为丰富，且瓦斯赋存区域变化较大，煤层瓦斯含量呈现西高东低，43 号煤层东、西翼最大瓦斯含量分别为 5.71 m^3/t、6.99 m^3/t，45 号煤层东、西翼最大瓦斯含量分别为 6.26 m^3/t、6.43 m^3/t。43 号、45 号煤层透气性系数分别为 0.1 $m^2/(MPa^2 \cdot d)$、0.35 $m^2/(MPa^2 \cdot d)$，均属于可抽采煤层类型。井田内煤层均为Ⅱ类自燃煤层，自然发火期一般为 3~6 个月，各煤层均有煤尘爆炸性。

乌东矿相对瓦斯涌出量为 3.6~6.7 m^3/t、绝对瓦斯涌出量为 30.0~42.6 m^3/min，采、掘工作面瓦斯涌出量分别为 0.57~6.13 m^3/min、0.2~3.52 m^3/min，系高瓦斯矿井。急倾斜特厚煤层水平分段大采放比综采放开采最突出的瓦斯灾害特点为：本分层工作面上部为上分层采空区，受赋存气体（瓦斯）、液体（水）以及固体（残留煤矸）3 种介质的耦合作用，生产过程中往往伴随着瓦斯涌出危害，严重威胁矿井的安全生产。

6.4.2 瓦斯（硫化氢）综合治理技术

乌东矿急倾斜特厚煤层分段厚度 25 m 大采放比（1:7.3）综采放顶煤开采，矿井坚持“先抽后采，监测监控，以风定产”瓦斯治理方针，坚持“落实责任，完善机制，加大投入，技术突破，强化装备”工作思路，构建高度平衡的“抽、钻、掘、采”关系；统筹瓦斯、煤尘等自然灾害综合协调治理。针对矿井开采过程中瓦斯涌出及灾害特点，构建了综合防治技术体系。

6.4.2.1　瓦斯（硫化氢）综合抽采

乌东矿急倾斜特厚煤层分层开采工作面瓦斯涌出主要来源是开采本分层和下部煤体，其涌出量占总涌出量的95%以上，邻近卸压层瓦斯进入开采分层上覆采空区采动裂隙体，并沿倾斜上方运移富集。根据矿井综放工作面瓦斯涌出来源分析，回采扰动后上分层采空区瓦斯涌出量占10%，本分层落煤瓦斯涌出量占30%，底部煤卸压瓦斯向上涌出量占60%。瓦斯涌出治理以抽采为主、风排为辅，构建以煤层瓦斯预抽、卸压瓦斯拦截抽采和采空区瓦斯抽采措施为核心的立体化瓦斯抽采成套技术，如图6－33所示。以＋575 m水平43号煤层西翼工作面为例介绍乌东矿瓦斯（硫化氢）综合治理技术。

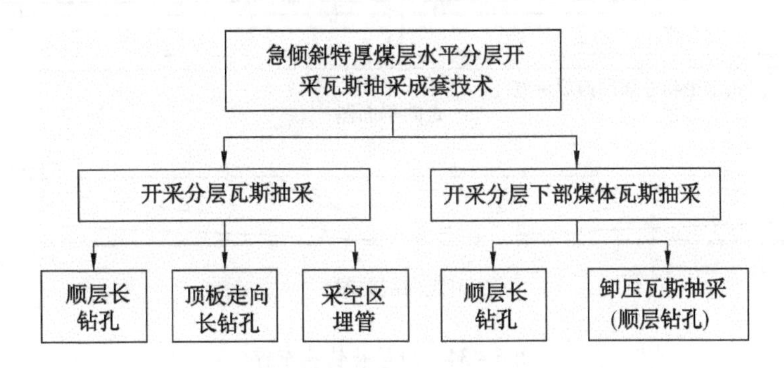

图6－33　急倾斜特厚煤层水平分层开采瓦斯抽采成套技术

乌东矿＋575 m水平43号煤层西翼工作面位于副井以西，工作面东部为＋575 m水平43号煤层东翼掘进工作面，南部为43号煤层顶板，北部为43号煤层底板，上部为＋600 m水平43号煤层西翼工作面采空区，下部为43号煤层。工作面回采长度为540 m，工作面长度为30 m，回采段高为25 m，工作面地质储量63.5万t和可采储量43.78万t。

工作面地质构造较简单，无大的断层及构造，局部存在小的褶曲，并有裂隙、节理发育带，煤层破碎易冒落。煤层走向大致为N67°，倾向158°，倾角42°～46°，平均倾角45°。煤层厚度变化较大，呈东厚西薄趋势，在东部水平厚度达36 m，向西逐渐变薄，最薄处水平厚度为30 m。直接顶主要为粉砂岩，厚度为2～4 m；深灰色，泥钙质胶结。基本顶主要为粉砂岩、细砂岩、中砂岩，厚度大。

工作面采用水平段走向短壁后退式综采放顶煤方法，其中采高3.0 m，放顶22.0 m。采用全部垮落法管理顶板。

矿井43号煤层在＋575 m水平最大瓦斯含量为5.35 m^3/t，其自然瓦斯涌出量衰减系数为0.03～0.05 d^{-1}，煤层透气性系数为0.1 $m^2/(MPa^2 \cdot d)$，属于可抽采煤层类别。

采用测试仪对抽采前后采煤机割煤涌出的硫化氢进行测试，硫化氢抽采前，采煤机割煤时硫化氢浓度一般为（342～350）$\times10^{-6}$；硫化氢抽采后，采煤机割煤时硫化氢浓度一般为（229～309）$\times10^{-6}$；煤层硫化氢抽采率一般为10.3%～12.8%。顺层钻孔预抽能降低采掘过程中瓦斯、硫化氢涌出量，但难以消除硫化氢对生产的危害。

1. 顺层长钻孔预抽煤层瓦斯/硫化氢

经考察，负压 18 kPa 条件下抽采 90 d 瓦斯抽采半径为 2. 10 m、抽采 180 d 条件下瓦斯抽采半径为 2. 70 m，抽采的极限半径为 2. 76 m。矿井利用煤门施工钻孔，其中，煤门单侧布置钻孔 20 个，控制分层 20 m 的高度范围，分别控制垂向上 0 m、10 m、20 m，沿着煤层走向设置 5 排钻孔。其中最下一排布置 6 个钻孔，第二排布置 5 个钻孔，其他 3 排各布置 3 个钻孔，孔径为 113 mm，封孔长度为 10 m。顺层长钻孔布置如图 6 - 34 所示。

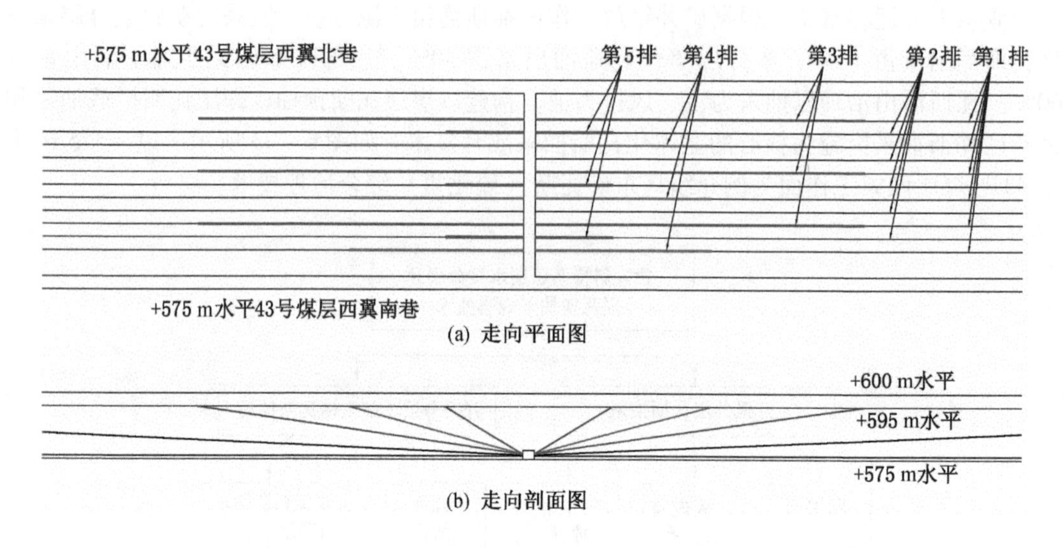

(a) 走向平面图

(b) 走向剖面图

图 6 - 34　顺层长钻孔布置

瓦斯及硫化氢主要以吸附状态赋存于煤体中。相同抽采负压及时间条件下，煤层瓦斯抽采半径比硫化氢抽采半径大；钻孔抽采负压由 18 kPa 增至 28 kPa 时，硫化氢抽采半径由 1 m 左右增至 1. 9 m 左右，抽采 13 d 基本稳定。

2. 采空区埋管抽采

在回风巷敷设第一趟埋管，埋管长约 30 m，封闭埋管前端管口，并在前端 1 m 长的管子段每隔 0. 1 m 施工 4 个直径为 10 mm 的钻孔，以此形成埋管抽采瓦斯。当埋管被埋进 20 m 时，开始敷设第二趟埋管，当第二趟埋管被埋进约 5 m 时，把第二趟埋管接入瓦斯抽采支管，同时撤去第一趟埋管并封闭接口。采空区埋管抽采示意如图 6 - 35 所示。

3. 顶板走向高位钻孔抽采

1）钻孔设计原则

煤层分段开采之后，上覆直接顶冒落，基本顶随着产生拉伸和剪切破坏，形成冒落带、裂隙带和弯曲下沉带，在冒落带和裂隙带产生大量的采动孔隙，其采动空间透气性显著提高，甚至增加数千倍，采空区上部因顶板垮断形成了两个“断裂弧”区域，为瓦斯富集提供了大量空间，同时由于其采动裂隙之间是相互沟通的，存在一系列的采动裂隙通道，为卸压瓦斯抽采提供了良好的基础。邻近层和底部卸压煤体中卸压瓦斯扩散，由采动形成的孔隙和原生孔、裂隙组成的瓦斯流动通道从压力高的区域流向压力低的区域。采空区顶板走向钻孔的设计原理是在开采煤层的上覆布置钻孔，终孔点位于冒落带上方的裂隙带中，既能够尽量保持钻孔不被破坏，又能够抽采到高浓度瓦斯。

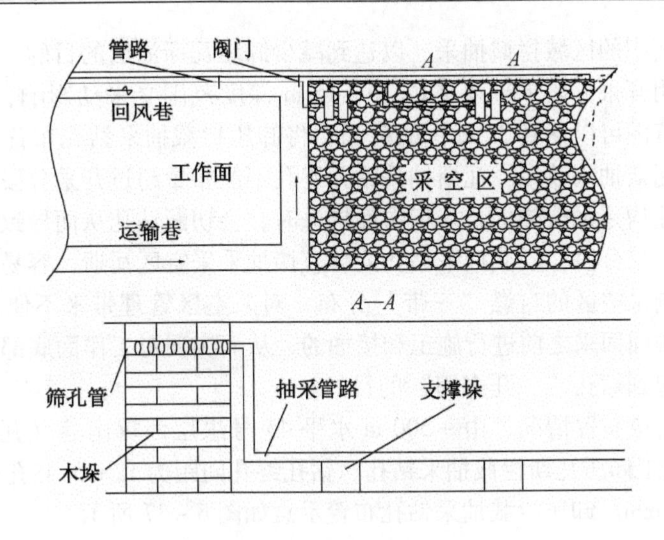

图 6-35 采空区埋管抽采示意图

2）钻孔布置参数

根据工作面布置情况，在回风巷每隔 90 m 施工一个高位抽采钻场。该钻场内 6 个高位钻孔分两排布置，上排 3 个钻孔，终孔高度距离巷道底部 20 m，钻孔间距为 5 m；下排 3 个钻孔，终孔高度距离巷道底部 10 m，钻孔间距 3 m，孔径 113 mm，封孔深度 6 m。顶板走向高位抽采钻孔布置示意如图 6-36 所示。

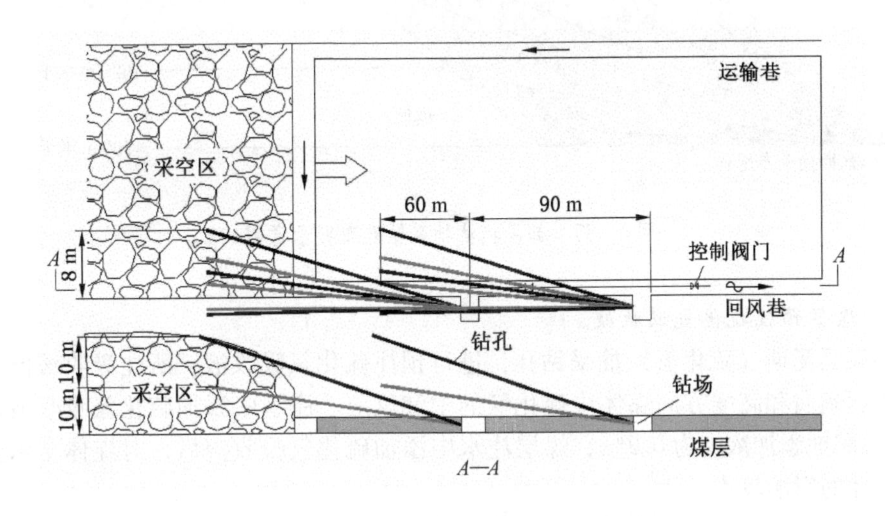

图 6-36 顶板走向高位抽采钻孔布置示意图

4. 卸压拦截钻孔抽采

急倾斜煤层分段进行回采作业时，由于应力传递，造成工作面下部煤体受到采动影响而形成采动裂隙，煤体中的大量吸附瓦斯解吸形成游离瓦斯，通过采动煤岩孔裂隙涌向回采空间。为了减少开采分段底部卸压带煤体中的卸压瓦斯对采空区瓦斯进行及时补给，在开采分段下部煤体中布置瓦斯抽采专用巷，在专用巷中布置顺层钻孔对开采分段下部卸压煤体瓦斯实施大面积的区域拦截抽采，以达到减少卸压瓦斯涌出的目的。

现场试验表明开采分段下部煤体内 10 ~ 15 m 深度范围受采动影响，采动裂隙发育，而采动最大影响范围可以达到 35 m 深的范围，将卸压拦截抽采钻孔布置在该区域范围内能够取得较好的瓦斯抽采效果。瓦斯抽采钻孔终孔不能布置超过开采分段高度，其原因之一是拦截抽采钻孔均是采前施工，待工作面推进时，会切断钻孔从而导致钻孔失效，另外如果直接施工至开采分段，拦截抽采钻孔能够直接抽采采空区瓦斯，容易改变工作面漏风量，从而直接影响采空区的自燃“三带”分布，对采空区管理带来不便。卸压拦截抽采钻孔通常是在工作面回采之前进行施工和接抽的，从而实现对工作面底部煤体采前预抽和采中卸压抽采，起到钻孔“一孔多用”的目的。

根据工作面巷道布置情况，由 + 500 m 水平 45 号煤层西翼南巷（瓦斯抽采专用巷）向 + 570 m 水平施工卸压瓦斯拦截抽采钻孔，钻孔终孔间距为 12 m，终孔标高距离开采分段 5 m，孔径 113 mm。卸压拦截抽采钻孔布置示意如图 6 – 37 所示。

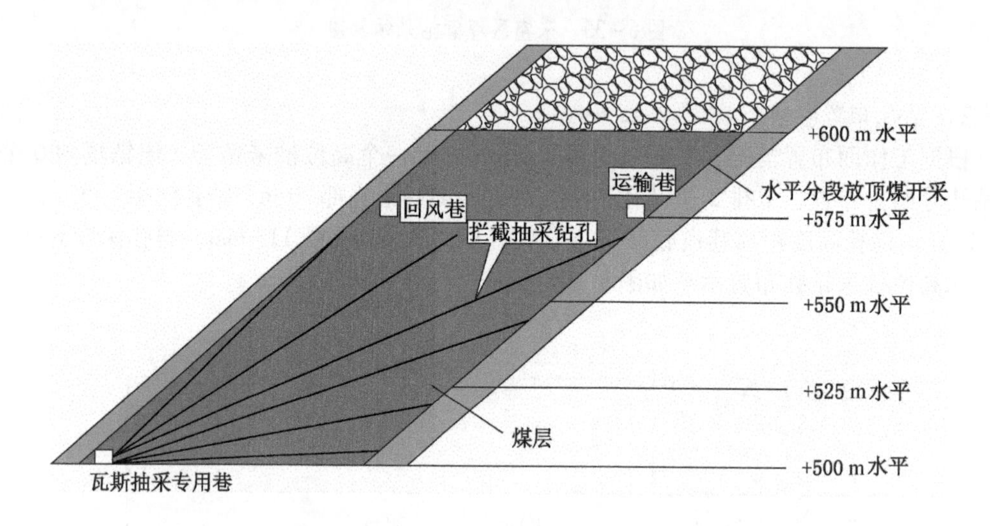

图 6 – 37　卸压拦截抽采钻孔布置示意图

6.4.2.2　煤层预注硫化氢吸收液

利用煤层瓦斯（硫化氢）抽采钻孔，进行预注硫化氢吸收液，所注吸收液能同时满足对工作面倾向和高度方向煤体中硫化氢的中和反应。注水中添加硫化氢吸收液浓度为 1.2%，湿润剂添加浓度为 0.2%；煤层注水中添加硫化氢吸收液后，对煤体全水分增量及湿润半径的影响较小。

乌东矿 + 575 m 水平 45 西翼运输巷预注吸收液的工艺参数：运输巷断面煤壁施工注液孔，钻孔间排距为 4 m，封孔深度大于 3 m，注吸收液压力 4 ~ 7 MPa，煤体注水中添加吸收液浓度及湿润剂浓度分别为 1.8%、0.2%，注水流量 20 ~ 22 L/min，单孔注水时间 250 ~ 360 min，单孔注水量 5.43 ~ 7.89 m^3，煤体注水后湿润半径达 2.5 m 左右。

此外，为进一步增加预注效果，矿井同时采用深孔松动爆破措施提高预注硫化氢吸收液以降低采掘工作面硫化氢涌出浓度。

工作面采取超前预注吸收液技术，有效吸收煤体中的硫化氢，减少工作面落煤过程中硫化氢涌出，避免工作面因硫化氢超标而停产或降低采煤机割煤及支架放煤速度，影响工作面高产高效开采。同时向顶煤中注入高压水，起到致裂、软化煤体的作用，减少冲击地压发生，增加顶煤可放性，保障工作面高产高效开采。

6.4.2.3 喷洒硫化氢吸收液

矿井在 +575 m 水平 45 西翼采煤工作面硫化氢涌出源头处，采用喷洒吸收液吸收与风流扩散方向上的拦截净化相结合的技术，对开采扰动涌出的硫化氢进行治理，布置示意如图 6－38 所示。喷液压力为 8 MPa，喷洒吸收液浓度为 0.9%；采煤机滚筒处的喷液流量为 150 L/min 左右，下风流适合开启 3 道跟踪喷雾装置，其单道流量控制在 20 L/min 左右；放煤口喷雾流量为 60 L/min 左右，其下风流方向上适合开启 3 道拦截喷雾，单道喷雾流量为 40 L/min 左右，上隅角喷雾流量控制在 70 L/min 左右；回风巷适合开启 2 道喷雾，单道喷雾流量控制在 70 L/min 左右。

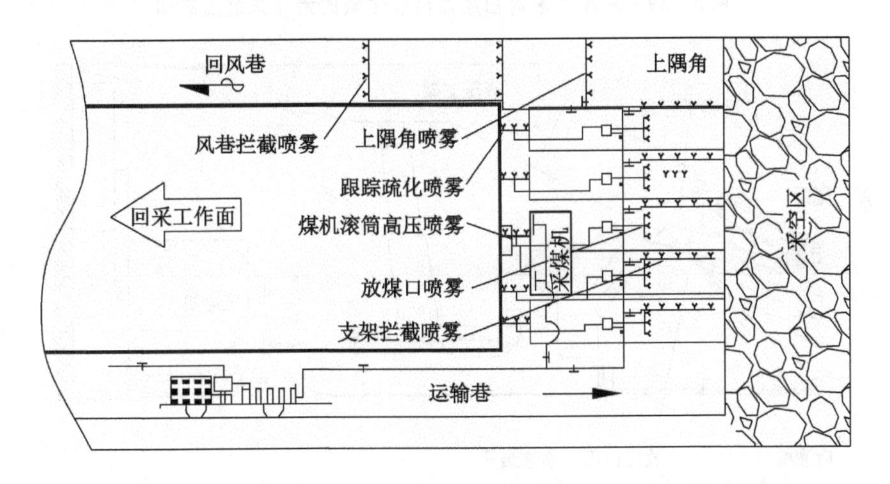

图 6－38 喷洒吸收液治理采动涌出硫化氢的系统布置示意图

在采煤机割煤过程中，对前溜槽上方分别开启 1 道、2 道、3 道拦截喷洒吸收液装置降低硫化氢效果进行了试验；在支架放煤过程中，对后溜槽上方分别开启 1 道、2 道、3 道拦截喷洒吸收液装置降低硫化氢效果进行了研究。

1. 采煤机割煤过程中喷洒硫化氢吸收液

在采煤机上下风侧安装喷向滚筒方向的高压外喷吸收液装置，利用其喷出的吸收液水雾，在滚筒割煤产生硫化氢源头处对其包围吸收；同时利用安装在支架伸缩梁上的硫化氢源自动跟踪喷洒吸收液装置，实现对煤机滚筒割煤产生随风流向外扩散的硫化氢的拦截净化吸收。采煤机滚筒割煤涌出硫化氢的治理系统如图 6－39 所示。

2. 放煤过程中喷洒硫化氢吸收液

在煤层硫化氢抽采及预注吸收液吸收的基础上，采用在支架尾梁两个千斤顶下方正对放煤口位置上布置安装喷洒中高压吸收液装置，利用其形成的能有效包围覆盖放煤口空间的吸收液水雾，从产生源头上就地吸收硫化氢，正对放煤口喷洒吸收液装置安装示意如图 6－40 所示。对于仍然有向外扩散的硫化氢，通过在支架尾梁下方靠近下风侧布置安装喷洒吸收液装置，对支架后部随风流扩散的硫化氢进行拦截捕获并净化吸收，达到在放煤过

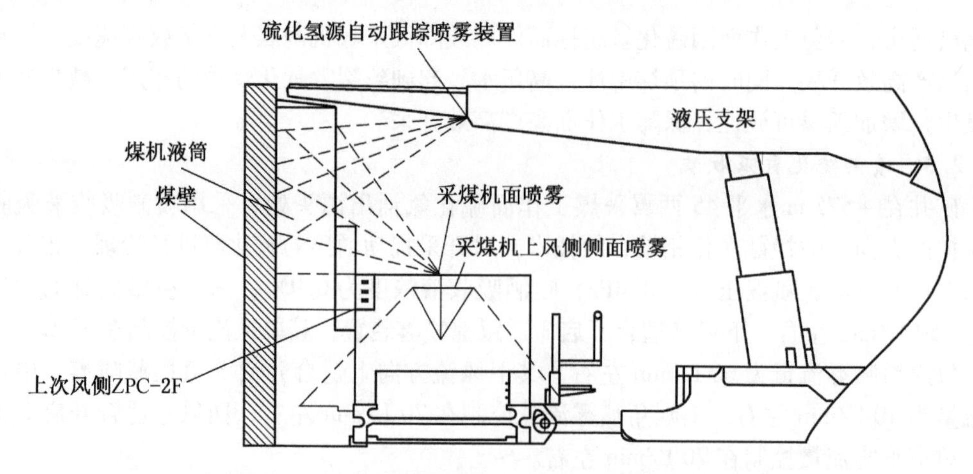

图6-39 采煤机滚筒割煤涌出硫化氢的治理系统示意图

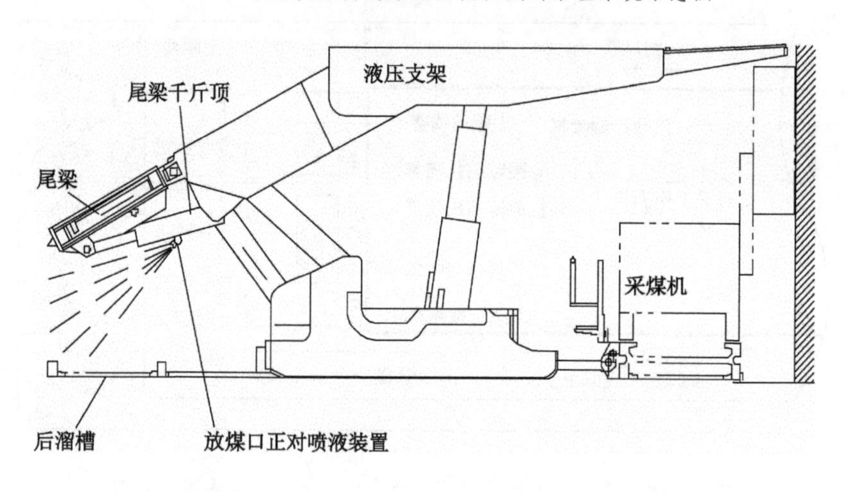

图6-40 正对放煤口喷洒吸收液装置安装示意图

程中有效降低硫化氢涌出的目的，进而减少随风流扩散至上隅角及回风巷的硫化氢浓度，放煤口向外扩散硫化氢拦截喷洒吸收液如图6-41所示。

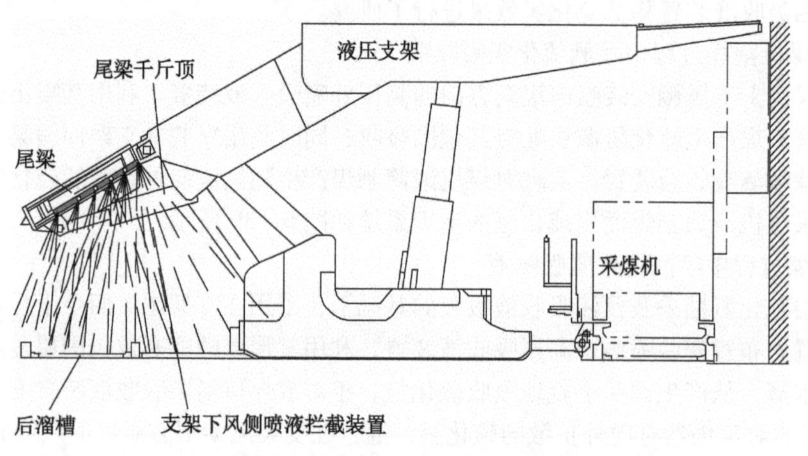

图6-41 放煤口向外扩散硫化氢拦截喷洒吸收液示意图

3. 回风隅角及回风巷喷洒硫化氢吸收液

综放工作面回风隅角硫化氢来源主要为支架放煤、后溜槽运煤以及后转载机落煤等扰动涌出来的硫化氢随风流扩散而来；回风巷硫化氢来源主要为支架放煤及煤机割煤涌出的硫化氢随风流扩散而来。上隅角及回风巷硫化氢治理技术措施在上述煤层硫化氢抽采及预注吸收液降低煤体硫化氢含量的基础上，通过在上隅角及回风巷分别布置喷洒吸收液拦截装置，利用其形成的吸收液水雾对扩散在断面空间中的硫化氢进行拦截并吸收净化，达到治理硫化氢的目的。回风隅角及回风巷喷洒吸收液技术系统布置如图 6－42 所示。

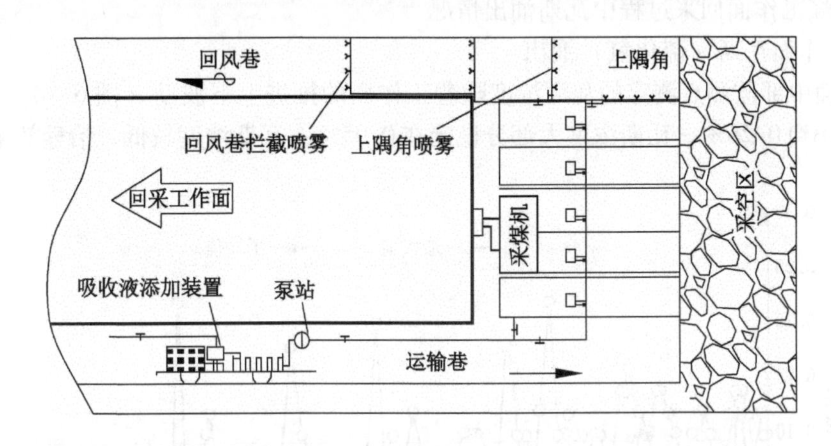

图 6－42　回风隅角及回风巷喷洒吸收液技术系统布置示意图

矿井除了采取上述硫化氢综合治理措施以外，选取合理的采放比与工艺控制开采强度也有利于降低瓦斯、硫化氢气体涌出。采煤机割煤速度（强度）、支架放煤强度，采煤机割煤、支架放煤及拉溜 3 种工序的并行程度均为硫化氢涌出的影响因素。适合乌东矿 +575 m 水平 45 号煤层西翼采煤机割顶煤速度为 1.6 m/min 左右（单架割煤时间控制在 60 s 左右），采煤机割底煤速度为 3 m/min（单架割煤时间控制在 30 s 左右），支架放煤强度应控制在 220 t/h 左右，采煤机割煤、支架放煤、拉溜工序应分开进行。对于煤层瓦斯、硫化氢含量高的区域，适度降低采放比、控制开采强度也能有效降低瓦斯及硫化氢涌出量。

此外，在开采过程中要及时掌握顶板冒落情况、工作面压力变化情况、架后是否存在悬顶等矿压显现情况，利用综放工作面微震、地应力在线监测系统等手段实施监测工作面的采场压力变化情况；当监测到工作面出现压力异常时，及时撤出作业人员，采取卸压解危措施，防止工作面出现突然冒顶、压出大量硫化氢气体导致熏人事故的发生，充分发挥矿压监测系统在生产过程中的指导作用。利用矿井监控系统建立硫化氢气体监测报警平台，实现井下监测点硫化氢浓度为 6.6×10^{-6} 时监控报警。

6.4.3 矿井瓦斯（硫化氢）治理效果

通过对乌东矿特厚煤层大采放比瓦斯、硫化氢协调综合防治实践，形成了以卸压瓦斯拦截抽采为主，以顶板走向高位钻孔抽采、采空区埋管抽采、本煤层顺层抽采为辅的急倾斜厚煤层瓦斯高效抽采技术体系；同时预注、喷洒硫化氢吸收液与煤尘协调治理，解决了制约急倾斜煤层大采放比条件矿井高产、高效的瓦斯、硫化氢及煤尘等灾害治理难题。下

面以乌东矿 +575 m 水平 43 号煤层西翼综采工作面为例进行瓦斯（硫化氢）治理效果介绍。

1. 钻孔预抽效果

顺层长钻孔进行煤体瓦斯预抽，抽采初期单孔最大瓦斯浓度可达 90%，单孔最大抽采纯量为 1.39 m^3/min，百米钻孔最大抽采纯量达到 0.66 m^3/min，多数抽采钻孔瓦斯浓度长期达到 50% 以上。预抽之后，对工作面可解吸煤层瓦斯含量进行现场测定，测得最大可解吸瓦斯含量为 2.63 m^3/t，平均可解吸瓦斯含量为 1.53 m^3/t，预抽效果显著。

2. 采煤工作面回采过程中瓦斯涌出情况

1）工作面瓦斯（硫化氢）涌出

工作面中部监测点测定的瓦斯浓度随着工作面的推进上下波动（图 6－43），瓦斯浓度最大值达到 0.26%，瓦斯浓度大部分稳定在 0.05%，瓦斯浓度较低，治理效果较好。

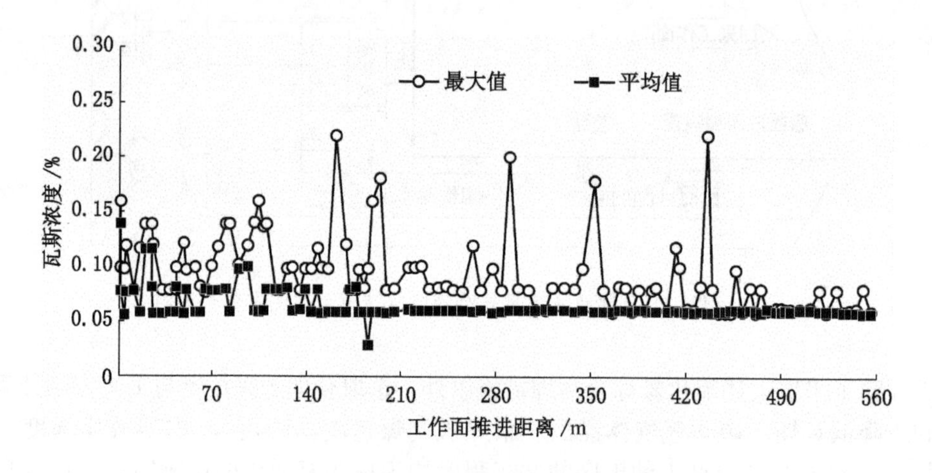

图 6－43　工作面瓦斯浓度变化曲线

硫化氢的吸收效率达到 84% 以上；总粉尘及呼吸尘降尘效率分别达到 91.2% 和 89.7% 以上（司机处呼吸尘浓度降至 2.9 mg/m^3，符合国家规定的限值要求）；采煤机高压外喷吸收液及支架上的跟踪喷洒吸收液前后，司机处粉尘浓度平均值由原始的 141.7 mg/m^3 降至 12.5 mg/m^3，降尘效率达到 91.2%；采煤机下风流 3 m 处粉尘浓度平均值由原始的 372.5 mg/m^3 降至 21.7 mg/m^3，降尘效率达到 94.2%。

2）工作面回风巷瓦斯涌出

工作面回采过程中的回风流瓦斯涌出量如图 6－44 所示。工作面开始回采期间瓦斯涌出量较大，最大为 4.3 m^3/min，随着工作面的推进以及采空区埋管、顶板走向高位钻孔和下部煤体进行瓦斯抽采后，瓦斯涌出量有所减小。回采期间，回风巷瓦斯浓度平均值基本控制在 0.3% 以下，瓦斯浓度最大值控制在 0.5% 以下。

3）工作面回风隅角瓦斯涌出

工作面回采时回风隅角瓦斯浓度如图 6－45 所示。整个工作面回采过程中，回风巷上隅角瓦斯浓度最大值为 0.59%，上隅角瓦斯浓度平均值控制在 0.3% 左右，瓦斯治理效果显著。随着工作面的推进，在 0～140 m 范围内上隅角瓦斯浓度逐渐增加，随之，瓦斯浓度降低。在工作面推进 300～440 m 的过程中上隅角瓦斯浓度突然增大，根据统计对比发现这期间工作面推进度较大，煤炭产量较多，上隅角瓦斯涌出量位于安全范围之内。

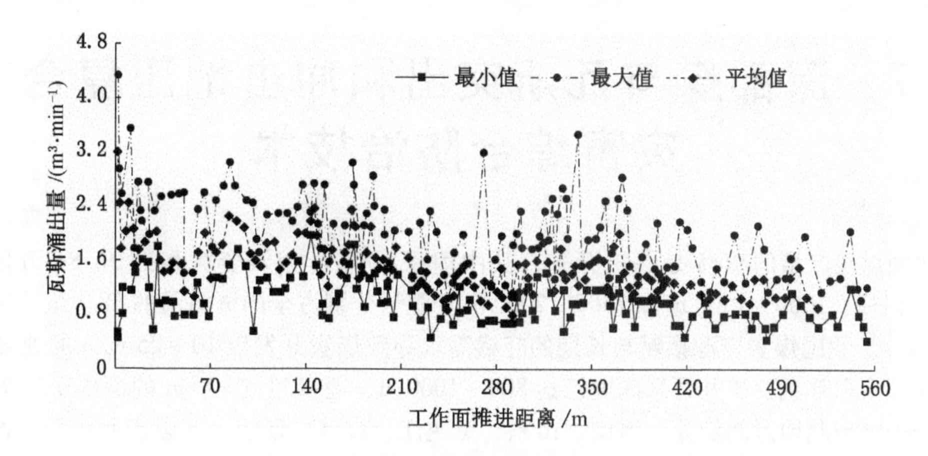

图 6-44　回风流瓦斯涌出量变化曲线

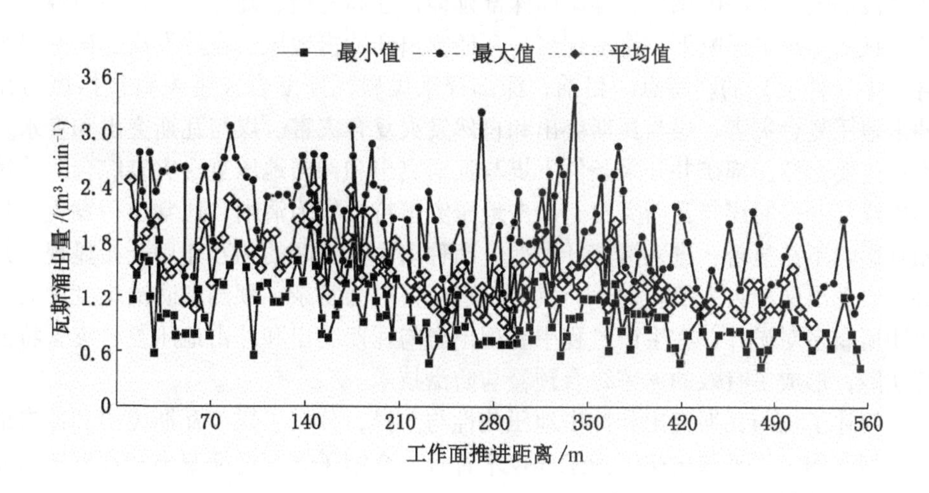

图 6-45　回风隅角瓦斯浓度变化曲线

4）安全生产情况

整个工作面在生产期间未发生瓦斯超限事故，平均日进尺 3.9 m，最大日进尺达到 9.50 m；平均日产量 1683.12 t，最大日产量达到 4030.00 t；累计安全推进 533 m；实现原煤产量 26.08 万 t；抽采瓦斯总量 1.31 Mm^3。

7 深部煤与瓦斯突出和冲击地压复合灾害综合防治技术

我国煤炭产量的90% 是井工开采，其中埋深 2000 m 以浅资源量约 36.81 万亿 m^3，1000 m 以浅、1000 ~ 1500 m 和 1500 ~ 2000 m 资源量分别占全国资源量的 38.8%、28.8% 和 32.4%。我国煤炭资源禀赋与长期的旺盛需求导致煤炭开发以 10 ~ 25 m/a 的速度向深部转移，中东部主要矿井开采深度已达 800 ~ 1000 m，埋深超过 800 m 的深部矿井集中分布在华东、华北地区的江苏、河南、山东、黑龙江、吉林、辽宁、安徽、河北 8 个省；预计在未来 20 年我国将有部分煤矿进入 1000 ~ 1500 m 的开采深度。

随着浅部煤炭资源的减少，煤矿向深部延伸，在高瓦斯、高地应力、高地温、高水压和强开采扰动等环境影响下，将呈现煤与瓦斯突出和冲击地压、自然发火、矿井突水等灾害复合发生（伴生）的新特点。目前，深部开采煤岩瓦斯复合灾害主要包括煤与瓦斯突出和冲击地压复合灾害、煤与瓦斯突出和自然发火复合灾害、煤与瓦斯突出和突水复合灾害。本章主要介绍深部矿井开采条件下煤与瓦斯突出和冲击地压复合灾害综合防治技术。

煤矿浅部开采时煤与瓦斯突出、冲击地压灾害特征较为清晰，通常单一发生，相互作用、相互影响不甚显著；进入深部开采后，两种动力灾害间的相互作用开始显现，并呈加剧态势，表现出两种灾害复合发生，发生机理变得更为复杂，预测和防治难度增大。平煤神马集团所属多对矿井，在生产过程中表现出煤与瓦斯突出和冲击地压复合灾害特征，通过研究实践，形成了有效的灾害综合预警与防治技术。

本章简述了煤与瓦斯突出和冲击地压共性与差异，分析了煤与瓦斯突出和冲击地压复合灾害典型案例，以平顶山矿区为工程技术背景，介绍了煤与瓦斯突出和冲击地压复合灾害综合监测预警及防治技术。

7.1 煤与瓦斯突出和冲击地压复合灾害特点

7.1.1 煤与瓦斯突出和冲击地压共性与差异

煤与瓦斯突出和冲击地压两种灾害既有共性，也有各自的特性。就其主要特征而言，都是煤岩介质突然破坏引起的动力现象，都是煤岩所组成的力学系统在外界扰动下发生的动力破坏过程，两种灾害都可分为孕育、激发、发展和终止 4 个阶段。但就灾害的发生条件、能量来源和破坏形式等存在明显的差异。

1. 煤与瓦斯突出与冲击地压的相同点

（1）都是由于煤岩体受力而导致煤岩系统变形并进一步引发煤岩体的局部破坏。

（2）都是由于力学系统平衡被打破时，释放的能量大于所消耗的能量，剩余的能量转化为煤岩抛出、围岩震动的动能。

（3）破坏过程均快速而猛烈。

（4）均在高应力区域或采掘过程中发生。

2. 煤与瓦斯突出与冲击地压的不同点

1）能量来源不同

冲击地压（不管是否考虑瓦斯作用）的主要能量是煤岩系统的弹性势能，而煤与瓦斯突出过程中的能量主要来自系统的瓦斯内能和弹性势能。

2）灾害发生各阶段的能量耗损不同

突出的激发阶段，弹性能对煤体的破坏起主要作用，瓦斯主要起非力学作用；激发后煤体的破碎和抛出主要靠瓦斯内能，即需满足破坏的连续进行条件。而冲击地压始终是以煤岩系统所释放的弹性能为主，激发后的剩余能量主要消耗于矿山的震动能。

3）破坏形式不同

冲击地压主要是在固体力作用下的脆性压剪破坏，而突出则存在压剪和拉伸两种形式，尤其在发生过程中，突出主要以瓦斯作用下的拉伸破坏为主。

4）表现特征不同

冲击地压可抛出部分煤体，也可不抛出，但突出均有煤体的抛出搬运作用。冲击地压一般存在较为强烈的矿压显现，而突出一般没有，即使有，也很小。冲击地压可形成孔洞，但很浅，突出孔洞一般可以延伸较深。突出可以呈现循环性，而冲击一般不呈现循环性。冲击地压一般存在矿震、顶底板的大范围断裂、冲击气浪等现象，而突出一般没有明显矿震等现象。

5）发生区域不同

冲击地压一般发生在应力较高（或应力集中）、煤岩硬度较大的采掘区域，而煤与瓦斯突出一般发生在煤质较软或者煤层中具有软分层、瓦斯含量和压力较大的区域。

冲击地压的发生也伴随瓦斯浓度超标，但瓦斯涌出浓度一般低于10%，而煤与瓦斯突出时的回风流瓦斯浓度远远大于冲击地压发生时的瓦斯浓度。

7.1.2　煤与瓦斯突出和冲击地压转化机制

冲击地压、煤与瓦斯突出均为煤岩介质突然破坏引起的动力现象，均为煤岩所组成的力学系统在外界扰动下发生的动力破坏过程。两种灾害均可分为孕育、激发、发展和终止4个阶段，但就灾害发生条件、能量来源和破坏形式等，两者存在明显的差异。在灾害的孕育激发过程中，瓦斯主要以体积力的形式作用于煤体。从冲击地压发生的角度来讲，瓦斯的存在将对煤体的冲击倾向性产生影响，但两种灾害的破坏失稳能量均以煤岩的弹性应变能为主。

当灾害激发后，在忽略瓦斯作用的条件下，如地应力可以继续破碎并抛出煤体，即灾害的激发、发展始终是以地应力为主导的，则根据其表现特征可分为冲击地压、煤的挤出等，但这种灾害往往只是很短暂地连续进行或根本不可能连续进行，即持续性很弱，其表现特征为即使可形成孔洞也很浅，难以向深部延伸。因为在灾害激发时一定范围内的地应力已经发生了相当程度的耗散，应力集中的条件已难以形成。

当灾害激发后，瓦斯压力和地应力的综合作用（瓦斯压力起主导作用）可使煤体中孔裂隙扩展破坏，即失稳破坏后，新暴露煤体中的瓦斯可以撕裂并抛出煤体，否则将发生以瓦斯内能为主导的突出。也就是说，新暴露煤体如满足突出发展的条件，则灾害激发后将发生以瓦斯内能为主导的煤与瓦斯突出。

冲击地压可看作是煤与瓦斯突出的孕育激发阶段，如果接续的发展仍是以应力主导，即为冲击地压，这种灾害发展的可持续性低；如果瓦斯能量满足突出发展的连续条件，即可转化为煤与瓦斯突出。因此，煤与瓦斯突出、冲击地压两种灾害形式的演化过程统一用图 7－1 表示。

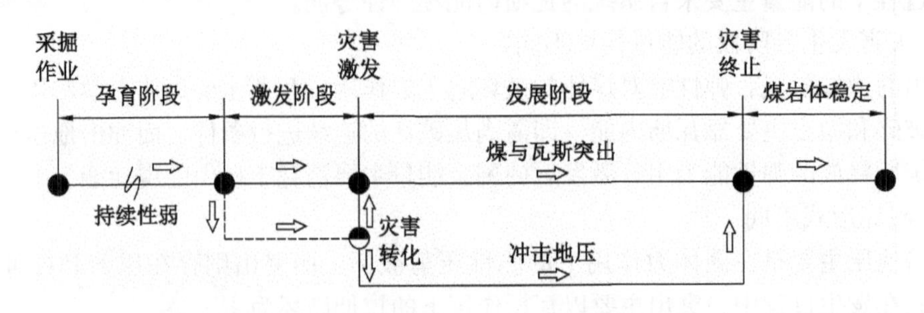

图 7－1　煤与瓦斯突出和冲击地压演化过程

煤与瓦斯突出和冲击地压的发生一般从以下 3 个方面进行分析：瓦斯、应力和煤岩体的物理力学性质。高瓦斯煤层冲击地压与突出的本质区别在于瓦斯参与程度不同，同时还应考虑采深、瓦斯等条件变化所带来的应力和煤岩体本身物理力学性质的变化的影响。两者的诱发转化机制也主要从以上几个方面分析。

冲击地压向煤与瓦斯突出转化主要应满足突出发生的瓦斯条件，即相应采掘和地质环境条件下的瓦斯状况；其次还有由于应力变化所带来的煤体物理力学性质的变化。对发生冲击地压的煤层，应力条件是可以满足激发突出要求的，当在其相应采掘和地质环境条件下的瓦斯含量（瓦斯压力）达到一定程度，且由于环境变化导致的煤体物理力学性质的变化满足突出发生条件，即可转化而发生突出。

煤与瓦斯突出向冲击地压转化主要应满足冲击地压发生的应力条件、相应采掘和地质环境条件下煤体的物理力学性质。特别松软的构造煤一般不具备发生煤层冲击地压煤质条件，而在大采深、高地应力条件下强度较高的煤层，可能具有发生冲击地压和突出的双重危险。同时，不能忽视瓦斯抽采对煤体物理力学性质的影响，高瓦斯、高应力煤层可能具有突出危险性而不具备冲击倾向性，瓦斯抽采后，突出危险性减弱，冲击倾向性却可能增加。

7.1.3　煤与瓦斯突出和冲击地压复合灾害典型案例

案例一

2005 年 6 月 29 日，平煤集团十二矿己七三水平回风下山煤巷掘进过程中由于爆破引起一起煤与瓦斯突出和冲击地压复合灾害。事故发生的己七三水平回风下山位于己七采区下部，巷道埋深 880～1039 m，煤岩层走向 105°、倾向 15°，煤岩层倾角 8°～20°，平均倾角 12°；煤层赋存稳定，平均厚度 3.5 m，煤层节理裂隙较发育；煤的破坏类型为Ⅱ～Ⅲ，煤尘爆炸指数 31.7%，半光亮型煤，煤种牌号为焦肥煤；煤层水分 3.7%，灰分 13.0%，挥发分 28.4%；视密度 1.33 t/m^3，坚固性系数 0.4～1.5，瓦斯含量 18～25 m^3/t，瓦斯压力 2.8 MPa。煤层直接顶为深灰色砂质泥岩，厚度 7～12 m，复合顶板厚度约 1.3 m；煤层底板为灰黑～黑色砂质泥岩，内含植物化石碎片，厚度约 1.5 m。三水平回风下山掘进位置巷道埋深约 1100 m，巷道处于李口大向斜翼部下段，受构造应力影响严重，根据测算，该处巷道的原岩应力中垂直应力为 30 MPa，最大水平应力大于 40 MPa。

事故发生时回风流瓦斯浓度 9.9%，抛出煤体约 81 m^3，涌出瓦斯约 1605 m^3，吨煤瓦斯涌出量 19.81 m^3。伴随巨大声响且顶底板有较大震动掉渣现象，巷道顶板发生明显沉降，左帮和底板外鼓，支架弯曲变形，抛出物上部全部为岩石块，无明显分选性，内部有少量碎煤，且在突出煤层中未见瓦斯通道，抛出物表面未见煤尘堆积（事故现场情况如图 7－2 所示），是煤与瓦斯突出和冲击地压复合灾害。

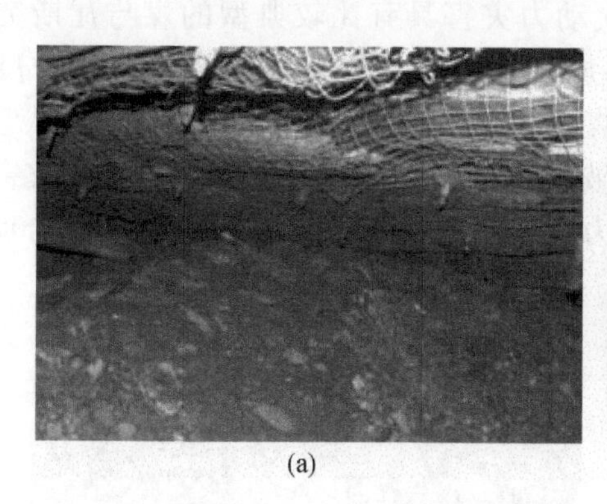
(a)

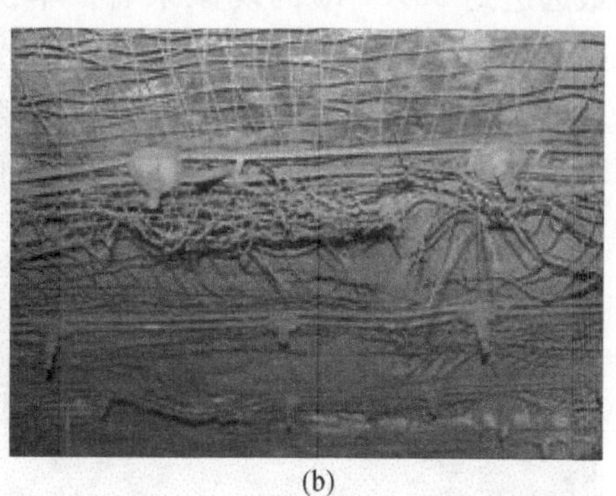
(b)

图 7－2　平煤集团十二矿事故现场部分照片

案例二

2007 年 11 月 12 日，平煤集团十矿已$_{15-16}$－24110 回采工作面靠近回风巷一侧发生了一起以冲击地压为主导因素的煤与瓦斯突出事故，造成 12 名工人遇难。

已$_{15-16}$－24110 回采工作面位于平煤集团十矿已$_4$ 采区东翼第四阶段，西靠采区 3 条下山，东邻十二矿井田边界，南邻已$_{15-16}$－24090 工作面采空区，北部尚未开采。该工作面埋深 880～1039 m，煤层平均厚度 3.0 m，倾角 8°～23°。对应的上部煤层已回采，煤层组间距 180 m，下部平均间距为 5 m 的已$_{17}$煤层厚 2 m，尚未回采。煤层瓦斯放散初速度 $\Delta P = 13.22$ mmHg，煤的坚固性系数 $f = 0.29$，瓦斯压力 2 MPa，局部存在软煤层，煤层具有突出危险性。工作面开切眼斜长 256 m，有效走向长度 785 m，平均采高 3.0 m。工作面于 2007 年 8 月 28 日开始回采，至事故发生时已推进约 90 m。

事故发生后煤的堆积方面，从工作面距离运输巷 240 m 的突出口（采煤机后滚筒所在位置）开始，运输巷方向的突出煤流长度为 280 m 左右：突出口向运输巷方向 240 m 范围内堆煤厚度 1.8～2.0 m，距支架顶高度 0.8～1.0 m，其中在前方 38 m 范围煤炭基本堵严；从开切眼向运输巷外 25 m 范围内，巷道堆煤高度 1.6～2.2 m，距巷道顶高度由里向外为 0.8～1.4 m；运输巷从开切眼向外 25～40 m 范围内，抛出煤呈斜坡堆积；再向外 89.7 m 范围有煤尘沉积；从突出点向回风巷方向仅有少量片帮落煤而无堆煤现象。巷道破坏方面：运输巷内设备、电缆完好，运输巷与工作面交叉口处无明显的动力现象，巷道支护、超前支护完好，运输巷距开切眼口 275 m 处的 18 架隔爆水棚无一袋破损；在回风巷距开切眼 37 m 范围内巷道底板出现大量裂缝，裂缝宽度 3～250 mm，最大裂缝在开切眼向外 15 m 处，裂缝宽度达到 250 mm；从开切眼至风巷向外 40 m 有底鼓现象，最大底鼓量

500 mm；在距开切眼 128 m 的风巷范围内有多处单体支柱圆木梁压裂、折断或翻滚，以及多根锚杆拉断；在回风巷距开切眼 223. 5 m 处，绞车基础底鼓 100 mm，并向开切眼方向位移 100 mm，其上帮压柱在距顶板下 2. 1 m 处压断；在回风巷距开切眼 117 m 处的隔爆水袋无破损。在瓦斯方面：涌出瓦斯约 40000 m^3，工作面回风巷内瓦斯传感器最大显示浓度 9. 95%，回风巷外瓦斯传感器最大显示浓度 8. 73%，运输巷附近的偏 Y 巷瓦斯传感器最大显示浓度 8. 53%。

在此次煤岩瓦斯动力灾害中，仅从抛出煤量 2000 t、煤流堆积长度 280 m、煤尘沉积范围最远达到 369. 7 m 的现象来看，本次动力灾害具有比较典型的煤与瓦斯突出特征。从突出瓦斯量 40000 m^3，吨煤瓦斯涌出量仅 20 m^3，回风巷与偏 Y 巷瓦斯浓度都在 10% 以下等特征来看，此次动力灾害不具有煤与瓦斯突出的典型特征——涌出。从巷道顶底板出现大量裂缝、底鼓、巷道支护损毁等破坏情况来看（图 7 - 3），此次动力灾害具有冲击地压的特征。从以上特征来看，此次动力灾害是煤与瓦斯突出和冲击地压复合动力灾害。

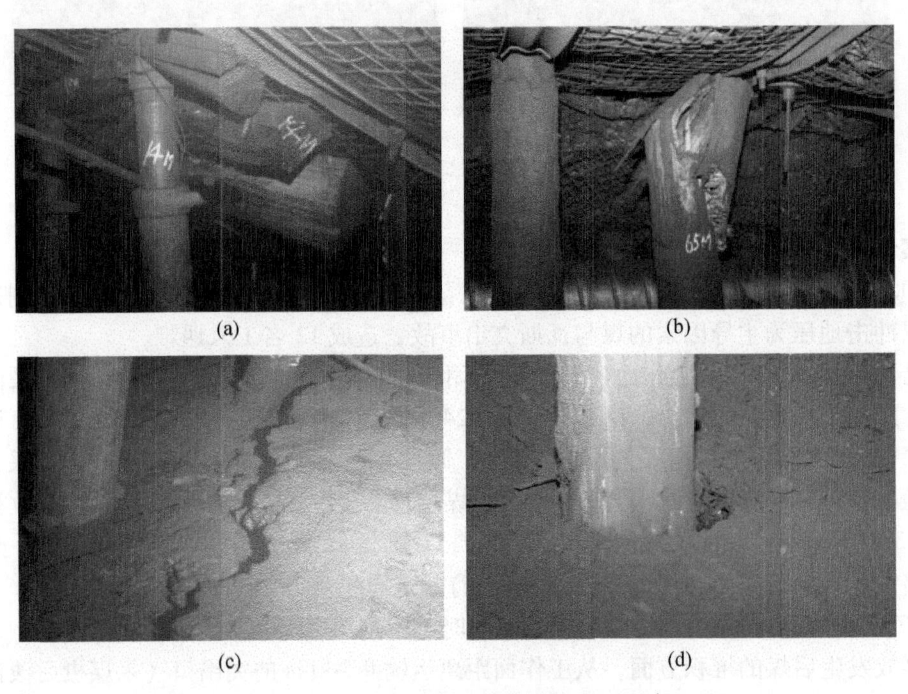

(a)　(b)　(c)　(d)

图 7 - 3　平煤集团十矿事故现场部分照片

案例三

2011 年 11 月 8 日，江西煤业集团沿沟矿发生一起石门揭煤特大型煤与瓦斯突出并诱发底板岩层冲击地压。

事故发生地点为沿沟矿的三水平 31 采区 - 330 m 石门揭 8_2 号煤层和二水平 25 采区 25812 工作面底板运输巷（ - 270 m 标高），两者空间距离 139 m。31 采区为沿沟矿新开拓深部三水平采区，为双翼走向采区，平均走向长 900 m，垂高 205 m，东部为 30 采区，西部为涌山矿。31 - 330 石门揭煤地点处于井田急倾斜向斜构造东南翼中部煤层倾角增大部位，向斜西北翼遭F8逆冲断层组切割破坏，构造应力发育，所揭八$_1$号煤层平均厚度4 m，倾角64°；-270 m标高实测该煤层瓦斯压力1.06～1.17 MPa、瓦斯含量13.75～15.08 m^3/t，煤的坚固性系数0.14～0.24，煤的瓦斯放散初速度14～24 mmHg，为严重突出煤层。矿井已发生41次突出，最大强度2400 t，平均强度125.6 t。25采区位于31采区上部二水平，25812采煤工作面开采25采区东翼八$_1$号煤层。该采煤工作面同标高的上覆近距离（13.6 m）八$_2$号煤层及下伏远距离（68 m）七号煤层均已开采。八$_1$号、七$_2$号煤层之间存在10～15 m厚坚硬粉砂岩，其抗压强度65.3～71.4 MPa，平均抗压强度68.4 MPa。

经勘查，此次动力现象有如下特征：

（1）石门爆破引起突出造成大量瓦斯急剧涌出，实测最大瓦斯浓度达70%，涌出瓦斯约2.02×10^5 m^3，吨煤瓦斯涌出量32.56 m^3。

（2）石门揭煤抛出大量煤体，估算煤量6204 t。抛出煤体具有分选性，抛出煤体上有厚度为0.1～0.3 m的浮煤，存在明显的瓦斯气体搬运抛出煤特点。抛出煤体外端的堆积角小于10°，堆积煤体与巷道顶板之间有气流通道，抛出煤体破碎程度较高。

（3）石门突出地点上部二水平25采区25812采煤工作面及底板运输岩巷出现动力破坏效应，伪斜布置的25812采煤工作面中下部煤层与底板存在3 cm左右缝隙，其对应的6～8号联络底板岩巷段巷道断面减小1/3～2/3，底鼓严重，存在冲击波破坏效应，如底板岩巷内用于掘进采煤工作面联络巷的电源开关被推移与电缆被拉断、风筒及压风自救被破坏等。

事故专家勘查分析认为，此次事故为揭煤爆破导致的煤与瓦斯突出，瞬间释放大量的弹性能，导致底板岩层破断，诱发底板岩层冲击地压，是典型的煤与瓦斯突出和冲击地压复合灾害。

案例四

新义矿12011工作面两巷沿煤层底板掘进，采深617 m，煤层瓦斯含量8.38～12.84 m^3/t。

2009年7月11日，在运输巷掘进过程中，发生一起底板断裂型冲击地压诱发煤与瓦斯突出事故。经勘查，此次事故有如下特征：

（1）冲击地压后瓦斯异常涌出，最高浓度达11%，1 h后降到1%以下，瓦斯涌出总量约1480 m^3，没有煤体突出。

（2）工作面退后15 m有一条裂缝，宽约6 cm、长约8 m、可探深度约1 m，巷道底鼓0.6 m（最大），具有典型的底板破断冲击特点。

该工作面局部砂岩底板破断冲击强度不高，单独作用一般不会发生冲击地压，工作面虽具有煤与瓦斯突出危险性，但瓦斯压力和含量不高，一般不会发生煤与瓦斯突出。此次动力现象发生的原因为底板发生了冲击破坏，又诱发了局部煤层中残存的瓦斯异常涌出，是典型的煤与瓦斯突出和冲击地压复合灾害。

7.1.4　煤与瓦斯突出和冲击地压复合灾害规律

根据对全国部分矿区高瓦斯煤层发生冲击地压和突出的调研分析发现，随着采深的增加和开采强度的不断加大，煤与瓦斯突出和冲击地压复合灾害日趋增多，尤其是含瓦斯煤层发生的动力灾害往往表现出兼具煤与瓦斯突出和冲击地压两种灾害的特征，如平煤集团十矿、十二矿和阜新矿区五龙矿、王营矿、海州立井（孙家湾矿）等。通过分析可知，此类复合灾害的表现特征如下：

（1）与典型的煤与瓦斯突出灾害的发生过程相比，瓦斯的参与程度有所降低。灾害发生后，吨煤瓦斯涌出量一般不大，远小于一般意义上的煤与瓦斯突出事故的 80 ~ 150 m^3，如河南平煤矿区复合灾害吨煤瓦斯涌出量一般为 20 m^3 左右、黑龙江龙煤集团的一起复合灾害的吨煤瓦斯涌出量仅为 5.7 m^3。灾害发生后回风巷瓦斯浓度一般较低，远低于煤与瓦斯突出事故的 80% ~100%，平煤集团十二矿、老虎台矿、新义矿等发生复合灾害后回风巷瓦斯浓度为 10% 左右。

（2）随着采深的增加，地应力逐渐增大，在灾害的发生过程中地应力的作用凸显。由调研资料可知，灾害发生的地点埋深大，一般超过 800 m，伴有巨大的声响、震动、巷道破坏、顶板下沉断裂、顶底板出现裂缝、底鼓或有煤壁片帮、外移支架歪斜、折损等矿压显现。

（3）随着采深的增加和地应力的增大，同等强度的煤体在深部表现出明显的软化特征，在浅部条件下难以发生突出事故的强度较高煤体，在深部条件下也可以发生类似突出事故。例如平煤矿区煤的坚固性系数 $f=0.4\sim1.5$、淮南丁集矿煤体中等硬度的情况下，均发生了灾害事故。

表 7－1 为我国 61 个千米深瓦斯矿井中冲击地压矿井比例情况。由表 7－1 可以发现，千米深瓦斯矿井中冲击地压矿井超过一半，千米深瓦斯矿井中约有 10 处矿井兼具冲击地压和煤与瓦斯突出的危险。

表 7－1　我国 61 个千米深瓦斯矿井中冲击地压矿井比例

矿井瓦斯等级	矿井数/个	比例/%	冲击地压矿井数/个	冲击地压矿井比例/%
低瓦斯矿井	35	57.4	19	54.3
高瓦斯矿井	8	13.1	4	50.0
煤与瓦斯突出矿井	18	29.5	10	55.6
合计	61	100	33	54.1

（4）与单一灾害的动力现象相比，复合动力灾害更猛烈，动力过程可连续演化数次，如平顶山十二矿“6・29”事故躲避硐室的工人听到连续 3 次脆性声音。复合灾害造成的破坏性更大，如老虎台矿近年来发生的两次有人员伤亡的煤与瓦斯突出均由冲击地压所致。

（5）灾害发生地点一般处在地质构造区附近，如安徽淮北芦岭煤矿“5・13”事故发生在 II1046 回采工作面遇到大断层重新做开切眼后推进的初采期间，南山矿复合灾害发生的区域也处于断层带附近。

（6）复合灾害易诱发瓦斯爆炸等一系列连锁的重大事故，如孙家湾矿因复合灾害诱发了瓦斯爆炸。

深部开采条件下，复合灾害新的表现特征可以概括为：①具有一定的孔洞；②抛出煤炭距离较远，抛出煤岩无明显的分选性；③煤层地应力大，动力灾害的发生以应力为主导；④抛出煤量大，吨煤瓦斯涌出量较小，风流逆转现象不明显；⑤动力灾害发生点的巷道出现裂缝、底鼓或有煤壁外移等明显的矿压显现状况；⑥动力灾害发生地点均处在地质构造带。

由于复合灾害成因复杂，发生过程中多种因素相互交织，在灾害孕育、发生、发展过程中可能互为诱因，互相转化，或产生“共振”效应。与单一动力灾害相比，复合灾害发生的门槛可能更低，发生时的强度可能更大、更猛烈，易导致突发性重大灾害事故。在一种动力灾害附加动力作用下，另一种动力灾害可能提前发动，使得人们疏于防范。在预测问题上，以往制定的针对单一动力灾害的预测指标可能会失去作用，预测后已判定为安全的煤层，可能还会发生动力灾害；在防治问题上，以往制定的针对单一动力灾害的防治方法可能会失去作用，防治后已判定为安全的煤层，可能还会发生动力灾害。

7.2 煤与瓦斯突出与冲击地压复合灾害综合防治技术

7.2.1 复合灾害综合监测预测技术

对于复合灾害的预测，既要通过预测确定可能发生动力灾害的危险等级，又要通过预测区分动力灾害的可能类型，因此必须实现对煤与瓦斯突出、冲击地压及其复合灾害综合预测才能对动力灾害危险性进行预警。

7.2.1.1 钻屑法预测

目前，钻屑法是实现冲击地压、煤与瓦斯突出及其复合灾害一体化预测最简单实用的方法。通过监测每米钻屑量（钻屑粒度）及钻进钻杆动力现象，可以对动力灾害危险性进行预测。

对于煤与瓦斯突出，通过监测每米钻屑量、钻屑瓦斯解吸量 K_1 或 Δh_2 可以对危险性进行预测。《防治煤与瓦斯突出细则》中规定：采用钻屑指标法预测煤巷掘进、回采工作面突出危险性时，预测钻孔（直径为 42 mm）从第 2 m 深度开始，每钻进 1 m 测定该 1 m 段的全部钻屑量 S，每钻进 2 m 至少测定 1 次钻屑瓦斯解吸指标 K_1 或者 Δh_2 值。各煤层采用钻屑指标法预测工作面突出危险性的指标临界值应当根据试验考察确定，在确定前可暂按表 7－2 中的临界值确定工作面的突出危险性。如果实测得到的 S、K_1 或者 Δh_2 的所有测定值均小于临界值，并且未发现其他异常情况，则该工作面预测为无突出危险工作面；否则，预测为突出危险工作面。

表 7－2 钻屑指标法预测煤巷掘进工作面突出危险性的参考临界值

钻屑瓦斯解吸指标 Δh_2/Pa	钻屑瓦斯解吸指标 K_1/$(mL \cdot g^{-1} \cdot min^{-0.5})$	钻屑量 S	
		质量/$(kg \cdot m^{-1})$	体积/$(L \cdot m^{-1})$
200	0.5	6	5.4

对于冲击地压动力灾害，《防治煤矿冲击地压细则》中规定：采用钻屑法进行局部监测时，钻孔参数应当根据实际条件确定。记录每米钻进时的煤粉量，达到或超过临界指标时，判定为有冲击地压危险；记录钻进时的动力效应，如声响、卡钻、吸钻、钻孔冲击等现象，作为判断冲击地压危险的参考指标。全国部分煤矿冲击地压钻屑量临界指标的参考值见表 7－3。

表7-3　全国部分煤矿冲击地压钻屑量临界指标的参考值

矿井名称	钻屑量临界指标
耿村矿	$S_0=2.5$ kg/m
东滩矿	$l\leqslant4$，$S_0=4$ L/m；$4<l\leqslant7$，$S_0=6$ L/m
龙凤矿	$l<4$，$S_0=3.5$ kg/m；$4\leqslant l\leqslant6$，$S_0=4$ kg/m；$l>6$，$S_0=6$ kg/m
跃进矿	$S_0=5$ kg/m
千秋矿	$S_0=3.5$ kg/m；$S<3.5$ kg/m，无冲击危险；3.5 kg/m$\leqslant S<6$ kg/m，中等冲击地压危险；$S>6$ kg/m，严重冲击地压危险
常村矿	$S_0=3.9$ kg/m
济二矿	$1\leqslant l<5$，$S_0=3.5$ kg/m；$l\geqslant5$，$S_0=6$ kg/m
济三矿	$1\leqslant l<4$，$S_0=3.36$ L/m；$4\leqslant l<7$，$S_0=4.4$ L/m
赵各庄矿	$l<4$，$S_0=3$ kg/m；$l\geqslant4$，$S_0=4$ kg/m
平顶山十一矿	$l<4$，$S_0=4$ kg/m；$l\geqslant4$，$S_0=6$ kg/m
老虎台矿	$S<4$ kg/m，无冲击地压危险；$S\geqslant4$ kg/m，有冲击地压危险
宝积山矿	$1<l<5$，$S_0=3.1$ kg/m；$5\leqslant l\leqslant10$，$S_0=4.4$ kg/m
龙家堡矿	$3<l<4$，$S_0=3.5$ kg/m；$4\leqslant l<7$，$S_0=4$ kg/m；$l>10$，$S_0=5.54$ kg/m
星村矿	$l\leqslant4$，$S_0=2.3$ kg/m；$l>4$，$S_0=2.8$ kg/m
良庄矿	$1<l<2$，$S_0=4.7$ kg/m；$3<l<5$，$S_0=6.3$ kg/m；$6<l<9$，$S_0=9.4$ kg/m
新安矿	$1<l<3$，$S_0=3.93$ kg/m；$4<l<7$，$S_0=8.38$ kg/m；$l>8$，$S_0=6.87$ kg/m
北徐楼矿	$S_0=4.0$ kg/m
阳城矿	$S_0=3.68$ kg/m

注：l 为钻孔深度，m；S_0 为钻屑量临界指标，kg/m、L/m。

对于单一冲击地压问题，钻杆钻进过程中摩擦受力会产生钻头、钻孔及钻粉温度升高，而对于煤与瓦斯突出，发生前由于瓦斯的解吸会产生降温现象，因此温度可能是冲击地压、煤与瓦斯突出复合灾害监测的一个重要敏感指标。为此，潘一山教授团队研制了钻头温度、钻孔温度测试装置。钻头温度测试装置结构如图7-4所示，钻孔温度测试装置结构如图7-5所示。

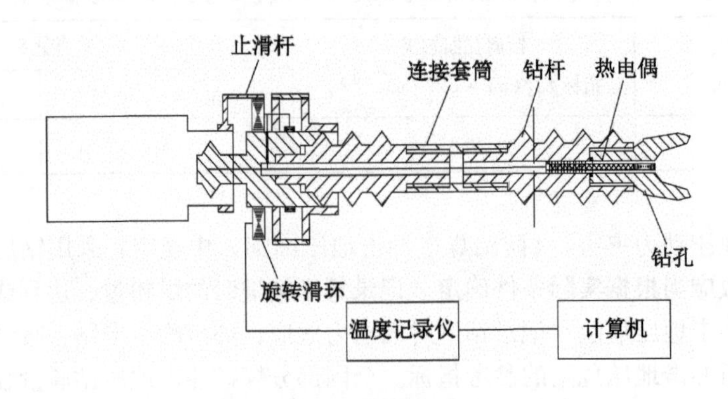

图7-4　钻头温度测试装置结构

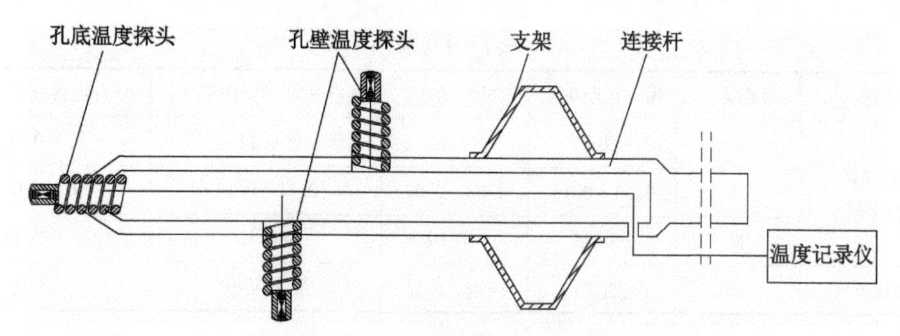

图7-5　钻孔温度测试装置结构

将监测的钻孔温度衰减数据与时间进行拟合，曲线如图7-6所示，得出钻孔温度与时间的关系大致为$T=at^b$。其中，a反映煤体应力集中程度；b为负值，其绝对值大小反映解吸速率。当a值较大，b的绝对值较小时易发生冲击地压；当a值较小，b的绝对值较大时易发生煤与瓦斯突出。

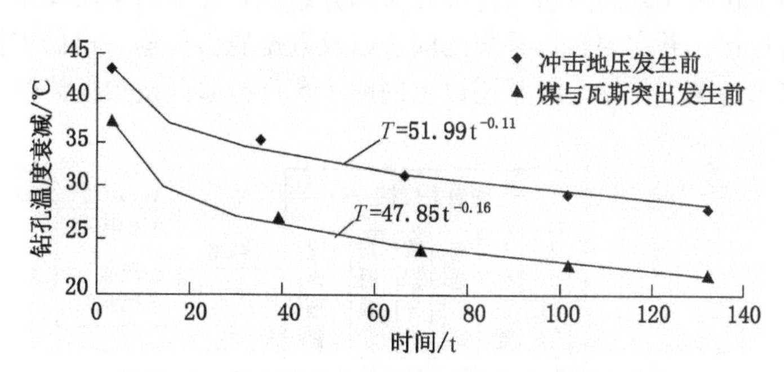

图7-6　复合灾害发生前钻孔温度衰减拟合曲线

针对不同灾害类型（每种类型划分为3个危险等级），并通过长期测试确定平煤集团八矿动力灾害的分类分级危险指标（对于不同矿井该指标应根据现场具体环境进行考察确定），见表7-4。

表7-4　平煤集团八矿钻屑法多参量分类分级危险指标

监测指标	危险类别	煤与瓦斯突出	冲击地压	复合灾害（突出主导）	复合灾害（冲击主导）
钻屑量 S/(kg·m^{-1})	Ⅰ	<6	<3.5	<5.5	<4.5
	Ⅱ	6~9	3.5~5	4.5~6	5.5~7.5
	Ⅲ	>9	>7.5	>6	>5
钻屑粒度/%	Ⅰ	>20	<31	>24	<27
	Ⅱ	20~15	31~35	24~20	27~30
	Ⅲ	<15	>35	<20	>30
相对钻屑温度/℃	Ⅰ	>-7	<17	>-4	<7
	Ⅱ	-19~-7	17~32	-13~-4	7~17
	Ⅲ	<-19	>32	<-13	>17

表 7－4（续）

监测指标	危险类别	煤与瓦斯突出	冲击地压	复合灾害（突出主导）	复合灾害（冲击主导）
钻屑温度衰减指数 b	Ⅰ	<0.13	<0.08	<0.11	<0.09
	Ⅱ	0.13～0.15	0.08～0.09	0.11～0.13	0.09～0.11
	Ⅲ	>0.15	>0.09	>0.13	>0.11
动力现象		瓦斯喷出	声响、卡钻	瓦斯涌出	卡钻

7.2.1.2　声发射预测

1. 监测系统

利用安装在工作面附近的声发射装备，监测、采集、分析煤岩体内的声发射信号，及时捕捉突出前兆特征信息，根据振铃事件数、能量等预测指标实时判断突出危险性。声发射监测系统架构如图 7－7 所示，系统主要由系列化传感器、声发射监测主机、信号专用传输电缆、地面上位机及处理分析软件等几大部分组成。井下的本质安全型声发射主机之间可以实现扩展连接，并实现数据采集的同步以及数据通信传输。根据工作模式与煤矿条件，声发射主机与地面工作站之间采用以太网或 485 进行通信及数据传输。

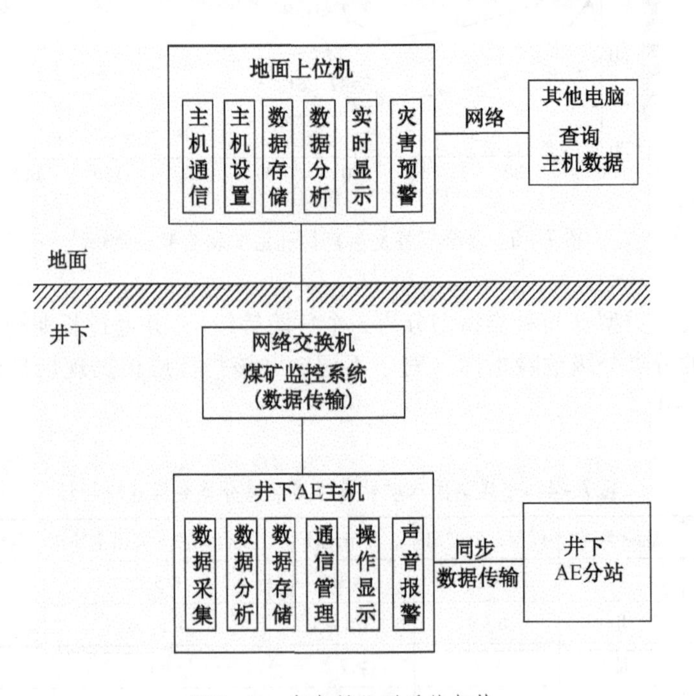

图 7－7　声发射监测系统架构

在功能上，井下主机主要完成声发射信号的完整波形数据或触发波形数据的采集、基本参数的分析、数据的通信管理，以及设备状态、操作的实时显示、报警等功能；地面上位机完成井下设备的通信连接、相关设置，并实现数据的传输存储、参数统计分析、实时显示等功能。声发射监测系统如图 7－8 所示。

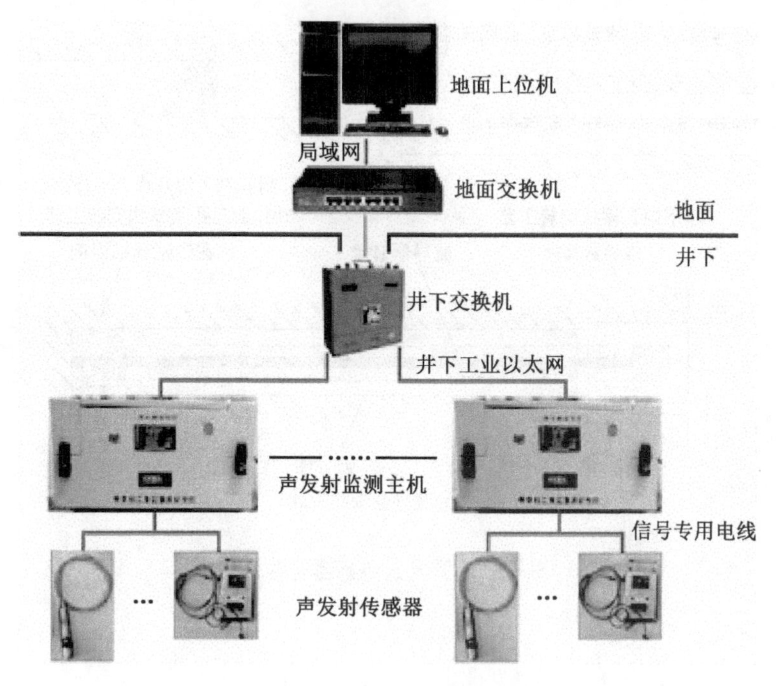

图7-8 声发射监测系统

2. 安装位置

从监测效果分析，采用传感器穿层布设的方式进行煤巷掘进工作面的灾害监测效果较好。在一定的监测步距下，可以实现煤巷条带、采煤工作面的连续动态监测。

传感器的安装位置首选工作面前方一定范围之内（10～50 m），监测前方煤体的采动应力变化和稳定性状态。传感器穿层布置在煤层底板中较为适宜，且与煤层的法距控制在5 m之内。

从煤的坚固性系数角度考虑，当煤的坚固性系数$f<0.2$时，声发射传感器宜安装在顶板岩层内；当煤的坚固性系数$f\geqslant0.2$时，声发射传感器可以安装在岩体内，也可以安装在煤体内。

3. 安装工艺

声发射监测设备对信号的接收效果主要取决于声发射传感器的安装工艺。针对不同监测环境，有下向孔棒状、上向孔叉棒状和锚网巷道波导器3种传感器系列化安装工艺，如图7-9所示。

4. 预警指标

针对煤巷掘进工作面，总结分析动力灾害前兆信息特征，建立单点跳跃模型、群跳跃模型和正常衰减模型3种声发射前兆模型（图7-10），利用安全区域划分的方法对危险性进行判识（图7-11）。

针对回采工作面，通过分析动力灾害前兆信息特征，建立高位离散波动型和高位连续波动型两种回采工作面监测的声发射前兆模型（图7-12），形成以“指标上升幅值法为主，指标临界值法为辅”的危险性判识方法。

平顶山矿区以振铃计数、与能量指标相关联的灾害预警临界值及判识准则如下：

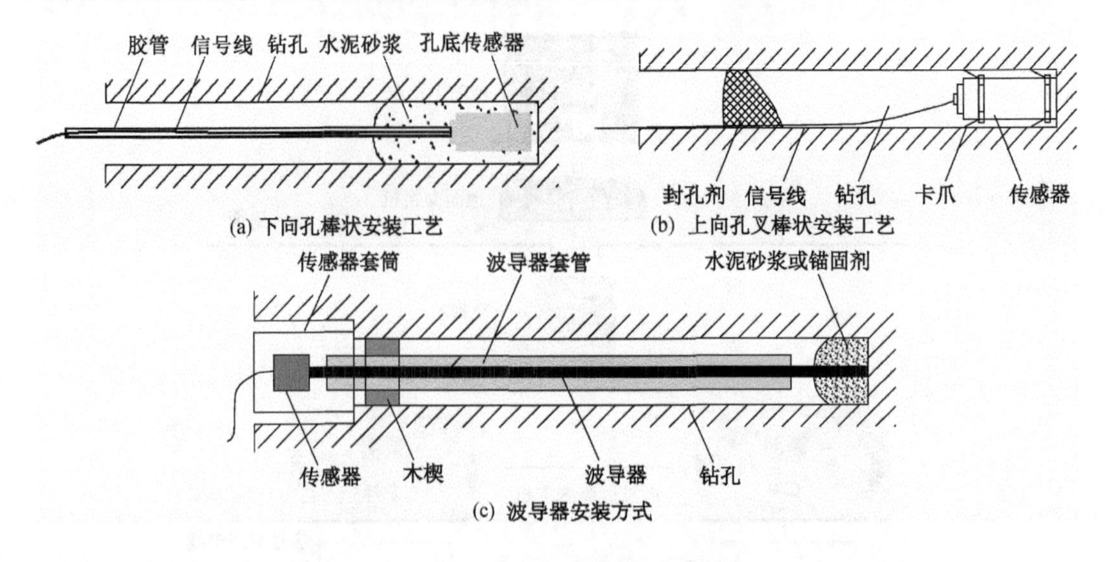

图 7-9 声发射传感器安装工艺

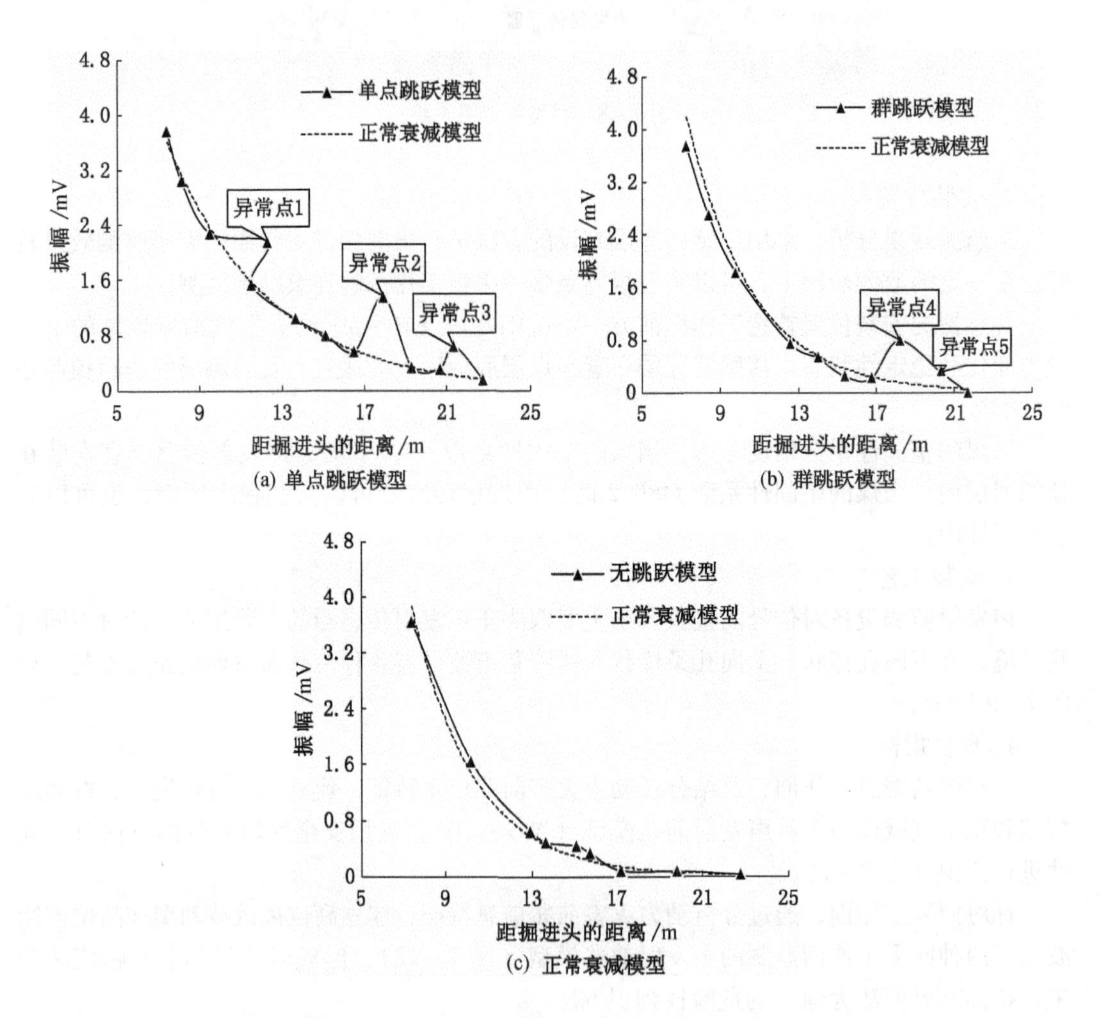

图 7-10 掘进工作面动力灾害声发射前兆模型

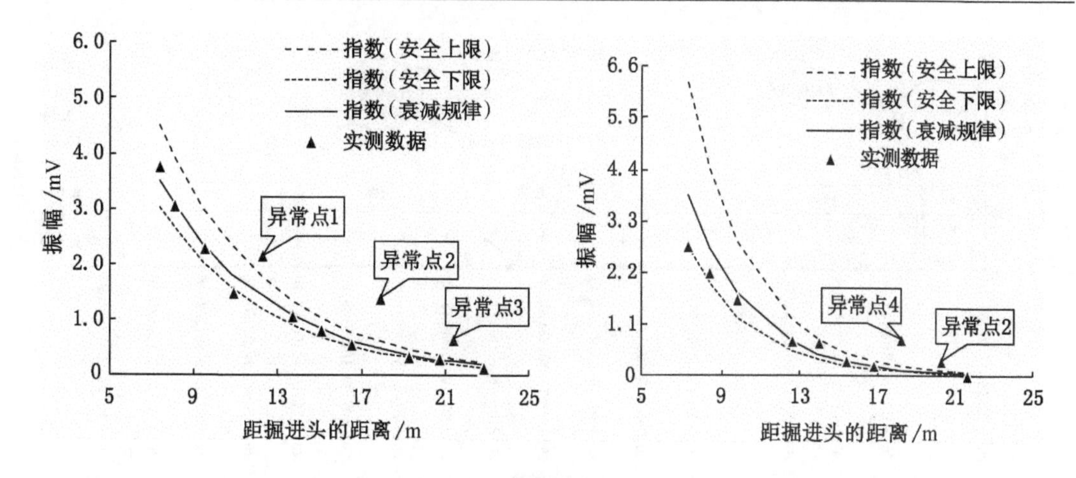

图 7-11　声发射监测区域划分判识

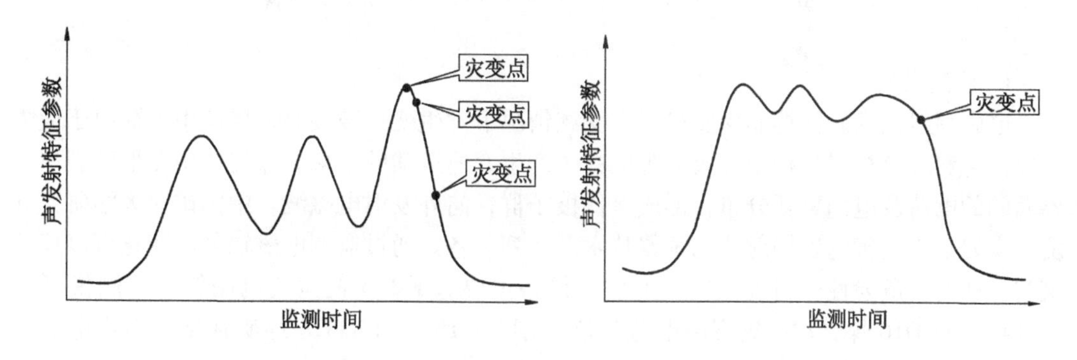

图 7-12　回采工作面动力灾害声发射前兆模型

(1) 正常状态：振铃计数<50 个且能量指标< $5\times10^{3}\ mV^{2}$。

(2) 进入预警状态：振铃计数≥50 个或能量指标≥ $5\times10^{3}\ mV^{2}$。

(3) 三级趋势预警状态：一级：≥临界值→黄色预警；二级：≥1.5 倍一级预警指标→橙色预警；三级：≥1.5 倍二级预警指标→红色预警（灾害临近)。

相对于传统接触式预测技术（钻屑量、钻屑瓦斯解吸指标等），声发射为非接触式预测技术，具有可以连续、实时、动态监测煤岩瓦斯动力灾害的优点，真正实现了非接触预测。

5. 应用效果

声发射监测技术在平煤集团十矿进行了应用，该技术在实时监测过程中均提前捕捉到了异常前兆信息（图 7-13)，提前平均一个班的时间超前反映和警示了工作面可能发生的异常情况，尤其对煤与瓦斯突出和冲击地压复合灾害的超前预警效果显著，整体应用效果良好。

7.2.1.3　电磁辐射监测

研究发现，对于煤与瓦斯突出和冲击地压复合灾害，由于存在瓦斯，电磁辐射监测信号发生很大变化，因而通过电磁辐射能监测复合灾害。

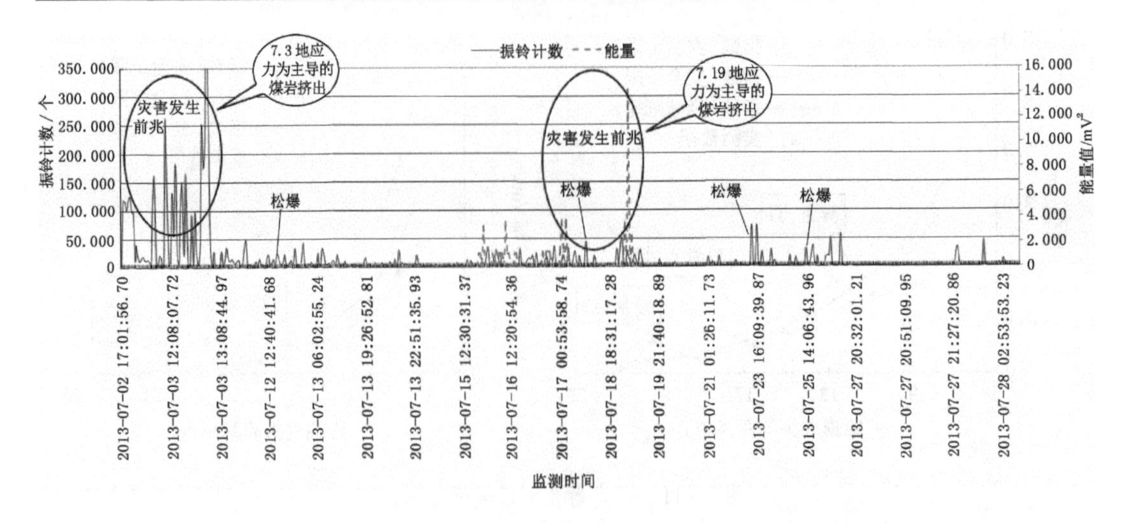

图7-13　平煤集团十矿回采工作面复合灾害预测预报

1. 监测设备

电磁辐射是煤岩体等非均质材料在受载情况下发生变形破裂时，煤体中电荷由于应力诱导极化和裂纹扩展过程中形成的带电粒子产生变速运动的结果。煤岩体中变形破裂单元界面间的电荷及电场重新分布，形成电偶极子群，向外发射电磁波。中国矿业大学研究开发了煤岩动力灾害电磁辐射监测预警技术及系列装备。通过监测电磁辐射的变化可以反映煤与瓦斯突出危险性。目前，应用的监测设备主要有 KBD5 便携式电磁辐射监测仪（图7-14）、YDD16 煤岩动力灾害声电监测仪（图7-15）和 KJ838 煤矿瓦斯突出声电监测系统（图7-16）等。

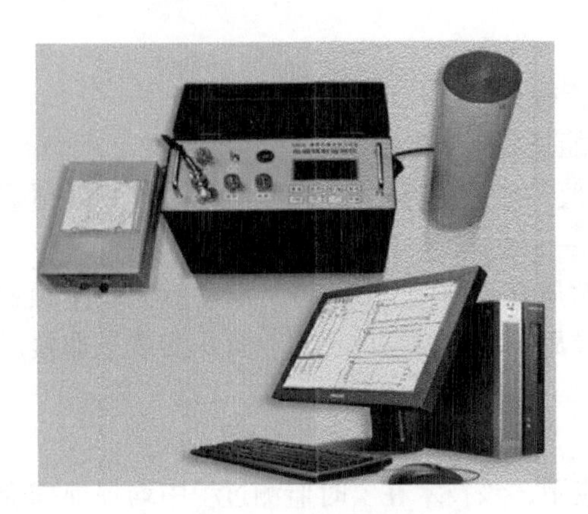

图7-14　KBD5 便携式电磁辐射监测仪

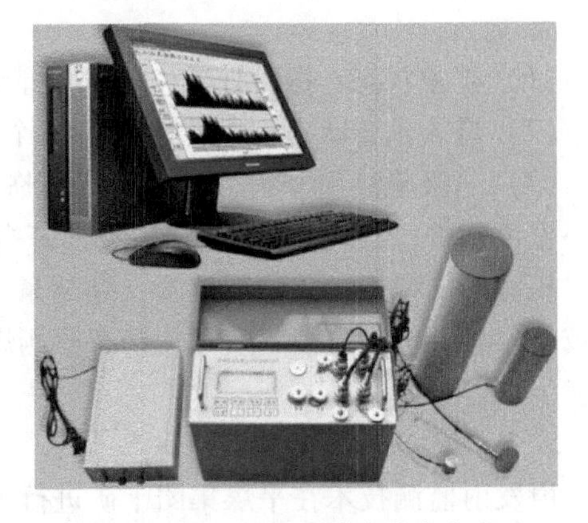

图7-15　YDD16 煤岩动力灾害声电监测仪

KBD5 便携式电磁辐射监测仪可以按照一定的距离或时间间隔对可能发生灾害的地点分别进行多点短时监测，也可以在一个地点进行长时间连续监测，连续监测时间可达8 h，有效监测方向60°，有效的超前预测范围为7～22 m，最大为50 m。YDD16 煤岩动力灾害声电监测仪为4 通道，在具备 KBD5 便携式电磁辐射监测仪的基本功能外，能够对电磁辐

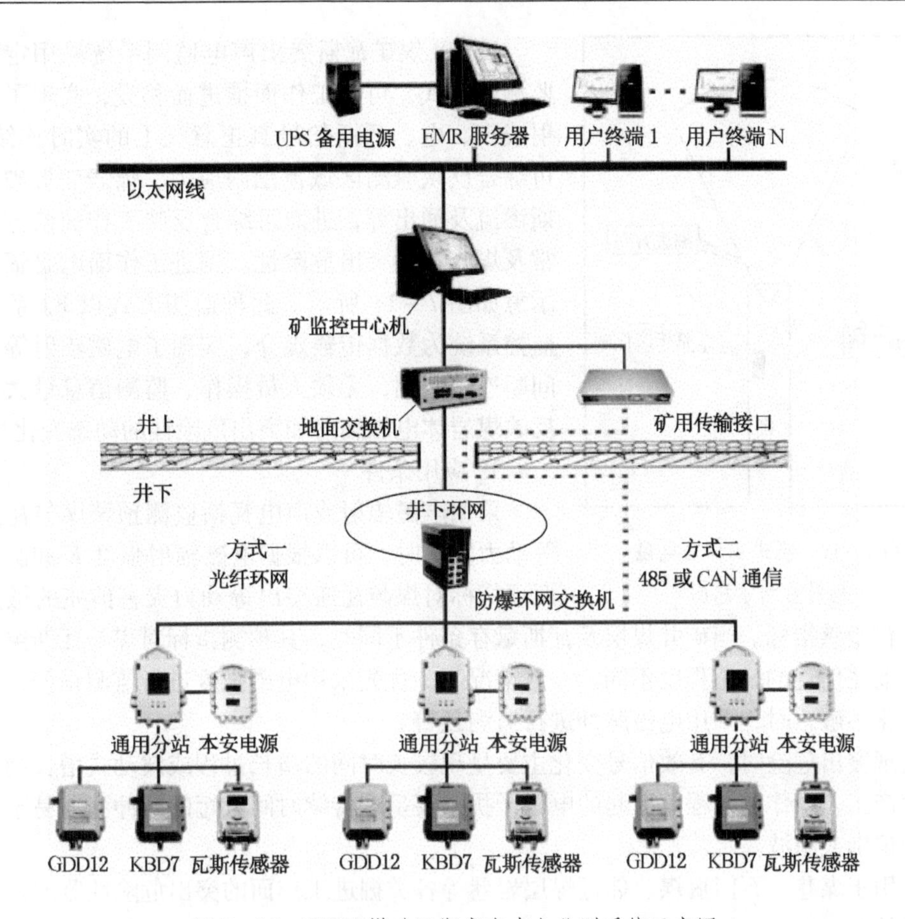

图 7-16 KJ838 煤矿瓦斯突出声电监测系统示意图

射、超低频电磁感应、声发射、微震信号进行监测，能够进行 4 点同类信号同步监测，也可对同点 4 类信号进行同步监测，可进行高速波形采集与记录，能够进行原始波形回放与查看，对信息瞬间特征及灾害演化过程、突变过程信号特征进行分析，确定危险的区域性及动态变化规律。采用临界值法与趋势法相结合进行突出危险性预警。KBD5 便携式电磁辐射监测仪和 YDD16 煤岩动力灾害声电监测仪监测方式具有灵活、机动的特点，可以进行多点、多班次或多天测试，可按地点进行区域分布分析，也可按时间进行变化趋势分析，反映信号或危险性的分布或变化规律，但需要人工测试，监测工作量较大，监测信息量少，适用于大范围多点测试，可按班或天对掘进工作面和回采工作面突出危险性进行测试。大量的试验及应用表明，电磁辐射适用于煤与瓦斯突出、压出、冲击地压和耦合动力灾害的监测预警，前兆响应性好。

KJ838 煤矿瓦斯突出声电监测系统包含 KBD7 电磁辐射监测传感器或 GDD12 煤岩动力灾害声电监测传感器。系统可对电磁辐射、声发射、超低频电磁感应、微震、瓦斯、风速和开关等信号进行实时监测，分析采掘过程中声、电和瓦斯信号的变化，也可以通过瓦斯涌出量反演计算工作面前方瓦斯压力和瓦斯含量参数，通过临界值法与趋势法相结合进行综合预警，也可以单独进行瓦斯动态监测与分析预警。

2. 监测工艺

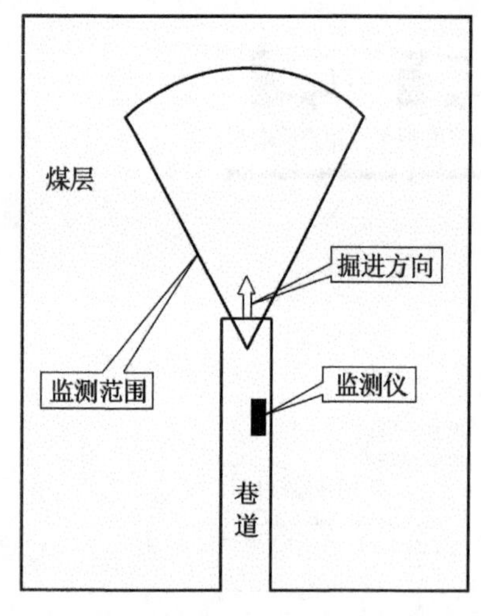

图 7-17　掘进工作面电磁辐射监测示意图

KJ838 煤矿瓦斯突出声电监测系统采用定点连续监测的方式，可随工作面推进而移设，实现了电磁辐射或声、电、瓦斯信号真正意义上的实时连续监测，可综合反映监测区域范围内应力、煤岩变形破裂、瓦斯渗流及涌出等，进而可综合反映工作面前方区域异常及煤与瓦斯突出危险性。掘进工作面电磁辐射监测示意如图 7-17 所示。此种监测方式以 KJ 系列矿井监控系统为数据传输媒介，实现了电磁辐射等信号不间断连续监测，无须人员操作，监测信息量大，可以反映煤岩体电磁辐射和突出危险性的动态变化过程。

3. 应用条件

采用电磁辐射或声电瓦斯监测预警煤与瓦斯突出等动力灾害时，可以根据电磁辐射强度 E 和脉冲数 N 两项指标对煤与瓦斯突出等动力灾害前兆的敏感程度确定最佳敏感指标。当矿井煤层及瓦斯赋存条件不同时，其预测指标对煤与瓦斯突出等动力灾害前兆信息的敏感程度不同。一般情况下，优先采用电磁强度进行监测预警，当电磁强度变化不敏感时，采用电磁脉冲进行监测预警。

出现突出危险时，有效信号变化主要呈现较长时间的增长过程或波动式增长趋势。对于由生产工艺或作业过程等引起的电磁干扰主要呈现持续时间较短的脉冲型，易于通过软件自动识别或滤波。

适用于煤巷、石门揭煤、邻近煤层岩巷等各类掘进工作面的突出危险性监测预警，具有广泛的兼容性和适用性。

4. 应用效果

电磁辐射监测预警突出危险技术及系统已在我国焦作、平顶山、吉林通化等矿区和贵州发耳、新田等多个煤矿进行了应用，效果良好。对工作面前方应力异常、破碎带、构造、高瓦斯区和瓦斯异常涌出等反应敏感，多次有效预警突出危险性（图 7-18、图 7-19）。

在平煤集团十一矿进行试验和应用，电磁辐射监测预警系统对声电指标综合处理后得到综合预警提示次数为 19 次，其中 15 次综合预警对应的瓦斯浓度有明显升高和波动，表明突出危险性增加，综合预警提示准确率为 78.9%。

7.2.1.4　微震监测

通过研究发现，微震系统不仅能监测预警冲击地压灾害，也能监测预警煤与瓦斯突出灾害，由于瓦斯的存在，冲击地压、煤与瓦斯突出复合灾害微震信号有较大差别。因此，采用微震法可以对复合灾害进行一体化监测。

1. 监测系统

利用安装在全矿井内的微震系统监测、采集、分析煤岩体积聚的弹性能和变形能突然释放所产生的震动，及时捕捉复合煤岩动力灾害前兆特征信息，实时自动记录矿震活动，进行震源定位和矿震能量计算，获得开采区域矿震活动的强弱，为评价全矿范围内的动力灾害危险提供依据。微震监测系统架构如图 7-20 所示，系统主要由微震信号记录存储

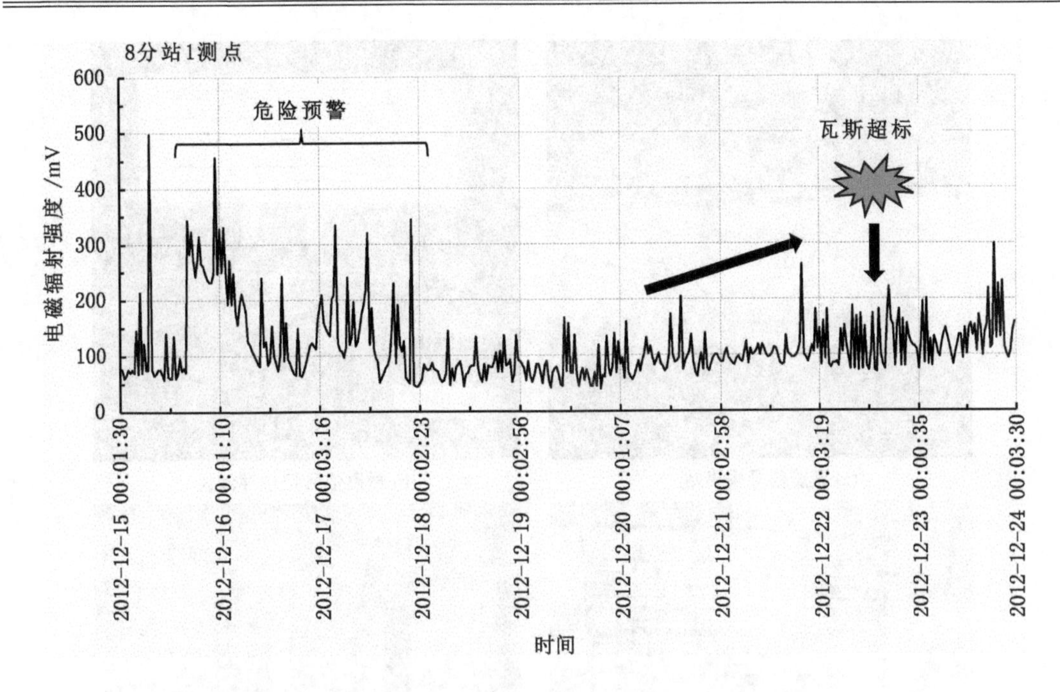

图7-18　KJ838系统监测预警瓦斯异常涌出及突出危险性

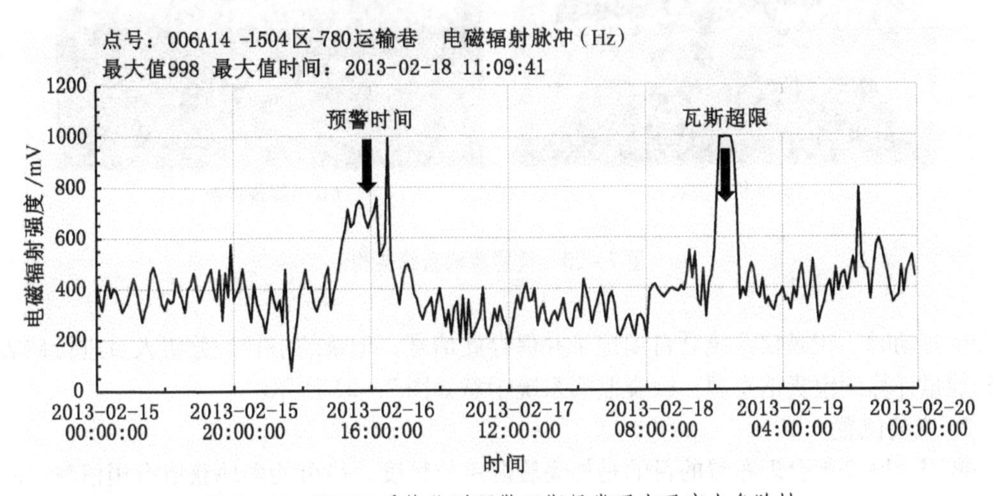

图7-19　KJ838系统监测预警瓦斯异常涌出及突出危险性

仪、微震信号采集站、分析计算机、拾震传感器等组成。该系统采用0.1~600 Hz带嵌入式信号传输模块的震动速度型矿震监测拾震器，采用独立的干线式数据传输系统，进行双向控制传输，可实现拾震器工作状态的远程监控和调试。系统本身抗干扰性能强，系统运行稳定可靠，能实现自动滤波，对干扰信号进行过滤除噪，自动筛选出有效信号。系统可实现监测信息的数字化收集、传输、整理，监测结果准确。系统为区域性监测方法，监测范围广，能实现整个井田范围内全方位、多层位连续监测，定位精度高，误差小。

系统安装完成后，先由井下安装在巷道底板中的检波测量探头收集岩体的震动速度信号，并转化为电信号通过电缆传输到地面主站，信号采集站对信号进行采集、放大和转换。

(a) 微震信号采集站

(b) 微震信号记录存储仪

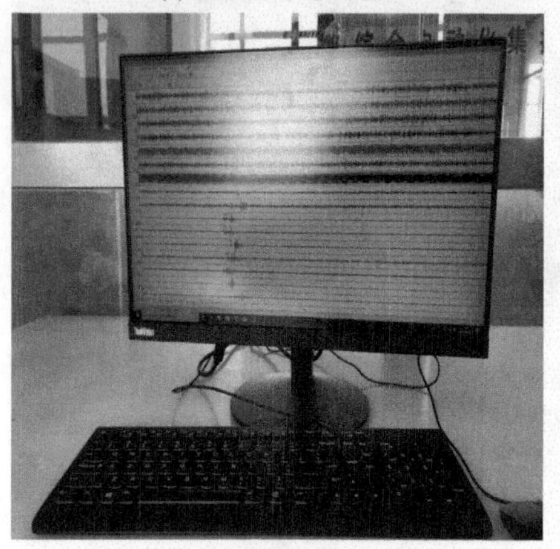

(c) 分析计算机

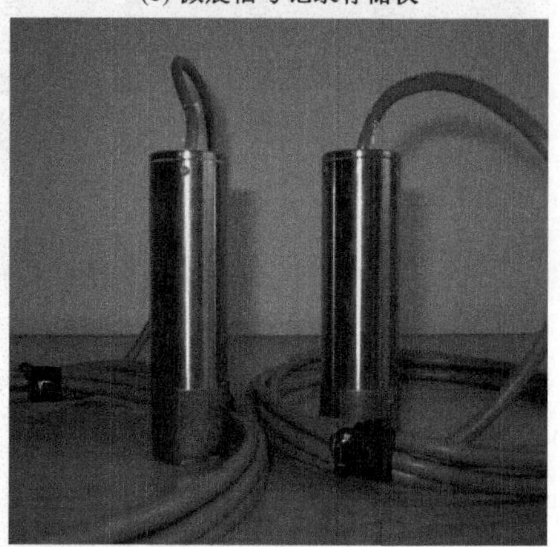

(d) 拾震传感器

图 7－20　微震监测系统架构

当发生震动时，记录仪系统会自动记录并保存此信号，记录的信号是分析人员进行矿震定位和能量计算的宝贵信息源。微震监测系统示意如图 7－21 所示。

2. 安装位置

微震台网安装合理布置的目的是提高震源定位精度，尽可能多地获取有用信息，减少干扰，覆盖目前重点区域并兼顾潜在危险区域，方便信号线缆铺设。

拾震器一般布置原则：

（1）拾震器布置应对监测区域形成空间包围，避免成为一条直线或一个平面。

（2）拾震器尽可能靠近重点监测区域，且有足够的密度，保证各监测区域附近有 4 个以上可接收到震动信号的拾震器。

（3）拾震器尽可能避免较大断层及破碎带的影响，也要尽量远离大型机械和电气的干扰。

（4）既要对当前重点监测区域进行较好的监测，又要兼顾其他区域。

（5）尽量利用现有巷道或硐室，以减少施工、通风及维修费用。

3. 安装工艺

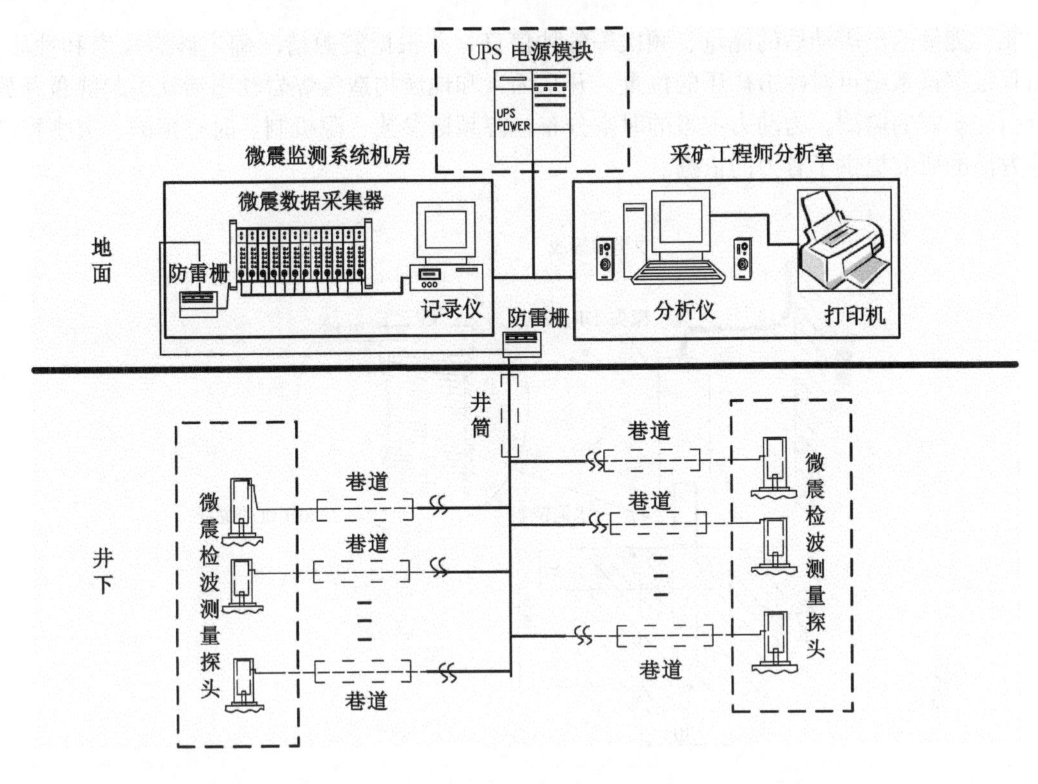

图 7-21 微震监测系统示意图

1）现场勘查

（1）初步设计方案完成后，在专业技术人员的指导下，进行现场勘查，进一步确定走线路径的合理性。首先，线缆的铺设应该满足煤矿安全操作规程要求，同时兼顾微震监测系统所需，综合各方面条件合理确定每路传输线缆的铺设路径，并制定线路铺设平面图，以备开展工作时所用。

（2）传感器属于精密、高灵敏、带电机械装置，对工作环境的要求相对严格，应避开采动、绞车、高压输电线路、井下矿山机械、带式输送机等震动较强机械设备的影响；尽可能选择布控环境安静、噪声小、远离高压传输线的环境，同时应该加工保护装置对其进行保护，避免人工造成的影响和损害。

2）拾震器安装方法

煤矿所使用的拾震器，须垂直安装，安装在嵌入深度 1 m 以上的与钻孔孔壁胶结的螺栓（锚杆）之上。螺栓（锚杆）嵌入的深度应适当选择，以便紧固在上面的拾震器不会从钻孔中伸出。在嵌入与固定拾震器的操作过程中，垂直安装（垂直拾震器）偏离度应小于 10°。为确保传感器的良好运行，需与微震网络传输线进行良好而紧密的连接。因此，首先应确保正、负极正确连接；其次，拾震器输出电缆应通过适合矿井使用的防爆套筒或接线盒进行连接。拾震器在移动与运输过程中，传感器应当保持输出电缆线连接点向下垂直的状态。井下拾震器安装示意如图 7-22 所示。

4. 预警指标

针对采掘工作面，分析动力灾害前兆信息特征，建立远距离、动态、三维、实时监测功能，能够给出震动后的能量、频次等各种信息，并根据震源情况确定破裂尺度和性质。而且根据该系统可对冲击矿压的位置、开采因素和地质构造等煤岩动态活动引起能量释放所引起矿震的监测，为动力灾害的时空分布，源频谱参数、源机制、时空预测、灾害控制等方面的研究提供了有力的依据。

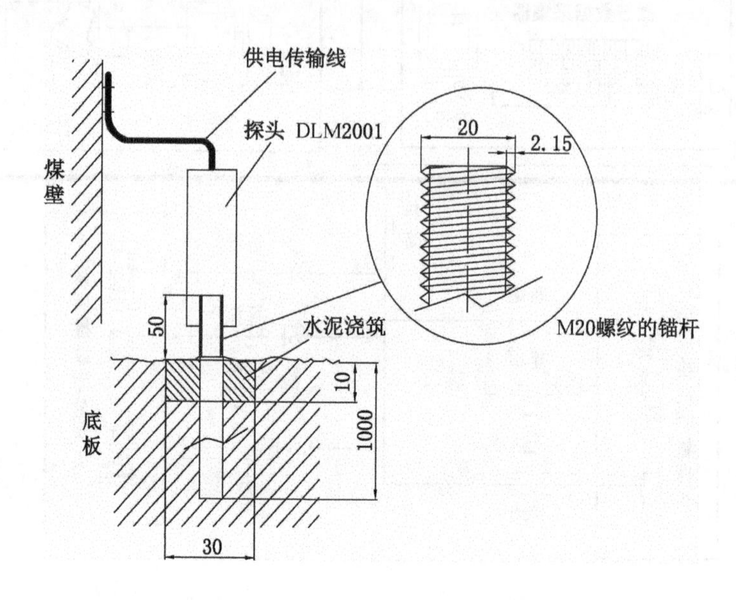

图 7－22　井下拾震器安装示意图

5. 应用效果

微震监测技术可兼顾全矿范围，能对重点区域进行矿震监测的煤矿专用监测系统，具有远距离、动态、三维、实时监测的特点。图 7－23 为华亭矿强矿压显现时微震能量频次的时序分布。

7.2.2　复合灾害综合防治技术

保护层开采是一种防治煤与瓦斯突出、冲击地压及其复合灾害最根本有效的区域防治方法，此外还可以采用水力压裂、水力割缝等水力化防治技术。对于煤与瓦斯突出和冲击地压复合灾害的防治，必须把防治煤与瓦斯突出的主要方法，如瓦斯抽采＋防治冲击地压的各种方法的组合使用，才能实现复合灾害的有效防治。

1. 瓦斯抽采＋煤层注水

对于以煤与瓦斯突出为主导的复合灾害，瓦斯抽采后，瓦斯压力和瓦斯含量降低，煤与瓦斯突出危险性下降；但瓦斯抽采后煤体变硬，冲击倾向性增加，冲击地压危险性增大。单纯用瓦斯抽采已不能满足治理需要，应基于抽采防突和卸压防冲两条主线，同时对冲击地压灾害进行一体化防治。

对于复合灾害，煤层注水＋瓦斯抽采配套使用成为最好的防治方法，煤层注水主要包括深孔静压注水和浅孔静压注水。回采工作面静压注水系统示意如图 7－24 所示。

静压注水系统利用地面水池向井下注水，注水压力不小于 2 MPa，属于低压、小流量注水。

1）单孔注水量

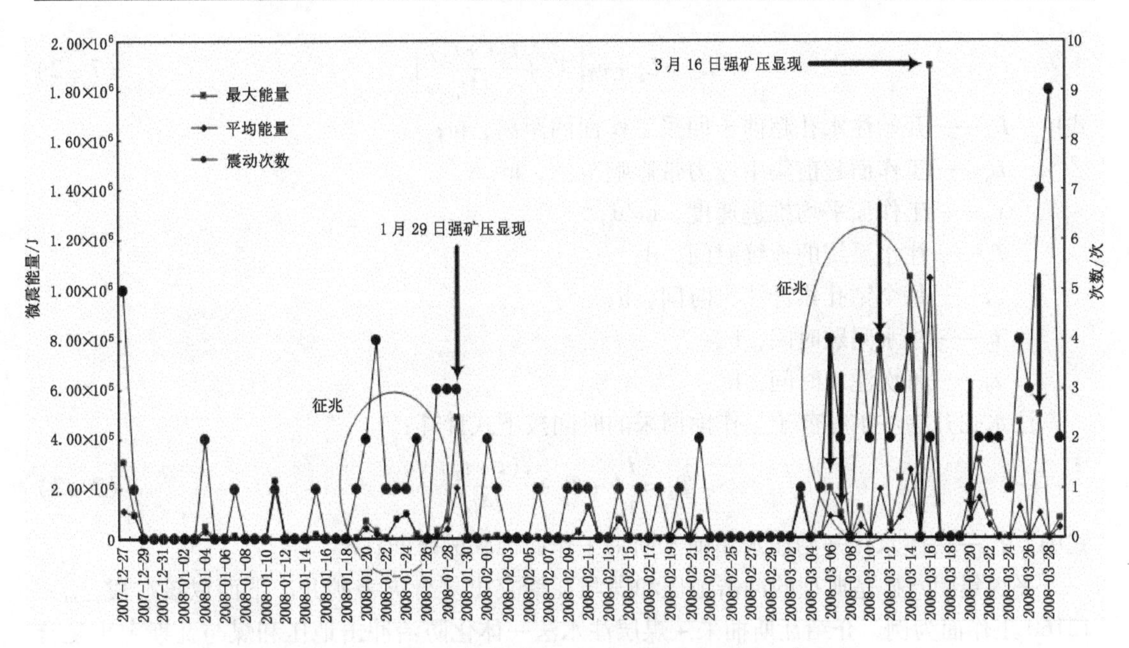

图7-23 华亭矿强矿压显现时微震能量频次的时序分布

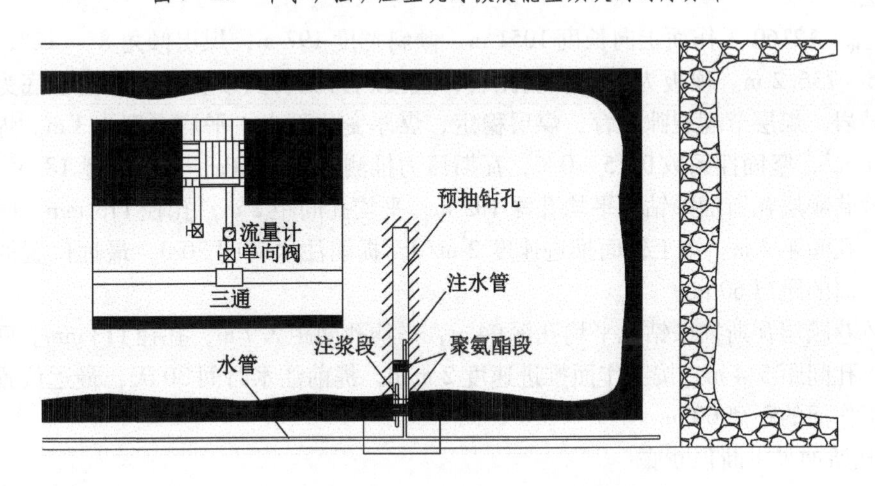

图7-24 回采工作面静压注水系统示意图

一个钻孔能湿润煤体所需的注水量为

$$Q = L_g D_0 M \gamma Z \tag{7-1}$$

式中 L_g——注水钻孔长度，m；

D_0——钻孔间距，7.5 m；

M——煤层厚度，m；

γ——煤的容重，t/m^3；

Z——煤体的平均水分增量，m^3/t。

2）注水时间

采用超前综采工作面间歇注水，距工作面最近的注水孔开始注水超前于回采工作面的距离按下式计算：

$$L_m = L_a + v_0\left[T_a + \frac{t(t+t_2)}{24t_0}\right] \quad (7-2)$$

式中　L_m——开始注水孔超前于回采工作面的距离，m；

L_a——工作面超前集中应力带影响范围，m；

v_0——工作面平均推进速度，m/d；

T_a——注水系统的连续时间，d；

t——每个钻孔累计注水时间，h；

t_2——注水间歇时间，h；

t_0——每次注水时间，h。

注水孔开始注水超前于工作面回采的时间按下式计算：

$$T_m = \frac{L_a}{v_0} + T_a + \frac{t(t+t_2)}{24t_0} \quad (7-3)$$

式中　T_m——注水孔开始注水超前于回采工作面回采的时间，d。

平煤集团八矿是典型的冲击地压和煤与瓦斯突出复合灾害矿井。下面以该矿戊$_{9-10}$-12160工作面为例，介绍瓦斯抽采+煤层注水法一体化防治冲击地压和煤与瓦斯突出复合灾害方法。

戊$_{9-10}$-12160工作面走向长度1051 m，倾斜宽度197 m，煤层倾角8°~12°，埋藏深度620.5~736.2 m。顶板为灰色砂质泥岩，直接底为泥岩及砂质泥岩，基本底为砂质泥岩及细砂岩。煤层节理裂隙发育，煤层稳定，煤厚变化不大，平均厚度4.3 m。煤的视密度1.43 t/m^3，坚固性系数0.15~0.6，瓦斯压力推测为1.6 MPa，瓦斯含量18 m^3/t。

运输巷顺层瓦斯抽采钻孔平均孔深105 m，平均孔间距2 m，孔径113 mm，间隔布置注水孔，孔间距4 m。按工作面推进速度2 m/d，提前注水时间30 d，最远位置的注水孔超前工作面的距离60 m。

回风巷顺层瓦斯抽采钻孔平均孔深94 m，平均孔间距2.7 m，孔径113 mm。间隔布置注水孔，孔间距5.4 m。按工作面推进速度2 m/d，提前注水时间30天，最远位置的注水孔超前工作面的距离60 m。

2. 瓦斯抽采+断顶断底

对于以冲击地压为主导的复合灾害，可针对高地应力、低瓦斯含量复合灾害危险区域，在抽采达标的基础上采用断顶断底方法，防治复合灾害。

平煤集团十二矿于2006年3月19日爆破断顶后，发生动力现象，伴随巨大响声且顶底板发生较大震动掉渣。事故造成巷道左帮煤壁外鼓0.9 m，顶板下沉，锚索锁头松动，梯形梁变形，外鼓0.5 m，掘进工作面煤体移出3.0 m，抛出煤体46 t，且无明显分选现象，瓦斯涌出1280 m^3。此次事故属于典型的煤与瓦斯突出和冲击地压复合灾害。

为防止复合灾害再次发生，己$_{15}$-31010工作面开采时，采用断顶+煤层注水、超前瓦斯抽采等防治措施，断顶布置如图7-25所示。断顶超前掘进工作面80~100 m，从己$_{14}$煤层高位巷向下打孔经过己$_{15}$-31010工作面运输巷上部至己$_{16}$煤层和己$_{17}$煤层底部，在己$_{15}$-31010工作面运输巷上部进行顶板爆破切断顶板，在己$_{14}$煤层高位巷与己$_{14}$煤层运输巷与回风巷之间沿巷道走向形成一个卸压面，对下部己$_{15}$煤层巷道产生卸压保护作用。爆破后，爆破孔与控制孔接入瓦斯抽采系统，对下部煤层进行瓦斯预抽。

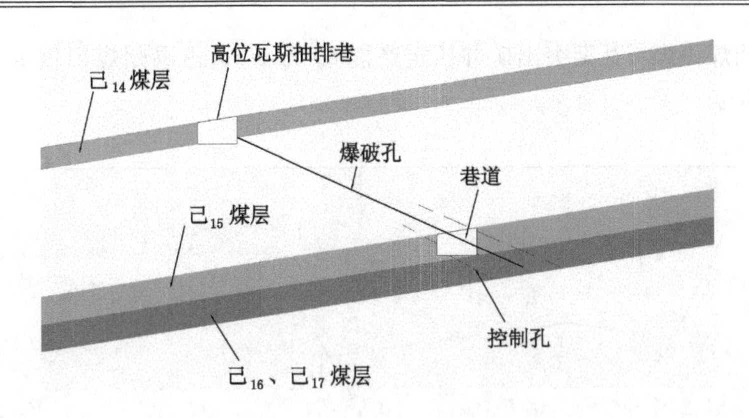

图7-25　平煤集团十二矿己$_{15}$-31010工作面断顶布置图

3. 瓦斯抽采+钻孔卸压

对于同时具有煤与瓦斯突出危险和冲击地压危险的矿井，在瓦斯抽采达标的基础上，配套采用钻孔卸压技术。

平煤集团十一矿是冲击地压和煤与瓦斯突出复合灾害的典型矿井，己$_{16-17}$-22161工作面在瓦斯抽采达标的基础上，再进行钻孔卸压。具体措施为：从回风巷往下15 m、运输巷往上15 m的工作面中间165 m范围内按单排眼布置前探卸压钻孔，孔径89 mm，间距1.5 m，孔深25 m，顶距1.8 m，垂直煤壁施工。

卸压钻孔起到卸压的作用，同时排放瓦斯，防止煤与瓦斯突出的发生。同时，前探卸压使煤体产生大量裂隙，增大了煤体的可塑性，阻止煤体发生脆性破坏，达到防治冲击地压的目的。

7.3　平顶山矿区复合灾害防治技术

7.3.1　平顶山矿区瓦斯地质条件

7.3.1.1　矿区概况

中国平煤神马能源化工集团有限责任公司是由平煤集团公司和神马集团公司重组整合，于2008年成立的特大型能源化工集团公司，拥有平煤股份、神马股份和新大新材3家上市公司，2个国家级技术中心。所属煤矿分布在平顶山煤田、汝州煤田和禹州煤田内，矿区地跨平顶山市、许昌市的9个县（市、区）。矿区南起平顶山煤田的庚组煤露头，北至汝州煤田的夏店断层并与登封煤田相邻，东北部与新密煤田相接，东邻许昌市，东南起于洛岗断层，西至双庙勘查区、汝西预查区西部边界，西北与宜洛煤田为界。矿区东西长138km，南北宽82 km，面积约10000 m^2，矿区范围分布如图7-26所示。

目前，平煤集团共有23个原煤生产单位，36对生产矿井，其中突出矿井17对。平顶山天安煤业股份有限公司下辖一矿、二矿、四矿、五矿、六矿、八矿、九矿、十矿、十一矿、十二矿、十三矿、首山一矿和吴寨矿13对突出矿井，河南省许平煤业有限公司下辖平禹煤电四矿、白庙矿、方山新井和梨园矿长虹公司4对突出矿井。煤与瓦斯突出矿井核定产能3204万t/a，占全公司核定产能（4244万t/a）的75.49%，其中平顶山煤田煤与瓦斯突出矿井核定产能3055万t/a，占平顶山煤田核定产能（3336万t/a）的91.6%，汝州煤田煤与瓦斯突出矿井核定产能60万t/a，占汝州煤田核定产能（512万t/a）的

11.71%，禹州煤田煤与瓦斯突出矿井核定产能 89 万 t/a，占禹州煤田核定产能（396 万 t/a）的 22.4%。

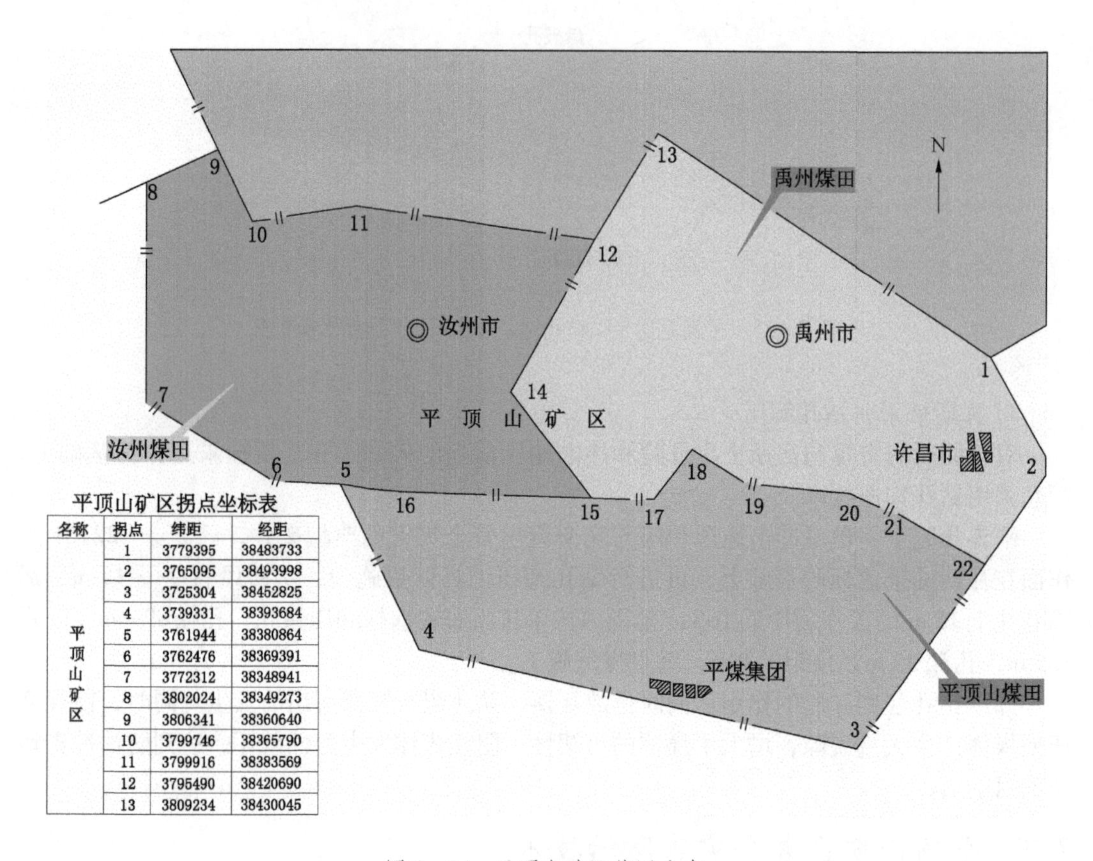

平顶山矿区拐点坐标表

名称	拐点	纬距	经距
平顶山矿区	1	3779395	38483733
	2	3765095	38493998
	3	3725304	38452825
	4	3739331	38393684
	5	3761944	38380864
	6	3762476	38369391
	7	3772312	38348941
	8	3802024	38349273
	9	3806341	38360640
	10	3799746	38365790
	11	3799916	38383569
	12	3795490	38420690
	13	3809234	38430045

图 7-26 平顶山矿区范围分布

7.3.1.2 区域地质构造

平顶山煤田位于秦岭纬向构造带东延部分与淮阳山字形西翼反射弧顶部的复合部位。燕山运动中，该区处于 NE、SW 向挤压的构造背景，形成了以李口向斜为主体的复式褶皱，并在褶皱两翼形成了一系列 NW 向断裂构造。老地层出露于湛河之南，煤系地层分布于湛河之北，除二叠系上统平顶山砂岩、石千峰红色砂岩在低山丘陵出露外，几乎全部为第四系所覆盖，露头稀少。

平顶山煤田四周大角度千米左右落差的正断层将平顶山煤田抬起，使之成为一个独立的地垒构造单元。主体构造为一轴向 NW、向北倾伏的宽缓的复式向斜——李口向斜，轴向大致 NW50°，两翼发育次级褶曲；区域内断裂较发育，主要有 NW、NE 向两组断层，使构造复杂化。煤田内主要断层走向与李口向斜轴向基本一致。李口向斜南西翼自南向北依次发育有郝堂向斜、锅底山断层、诸葛庙背斜、牛庄向斜、牛庄断层、郭庄背斜；北东翼自北向南依次发育有襄郏断层，灵武山向斜、白石山背斜及白石沟断层。其中南西翼锅底山断层不仅是划分三、四、五、六、七矿井田范围的自然断层，也是该翼水文地质分区的界线。平顶山煤田构造纲要示意如图 7-27 所示。

平顶山煤田以一矿井田为界，分为西半部和东半部。西半部主要包括二矿、四矿、五矿、六矿、九矿、十一矿井田和一矿井田西半部；东半部包括八矿、十矿、十二矿、首山一矿、十三矿和一矿井田东半部。

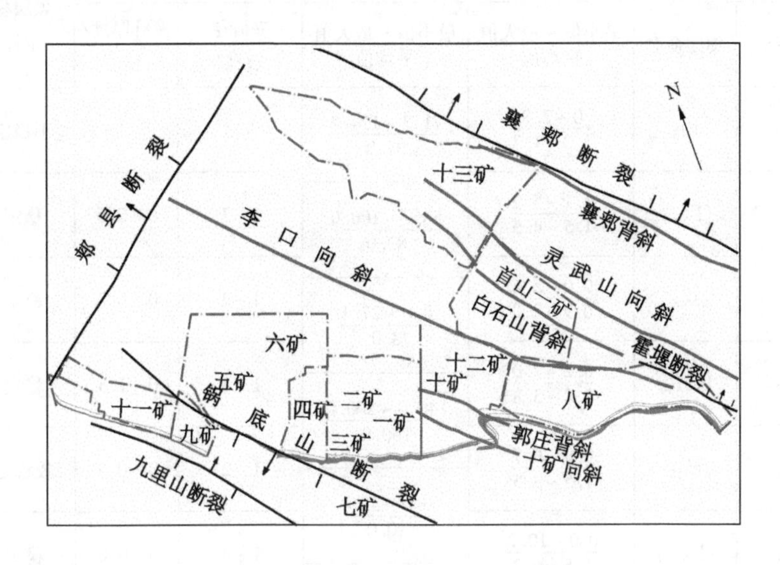

图 7－27　平顶山煤田构造纲要示意图

（1）西半部 NWW 向的锅底山断裂是一个控制性断裂，断裂上盘的五矿、十一矿由于锅底山断裂上盘先期受逆冲推覆作用，后又反转为下降运动，煤层破坏强烈，构造煤发育。

（2）二矿、四矿、六矿及一矿西半部，位于锅底山断裂下盘，构造简单。浅部开采时均为低瓦斯矿井，随着开采水平的延伸，逐渐过渡到高瓦斯和煤与瓦斯突出矿井，但突出严重程度相对较弱。

（3）八矿、十矿、十二矿及一矿东半部，受 NWW 向展布的郭庄背斜、牛庄向斜、十矿向斜、牛庄逆断层、老十一矿逆断层的控制，构造复杂，煤层破坏强烈，构造煤极为发育，厚度一般在 1.5 m 以上，是造成严重煤与瓦斯突出的重要原因。

（4）平顶山煤田 NNE－NE 向比 NWW－NW 向的断层数量少，且以正断层为主。NWW 向、NW 向的小型正断层、逆断层附近构造煤比较发育，断层面附近构造煤全成层发育。NNE－NE 向正断层只有当落差大于 1 m 以上时，才有少量的Ⅲ类煤发育。

7.3.1.3　*煤层赋存*

平顶山煤田含煤地层为石炭二叠系，含煤地层厚 800 m，共分为 7 个煤组，含煤 88 层，煤层总厚约 30 m，主要可采煤层自下而上为：庚$_{20}$、己$_{17}$、己$_{16}$、己$_{15}$、戊$_{10}$、戊$_{9}$、戊$_{8}$、丁$_{6}$、丁$_{5}$、丙$_{3}$，主要可采煤层总厚 15～18 m，目前矿区主要开采煤层为丁$_{5-6}$、戊$_{8}$、戊$_{9-10}$、己$_{15}$、己$_{15-16}$、己$_{16-17}$6 层，具体见表 7－5。

平顶山矿区由于受秦岭造山带北缘逆冲推覆构造系的控制，瓦斯地质条件复杂，为严重的煤与瓦斯突出矿区，矿区突出煤层赋存具有以下特点：

（1）组间距离远，组内距离近。大部分突出矿井无非突出煤层作为保护层开采（主采煤层戊、己组间距平均约为 180 m，煤组间距大）。

表 7-5　平顶山矿区主要可采煤层特征

煤田名称	煤层名称		煤层厚度/m	煤层间距/m	煤层结构		煤层稳定性	煤层倾角/(°)
	标准命名	集团命名	最小值~最大值 / 平均值	最小值~最大值 / 平均值	夹矸层数/层	夹矸厚度/m		
平顶山煤田	六$_2$	丙$_3$	0~2.8 / 1.2~1.7	71.7~124.2 / 97.0			不稳定	7~38
	五$_2$	丁$_{5-6}$	1.1~5.2 / 1.5~4.5	58.7~100.0 / 83.0	1~3	0~0.6	稳定	6~35
	四$_3$	戊$_8$	0.0~5.6 / 0.9~2.0	0.0~27.1 / 8.0	1~2	0~0.8	稳定	7~30
	四$_2$	戊$_{9-10}$	0.2~7.0 / 2.8~3.8	140.0~200.0 / 180.0	1~3	0~1.3	稳定	7~30
	二$_2$	己$_{15}$	0.0~6.7 / 1.5~3.5	0.0~31.0 / 10.0	1~2	0~0.3	较稳定	7~38
	二$_1$	己$_{16-17}$	0.0~10.2 / 1.5~6.2		1~4	0~0.8	稳定	7~38
	一$_5$	庚$_{20}$	0.0~3.2 / 1.2~2.5	50.0~82.0 / 52.0	1~3	0~0.7	较稳定	8~23

(2) 瓦斯压力大（首山一矿戊组煤最大压力达 6.6 MPa），瓦斯含量高（局部达 30 m^3/t 以上），煤与瓦斯突出危险性大。

(3) 开采深度大（平顶山煤田开采深度达 800 m 以上的矿井 6 对，其中十二矿采深达 1100 m 以上），地应力高（十二矿最大主应力达 48.25 MPa），煤层具有冲击倾向性。

平煤集团历史上有记载的煤与瓦斯突出共 157 次，平均突出煤量 112.6 t/次，平均涌出瓦斯量 8776.1 m^3/次。突出强度较大的两次分别为平禹四矿的"2008·8·1"和"2010·10·16"突出，突出煤量分别为 2555 t 和 2547 t，涌出瓦斯量分别为 26 万 m^3 和 15 万 m^3。突出类型以压出为主，在有记载的 157 次煤与瓦斯突出事故中，压出次数 114 次，突出次数 27 次，倾出次数 16 次，特别是丁组和庚组均为小于 50 t 的小型压出。近年来，随着瓦斯防治技术的进步，小型突出基本消除。但随着开采深度的增加（部分矿井开采深度达到 1000 m），以复合动力灾害为主的大型、特大型煤与瓦斯突出逐渐显现，特别是以地应力为主导型的动力灾害较为严重，对矿井安全生产造成严重威胁。例如，2005 年 6 月 29 日平煤集团十二矿己七三水平回风下山煤巷（埋深 1100 m）施工中由于爆破引起一起煤岩瓦斯动力现象，抛出煤岩 74 m^3，涌出瓦斯约 1600 m^3，动力灾害属性为冲击地压和瓦斯共同作用下的复杂矿井动力现象或冲击主导型的煤与瓦斯突出。平顶山矿区煤与瓦斯动力现象发展阶段如下：

①煤与瓦斯突出灾害显现阶段（1984—1988 年）。

八矿、十矿的戊$_{9-10}$煤层共发生压出型煤与瓦斯突出 4 次。突出埋深 420~554 m，突出强度 20~54 t，未发生人员伤亡事故。

②煤与瓦斯突出灾害发展阶段（1989—1994 年）。

五矿、八矿、十矿、十二矿共发生煤与瓦斯突出 48 次，其中突出 3 次、压出 35 次、倾出 10 次，突出埋深 340 ~ 623 m，突出强度 5 ~ 450 t。

③煤与瓦斯突出灾害扩大阶段（1995—2004 年）。

一矿、四矿、五矿、六矿、八矿、十矿、十二矿、十三矿共发生煤与瓦斯突出 84 次，其中突出 14 次、压出 63 次、倾出 7 次，突出埋深 429 ~ 960 m，最大突出强度 551 t。

④复合型动力灾害显现阶段（2005 年至今）。

2005 年以来，在五矿、六矿、八矿、十矿、十二矿、十三矿、首山一矿共发生煤与瓦斯突出 17 次，突出地点埋深 488 ~ 1100 m，突出强度 5 ~ 2000 t。部分矿井采掘深度进入 1000 m 以下，接近李口向斜轴部，地应力增大，冲击矿压和煤与瓦斯突出复合型动力灾害开始显现，对矿井安全生产造成严重威胁。2008 年，十矿三水平回风下山施工期间，局部巷道施工期间出现岩爆现象，巷道壁弹射碎裂石子，岩爆地点埋深超过 900 m；2009 年，四矿三水平风井井底车场施工期间，局部巷道出现岩爆现象，巷道壁弹射碎裂石子，岩爆地点埋深超过 1000 m；2006 年至今，六矿、八矿、十一矿、首山一矿均出现过矿震现象，六矿、八矿仅发生 1 ~ 2 次，十一矿、首山一矿矿震次数较多、持续时间较长，其中 2006—2011 年十一矿发生矿震 20 多次，大多发生在己二采区轨道下山 1 ~ 3 区段之间，主要表现为有巨大声响，巷帮、顶板有掉渣现象，煤尘扬起，有些矿震地表震动明显。

深井复合灾害发生机理更趋复杂，其发生能量构成更复杂，除采掘作业能量诱导外，工作面既有近场弹性能与瓦斯潜能，又有工作面远场动载能量参与；动力现象特征模糊，既有突出特征，又有冲击地压特征。例如，平煤集团十矿“2007 · 11 · 12 己$_{15-16}$ – 24110 突出事故”。这类煤岩瓦斯复合动力灾害防治技术难度大，需统筹瓦斯、地应力动力灾害协同防治，具体可针对矿井实际情况，按照《防治煤矿冲击地压细则》《防治煤与瓦斯突出细则》相关要求建立统一复合动力灾害监测预警技术、统一卸压抽排瓦斯防治技术及煤层瓦斯预抽“双六”达标体系（区域瓦斯预抽达标为残余瓦斯压力 0.6 MPa、残余瓦斯含量 6.0 m^3/t）。

7.3.2　平顶山矿区煤与瓦斯突出防治技术及实例

7.3.2.1　平顶山矿区煤与瓦斯突出防治关键技术

平顶山矿区进入深部开采，从战略的高度认识和解决煤与瓦斯突出矿井的采掘部署和巷道布置，按法规要求对突出煤层瓦斯在抽、掘、采平衡的合理时空关系上进行优化，使煤层开采顺序、巷道布置、采煤方法、采掘接替等有利于区域防突措施的实施，有利于建立完善可靠的采掘独立通风系统、提高矿井通风抗灾能力，有利于实现合理集中生产同时规避采动集中应力动压影响，有利于采掘接替和简化采掘关系，实现开拓煤量、准备煤量、回采煤量及安全煤量“四量平衡”等。

平顶山矿区各突出矿井，基于合理的采掘布局，先区域、后局部开展煤与瓦斯突出灾害治理。区域措施主要有：开采保护层结合被保护层卸压瓦斯抽采，单一突出煤层强化瓦斯预抽，多措并举，应抽尽抽，预抽达标，卸压充分。通过多年的技术攻关和不断总结，完善了突出煤层瓦斯抽采技术，形成了开采层顺层预抽、采空区抽采、高位钻孔抽采、煤层顶（底）板巷穿层抽采等多种瓦斯抽采方法。

1. 保护层开采技术

平煤集团全面实施区域瓦斯治理战略，对具备保护层开采条件的煤层，必须优先开采保护层，能保必保。根据煤层及瓦斯赋存状况，保护层开采分为煤组内保护、煤组间保护和极薄煤层保护层开采3种。

1）煤组内保护

主要特征是保护层与被保护层之间间距小（<20 m），总体上平煤集团四矿、五矿、十一矿开采己$_{15}$煤层，保护己$_{16-17}$煤层；八矿开采戊$_8$煤层，保护戊$_{9-10}$煤层；十矿开采戊$_9$煤层，保护戊$_{10}$煤层；十二矿开采己$_{14}$煤层，保护己$_{15}$煤层等。其中，十二矿通过示范矿井建设构建了区域与局部治理相协调，极薄煤层开采、高低位巷治理与本煤层治理互为补充的瓦斯治理技术。通过保护层开采卸压、消突作用，被保护层均实现了安全生产。

2）组间保护

主要特征是保护层与被保护层之间间距大（>50 m），平煤集团坚持庚组保护己组，试验己组保护戊组、戊组保护丁组。

3）极薄煤层保护层开采

为解决千米深井的高瓦斯及高应力动力危害，在十二矿开展了千米深井近全岩保护层开采技术研究。将被保护层上覆的近全岩层作为保护层开采，实现增透卸压。保护层开采采用沿空充填留巷无煤柱Y型通风。开采保护层后，被保护层的己$_{15}$煤层残余瓦斯含量为1.91～4.46 m^3/t，残余瓦斯压力为0.11～0.37 MPa。被保护层经区域验证达标即可生产，生产期间上隅角瓦斯低于1.0%，回风流瓦斯低于0.5%，实现了千米深井安全生产。十二矿己$_{14}$－31010保护层工作面最大月进尺80.5 m。被保护层月均生产煤炭15万t，实现了安全高效生产。

2. 单一突出煤层瓦斯治理技术

1）掘进工作面

煤层原始瓦斯压力大于或等于0.6 MPa或煤层原始瓦斯含量大于或等于6 m^3/t时，施工低（高）位预抽巷，采用穿层钻孔预抽煤巷条带煤层瓦斯区域防突措施；当煤层原始瓦斯压力达到1.5 MPa时，必须采用水力冲孔、水力压裂、水力割缝、松动爆破等卸压增透措施，提高了瓦斯抽采效果。

（1）高压水力压裂。

十矿分别在己$_{15}$－24080工作面运输巷和己$_{16}$－24110工作面运输巷的底抽巷进行了压裂，最大压力达36 MPa，注水量30～50 m^3，压裂前后平均单孔抽采瓦斯总量由77 m^{3}提高到7893 m^3，提高了102倍，煤层透气性和瓦斯抽采纯量得到极大的提高。

（2）水力冲孔。

在平顶山矿区主要针对二$_1$号煤层（己组煤）单一低透区域实施高（低）位岩巷掩护掘进等区域瓦斯治理技术过程中，开展水力冲孔技术工程实践，取得了较好的效果。水力冲孔平均每米出煤量1 t，冲孔有效影响半径为3～4 m，冲孔后煤层透气性系数提高了260倍，单孔瓦斯抽采纯量提高了35%以上，煤层瓦斯抽采达标时间缩短了20%～30%，掩护的煤巷炮掘月进尺达150 m以上，工作面生产过程中回风流瓦斯浓度保持在0.3%以下。

2）回采工作面

煤层原始瓦斯压力大于或等于0.6 MPa或者煤层原始瓦斯含量大于或等于6 m^3/t时，

采用顺层钻孔或穿层钻孔预抽回采区域煤层瓦斯区域防突措施；对于采长大于160 m的突出危险工作面，除在运输巷、回风巷分别向回采区域施工倾向顺层钻孔预抽回采区域煤层瓦斯外，应在工作面中部施工低位预抽巷或中间巷，采用穿层钻孔或顺层钻孔预抽回采区域中部煤层瓦斯，消除工作面中段煤与瓦斯突出危险。

7.3.2.2　首山一矿煤与瓦斯突出防治技术

1. 矿井及煤层瓦斯地质概况

首山一矿设计生产能力为2.4 Mt/a，井田位于平顶山市东北，距平顶山市约25 km，行政区隶属襄城县管辖。井田面积为26.9279 km^2，地面标高为+80～+366.56 m；西以沟李封断层为界与十三矿相邻，东至55勘探线，北以灵武山向斜轴及己$_{15-17}$（二$_1$）煤层-1000 m（戊$_{9-10}$煤层-850 m）底板等高线为界，南以八矿李口向斜轴及己$_{15-17}$煤层-1000 m（戊$_{9-10}$煤层-850 m）底板等高线为界。

首山一矿井田含煤地层属石炭、二叠系煤系地层。含煤地层为上石炭统太原组、下二叠统山西组及下石盒子组、上二叠统上石盒子组，总厚度795 m。自下而上划分为8个煤段，含煤53层，常见22层，煤层总厚度22.85 m，含煤系数2.77%。井田共赋存煤层7层，目前只对己组煤进行开采。煤系地层顶底板存在厚层砂质泥岩、灰岩、砂岩等坚硬岩层。

首山一矿采用立井开拓，通风方式为中央分列式，通风方法为机械抽出式，副井、主井进风，中央风井回风。矿井各采区有完整而独立的通风系统，全部设置有专用回风巷，采掘工作面全部实行独立通风，无串联通风。采掘工作面采用压入式通风，局部通风机实现“双风机、双电源”和“三专两闭锁”以及自动倒台装置。井下爆炸材料库、采区变电所、电机车充电硐室全部为独立通风，其回风直接引入矿井总回风巷或采区专用回风巷内。

矿井通风设施齐全、可靠，通风设施构建严格按照《防治煤与瓦斯突出细则》及《河南省安全质量标准化标准及考核评级办法》要求执行。通风设施墙体全部用不燃性材料建筑，并按要求在墙体周围进行掏槽、拉底，通车风门都设有底坎，电缆、管子孔都封堵严实，防突风门的风筒、水沟等都按规定设置了逆向隔断装置。风门全部安设了联锁装置，主要风门安设了开、停传感器。

目前开采水平己$_{15}$煤层瓦斯含量最大值为10.6 m^3/t，瓦斯压力为0.81～1.5 MPa；己$_{16-17}$煤层瓦斯含量最大值为19.5 m^3/t，瓦斯压力为1.5～3.6 MPa；己组煤透气性系数为0.009～0.871 $m^2/(MPa^2 \cdot d)$。己$_{15}$、己$_{16-17}$煤层坚固性系数f分别为0.17～0.22、0.07～0.22、瓦斯放散初速度ΔP分别为7.0～9.0 mmHg、5.9～12.0 mmHg。

矿井戊$_8$、戊$_{9-10}$及己$_{15-17}$煤层经鉴定均具有突出危险，属于煤与瓦斯突出矿井，2006年8月1日-600 m水平轨道石门揭戊$_{9-10}$煤层时发生突出，压出煤抛出距离为6 m，煤量为40 t，涌出瓦斯量约为3000 m^3。另外，矿井还具有矿震显现，2011—2016年，首山一矿发生25次以矿震为主的动力显现，其特征为：一是显现范围广，大多数动力现象发生时，波及多个掘进头和采煤工作面，造成“一次震动、多点显现”的现象；二是地面震感强烈，有些动力现象，地面震感强烈，如2015年2月10日8：55、2015年3月9日10：00、2015年3月26日9：57等事件，地面均出现明显震感，地震台监测到的最大震级为2.8级。

井田一级高温区临界深度一般为400～530 m，二级高温区临界深度一般为570～

750 m。己$_{16-17}$煤层底板埋深多在 730 m 以下，钻孔实测岩温 39. 70 ~ 50. 57 ℃，处在二级高温区。

2. 煤与瓦斯突出防治技术及效果

在矿井建设和生产过程中，首山一矿不断对瓦斯治理技术路径进行积极探索，针对己组厚煤层一次采全高综合机械化开采防治煤岩瓦斯复合动力灾害，形成了以大采长（采煤工作面宽度大于 300 m）“一面多巷”瓦斯治理格局及低位巷合理布置方式与岩巷快速掘进，实施以抽采钻孔“钻—护—封”一体化技术、密集抽采钻孔与水力冲孔增透为主的瓦斯治理措施，实施高位斜交钻孔、高抽巷等措施治理工作面上隅角瓦斯技术，合理优化抽采系统为主的瓦斯区域治理技术体系。

1）大采长“一面多巷”区域瓦斯治理

首山一矿属于单一煤层开采，主采己组煤不具备保护层开采条件。经过近几年的探索实践，瓦斯治理和防突措施主要以低位巷穿层钻孔治理瓦斯掩护煤巷快速掘进、本煤层钻孔预抽回采区域煤层瓦斯掩护工作面安全回采，并在此基础上对“一面五巷”“一面六巷”“一面七巷”瓦斯治理布置方式进行了探索。实践证明，这一方式符合首山一矿实际，有利于控制和缓解采动应力集中程度，对煤层瓦斯预抽、解放生产力起到了有力的保障。在己$_{15}$ -12050 工作面和己$_{15-17}$ -12061 工作面（图 7 -28）使用高位抽采巷，进而形成“一面多巷”（三条抽采巷、两条煤巷、一条沿空掘巷、一条高抽巷）的区域治理格局，即低位巷穿层钻孔预抽煤巷条带煤体瓦斯掩护掘进、3 条煤巷顺层（本煤层）钻孔预抽回采区域煤层瓦斯、高抽巷封闭抽采采空区治理上隅角瓦斯。“一面多巷”区域治理格局有助于消除瓦斯治理空白带，解决了突出煤层大采长工作面突出和上隅角瓦斯治理问题，有利于回采过程中控制顶板动压活动强度，对缓解高地应力危害有利。

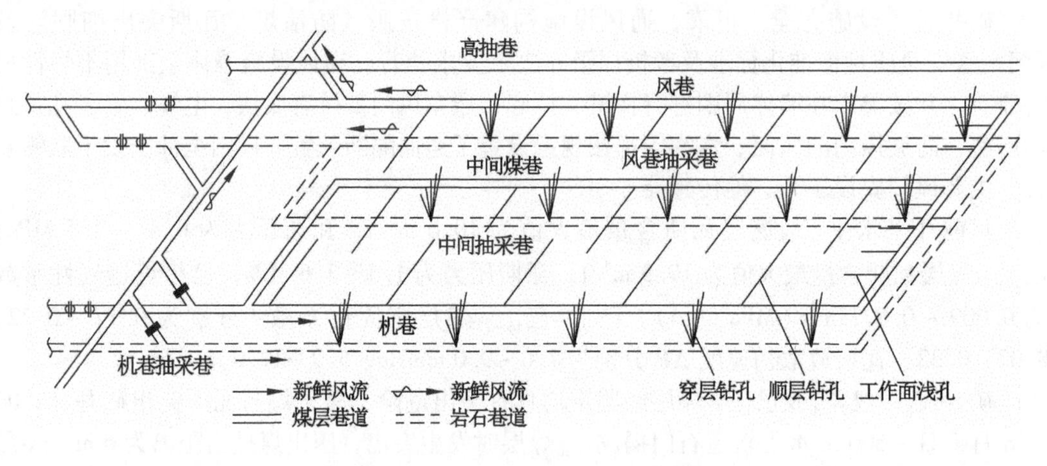

图 7 -28 “一面七巷”布置平面图

另外，大采长工作面从开采引起的围岩应力分布来看，有利于缓解采动应力集中程度，相对增加前方煤壁自然卸压、排放瓦斯宽度，采煤机在卸压带留有一定的安全屏障进行割煤作业时，可以预防煤与瓦斯突出。

对于首山一矿单一突出煤层开采而言，大采长“一面多巷”工作面的布置方式，使采煤工作面储量进一步增大，有利于合理化集中生产，现已实现顺序开采，保证了采掘接替正常，降低了万吨掘进率以及瓦斯治理吨煤成本。

2）低位巷合理布置方式与岩巷快速掘进

为了尽最大可能发挥岩石掘进机效率，结合岩石掘进机参数和穿层钻孔施工效率，低位抽采巷选择在硬度系数为4~6的岩层中布置，所有底抽巷距己$_{16-17}$煤层底板垂距为8~12 m（平均为10 m），掩护掘进时底抽巷与煤巷平距1 m布置。

通过优化采掘部署和工程设计，超前布置并施工下一接替面工程，采用大功率岩石掘进机，岩巷敷设专用运矸带式输送机，建立专用排矸系统，实现煤矸分运。实现煤矸分运后掘进效率大幅度提高，底抽巷机掘月单进水平稳定在200 m以上，2013年4月己$_{15-17}$-12061工作面运输巷底抽巷岩巷机掘月单进达到302 m。实现了瓦斯治理工程始终超前一个区段，并充分利用中间煤巷（底抽巷）作为工作面里段的回风系统，为工作面瓦斯治理提供时空保障，实现了采区一翼顺序开采。

3）“钻—护—封”一体化技术、密集抽采钻孔与水力冲孔卸压增透为主的瓦斯治理措施

主要包含抽采钻孔“钻—护—封”一体化技术、密集穿层和顺层抽采钻孔水力冲孔增透技术、深孔瓦斯含量快速测定技术等，确保突出煤层高效消突和抽采达标。

首山一矿掘进工作面主要采用穿层钻孔预抽煤巷条带煤层瓦斯和水力冲孔增透措施进行防突和瓦斯治理；回采工作面主要采用顺层钻孔抽采回采区域措施，当工作面不设置中间运输巷（“一面五巷”布置）且回风巷、运输巷两巷顺层钻孔不能控制全部回采区域时，另外采用底板穿层钻孔抽采未控制的回采区域煤层瓦斯，并采用水力冲孔措施进行增透。根据项目试验研究的情况，新技术和新工艺的采用提高了突出煤层的瓦斯预抽效果。

（1）抽采钻孔“钻—护—封”一体化技术。

钻进：回采工作面顺层、穿层预抽和采空区高位斜交钻孔全部采用直径为94 mm的钻头进行钻进，根据回采煤层赋存情况、工作面倾向长度、巷道布置情况和钻机施工能力，顺层钻孔设计孔深为65~85 m。

护孔：采用全孔段筛管下放施工工艺技术进行护孔。该工艺操作简单，一次下放的成功率高，能有效防止钻孔深部塌孔，提高抽采效果，避免出现预抽空白带。全孔段筛管下放工艺是在抽采钻孔按设计参数施工完成后，从钻杆中下放筛管到孔底，然后再退出钻杆。下放方法分4步：

①“洗净孔”，洗孔（15~30 min），将孔内钻屑尽可能冲洗干净。

②“管到底”，退出3根左右钻杆，记好孔内钻杆长度，然后开始将孔底固定装置和筛管往孔内下放。当筛管总长度大于孔内钻杆总长度时，可以确定筛管已经穿过钻头，然后继续下管，直到无法继续往前推送筛管为止，这时说明筛管已经下到孔底。

③“降转速”，调节动力头马达排量，将转速降至最低（减小钻头旋转对筛管的磨损，降低推杆阻力），开始旋转退钻杆。

④“停旋转”，当钻头快到孔口时，应停止旋转，避免横梁被折断。

封孔工艺：设计封孔深度不低于18 m。全孔段筛管下放完成退钻后，立即采用与封孔深度相同长度的50 mm直径封孔管，套在筛管外下放到设计封孔深度，封孔所用的封孔药或囊袋等都在50 mm直径封孔管上固定，如图7-29所示。

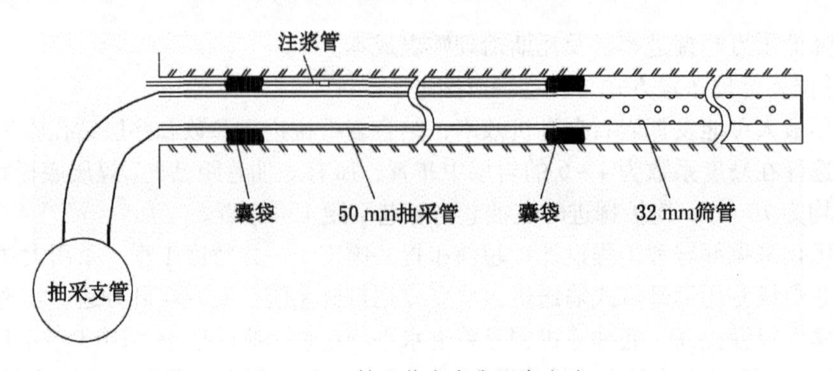

图 7-29　封孔药或囊袋固定方法

采用顺层钻孔预抽工作面煤层瓦斯区域措施，钻孔直径为 94 mm，孔口平均负压为 13 ~ 16 kPa。在煤层原始瓦斯含量为 9.59 m^3/t 的情况下，抽采时间不小于 80 d 时，顺层钻孔有效抽采半径为 0.8 m；抽采时间不小于 180 d 时，顺层钻孔有效抽采半径为 2.4 m。

（2）水力冲孔卸压增透技术。

煤层内冲孔顺序由下向上，既由煤层底板开始向顶板冲孔；水力冲孔系统主要由 BRW400/31.5 型乳化液泵、25 mm 内径的高压软管、机械调压回流装置、双功能高压水泵、防喷装置、ZDY - 1200S 液压钻机、冲孔钻杆（直径为 50 mm）、三孔喷头（1 个 ϕ1.8 mm + 2 个 ϕ4.0 mm 喷嘴）等；乳化液泵输出压力为 10 MPa，钻机后增压回流装置压力与流量控制在 4 ~ 6 MPa 和 120 ~ 160 L/min；单孔冲出煤量原则上至少要达到煤孔段平均出煤量 1 t/m；对于倾角比较小，煤孔段比较长不能达到 1 t/m 要求的钻孔，单孔总冲出煤量应不小于 5 t。

己$_{15}$ - 12050 工作面中间抽采巷水力冲孔钻孔的布置方式为：每组钻孔在中间抽采巷上下两帮各布置 3 个钻孔，共 6 个钻孔，最外侧钻孔控制己$_{15}$煤层投影两侧 40 m 位置，钻孔间距为 10 m，最内侧钻孔控制己$_{15}$煤层投影两侧 20 m 位置。单组水力冲孔钻孔布置剖面如图 7-30 所示。

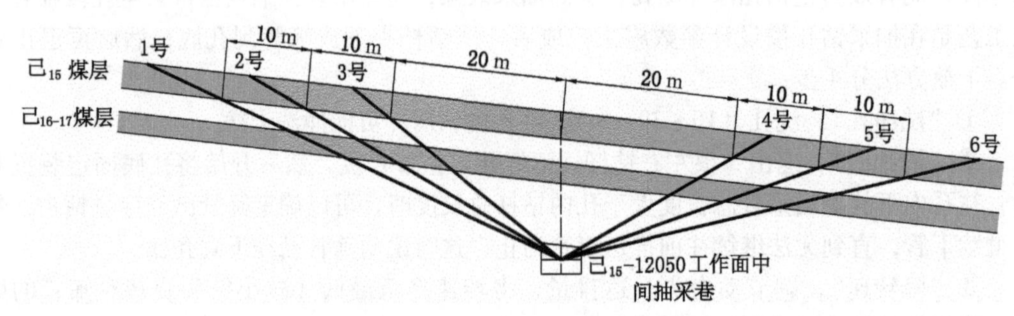

图 7-30　己$_{15}$ - 12050 工作面中间抽采巷单组水力冲孔钻孔布置剖面图

在煤巷的底抽巷施工钻孔对煤巷条带进行水力冲孔时，按照组内终孔间距 10 m，组间距 9.6 m 进行水力冲孔钻孔布置。

己$_{15}$ - 12050 工作面在顺层预抽钻孔未控制的工作面中间区域，采用中间抽采巷穿层钻孔抽采区域煤层瓦斯。为了消除运输巷、回风巷顺层钻孔的空白带，设计穿层抽采钻孔控制范围在倾斜方向上不小于80 m，中间抽采巷上、下两帮各控制40 m。穿层抽采钻孔终孔间距不大于5 m，组间距4.8 m，倾向上保证与顺层钻孔交叉不低于10 m。

在煤巷的底抽巷施工钻孔对煤巷条带进行水力冲孔时，穿层抽采钻孔按照终孔间距不大于5 m，组间距4.8 m进行布置。

(3) 定点取样区域防突效果检验。

建立了矿井抽采达标技术评价体系。针对松软煤层，钻孔成形较好、煤层不明显含水的情况下，使用SDQ-73深孔取样装置能够顺利、足量地取出煤样，且实现深孔定点取样，满足《煤层瓦斯含量井下直接测定方法》(GB/T 23250—2009) 的要求，确定区域预抽效果检验指标瓦斯含量的临界指标为6 m^3/t。

(4) 高位斜交钻孔、高抽巷抽采工作面上隅角瓦斯。

首山一矿煤层赋存有合层区域和分层区域，其中己$_{15}$和己$_{16-17}$煤层合层区域为厚煤层，煤厚4.5~8 m；分层区域己$_{15}$和己$_{16-17}$煤层层间距1~9 m。回采过程中大量卸压瓦斯涌入采空区，造成工作面回风流、上隅角及回风巷后5架间内瓦斯异常，并频繁出现瓦斯浓度高值甚至超限，形成矿井安全隐患，严重制约了工作面安全高效生产。

己$_{15}$-12050工作面原始瓦斯含量12.04 m^3/t，原始瓦斯压力1.5 MPa，工作面里段回采过程中，工作面绝对瓦斯涌出量15~29 m^3/min，屡次发生上隅角瓦斯浓度高值甚至超限现象。由于工作面准备期间未施工高抽巷，首山一矿在工作面推进至700 m前采用高位斜交钻孔联合抽采治理上隅角瓦斯（配合上隅角插管），取得显著效果。

高位斜交钻孔每组设计5个，终孔距离煤层顶板20 m；第一个钻孔距离回风巷下帮5 m；最后一个钻孔距离回风巷下帮平距33 m，孔间距7 m，组间距25 m，钻孔投影孔深50 m，前后组投影交叉距离25 m。

矿井高强度开采厚煤层采空区及邻近层卸压瓦斯涌出大，为了切实消除工作面上隅角瓦斯隐患，首山一矿根据在首采工作面和己$_{15}$-12030工作面应用高抽巷的经验，在己$_{15}$-12050工作面外段施工800 m高抽巷工程，使用ϕ500 mm抽采管路利用地面泵站抽采系统，采用高抽巷密闭抽采采空区瓦斯的措施，抽采浓度稳定在18%~25%，纯量达到20~25 m^3/min。经高抽巷治理上隅角瓦斯后在打钻、生产期间工作面回风流瓦斯浓度降低到0.2%~0.4%，极大地减少了瓦斯治理的危险环节，降低了职工的劳动强度，为工作面安全生产提供了条件。

同时在己$_{15-17}$-12061工作面采用高抽巷密闭抽采采空区瓦斯，利用地面抽采系统进行抽采。当工作面推进至90 m时，高抽巷抽采浓度提高至12%~15%，纯量达到10~14 m^3/min，在打钻、生产期间工作面回风流瓦斯浓度为0.15%~0.25%，为工作面安全生产提供了条件。工作面高抽巷抽采布置平面示意如图7-31所示。

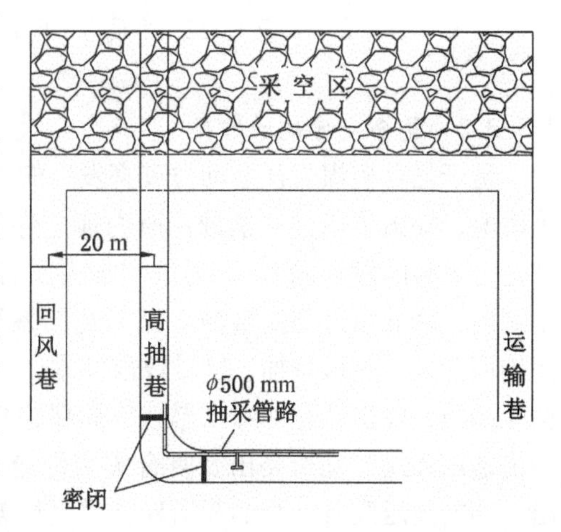

图7-31 工作面高抽巷抽采布置平面示意图

7.3.3 平顶山矿区复合灾害防治技术及实例

7.3.3.1 复合灾害统一监测预警

矿井进入深部开采后，冲击地压或煤与瓦斯突出灾害耦合在一起，导致动力灾害发生机理极为复杂，单独的预测技术无法保证预测结果的可靠度，不可能解决复合动力灾害的预测问题。冲击地压和煤与瓦斯突出的发生有许多相似特点，采取的手段也大多相同。平煤集团依据煤层瓦斯地质条件，通过研究煤与瓦斯突出和冲击地压发生条件及其影响因素，同时开展冲击地压、煤与瓦斯突出及其复合动力灾害监测，利用地球物理方法（微震、电磁辐射、声发射）监测煤体的微破裂，采用钻孔预测指标（钻屑瓦斯解吸指标、钻孔瓦斯涌出初速度、钻屑量等）对复合灾害煤层进行预测，实时监测和及时分析监测数据，及时开采煤岩瓦斯动力灾害预警，建立从构造、应力、结构、能量4个方面进行监测预警的统一技术体系，如图7－32所示。该技术体系将岩石力学方法与地球物理方法相结合、将区域监测与局部监测相结合，将冲击地压和煤与瓦斯突出监测相结合，从而实现对煤岩瓦斯动力灾害的全方位连续统一监测。

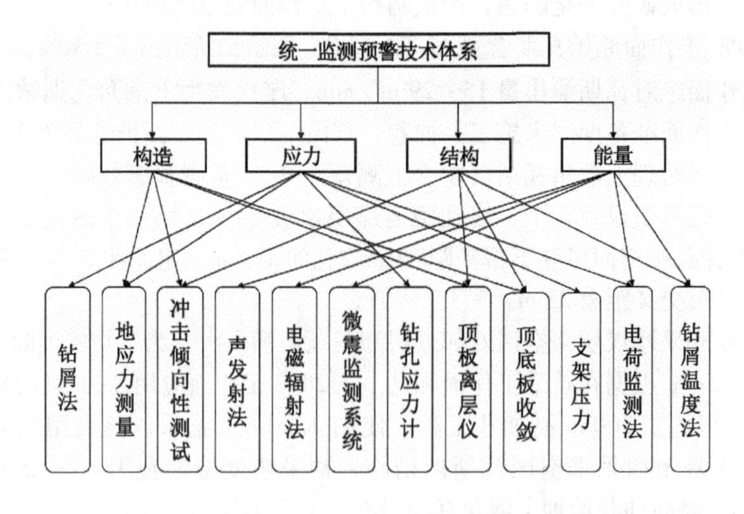

图7－32 平顶山矿区复合灾害统一监测预警技术体系

7.3.3.2 复合灾害统一防治

基于复合型煤岩瓦斯动力灾害发生的能量理论，结合煤层赋存、地质构造及巷道布置等情况，提出了通过“消减瓦斯内能、煤岩弹性能，降低系统积累的能量，从根本上消减复合灾害的发动能力”，通过“加大围岩松动圈范围，将外部输入的能量消耗在围岩松动圈内，降低由外部能量输入煤与瓦斯系统诱导的复合动力灾害”的治理思路，建立了保护层开采、区域预抽、区域煤层注水、水力卸压增透等区域及强化局部瓦斯抽采、超前钻孔卸压、底板钻孔和卸压爆破等局部综合一体化防治技术体系，如图7－33所示。实施冲击地压和煤与瓦斯突出及复合灾害综合一体化防治技术以后，有效杜绝了煤与瓦斯突出，冲击地压及其复合的瓦斯异常涌出显著减少，防灾减灾实效显著。

7.3.3.3 平煤集团十矿复合灾害综合治理技术

1. 矿井及煤层瓦斯地质概况

平煤集团十矿位于河南省平顶山市区东部，距市中心约6 km，东经113°19′20″至113°23′18″，北纬33°44′47″至33°48′45″。井田东西走向长5.6 km，南北倾斜宽7.0 km，含煤面积31.5 km^2。矿井经多次技术改造核定生产能力3.3 Mt/a，最高产量3.16 Mt/a。矿井开拓方式为多水平立井、斜井综合开拓。井田内可采煤层10层（丁$_5$、丁$_6$、戊$_8$、戊$_9$、戊$_{10}$、戊$_{11}$、己$_{15}$、己$_{16}$、己$_{17}$、庚$_{20}$），赋存于太原组、山西组及下石盒子组。其中丁$_{5-6}$、戊$_{9-10}$、己$_{15-16}$煤层为全区可采煤层，丁$_5$、丁$_6$、戊$_8$、戊$_{11}$、庚$_{20}$为局部可采煤层。煤层总厚度36.30 m，含煤系数4.62%；可采煤层总厚度19.61 m，可采煤层含煤系数2.5%。

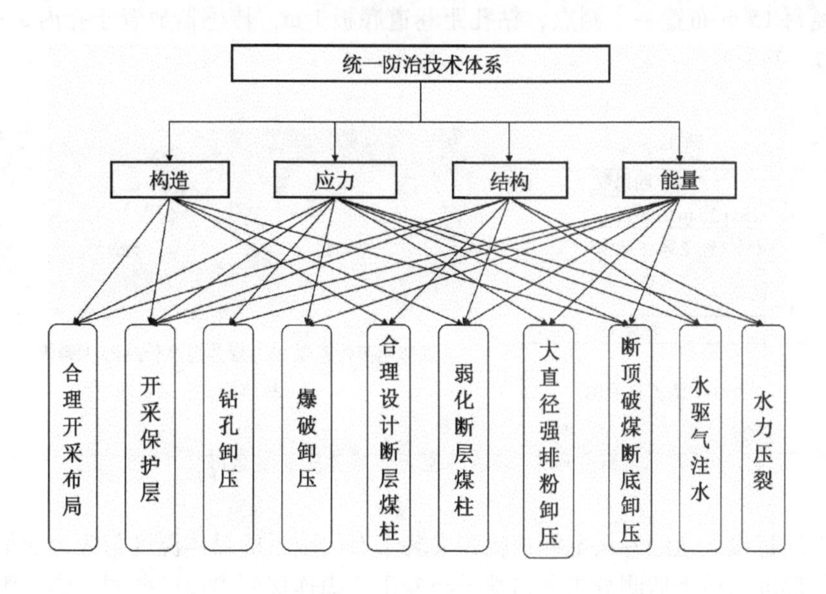

图7-33 平顶山矿区复合灾害统一防治技术体系

井田主要地质构造总体为一倾向北北东的单斜构造，在此基础上沿倾向发育的十矿向斜、郭庄背斜和李口向斜组成了井田的基本构造形态，断层以郭庄背斜轴与十矿向斜轴之间的原十一矿逆断层、牛庄逆断层为主，它们共同构成了井田的主干构造。褶皱轴向、断层走向基本平行，呈北西向展布，规律性明显，构造特征可概括为“两向一背两断层”。

十矿自1988年4月22日戊$_{9-10}$-20090工作面运输巷首次发生突出以来，共发生了50次煤与瓦斯突出事故。2007年11月12日，十矿己$_{15-16}$-24110回采工作面煤层厚度、倾角发生变化，采煤机割煤扰动诱发1次以冲击矿压为主导因素的煤与瓦斯突出，抛出煤炭约2000 t，涌出瓦斯约40000 m^3。该次事故既具有突出特征，又存在顶板断裂、底鼓、支架折损、巷道变形的冲击地压特征，属于煤与瓦斯突出和冲击地压复合灾害。

2. 复合灾害监测技术

通过瓦斯地质分析、矿山CT监测等对工作面采动前瓦斯、地质、应力等情况进行分析，划分了重点治理区域；通过声发射预警技术对工作面回采期间动力异常现象进行超前预警，确保了工作面安全生产。

1）监测预警

十矿应用矿山CT监测系统，在己$_{15}$-24080工作面投产前，对工作面煤（岩）体应力分布情况进行了一次探测，测定显示共有5个高应力区。根据探测结果，划分了己$_{15}$-

24080 工作面煤层高应力区域，高应力区域与无线电坑透探测的异常区域大部分重合。声发射信号特征参数变化与工作面出现的煤炮、瓦斯涌出异常、顶板活动、措施执行等有着较好的对应关系，且声发射信号变化具有明显的前兆特征，能够超前反映工作面可能发生的异常情况，敏感性明显优于工作面执行的常规校检指标，且提前捕捉了工作面灾害发生的前兆信息，并提前近一个班的时间给出了警示。

2）煤体应力 + 电荷 + 温度一体化监测技术

十矿戊$_{9-10}$ - 12160 工作面采用煤体应力 + 电荷 + 温度一体化监测技术，在回风巷内自煤壁开始每 15 m 布置一个测点，钻孔距巷道底板 1 m，传感器放置于孔内 5 ~ 8 m 深的位置（图 7 - 34）。

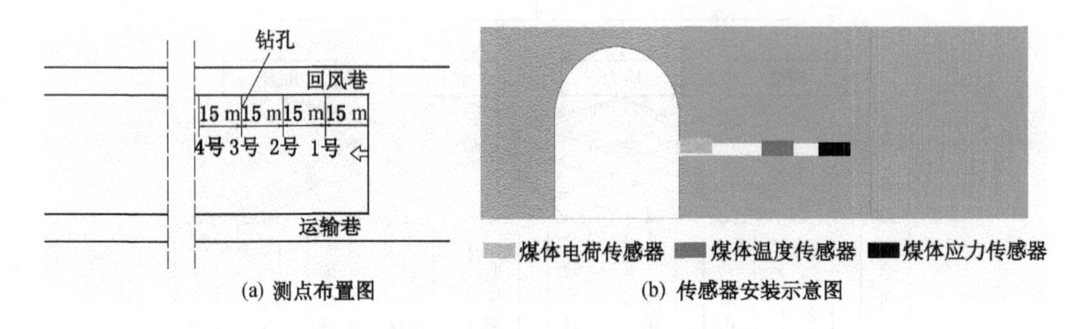

(a) 测点布置图　(b) 传感器安装示意图

图 7 - 34　测点布置与传感器安装示意图

传感器通过接线盒经专用电缆连接到安装于石门附近的煤体温度与应力通信分机通信端子，煤体温度与应力监测分机通信端子经专用电缆连接到串口服务器，串口服务器接入监测网，地面监测机通过串口服务器连接至工业环网，接收应力、温度和电荷传感器测得的数据。将钻机放置在指定地点开始钻孔（孔深 8 m），钻孔编号为 1 号、2 号、3 号。钻孔完成后，将应力、温度和电荷传感器探头放置于孔深 8 m、5 m 和 0.5 m 处。工作面回采到 1 号孔，将其传感器取出安装到 4 号孔，2 号、3 号孔依次类推为 5 号、6 号孔。每个监测点间隔测量时间为 5 min。

工作面前方 30 m 以外为原岩应力区，其温度异常变化为 1 ~ 5 ℃，应力变化异常为 1 ~ 3 MPa，电荷异常变化为 500 ~ 2000 pC，并且连续波动变化；工作面前方 5 ~ 30 m 为应力集中影响区，温度异常变化为 1 ~ 8 ℃，应力异常变化为 10 ~ 40 MPa，电荷异常变化为 500 ~ 7000 pC，并且连续波动变化；工作面前方 4 ~ 7 m 为卸压区，温度异常变化为 1 ~ 3 ℃，应力异常变化为 10 ~ 20 MPa，电荷异常变化为 500 ~ 4000 pC，并且连续波动变化。通过分析确定动力灾害异常危险报警指标，见表 7 - 6。

表 7 - 6　动力灾害异常危险报警指标

异常报警指标	异常变化	>30 m	5 ~ 30 m	<5 m
煤体电荷变化/pC	500 ~ 4000	500	1000	500
煤体应力变化/MPa	1 ~ 30	3	20	10
煤体温度变化/℃	1 ~ 10	2.5	5	2.5

3. 复合灾害治理技术

1）瓦斯抽采技术

通过高抽巷掩护煤巷掘进（图7－35）、本煤层＋中间底抽巷穿层钻孔（图7－36）掩护回采区域的形式进行区域瓦斯治理，采取水力压裂、水力割缝、松动爆破（图7－37）等增透措施提高瓦斯抽采效率。

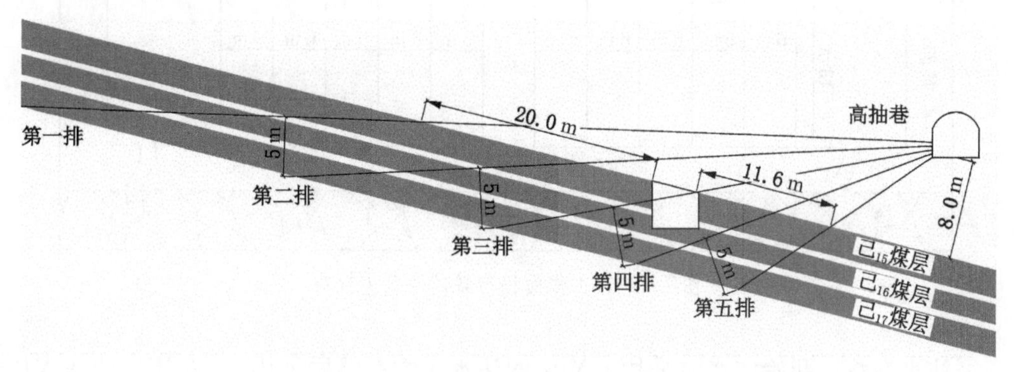

图7－35　高抽巷区域措施钻孔剖面图

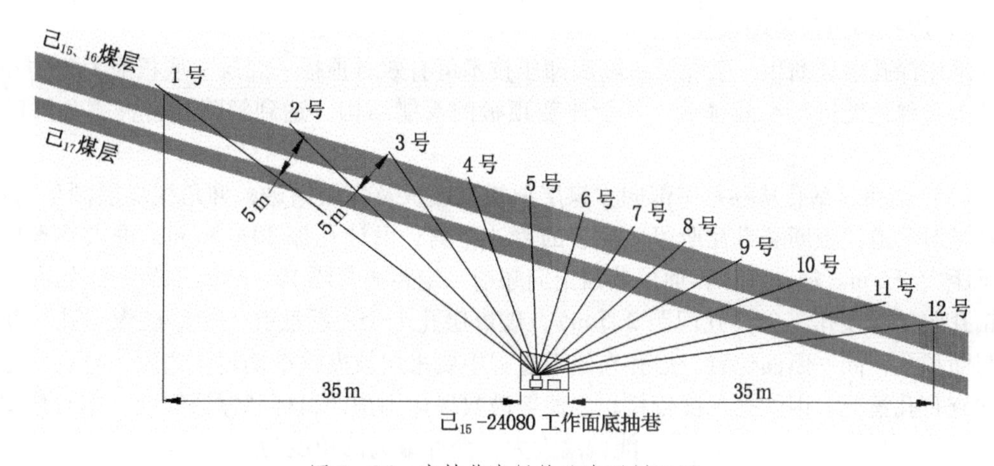

图7－36　底抽巷穿层钻孔布置剖面图

十矿应用该技术成果后，实现了工作面残余瓦斯含量、残余瓦斯压力分别降至6 m^3/t和0.6 MPa以下的“双六”目标。

2）煤层注水技术

（1）采煤工作面浅孔注水措施。

①注水设备：钻具、矿用注水泵、封孔器、高压水管、双功能压力水表。

②钻孔设计：利用第一排瓦斯释放孔作为注水孔。当煤厚在5.8 m以下时，注水孔距顶板1.5 m，钻孔仰角6°，孔间距3 m。当煤厚在5.8 m以上时，注水孔距顶板1.8 m，钻孔仰角6°，孔间距3 m。

③注水参数设计。开始注水时采用8 MPa的注水压力，然后采用4～6 MPa的注水压力（或采用静压注水）。注水时间以相邻钻孔出水为标准，注水量以注不进水为标准。

（2）工作面两巷深孔注水措施。

①注水孔布置：利用运输巷顺层瓦斯抽采钻孔注水，平均孔间距 2 m，孔径 113 mm。间隔布置注水孔，孔间距 4 m。

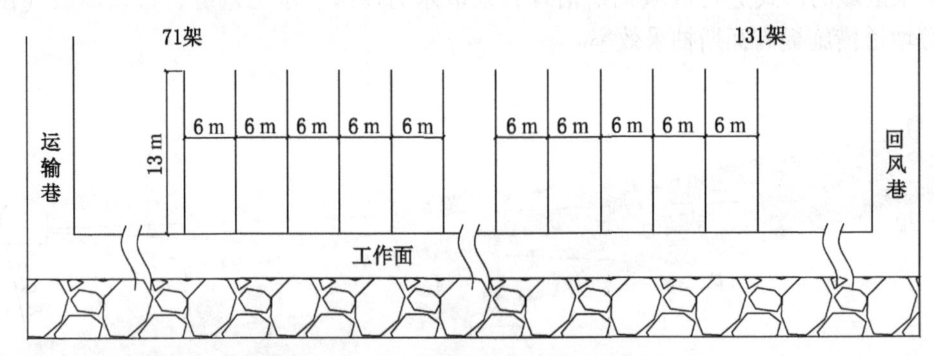

图 7－37 工作面松动爆破钻孔俯视图

②注水参数：开始注水时采用 8 MPa 的注水压力，然后采用 4～6 MPa 的注水压力（或采用静压注水）。注水时间以相邻钻孔出水或巷道壁渗水为标准。

3）深孔卸压预裂爆破技术

采用深孔爆破断顶－破煤层－断底卸压技术可有效对顶板－煤层－底板应力集中和积聚的大量弹性能进行有效释放，并能改变顶板的蓄能结构，达到解除复合灾害危险的目的。

（1）钻孔。钻孔从巷帮中部向本煤层顶板和底板及煤层钻进，仰角视煤层倾角而定，原则是对巷道顶板断裂带瓦斯留出足够的避让距离；设计孔深 30～50 m，进入基本顶岩石垂距大于 5 m。通常在工作面风巷沿走向超前一定距离每隔 10～15 m 布置一组钻孔，每组钻孔包括断顶孔 3 个（孔间距 2.5 m）、破煤层孔 1 个、断底孔 1 个。破煤层孔、断底孔与断顶孔在同一断面位置。炮孔在施工过程中要采用坡度仪准确定位角度，打孔后记录和检查打孔情况。因炮孔长度较长，为使爆破效果达到预期目标和保证安全，炮孔角度不能偏离太大，允许偏离的角度为 +1°。

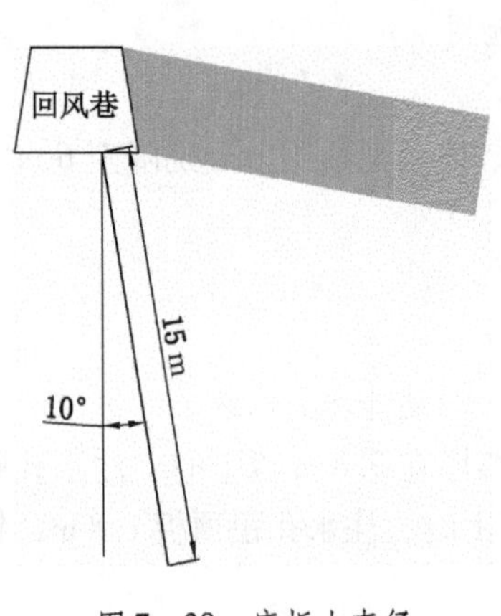

图 7－38 底板大直径卸压钻孔布置图

以十矿戊$_9$－20180 工作面为例，介绍深孔卸压爆破技术钻孔参数。

在戊$_9$－20180 工作面到达基本顶初次来压区域、工作面采空区见方区域、基本顶大于 30 m 断裂区域、断层影响区域、煤层赋存条件急剧变化区域、复合灾害危险区域时，需执行深孔卸压预裂爆破技术措施。

回风巷底板钻孔卸压：在工作面回风巷内帮底板施工大直径钻孔进行卸压，减轻或降低底板灾害危险性。具体布置参数：在基本顶周期来压位置前后各 15 m 范围，在巷道内帮底板沿巷道走向施工一排卸压钻孔，钻孔向工作面内倾斜，其角度与垂直方向夹角 10°，孔径 96 mm，间距 2 m，孔深 15 m（图 7－38）。

顶板深孔预裂爆破：为预防基本顶突然断裂的大面积来压造成复合灾害事故，对于基本顶确定周期破断距大于 30 m 区段和矿压显现强烈区段，可超前在回风巷内采取局部顶板深孔预裂爆破措施。从采煤工作面超前 150 m 范围开始，每隔 15 m 布置一组（3 个）爆破钻孔，孔径 75 mm；钻孔从巷帮中部向工作面煤层顶板和采空区方向仰斜钻进，向采空区方向的仰角为 70°，向工作面煤层方向的仰角为 75°、55°、35°，设计孔深按照进入直接顶坚硬岩层垂距大于 10 m 考虑，如图 7－39 所示。

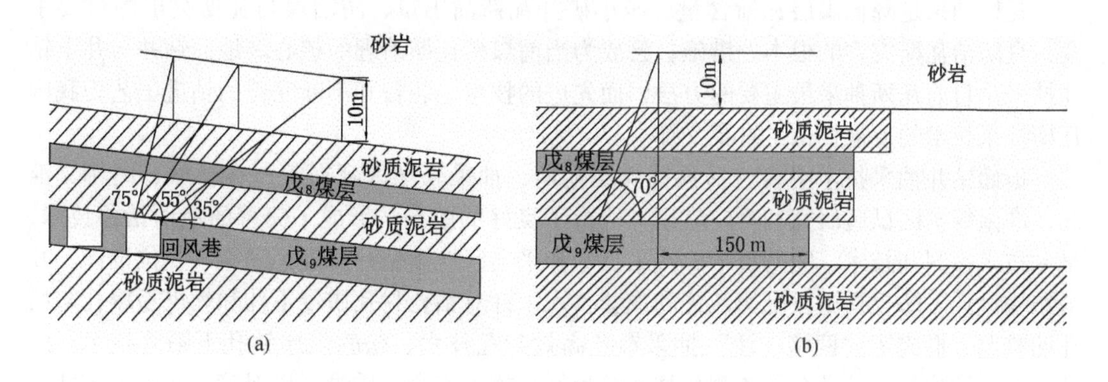

图 7－39　顶板深孔预裂爆破钻孔布置图

（2）装药与封孔。使用两根导爆索进行起爆。准备药卷，把两根导爆索插入药卷中，并用胶带缠好。采用内径为 50 mm 的 PVC 管作为炸药载体，将药包送入炮眼底部。用木制炮棍将装有药包和导爆索的 PVC 管及炮泥等装入炮孔内。炮眼采用连续耦合装药方式，采用双电雷管、双导爆索引爆，每一根导爆索均采用毫秒延期电雷管起爆。

装完药后采用黄土封孔，每次送入 0.5 m（2 节）左右长的黄土棒，黄土棒规格为 60 mm×250 mm，黄土棒需用塑料薄膜包装，直到封孔到孔口位置。

4）局部瓦斯排放技术

当复合灾害预测参数超标后，在超标点两侧预测孔之间的区域（30 m）执行消减瓦斯内能技术措施，不超标范围不采取措施。

以十矿$戊_9$－20180 工作面为例，介绍局部瓦斯排放技术钻孔参数。利用麻花钻杆排粉，孔径大于 89 mm，孔深 15 m。排放钻孔一般一排布置（$戊_9$ 煤层厚度超过 1.2 m 时上、下两排布置，下排钻孔终孔控制到$戊_9$ 煤层底板，两排钻孔呈“三花”布置；暴露$戊_{10}$煤层时，在$戊_{10}$煤层另增加一排，钻孔终孔控制到$戊_{10}$煤层顶板以下 1 m），每 1 m 施工一个钻孔，钻孔开孔距煤层顶板 0.6 m，终孔控制到$戊_9$ 煤层顶板下 0.6 m。

在施工排放钻孔过程中若有钻孔发生夹钻、喷孔、响煤炮等突出预兆，则在该孔两侧各增加一个与异常钻孔同深度和角度的钻孔。

5）巷帮大孔径钻孔卸压

当工作面巷帮煤层具有冲击地压或复合灾害危险时，在预测孔超标点边界向两侧扩展 30 m 区域，采取巷帮大直径钻孔卸压技术，降低灾害危险性。卸压孔平行煤层走向方向，在巷道内帮向工作面煤体施工钻孔，孔径大于 94 mm，孔距 2 m，孔深 15 m。

8　地面钻井与井下钻孔抽采关键技术

瓦斯抽采是降低煤层瓦斯含量、减小矿井瓦斯涌出量、防治煤与瓦斯突出的重要手段，是防治瓦斯灾害的根本性措施，已成为当前煤矿瓦斯治理的核心。地面钻井与井下钻孔抽采是目前瓦斯抽采最主要的方法，而先进的技术、装备和不断完善的钻进工艺为我国瓦斯抽采技术的发展提供了重要支撑。

地面钻井抽采技术主要包括预抽煤层瓦斯、抽采采动区瓦斯等，在晋城、离柳、淮北、淮南等矿区试验研究和推广应用，取得了良好的效果，形成了完善的地面钻井技术、录井技术、测井技术、完井技术、排采技术和采动区地面钻井防破坏理论、井位设计、井身结构设计、防损措施及配套装置的成套技术。针对钻孔封孔质量不佳和软煤易塌孔与堵孔的难题，形成了“两堵一注”抽采钻孔高效封孔技术、松软煤层钻孔下筛管技术。此外，钻孔防喷技术、钻孔轨迹测量技术等为钻孔施工安全、质量提供保障。我国煤矿井下钻机发展迅速，并逐渐向专业化领域发展，针对煤矿井下的不同需求进行了定向研发，形成了井下定向钻进技术、自动化钻进技术等，其设备及技术性能等均已达到或超过世界先进水平，并朝着结构轻便、性能良好、品种齐全和产品系列化的方向发展。

本章重点介绍了地面井预抽瓦斯技术、采动区地面井抽采瓦斯技术、井下定向钻进技术、松软煤层钻进技术、井下自动化钻进技术、井下钻孔轨迹测量技术、松软煤层钻孔下筛管技术、钻孔防喷技术、钻孔高效封孔技术 9 种井上、下钻井（孔）抽采关键技术。

8.1　地面井预抽瓦斯技术

8.1.1　技术原理

地面井预抽瓦斯技术即常规意义上的煤层气开发，主要利用排水降压解吸采气的原理对原始煤体瓦斯进行抽采，煤层气井产气原理如图 8－1 所示。排采设备将井筒内的水举到地面，逐步降低井底流压，随着井底流压的降低，逐渐形成压降漏斗并逐步向外扩展，进而逐步降低煤层的储层压力；当煤储层的孔隙、裂隙中的流体压力低于煤储层临界解吸压力时，迫使吸附在煤基质孔隙内的瓦斯被解吸，然后通过基质孔隙的渗流和扩散到天然裂隙，瓦斯再从裂隙中渗流到井筒，从而被采出。

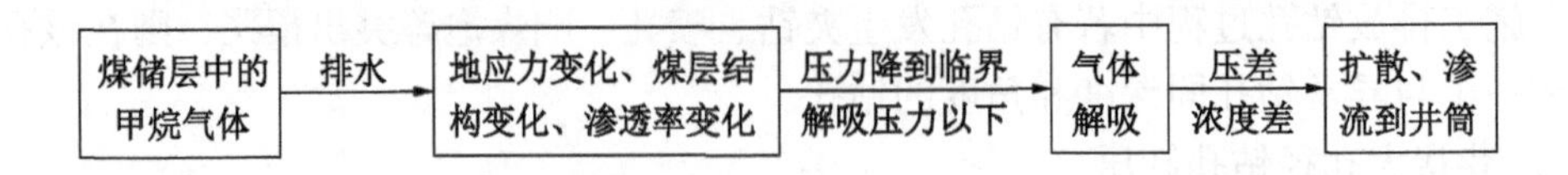

图 8－1　煤层气井产气原理

气体在煤层孔隙的运移机制可以描述为 3 个相互联系的过程：①由于压力降低使气体从煤基质孔隙的内表面上发生解吸；②在浓度差的作用下，瓦斯由基质向割理扩散；③在流体势的作用下，瓦斯通过裂隙系统流向井筒。

8.1.2　关键技术

根据井型，地面预抽井可划分为垂直井和定向井，定向井又可细分为一般定向井、斜直井、水平井和丛式井。垂直井是从地面垂直钻穿煤层的钻井；定向井是从地面先打直井再造斜，斜穿过煤层的钻井；水平井是从地面先打直井再造斜后沿煤层水平钻进的钻井，又可分为羽状分支井和水平对接井等；丛式井是在一个井场或平台上施工若干口井，各井的井口相距不到数米，井底则伸向不同方位。地面预抽钻井工艺的选择取决于煤储层的埋深、厚度、力学强度、压力及地层组类型、井壁稳定性等地质条件，其一般流程如图 8-2 所示。

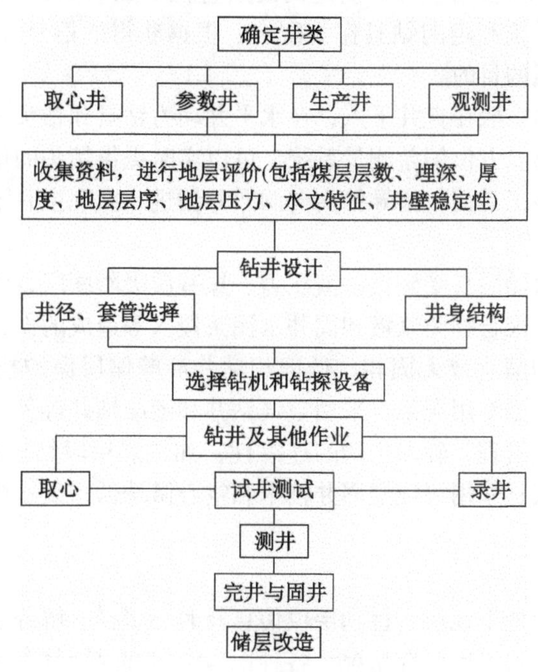

图 8-2　地面预抽钻井一般流程

1. 钻井技术

1）直井井身质量控制技术

直井井身质量主要包括井斜控制、水平位移、全角变化率和井径扩大率。其中，井斜控制又是井身质量控制的关键。井斜控制通常使用防斜钻具防止井斜，防斜钻具一般采用刚性强的大尺寸钻具，常用的有刚性满眼钻具、塔式防斜钻具、方钻铤防斜钻具等。每钻进 50 m 进行井斜测量，必要时加密测斜。若有井斜出现，应采取钟摆钻具纠斜、偏重钻铤纠斜或螺杆钻具纠斜。为保证井身质量，以防井径扩大，应简化钻具组合，减少起下钻趟数，尽量以最短的时间完钻，同时控制好泥浆失水等性能，保证井壁稳定。

2）水平井轨迹控制技术

一般采用无线或有线随钻系统进行钻井轨迹控制。在实际施工中，采用不同造斜率的螺杆钻进行钻进，无线随钻系统电子探管将井底参数通过泥浆或电磁波传输至地面，远程计算机系统将泥浆脉冲或电磁波信号进行解析后反馈给轨迹控制人员，轨迹控制人员通过采用改变钻进方式（滑动钻进、复合钻进）、调整工具面、改变钻进参数等手段进行钻井轨迹控制。

直井段轨迹控制技术重要的是要采用防斜打直技术，务必使直井段中的井眼打直，从而为后续的定向造斜井段提供条件。把好定向造斜关和跟踪控制到靶点是定向造斜段控制成功的两个重要因素，可以通过钻头 + 弯螺杆钻具 + 定向直接头 + 无磁钻铤或钻头和直螺杆钻具 + 定向弯钻头 + 无磁钻铤两种定向钻具组合来进行施工；水平井段的轨迹控制是通过采取正确的技术措施和精准预测来实现的。

3）水平井远距离连通技术

水平井对应对接井（多为直井）所造的洞穴直径一般为 0.5 ~ 1 m，必须采用专用连通仪器，用随钻测量系统和定向钻具作为配合，根据获得的信号和指令及时调整井眼轨迹，才能达到对接连通的目的。

专用井眼连通仪器一般在直井下入，在水平井动力钻具和钻头之间连接强磁接头，建立钻头与洞穴间的距离、方位偏差测量系统，可以实时提供钻头的位置，为定向提供距离和方位参数，及时调整工具面，指导钻头向洞穴井钻进，实现主井眼与洞穴井连通。

4）煤储层保护技术

钻完井过程中，煤储层易受到钻井液压力、煤基质吸附膨胀、固相物质充填，外来流体与储层流体不配伍、聚合物类浆液和固井水泥浆侵入等造成的伤害。为尽可能地保护煤储层，施工中一般采用清水或无固相、低固相钻井液等储层保护技术；加强固相控制技术；采用屏蔽暂堵等新型专用泥浆；采用空气钻井和泡沫钻井等欠平衡钻井技术。优化钻井工艺，严密生产组织管理，确保生产的连续性，加快煤层段钻进速度，缩短煤层浸泡、裸露时间，保护煤储层；采用绕煤层固井技术和空心微珠低密度水泥浆固井，消除固井作业对煤储层的伤害。

2. 录井技术

录井技术具有获取地下地层岩性和层位信息及时、多样、解释快捷的特点。地面预抽井录井的主要目的是获得煤层赋存情况、各种地质资料和煤层气参数。最常用的录井技术包括岩屑、岩（煤）心钻时、气测、钻井液和简易水文观测等，其技术要求如下：

（1）对非含煤地层和含煤地层捞取岩屑样品，绘制 1∶500 随钻剖面，对地层做出初步的判定和划分。

（2）对设计取心井段进行取心作业，采取岩、煤心样，并进行描述。

（3）钻时录井主要根据钻时记录，判定煤层埋深、厚度和夹矸位置等。

（4）气测录井是利用综合录井仪直接测量钻井液中烃类/非烃类气体的含量及组分特征，根据储集层天然气组分含量的相对变化来区分气、水层，并进行气层评价的技术。其属于地球化学测井的一种，具有连续作业、自动记录的特点，不受电性、岩性、物性、井温的影响，具有其他录井技术没有的连续性、灵敏性优势，是气层发现与评价的重要手段之一。录井过程是通过钻进中钻井液的循环将地下气体带出井口，经泥浆脱气器脱气，进入色谱分离，测得烃与非烃组分的含量。

（5）钻井液录井也是发现气层的重要手段之一。在煤系段或非煤系段发现气体显示异常（如黏度突变、钻时变快、气测有异常、钻井液有气侵、槽面冒气泡等）应连续测定钻井液密度、黏度，加密全套性能的测定，并详细记录井深、层位、气显示特征等。

(6) 钻进过程中，主要通过定时观测钻井液消耗量进行判定，完成简易水文观测记录工作。

3. 测井技术

地球物理测井是煤层气勘探开发中，尤其是单井评价中的重要手段之一。目前评价煤层气的常规测井方法一般包括自然电位、自然伽马、井径、双侧向电阻率、微球形聚焦电阻率、补偿声波、中子孔隙度和补偿密度等测井技术。通过综合分析测井资料与数据，可以定性定量地判断出煤岩各相关特性与参数。

4. 完井技术

1) 固井技术

地面预抽井井深一般为 300 ~ 1500 m，存在目的层（煤层）胶结强度低、松散，在煤层段易发生井漏，井壁坍塌，固井时易漏失，水泥浆返速低等问题。此外，水泥浆对煤层易造成伤害。因此，既要考虑降低煤层伤害又要保证固井质量，对固井工艺要求较高。

目前，国内一般采用“低温空心微珠低密度水泥浆领浆 + 常规水泥浆尾浆”变密度体系进行固井，结合控制失水、低返速塞流顶替等技术，基本解决了煤层气固井的封固质量，但仍未有效解决固井对煤层造成的伤害。

2) 完井技术

煤层气井完井技术是在借鉴常规油气井完井、二次完井技术的基础上，根据煤层特殊力学性质和煤层气的流动产出特性发展起来的。目前主要的完井方式有射孔压裂完井、裸眼完井和裸眼洞穴完井，如图 8 - 3、图 8 - 4 所示。此外，还有针对远端对接水平井的筛管完井。

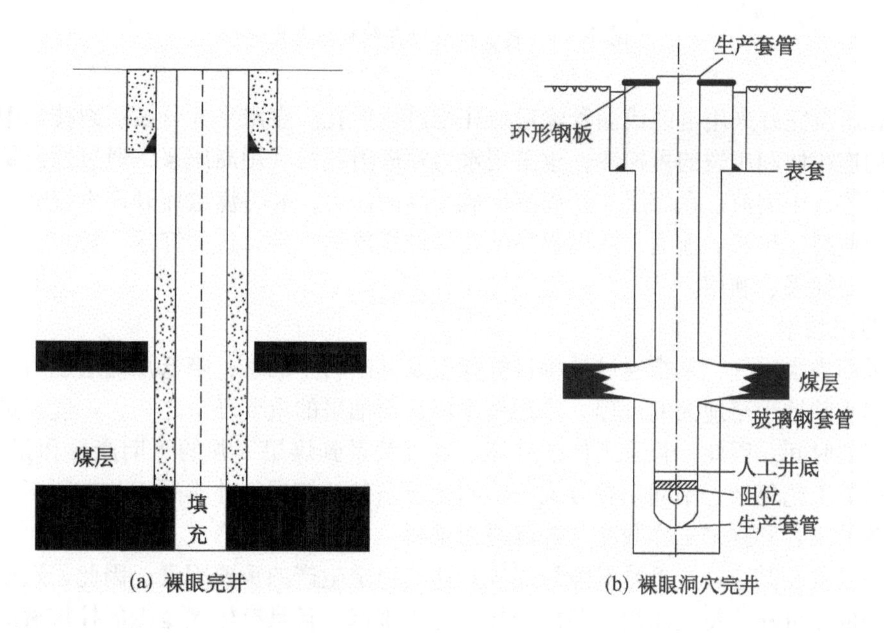

(a) 裸眼完井　　(b) 裸眼洞穴完井

图 8 - 3　裸眼与裸眼洞穴完井结构示意图

裸眼洞穴完井方法是在常规裸眼完井的基础上发展起来的一种独特完井方式，是反复利用特殊的井下工具或手段，在较高生产压差作用下，利用井眼的不稳定性，人为地在裸眼段煤层部位通过多次注空气或泡沫憋压放喷，造成剧烈的井内压力“激动”，使煤层崩落，在煤层段形成一个大于井径数倍的柱状洞穴，消除可能已发生的地层损害，在井眼周围形成大面积含有大量张性裂缝的卸载区。该方法提高了井筒煤层周围割理系统的渗透性，增大了地层导流能力，最大限度地使煤岩储层的吸附瓦斯解吸，使井眼与地层之间实现有效连通而达到增产的目的。裸眼洞穴完井的产量较高，此方式适用于高压、高渗地层，缺点是井眼稳定性差，风险比其他完井方式大。

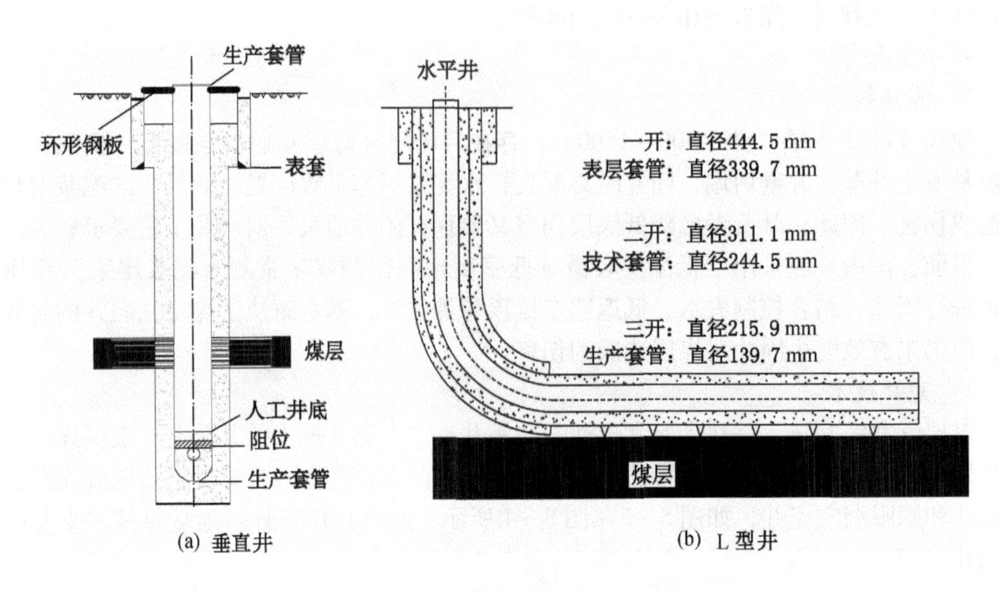

图 8－4　射孔压裂完井结构示意图

射孔压裂完井采用电缆或油管输送射孔枪进行射孔。在水平井分段压裂技术中，为保持工序的连续性和压裂的可控性，也采用水力喷砂射孔。利用高压泵，通过地面钻井和钻孔向煤层注入压裂液，在煤层井孔周围形成很高的压力，并将煤层压开产生裂缝，持续注入压裂液使裂缝扩展、连通，从而提高钻孔区域煤层透气性，进而卸压、排水、采气，进行煤层瓦斯抽采、利用。

5. 排采技术

排采即排水采气，是指通过抽排目标煤层及其围岩中的水，降低煤储层压力，使煤层中瓦斯解吸并抽采至地面的过程。排采是煤层瓦斯抽采的重要环节之一，一般要进行数年至数十年的时间。因此，排采工作的好坏，直接关系到煤层气井的短期产量和累计产量。煤层气排采工艺复杂，不同完井方式、不同地质条件的煤层气井排采工艺有所不同，但以排采设备的组合和排采工作制度与控制最为重要。

排采设备及其合理选型是保障煤层气井连续稳定生产的重要因素。因此，选用的排采设备必须成熟可靠、持久耐用、节能低耗、易于维修，且具有较大范围的控排液能力。目前，国内煤层气井排水采气的主要设备包括：有杆泵、螺杆泵、射流泵和电潜泵等。

煤层气井的排采大致可划分为稳定降压阶段、临界产气阶段、产气快速增加阶段、稳定产气阶段和气量衰减阶段 5 个阶段，排采阶段见表 8－1。根据排采阶段的不同，制定不同的排采制度，随时注意井底流压、产水速度和产气速度的变化情况，最大限度地保护煤储层，保证排采顺利进行。

表8-1 排采阶段

序号	阶段划分	动液面下降	阶段特征
Ⅰ	稳定降压阶段	<5 m/d	稳定排采降液面，较快速度排除煤储层中残留压裂液。防止煤粉产出，随着井底流压降低，逐渐降低排采强度
Ⅱ	临界产气阶段	<3 m/d	煤层气开始解吸，气水同出，动液面波动较大，套压逐渐上升
Ⅲ	产气快速增加阶段	<2m/d	控制套压产气，控制套压下降和产气量上升速度，此阶段主要控制井底流压日变化量不大于0.02 MPa，产气增加量小于90 m^3/d
Ⅳ	稳定产气阶段	<1 m/d	根据现场情况，逐步控制套压在一定范围内产气，保持稳定排水，同时控制产气量，获得稳定产量
Ⅴ	气量衰减阶段	液面稳定	根据产量衰减情况，逐步降低套压，尽量减少修井次数，保持连续排采，避免产量较大幅度波动

8.1.3 应用情况

沁水盆地是我国煤层气勘探开发的热点地区之一，已形成潘庄、柿庄、樊庄、潘河、马必、阳泉和寺家庄等多个煤层气开发区，主要采用地面垂直井、套管固井-射孔压裂作业方式。垂直井的最高瓦斯抽采量达到16000 m^3/d，平均瓦斯抽采量1000~2000 m^3/d。

芦岭矿实施的煤层顶板水平分段压裂井，连续92 d单井瓦斯抽采量稳定在10000 m^3以上，连续512 d瓦斯抽采量7075 m^3/d，单井累计产气量700多万 m^3。

8.2 地面井抽采采动区瓦斯技术

8.2.1 技术原理

地面井抽采采动区瓦斯是通过在采场地表施工垂直钻井到煤层采动可能形成的覆岩裂隙带或煤层内，充分利用煤层采动卸压增透效应，使得瓦斯尽可能多地经由煤岩体的裂隙网络和钻井直接抽采到地表，以达到降低回采工作面瓦斯涌出量、缓解瓦斯超限压力和开发煤层气的目的。地面井需要由专业的工程队伍施工，并根据地层状况分级下入不同直径和壁厚的套管。为了提高固井效果，套管与井壁之间往往充填一定强度、一定深度的水泥砂浆等固井材料。套管结构示意如图8-5所示。

8.2.2 关键技术

1. 井位优选技术

煤矿采动区地面井由于要经历煤层回采的过程，受采动影响下的采场上覆岩层剧烈运动影响严重，因此地面井的布井应选择采场上覆岩层移动对地面井影响最小的区域；同时本煤层采动活跃区地面井由于通常要连续进行采动稳定区抽采，需要特别考虑井下工作面推进及工作面通风的影响，以提高井下抽采效果。

在采动影响下，采场上覆岩层对地面井的破坏影响形式主要为岩层层面的层间剪切、离层拉伸和岩层的层内挤压作用。图8-6为地面井套管在岩层剪切滑移、离层拉伸和挤压作用下的综合受力模式：套管径向方向承受来自岩层层面滑移作用产生的剪切力、承受岩层内部变形给予的挤压力，套管轴向方向承受覆岩离层位置产生的拉伸应力。因此，应对煤层顶板地表的采场上覆岩层各岩层界面的剪切滑移、离层拉伸位移分别进行计算分析，结合地面井的结构形式选择采场上覆岩层移动对地面井影响最小的区域，回避高危险布井区域，确保地面井结构的稳定性。

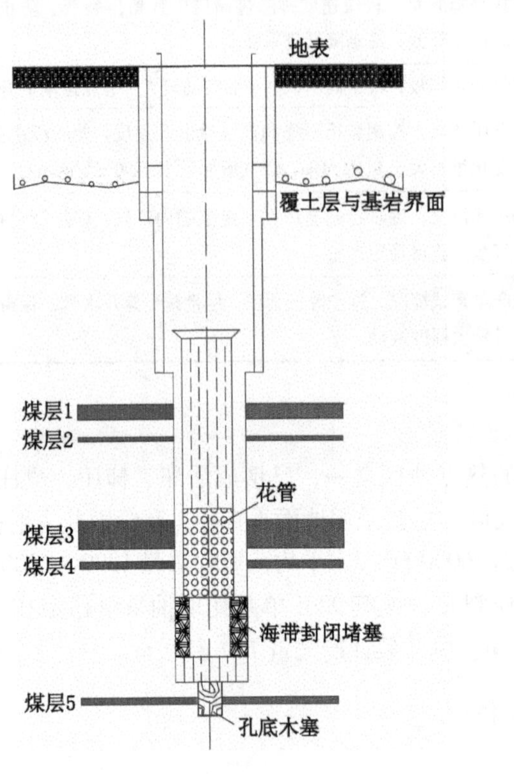

图 8-5 煤岩体中套管结构示意图

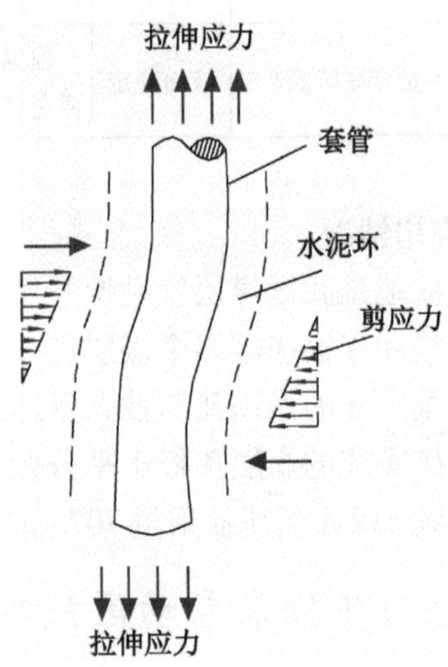

图 8-6 地面井套管的综合受力形式

通过岩层界面剪切位移和离层拉伸位移的计算可以获得采场倾向上某一深度处的岩层剪切位移和离层位移分布规律，如图 8-7 所示。剪切位移呈“马鞍形”分布，采场中部为极小值区域，沉降拐点附近剪切位移最大；离层位移近似呈“抛物线形”，采场中部为最大值区域，采动影响边界处最小。

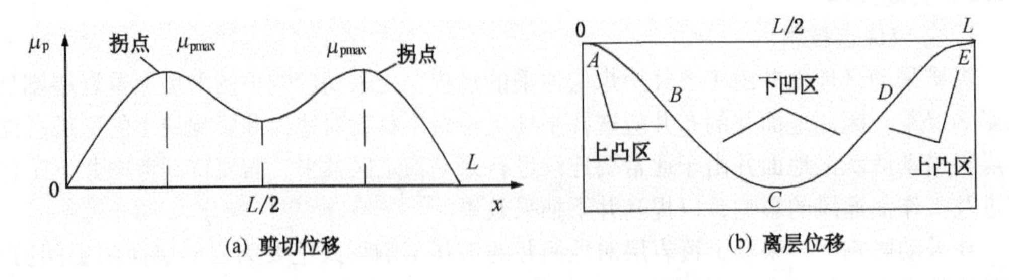

L—工作面倾向方向上采动影响宽度；μ_{pmax}—最大剪切位移

图 8-7 岩层拉、剪位移在采场倾向方向分布规律

综合分析剪切位移和离层位移分布情况可知：地表沉降拐点偏向采场中线间区域为岩层运动对地面井结构综合影响较小的区域；由于目前倾斜煤层工作面巷道布置以回风巷位于煤层底板标高较高位置、运输巷位于煤层底板标高较低位置的主要方式，考虑工程成本等因素后可以确定“回风巷侧地表沉降拐点偏向采场中线区域”为基于结构稳定性的地面井优选布井区域。

研究表明：地面井以负压状态运行时，明显改变了采空区内部的气体流场，在井口周围形成高浓度瓦斯区，而高浓度氧气区域也随之深入采空区内部，而且不同位置的地面井抽采效果是不同的，位于工作面回风巷侧 60 m 附近区域的地面井抽采效果最佳，此区域为基于抽采效果的地面井优选布井区域，如图 8－8 所示。

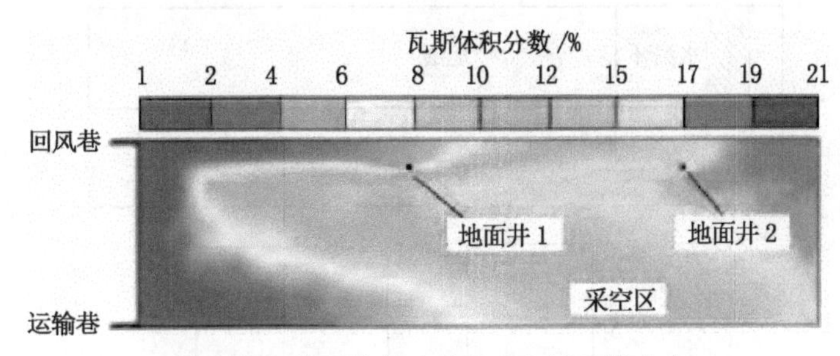

图 8－8 地面井抽采时回采空间瓦斯分布

由于我国多数煤矿地表沉降拐点一般为煤壁偏向采空区侧 20～90 m，综合考虑岩层移动对采动活跃区地面井结构的影响规律和抽采效果影响因素条件可知，选择回采工作面回风巷侧偏向采场中线方向一定范围（40～80 m）内的区域进行采动活跃区地面井的布井较好（具体位置的选择需要根据计算方法进行确定）。

2. 钻井及井身结构设计

煤矿采动区地面井破坏的根本原因在于地面井在岩层移动影响下的迅速切断、拉断、堵塞破坏，造成地面井失去抽采工作面及后续采空区瓦斯的功能，无法有效缓解回采工作面瓦斯超限的压力。因此，进行采动区地面井井型结构优化是保证地面井在采动影响下的贯通，进而提高瓦斯抽采效果的关键所在。

采动活跃区地面井的三级深度对地面井的抽采效果及结构稳定性有着关键影响；套管型号决定了套管的抗拉剪破坏能力；水泥环的厚度及配比参数决定了水泥环对岩层挤压应力的缓解效果；固井工艺的不同使地面井不同井身位置受到的岩层运动影响程度不同，因此应对地面井的井型结构进行逐级优化设计。采动影响区地面井的三级深度分布应综合考虑岩层移动量的大小和矿区采场“竖三带”的分布范围，确保钻井一开段的防漏水、防塌孔及二开段的钻井结构安全和三开段的瓦斯流动裂隙网络完整。

套管选型和水泥环参数设计应在获取岩层移动量的基础上运用套管、水泥环、岩壁三域耦合作用模型对力学参数及安全性进行评估计算，获得取值区间，进而优化各力学和配比参数，套管、水泥环、岩壁三域耦合作用模型，如图 8－9 所示。

由耦合分析可以计算获得增益函数式：

$$\psi = \frac{1-m^2}{2(1-\upsilon)}\left(\frac{k_s}{mk_c} - \frac{1-2\upsilon}{1+\xi}\right)\xi \tag{8-1}$$

式中　m——水泥环内外径比；

υ——水泥环的泊松比；

k_s——地层刚度；

k_c——套管刚度；

ξ——水泥环和地层的材料差异系数。

当$\psi=0$时，钻井套管受到的外力为无水泥环情况下的外力；当$\psi>0$时，水泥环的存在使原来的套管压力降低了，这种情况称为增益；当$\psi<0$时，水泥环的存在使原来的套管压力增大了，这种情况称为负增益。因此，水泥环的参数选择应使$\psi>0$。

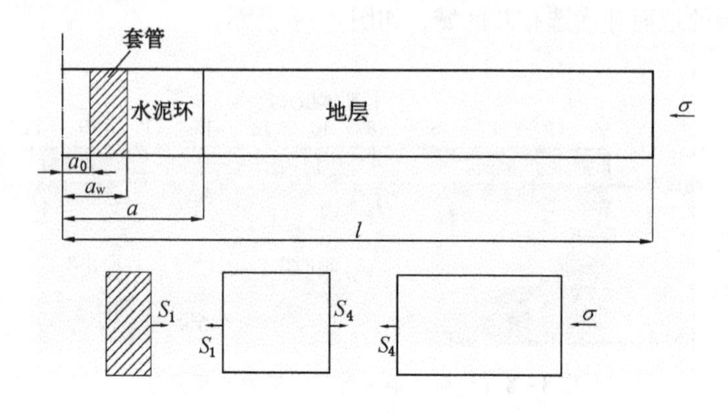

图8-9　地层、水泥环、套管三区域模型

由采动区地面井变形破坏模型可以发现，岩层移动的剪切滑移位移量、离层拉伸位移量是岩层运动对地面井产生影响的关键参量。因此，地面井结构优化应在满足工程成本要求的基础上适度增大地面井各级井段的钻井直径，使得各分级段的钻井直径在岩层移动量发生后仍能够保证钻井的有效通径大于“0”。同时，应采取适用的固井技术提高地面井的有效通径，增强地面井的抗拉剪能力。采动活跃区常用的固井工艺有全井段固井、局部固井和分级固井等，根据钻井结构稳定性保障要求需要选择不同的固井方式，图8-10为几种典型的地面井井型结构。

3. 高危位置安全防护技术

在采场进行地面井最优布井区域选择可以回避多数地面井的高危险破坏位置，但岩层移动分布受岩层特性影响具有一定的随机性，布置在采场最优布井区域的地面井仍然存在部分井身位置处于岩层移动的高危险影响区，这些高危险破坏位置一般是采取区域优化布井措施不能完全规避的。一般情况下，岩层界面的离层拉伸破坏位置和巨厚基岩层下的岩层界面位置为地面井套管发生拉伸、剪切破坏的高危险位置，如图8-11所示，需要施加特殊防护措施才能保证钻井结构的安全畅通。

地面井高危破坏位置防护主要是在分析获得地面井高危破坏位置后，在地面井套管完井过程中根据套管变形形式和变形量对地面井的二开套管的局部高危破坏位置施加能够抗岩层移动剪切、离层拉伸、拉剪综合变形等作用的专用防护结构，如图8-12所示，以提高地面井的抗破坏能力，延长地面井的使用寿命。

4. 安全抽采技术

地面井的安全抽采主要包括人员配备、交接班制度、抽采设备安装、抽采设备运行、

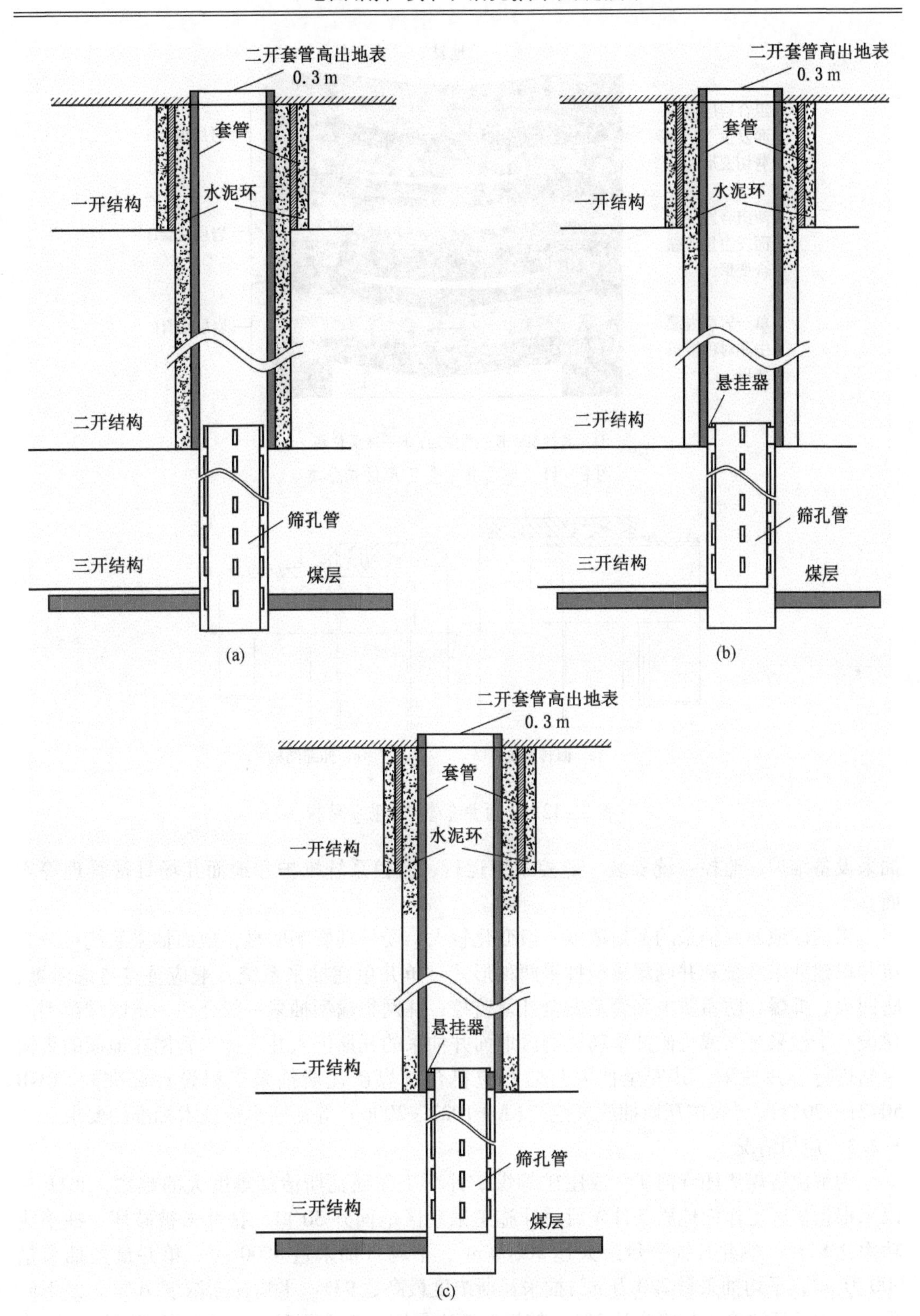

图 8－10　3 种典型的地面井井型结构

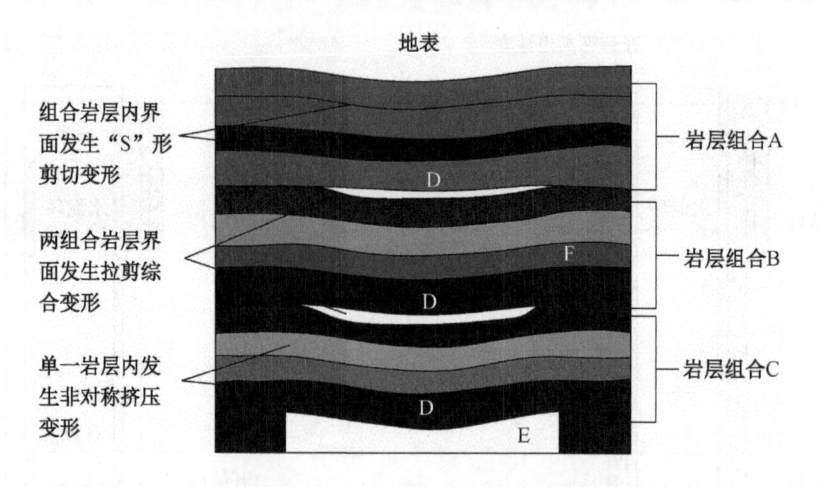

D—关键层；E—采空区；F—离层位移

图8-11 地面井主要变形形式分类

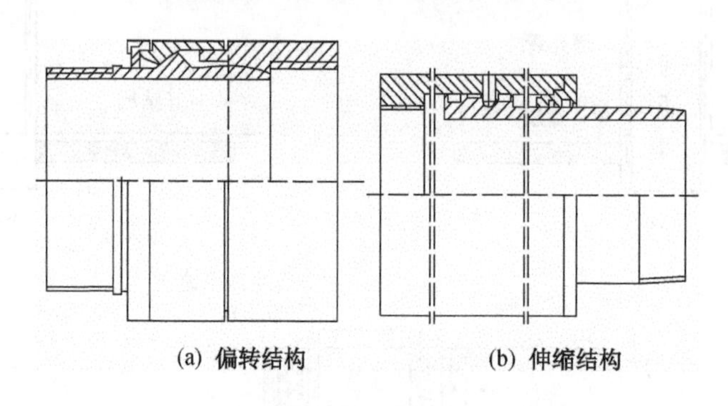

图8-12 地面井套管专用防护结构

抽采设备维护、监控系统安装、监控系统运行、监控系统维护和地面井场日常管理等方面。

采动区地面井抽采的瓦斯浓度一般变化较大，受采动影响明显，地面抽采系统可分为单井单建抽采系统和井网集输型抽采两种形式。单井单建抽采系统一般应重点考虑泄爆、防回火、抑爆、防雷防电和管道安全计量监控；井网集输型抽采一般会在一定区域范围内建设一个抽采泵站或将矿井采动影响区地面井抽采的瓦斯汇入井下抽采管网在地面的集输泵站进行合并抽采，其安全抽采与监控应符合《煤矿瓦斯抽采工程设计标准》（GB 50471—2018）、《煤矿瓦斯抽放规范》（AQ 1027—2006）等瓦斯集输技术标准的要求。

8.2.3 应用情况

为解决晋煤集团寺河矿、成庄矿等煤矿井下工作面瓦斯治理难度大的难题，2011 年以来根据矿区工作面地质条件先后设计施工采动区地面井 30 口，钻井未被破坏、抽采成功率达 85%。单井日抽采量最大达 30000 m^3，平均日抽采量 8500 m^3；单井最大抽采量 900 万 m^3，平均抽采量 220 万 m^3；抽采瓦斯浓度最高达 93%，平均瓦斯浓度 70%。井下回采工作面瓦斯浓度平均降幅达 20%，较好地解决了回采工作面和回风巷瓦斯超限的问题。

寺河矿 4303 综采工作面 SHCD－01 地面井，钻井在工作面的相对位置如图 8－13 所示。

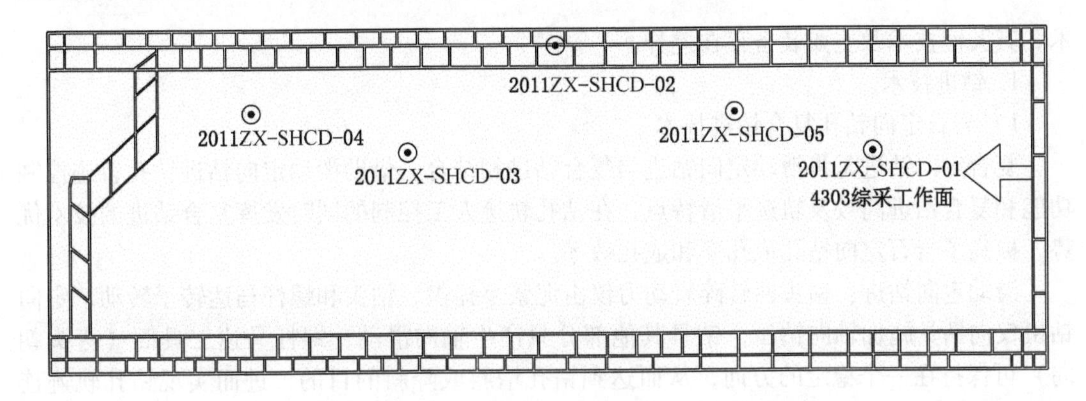

图 8 - 13 4303 综采工作面采动区地面井布置图

寺河矿 SHCD - 01 采动区地面井于 2013 年 8 月 25 日开始进行抽采，瓦斯抽采纯量最高达 12300 m^3/d，平均瓦斯抽采纯量 10500 m^3/d，抽采瓦斯浓度最高达 90%，平均抽采瓦斯浓度 83.5% （图 8 - 14）。

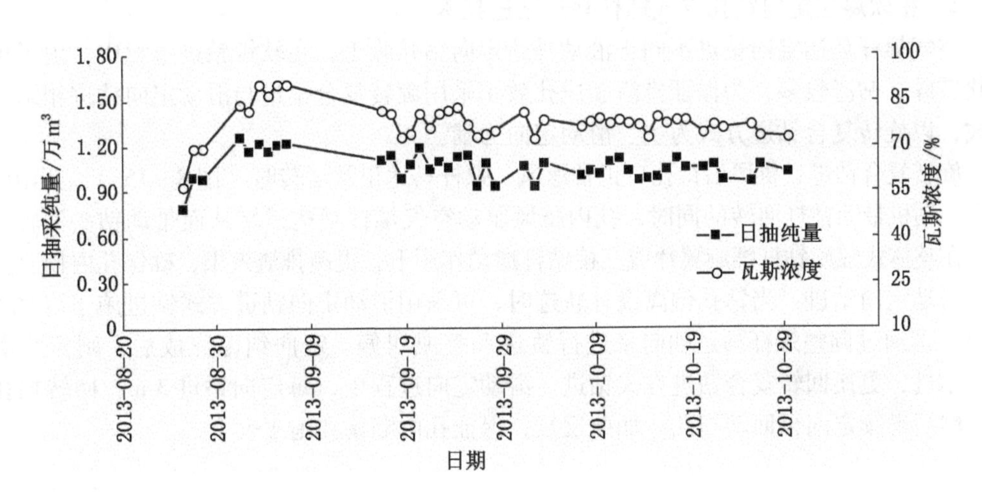

图 8 - 14 SHCD - 01 采动区地面井抽采瓦斯纯量与瓦斯浓度

8.3 井下定向钻进技术

8.3.1 技术原理

定向钻进主要由钻机、钻具、测量系统等部分组成，以高压冲洗液或空气作为传递动力介质的一种孔底动力钻具，孔底马达上带有造斜装置，并配上孔底测斜仪器，可方便地对钻进过程进行随钻测量。利用孔底马达进行定向钻进时，钻杆及孔底马达外壳不动，造斜件的弯曲方向即是钻孔将要弯曲的方向，其纠偏能力远强于传统的组合钻具，使用方便灵活。

8.3.2 关键技术

按照施工对象不同，井下定向钻进技术可分为岩石定向钻进技术和煤层定向钻进技术，其关键技术及主要装备存在差异。

1. 钻进技术

1）岩石定向钻孔复合钻进技术

复合定向钻进是将滑动定向钻进与复合钻进相结合，借助滑动定向钻进钻孔轨迹控制功能和复合钻进高效及轨迹平滑特点，在钻孔轨迹人工控制的同时发挥复合钻进的技术优势，提高了岩石定向钻孔成孔率和成孔效率。

滑动定向钻进：钻头回转碎岩动力仅由泥浆泵提供，钻头和螺杆马达转子转动，定向钻机仅向钻具施加轴向钻压，钻具其他部分只产生轴向滑动，螺杆马达工具面（弯头朝向）可保持在一个稳定的方向，从而达到钻孔增斜或降斜的目的，进而实现钻孔轨迹连续人工控制。

复合钻进：泥浆泵向孔底泵送入高压水驱动螺杆马达带动钻头转动，同时钻机动力头带动孔内钻具回转并向钻具施加钻压，实现复合碎岩；钻进过程中采用随钻测量装置对钻孔轨迹参数进行实时测量，从而掌握钻孔实时轨迹。在合适的时候进行干预，确定是否实施滑动定向钻进，保证钻孔按设计轨迹向前延伸。

2）松软煤层定向钻孔空气螺杆马达钻进技术

空气螺杆马达定向钻进不同于液动马达定向钻孔施工，在软煤钻进过程中，由于煤层松软破碎、钻渣较多，为保证排渣和成孔效率采用旋转复合钻进与滑动定向钻进相结合的方式，以旋转复合钻进方式为主、滑动定向为辅。

旋转复合钻进：供风后待孔口正常返风、螺杆马达正常运转时（图 8 - 15a），开始回转钻进，钻机带动钻杆回转的同时，孔内压风驱动空气螺杆马达运转从而带动钻头回转。此时，在整体式螺旋钻杆螺旋翼片或三棱钻杆搅动作用下，提高排渣效果，确保孔内畅通。

滑动定向钻进：当钻孔偏离设计轨迹时，可采用滑动定向钻进方式钻进施工（图 8 - 15b），即通过调整螺杆马达朝向来进行轨迹调整或纠偏。定向纠偏完成后，则停止滑动定向钻进，更换回转复合钻进方式钻进。滑动定向过程中，每定向钻进 3 m，回转扫孔排渣，然后继续定向再回转扫孔，如此反复，保证孔内顺畅和施工安全。

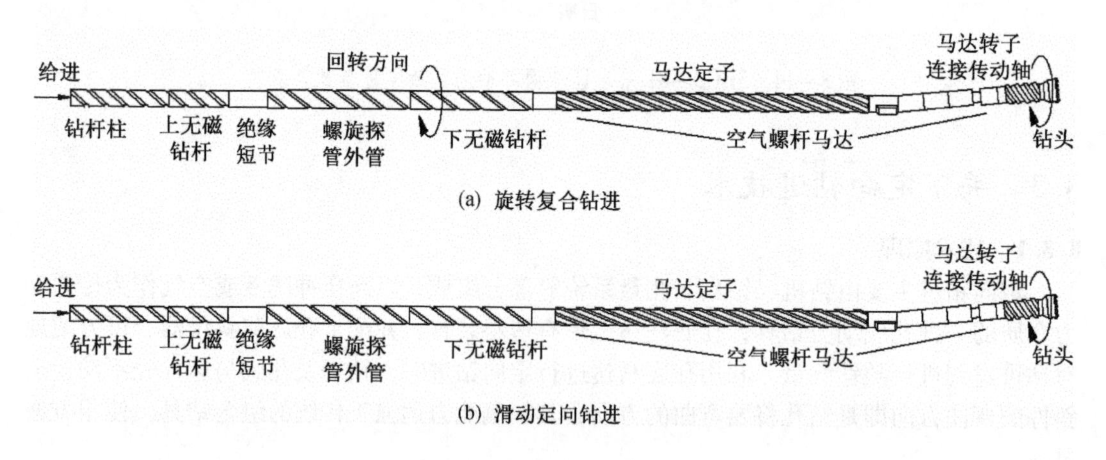

图 8 - 15　空气螺杆马达钻进技术

2. 复杂岩层定向钻孔成孔技术

针对复杂岩层中施工定向钻孔时常遇到的岩屑床沉积、孔壁坍塌和泥岩缩径等难题，采用全孔碎－排渣定向钻进技术、穿层孔段大曲率定向钻进主动防塌技术、复杂岩层局部孔段扩孔防堵技术和多孔联合注浆与单孔分级注浆加固技术。

1）全孔碎－排渣定向钻进技术

全孔碎－排渣定向钻进技术是在冲洗液水力正循环排渣的基础上，采用螺旋定向钻具组合进行复合排渣。钻进过程中，根据轨迹调整需要，选择采用滑动定向钻进技术或复合钻进技术进行钻孔施工。当采用滑动定向钻进技术时，钻具组合不回转，加大泵量，利用冲洗液紊流作用进行排渣；采用复合钻进技术时，冲洗液紊流将较细岩屑悬浮，旋转流场形成周向水流将沉淀岩屑床中的较粗岩屑搅动并悬浮在冲洗液中，在冲洗液正循环将悬浮的岩屑向孔外推送时，利用钻杆旋转提高岩屑向孔外推送速度，实现高效复合排渣。如果出现孔壁坍塌等情况，采用"高转速、低钻压"的工艺措施，通过钻具在孔内高速转动，保证孔内返水通道畅通，使孔内、孔底的岩屑和掉块及时排出孔外，克服塌孔事故；同时利用钻杆外表面螺旋线槽对岩屑的磨削和搅拌作用，还可以磨碎、搅拌大岩屑，使高压冲洗液能顺利地将其带出孔外，防止卡、埋钻事故。

2）穿层孔段大曲率定向钻进主动防塌技术

当局部孔段岩层不稳定或易缩径时，可以采用大角度穿越技术进行施工，即增大钻孔与不稳定地层的夹角，使钻孔快速穿过不稳定地层，减少在不稳定地层中的距离，优化孔壁受力；然后采用大弯角螺杆马达迅速调整钻孔倾角至与地层平行。

3）复杂顶板局部孔段扩孔防堵技术

当泥岩缩径或地层破碎带塌孔严重导致钻孔通道堵塞、返水不畅，造成无法顺利实施定向钻进时，采用局部孔段扩孔防堵工艺将钻孔通道恢复或扩大，使塌孔碎屑能顺利通过，缩径后的钻孔依然能满足钻具通过需要，根据扩孔形式分为随钻扩孔技术和预先扩孔技术。

随钻扩孔技术是指定向钻进过程中，可在定向钻具后连接一个或多个随钻扩孔器，如图8－16所示。当发现钻孔内存在泥岩缩径或孔壁坍塌时，利用钻机回转孔内钻具，随钻扩孔器及时破碎和清理坍塌的孔壁岩块、扩大泥岩缩径处孔壁直径，确保孔壁光滑、孔内清洁，提高孔内钻具安全性。

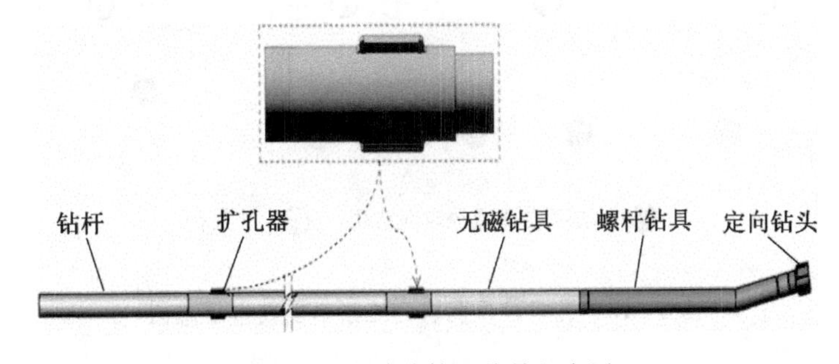

图8－16 随钻扩孔钻具组合图

预先扩孔技术是指当钻孔钻过破碎带或泥岩缩径带后，提钻，换用大直径扩孔钻头进行扩孔，将钻孔直径扩大超出先导孔孔径，然后继续施工先导孔的技术方法。扩孔前后钻孔孔径与钻具级配如图8－17所示，可以看出，扩孔后钻孔环状间隙增大，排水排渣更加通畅，减少了塌孔卡钻和泥岩缩径抱钻的风险。

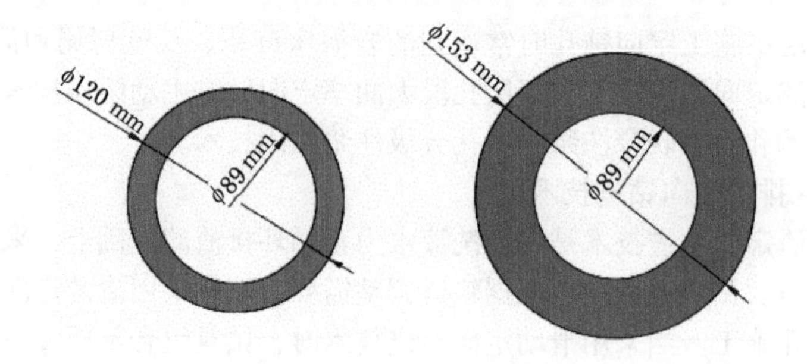

图 8-17　扩孔前后钻孔孔径与钻具级配

4）多孔联合注浆与单孔分级注浆加固技术

针对复杂岩层整体易坍塌、缩径问题，以水泥浆为注浆材料，采用多孔联合注浆技术对孔口套管孔段破碎煤岩层进行整体强化，采用分级－间断－重复注浆技术对爬坡穿层孔段进行分段加固。通过充填破碎裂隙，增强岩体胶结强度，减少冲洗液向孔壁渗漏，改善孔壁的物理与力学状态，改变加固范围内岩体峰后承载和变形特性，提高岩体强度，充分发挥岩体自身承载能力，保持围岩稳定和孔壁应力平衡，确保易破碎和软化缩径段孔壁的稳定性。

多孔联合注浆技术主要用于对孔口段破碎煤岩层进行整体强化，既可提高套管孔段施工时的孔壁稳定性，又可为穿层孔段注浆上压提供基础，并可避免后期抽采漏气，确保高效抽采。注浆钻孔长度可设计为 9 ~ 12 m；如图 8-18 所示，可采用多排孔的布置方式，注浆扩散半径可设计为 1.5 ~2 m，钻孔布置时应注意不允许孔与孔之间的搭接不紧密窗口，即注浆盲区。多排孔组之间最佳的搭接方式为等边三角形梅花形布置。

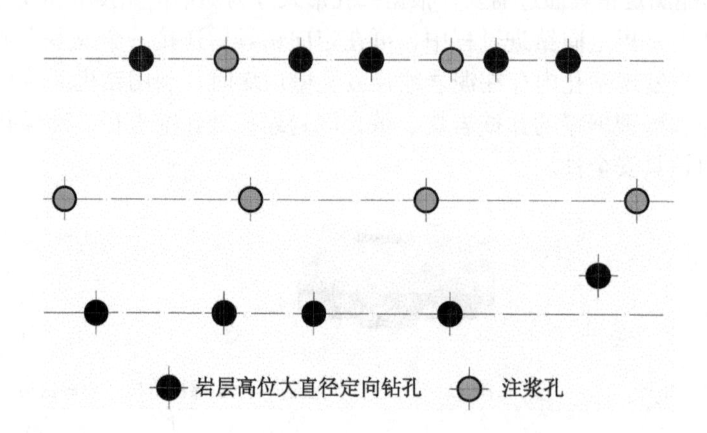

图 8-18　孔口段多孔联合注浆加固技术示意图

单孔分级注浆加固技术主要用于对穿层孔段破碎地层进行整体强化，采用分级—间断—重复注浆技术进行分段加固（图 8-19），确保密实性最大化，即将注浆孔段分成多个区段，由外向内注浆；注浆压力由低到高逐级升高，当达到每级注浆压力后，稳压和凝固一段时间后，再进行下一区段注浆；直至完成所有破碎孔段注浆施工。

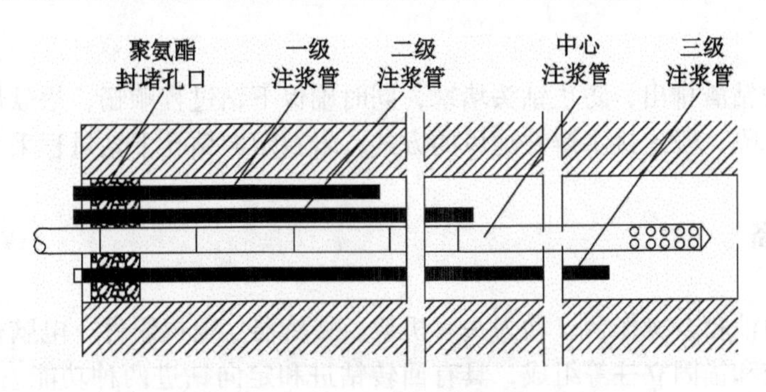

图 8－19　单孔分级注浆加固技术示意图

3. 钻孔轨迹纠偏技术

钻孔轨迹纠偏是采用连续调整工具面向角进行控制的，通过工具面向角的调整从而改变钻孔轨迹各点的倾角及方位角。工具面向角对倾角、方位角的影响如图 8－20、图 8－21 所示，当工具面位于Ⅰ、Ⅳ象限时，其效应是增斜的；当工具面位于Ⅱ、Ⅲ象限时，其效应是降斜的。若工具面向角 $\Omega=0°$或 180°，则其效应是全力造斜上仰或全力降斜。

弯接头螺杆钻具组合的工具面向角对钻孔的方位也有着显著影响，当工具面位于Ⅰ、Ⅱ象限时，其效应是增方位的；当工具面位于Ⅲ、Ⅳ象限时，其效应是减方位的。若工具面向角 $\Omega=90°$，则为全力增方位；若 $\Omega=-90°$（即 270°），则为全力减方位。当然要准确地控制方位，重要的一点是定量控制工具面向角，但由于停泵才能对工具面向角进行测量，造成反扭角改变，使测量值与实际值出入较大。所以在施钻过程中，每次调节完工具面向角后，反复拉动钻具以释放反扭力，使工具面调节值尽量接近实际工具面值，减少反扭矩对钻孔轨迹控制的影响。

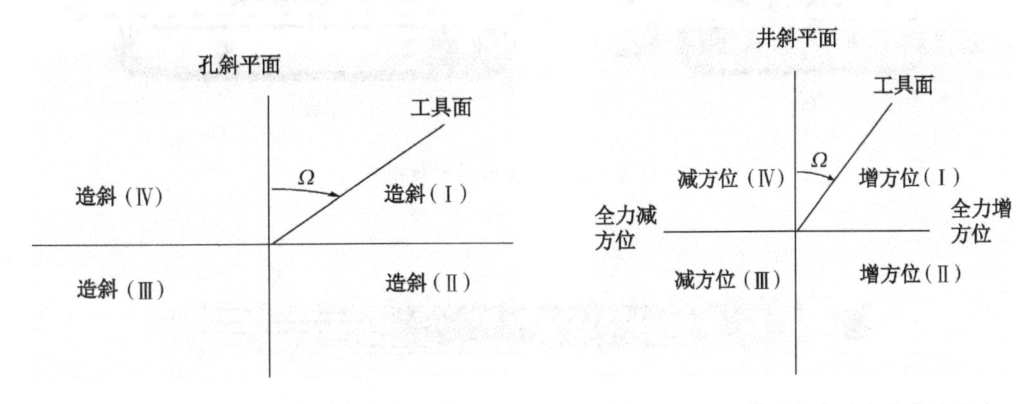

图 8－20　工具面向角对倾角的影响　　图 8－21　工具面向角对方位角的影响

4. 筛管完孔技术

由于定向钻孔一次成孔钻具无法实现一次下筛管，因而定向钻孔成孔后需要再次下入钻具即二次下入，来实现筛管护孔。为了确保定向钻孔内钻具可靠的二次下入，要求钻头具有导向作用，同时具有可开闭式结构。

在定向钻孔完成后，连接可开闭式导向钻头和大通孔钻杆重新下钻，当下钻至预定深度时停止下钻，从大通孔钻杆内部下入护孔筛管（筛管可以是连续管，也可以是插接或丝扣连接），当筛管推入孔底可开闭式导向钻头位置时，将钻头顶开，筛管能够通过钻头进入孔内。

为使钻孔内钻渣排出，防止钻头堵塞，同时确保下钻过程顺畅，松软煤层定向钻孔下钻过程中采用每隔一段连接水辫并通风的方式，岩石定向钻孔下钻过程采用回转扫孔的方式。

8.3.3 主要设备

1. 钻机

钻机主要由油箱、操作台、动力头、机架、夹持器、电机组件、电脑柜、履带车、电控柜、水路系统和锚固立柱等组成，具有回转钻进和定向钻进两种功能。配上定向钻杆、定向水辫、孔底马达、随钻测斜系统，钻机即可实现定向钻进，实物如图 8-22 所示。

目前已研制形成6000 型、12000 型、13000 型、15000 型等一系列的定向钻机，适合大、中、小型煤矿各类定向钻孔施工。

2. 长寿命无磁小直径螺杆马达

岩石定向钻进使用的液动螺杆马达，是一种以冲洗液为动力，把液体的压力能转换为机械能的容积式正排量动力转换装置。其工作原理是当泥浆泵泵出的冲洗液流经旁通阀进入马达，在马达的进出口形成一定的压力差，推动转子绕定子的轴线旋转，并将转速和扭矩通过万向轴和传动轴传递给钻头，从而实现连续钻进。其结构主要由旁通阀总成、防掉总成、马达总成、万向轴总成和传动轴总成五大部分组成，结构具体如图 8-23 所示。

图 8-22 定向钻机实物图

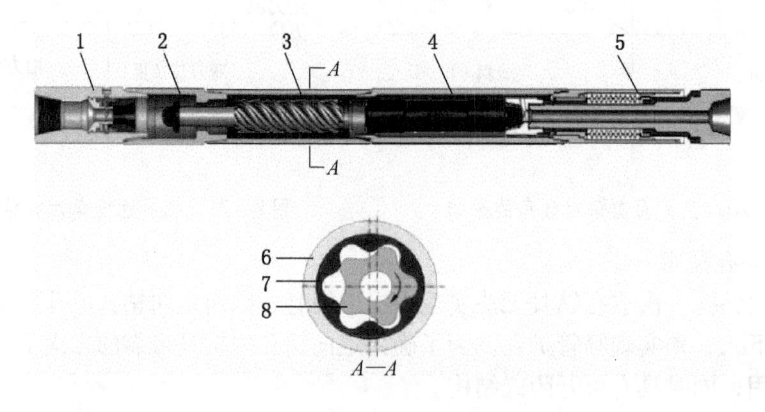

1—旁通阀总成；2—防掉总成；3—马达总成；4—万象轴总成；5—传动轴总成；
6—马达外壳；7—橡胶衬套；8—转子

图 8-23 液动螺杆马达部件结构示意图

松软煤层定向钻进采用外螺旋结构空气螺杆马达（图 8－24），与液动马达相比，马达为大导程，满足井下空压机压风要求，空气压降仅为 0.4 MPa，保证风量以得到需要的转速和扭矩。为克服无冲洗液润滑、冷却，使轴承过度发热、磨损，传动轴采用油润滑结构和自润滑结构，能够提高马达轴承的使用寿命。具体方法为将润滑液送入进风管路中，压缩空气将润滑液体吹成雾状并经过通风管的出风口流入空气螺杆马达内部，对马达进行润滑和降温。

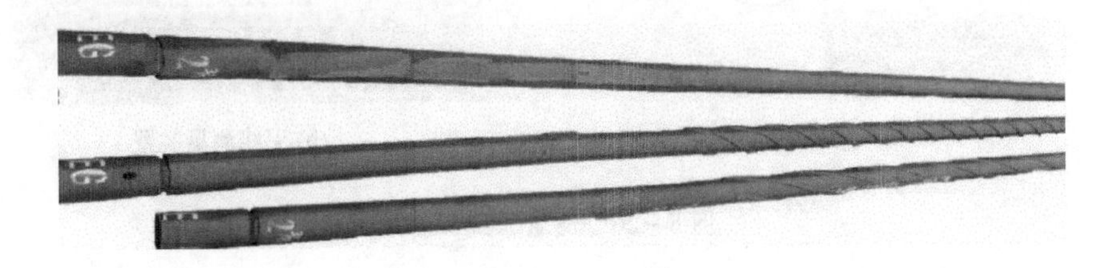

图 8－24　空气螺杆马达实物

3. 高强度整体螺旋钻杆

高强度整体螺旋钻杆内部未设置通缆组件，内通孔面积和强度大，对泥浆泵压影响相对小，主要用于配套泥浆脉冲无线随钻测量系统进行定向先导孔施工，其杆体经铣槽成螺旋结构，有利于施工中采用复合钻进工艺时旋转排渣。钻杆实物如图 8－25 所示。

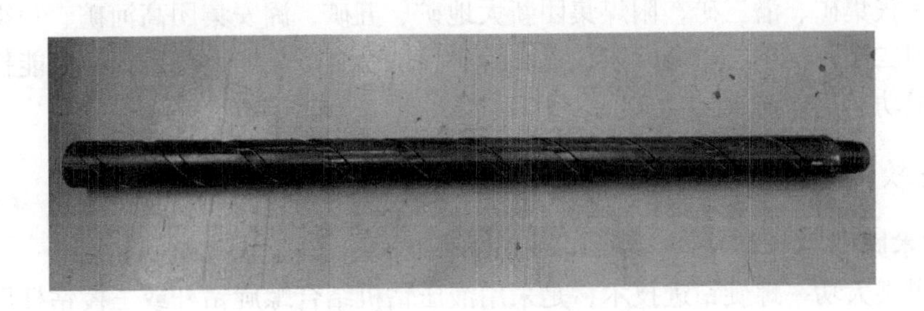

图 8－25　钻杆实物

4. 高精度钻孔轨迹随钻测量装置

高精度钻孔轨迹随钻测量装置应用频率信号传输技术，主要由测量短接、充电电池筒、驱动短接、脉冲发生器、防爆计算机和轨迹显示软件组成。测量探管通过高精度传感器采集地磁场和重力加速度的 *XYZ* 分量，通过计算输出方位角、倾角、工具面角到与其连接的防爆计算机；通过安装在防爆计算机中的三维图形显示软件对钻孔轨迹进行显示，根据轨迹情况，通过调整孔底马达的方位角，对钻孔轨迹进行纠偏，具体如图 8－26 所示。

随钻测量装置主要用于近水平定向钻孔施工过程中的随钻监测，可随钻测量钻孔倾角、方位、工具面等主要参数，同时可实现钻孔参数、轨迹的即时孔口显示，便于施钻人员随时了解钻孔施工情况，并及时调整工具面方向和工艺参数，使钻孔尽可能地按照设计的轨迹延伸。

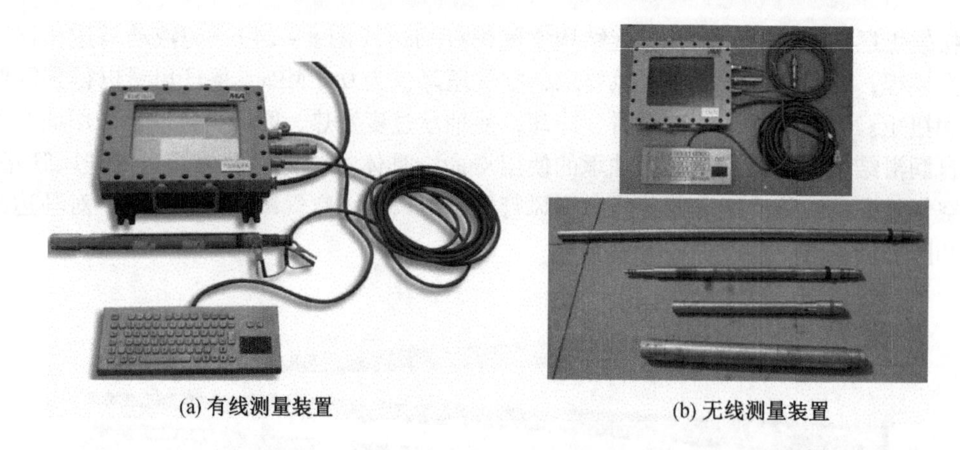

(a) 有线测量装置　　(b) 无线测量装置

图 8－26　测量系统实物

8.3.4　适用条件

定向钻进技术与装备主要用于煤矿井下顺层长钻孔及煤层顶、底板钻孔施工。通过高精度孔底随钻测量系统反馈的数据进行精确定位，显示钻孔轨迹并纠偏，也能实现分支钻孔施工。

8.3.5　应用情况

定向钻进技术已在晋煤集团寺河矿、成庄矿、岳城矿、坪上矿、长平矿，淮南矿业集团顾桥矿、张集矿、潘三矿，阳煤集团新大地矿、五矿，潞安集团高河矿、一缘矿，沈焦煤集团红阳二矿、三矿，白羊岭矿，盘城岭矿，山西金辉集团万峰矿，重庆能投集团松藻矿等矿井成功运用。

8.4　松软煤层钻进技术

8.4.1　技术原理

松软煤层大功率螺旋钻进技术，是采用液压钻机结合螺旋钻杆或三棱钻杆压风干式排渣，通过大扭矩、高转速将垮孔煤渣迅速排出。螺旋钻杆钻进排渣示意如图 8－27 所示。

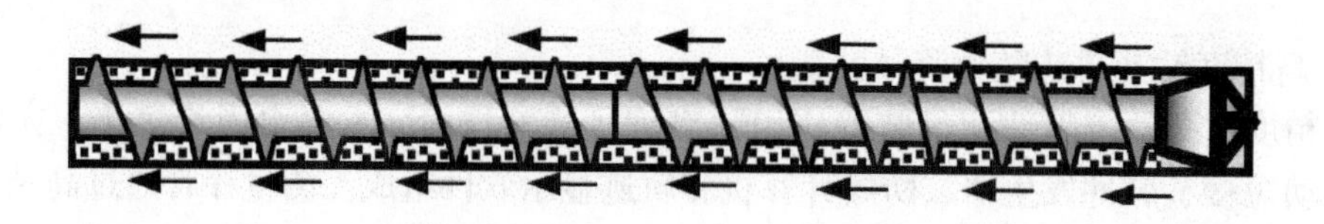

图 8－27　螺旋钻杆钻进排渣示意图

螺旋钻杆的钻进技术是根据螺旋叶片连续排渣的机理，在突出松软煤层中钻进瓦斯抽采孔的钻进技术，由于其使用了压风干式排渣，减少了冲洗液对孔壁的冲刷作用，有利于维护钻孔的稳定性，使成孔率提高。

8.4.2　关键技术

在钻孔施工时，钻杆、钻头在推进力及回转扭矩的双重作用下旋转并前进，煤体被切割撕碎；同时，螺旋叶片在孔内旋转和推进，与孔壁相互挤压，使破碎的煤渣沿螺旋叶片连续不断地排出孔外。利用这种钻进技术进行松软煤层瓦斯抽采孔的钻进，能够使孔内瓦斯得以逐步释放，从而有效防止喷孔，保证成孔率。

8.4.3　主要设备

目前，煤矿井下松软突出煤层钻孔施工采用大功率高转速的松软煤层钻机，钻杆主要是螺旋钻杆、宽叶片钻杆、三棱钻杆和整体式三棱钻杆，结合专用钻头进行钻进施工。

1. 大功率高转速的松软煤层钻机

大功率钻机保证钻进的能力和扭矩，高转速有利于排渣效率的提高。ZYWL－R 系列煤矿用履带式全液压钻机，如图 8－28 所示。

(a) ZYWL-1900R

(b) ZYWL-2600R

图 8－28　ZYWL－R 系列煤矿用履带式全液压钻机

钻机可独立行走，采用全液压滑台动力头结构，主要由泵站、操作台、动力头、行走机构、立柱、钻具 6 部分组成。泵站将电能转换为液压能，油泵输出的压力油驱动马达和推进油缸，完成钻机的各种动作。该钻机基于松软突出煤层的各种施工参数而研制，性能满足松软突出煤层施工。其中液压夹持器和导向器联合导向，防止钻杆下坠；采用方扣螺旋钻杆，可反向旋转。

2. 整体三棱螺旋钻杆

螺旋钻进是一种干式回转钻进方法，螺旋钻杆与钻孔组成一个螺旋输送带，螺旋钻杆连续不断地将钻头破碎的岩渣输送至孔外，螺旋钻进有效解决了排渣问题，但对钻孔扰动大，成孔困难。

三棱钻杆的排渣机理是在钻杆和钻孔壁之间形成 3 个弧形空间，扩大了排除煤粉和瓦斯的通道。钻杆在钻进过程中，将煤粉搅动起来，可以起到二次碎煤的作用，煤粉在运动状态下被压风吹出，能有效解决螺旋钻杆排渣通道被堵塞的问题，钻进时不易发生卡钻、抱钻现象。

整体式三棱螺旋钻杆结合了螺旋钻杆和三棱钻杆的优点，三棱柱的结构增加了钻杆外壁与孔壁之间的环空过流面积，钻杆在松软突出煤层中旋转能够引起漩涡流动，依靠钻杆的 3 个棱边将沉积在钻孔底部的煤粉扬起，使得孔内煤粉一直处于运动状态，避免煤粉在钻孔内出现堆积堵塞；同时钻杆外壁上的螺旋槽可以辅助排渣，当出现卡钻、埋钻的情况时，可借助螺旋槽的扒孔功能将塌孔疏通。整体式三棱钻杆的结构示意如图 8－29 所示。

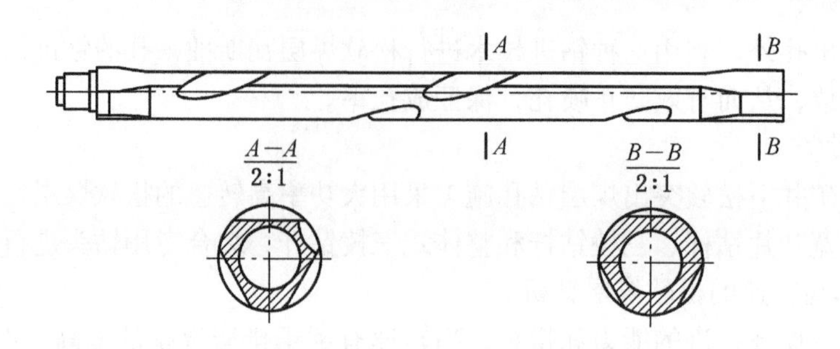

图 8-29 整体式三棱钻杆的结构示意图

8.4.4 适用条件

松软煤层钻进技术主要适用于松软煤层中钻进，能解决因喷孔、塌孔、卡钻、夹钻等原因导致无法正常钻进，成孔率低等问题。

8.4.5 应用情况

松软煤层钻进技术与装备在山西、河南、安徽、重庆等主要产煤地区和企业均得到推广应用。在坚固性系数 $f=0.2\sim0.4$ 的煤层中施工，钻孔深度超过 200 m，成孔率 80% 以上；在坚固性系数 $f=0.6\sim0.8$ 的煤层中施工，钻孔深度超过 250 m，成孔率 70% 以上。松软煤层钻进技术与装备极大地提高了松软煤层钻进施工的深度及效率，解决了松软煤层钻进难、成孔难，钻孔易垮塌的难题，为我国煤矿松软煤层钻进施工提供了先进的技术和装备。

8.5 井下自动化钻进技术

在高瓦斯、突出煤层中施工措施钻孔时，瓦斯及煤粉喷出，瓦斯超限是经常出现的安全隐患，突出煤层甚至出现打钻造成的突出事故。《防治煤与瓦斯突出细则》第三十二条规定“煤层瓦斯压力达到或者超过 2 MPa 的区域，以及施工钻孔时出现喷孔、顶钻等动力现象的，应当采取防止瓦斯超限和喷孔顶钻伤人等措施或者使用远程操控钻机施工”；第六十四条规定“煤层瓦斯压力达到 3 MPa 的区域应当采用地面井预抽煤层瓦斯，或者开采保护层，或者采用远程操控钻机施工钻孔预抽煤层瓦斯”。实现井下钻进的自动化远控作业，可最大限度地保障钻孔施工人员的安全，克服传统钻机劳动强度大、辅助工作多、整体效率低且存在较多安全隐患的缺点。

8.5.1 技术原理

自动控制钻进装备主要由遥控操作台、主控站以及钻机主机 3 部分组成，如图 8-30 所示。遥控操作台是电控系统的人机交互处，主要由控制手柄、控制开关、显示屏、操作面板及其他电器元件组成。主控站直接与钻机主机及环境交互信息，主要由箱体、控制器、中间继电器、放大板、接触器、电源模块等组成。钻机主机是自动钻进装备的执行机构，主要由履带底盘、自动上下钻杆系统、动力系统、推进部、旋转部等组成。

操作人员通过操纵遥控操作台上的功能手柄及开关向主控站发送各种控制信号，主控站接收到信号后进行处理并通过相应的电磁阀来控制钻机执行机构的动作。与此同时，监测钻机动作及周边环境的传感器信号经过主控站的数字处理、检测与诊断，向遥控操作台发送。同时，操作人员能从人机交互界面上观察到压力、转速、推进位移等钻机的实时参

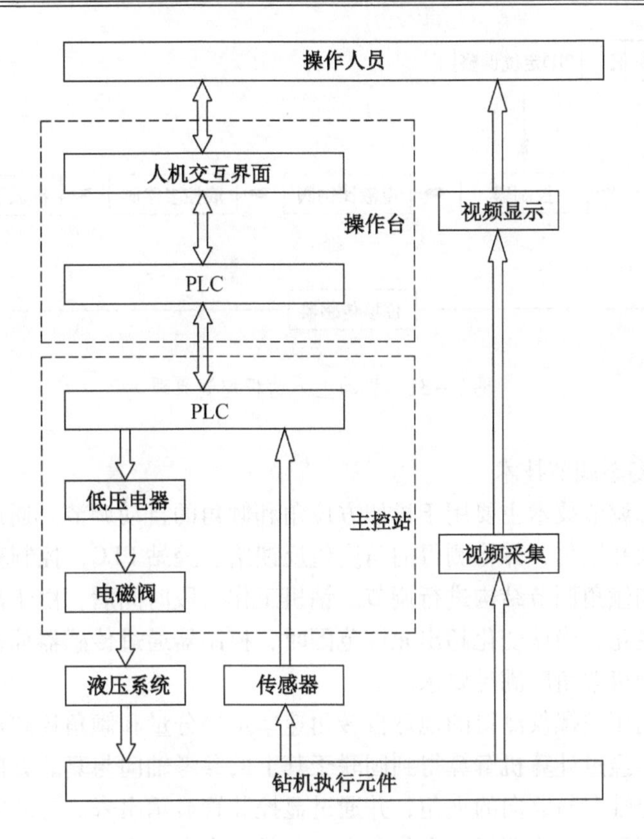

图 8 - 30 自动控制钻进装备构成原理

数以及温度、瓦斯浓度等钻场环境参数。此外，该装备还可以加装视频采集模块，通过煤矿监控环网即可在地面实时监控钻机。

8.5.2 关键技术

1. 大倾角自动上下钻杆技术

大倾角自动上下钻杆技术通过自动装卸钻杆装置和自动拧卸钻杆装置实现。自动装卸钻杆装置包括机械手和钻杆箱；机械手用于输送、取回钻杆，钻杆箱用于储存钻杆。自动拧卸钻杆装置主要包括钻机旋转部、推进部及双夹持器；旋转部用于输出旋转动力，推进部用于钻杆的给进与后退，双夹持器用于夹持钻杆。这 3 个部件在自动控制程序下的协调动作，可实现加接钻杆并能有效保护钻杆螺纹。

为提高机械手在自动上下钻杆过程中的定位精度，使其能准确地取放钻杆，采用 PID 控制方法来实现机械手的精确定位，使机械手的运动速度与目标钻杆之间的距离呈反相关，可以自动匹配最佳速度到达目标位置，运动过程具有良好的动态性能，可平稳地到达目标位置。自动上下钻杆控制原理如图 8 - 31 所示。

在钻机开机运行的同时，机械手将在巡检程序的控制下，通过巡检传感器自动识别钻杆箱的钻杆存储状态，即钻杆箱内有多少列钻杆、每列各有多少根，以便于机械手定位到相应的钻杆，避免空抓或与钻杆干涉的情况。自动钻机处于全自动工作状态时，钻杆存储状态还会在钻进或退钻过程中实时更新。

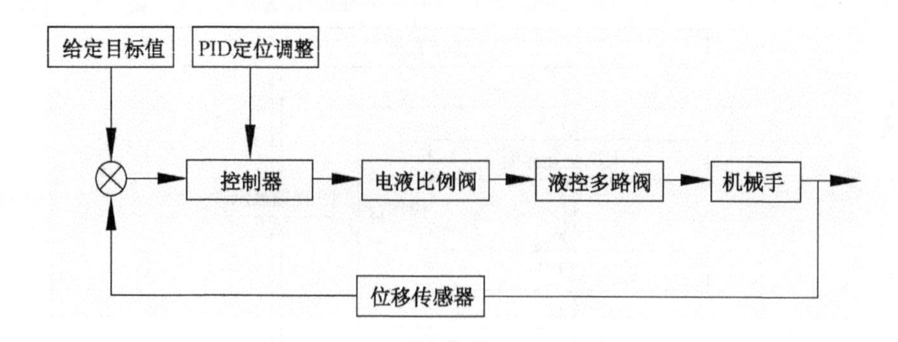

图 8-31 自动上下钻杆控制原理

2. 机架自动姿态调节技术

机架自动姿态调节技术主要用于机架方位角和倾角的自动调节。通过矿用姿态仪实时测定机架的方位角和倾角，并将测得的角度值反馈给主控站 PLC，控制程序即可根据该参数值控制方位角和倾角调节结构进行调节。钻机工作一段时间后，由于渗漏等因素，机架角度可能会有所变化，当该变化超出允许范围时，控制器通过传感器捕捉到这一信息，自动进行补偿，直到机架角度满足要求。

矿用姿态仪利用陀螺仪测得的地球自转角速率水平分量和倾角传感器测得的陀螺轴向水平倾斜误差角，经过计算机解算得到固联于其上的参考轴向与真北方向的夹角，从而得到载体的某一固定轴向与北向的夹角，并通过显控装置显示出来。寻北完成后利用跟踪陀螺仪进行转角的测量，并将测得的方位角和倾角显示出来。当机架的方位和倾角在施工过程中发生变化时，姿态仪也能实时测量并通过控制程序及时进行补偿。

3. 全自动钻进技术

为适应井下复杂的工作需求，自动控制钻进装备通常有单动和自动两种工作模式；自动模式用于正常施工，单动模式用于装备调试与故障处理。选择自动模式时，钻机通过自动上下钻杆、自动钻进、自动卸钻等智能控制程序与传感器的配合，判别旋转部、推进部、机械手等执行机构的状态，进而对转速、给进速度、机械手运动速度等做出实时调整，以完成自动钻进。

4. 智能防卡钻进技术

智能防卡钻进技术主要用于防止卡钻事故的发生，通过对旋转压力、推进压力及推进速度等主要状态参数的综合控制，降低卡钻事故的发生概率，即通过智能控制，使钻机工作在钻进效率高、卡钻可能性小的最佳结合点。

钻进系统为非线性实变系统，系统钻进过程状态具有显著的不可预知性，时刻都存在卡钻的风险，为此引入卡钻系数 knx 描述当前卡钻的可能性。

传感器是测量单元，包含压力传感器、速度传感器，用于测量旋转和推进的实时压力和速度，并反馈给控制模块；计算模块根据传感器的反馈值及动态经验库提供的参数计算出实时卡钻系数 knx；处理模块根据 knx 的大小及动态经验库提供的相关参数进行相应的处理，预防卡钻的发生。动态经验库是开放式的数据库，存储不同地质条件钻进时的加权系数 a、b、c、d、e 的取值，根据不同的系数计算出 knx 后进行防卡钻自动钻进控制处理。

根据经验，卡钻系数 knx 与旋转压力 P_1、推进压力 P_2、压力变化率 P'_1 和 P'_2、推进速度 V 正相关，即上述参数值越大，越容易卡钻。

knx 关于上述参数的函数见下式：

$$knx = \left(a\frac{P_1}{P_{1\max}} + b\frac{P_2}{P_{2\max}} + c\frac{P'_1}{P_{1\max}} + d\frac{P'_2}{P_{2\max}} + e\frac{V}{V_{\max}} \right) \times 100\% \tag{8-2}$$

对于不同的地质条件，其取值不一样，可由试验及钻进的经验来确定并逐步完善。智能钻进技术的控制系统原理如图 8－32 所示。

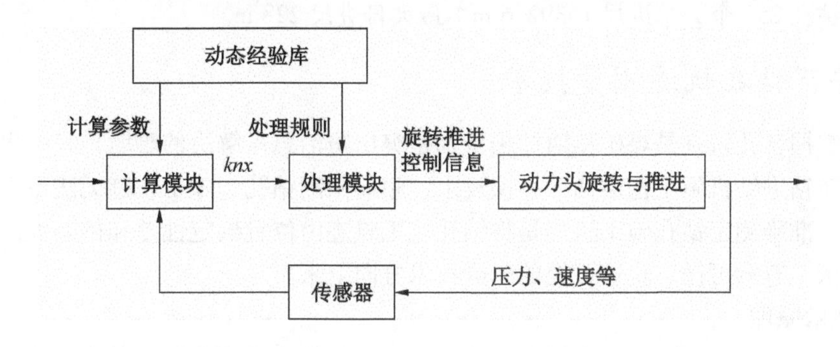

图 8－32　智能钻进技术的控制系统原理

8.5.3　主要设备

井下自动化钻进装备有整体式（图 8－33）和双履带式（图 8－34）两种结构形式。整体式集成性好，易于钻场转移，适用于巷道断面较大的煤矿；双履带式将动力部分与主机分别搭载于两台履带车上，体积较小，适用于巷道较小的煤矿。

图 8－33　整体式远距离遥控自动钻机

图 8－34　双履带式远距离遥控自动钻机

8.5.4 适用条件

井下自动化钻进装备主要用于施工煤矿井下防突措施孔、瓦斯抽采孔、注浆灭火孔、煤层注水孔，也可用于施工地质勘探孔及其他工程孔。

8.5.5 应用情况

整体式远距离遥控自动钻机在重庆松藻煤电有限责任公司逢春矿进行了为期 1 个月的现场应用，累计施工钻孔 29 个，总进尺 3192 m，最高钻进效率 20 m/h，最大单班进尺可达 80 m。双履带式远距离遥控自动钻机在淮南矿业集团谢桥矿进行了约半年的现场应用，累计施工钻孔 255 个，总进尺 16392.6 m，最大日进尺 228 m。

8.6 井下钻孔轨迹测量技术

准确掌握钻孔轨迹是煤矿瓦斯抽采特别是突出防治急需解决的难题，我国煤矿过去普遍使用回转钻进钻机施工瓦斯抽采、探放水、超前探测钻孔，施工轨迹无法得到真实、确切的数据。准确测定钻孔施工轨迹是将钻孔施工轨迹由位置确定性差和偏差大的现状转变到有据可依、有章可循、轨迹可控的先进技术方向上来。

8.6.1 技术原理

随钻测量装置工作时分孔内设备和孔外设备两部分，采用有线或无线通信方式进行信号测量通信。孔内设备由测量探管和无磁钻杆组成，测量探管负责采集钻孔轨迹点的数据，包括倾角、方位角、弯头；无磁钻杆主要用于防止钻具的磁干扰。孔外设备为配套数据处理模块、隔爆计算机等。探管安装在无磁钻杆内放置于钻头之后，随钻孔施工进入孔内采集数据，钻杆施工至预定测量点深度停止运动。有线传输时将测量线连接通缆钻杆，无线传输时直接将测量信号无线传输到孔外接收主机。信号稳定后开始测量，数据处理软件装在隔爆计算机上处理数据，实时得到钻孔轨迹数据并绘制钻孔轨迹图，定向钻孔施工完毕后生成钻孔数据报告文档。

存储式随钻轨迹测量技术无须将测量信号实时传出，而是存储在钻杆内的存储卡上，钻孔施工结束后再将测量信息导入计算机，使用数据处理软件进行数据处理，得到钻孔轨迹数据并绘制钻孔轨迹图，检查钻孔测量结果无误后生成钻孔数据报告文档。

8.6.2 关键技术

1. 可靠的孔外供电技术

测量探管采用孔外供电方式，避免因电量耗尽撤钻的问题，大幅度提升定向钻进施工效率，降低退钻造成的施工风险和施工成本。孔外供电线兼具信号传输功能，设计为本安方式工作，逐级降压提供本安供电保证了孔外供电的可靠性。

2. 可靠的孔内外设备电流环信号传输技术

探管信号传输采用电流环通信，抗干扰能力强，传输距离远。在煤矿井下随钻测量装置中使用电流环信号传输技术属于业内领先技术，率先使用该技术创造性地改变和引领定向钻孔随钻测量产品的发展方向，保持行业技术和产品领先。电流环信号传输技术信号衰减小，仅使用两芯线缆即可完成供电和信号传输双向同时进行，既解决了定向钻孔随钻测量产品的供电问题，又保证了信号传输的稳定性和可靠性，同时还提高了信号传输距离。

8.6.3　主要设备

1. 测量探管

测量探管使用高强度无磁材料，使用精密减震和高可靠性集成电路，先进的校验方法和精密的检定仪器确保探管测量精度和机械、电子可靠性。测量探管精度高于行业标准标称值，倾角测量误差 ±0.2°、方位角测量误差 ±1.5°，经过不断的技术改进，出厂产品实际检定值已进一步提升至倾角测量误差 ±0.1°、方位角测量误差 ±0.5°。

2. 随钻测量装置

1）有线随钻测量装置

ZSZ1500 有线随钻测量装置包括 ZSZ1500 - T 矿用本安型随钻测量装置探管、数据处理模块、隔爆计算机、测量数据线等，如图 8 - 35 所示。

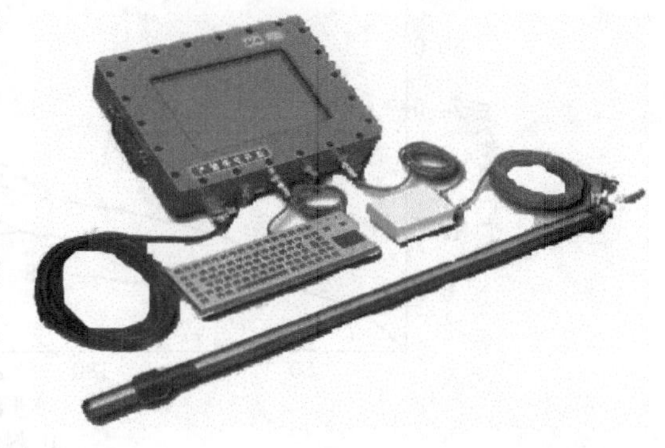

图 8 - 35　ZSZ1500 有线随钻测量装置实物

2）无线电磁波随钻测量装置

ZKG1000 - W 矿用钻孔轨迹电磁无线监测装置和 ZKG300 矿用钻孔轨迹监测装置采用电磁波无线实时传输，传输介质为普通钻杆及大地，主要用于钻孔轨迹参数实时监测，可实时测量，也可将测量结果存储于发射机中。

3）回转钻进随钻轨迹测量装置

YCSZ（A）存储式回转钻进随钻轨迹测量装置包括孔内仪器和孔外仪器，孔内仪器由存储式随钻轨迹测量仪（测量探管）、无磁钻杆、变径接头、数据线等组成，孔外仪器由 YCSZ - SJ（A）型存储式随钻轨迹测量时间记录仪、充电器、适用工具等组成，如图 8 - 36 所示。

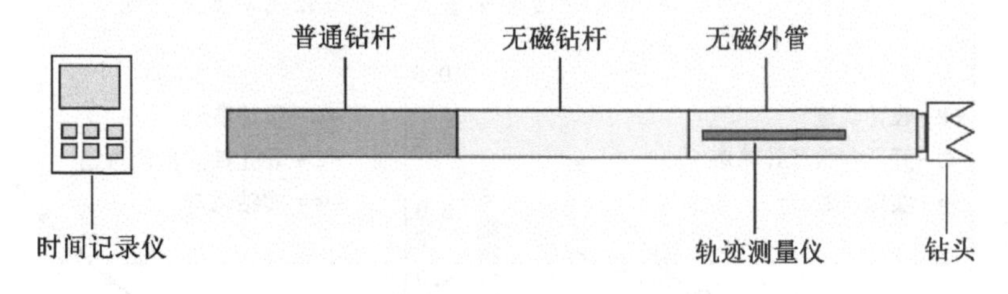

图 8 - 36　存储式回转钻进随钻轨迹测量装置

8.6.4　应用情况

回转钻进随钻轨迹测量装置在重庆、河南、安徽、贵州、内蒙古、山西、陕西、黑龙江、新疆等主要产煤地区的众多大型煤矿得到推广应用。该装置成功用于煤层、岩层、穿层等维系日常安全的瓦斯抽采钻孔、探放水钻孔、超前探钻孔、电缆孔等回转钻进钻孔的施工轨迹测量，并根据测量结果有针对性地解决钻孔跑偏、开孔角度误差大等多种问题，提高了钻孔成孔率，提升了钻孔质量和工作实际效果，取得了良好的应用效果。

ZSZ1500 随钻轨迹测量装置在现场应用测量的钻孔轨迹如图 8 - 37 所示。YCSZ(A)存储式回转钻进随钻轨迹测量装置在现场应用测量的钻孔轨迹如图 8 - 38、图 8 - 39 所示。图 8 - 38 为未采取任何轨迹纠正措施的钻孔测量轨迹结果实例，图 8 - 39 为采取部分纠正措施后的钻孔测量轨迹结果实例。

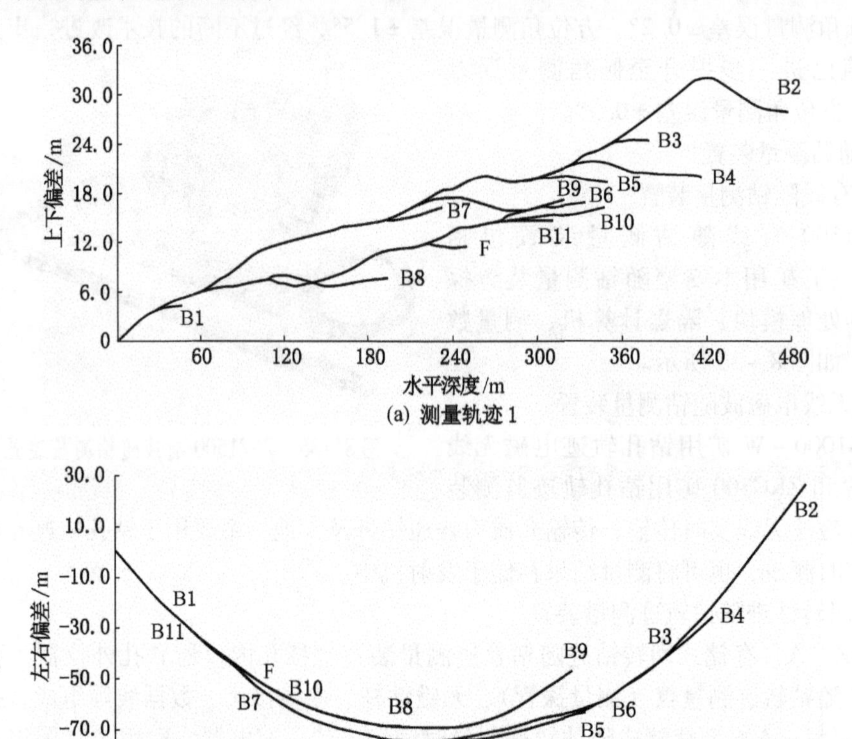

图 8 - 37 ZSZ1500 随钻轨迹测量装置定向钻孔施工测量轨迹

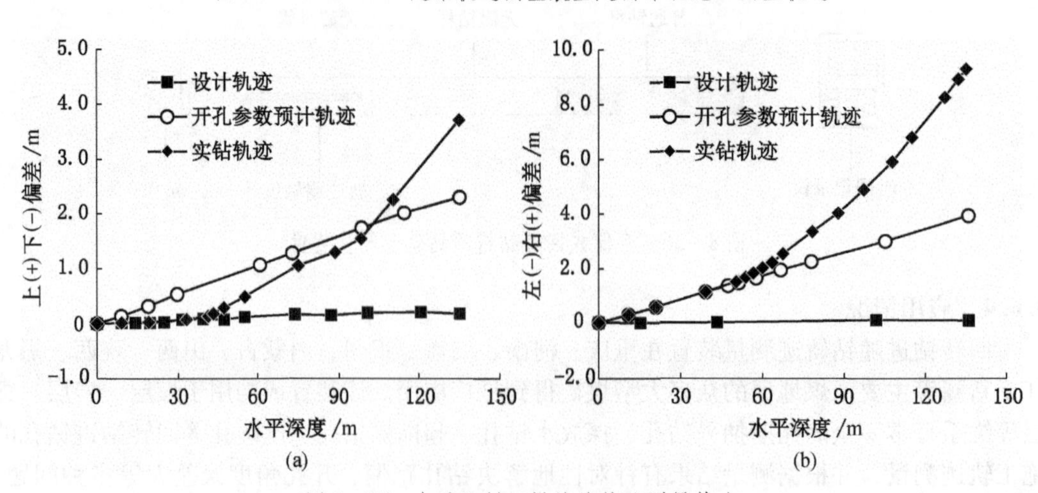

图 8 - 38 未采取纠正措施的钻孔测量轨迹

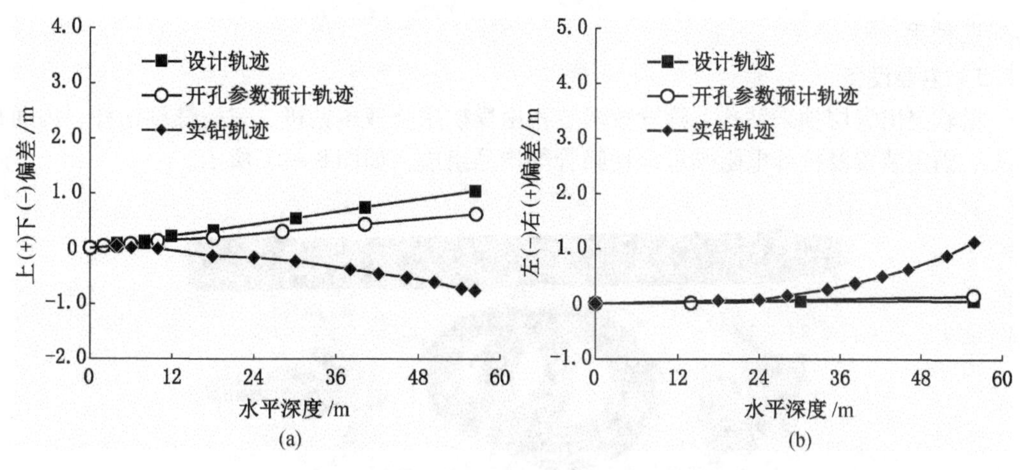

图8-39　采取部分纠正措施的钻孔测量轨迹

8.7　松软煤层钻孔下筛管技术

地质构造复杂、煤质松软、瓦斯压力大是我国许多矿区煤层瓦斯赋存的主要特点，松软煤层钻孔易垮孔、堵塞现象严重，影响钻孔瓦斯抽采效果。

8.7.1　技术原理

采用钻进钻具组合钻至设计孔深后，先将整体式筛管与固定装置相连接，并一起从钻杆内部下放到孔底，打开钻头横梁后，再退出钻头和钻杆，将整体式筛管装置留在突出煤层整个孔段内进行长期有效的瓦斯抽采。

该技术克服了从钻孔内下放筛管工艺受钻孔垮孔的影响，解决了筛管下入深度浅、钻孔利用率低的问题。松软突出煤层全孔段下放筛管示意如图8-40所示。

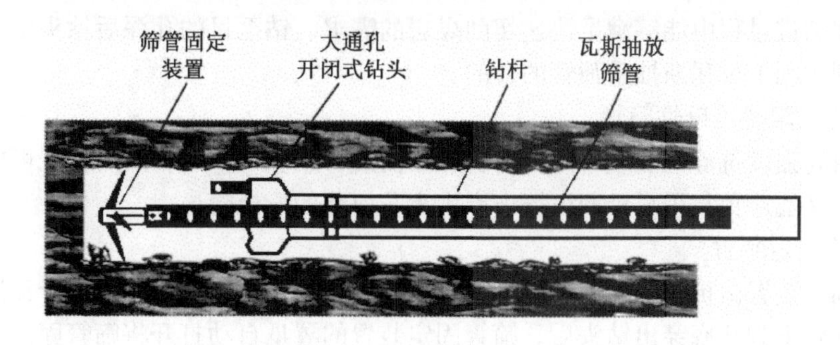

图8-40　松软突出煤层全孔段下放筛管示意图

8.7.2　关键技术

先采用专用钻进钻具将钻孔施工至设计深度，将钻孔冲洗干净，接着将整体式筛管与固定装置相连接，并从所述钻进钻具组合的内通孔将整体式筛管及固定装置下入孔底，每个钻孔下入一根整体式筛管。在整体式筛管及固定装置下到孔底后，固定装置穿过开闭式钻头，固定装置翼爪自动张开后插入孔壁，将整体式筛管牢牢固定在孔底。退出钻进钻具组合，整体式筛管置留在突出煤层整个孔段内，保证钻孔进行长期有效的瓦斯抽采。

8.7.3 主要设备

松软突出煤层抽采钻孔下筛管技术装备由煤矿用全液压钻机、三棱螺旋钻杆、内通孔钻头、固定装置及抗静电阻燃可碎性筛管等产品组成，如图 8－41 所示。

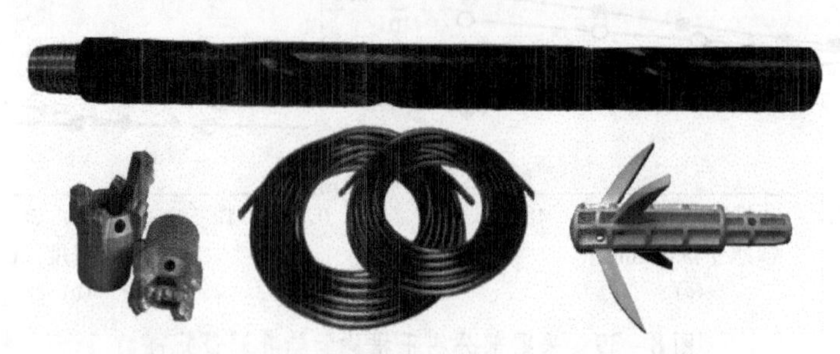

图 8－41 松软突出煤层全孔段下筛管技术装备

1. 三棱螺旋钻杆

三棱螺旋钻杆为整体式结构，钻杆外轮廓与三棱钻杆相似，在普通三棱钻杆的外壁上设计了不连续的螺旋槽连通三棱平面。该钻杆具有以下优点：①整体式结构，钻杆机械强度高，使用寿命长；②螺旋导槽配合三棱平面结构设计使钻杆排渣效率得到极大的提高，有效减少卡钻、埋钻事故的发生；③螺旋槽与三棱平面减少了钻杆与孔壁的接触面积，降低了钻杆对钻孔孔壁的摩擦扰动，维护了孔壁的稳定性，提高了钻孔的成孔率及钻进效率。

2. 大通孔开闭式全方位钻进钻头

钻头采用高强度合金钢钢体镶焊金刚石复合片，体外圆周镶硬质合金保径条，中心为可重复开闭的横梁结构，是工艺的技术核心。钻头结构通过流场模拟进行了优化，结构合理可靠，在钻进过程中能够满足快速切削煤岩的需求。钻至目的孔深后钻头中心横梁可以打开，达到顺利下放瓦斯抽采筛管的目的。

3. 抗静电阻燃可碎性筛管

筛管由高强度抗静电阻燃可碎性材料加工而成，成功下放至孔底后，既可以提高瓦斯抽采效率，又能避免与采煤机截齿撞击产生火花引起的安全隐患。

4. 筛管固定装置

筛管固定装置由抗静电阻燃可碎性材料一次性注塑加工而成，其安装于瓦斯抽采筛管前端，在筛管下到孔底穿出钻头后，筛管固定装置的翼爪自动打开将筛管固定在孔底，防止退钻杆时由于摩擦力作用将孔内筛管带出。

8.7.4 应用情况

该工艺目前已在全国 10 个煤矿进行了推广应用，筛管下入率达 95% 以上。现场应用表明，该工艺成功解决了松软煤层瓦斯抽采筛管下入率低及瓦斯抽采效果差的难题。

平煤集团十矿采用两种不同工艺施工的瓦斯抽采孔的抽采效果如图 8－42、图 8－43 所示，采用全程筛管下放工艺后，瓦斯抽采浓度提高 2 倍、日均抽采量提高 3 倍以上（观测期为 30 d）。

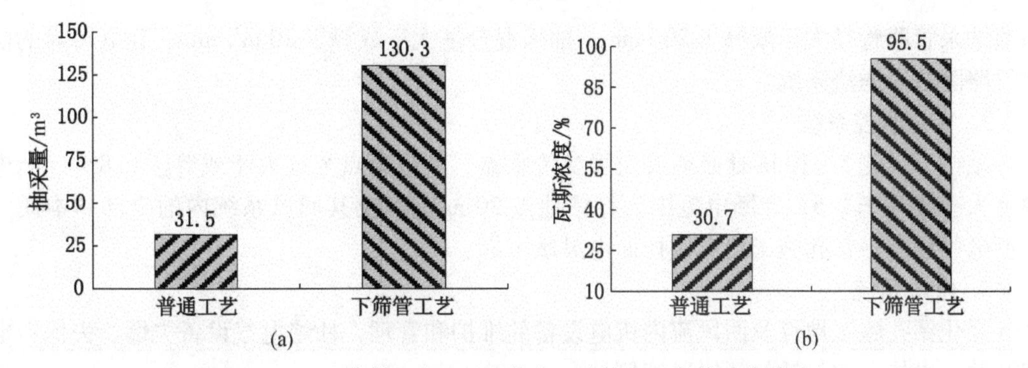

图8-42　平煤集团十矿下放筛管工艺技术瓦斯抽采效果对比

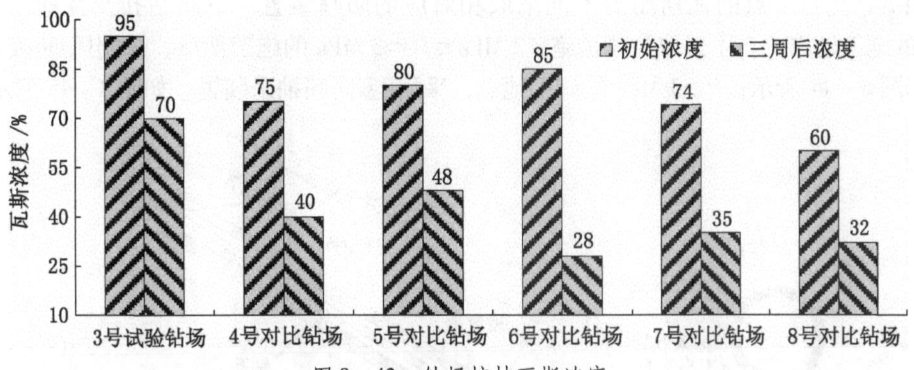

图8-43　钻场接抽瓦斯浓度

在开始接抽时试验钻场的初始浓度可达95%，其他对比钻场平均为74.8%，采用新工艺后瓦斯浓度提高约0.3倍。接抽3周后试验钻场浓度仍可达70%，而其他对比钻场平均浓度仅为33%，采用新工艺后瓦斯浓度提高1.12倍。现场试验表明，采用全程筛管下放技术可以延缓抽采浓度的衰减，显著地提高瓦斯抽采浓度和瓦斯抽采率。

8.8　钻孔防喷技术

高瓦斯矿井施工抽采钻孔时,经常出现钻孔煤粉瓦斯喷出现象,轻则造成短时间内巷道煤尘超标、钻机卡钻故障,重则导致瓦斯浓度严重超限甚至发生突出事故,严重影响施钻进度与人员安全,采用钻孔防喷装置可以降低喷孔产生的危险,增加现场施工人员安全作业系数。

8.8.1　技术原理

通过采取减小钻孔喷孔时瓦斯向施工处风流中的释放量、加大施工地点的风量、降低瓦斯浓度的综合措施，同时加强监测监控和供电管理，防止造成瓦斯事故。

8.8.2　关键技术

1. 通风系统

全负压通风系统配风量大于或等于1000 m^3/min，局部通风系统配风量大于或等于600 m^3/min；煤层瓦斯压力大于或等于3 MPa的穿层钻孔施工地点，应采用全负压通风。

2. 抽采系统

瓦斯压力大于或等于3 MPa的穿层钻孔施工地点，要建立相互独立的瓦斯抽采系统和防喷抽采系统。防喷抽采管路管径大于或等于300 mm，抽采混合量大于或等于40 m^3/min，抽采地点抽采负压大于或等于13 kPa；瓦斯压力小于3 MPa的穿层钻孔施工地点，防喷抽采管路管径大于或等于 200 mm，抽采混合量大于或等于 20 m^3/min；建立可靠的防喷管路除渣、滤渣系统。

3. 安全监控系统

钻机下风侧 5 ~ 10 m 处必须安设甲烷传感器，其报警点浓度大于或等于 0.8%、断电浓度大于或等于 1.5%，断电范围为打钻地点 20 m 范围及其回风系统内的全部非本质安全型电气设备；钻孔施工地点监控断电灵敏可靠。

4. 供电系统

强化钻孔施工地点及回风流内机电设备的维护和管理，杜绝电气设备失爆、失保；电气开关、操控台在打钻的新鲜风流侧。

根据钻孔施工点的瓦斯压力不同采取相对应的防喷装置：下向钻孔及瓦斯压力 $P<2$ MPa的施工地点，自主采取防喷措施；2 MPa $\leqslant P<3$ MPa 的施工地点，采用Ⅰ型防喷抽采装置，如图 8 - 44 所示；$P\geqslant3$ MPa 的施工地点，采用Ⅱ型防喷抽采装置，如图 8 - 45 所示。

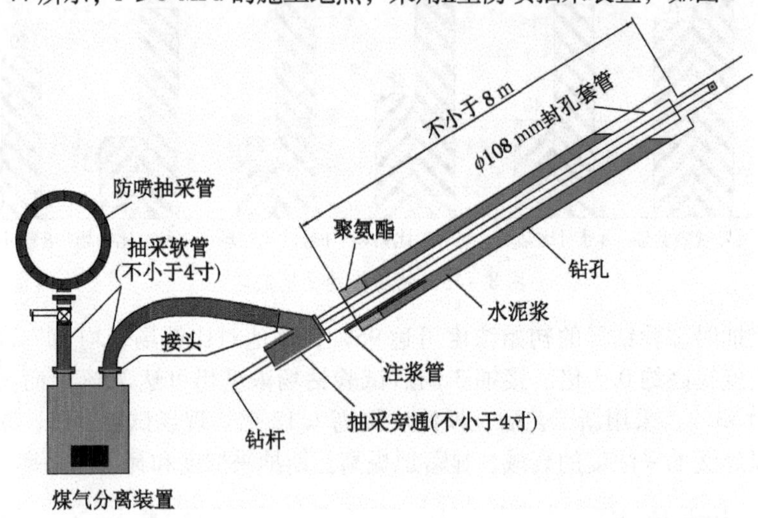

图 8 - 44　Ⅰ型防喷（旁通连续抽采）装置结构

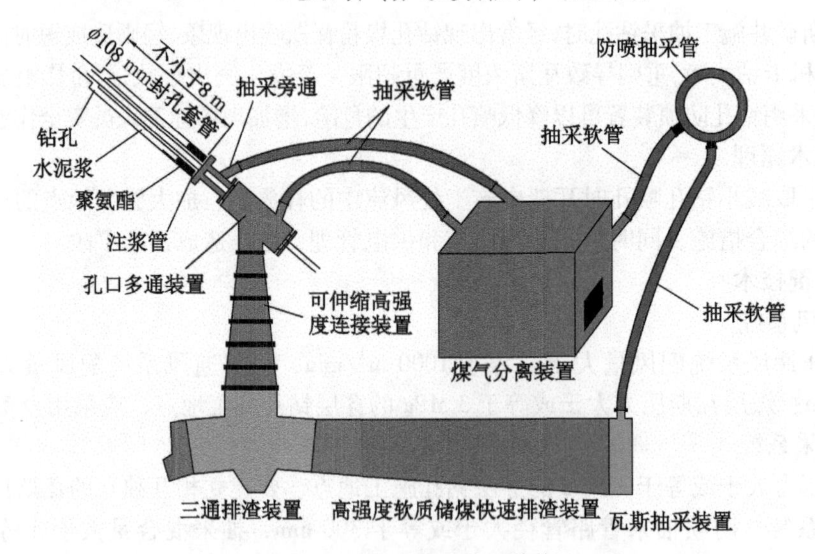

图 8 - 45　Ⅱ型防喷装置结构

8.8.3 主要设备

1. Ⅰ型防喷装置

1）孔口抽采旁通

孔口抽采旁通主要作用是在钻孔施工透煤、起钻过程中及施工完毕后保持钻孔连续抽采；钻孔施工完毕后及时安装装置后端的闷板，能有效防止延期喷孔。

2）煤气分离装置

煤气分离装置能防止煤粉直接进入抽采主干管，使煤气分离，净化抽采系统，确保抽采系统稳定可靠，实现高负压连续可靠抽采。

2. Ⅱ型防喷装置

1）孔口抽采旁通

同Ⅰ型防喷装置。

2）孔口多通装置

孔口多通装置是系统的核心装置，发生喷孔时煤与瓦斯通过该装置沿各自通道流走，以及正常的钻机进尺和孔内降尘。

3）可伸缩高强度连接装置

可伸缩高强度连接装置是解决瞬间喷孔时煤与瓦斯快速流动的通道，上口的多通装置内喷出的煤粉迅速到达“三通”排渣装置，防止多通堵塞。

4）“三通”排渣装置

当瞬间喷孔时煤粉通过“三通”能够迅速向两侧分流，进入软质储煤快速排渣装置。

5）高强度软质储煤快速排渣装置

高强度软质储煤快速排渣装置用于储存喷孔时的煤粉，防止煤粉进入巷道内造成瓦斯超限，待喷孔稳定后按措施要求清除煤粉。

6）瓦斯抽采装置

该装置能及时将软质储煤快速排渣装置内的高浓度瓦斯抽走，防止瓦斯溢出造成超限。

7）煤气分离装置

同Ⅰ型防喷装置。

8）应用效果

通过对防喷、控喷技术的不断创新与成功运用，在钻孔施工中通过分级对待，采取不同措施，切实做到了钻孔喷孔可控、可防，矿井杜绝了钻孔喷孔造成的瓦斯超限事故。

8.8.4 应用情况

通过对防喷技术的不断创新与成功运用，在钻孔施工中通过分级对待，采取不同措施，切实做到了钻孔喷孔可控、可防，矿井杜绝了钻孔喷孔造成的瓦斯超限事故。钻孔防喷技术已在淮南矿业集团形成规范，全面使用。根据使用要求，在所有需使用防喷装置的地点均使用了防喷装置，自使用钻孔防喷技术以来，矿井在打钻过程中虽然出现过多次喷孔情况，但是未发生一起瓦斯超限事故。

8.9 钻孔高效封孔技术

钻孔抽采瓦斯是我国井下抽采瓦斯的主要方式，而封孔质量的好坏会直接影响钻孔抽采瓦斯的效果。我国煤矿井下抽采瓦斯浓度普遍偏低，其中一个重要的原因是钻孔封孔质量不良导致的。井下煤层瓦斯抽采钻孔高效封孔技术可为提高瓦斯抽采浓度提供技术和装备。

8.9.1 技术原理

井下瓦斯抽采钻孔高效封孔采用“两堵一注”带压注浆封孔技术工艺，即首先利用封孔器在封孔段两端膨胀后形成注浆“挡板”，再向两端封孔器之间的钻孔段进行注浆，在注浆压力的作用下，浆液向钻孔壁渗透并填充钻孔周边裂隙，完成抽采钻孔封孔。“两堵一注”封孔方法实现了浆液在注浆压力和材料膨胀力的作用下进入钻孔壁裂隙进行封堵，减少漏气通道，提高封孔段的密封效果。同时配套采用钻孔封孔质量检测装置、抽采参数测量等技术及装备对封孔质量进行检测，保证钻孔封孔效果。

8.9.2 关键技术

流动性、膨胀性等性能俱佳的无机封孔材料、高效的封孔注浆泵及能够提供足够保压能力的“两堵”挡板装置是该项工艺的技术关键。其注浆封孔工艺示意如图 8－46 所示。

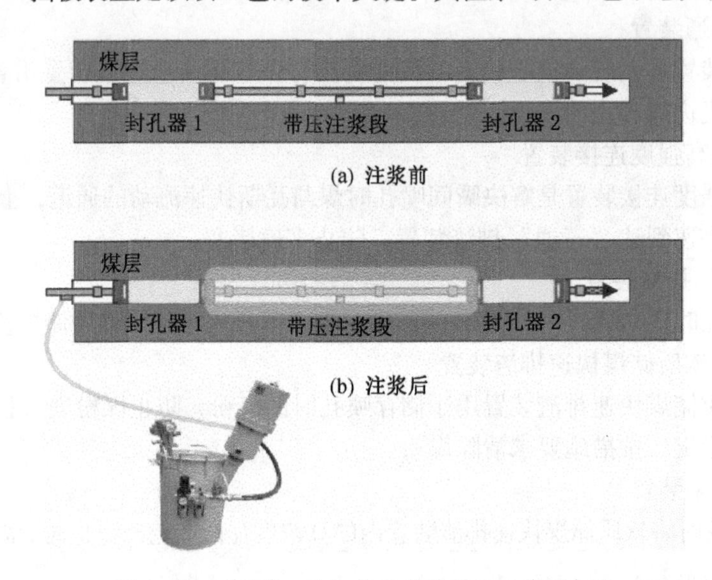

图 8－46 “两堵一注”带压注浆封孔工艺示意图

8.9.3 主要设备

1. 无机封孔材料

无机封孔材料是专门针对煤矿瓦斯抽采钻孔研发的一种新型复合封孔材料，具有流动性强、膨胀率较大且分布均匀、抗压强度高、致密性好等优良特征。该材料易搅拌、不沉淀，且受水、温度等环境因素影响小，适用范围广。能够快速、有效渗入钻孔周围裂隙中，并伴随发生膨胀反应，从而达到材料与煤体完美结合的最佳密封效果，有效解决了由于封孔效果不佳导致抽采钻孔浓度低、衰减快的问题。

2. FKJW 系列矿用封孔器

FKJW 系列矿用封孔器工作时，首先利用注浆泵向封孔器注浆管内注浆，当注浆压力达到一定数值时，封孔囊袋内单向爆破阀打开，浆体开始注入封孔囊袋，囊袋内液体压力不断增大，囊袋与孔壁紧密结合。当囊袋内压力达到一定值时，囊袋外单向爆破阀打开，浆体不断进入两个囊袋之间的密闭空间；当浆体将密闭空间注满、返浆管开始返浆时，封闭返浆管，当注浆压力达到预设值后即注浆封孔完成。其操作使用原理示意如图 8－47 所示。

FKJW 系列矿用封孔器有效解决了封孔工艺中保压能力差、封孔距离不可控等原因导致的钻孔封孔效果不理想的问题，具有操作简单、使用方便、与煤壁结合密实、封堵效果好等优点，可有效提高煤矿井下瓦斯抽采钻孔封孔质量，延长抽采钻孔使用寿命。

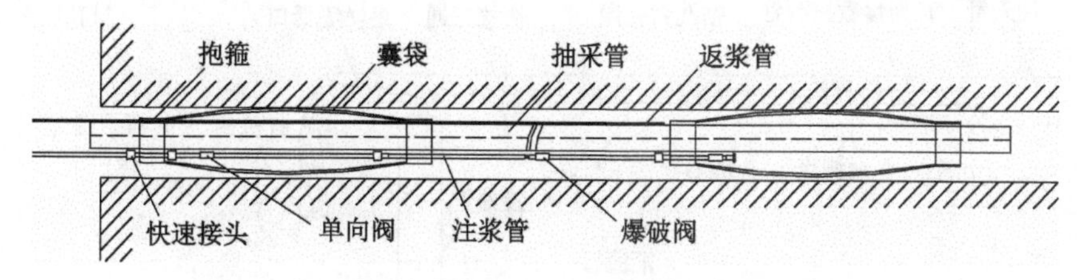

图 8－47　FKJW 系列矿用封孔器操作使用原理示意图

3. 气动封孔注浆泵

气动封孔注浆泵由矿井压风提供动力源，利用高压气体推动气动注浆运行，将搅拌均匀的浆体吸入泵体内加压后从出浆口进入注浆管内，实现钻孔封孔，如图 8－48 所示。

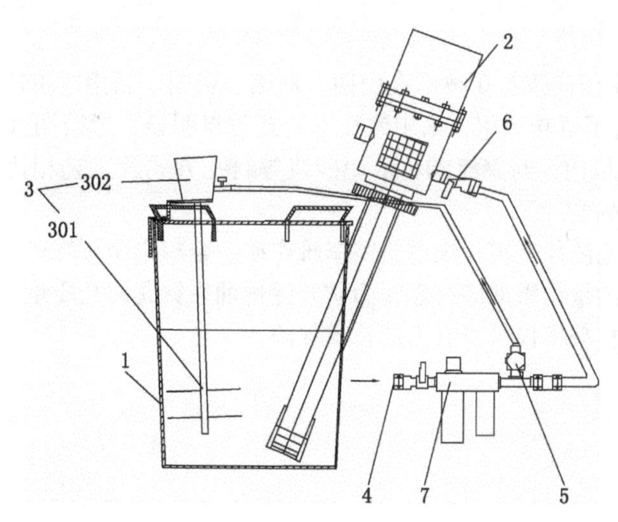

1—粉料搅拌桶；2—气动注浆泵；301—搅拌器叶片；302—拌器泵体；
4—进气口；5—连接三通；6—气动注浆泵进气口；7—空气调节过滤器

图 8－48　FZB－1 型矿用气动封孔注浆泵结构示意图

4. 钻孔封孔质量检测装置

检测装置为便携式矿用本质安全型，能够快速准确地测定抽采状态下钻孔内不同深度处的瓦斯浓度和抽采负压等参数，从而掌握抽采钻孔内的瓦斯分布状况，评价抽采钻孔的封孔质量和漏气位置，为改进封孔参数和封孔方式、提高抽采效果提供技术依据。封孔质量检测装置实物如图 8－49 所示，工作原理如图 8－50 所示。

图 8－49　封孔质量检测装置实物

抽采钻孔内不同孔深（深度逐节增加）瓦斯浓度基本保持不变且抽采负压呈现线性衰减时，

抽采钻孔封孔质量较好；孔内的负压和瓦斯浓度在某处出现“阶梯式”突降，则表明钻孔封孔质量较差，并且该处为漏风摄入点或“串孔”位置。

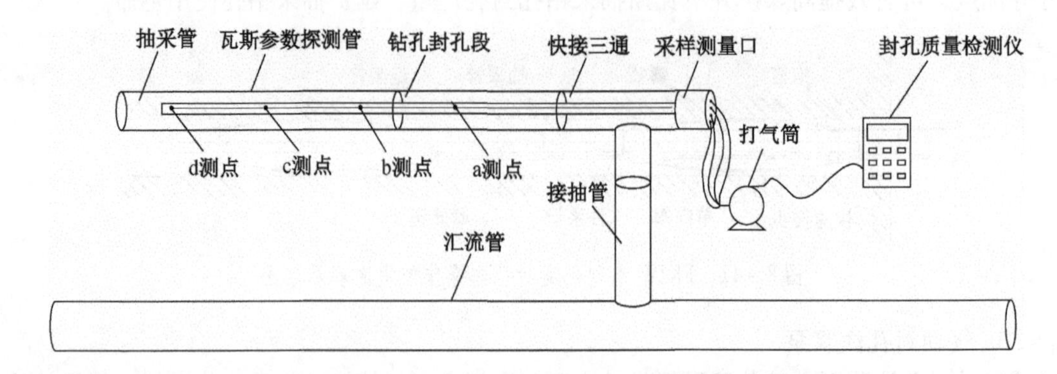

图 8-50 封孔质量检测装置工作原理

8.9.4 应用情况

“两堵一注”带压注浆封孔技术在山西、河南、贵州、云南、重庆、新疆、内蒙古等地 30 余对矿井进行了成功应用，采用该技术封孔效果明显，考察期（超过 3 个月）内浓度衰减保持在 15% 以内，与聚氨酯、水泥砂浆等封孔方式及工艺相比较，抽采瓦斯浓度平均提高比例在 30% 以上。

钻孔封孔质量检测仪在霍州煤电集团李雅庄矿、金辉集团万峰矿、松藻煤电渝阳矿等进行了试验应用。测量结果准确可靠，为矿井评价抽采钻孔封孔质量，改进封孔参数和封孔方式，提高瓦斯抽采率提供了有力的技术保障。

9　低渗煤层卸压增透关键技术

20世纪70年代以来，对低渗透性高瓦斯和突出煤层进行了多种增透技术的探索性试验研究，取得了一定的成果，也积累了许多宝贵的经验。低渗透性煤层的卸压增透技术可分为两大类：一类是以保护层开采为代表的煤层外卸压增透技术；另一类则是水力化增透、爆破增透、机械扩孔等煤层内强化增透技术。保护层卸压增透技术已在国内得到了广泛应用和认可；以水力压裂、水力割缝、水力冲孔等为代表的水力化增透技术已在国内得到一定程度的推广应用，增透效果显著。

本章重点介绍了地面井压裂、井下水力压裂、超高压水力割缝、水力扩孔、深孔预裂爆破、钻孔机械扩孔6种低渗煤层卸压增透关键技术。

9.1　地面井压裂抽采技术

由于我国的煤层赋存条件普遍较复杂、部分矿区的煤层存在煤层松软、透气性差等特点，在该类型地区的瓦斯抽采中又普遍存在瓦斯抽采钻孔施工困难、抽采率低、抽掘采接替紧张、抽采瓦斯成本高、回采工作面瓦斯超限等难题，采用地面钻井压裂抽采井下瓦斯是解决上述问题的一种有效手段。

9.1.1　关键技术

地面井压裂抽采技术是在没有任何采动影响的原始煤层中进行钻进完井，并通过射孔、压裂方式，对低透气性原始煤层进行压裂，产生裂隙，并用支撑剂支撑形成煤层气涌出通道，增加透气性，进而卸压、排水、采气，进行煤层瓦斯抽采、利用。

地面井压裂抽采技术是利用地面钻孔经套管固井、射孔完井、携砂水力压裂后，利用排采设备以排水降压的方式高效抽采原位煤层气，显著降低了煤层瓦斯含量，实现了煤矿瓦斯采前治理。地面井压裂抽采技术的关键是射孔压裂和排采。

1. 射孔压裂技术

射孔压裂技术主要包括单井多压裂段循序射孔压裂、多射孔段厚压裂层投球封堵分层压裂、光套管注入和油管注入等压裂方式选择、支撑剂种类及规格优选、压裂液配置及优选、泵注程序优化、射孔参数优化等施工参数优化。泵注程序优化、分段注入多粒径支撑剂、酸化压裂液、压裂液防滤失控制、单井多压裂段储层射孔压裂参数优化等。

2. 排采技术

煤层气井排采要坚持缓慢降压、连续抽排、平稳调峰、快速检泵的原则，同时控制好套压、井底流压、液面和煤粉迁移，以达到稳产期长、采收率高的目标。煤层气排采需经过放喷、排水—降液面、憋压、控压产气、控压稳产5个阶段，每一个阶段都有具体的技术指标要求。排采过程中，当煤层气井井筒发生冻堵时，可采用加入甲醇的方法解决。具体方法为：将甲醇从套管附近特制加药装置加入，关井2～3 h后再开井生产，为彻底解堵可多次加药。连接井口的外输管线冻堵时可采用加温解堵、加药破冰解堵等方法。

1）放喷阶段

常规直井的储层经压裂改造后，储层中被压入大量的压裂液，因此直井排采首先需要放喷排液。该阶段是压裂作业完成后需进行的一个工艺流程。一般在井口压力低于地层闭合压力的条件下，即井口压力降至小于1 ~ 2 MPa后，开井放喷。控制放喷量的原则是避免井口出大量的煤粉和压裂砂。井口压力为零，溢流量很小时为结束点。

2）初期排水—降液面阶段

初期排水—降液面阶段是指由排采伊始—储层压力降至接近储层临界解吸压力的阶段，对应饱和水的单相流阶段。该阶段主要工作目标是保持动液面平稳下降，结束的标志是套压增大。控制重点是降液速度，排采强度不宜过大，以阶梯降液为主，排液应连续平稳；严禁排量的大起大落而造成生产压差上下波动，导致储层吐砂、吐粉。控制原则：未达到解吸压力之前压差的控制应以保证煤粉不迁移，压裂砂不反吐，煤层气解吸速度慢为原则；同时在设备和地层条件允许的情况下，应适当加大生产压差，使液面下降速度加快，尽早排出压裂液，减少污染，尽量避免停抽。控制指标是液面降幅（井底流压）和日产水量。

排采初期抽油机设定为最小冲次、冲程，观察煤层供液能力情况，定期调整抽油机冲次、冲程，新井或新修井开始投产时，排采强度应控制在最低。

3）憋压阶段

憋压阶段已经进入非饱和的单相流阶段，开始向气水两相流阶段过渡，易造成日产水量下降。初期主要是部分游离气不间断地产出，部分井在憋压阶段可能进入煤储层的解吸初期。由于气体的产出，油、套环形空间的套管压力将会逐渐上升到比较高的状态。该阶段属于气水两相流的初级阶段，但以水流为主。憋压的目的是控制间断的游离气或初期解吸气的产出速度，尽量避免游离气或初期解吸气的瞬时大量产出，从而避免储层吐粉、吐砂现象的产生。若控制不当易产生速敏效应、复合性堵塞和应力闭合，同时可能出现气锁卡泵现象。该阶段已有套压，不能单纯利用液面降幅来控制排采。在井底流压保持较小降幅的前提下，控制排水强度。排水强度较“初期排水降压阶段”应有所降低。控制指标包括井底流压、日产水量、憋压的压力最大值。确定憋压的最大压力应考虑保障液面在泵挂深度之上。

4）控压产气阶段

憋压压力达到最大值后，打开阀门产气，进入气水两相流阶段。控压产气过程是率先产气储层的近井地带解吸初期和压降漏斗范围内的解吸漏斗逐渐外扩的过程。煤层气井排采时，邻近临界解吸深度范围，应适当放慢降液速度，控制套压，尽量使井底流压匀速缓慢下降。此时易产生一个突变，一般表现为气产量突然增大，套压增大，有时气会将环空水带出，造成环空液面突然下降。这一突变，对于比较疏松的煤层，极易出大量的煤粉，可能造成填砂裂缝堵塞。对于较软的煤层，可能由于储层孔隙压力突然降低，造成割理关闭，从而影响煤层渗透性。若控制不当，容易引起储层激动，导致井底流压陡升陡降，储层裂隙闭合，极易产生压敏效应、复合性堵塞和应力闭合，对储层造成永久性的不可逆转的伤害。该阶段是气相渗透率逐渐升高的过程，也易导致气锁卡泵的产生，由于解吸气逐渐增大，该阶段会有较多的煤粉产出，控制不当，容易造成卡泵。储层激动，更易导致吐粉、吐砂，从而使排采设备受到伤害，导致排采不连续。

因此该阶段应保障井底流压均匀降低。首先套压应控制降套压时间分布，在保障套压日降幅的前提下，控制排采强度，达到井底流压的均匀降低。

该阶段的控制难点是套压的控制，特别是处于较高压力下的套压，更难控制。这就要求放气时，对控制阀门有一定的精度要求。控制指标包括井底流压降幅、套压日降幅（套压降落最终目标值、套压降落所需时间）、排水强度、日产气量。

5）控压稳产阶段

随着排采的进行，需要根据单井的生产能力确定合理的产能指标进行稳定生产。该阶段排采控制的重点是尽可能维持排采作业的连续性和稳定性，不追求峰产，尽量控制井底流压，以延长稳产时间，实现煤层气井产量最大化。控制原则是尽量保证设备平稳运行，液面相对稳定。

在控压稳产阶段开始之前，应计算排采液总量，对水质进行监测，尽量在控压稳产之前，排采完压裂液。控压稳产时，煤层气井应带有一定的套压生产。

9.1.2 应用情况

铁煤集团现有地面原始煤层压裂井 38 口，平均日产气 3 万立方米左右，单井最高日产量 12511 m^3，抽采瓦斯浓度达 98% 以上，截至 2016 年 12 月已产气 10343 万 m^3。

9.2 井下水力压裂技术

水力压裂作为增加煤储层渗透性的一种常用技术，在油气开发领域广泛应用。将水力压裂技术用于煤矿井下钻孔，可以增加煤层透气性系数，增大瓦斯抽采半径，缩短抽采达标时间，减少钻孔工程量。

9.2.1 关键技术

煤矿井下水力压裂工艺主要分为两种：穿层钻孔压裂和顺层钻孔压裂，如图 9－1 所示。压裂工艺的选择需充分结合煤矿井下巷道布置情况、简便安全、不损坏管路设备、不污染井下作业环境等因素。

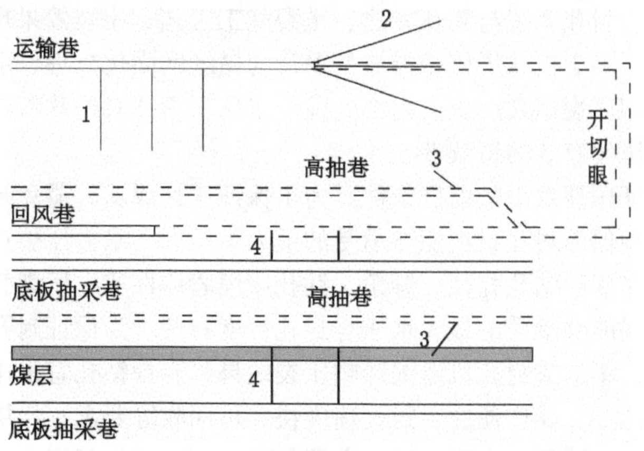

1、2—顺层压裂钻孔；3—俯角穿层压裂钻孔；4—仰角穿层压裂钻孔

图 9－1 水力压裂钻孔布置示例

1. 压裂工艺选择原则

（1）当煤体结构相对完整或发育相对完整的分层，能够在煤层中形成完整钻孔时，

根据巷道布置情况，可以采用巷道内施工顺煤层钻孔 1、2 压裂煤层（钻孔布置示意如图 9－1 所示）。

（2）当煤体结构破坏严重、难以成孔时，可以采用在高抽巷或底板抽采巷中施工俯角或仰角穿层钻孔 3 和 4（钻孔布置示意如图 9－1 所示），岩孔段封孔压裂煤层。

（3）当目标区为多煤层发育区、煤体结构破坏严重，间距在 20 m 之内，可以在高抽巷或底板抽采巷施工俯角或仰角钻孔 3 和 4，对煤层实施压裂，钻孔仰角不限。对于部分煤层，为了增强压裂效果，可添加适当比例的表面活性剂、阻燃剂，随同压裂液压入压裂孔。

2. 水力压裂区域选择

建立了以地质环境、顶底板条件、施工条件及安全条件为基础的水力压裂可行性评价方法。水力压裂地点应避开以下区域：

（1）断层或裂隙发育地带附近 60 m 范围。

（2）煤层顶（底）板为含水层或压裂影响范围内存在透水型地质构造的区域。

（3）围岩厚度小于安全厚度或压裂钻孔不能满足最小封孔长度。

（4）巷道围岩破碎区域。

（5）压裂孔周边 60 m 范围内存在未封闭的钻孔。

3. 压裂工艺及封孔技术

水力压裂工艺流程：压裂准备工作→施工压裂钻孔和观察孔→取煤样化验→压裂钻孔封孔→高压水力压裂→保压→压裂孔放水→考察压裂半径→施工抽采钻孔→考察抽采半径。煤矿井下水力压裂是利用高压水在钻孔内憋压，使煤层破裂和裂缝在煤体内大范围扩展实现增透，虽然高压水提供动力源，但压裂钻孔的有效密封是提升水压的关键。基于此，提出了松软低透煤层水力压裂实施“三原则”，即在保证煤层起裂压力条件下，保持合理泵注压力、流量及时间，解决了松软煤层因“压敏性”所造成的孔穴效应和压裂液漏失等难题，避免了因工艺参数不匹配所造成的顶板垮落等安全风险，形成了包含钻孔水力压裂可行性评价、封孔装置与封孔方法、压裂施工工艺、压裂效果现场评价等内容的施工工艺体系。同时，基于松软煤体塑形流变保持与微缝网固化机理，形成了松软煤层压裂后保压工艺，即利用压裂结束后煤层内部的残余水压，继续对松软煤层进行施压，促进微缝网的固化，保证压裂有效的持续性。

封孔质量是保证压裂效果的前提条件。为了保证压裂成功，避免封孔材料发生破坏而发生封孔失效，必须保障封孔材料能够承受的最大水压大于水力压裂过程中的最大注水压力。一般情况下，当压裂钻孔孔径、倾角、钻孔壁煤岩体性质、压裂管以及封孔材料等参数确定后，封孔材料能够承受的最大水压与封孔长度有关。为保证封孔长度能够承受水力压裂能够有效憋压，不造成封孔段泄漏影响压裂效果，岩壁钻孔宜采用封孔器封孔，封孔器械应满足密封性能好、操作便捷、封孔速度快、可回收等要求；煤层钻孔宜采用充填材料进行注浆封孔，条件许可时亦可采用封孔器封孔。同时确保起裂位置在煤层中的多次柔性带压封孔方法及装置。该装置包括前置压裂管、孔底筛管、注浆管和二次注浆管及扶正器等，解决了封孔砂浆沉降造成封孔层位下降所导致的非目的层被压裂和因砂浆量不可控造成压裂钻孔阻塞等难题。注浆封孔工艺示意如图 9－2 所示，压裂专用封隔器封孔工艺示意如图 9－3 所示。

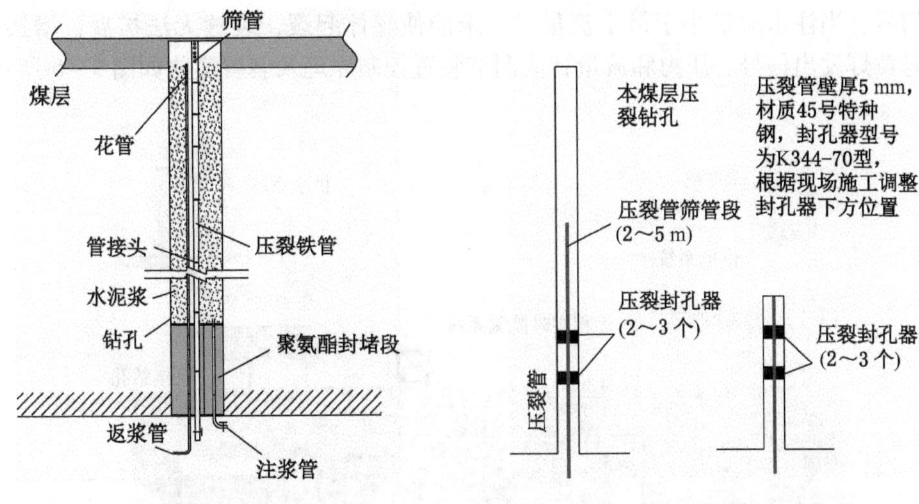

图9-2　注浆封孔工艺示意图　　　　　图9-3　压裂专用封隔器封孔工艺示意图

4. 水力压裂效果评价指标

煤层含水率的增加能降低煤的弹性模量和抗压强度，特别是硬煤的强度，使整个煤层软化，显著提升煤体的塑性，有利于将应力集中峰值推向工作面前方更远处，扩大采掘工作面前方形成的塑性卸压区，使得具有突出危险的软分层内瓦斯能够在暴露前提前释放。当掘进工作面在其卸压带内作业时，前方及巷道两侧轮廓线外留有不少于5 m的安全煤柱作为有效防突范围。煤层注水过程中可以驱替其中的瓦斯，煤层含水率的增大可以显著降低煤的瓦斯解吸速度、解吸量，降低瓦斯供给能力，消除煤层突出危险性。煤的变质程度越高，水分对其影响越大，当含水率为2% ~7%时，水分对瓦斯放散初速度的影响最大；当含水率大于10%时，影响逐渐降低。一般认为煤层内含水率超过4%时，突出危险性即被消除。

水力压裂效果评价以煤层含水率为指标。压裂后以压裂孔为中心由远到近施工考察孔，取样分析煤样含水率。煤层含水率指标需考虑原始含水率大小，采用实际考察的方法确定影响范围含水率临界值，没有考察出临界值时，可按照4%取值。

9.2.2　主要装备

水力压裂系统装备主要由供电系统、供水系统、压力系统3部分组成；其中压力系统主要由水力压裂泵、高压管汇（高压软管、高压接头、直通、三通及截止阀）、流量计、压力表、供水管路、远程控制系统等组成。水力压裂系统装备集成与连接示意如图9-4所示。

1. 压力和流量智能调节装置

煤矿井下压裂时一般在煤层顶板或煤层中施工钻孔，注入高压水压开裂缝来强化瓦斯抽采。为避免因压裂裂缝无序扩展以及煤层顶底板破坏严重，导致压裂范围小和后续煤炭开采时顶底板支护困难，保证压裂过程的安全进行，研发了配套的水力压裂流量智能调节装置，实现注水压力与流量的稳定均衡调节。其控制原理是当注水流量大于最大流量时，高压水沿主裂缝流失，次级裂缝未起裂，增透效果差，此时红灯发出信号；当注水流量介于最小流量和最大流量之间时，高压水充分浸润煤体，压裂范围大，增透效果好，此时绿灯发出信号；当注水流量小于最小流量时，未能使煤体起裂，裂缝无法扩展，增透效果差，此时黄灯发出信号。压力和流量智能调节装置控制原理及装置实物如图 9－5 所示。

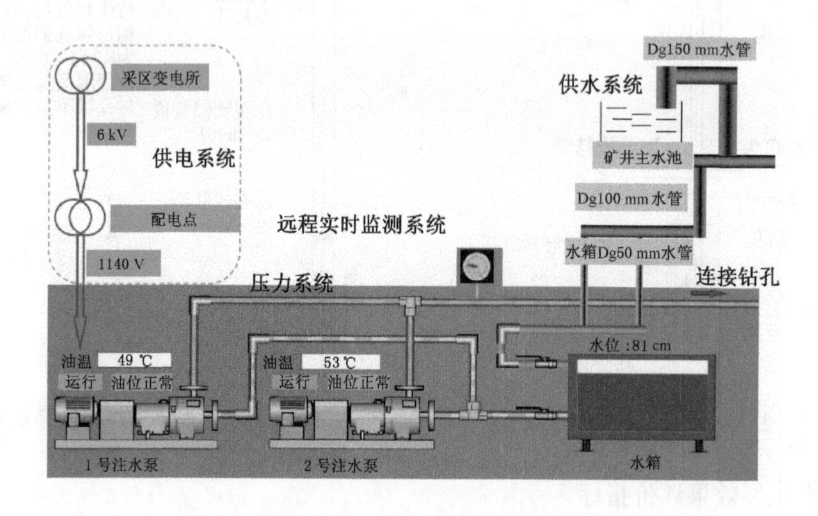

图 9－4　水力压裂系统装备集成与连接示意图

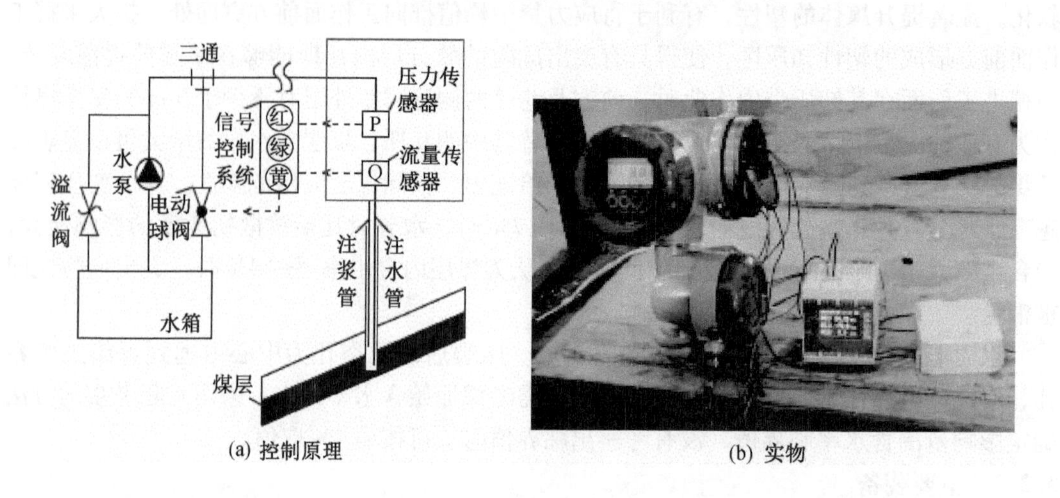

(a) 控制原理　　(b) 实物

图 9－5　井下水力压裂压力和流量智能调节装置控制原理及装置实物

2. 封孔器

以油气开采行业压裂用封隔器封堵技术为基础，结合煤矿井下水力压力实际工况，重庆研究院改进了封隔器支撑和坐封方式，具有封孔简便可靠、成本低和可重复使用的特点，适用于任意角度的穿层及顺层钻孔压裂。

封隔器的通径和外径可根据需要进行加工，封隔器承压 70 MPa，单管长度 1180 mm，上下扣型为平式油管扣，工作温度 0～150 ℃；座封装置承压 70 MPa，单管长度 400 mm，上下扣型为平式油管扣。

3. 压裂泵组

由于煤层赋存条件及应用地点的不同，所需的压裂压力不同，基于此配套形成了不同类型的压裂泵组，主要有变流量压裂泵组和定流量压裂泵组。

1）变流量压裂泵组

变流量压裂泵组 BYW450/70 型水力压裂成套装备由泵注系统、管汇系统及监控与安全保障系统 3 部分组成，如图 9－6 所示。相对同类产品，其流量与压力大，且调节范围广，体积相对缩小 1/3，具备压风自适应换挡、独立润滑与自流式温控等子系统，满足长时间连续作业等特点，适用于水力压裂、水力割缝及水力扩孔等工艺需要。

图 9－6 BYW450/70 型水力压裂成套装备

（1）温控系统。

分离式减速机，温度系统分离，散热性好；外置辅助水冷系统，进一步降低传动系统及泵的温度；泵体活塞杆水冷系统，保证高速运行状态的稳定。

（2）控制系统。

近控与远控结合，可实现井上下联合监控；压风自动换挡系统，根据泵组出口压力，自动换挡，简单安全可靠；实现泵组运行状态的远程监测与异常状态诊断。

（3）结构优化。

结构紧凑，相比同类产品缩短 1/3，两台平板车可运输；万向轴连接，解决了巷道底板不平整的安全难题；旋转底盘、过桥底座及便携式轨吊，便于设备运输与安装。

2）定流量压裂泵组

BYW315/55 型煤矿井下压裂泵组，泵组适用于泵注各种腐蚀性不强的高压液体，用于煤层压裂、冲击倾向性严重的顶底板及坚硬煤层的卸压致裂、防尘注水、割缝、掏穴等工艺。该泵组由泵注系统、管汇系统及监控与安全保障系统 3 部分组成，泵组体积与井下乳化液泵体积相对较小，便于运输，操作简单。远程监控系统采集各种传感器、控制器的监控数据，通过量化处理，现场显示出来，并经过分析处理，实现现场报警、自动控制功能。

9.2.3 应用情况

该技术在松藻、淮南、阳泉、晋城矿区等不同地质条件下的低透煤层进行了工业性试验和应用，不仅硬煤条件取得了良好的增透效果，在松软煤层条件下也实现了有效压裂，而且取得了良好的增透效果。

1. 松藻矿区应用实例

松藻矿区某矿 M7 煤层在实施了该压裂工艺后，煤层透气性增大了 60 余倍，压裂影响半径达到 50 m，瓦斯抽采浓度提高了 30%，抽采量提高了 5 倍，巷道掘进速度提高了 3 ~5 倍，石门揭煤时间缩短了 1/3 以上，取得了良好的效果。压裂后抽采效果如图 9 -7 所示，压裂前后巷道掘进速度如图 9 -8 所示，压裂前后参数对比如图 9 -9 所示。

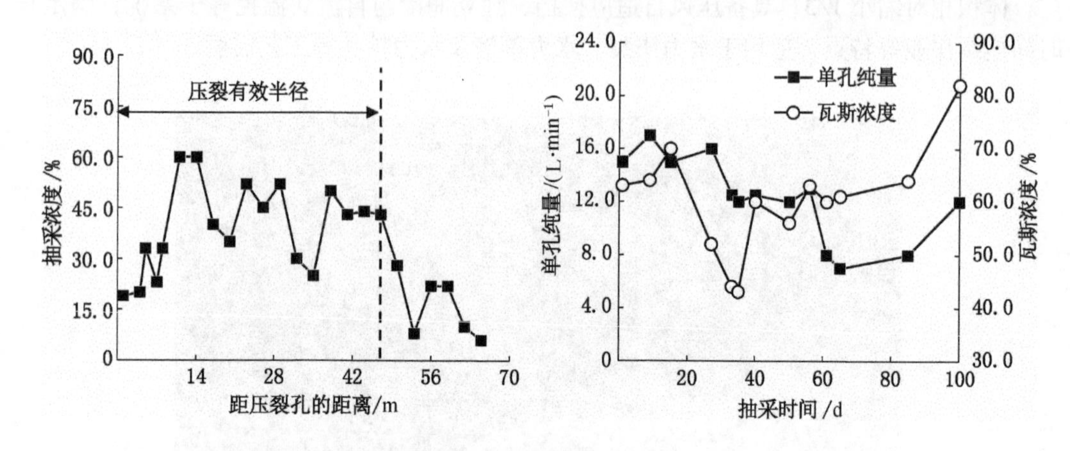

图 9 -7　压裂后抽采效果

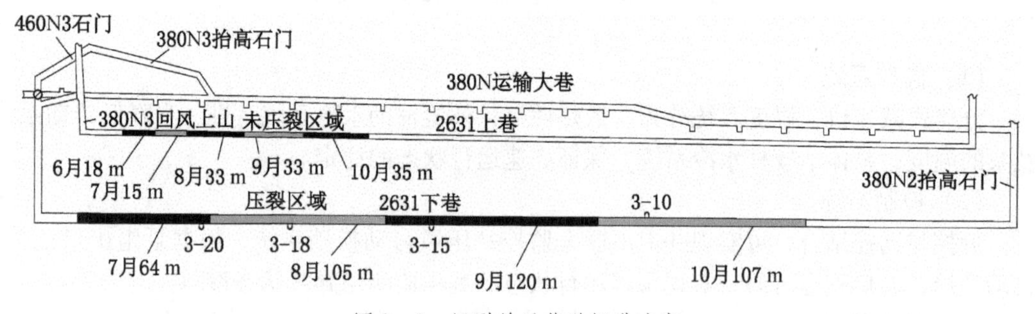

图 9 -8　压裂前后巷道掘进速度

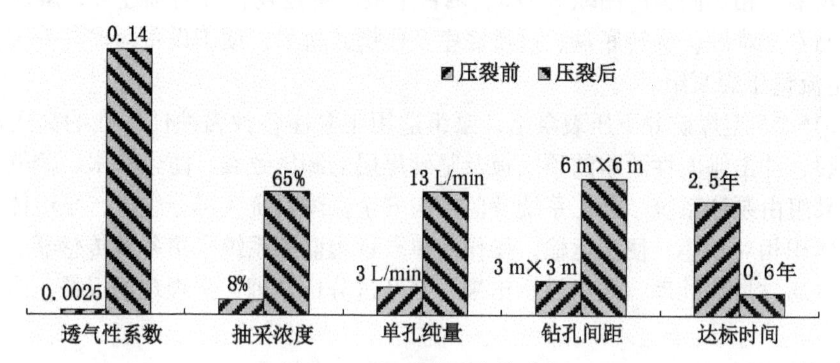

图 9 -9　压裂前后参数对比

2. 淮南矿区应用实例

压裂实施地点煤层厚度 6 m，瓦斯压力约 6 MPa，瓦斯含量 15 m³/t，坚固性系数 0.5 左右，揭煤地点埋深 750 m。该地点实施水力压裂增透措施后，预抽钻孔孔间距由 3 m ×

3 m调整为 5 m × 5 m，钻孔工程量缩减 64%；煤层透气性系数提高了 25.9 倍，由 0.032415 $m^2/(MPa^2 \cdot d)$ 提高至 0.839896 $m^2/(MPa^2 \cdot d)$；单孔量由压裂前的 0.007 m^3/min 提高至压裂后的 0.025 m^3/min，平均抽采浓度为 93%，预抽达标时间缩短了 33%。水力压裂试验过程中，压裂孔孔口压力监测曲线如图 9－10 所示，压裂前后抽采参数对比曲线如图 9－11 所示。

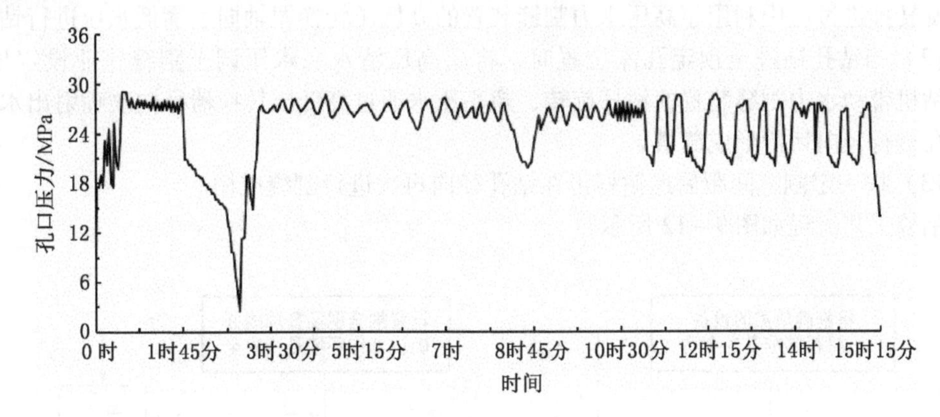

图 9－10　压裂孔孔口压力监测曲线

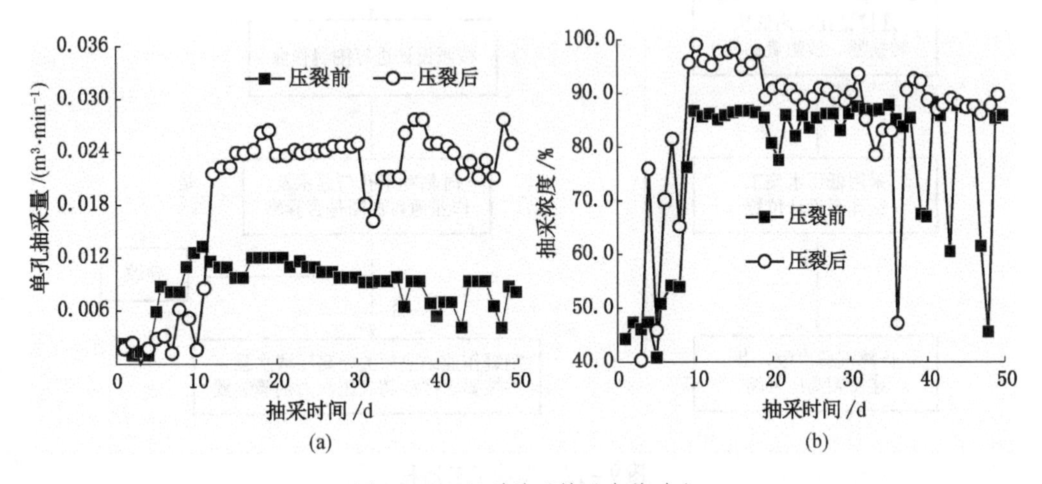

图 9－11　压裂前后抽采参数对比

9.3　超高压水力割缝技术

高压水射流钻割技术主要通过连续的高压水射流不断冲击煤体，使煤体损伤破坏并直接切割出一系列缝槽，可以达到扩展煤层瓦斯流动通道和提高抽采效果的目的。

9.3.1　关键技术

1. 割缝工艺技术

根据瓦斯抽采钻孔布置要求，针对顺层钻孔和穿层钻孔所控制的煤层坚固性系数、应力等，预计割缝深度，设计合理的钻孔间距、割缝间隔距离、割缝时长等参数。超高压水力割缝装备采用了高低压转换装置，可以实现钻进、切割一体化，进钻施工钻孔、退钻高压割缝，大幅度缩短了工艺流程时间。钻孔施工过程中当水压力小于 30 MPa 时，清水从钻头前端流出，用于冷却钻头和排渣，保障钻孔正常施工；当穿层钻孔或顺层钻孔施工至预定位置后，不退出钻杆，接入高压水后（高压水压力达到30 MPa以上），钻头前端封闭，高压水通过高低压转换装置从两侧喷射流出，在钻机带动下对煤体进行定向旋转切割卸压增透。具体工艺流程如下：

（1）利用煤矿井下钻机夹持器卡住超高压水力割缝装置的钻杆进行钻割一体化作业，钻机旋转推进过程中利用超高压水力割缝装置的高低压转换器轴向喷嘴低水压进行钻进。

（2）当钻孔钻进至预定孔深位置时，将超高压清水泵水压调至割缝作业设定压力，利用钻机带动水力割缝装置的钻杆旋转，超高压水通过高低压转换器径向喷嘴射出水射流对煤孔进行径向切割形成缝槽。

（3）按一定割缝间距后退钻杆可在钻孔径向再次进行割缝成槽。

割缝工艺流程如图9-12所示。

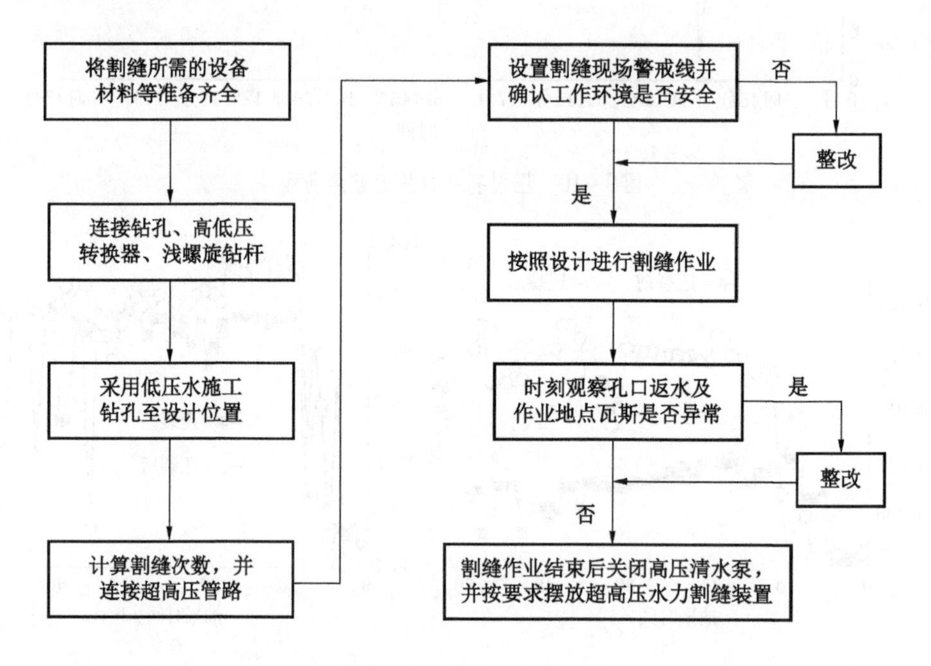

图9-12 割缝工艺流程

2. 高压水力割缝效果评价指标

1）单刀出煤量

通过井下现场考察，超高压水力割缝后，在煤层中形成具有一定厚度的圆盘缝槽，可以根据下式计算每刀理论出煤量。

$$M=\pi\times[(r+r_0)^2-r_0^2]\times h\times\gamma$$

式中 π——圆周率，3.14；

r——割缝后缝隙的等效半径，m；

r_0——钻孔半径，m；

h——割缝后缝隙宽度，m；

γ——煤的容重，t/m³。

通过地面及现场观测，对于中硬煤层，超高压水力割缝缝槽的高度一般为 20 ~ 50 mm（外大里小），平均高度为 20 ~ 30 mm，割缝压力为 80 ~ 100 MPa 时，形成半径一般为 2 m 左右的圆盘。通过计算，每刀理论出煤量应为 0.18 ~ 0.35 t，平均出煤量为 0.3 t。出煤量评价指标每刀出煤量按照 0.3 t 执行。

2）卸压变形量

对于单一穿层钻孔，割缝缝槽间距越小形成的卸压效果越好，但在经济上不可行。高压水力割缝割开的缝槽相当于在煤层中开采了一个极薄的保护层，使得缝槽上下部分的煤体产生一定程度的卸压。根据《防治煤与瓦斯突出细则》，开采保护层的保护效果检验可以采用顶底板位移量作为效果检验（评价）指标，指标临界值应以试验考察确定，在确定前按照 3‰作为评价指标。在单一缝槽的平均高度、煤层厚度或钻孔见煤段长度基本确定，以及考虑碎胀系数（一般取 1.5）的情况下，单孔割缝刀数（间接反映割缝间距）乘缝槽高度与煤孔段长度、碎胀系数的比值即卸压变形量，反映煤层卸压程度。煤孔段长度一般大于煤层厚度，故水力割缝卸压变形量评价指标临界值暂按 6‰执行。

9.3.2　主要设备

超高压水力割缝装置包括超高压清水泵、超高压旋转接头、水力割缝浅螺旋钻杆、高低压转换器、金刚石水力割缝钻头、超高压软管、水箱、远程控制操作台等，集成装备如图 9 - 13 所示。设备具有压力高（高压泵工作压力可达 100 MPa）、体积小、操作方便等特点；钻杆、高压胶管、接头等承压均在 150 MPa 以上，配备胶管保护套和接头防脱连接器，保障作业过程安全。

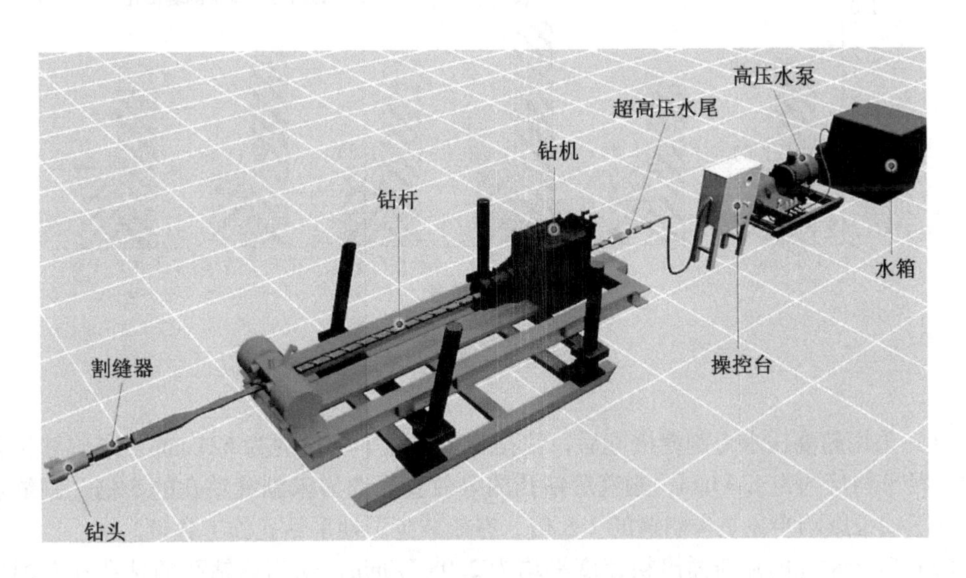

图 9 - 13　超高压水力割缝钻割一体化设备组成

9.3.3　应用情况

超高压水力割缝成套技术装备 ZGF - 100（A），工作压力 100 MPa，具有不退钻杆低压水钻进、高压水割缝的功能，是目前煤炭行业压力最高的井下水力割缝装备，在四川、重庆、安徽、陕西、河南、山西、新疆、贵州、山东等矿区得到应用推广，割缝深度达到

1.5～2.0 m，增透和瓦斯抽采效果明显。

在淮南矿业集团张集矿 1415A 轨道巷的底板巷、丁集矿 1351（1）运输巷的底板巷、中煤新集集团新集二矿等开展了超高压水力割缝工作，瓦斯抽采浓度及抽采量大幅度提高，煤层卸压增透效果显著。张集矿 1415A 轨道巷割缝钻孔与未割缝钻孔抽采效果对比分析如图 9－14 至图 9－17 所示。

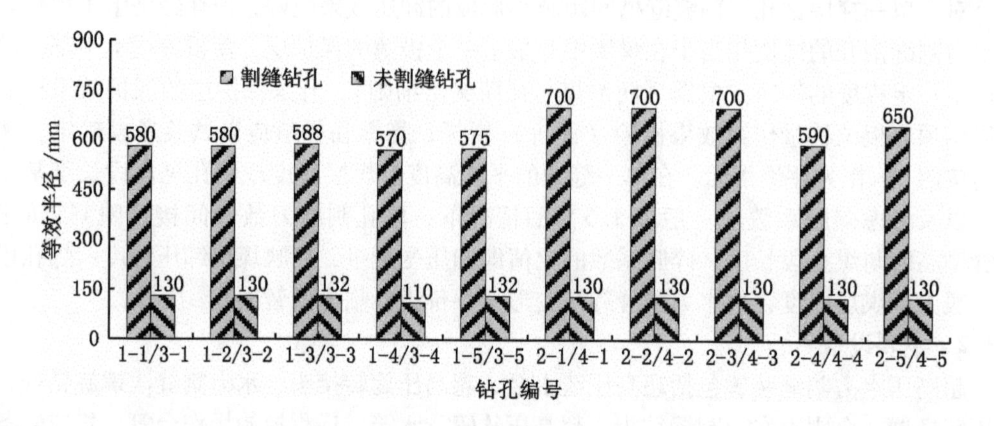

图 9－14　钻孔等效半径对比

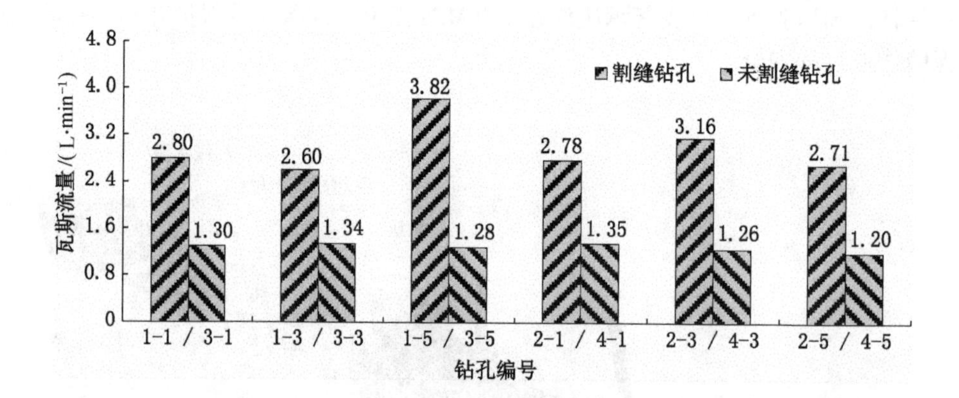

图 9－15　瓦斯流量对比

（1）采用超高压水力割缝措施后，钻孔等效半径平均值约为 627 mm，未割缝钻孔的等效半径平均值约为 124 mm，割缝后钻孔的等效直径约为未割缝钻孔的 5 倍。割缝后钻孔的瓦斯抽采影响半径是未割缝的 2.8 倍，有效减少了抽采钻孔施工数量。

（2）割缝钻孔的瓦斯涌出初速度平均为 2.98 L/min，未割缝钻孔的钻孔瓦斯涌出初速度平均为 1.29 L/min，割缝后钻孔瓦斯涌出初速度是未割缝的 2.3 倍。

（3）采用超高压水力割缝措施后，抽采 15 d，割缝钻孔瓦斯含量下降约 38%，未割缝钻孔瓦斯含量下降约 21%。抽采 30 d，割缝钻孔瓦斯含量下降约 53%，未割缝钻孔瓦斯含量下降约 30%。相同抽采条件下，割缝钻孔瓦斯含量下降的幅度是未割缝钻孔的 1.8 倍，缩短了钻孔预抽时间。

通过对 1415A 轨道巷的底抽巷实施超高压水力割缝卸压增透措施，有效增加了煤层裂隙，增大了煤体暴露面积，促进了瓦斯解吸和流动，煤巷条带预抽达标时间缩短了1/3。同时，水力割缝使煤体得到了均匀卸压，改变了煤体的应力条件，消除了高地应力危害，煤巷掘进过程中未出现瓦斯动力现象，实现了安全快速掘进。

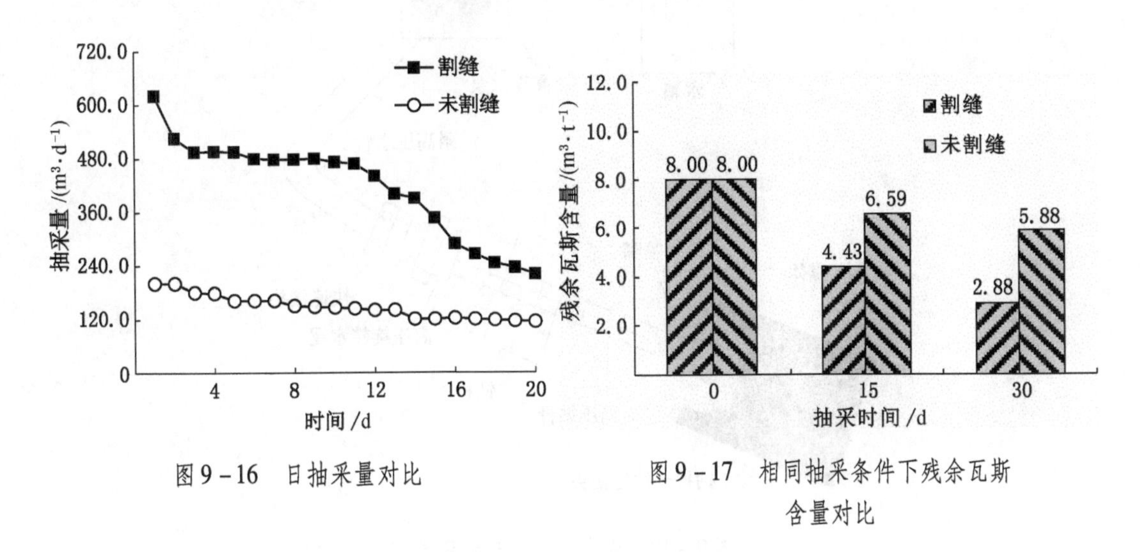

图9-16 日抽采量对比

图9-17 相同抽采条件下残余瓦斯含量对比

9.4 水力扩孔技术

水力扩孔技术可以扩大钻孔直径，增加钻孔有效影响范围，在一定程度上提高瓦斯抽采效果。

9.4.1 关键技术

1. 扩孔工艺

水力扩孔是对已施工的钻孔进行扩孔，扩孔操作须在钻孔打钻完成之后进行，如图9-18所示。

水力扩孔的工艺流程包括：

（1）先将钻孔施工至设计深度（见煤深度）后，撤出钻杆，将钻头及连接的高压水钻杆送入孔内。

（2）钻杆的尾部采用高压旋转水尾与高压管、高压水泵相连，然后开动水泵，则高压水通过高压管、高压水钻杆到钻头，喷嘴在旋转的高压钻杆驱动下对钻孔的孔壁进行旋转切割，此时，可用人工或钻机沿钻孔轴向以适当的速度移动高压水钻杆，扩孔钻头便开始了扩孔作业。

（3）当钻杆移动一定长度后，可暂停供水，增加或卸掉一根或几根钻杆，然后继续进行扩孔。直到扩孔段长度达到设计要求时，关掉高压水，撤出高压钻杆和钻头。

2. 评价指标

水力扩孔后，剥离的破碎煤体通过钻孔排出，在钻孔内部生成卸压空间，钻孔周围煤体产生应力集中。出煤量不同决定了钻孔的卸压范围，同时周围煤体也会产生不同的应力分布。出煤量较小时卸压效果不充分，出煤量太大时产生的应力集中峰值较大，此时进行煤层的采掘工作，易发生响煤炮、片帮等现象。经现场考察确定水力扩孔每米出煤量应该控制在0.4~0.6 t，此时产生的应力集中峰值较小，且具有较好的卸压效果。

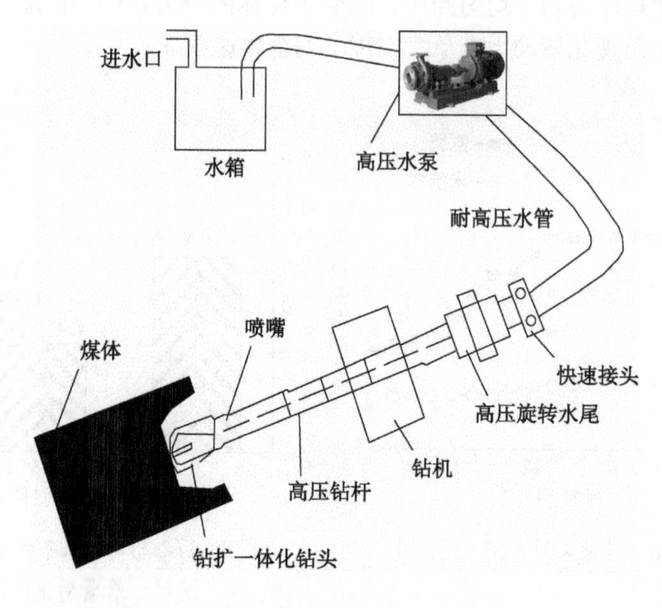

图9-18 水力扩孔工艺示意图

3. 技术特点

1）钻、扩一体化

正常钻进，施工结束后不用更换钻杆、钻头，直接采用高压水扩孔。当供水压力小于10 MPa时，清水从钻头前端流出，保障钻孔正常施工；控制水压，当水压为10~20 MPa时，钻头前端自动封闭，高压水射流通过高低压转换器径向喷出，在旋转的高压钻杆带动下对钻孔周围的煤体进行旋转式冲刷，通过高压扩孔钻杆沿钻孔轴向方向运动形成对整个钻孔的径向连续扩孔。

2）机械和水力切割联合破煤

通过高压水射流对孔底和孔壁煤体的旋转切割和机械叶片的切削研磨联合作用实现煤层孔的钻进和扩孔，可有效避免煤层钻进过程中的卡钻和夹钻现象，较好地解决采用高压水射流钻扩一体化扩孔时钻孔排渣困难的问题，提高扩孔效率。

3）操作简单、安全，扩孔效果好

扩孔设备体积小，使用水压相对较小，扩孔后煤孔直径增加3~9倍。

9.4.2 主要设备

高压水射流扩孔装置主要包括扩孔钻头、高压扩孔钻杆、高压旋转水尾、高压胶管、乳化液泵、水箱等，关键装备如图9-19所示。一般扩孔设备的水压要达到10~25 MPa。根据煤的硬度、钻孔角度、煤层厚度、煤层埋深（地应力）等选用合适的扩孔装置。

9.4.3 应用情况

在辽宁大兴矿北翼、陕西王峰矿主斜井、淮南新集一矿中央行人暗斜井开展了高压水射流扩孔试验，扩孔后瓦斯抽采浓度及抽采量明显提高，煤层卸压增透效果显著。

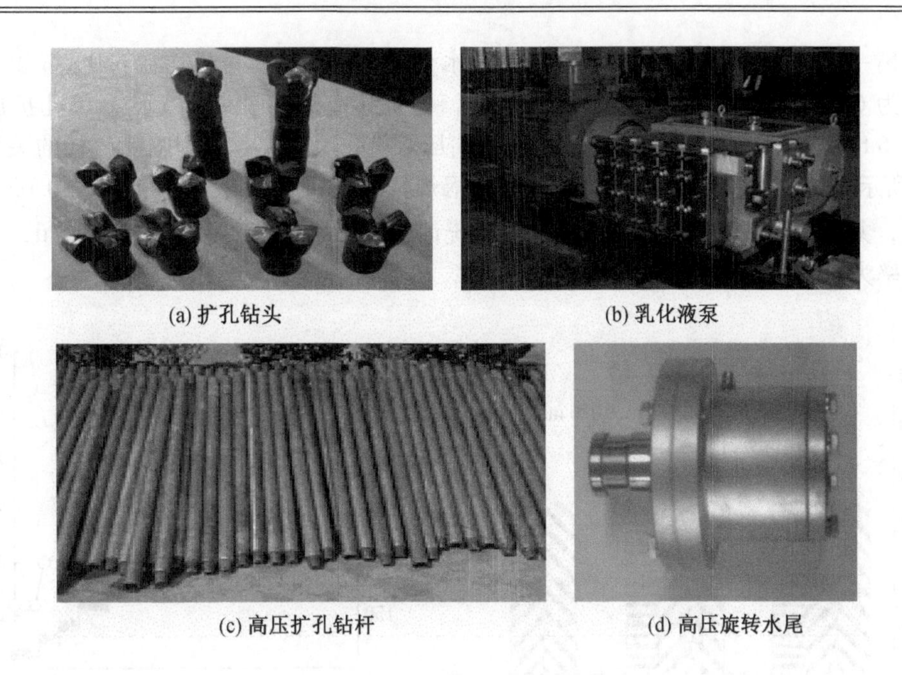
(a) 扩孔钻头 (b) 乳化液泵
(c) 高压扩孔钻杆 (d) 高压旋转水尾

图9-19 水力扩孔主要设备组成

1. 下向孔高压水射流扩孔效果

大兴矿试验区采用高压水射流扩孔设备扩孔后单孔出煤量为0.5~8.0 t，扩孔效率高，扩孔成功率100%。扩孔后钻孔直径为428~1118 mm，平均直径为697 mm，是扩孔前的3.8~9.8倍，平均为6.1倍。采用高压水扩孔后钻孔直径与喷嘴直径的关系如图9-20所示。

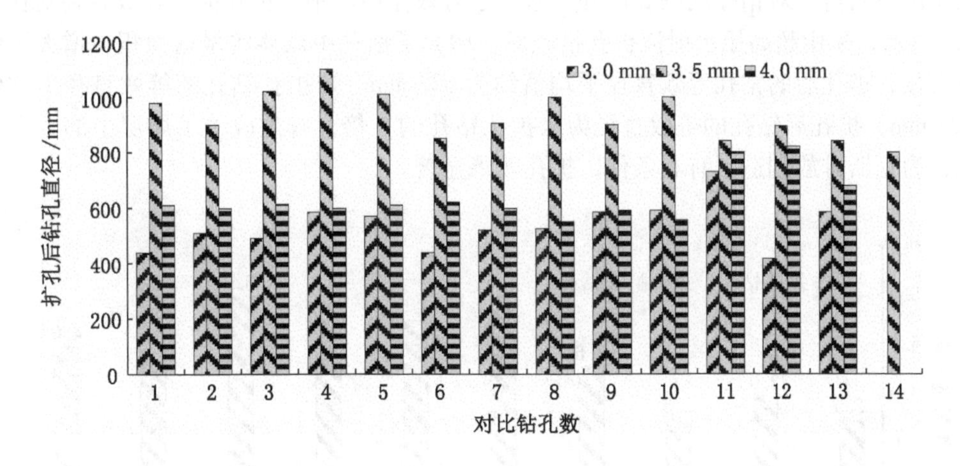

图9-20 下向孔扩孔后钻孔直径与喷嘴直径的关系

扩孔过程中回风流瓦斯浓度平均为0.04%，最大值为0.16%；扩孔后4 h回风流瓦斯浓度平均为0.07%，最大值为0.24%。对比扩孔前后工作面瓦斯涌出量，扩孔后工作面瓦斯涌出明显增加。

2. 平孔高压水射流扩孔效果

新集一矿采用高压水射流扩孔设备进行水力扩孔后，钻孔直径均在 650 mm 以上，其中直径为 650 ~ 700 mm 的钻孔比例为 57%，为扩孔前的 8.7 ~ 10.5 倍，单孔扩出煤量 3.3 ~ 4.6 t，平均为 3.8 t，效果显著。采用高压水扩孔后钻孔直径与喷嘴直径的关系如图 9 - 21 所示。通过对扩孔区域 35 d 的抽采，揭煤区域抽采钻孔瓦斯流量 $Q_{纯}$ = 0.03 ~ 0.57 m^3/min，共抽采瓦斯 15000m^3，抽采瓦斯量统计曲线如图 9 - 22 所示。抽采 35 d，计算得到抽采率为 65.7%，采用高压水射流扩孔后，瓦斯抽采量显著增加。

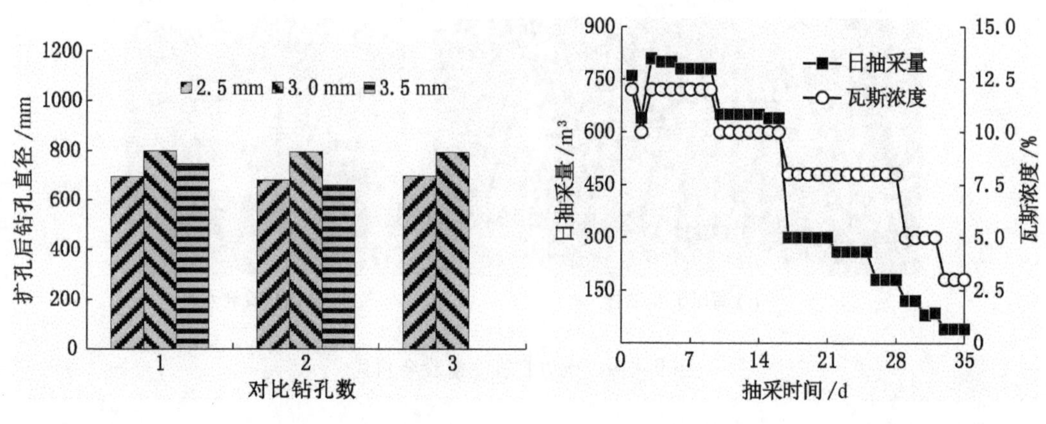

图 9 - 21　扩孔后钻孔直径与喷嘴直径的关系　　图 9 - 22　扩孔后抽采瓦斯量统计曲线

3. 上向孔高压水射流扩孔效果

陕西王峰矿试验第 1 组、第 2 组钻孔采用高压水射流扩孔，第 3 组、第 4 组钻孔未采用高压水射流扩孔，由图 9 - 23 可知，采用高压水射流扩孔的钻孔排出煤屑量远远大于未扩孔排出煤屑量，对钻孔周围煤体卸压起到了有效作用。钻孔扩孔前后等效直径对比如图 9 - 24 所示，采用超高压水射流扩孔措施后，增大了钻孔中煤体的暴露面积，增大了钻孔等效直径，扩孔后的钻孔等效直径平均值约为 622 mm，未扩孔钻孔的等效直径平均值约为 124 mm，扩孔后钻孔的等效直径为未扩孔钻孔的 5 倍，有效改善了煤层中的瓦斯流动状态，为瓦斯排放创造了有利条件，扩孔效果显著。

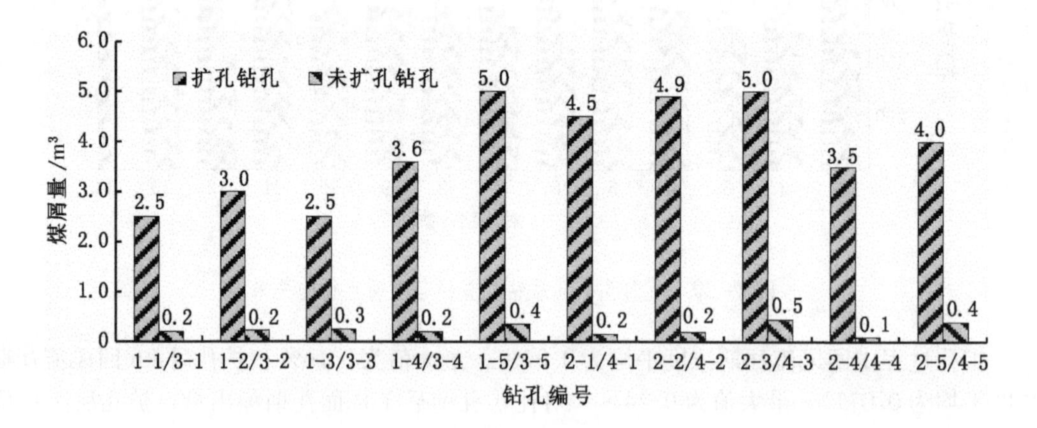

图 9 - 23　扩孔煤屑量对比

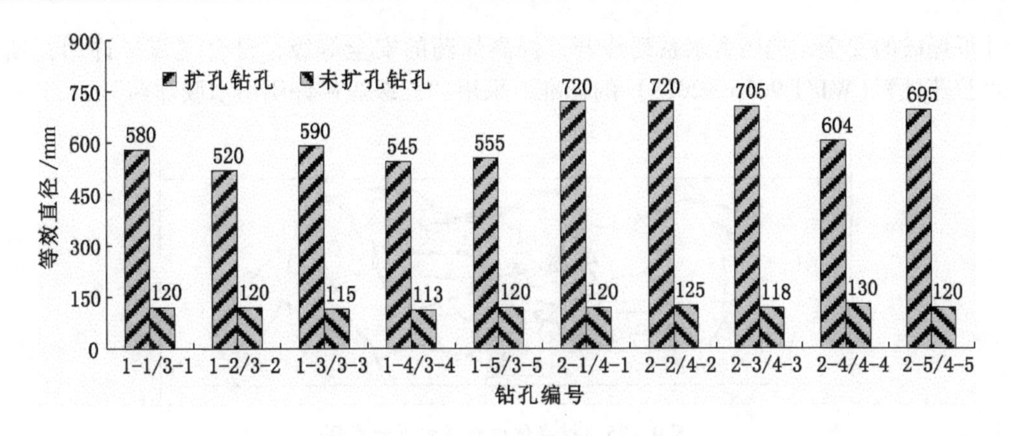

图9-24 钻孔扩孔前后等效直径对比

采用高压水射流扩孔技术后，煤层透气性显著增加，等效直径达到500~800 mm，较之前增加了3~9倍，瓦斯抽采浓度较之前增加了1~2倍，揭煤区域瓦斯抽采率达到65%~86%，揭煤时间缩短了1/3~1/2，保障了安全快速揭煤，实现了卸压增透的目标。

9.5 深孔预裂爆破技术

阳泉、平顶山、淮南等矿区先后开展了深孔控制预裂爆破试验研究。通过技术工艺、装备设施的不断完善改进，深孔控制预裂爆破已经成为相对成熟的低透气性煤层增透技术。

9.5.1 技术原理

深孔预裂爆破是在煤岩与瓦斯固流耦合介质中进行的，炸药在孔内爆炸后，将产生应力波和爆生气体，在爆破近区产生压缩粉碎区，形成爆炸空腔，煤体固体骨架发生变形破坏，在爆炸空腔壁上产生长度为炮孔半径数倍的初始裂隙。此外，空腔壁上部分原生裂隙将会扩展、张开。在爆破中区，应力波过后，爆生气体产生准静态应力场，并楔入空腔壁上已张开的裂隙中，与煤层中的高压瓦斯气体共同作用于裂隙面上，在裂隙尖端产生应力集中，使裂隙进一步扩展，进而在炮孔周围形成径向之字形交叉裂隙网。在爆破远区，由于控制孔的作用，形成反射拉伸波与径向裂隙尖端处的应力场相互叠加，促使径向裂隙和环向裂隙进一步扩展，增加了裂隙区的范围。最后，在爆破孔周围形成包括压缩粉碎圈、径向裂隙和环向裂隙交错的裂隙圈及次生裂隙圈在内的较大连通裂隙网。深孔预裂爆破利用炸药爆炸瞬间产生的爆轰压力和高温高压爆生气体，使爆破钻孔周围的煤岩体产生裂隙、松动、压出和膨胀变形，形成破碎圈、裂隙圈和松动圈，增加煤岩体内的裂隙，以提高煤层的透气性，提高瓦斯抽采率，煤岩体内裂隙扩展示意如图9-25所示。

9.5.2 关键技术

深孔预裂爆破主要用于强化增透抽采或防治煤与瓦斯突出，最关键的是爆破器材和爆破工艺。

1. 爆破器材与爆破参数

1）炸药品种的选择

深孔装药工艺采用压风装药器、粉状铵锑炸药实施连续耦合装药。为了确保深孔大药量井下爆破的安全，选用含水系列炸药，提高炸药的安全等级，符合《煤矿许用瓦斯抽采水胶药柱》（WJ/T 9066—2018）的标准，采用“三级煤矿许用型水胶炸药”。

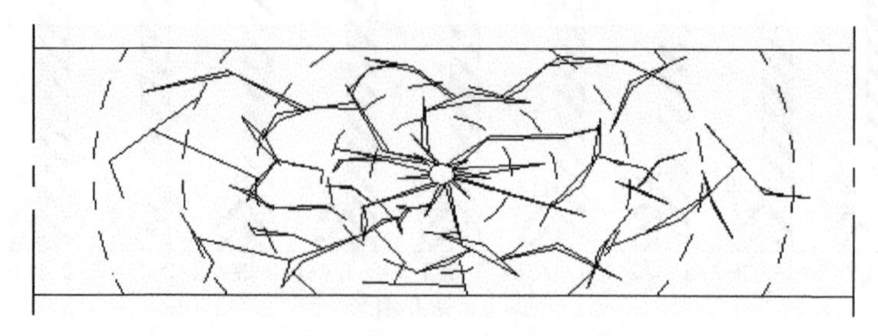

图 9－25　煤岩体内裂隙扩展示意图

目前，煤矿许用瓦斯抽采水胶炸药药柱的结构有两种，对于直径小于 40 mm 的药柱，装药管两端堵头具有封堵和连接的功能，其装药结构与连接如图 9－26 所示。该装药结构的特点如下：一是选用阻燃表面抗静电 PVC 管装药，两端各设计公母连接的上堵头和下堵头结构确保药管之间对接方便可靠；二是传爆体两端用小头封堵，放入装药管中，确保药柱之间的传爆体可靠对接和传爆；三是即使装药管内无炸药，利用装药管之间的传爆体也能确保装药管之间可靠传爆。该装药结构传爆性能稳定，具有较好的抗水性能，选用阻燃表面抗静电 PVC 装药管，两端堵头的中心均有传爆体，即使装药管内未装满三级煤矿许用水胶炸药，出现断药时也能保证装药管之间可靠传爆。但传爆体与上下堵头的固定操作极不方便，生产成本高。对于直径大于 50 mm 的药柱，由于炸药装药直径大，殉爆距离也大，只需将传爆体装入装药管中即可，其药柱装药结构剖面如图 9－27 所示。

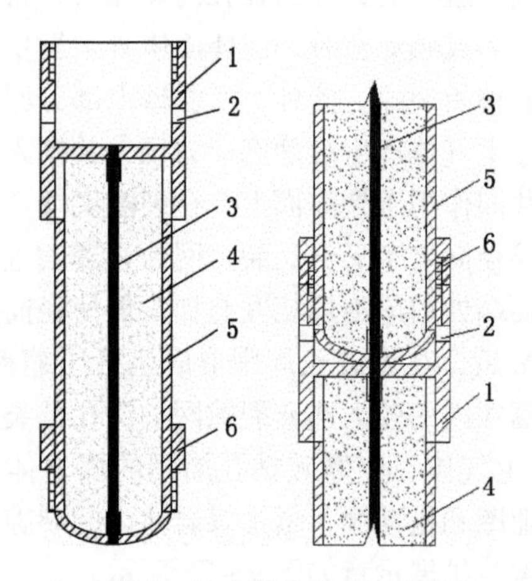

1—上堵头；2—雷管穿线；3—传爆体；
4—炸药；5—装药管；6—下堵头

图 9－26　直径小于 40 mm 水胶药柱装药与连接

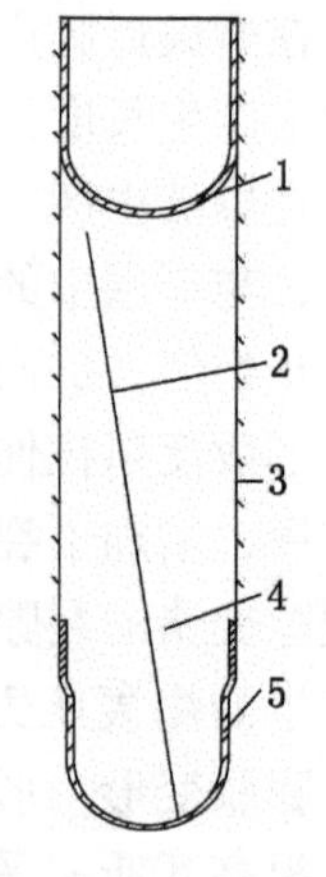

1—上堵头；2—传爆体；3—装药管；
4—炸药；5—下堵头

图 9－27　直径大于 50 mm 水胶药柱装药结构剖面图

2）雷管选择

雷管必须使用符合《工业电雷管》（GB 8031—2015）规定的煤矿许用瞬发电雷管或

同段位煤矿许用毫秒延期雷管。

3）技术参数

爆破孔直径大于50 mm，小于或等于113 mm；最大装药直径不得大于75 mm；最大装药长度不得大于80 m。

2. 爆破工艺流程

采用深孔预裂爆破进行煤层卸压增透时，应在调研煤层赋存的地质条件及增透规律的基础上编制针对性的爆破方案和参数设计，再进行爆破器材的选择等工序（图9－28）。

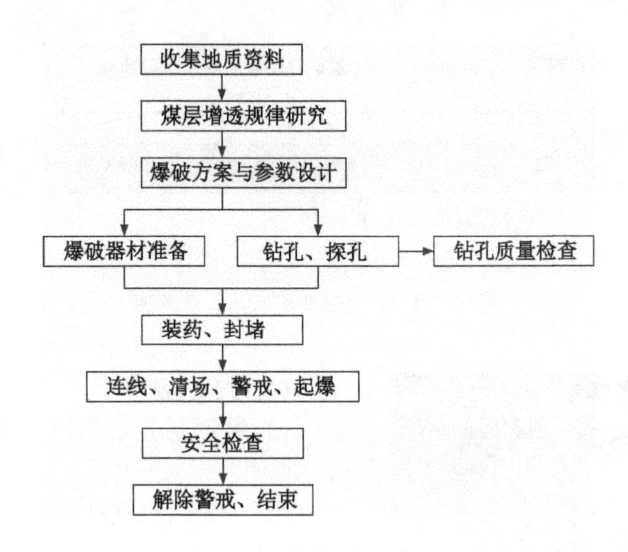

图9－28　深孔预裂爆破设计流程

深孔预裂爆破主要工艺流程如下。

1）炮头制作

取一根煤矿瓦斯抽采水胶药柱，打开内丝盖，靠内边缘钻两个直径6 mm左右的小孔，将两根爆破用的角质线分别穿入盖子两小孔中，打结，各与一发脚线长度为15～20 cm的同段别煤矿许用雷管连接，即制得炮头。

2）装药工艺及装药结构设计

装药前，先用1.5寸PVC探管（上端连接直径为75 mm的空管0.5 m）进行探孔，记录好探孔深度，然后确定装药长度。根据试验经验和深孔爆破的技术特点，设计了可连接式装药管。在炸药厂直接将炸药灌装到装药管里，将封盖拧紧，装药时将封盖拧开，用其自身的螺扣一节一节地连接在一起，边向孔内装送边连接，直至装完为止。当爆破孔角度大于30°时，必须在药柱前端插入防滑装置，防止药柱脱落。为了提高深孔传爆的安全性，克服深孔爆破中存在的管道效应等不可预知的因素引起的拒爆、爆燃现象，采用孔内敷设导爆索、双炮头正向起爆的装药结构。黄泥封孔装药结构示意如图9－29所示，水泥封孔装药结构示意如图9－30所示。

3）封孔工艺

当爆破孔角度小于30°时，用黄泥封孔；当爆破孔角度大于30°时，用水泥封孔。所有封孔长度不得小于10 m。

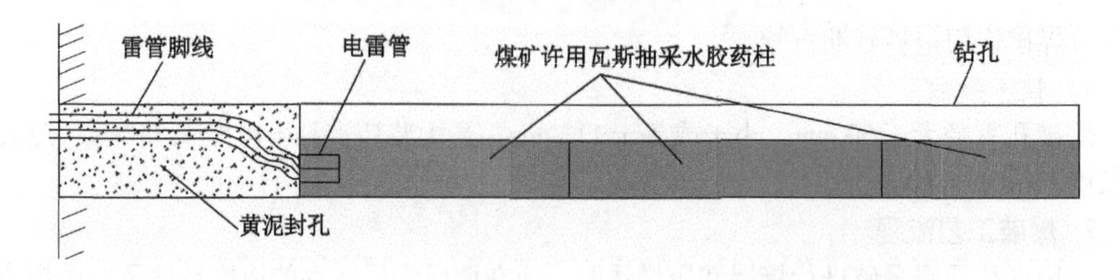

图 9－29　黄泥封孔装药结构示意图

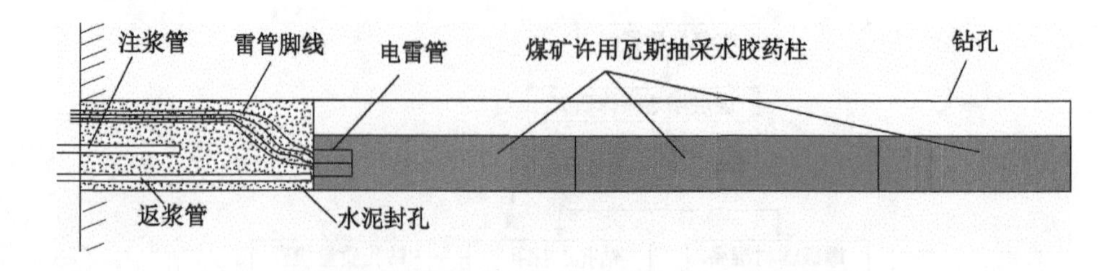

图 9－30　水泥封孔装药结构示意图

图 9－31　黄泥封孔器

黄泥封孔方法如下：

(1) 黄泥封孔采用封孔器，如图 9－31 所示。

(2) 黄泥颗粒直径不得大于 4 mm，并用水将黄泥润湿。

(3) 当风压大于 0.4 MPa 时，将润湿的黄泥装入封孔器中，然后加压，将黄泥送入爆破孔中，直至炮孔封满黄泥为止。

(4) 黄泥封孔时，要求封孔管的操作人员不得正对爆破孔，用阻燃编织袋护住孔口，避免黄泥冲出。

水泥封孔方法如下：注浆前，孔口分别插入长度为 2 m 的注浆管和返浆管，用棉纱、编织袋、聚氨酯混合在一起堵孔。堵孔长度不小于 1 m，最后注入水泥封孔剂。水泥封孔应注意以下几点。

(1) 每一个注浆孔装一个闸阀，注浆前检查导管，注浆管是否牢固可靠。

(2) 用软管将注浆管与注浆泵出口出浆口连接牢固，注浆前先用清水检查注浆管是否封堵，全部设备和注浆管状态正常后，方可注浆。

(3) 为防止注浆机堵塞及封孔剂与水的配比不同，应该用定量的装置准确计量，人工混合均匀后再注浆。

(4) 待返浆管有浆液流出时，及时将返浆管堵塞，停止注浆。

由于水泥需要 20 h 才能达到固结强度，故 20 h 后方可爆破。同时钻孔存在立体交叉，也需要等水泥完全凝固后才能爆破，否则会导致抽采钻孔爆破时穿孔。

4）连线起爆工艺

（1）孔外所有雷管串联起爆。如果爆破孔中一发雷管发现短路、断路或电阻与原实测值不符，则这发雷管母线不得接入主爆网中。

（2）爆破前必须对爆破网络进行导通，多孔同时爆破时，单段起爆总药量不得超过 1000 kg。

（3）雷管为瞬发电雷管或同段位毫秒延期电雷管，连线方式为孔内并联、孔间串联的方式，爆破应严格遵守《煤矿安全规程》有关规定。

9.5.3　适用条件

深孔控制预裂爆破技术适用于赋存稳定、煤质较硬容易成孔的煤层。此外，该技术还可用于冲击地压防治、硬顶煤预裂增加可放顶性等，有广阔的应用前景。

9.5.4　应用情况

1. 潘三矿石门揭煤工程应用

1）煤层概况

潘三矿 5－2 号煤层揭煤区域位于东四 B 组煤轨道下山，煤层厚度 2.8 m，与下伏 5－1 号煤层（厚度约 0.6 m）间距约 2 m；煤层顶底板均为泥岩，厚度分别为 6.0 m 和 2.0 m。现场实测 5－2 煤层瓦斯压力 2.9 MPa，瓦斯含量 9.5 m^3/t，该揭煤区域为突出危险区。根据揭煤区域煤层赋存及瓦斯参数计算，采用常规钻孔预抽的消突措施，需要抽采 66 d 才能消除该区域突出危险性。为确保石门揭煤的安全性和高效性，采用预裂爆破增透结合抽采的消突措施。

2）方案设计

东四 B 组轨道下山巷道迎头掘进至距离 5－2 号煤层顶板 5 m 时，在迎头巷道轮廓线投影范围内布置抽采钻孔（孔底间距 3 m），巷道两帮 5 m 处布置爆破孔（孔底间距 6 m），巷道轮廓线 8 m 以外爆破孔影响较小的区域按孔底间距 3.5 m 布置抽采孔。先施工抽采孔，合茬抽采稳定后再施工爆破孔，共施工钻孔 144 个，其中爆破孔 16 个。钻孔布置剖面如图 9－32 所示。

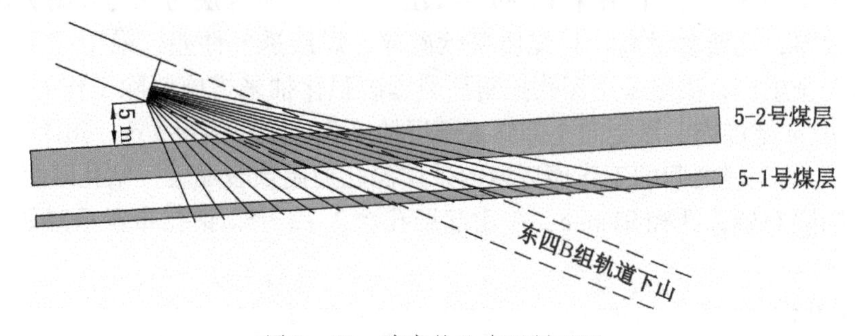

图 9－32　消突钻孔布置剖面图

3）应用效果分析

此次试验首先对 16 个设计爆破孔中的 19 号、20 号、99 号、100 号钻孔实施装药爆破，并进行了抽采数据观测和效果考察，装药参数见表 9 – 1，预裂爆破前后 24 h 钻孔抽采浓度及流量对比如图 9 – 33 所示。

表 9 – 1 装药参数

孔号	孔径/mm	俯角/(°)	巷中线夹角/(°)	钻孔长度/m	煤孔长度/m	药管直径/m	装药长度/m
19	113	-9.4	19.3	32.68	16 ~ 21.5	63	14 ~ 23
20	113	-8.9	13.9	28.94	18.5 ~ 24.5、26.6 ~ 27.5	63	17 ~ 27
99	113	9.4	19.3	30.5	14.1 ~ 19.4	63	13 ~ 22
100	113	8.9	13.9	32.8	18.94 ~ 27.58、28.7 ~ 31.12	63	17 ~ 30

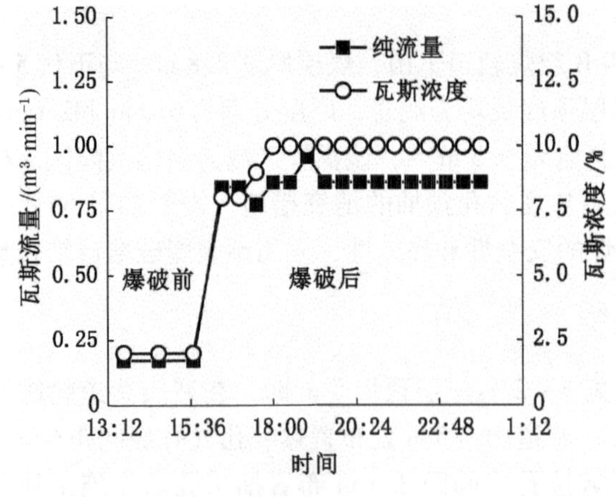

图 9 – 33 爆破前后 24 h 钻孔抽采浓度及流量对比

爆破后，瓦斯抽采浓度和纯流量增加为原来的 5 倍，并长时间保持为原来的 2 ~ 3 倍；每天平均瓦斯抽采量增加至 860 m^3，揭煤前方控制区域内瓦斯抽采时间缩短了 34 d；钻孔工程量减少了 25%，钻孔施工时间缩短了 6 d。采用深孔预裂爆破后，煤层透气性增加，保证了巷道掘进过程中煤层瓦斯的连续抽采，同时，爆破震动使围岩的应力潜能得以释放，消除了结构不均造成的应力集中，为石门揭煤提供了安全屏障。

2. 潘三矿回采工作面消突工程应用

1）工作面概况及钻孔设计

潘三矿 1741（3）工作面开采 13 – 1 号煤层，13 – 1 号煤层为煤与瓦斯突出煤层，开采块段煤层较厚，瓦斯含量高，且煤质松软破碎，煤层透气性差，采用综采放顶煤采煤法。为保证安全生产，决定采用深孔控制预裂爆破强化抽采措施消除工作面突出危险性。靠近开切眼 70 m 范围内，沿走向全部施工顺层抽采孔，钻孔间距 3 m，孔径 91 mm，开切眼以外 70 m 至终采线之间的工作面区域内采用深孔控制预裂爆破，钻孔间距 10 m，爆破孔与抽采孔间隔布置，孔径 91 mm，一次起爆孔数 2 ~ 3 个，钻孔布置示意如图 9 – 34 所示。

2）效果分析

预裂爆破后煤层透气性系数由 0.0162 $m^2/(MPa^2 \cdot d)$ 增加为 0.1135 $m^2/(MPa^2 \cdot d)$，提高了 7 倍，单孔瓦斯抽采量是普通钻孔的 3 倍，工作面抽采率明显增加，预裂爆破抽采后工作面的瓦斯预抽率均达到 35% 以上，达到工作面消突效果。预裂爆破前后煤层透气性系数、瓦斯抽采率对比如图 9 – 35、图 9 – 36 所示。

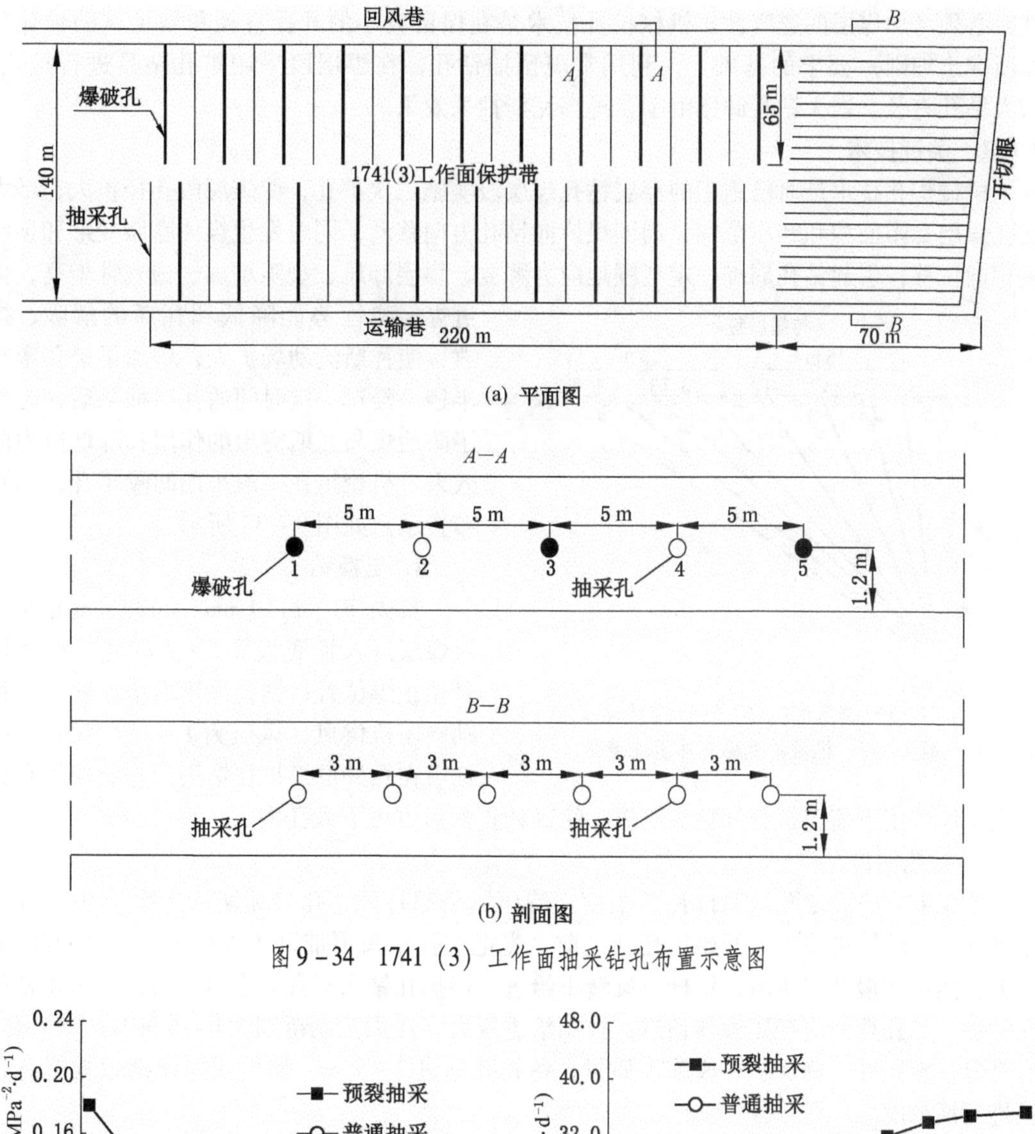

图9-34　1741（3）工作面抽采钻孔布置示意图

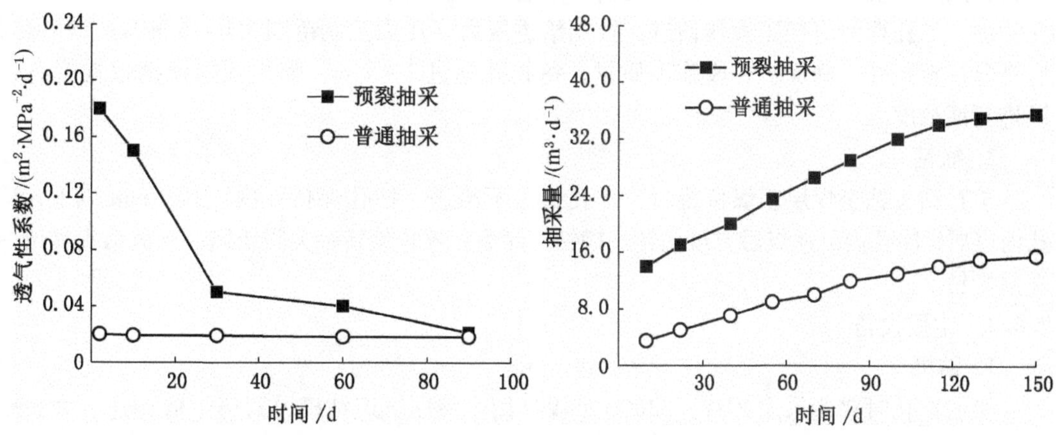

图9-35　预裂爆破与普通钻孔透气性系数对比　　图9-36　预裂爆破与普通钻孔抽采量曲线

9.6　钻孔机械扩孔技术

在低透气性的突出煤层煤巷掘进中，目前常规的钻孔抽采很难消除煤层的突出危险性，必须增加煤层的透气性。机械扩孔技术是在保留较小的开孔直径和满足《防治煤与瓦斯突出细则》要求的基础上，利用常规预抽钻孔，在煤层段采用扩孔钻具进行扩孔，增大钻孔直径，增大钻孔卸压范围，提高瓦斯抽采效果。

9.6.1 关键技术

机械扩孔技术是对已施工的穿层钻孔煤层段实施二次扩孔，使煤层段孔径扩大，增大钻孔煤层暴露面积和卸压范围，周围煤体向钻孔方向移动，同时发生煤体膨胀变形和顶底板相向位移，引起钻孔周围一定范围地应力释放、煤层卸压、裂隙增加、透气性增高，促进煤层弹性势能降低和瓦斯的解吸、排放，使瓦斯流动场扩大，增加了单孔影响半径。经过一定时间的瓦斯抽采后，起到了防治煤与瓦斯突出的作用和降低应力的效果。机械扩孔一般采用间隔扩孔，钻孔布置示意如图 9－37 所示。

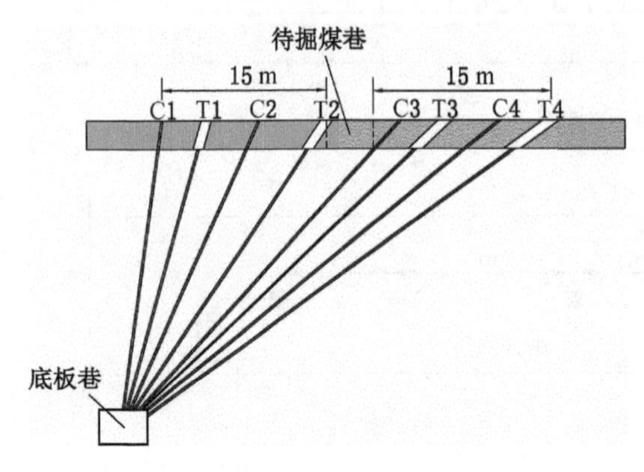

T1～T4—掏穴钻孔；C1～C4—常规钻孔

图 9－37　机械扩孔钻孔布置示意图

1. 更换钻头

首先使用 ϕ110 mm、ϕ133 mm 钻头穿过煤层进入顶底板 0.5～1 m 止，准确记录见止煤位置；钻孔采用风排渣钻进（移动空压机供风，风压为 1～1.2 MPa）。起钻后在孔外更换扩孔钻头，并确保扩孔钻头在压风作用下能正常打开钻头侧翼，待确认正常后方可下入孔内。

2. 扩孔钻进

施工前，应测定孔口风排瓦斯浓度，待压风全部打开，孔口瓦斯浓度小于 0.5% 时，方可开始旋转钻进施工。开始扩孔钻进前，先把扩孔钻头不带风送入孔内见煤处 100 mm 以上，然后缓慢开启压风，钻杆只旋转不给进，待扩孔钻头双翼完全打开后，方可正常扩孔钻进。扩孔期间应轻压慢转钻进，控制给进压力（压力控制范围为 0～6 MPa），确保煤屑充分排至孔外，确保扩孔段施工质量，每扩孔钻进 1～2 m，需用瓦斯便携仪检查孔口风排瓦斯浓度。

3. 撤钻

扩孔钻头钻至煤层止煤位置时，扩孔钻头不给进，钻孔保持孔内压风 2 min 以上，待孔内煤屑排净孔内无遗煤后方可撤钻。撤钻工序为：停止旋转→关闭压风→双翼钻头复位→缓慢撤钻。

9.6.2 主要设备

1. 钻机

机械扩孔时普遍采用 ZDY－3200S 型煤矿用全液压坑道钻机，其属于低转速、大转矩类型，适于采用复合片钻头施工大直径钻孔，钻机转速 50～175 r/min，最大扭矩 3200 N·m，起拔能力 70 kN，给进能力 102 kN，电机功率 37 kW，主机质量 1180 kg，外形尺寸（长×宽×高）2.30 m×1.10 m×1.65 m。

2. 钻具

采用 ϕ73.5 mm 肋骨钻杆，施工时使用 ϕ133 mm 复合片钻头，扩孔时使用 ϕ110 mm、

ϕ130 mm 双翼扩孔钻头（展开后 ϕ220 mm、260 mm、300 mm），钻头实物如图 9－38 所示。

图 9－38　钻孔机械扩孔钻头实物

9.6.3　适用条件

机械式扩孔钻头张开后所承受的扭矩较大，钻头由于机械原因还不能满足在坚硬煤层施工的强度要求。因此，机械式扩孔钻头一般适用于坚固性系数小于 0.5 的松软煤层，打钻位置选在软分层中，尽量避开坚硬夹矸带；同时由于扩孔容易喷孔，因此扩孔一般只能作为区域防突措施的辅助措施，必须在采取区域措施后，煤层得到一定的卸压后再进行扩孔。

9.6.4　应用情况

1. 顾北矿应用效果

顾北矿揭煤地点较多，揭煤地点均为下山揭煤，采用下向穿层钻孔预抽瓦斯，瓦斯抽采浓度低，约有 2/3 以上钻孔瓦斯抽采浓度低于 3%。为了提高钻孔抽采浓度和抽采效果，在北一（6－2）上采区轨道上山下部车场揭煤高抽巷成功应用了下向机械扩孔增透技术。

北一（6－2）上采区轨道上山下部车场揭煤高抽巷位于－648 m 井底车场西北，巷道设计全长 221.2 m，巷道方位 274°，北一（6－2）上采区轨道上山下部车场揭煤高抽巷距 6－2 号煤层平均法距 12 m，巷道标高－646.8～－623.5 m。该处 6－2 号煤层直接顶板为砂质泥岩，厚 3.91 m，其上为 0～0.39 m 厚的煤线，且不稳定；6－2 号煤层直接底为砂质泥岩，厚 1.28 m，基本底为粉细砂岩，厚 18.6 m。6－2 号煤层原始瓦斯压力 3.0 MPa、原始瓦斯含量 6.85 m^3/t、瓦斯放散初速度 $\Delta P=12$、坚固性系数 $f=0.61$。

对不同倾角的钻孔进行扩孔试验，以考察不同倾角机械扩孔施工时，双翼钻头孔内打开情况及扩孔效果。

在不同直径钻头穿煤期间，记录煤孔长度，统计扩出煤量，计算每米扩出煤量，通过比较扩出煤量大小判定机械扩孔效果。扩孔钻孔掏煤效果最好，平均扩出煤量 113 kg/m，较理论值增加了 59.81 kg/m。

掏穴钻孔与考察钻孔抽采情况相比，具有抽采时间长、抽采浓度高、抽出瓦斯量大的特点，因此，掏穴钻孔抽采效果较好。

2. 潘一矿应用效果

潘一矿东区西一采区 1221（1）工作面运输巷所属 11－2 煤层底板标高－770.7～－835.3 m，地面平均标高＋25 m。11－2 煤层倾角 1°～10°，平均倾角 3°，平均煤厚 2.6 m，煤层结构简单；实测最大瓦斯压力 $P_{max}=2.6$ MPa，煤的坚固性系数 $f=0.37\sim0.85$，最大瓦斯含量 $W_{max}=10.08$ m^3/t，一般 9 m^3/t 左右。巷道走向长度 1450 m，底板巷与其掩护煤巷中对中平距 40 m，距 11－2 号煤层底板法距为 20～25 m。

钻孔机械扩孔现场试验地点为潘一矿东区西一采区 1221（1）工作面运输巷的底板巷 5 号钻场，采取“隔一掏一”的方式，钻孔终孔间距 5 m×5 m，钻孔具体布置如图 9－39 所示。共布置 56 个穿层钻孔，其中机械扩孔钻孔 28 个，常规钻孔 28 个，扩孔钻头直径

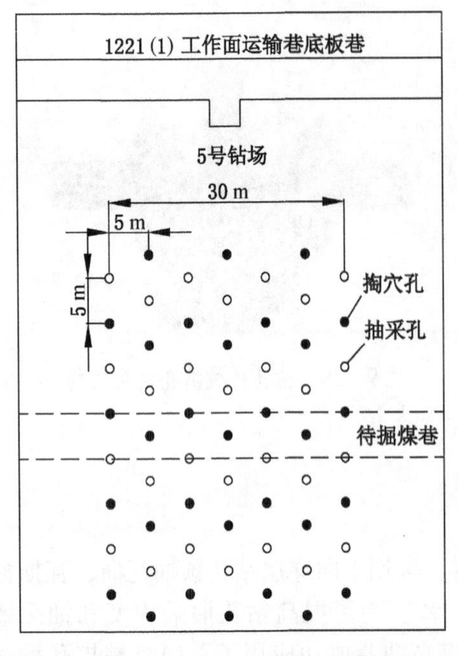

图 9-39　5 号钻场扩孔钻孔布置示意图

为 220 mm，其余钻孔为正常施工常规钻孔，钻头直径为 113 mm。

通过对钻孔扩孔前后出煤量统计结果的分析，扩孔孔径 220 mm 时每米钻孔出煤量大于 30 kg。钻孔钻进后，实际出煤量比理论值大，ϕ113 mm 钻孔每米理论出煤量为 14 kg，实际出煤量比理论出煤量每米增加 6.4～11.7 kg，平均增加了 9.65 kg/m（增加 0.69 倍）；ϕ220 mm 钻孔每米理论出煤量为 53 kg，实际出煤量比理论出煤量每米增加 9.5～17.6 kg，平均增加了 12.03 kg（增加 0.23 倍）。

在 5 号钻场选择 5 个扩孔钻孔和 5 个考察钻孔分别连接一路抽采管路，对抽采瓦斯浓度、抽采瓦斯混合量、抽采瓦斯纯量进行考察，扩孔钻孔与常规钻孔抽采瓦斯浓度变化趋势如图 9-40 所示，抽采瓦斯混合量、抽采瓦斯纯量变化趋势如图 9-41 所示。扩孔钻孔的平均抽采浓度、抽采混合流量、抽采纯量分别为考察钻孔的 2 倍、2 倍、4 倍以上。

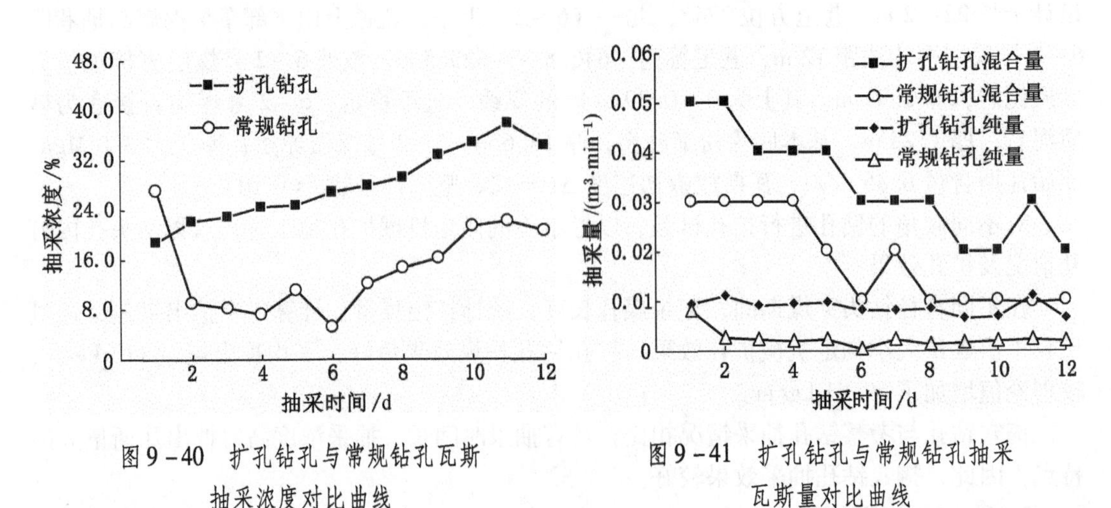

图 9-40　扩孔钻孔与常规钻孔瓦斯抽采浓度对比曲线

图 9-41　扩孔钻孔与常规钻孔抽采瓦斯量对比曲线

采用 ϕ113 mm 穿层钻孔结合机械扩孔（扩展后 ϕ220 mm），1221（1）工作面运输巷预抽钻孔 15 d、30 d、60 d 和 90 d 抽采有效影响半径分别为 1.84 m、2.25 m、2.50 m、2.58 m。相对于未采用机械扩孔措施，60 d 时抽采有效影响半径增大了 25%。

1221（1）工作面运输巷采取穿层钻孔结合机械扩孔区域复合防治措施时，每个钻场平均施工 56 个穿层钻孔，其中机械扩孔钻孔 28 个；未进行钻孔机械扩孔措施，每个钻场平均施工约 80 个穿层钻孔，机械扩孔后穿层钻孔个数减少了 24 个。

10　瓦斯灾害治理信息化关键技术

我国颁布实施的一系列规定、规程和标准使煤矿瓦斯灾害治理逐渐向规范化、信息化方向发展。预测预警是瓦斯灾害防治的关键技术之一，主要包括矿井瓦斯涌出量预测、煤与瓦斯突出危险性预测、煤与瓦斯突出预警等。矿井瓦斯涌出量预测可以掌握煤矿瓦斯灾害危险程度，同时为矿井通风、瓦斯抽采设计提供科学依据，目前主要采用分源预测法、矿山统计法、碳同位素法等；煤与瓦斯突出危险性预测是“四位一体”综合防突体系的首要环节，是找准目标、区别对待、提高防突措施应用效果和经济效益的前提与基础。目前，煤与瓦斯突出区域危险性的瓦斯含量（压力）预测技术、瓦斯地质分析技术与工作面突出危险性的钻屑瓦斯解吸指标预测技术、钻孔瓦斯涌出初速度预测技术、钻屑量预测技术、声发射连续预测技术等已在国内突出矿井普遍推广应用，成为突出矿井危险性预测及防突措施效果检验的重要手段。煤与瓦斯突出预警为自动监测采掘生产前、中、后全过程突出危险综合影响因素的变化并做出隐患预警提供了手段，使突出防治向信息化、自动化、智能化方向迈出了一大步，目前主要采用煤与瓦斯突出综合预警技术、基于瓦斯涌出动态指标的突出预警技术等。此外，瓦斯抽采管网智能调控技术、瓦斯抽采达标智能评判技术也是煤矿瓦斯治理技术的一个重要发展方向。

本章重点介绍了煤层瓦斯含量直接快速测定技术、碳同位素瓦斯分源预测技术、基于瓦斯涌出动态指标的突出预警技术、煤与瓦斯突出综合预警技术、瓦斯抽采管网智能调控技术、瓦斯抽采达标评判技术 6 种瓦斯治理信息化关键技术。

10.1　煤层瓦斯含量直接快速测定技术

煤层瓦斯含量决定着矿井瓦斯涌出量的大小和矿井瓦斯等级，是瓦斯治理、煤与瓦斯突出防治、煤层气开发等方面极为重要的基础数据，也是煤与瓦斯突出危险性预测、评价和区域瓦斯抽采达标的重要指标。准确测定煤层瓦斯含量对瓦斯事故预防具有重要意义，煤层瓦斯含量准确测定一直是国内外煤矿安全领域的重要研究方向。

煤矿井下取煤样方法主要为钻屑法和取芯法两大类。钻屑法主要通过螺旋、水力或压风排粉取煤样，用于采掘工作面及石门揭煤时的煤层瓦斯含量测定。该方法取煤样工艺简单、成本低，但钻取的煤样易受孔壁残粉污染，造成煤样钻取时暴露时间无法精准计时，从而影响瓦斯含量特别是损失量的推算结果。取芯管取样法主要用于较坚硬及以上煤层顺层或穿层上向钻孔取芯，但时间过长（40 m 深一般需要 40 min 左右），易造成大量瓦斯解吸损失。现有测定技术均存在取样时间长、适用条件苛刻等缺点。煤层瓦斯含量井下直接快速测定技术解决了钻屑法和取芯法存在的缺点，符合《煤层瓦斯含量井下直接测定方法》（GB/T 23250—2009）的要求。

10.1.1　技术原理

煤层瓦斯含量直接测定技术的原理是瓦斯解吸法。煤样从煤层中脱落开始，煤样中的瓦斯会以一定的规律解吸释放出来，通过分别测定和计算采样、装罐、粉碎等过程中的瓦斯解吸量和残存于煤样中的不可解吸瓦斯量，即可得到煤样的瓦斯含量。

根据《煤层瓦斯含量井下直接测定方法》（GB/T 23250—2009）的要求，实验室测定瓦斯含量分为常压自然解吸法和脱气法两种方法。采用常压自然解吸法测定时，瓦斯含量由瓦斯损失量（从煤样脱落开始到煤样被装入煤样罐之前的瓦斯解吸量）、井下瓦斯解吸量、煤样粉碎前的瓦斯解吸量、粉碎过程中及粉碎后的瓦斯解吸量、不可解吸瓦斯量5部分构成［式（10－1)］。瓦斯损失量通过井下实测的瓦斯解吸速度按照瓦斯解吸规律推算得出，井下瓦斯解吸量、煤样粉碎前瓦斯解吸量和粉碎瓦斯解吸量通过实际测定得出，不可解吸瓦斯量通过计算常压状态下瓦斯吸附量得到。采用脱气法测定时，粉碎瓦斯解吸量和不可解吸瓦斯量可以直接通过测定粉碎脱气量得到［式（10－2)］。

$$Q = Q_1 + Q_2 + Q_3 + Q_4 + Q_b \qquad (10-1)$$

式中 Q_1——煤样在井下解吸瓦斯量，cm^3/g；

Q_2——煤样的瓦斯损失量，cm^3/g；

Q_3——煤样粉碎前解吸瓦斯量，cm^3/g；

Q_4——煤样粉碎后解吸瓦斯量，cm^3/g；

Q_b——不可解吸瓦斯量，cm^3/g。

$$Q = Q_1 + Q_2 + Q_i + Q_t \qquad (10-2)$$

式中 Q_i——煤样粉碎前脱气瓦斯量，cm^3/g；

Q_t——煤样粉碎后脱气瓦斯量，cm^3/g。

10.1.2 关键技术

影响直接测定法测定结果误差的主要因素是瓦斯损失量推算模型和取样时间，模型越接近实际瓦斯解吸规律、取样时间越短，测定的整体误差越小。所以，井下准确直接测定煤层瓦斯含量的关键技术是瓦斯损失量推算模型和深孔定点快速取样技术。在此两项关键技术解决的基础上，煤层瓦斯含量直接测定技术实现了钻孔定点取样深度达120 m、取样速度大于500 g/min、取样时间在2 min以内、测定时间小于8 h、测量误差小于10%的技术指标。

1. 工艺技术

直接法测定煤层瓦斯含量包括煤层取样、井下测定和实验室测定3个环节，测定工艺流程按《煤层瓦斯含量井下直接测定方法》（GB/T 23250—2009）的要求进行。

1）取样

根据不同地点条件和采样深度，选择不同定点取样装置，定点采集预定深度处的煤样，要求煤样从暴露到装入煤样罐内密封所用的实际时间不超过5 min。

2）井下自然解吸瓦斯量测定

井下自然解吸瓦斯量测定采用排水集气法，将井下瓦斯解吸速度测定仪与煤样罐进行连接，如图10－1所示，每间隔一定时间记录量管读数及测定时间，连续观测30～120 min或解吸量小于2 cm^3/min为止（DGC型瓦斯含量直接测定装置仅需观测30 min即可）。开始观测前30 min内，间隔1 min读一次数，以后每隔2～5 min读一次数，同时记录环境温度、水温及大气压力。测定结束后，将煤样罐密封并沉入清水中，仔细观察

10 min，如果发现有气泡冒出，则该试样作废重新取样测试；如果不漏气，送往实验室进行地面瓦斯解吸测定。

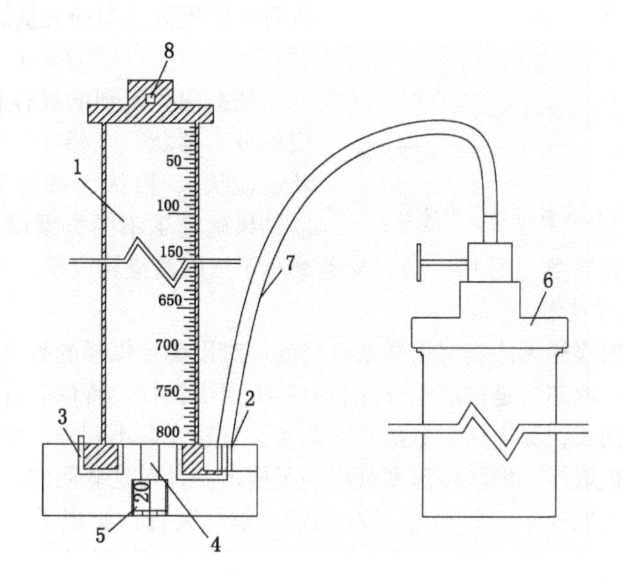

1—管体；2—进气嘴；3—出液嘴；4—灌水通道；5—底塞；6—煤样筒；7—连接胶管；8—吊耳

图 10－1　井下解吸速度测定仪连接图

3）地面瓦斯解吸量测定

采用 DGC 型瓦斯含量直接测定装备时，在地面先测定煤样罐中煤样粉碎前自然解吸瓦斯量，然后取 100 ~ 300 g 煤样放入密闭粉碎机中粉碎至约 95% 以上煤样粒度小于 0.25 mm，在常压状态下，测定粉碎机中煤样解吸的瓦斯量。

采用 FH－5 型瓦斯含量直接测定装备时，煤样粉碎前进行脱气计量，然后粉碎煤样至 80% 煤样粒度小于 0.2 mm，加热脱气计量，并测定煤样质量、水分（M_{ad}）和灰分（A_{ad}）。采用气相色谱仪测定解吸气体、损失气体（由解吸气体推算）和脱出气体中甲烷、乙烷、丙烷、丁烷、重烃、氮、二氧化碳、一氧化碳和氢的浓度（V/V）。混有空气的瓦斯中各种成分的浓度应换算成无空气成分的浓度。

4）瓦斯含量计算

以井下测定的煤样瓦斯解吸速度为基础，根据损失量推算模型计算瓦斯损失量，记录井下煤样瓦斯解吸量和粉碎前煤样瓦斯解吸量。采用常压自然解吸法时，记录粉碎瓦斯解吸量，用朗格缪尔公式计算 1 个标准大气压下的煤样瓦斯吸附量作为不可解吸瓦斯量，将井下和实验室瓦斯含量测定过程中记录的数据输入“DGC 型瓦斯含量直接测定装置计算软件”进行自动计算处理，即可得到最终的煤样瓦斯含量。采用脱气法测定时，将推算的损失量、井下解吸量、粉碎前脱气量、粉碎后脱气量换算成标准状态下的量，4 者之和即为煤层最终的瓦斯含量。

2. 瓦斯损失量推算模型

根据瓦斯解吸规律，瓦斯损失量推算模型通常采用式（10－3）计算，模型曲线如图 10－2 所示，推算模型中的 i 以前均按 0.5 取值。大量试验研究表明，不同粒度煤样的瓦

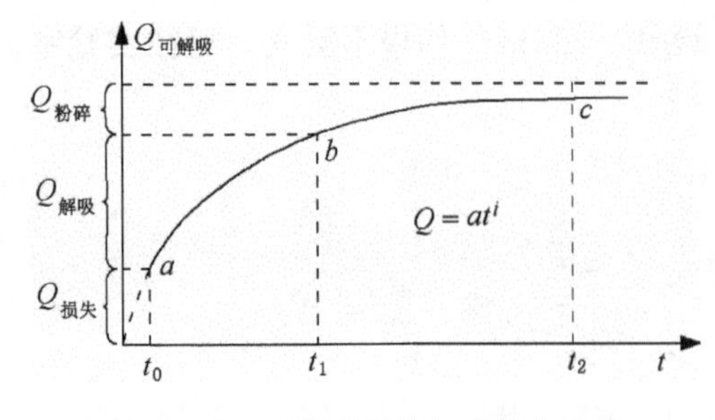

图 10-2　瓦斯解吸量与时间的关系

斯解吸规律基本相同，但 i 值有所不同。根据采取煤样的粒度不同，用不同的 i 值进行推算可以提高瓦斯损失量的推算准确性。

$$Q = at^i \tag{10-3}$$

依据深孔取到的煤样粒径分布特点，将煤样分为棒状、半棒状、大块状、块状（块状、粒状）、粉状 5 种类型，并根据大量实验结果确定了不同类型煤样的 i 值，构建了新的损失量分类推算模型（图 10-3），显著减小了损失量推算误差。

3. 深孔定点取样技术

孔口取样法所取煤样无法确定煤样来自何处，难以确定煤样的脱落时间，导致瓦斯损失量推算的误差大；取芯法是在取到煤样后要逐根退出钻杆，待取芯管退到孔口才能取到煤样，因此取芯时间长，瓦斯损失量推算误差大，且软煤取不到样；负压引射定点取芯法能实现软煤定点快速取样，但取样深度难以满足要求。针对这些问题，重庆研究院研发的正负压联合栓流定点取样工艺和 SDQ 型深孔定点取样装置，实现了深孔、定点、快速随钻取样。

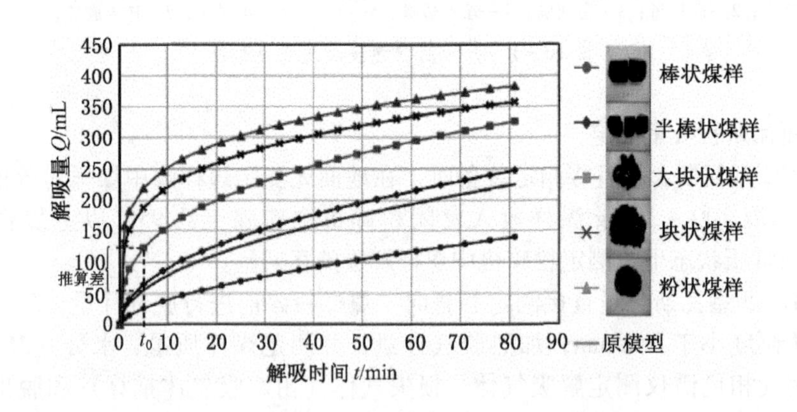

图 10-3　不同粒径煤样瓦斯损失量计算模型

SDQ 型深孔定点取样装置将地勘双壁钻杆反循环钻井技术引入煤矿井下，采用压风喷射和多级引射技术，以压风为输送动力进行排渣，通过专用取样钻头将孔底钻落的煤样引入内管，并以压风快速将煤样送至孔口采集，实现压风反循环随钻随取。试验表明，本煤层钻孔定点取样深度达 120 m 以上，取样速度大于 500 g/min，取样时间在 2 min 以内。取样原理及取样过程示意如图 10-4、图 10-5 所示。

10.1.3　主要设备

煤层瓦斯含量直接快速测定装备包括：深孔定点采样装置、DGC 型瓦斯含量直接测定装置（采用常压自然解吸法）或 FH-5 型瓦斯含量测定仪（采用脱气法），以及其他配套装置。

1. 深孔定点采样装置

SDQ 型深孔定点采样装置由取样钻头、双壁钻杆、取样尾辫、胶管和压风控制阀门

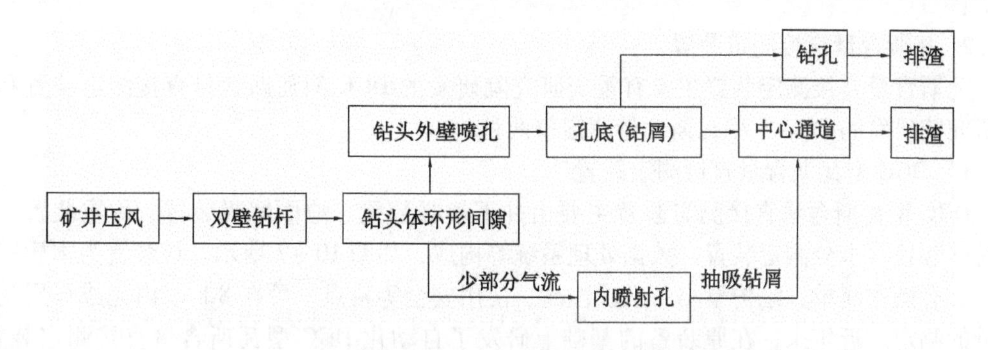

图 10-4　正负压联合栓流定点取样原理

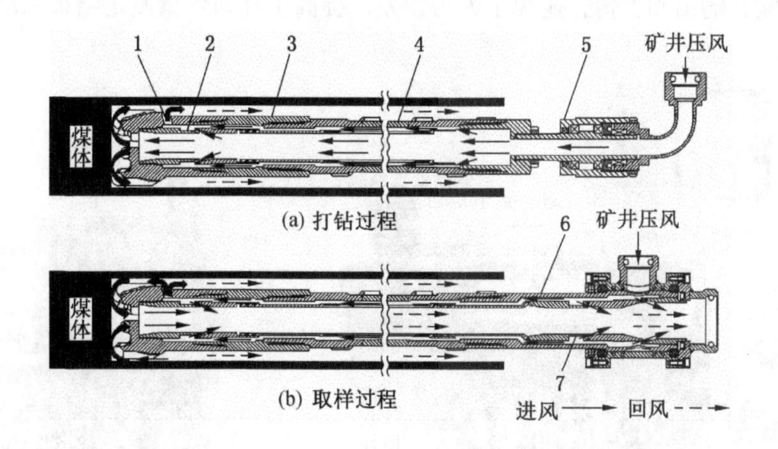

1—钻头外喷孔；2—钻头内嵌环形喷射器；3—取样钻头；4—双壁钻杆；
5—打钻尾辫；6—双通道取样尾辫；7—多级环形喷射器

图 10-5　SDQ 型深孔定点取样过程示意图

等组成，如图 10-6 所示。该装置可用于正常钻孔钻进，到预定深度处压风反循环排渣取样，实现随钻随取。

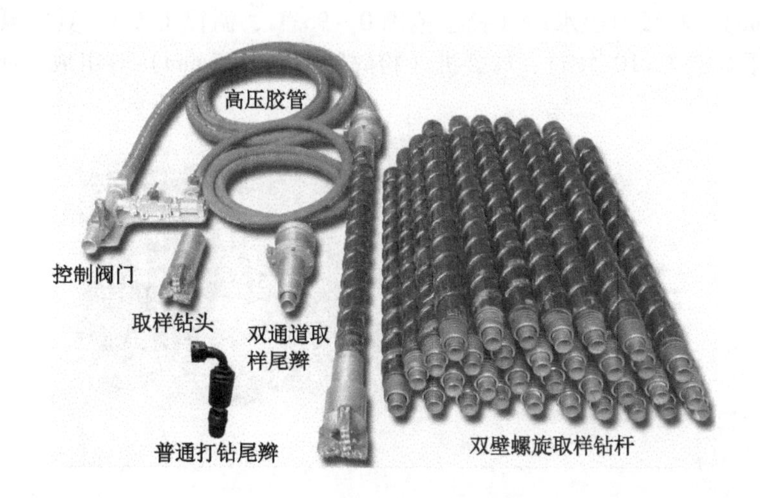

图 10-6　SDQ 型深孔定点采样装置

2. 瓦斯含量直接测定装置

瓦斯含量直接测定装置主要有重庆研究院研发的 DGC 型瓦斯含量直接测定装置和沈阳研究院研发的 FH－5 型瓦斯含量测定仪两种。

1）DGC 型瓦斯含量直接测定装置

DGC 型瓦斯含量直接测定装置主要由井下解吸装置、地面解吸装置、称重装置、煤样粉碎装置、水分测定装置、数据处理系统等构成，如图 10－7 所示。该装置为本质安全型，具有操作简单、维护量小、准确性高、使用安全等特点，可在 8 h 以内完成煤层瓦斯含量的测定。近年来，在原装备的基础上研发了自动化 DGC 型瓦斯含量直接测定装置，如图 10－8 所示。该装置采用工业控制技术，可以实现瓦斯解吸量自动测定和瓦斯含量自动计算、存储、输出和上传，避免了人为误差，提高了瓦斯含量测定结果的准确性。

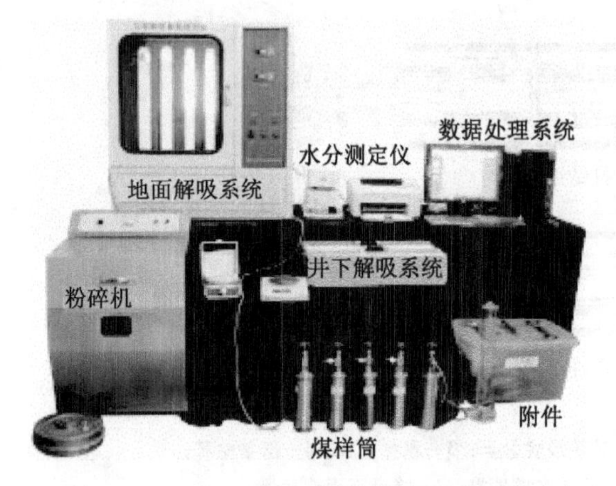

图 10－7　DGC 型瓦斯含量直接测定装置

图 10－8　自动化 DGC 型瓦斯含量直接测定装置

2）FH－5 型瓦斯含量测定仪

FH－5 型瓦斯含量测定仪由脱气仪（在最大真空度下静置 30 min，真空计水银液面上升不超过 5 mm）、超级恒温水浴（控温范围 0～95 ℃，温控 1 ℃）、真空泵（抽气速率 4 L/min，极限真空 7×10^{-2} Pa）、球磨机（粉碎粒度< 0.25 mm）等组成，如图 10－9 所示。

图 10－9　FH－5 型瓦斯含量测定仪

10.1.4 应用情况

煤层瓦斯含量井下直接快速测定技术适用于对煤层原始瓦斯含量和残余瓦斯含量的测定，可用于穿层钻孔、顺层钻孔不同深度煤层瓦斯含量的测定。

煤层瓦斯含量直接测定技术及装备为我国煤矿安全生产提供了急需的技术手段，在山西、贵州、河南、安徽、陕西、内蒙古、重庆、云南等主要产煤地区的企业均得到推广应用，成功用于煤层区域突出危险性预测及效果检验、瓦斯抽采达标评价、矿井瓦斯涌出量预测等项目，取得了较好的应用效果。

表 10-1 为 DGC 型装置煤层瓦斯含量测定结果与间接法测定结果对比，其相对误差在 10% 以下；表 10-2 为该技术与同类技术指标比较，表 10-3 为 SDQ 型深孔定点取样效果。由表 10-1 至表 10-3 可以看出，该技术在测量精度、测定深度及测定时间上有明显的优势。

表 10-1 该技术与间接法测定结果对比

矿井名称	煤层编号	测压气室埋深/m	间接法煤层瓦斯含量/($m^3 \cdot t^{-1}$)	取样点埋深/m	直接法煤层瓦斯含量/($m^3 \cdot t^{-1}$)
水城中岭	1号	302	17.92	320	19.08
大转湾矿	M8	124	8.47	140	8.82
海坝煤矿	M51	119	7.64	99	7.12
宏福煤矿	M26	167	7.01	201	7.36
兴达煤矿	M33	162	8.97	144	9.53
补者煤矿	C18	145	8.21	164	7.96
小龙井	31号	115	14.18	126	13.79
武煤矿	M12	53	5.57	48	5.62
中心煤矿	9号	100	9.42	—	9.00
新华煤矿	9号	202	12.61	—	12.58
打通一矿	M7	450	19.1	—	17.9
松藻煤矿	K1	610	22.69	—	21.65

表 10-2 该技术与同类技术指标比较

比较项目	煤层瓦斯含量直接快速测定技术	澳大利亚解吸法直接测定	国内原解吸法直接测定	国内间接法测定
测定误差	<10%	<20%	20%~50%	<15%
测定时间	<8 h	<8 h	<24 h	10~30 d
取样方式	压风定点随钻取样	压风定点随钻取样	孔口接粉	—
取样深度	软煤>120 m	软煤<67 m	—	—
取样时间	<2 min	软煤<4 min	—	—

表 10-3 SDQ 型深孔定点取样效果

应用矿井	最大取样深度/m	取样速度/(g·min^{-1})	取样时间/min
顾桥煤矿	120	≥500	≤2
潘二煤矿	103	≥500	≤2
潘一东煤矿	126	≥500	≤2
平煤集团十矿	100	≥500	≤2
大湾煤矿	123	≥500	≤2

10.2 碳同位素瓦斯分源预测技术

采煤工作面瓦斯涌出来自不同煤岩层，同一抽采钻孔或管道的瓦斯有时也来自不同煤岩层，准确分清瓦斯来源及来源量，对于准确评判瓦斯治理效果，采取有针对性的瓦斯治理方案提高瓦斯治理效率有着重要意义。

10.2.1 技术原理

通过系统采集煤样和瓦斯气样，测试分析主采煤层、邻近煤层解吸瓦斯、采空区瓦斯气体组分及稳定同位素组成，分析煤层解吸瓦斯、采空区瓦斯组分及稳定同位素分布特征。利用数理计算确定采空区瓦斯涌出的不同单元的来源比例，初步建立了基于采空区瓦斯来源综合判别的瓦斯涌出预测方法，从而为矿井采取合理有效的抽采工艺和参数提供技术和理论依据。根据碳氢同位素分源计算原理，建立基于稳定碳氢同位素示踪分析分源计算模型，见式（10-4）。

$$\begin{cases} \delta_{\text{mix}} = \dfrac{V_A + V_B + V_A\delta_B}{V_A + V_B} \\ \delta_{\text{mix}} = \dfrac{aX_A\delta_A + bX_B\delta_B + \cdots + nX_n\delta_n}{V_A + V_B + \cdots + V_n} \\ a + b + \cdots + n = 1 \end{cases} \tag{10-4}$$

研究得出基于稳定碳氢同位素的瓦斯分层来源占比的动态演化规律，为瓦斯治理提供了依据。

10.2.2 应用情况

（1）基于寺河矿煤系地层 8 层稳定赋存煤层共计 91 组母本解吸瓦斯气样的稳定碳氢同位素测试分析，研究得出煤层解吸气碳氢同位素分布特征。测试分析寺河矿 3 号煤层及各邻近层母本解吸气的稳定碳同位素值，得出煤系地层解吸气稳定碳氢同位素的分布特征，确定母本解吸气的组分（CH_4、C_2H_2、CO_2、N_2）和同位素（$\delta_{13}CCH_4$、$\delta_{13}CC_2H_6$、$\delta_{13}CCO_2$、δ_2HCH_4）特征值，如图 10-10 所示。

（2）选定矿井 5302、4304、5304 三个典型工作面，现场采集工作面回风、上隅角、滞后横贯、主回风巷混合瓦斯气体，按照月度和单日两个时间尺度进行连续跟踪观测，将混合气样的稳定碳氢同位素和组分值进行测试，按照分源计算模型，得出采空区沿走向混合气体的分源结果和分源涌出比例，如图10-11、图10-12所示。该技术为采掘工作面制定有针对性和量化的瓦斯综合治理措施及各类异常或常规瓦斯涌出事故处理提供了科学依据。

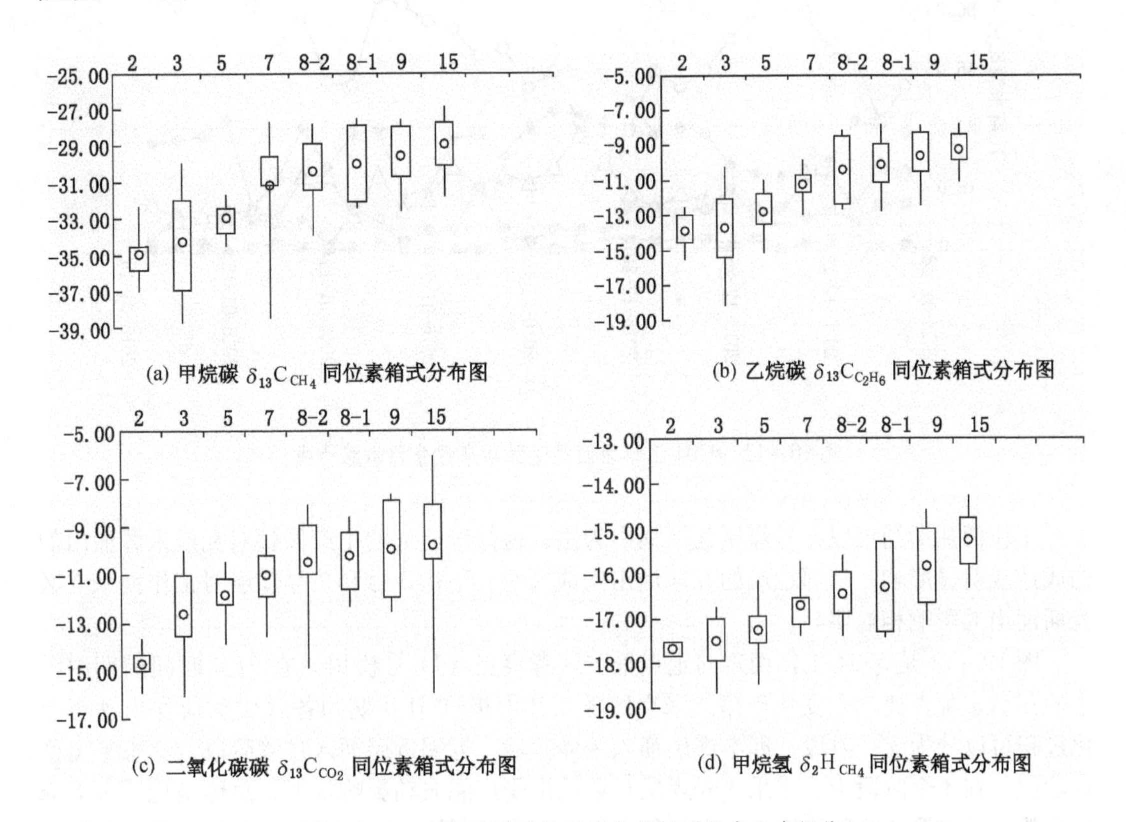

(a) 甲烷碳 $\delta_{13}C_{CH_4}$ 同位素箱式分布图　(b) 乙烷碳 $\delta_{13}C_{C_2H_6}$ 同位素箱式分布图

(c) 二氧化碳碳 $\delta_{13}C_{CO_2}$ 同位素箱式分布图　(d) 甲烷氢 $\delta_2H_{CH_4}$ 同位素箱式分布图

图10-10　寺河矿煤系地层稳定碳氢同位素分布规律

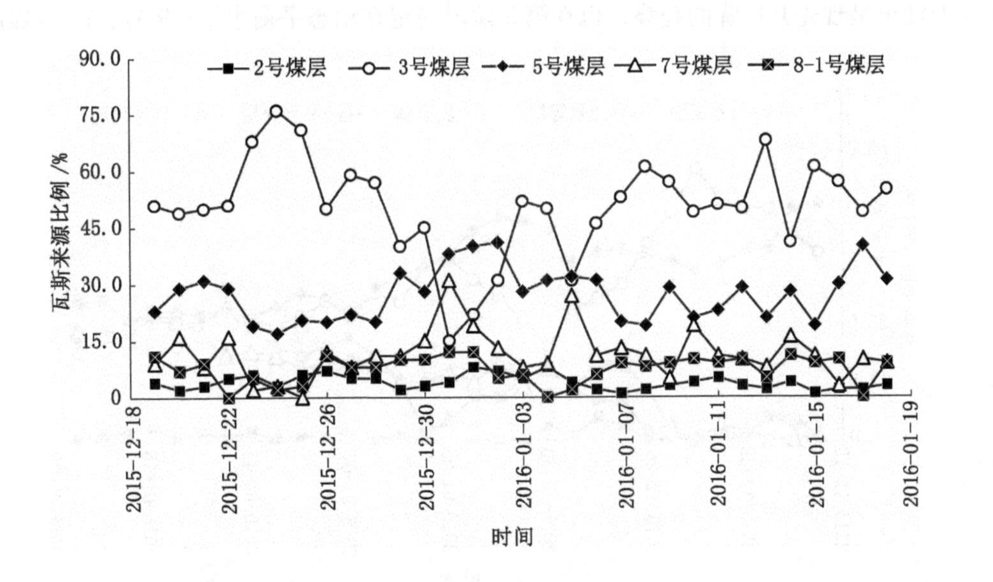

图10-11　5302工作面上隅角月度瓦斯来源分源示踪曲线

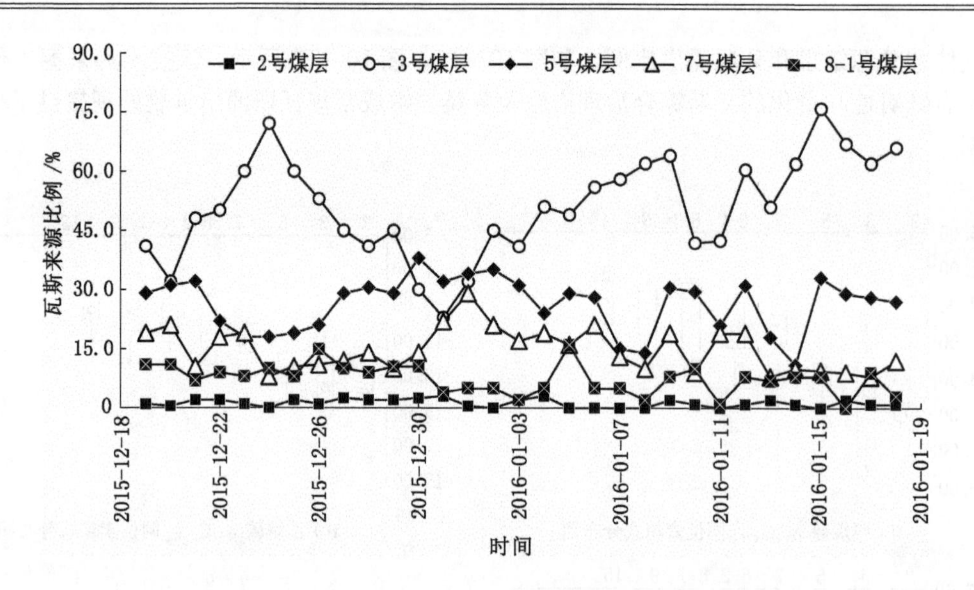

图 10-12 4304 工作面回风流瓦斯来源分源示踪曲线

工作面瓦斯涌出以 3 号煤层瓦斯涌出为主，检修等造成的生产停顿对瓦斯来源涌出的构成造成明显影响；从邻近层的瓦斯涌出构成来看，下伏 5 号和 7 号煤层对工作面采空区瓦斯涌出的影响相对明显。

图 10-13 是 5304 工作面走向定点采空区考察点（11 号横川）在 31 d 时间周期内考察的瓦斯来源占比动态变化规律。采空区随工作面推进 31 d 期间各煤层瓦斯涌出动态变化过程可以分为 3 个阶段，即本煤层涌入主体阶段、近邻近层涌入过渡阶段、动态平衡稳定阶段。在 3 个阶段中，主采 3 号煤层瓦斯涌出受产能波动影响很大，总体呈现动态下降的趋势，并在第 3 阶段稳定在动态平衡水平；5 号、7 号、8-1 号、8-2 号四组煤层组合体瓦斯涌出呈现先升后降的趋势，也在第 3 阶段稳定在动态平衡水平；9 号、15 号煤层瓦

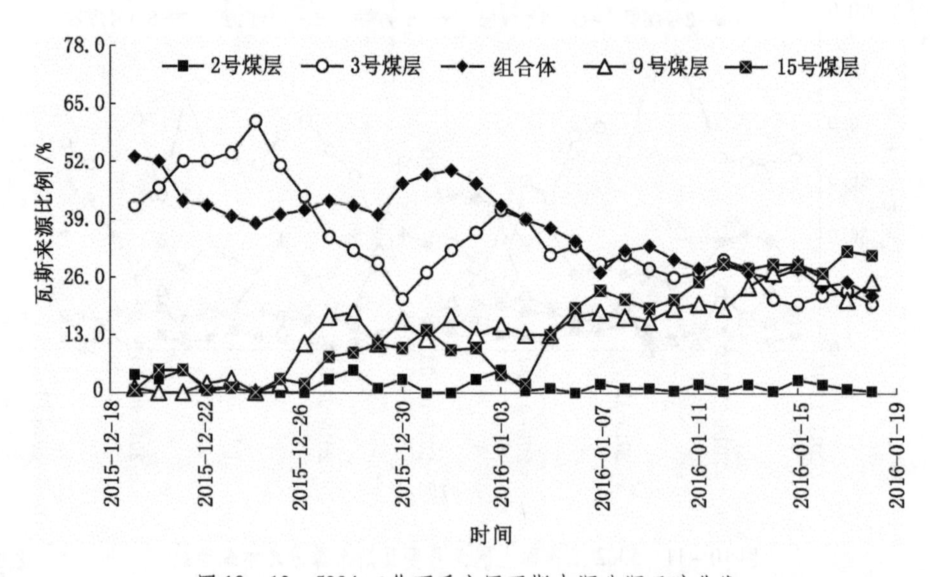

图 10-13 5304 工作面采空区瓦斯来源分源示踪曲线

斯涌出占比在第二阶段 126 m 处显著上升，在采样结束时（距 11 号横川 210 m）有动态平稳趋势；2 号煤层总体水平偏低且稳定。

10.3　基于瓦斯涌出动态指标的突出预警技术

随着矿井安全监测监控系统的日益完善，提供了实时监测矿井各个工作面瓦斯涌出动态变化的条件。传统的预测方法是间断性的点对点预测，不能及时有效地连续预测预报突出危险性，面对延期突出显得无能为力。基于瓦斯涌出动态指标的突出预警技术是一种非接触式连续预测方法，是利用突出前或者不同突出危险区域瓦斯涌出的异常现象对工作面突出危险性进行非接触式连续预测预报，并实时向指定人员发送预警信息，从而实现突出危险性的全天候预警，比传统“抽样检验”式钻孔预测法具有明显优势。

10.3.1　技术原理

大多数突出事故发生前都会出现各种各样的预兆或前兆信息，其中瓦斯涌出异常是重要的预兆之一。利用安装在采掘工作面附近的瓦斯浓度等传感器、监测系统，监测能反映瓦斯异常涌出的一些动态变化指标，捕捉与突出危险性相关的前兆信息。预警系统通过实时监测和分析，按照预定预警模型，及时发布危险性等级预警信号。

10.3.2　关键技术

1. 预警指标体系

根据监测的瓦斯数据可以计算不同的瓦斯涌出动态特征指标，不同指标反映的与突出危险性有关的因素有所不同。突出危险性预警主要依据能反映煤层瓦斯含量、煤体结构、地应力以及采掘作业等影响因素，预警指标可以划分为反映瓦斯量、瓦斯解吸、瓦斯波动和瓦斯趋势 4 类特征指标，如图 10－14 所示。

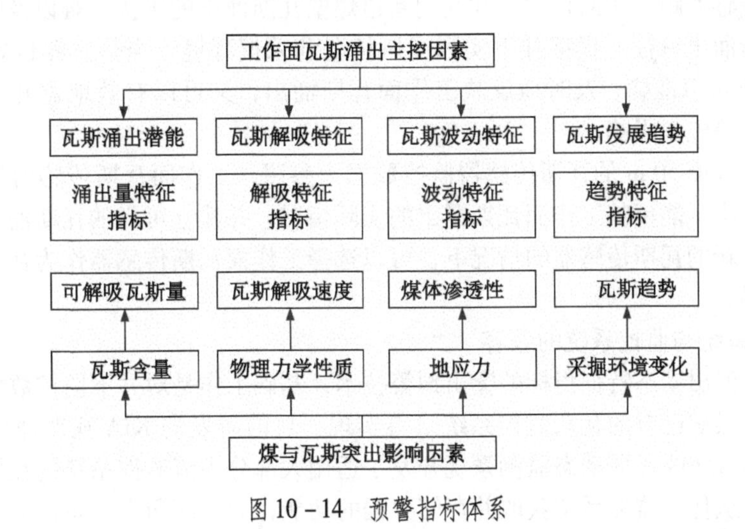

图 10－14　预警指标体系

1）瓦斯量特征指标

通过对区域、局部、落煤三级瓦斯涌出量特征的计算，有针对性地反映工作面前方煤体瓦斯含量变化情况，辅助反映工作面前方煤体结构、煤层赋存、煤体渗透性等突出影响因素的发展状态与发展趋势，对工作面以瓦斯含量为主控因素的突出危险性进行分析与预警。该指标包括瓦斯涌出移动平均值、炮后吨煤瓦斯涌出量、A 指标等。

2）瓦斯解吸特征指标

煤体解吸速度和衰减指标大小是突出煤层与非突出煤层的典型差异，实时计算反映这种差异的统计类指标能有效预测突出危险性。指标主要包括 B 指标、衰减系数、波宽比等。

3）瓦斯波动特征指标

"瓦斯忽大忽小"等瓦斯涌出波动特征在一定程度上反映了工作面前方煤体渗透性变化以及应力活动情况，统计计算反映波动特征的指标对以应力为主控因素的突出危险性预警比较有效，这类指标包括波峰比、波动系数等。

4）瓦斯趋势特征指标

通过对同一循环不同作业班次、不同循环同一作业条件下的瓦斯涌出变化以及部分其他类型指标的趋势特征的计算，有针对性地反映工作面前方防突措施效果的变化情况、辅助反映煤体结构等突出影响因素的变化状态与变化趋势，对工作面防突措施效果变化为主控因素的突出危险性分析预警。

不同的矿井或煤层的突出危险性预警适用的指标及其临界值可能不同，主要根据理论和实验室研究、现场考察、比较和验证等，确定不同指标的敏感性及其合适的临界值。选取适合矿井或煤层的预警指标及其临界值用于采掘工作面突出危险性预警，以提高预警的准确率。

2. 数据采集与处理

1）传感器数据选择

工作面瓦斯传感器可以及时地反映工作面瓦斯涌出特征，但受到采掘作业影响较大。回风流瓦斯传感器距工作面较远，并受到巷道煤壁瓦斯涌出的干扰，难以及时、准确地反映工作面瓦斯涌出特征。根据井下实际通风情况和采掘环境，当传感器位置距离工作面 30 m 附近，既可以准确、及时地反映工作面瓦斯涌出，又可以有效地避开井下打钻、风筒处理、爆破等施工影响。

以距离工作面 30 m 的瓦斯传感器监控数据为参照，工作面瓦斯传感器的瓦斯监控数据与之差异较小，能反映工作面瓦斯涌出的实际情况，并建立可靠的瓦斯涌出指标预警模型。在不增设新的瓦斯传感器的情况下，可以选择工作面瓦斯传感器作为瓦斯涌出动态指标预警传感器。

2）预警系统与监控系统的兼容

基于瓦斯涌出动态特征指标的突出预警技术，基础工作是对井下监控数据的采集与存储，主要通过煤矿已有的瓦斯监控系统采集实现。目前研发的 KJA 瓦斯涌出动态特征预警突出系统和 KJ338 瓦斯动态监测系统开发了适用大部分主流监控系统的数据采集和传输接口，实现了从任意监控系统获取并存储数据的功能，为瓦斯涌出动态指标计算和实时预警提供了数据基础。

3）监测数据的滤噪处理方法

传感器自动判识滤噪。传感器调校是利用已知浓度的瓦斯气样在传感器进气口进行短时间的标校测试，测试浓度与已知浓度的误差则为传感器标校调整的依据。断电试验的方法与传感器调校类似，将断电浓度的瓦斯气样在传感器进气口进行短时间的标校，测试断电仪器断电反应。

传感器联动判识滤噪。风机停风、停电后，工作面的风流流动速度降低或者停止流动，瓦斯在巷道内形成层流与自由扩散，瓦斯监控数据因为巷道断面、煤层瓦斯渗流速度的不同会出现极大的差异，难以用数学模型进行统一滤除。这些数据本身的规律性较差，难以准确判识，并且由于瓦斯浓度上升速度可能较慢，很难及时进行判定，但是监控系统中安装了风机的开停与风机电源的开停传感器，工作面可以利用开停传感器与瓦斯传感器的联动识别滤除停电、停风后的瓦斯数据，从而及时地对无效数据进行滤除。

传感器标校和断电试验数据与正常的瓦斯涌出存在明显的不同。首先，峰值浓度比较固定；其次，浓度数据的上升与下降速度特别快，一般在 30 s 之内；最后，峰值的持续时间较短，一般为 1 ~5 min。针对此类数据建立识别模型即可基本实现自动滤除，每个矿井只需更改参数即可，判识流程如图 10 – 15 所示。

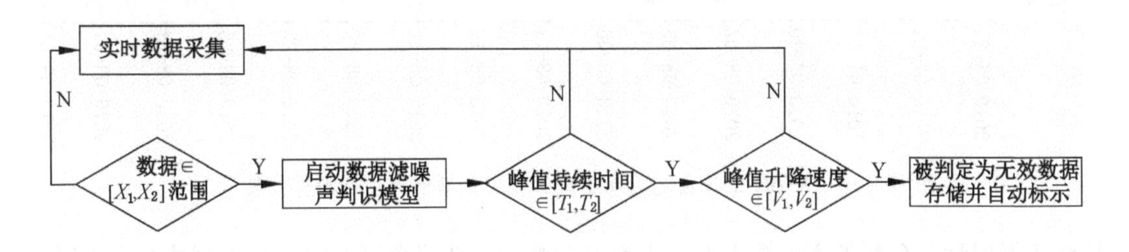

图 10 – 15 瓦斯数据自动滤噪判识流程

10.3.3 应用情况

基于瓦斯涌出动态指标的突出预警技术及系统已在我国多个矿区进行应用，效果良好。KJA 瓦斯涌出动态特征预警突出系统于 2010 年在重庆市能投集团松藻煤电公司渝阳煤矿进行了示范。通过考察，建立了瓦斯指标 A 和解吸指标 B 进行 7 号煤层煤与瓦斯突出危险性预警。其中，A 指标反映掘进工作面前方煤体可解吸瓦斯含量的变化趋势，其威胁区间为 [0.8, 1)，危险区间为 [1, +∞)；B 指标反映煤体瓦斯解吸速度，间接反映煤的物理力学性质，其威胁区间为 [0.6, 0.9)，危险区间为 [0.9, +∞)，实现了对工作面突出危险性的实时超前预警，保证了工作面安全生产，如图 10 – 16 所示。

KJ338 瓦斯动态监测系统通过对淮南矿区潘一矿 2621（3）工作面运输巷、1541（3）工作面回风斜巷和谢一矿 5212（3）工作面运输巷等掘进工作面瓦斯涌出过程的研究，实测跟踪掘进巷道 1000 m，分析了瓦斯涌出动态变化规律与突出危险性的关系，建立了矿井掘进工作面瓦斯动态预测方法，确定了淮南矿区 C13 号煤层掘进工作面突出危险性瓦斯涌出动态监测敏感指标及其临界值：炮后 30 min 瓦斯累计涌出量 Q_{30min} 指标临界值为 5.583 m^3/t，炮后瓦斯涌出最大速率指标临界值为 0.294 $m^3/(min \cdot t)$，实现了实时预报工作面突出危险性，达到减少瓦斯灾害事故发生及实现安全生产的目的。

10.4 煤与瓦斯突出综合预警技术

预知采掘工作面的突出危险性和及时掌握防突工作中的各种隐患是有效防突的前提。但由于煤与瓦斯突出影响因素的多样性、常规预测技术的局限性、安全信息掌握的不全面

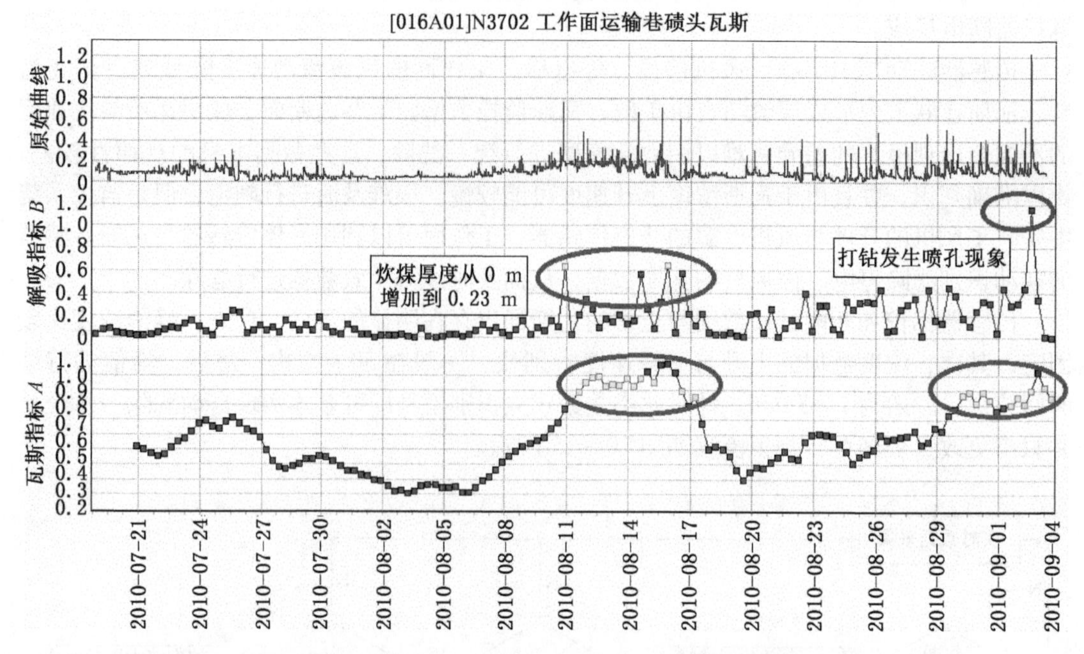

图 10-16　N3702 工作面运输巷掘进工作面瓦斯涌出动态指标预警情况

性和不及时性、分析的不够深入性、人为安全管理的缺陷性等原因，突出事故至今难以杜绝。煤与瓦斯突出综合管理及预警技术采用信息化技术，对矿井安全信息进行全面、及时掌握和深入的分析，从大量、繁杂的各种动态监测信息中提取与突出危险性有关的指标，对煤与瓦斯突出进行超前预警，从技术和管理上全面综合提高矿井煤与瓦斯突出防治效果。

10.4.1　技术原理

煤与瓦斯突出综合预警是基于事故理论和突出防治理论，利用现有的矿井安全监控系统、矿井计算机网络系统、矿井安全管理机构及人员体系，通过开发煤与瓦斯突出预警软件系统，对防突过程中每个环节出现的各种前兆信息、隐患信息进行监测和跟踪，实现对井下各工作面突出危险状态和发展趋势的在线监测、智能分析、综合评价、超前预测，并通过矿井计算机网络、手机短信等以不同色彩或危险等级的方式提前给出相应的提醒、警示和报警信息，及时提醒管理者提前采取防突措施、加强防突管理、消除突出隐患。预警系统结构及实现流程如图 10-17、图 10-18 所示。

10.4.2　关键技术

煤与瓦斯突出综合预警是集灾害预兆信息收集、处理、判识及发布于一体的系统技术，其关键在于危险源有效辨识、突出预警指标体系构建、预警警度体系制定、警情分析模型，上述环节的合理性与准确性直接影响预警技术的实施效果。

1. 煤与瓦斯突出危险源辨识

煤与瓦斯突出危险源主要来源于工作面前方存在携带突出能量的煤岩体以及导致突出能量意外释放的防突技术措施缺陷和防突管理隐患。依据上述危险源及对煤与瓦斯突出事故树的分析，将影响突出事故的事件分为三大类。

（1）第一类，反映工作面具有客观突出危险性的基本事件。主要包括：突出危险区：

工作面处于突出危险区；瓦斯地质异常区：工作面处于地质构造影响区或煤层产状和结构等的突变区；采掘活动影响区：工作面处于因为采掘活动造成的各种应力集中区，或处于特殊采掘过程（如井巷揭煤、上山掘进等）；日常预测指标异常：本循环或上循环工作面日常突出预测（效检）指标超标或预测指标连续上升并接近临界值；瓦斯涌出异常或突出征兆：工作面瓦斯涌出异常，或出现打钻时喷孔、顶钻现象，或频繁出现煤炮声等。

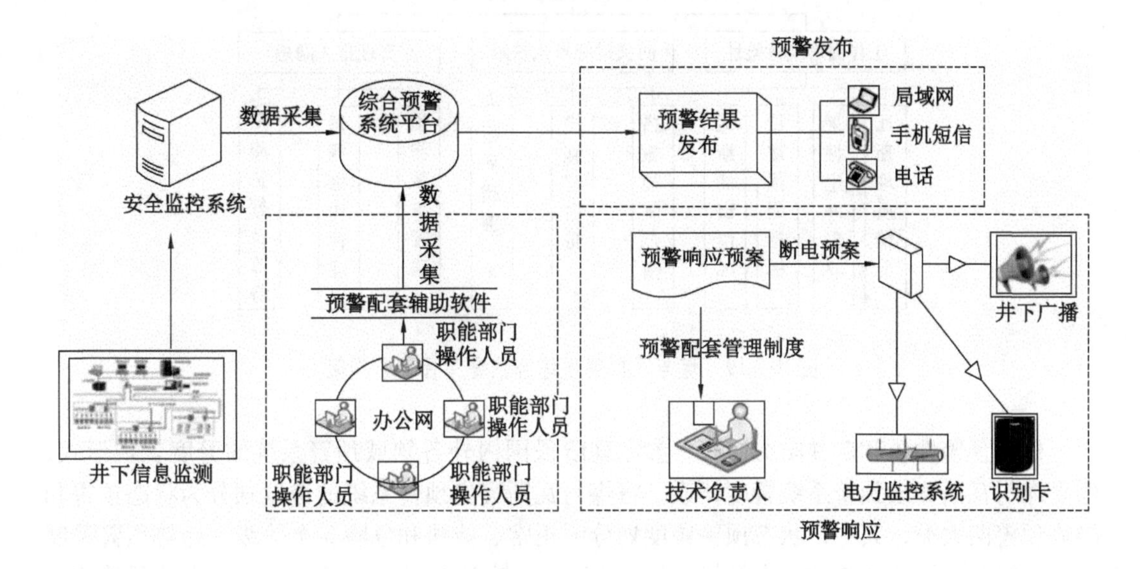

图 10－17　煤与瓦斯突出综合预警系统结构

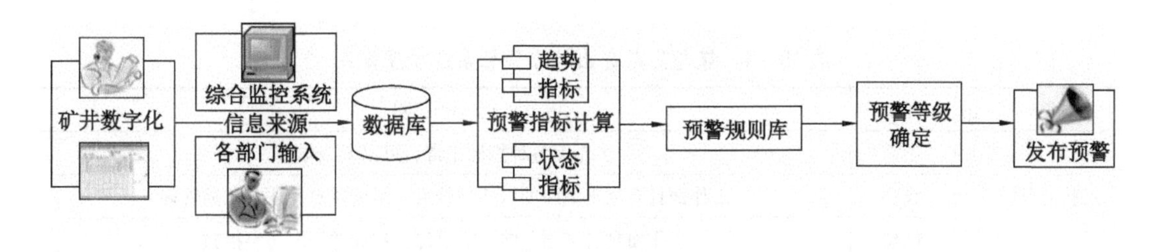

图 10－18　煤与瓦斯突出综合预警实现流程

（2）第二类，属于防突措施存在重大缺陷的基本事件。主要包括：区域防突措施效果检验不达标、防突措施控制范围不够、措施实施时间不够、措施控制范围内存在空白带、超掘超采等。这些都是采取的防突措施未能消除突出危险的典型技术缺陷。

（3）第三类，属于防突安全管理隐患的基本事件。主要包括：突出预测仪器的管理隐患（未能定期标定和检查）、突出预测工作操作不规范、谎报预测数据、防突措施不按照设计施工、谎报钻孔参数、无防突措施验收环节等。

2. 突出预警指标体系

引起煤与瓦斯突出的各种危险源是煤与瓦斯突出预警过程中应该重点监控的警源和警兆。在全面反映工作面客观突出危险性、防突措施重大缺陷和管理重大隐患 3 方面因素的基础上，以煤与瓦斯突出危险源理论为依据，按照目的性、科学性、系统性、超前性和可行性原则，建立煤与瓦斯突出综合预警指标体系，如图 10－19 所示。具体到某一矿井，在预警指标体系建立过程中还需要按照针对性原则，结合矿井瓦斯地质、巷道部署、采煤工艺、突出规律、防突措施等具体情况选择相应的指标。

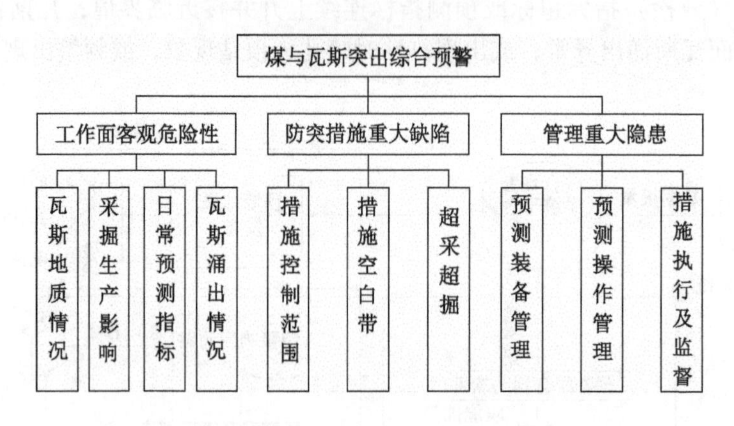

图 10－19　煤与瓦斯突出综合预警指标体系框架

根据预警性质和矿井防突需要，参考现阶段国内外各领域预警系统的警度表现形式，建立煤与瓦斯突出预警系统警度体系。将煤与瓦斯突出预警系统的警度划分为状态预警和趋势预警两大类，其中，状态预警警度划分为正常、威胁和危险 3 个等级，趋势预警警度划分为绿色、橙色和红色 3 个等级，见表 10－4。针对不同的等级，制定相应的预警响应制度。

表 10－4　煤与瓦斯突出综合预警系统警度体系

类型	等级	说　明
状态预警	正常	工作面各种指标正常，可以安全作业
	威胁	工作面具有突出危险的可能性较大，需要重点关注，加强管理
	危险	工作面具有突出危险，需要停止作业并采取防突措施
趋势预警	绿色	前方的突出危险性趋向安全
	橙色	前方一定距离处可能存在危险性，提请关注
	红色	前方的突出危险性趋向严重，应重点关注、加强管理、强化措施

3. 警情分析模型

考虑到要便于预警响应、指标不完全获取时预警、不同工作面预警指标及规则的不同等因素，按照多因素、多指标、综合预警的原则建立警情分析模型，如图 10－20 所示。

在生产过程中，各预警指标的值反映了工作面预警要素的状态。突出预警过程中，根据预警指标体系中各指标的值，按照预警规则库中相应的预警规则，可以得到对应的初级预警结果，然后由初级预警结果得到二级预警结果，最后由二级预警结果得到综合预警结果，在整个预警过程中始终遵循最高级原则和缺失值原则。

最高级原则：是指由初级预警结果确定最终预警结果时，取初级预警结果中预警等级最高、危险性最大的结果作为最终的预警结果。缺失值原则：是指由初级预警结果确定最终预警结果过程中，不因初级预警结果和预警指标的缺失而影响最终预警结果的确定。

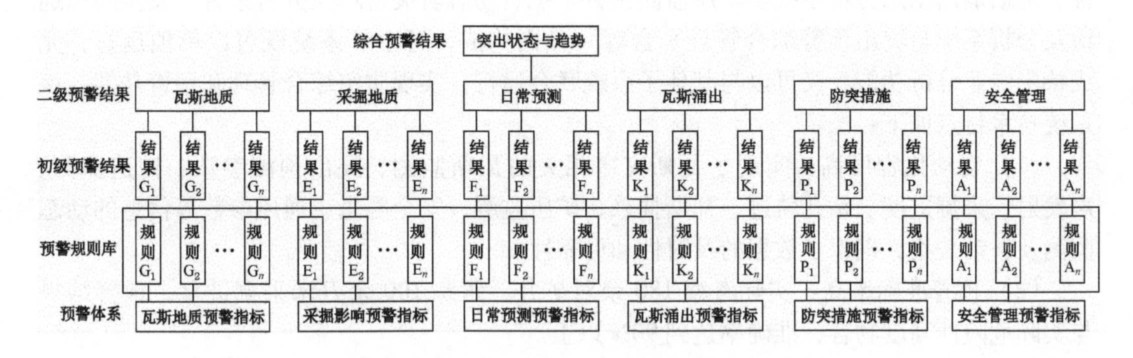

图 10－20　煤与瓦斯突出综合预警系统警情分析模型

4. 煤与瓦斯突出预警网络平台

煤与瓦斯突出预警网络平台包括煤矿安全监控系统、煤矿局域网、预警分析服务器、各职能部门及上级领导用户、预警结果发布设备、专业分析软件和预警综合分析软件系统等，可及时收集井下和掌握各职能部门的安全信息，实现综合分析和预警，并且能及时发布预警结果、实现预警响应甚至紧急情况下的应急处理，如图 10－21 所示。

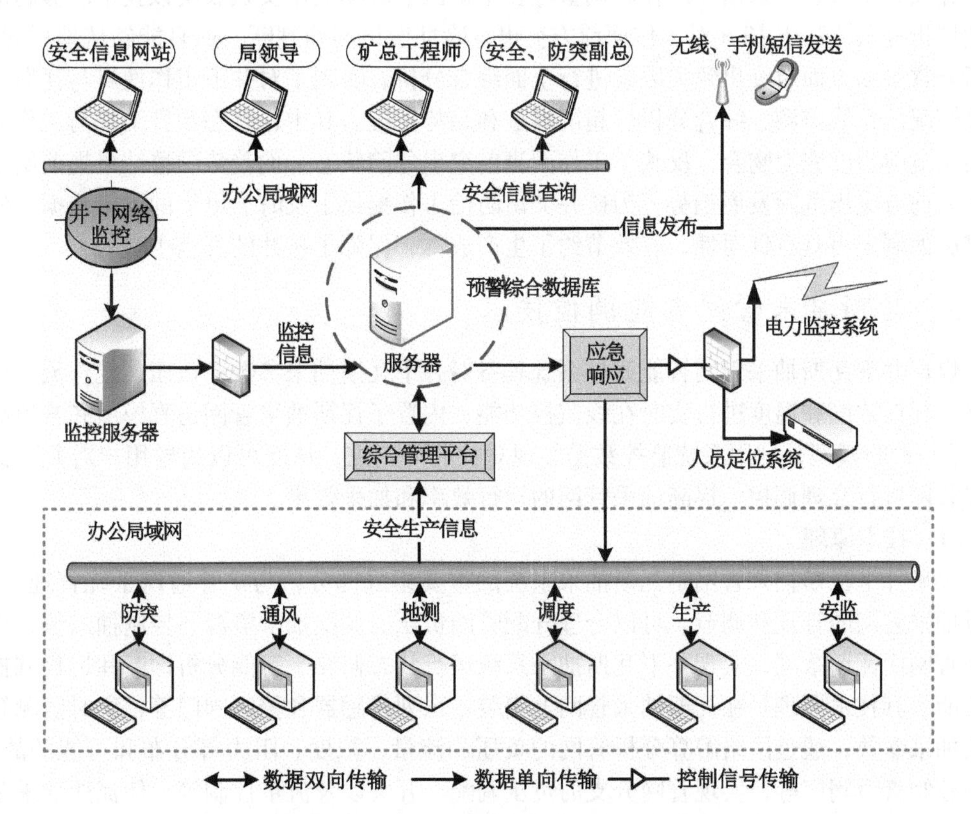

图 10－21　煤与瓦斯突出综合预警网络平台

基于组件式结构开发的煤与瓦斯突出综合预警软件系统，由多个专业分析子系统（主要包括瓦斯地质动态分析系统、瓦斯抽采达标评价系统、钻孔轨迹在线监测及分析系统、瓦斯涌出动态分析系统、矿压监测预警系统、动态防突管理及分析系统、安全隐患巡检及分析系统与突出预警综合管理平台等）共同构成，每个子系统既可以单独运行，完成特定专业分析功能，又可以与其他子系统联合运行，实现防突综合管理和预警功能。该系统技术特点如下：

（1）自动化程度高：实现了瓦斯灾害相关的瓦斯监测、突出预测参数、构造探测、声发射、采掘进度、钻孔轨迹、瓦斯抽采、矿压监测、安全隐患、通风参数等信息的动态监测及自动采集，确保了数据的及时性和可靠性。

（2）预警准确率高：实际考察 180 余对矿井，跟踪 100 余万米采掘进尺，预警结果与实际危险性高度吻合，准确率达到 90% 以上。

（3）技术与管理融合度高：工艺研究与平台建设并行、技术与管理相融合，实现了地质与瓦斯赋存、采掘部署、措施设计与施工、措施监督与效果评价、预测预报与监测监控等瓦斯灾害防治全过程控制。

（4）针对性强：根据矿井灾害类型、严重程度以及安全管理模式，制定预警解决方案。

10.4.3 应用情况

目前，煤与瓦斯突出综合管理及预警技术已成功应用于松藻、淮北、晋城、水城、通化、潞安、阳泉、平顶山、焦作、鹤壁等多个矿区。现场应用实践表明该技术能够超前传统钻屑指标预测法 1 ~2 d 对工作面前方突出危险性做出准确判断，而且能够从地质异常、瓦斯异常等多方面对突出致灾因素进行全面综合分析，实现了对井下工作面煤与瓦斯突出危险情况的在线监测、综合分析、超前提醒和趋势把握。其中，状态预警结果与工作面实际突出危险程度完全吻合，反映了工作面当前突出危险状态，而趋势预警结果提前给出了工作面前方突出危险发展趋势，为矿井突出防治工作提供了及时、可靠的决策依据，使防突措施的制定更具有针对性，有效节约了生产成本，保障了矿井的安全生产。

10.5 瓦斯抽采管网智能调控技术

煤矿井下瓦斯抽采管网智能调控系统具备对井下瓦斯抽采参数－负压、混合流量或纯流量、瓦斯浓度和温度进行实时在线监控功能，内置了瓦斯抽采管网仿真模型和管道故障（泄漏）诊断模型，利用系统监控数据实现对管网的调控，从而可以指导用户对井下瓦斯抽采管网进行合理调控，提高抽采管网的运行效率和抽采效果。

10.5.1 技术原理

煤矿井下瓦斯抽采管网是瓦斯抽采系统的重要组成部分，与矿井通风系统管理一样，通过抽采管网的管理和调节，可以合理分配管网负压、调配抽采资源、控制抽采量，提高抽采管网内瓦斯浓度，实现井下瓦斯抽采系统运行状态监测、智能分析诊断和远程调控综合功能。其技术原理是在瓦斯抽采管网上安装一系列传感器和控制阀门等，实时监测管网瓦斯抽采参数，通过网络解算分析管网的负压、流量、浓度、阻力等分布和可能的故障、远程控制管道阀门等，实现管网分支的负压调配、开关以及流量控制等，使瓦斯抽采参数达到最佳工况。

10.5.2 关键技术

井下瓦斯抽采管网智能调控系统由硬件和软件构成，硬件包括 GD4－Ⅱ瓦斯抽采参数测定仪、QJ 系列防爆电动阀门、管道压力控制器、KDW 系列矿用隔爆兼本安型直流稳压电源、KJJ103 型矿用本安型网络交换机及地面网络交换机等。系统构成如图 10－22 所示。

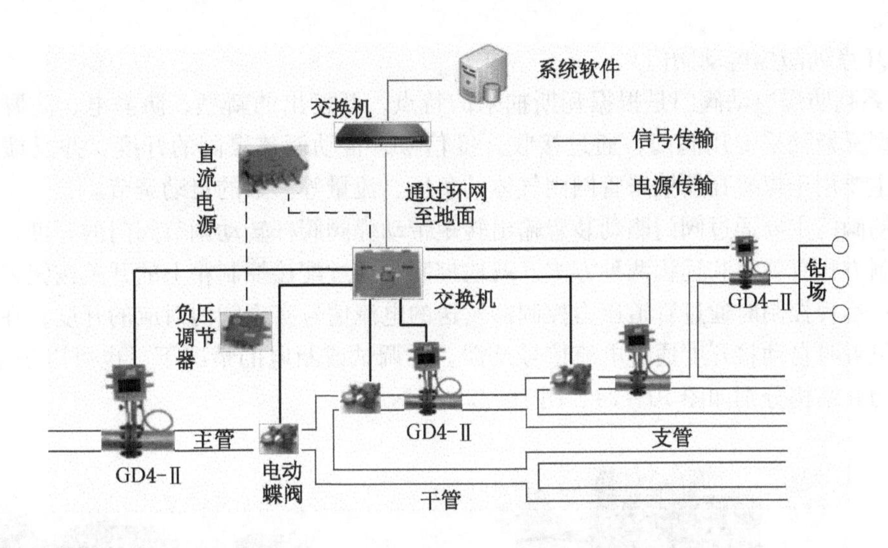

图 10－22 井下瓦斯抽采管网智能调控系统构成

井下瓦斯抽采管网智能调控系统具有抽采参数监测、设备控制和智能分析 3 类主要技术，各技术具体介绍如下。

1. 抽采参数监测技术

对井下瓦斯抽采管网瞬时流量、瓦斯浓度、负压和温度进行监测，并通过网络交换机将监测数据传至地面，直观地显示在管网系统图中并储存至数据库。系统软件可提供监测历史数据的查询、曲线趋势显示和报表输出等功能。

2. 设备控制技术

在地面监控计算机软件界面输入要调节的阀门开度，确认后软件将指令发送至管道压力控制器，管道压力控制器将指令转换为电信号发送给电动阀门，电动阀门开始动作。调节完毕后电动阀门将当前的开度再反馈至地面软件，实现井下电动阀门的远程操控，控制并显示电动阀门的实际开度。

3. 智能分析技术

系统具有管网调控仿真和管道泄漏实时检测两种智能分析功能。针对特定矿井的井下瓦斯抽采管网，建立管网仿真模型，通过模型解算对阀门开度变化后管网内各条分支管道内的气体流动参数（瞬时流量、负压、浓度）进行预测，用于指导管网调控，从而实现对系统能力的有效分配。同时，系统的泄漏故障检测功能通过对协同各个测点的监测数据的分析，对管网可能发生的泄漏管段进行初步定位。

10.5.3 主要设备

1. GD4－Ⅱ型瓦斯抽采参数测定仪

GD4－Ⅱ瓦斯抽采参数测定仪主要用于矿井瓦斯抽采管网内瓦斯浓度、抽采负压、气体温度和流量的实时在线监测，采用大屏液晶显示各类监测参数，同时转化成标准信号输出。输出信号与瓦斯抽采管网智能调控系统配套使用，可以实现远程监测和计量自动化，并且可以根据监测的历史数据计算监测区域内的瓦斯预抽率和预计抽采达标时间，实现了瓦斯抽采效果的实时评价和预测功能。仪器实物和结构分别如图 10－23 所示。

2. QJ 系列防爆电动阀门

QJ 系列防爆电动阀门是根据瓦斯抽采的特点，开发出的新型、防静电、防腐蚀的智能调节型瓦斯抽采专用阀门，通过接收开度信号，自动调整蝶阀的开度，并反馈开度信号。其主要用于煤矿瓦斯抽采管网内气体的负压、流量等参数的自动调节。

电动阀门主要通过阀门驱动装置输出转矩带动蝶阀阀杆转动调节阀门的开度，电动阀门的控制方式有就地和远程两种方式。就地控制是通过配接控制箱上的开关按钮来控制阀门开关；远程控制时通过管道压力控制器发送的电流信号实现阀门对应的开度，在阀门开到对应位置时自动将开度通过电流信号反馈。在调试或断电的情况下，也可以手动控制。产品实物和结构分别如图 10－24、图 10－25 所示。

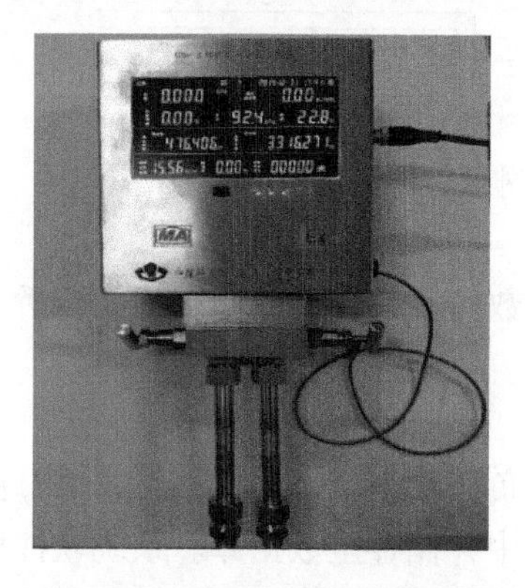

图 10－23　GD4－Ⅱ瓦斯抽采参数测定仪实物

图 10－24　QJ 系列防爆电动阀门实物

3. KXJ660Y 矿用隔爆兼本安型管道压力控制器

KXJ660Y 矿用隔爆兼本安型管道压力控制器通过接收计算机数据信号，转换成阀门可接收的 4～20 mA 模拟量信号输出给阀门，调节阀门的开度，同时接收阀门反馈的开度信号，并发送给计算机，实现系统的闭环控制。该压力控制器以单片机为核心，根据需要扩展了 A/D、D/A 通道、RS485 输出电路、显示电路、控制信号输出电路（4～20）mA、红外遥控电路等。KXJ660Y 矿用隔爆兼本安型管道压力控制器的实物和连接分别如图 10－26、图 10－27 所示。

4. YJL40C 煤矿用瓦斯抽采管道检漏仪

YJL40C 煤矿用瓦斯抽采管道检漏仪主要用于定位气体泄漏时产生的超声波音源的位置，是一种便携式矿用本质安全型仪器，防爆标志为 Exib I，管路泄漏程度可由面板上的 LED 指示灯显示，并可由液晶屏显示泄漏处的超声波频率，使用超声波检漏仪可以精确定位气体泄漏点。YJL40C 煤矿用瓦斯抽采管道检漏仪实物如图 10－28 所示。

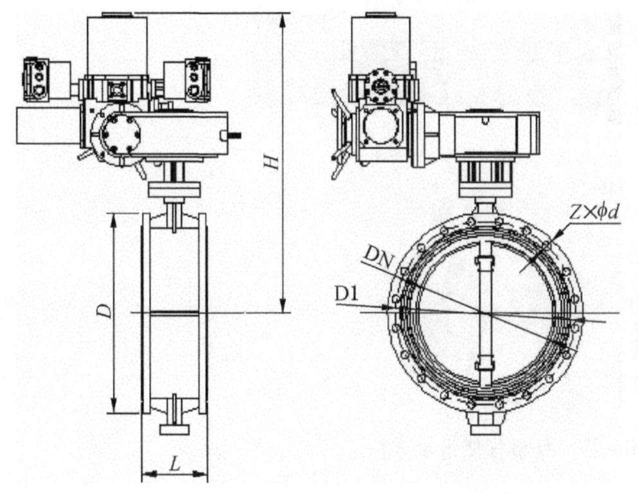

图 10-25　QJ 系列防爆电动阀门结构

图 10-26　KXJ660Y 矿用隔爆兼本安型管道压力控制器

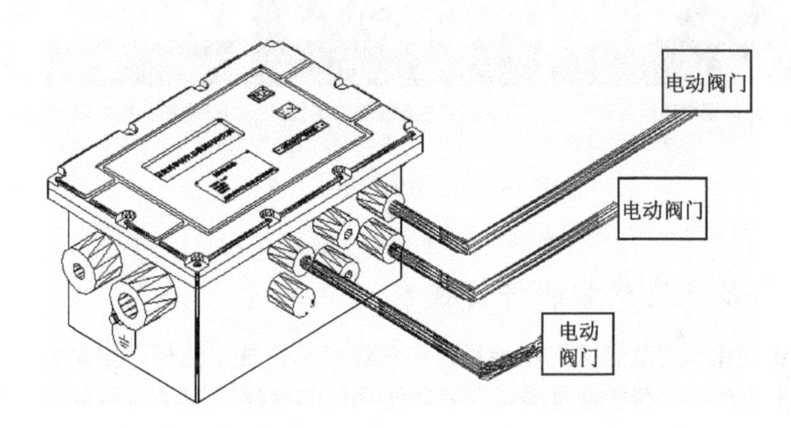

图 10-27　KXJ660Y 矿用隔爆兼本安型管道压力控制器连接

使用时，将检漏仪的声波探头对向检测管道并进行移动巡检，尽量缩短检漏仪探头与检测点之间的距离；巡检时根据 LED 指示灯的闪烁判断是否存在泄漏，检漏仪使用示意如图 10-29 所示。

10.5.4　应用情况

山西霍尔辛赫煤矿建设的井下瓦斯抽采管网智能调控系统实物如图 10-30 所示。管网调控仿真模型的计算结果相对于实测数据的准确率达到85%。通过管道泄漏检测功能及配合超声波检漏仪，发现了多处管道泄漏点，故障诊断模型对泄漏故障表现出较高的敏感性，可检测到的最小泄漏量为 3~6 m^3/min，有效保证了管网的高效运行，目前正在全国各地煤矿推广应用。

图 10-28　YJL40C 煤矿用瓦斯抽采管道检漏仪

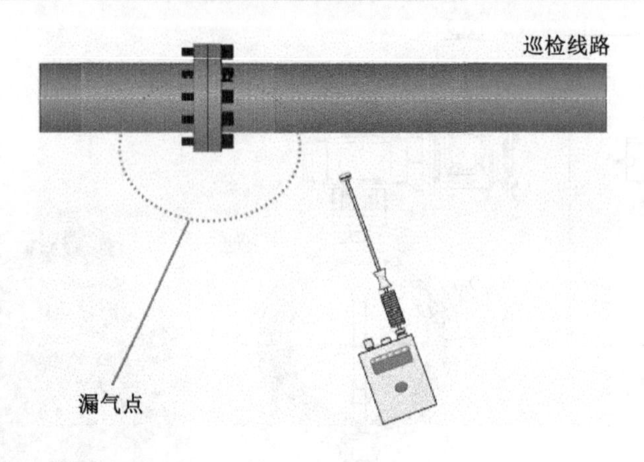

图 10-29 检漏仪使用示意图

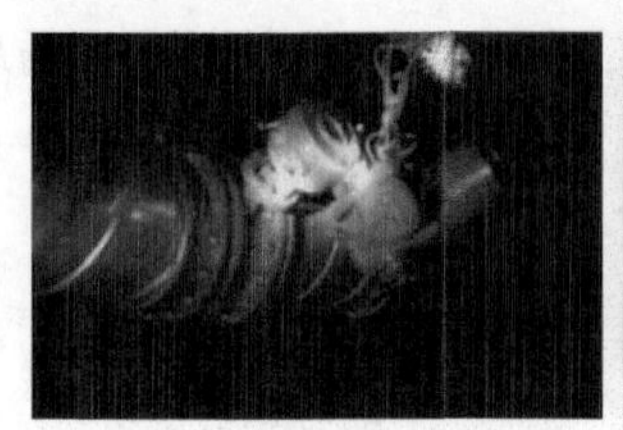

(a) 防爆电动阀门

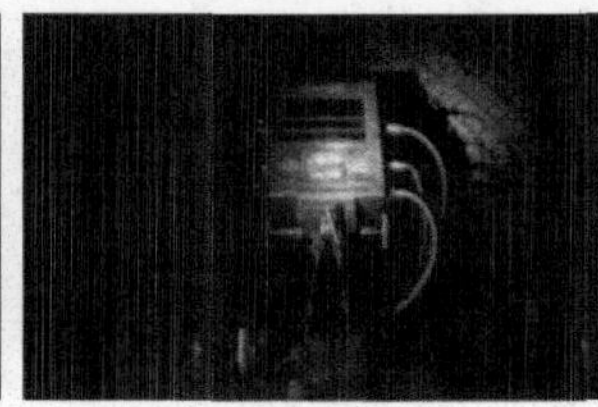

(b) 抽采参数智能测定仪

(c) 电源、控制器等配套设备

图 10-30 系统硬件井下实物

10.6 瓦斯抽采达标智能评价技术

为进一步强化和规范煤矿瓦斯抽采，实现煤矿瓦斯抽采达标，国家发展和改革委员会、原国家安全生产监督管理总局、国家能源局、国家煤矿安全监察局组织制定了《煤矿瓦斯抽采达标暂行规定》。按照《煤矿瓦斯抽采达标暂行规定》煤矿瓦斯抽采应当坚持“应抽尽抽、多措并举、抽掘采平衡”的原则。瓦斯抽采系统应当确保工程超前、能力充足、设施完善、计量准确；瓦斯抽采管理应当确保机构健全、制度完善、执行到位、监督有效。煤矿瓦斯抽采达标评价技术及系统可以解决现场瓦斯抽采达标评价中存在的评价工作不规范、不准确问题。

10.6.1 技术原理

自动化监测分析系统通过对煤层瓦斯赋存信息、历史钻孔布置参数和瓦斯抽采监控数据等的分析，得出符合矿井实际的瓦斯抽采规律及煤层瓦斯抽采钻孔参数、抽采时间和抽采效果之间的关系。根据建立的模型，编制软件分析系统，按照抽采前—抽采中—抽采后几大模块，进行瓦斯地质图自动绘制、瓦斯抽采规律分析、抽采钻孔设计、抽采效果预测、抽采达标评判等。

10.6.2 关键技术

1. 自动分析和评价模型

（1）瓦斯抽采规律、抽采半径自动分析方法和模型。根据不同矿井、不同区域甚至不同区段的瓦斯抽采数据，自动分析区域瓦斯抽采规律与抽采有效半径，解决了瓦斯抽采规律研究的实效性与区域差异性。

（2）工作面迈步式抽采设计、抽采评价方法和模型。根据工作面瓦斯赋存信息，工作面采、掘、抽平衡条件，建立了工作面迈步式抽采设计、抽采评价方法，为工作面抽采分段设计、分段评价、提高钻孔施工效率奠定了基础。

2. 瓦斯抽采达标评价软件系统

在煤矿瓦斯抽采监测系统的基础上，基于 SuperMap 平台开发了一套瓦斯抽采智能评价软件系统，对矿井各工作面、区域瓦斯抽采效果进行在线分析与评价，并利用不同的颜色、文字显示评价结果。设计采用 C/S、B/S 混合构架模式实现评价信息共享，对矿井瓦斯抽采进行规范化、过程化管理，提高矿井安全管理及技术水平。系统主要功能如下。

1）瓦斯抽采量数据采集与存储

通过与瓦斯监控系统、抽采监控系统等数据对接，实时在线采集井下各工作面和区段瓦斯抽采、区域钻孔施工、矿井空间关系数据等，建立大容量数据仓库。

2）绘制煤层瓦斯赋存动态信息图

通过前期的地质信息数字化，结合考察得到的煤层瓦斯赋存规律，利用克里金等算法进行插值分析，计算得出整个矿井煤层的瓦斯赋存状况，并通过云图直观显示，再通过对局部测点瓦斯含量的校正定期生成瓦斯地质动态图。

3）分析区域瓦斯抽采规律与抽采半径

通过在线读取多个抽采区域瓦斯赋存信息、区段（钻场）瓦斯抽采计量数据、区段（钻场）钻孔施工信息，根据建立的模型确定区域瓦斯抽采规律与抽采半径。瓦斯抽采规律分析如图 10－31 所示。

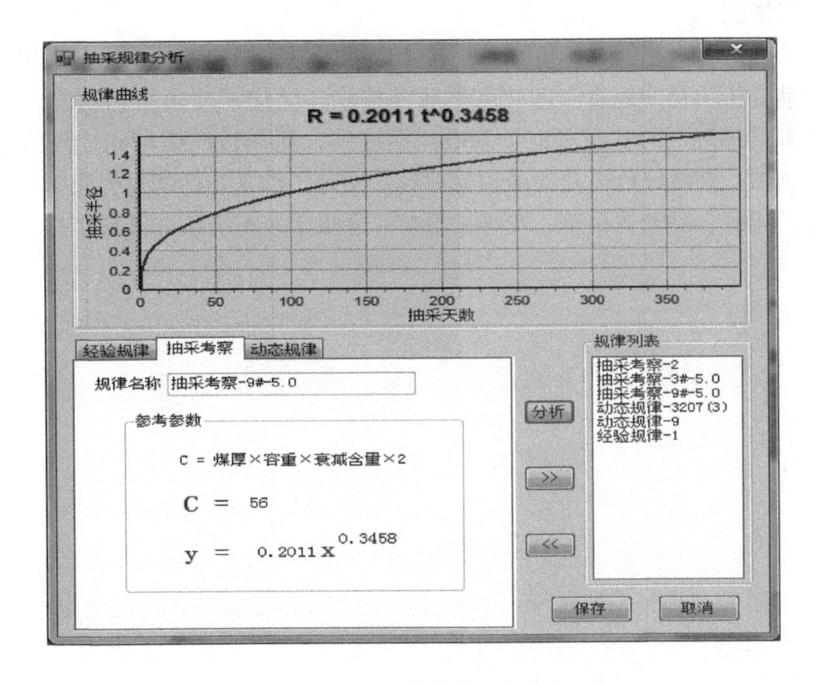

图 10－31 瓦斯抽采规律分析

4）区域瓦斯抽采效果预评价

在矿图范围任意选定评价位置，根据区域瓦斯赋存信息及区域预抽瓦斯时间和钻孔抽采半径之间的函数关系，进行区域瓦斯抽采预评价。

5）实时分析工作面（区域）瓦斯抽采效果

根据工作面（区域）瓦斯抽采综合（分组）数据、钻孔施工量、钻孔施工时间、瓦斯赋存信息，以及抽采达标要求，实时分析工作面（区域）瓦斯抽采效果与达标情况。系统通过在线连接抽采监控系统与瓦斯监控系统，实时评价采煤工作面各个区段瓦斯抽采效果与掘进工作面瓦斯排放效果，并将抽采效果实时更新到矿井瓦斯赋存图。

6）工作面（区域）瓦斯抽采钻孔智能设计

根据邻近区域瓦斯抽采规律、当前区域瓦斯赋存信息，智能设计工作面（区域）各区段瓦斯抽采钻孔，利用矿井邻近区域瓦斯抽采钻孔抽采量衰减规律或者矿井抽采钻孔排放半径两种方法评价当前区域预抽瓦斯时间或者钻孔施工间距。

7）建立矿井（区域）瓦斯抽、采、掘平衡模型

利用当前区域瓦斯抽采规律，分析区域瓦斯抽、采、掘平衡条件。系统根据区域煤层、瓦斯赋存信息以及工作面预计投产时间与产量，确定工作面包括日抽采量、日掘进速度等生产参数。

8）工作面抽采达标评价

系统通过上述几个抽采过程的分析与控制，并在线获取瓦斯监控系统、抽采监控系统中的瓦斯数据，利用对《煤矿瓦斯抽采达标暂行规定》中要求的抽采率、区段残余瓦斯含量、实测瓦斯含量等指标的综合考察与分析，实现对工作面各区段抽采达标状态的评判。

10.6.3 应用情况

矿井瓦斯抽采达标在线评价技术及系统，改变了以往固定的抽采钻孔布置工艺，利用抽采规律自动分析、瓦斯地质信息动态更新等技术，优化了抽采钻孔布置，为矿井“一面一策”瓦斯治理理念的实现奠定了基础。系统结合瓦斯地质信息和抽采监控数据实现了瓦斯抽采预估、在线评价以及抽采达标评判，实现了抽采达标的过程化管控。系统已经分别在阳煤新元矿、潞安司马矿、晋煤长平矿、平煤十三矿等矿井开展了推广与应用。

参 考 文 献

[1] 袁亮．我国深部煤与瓦斯共采战略思考 [J]．煤炭学报，2016，41 (1)：1-6.

[2] 袁亮，林柏泉，杨威．我国煤矿水力化技术瓦斯治理研究进展及发展方向 [J]．煤炭科学技术，2015，43 (1)：45-49.

[3] 中华人民共和国自然资源部．2018 中国矿产资源报告 [M]．北京：地质出版社，2018.

[4] 徐景德，杨鑫，赖芳芳，等．国内煤矿瓦斯强化抽采增透技术的现状及发展 [J]．矿业安全与环保，2014，41 (4)：100-103.

[5] 张子敏，吴吟．中国煤矿瓦斯地质规律及编图 [M]．徐州：中国矿业大学出版社，2014.

[6] 程远平．煤矿瓦斯防治理论与工程应用 [M]．徐州：中国矿业大学出版社，2010.

[7] 刘泽功，方恒林，刘健，等．安徽煤矿瓦斯抽采及其治理与利用 [M]．北京：煤炭工业出版社，2017.

[8] 何学秋．煤矿瓦斯防治技术与工程实践 [M]．徐州：中国矿业大学出版社，2009.

[9] 俞启香．矿井瓦斯防治 [M]．徐州：中国矿业大学出版社，1992.

[10] 于不凡．煤矿瓦斯灾害防治及利用技术手册 [M]．修订版．北京：煤炭工业出版社，2005.

[11] 国家煤矿安全监察局．防治煤与瓦斯突出细则 [M]．北京：煤炭工业出版社，2019.

[12] 国家安全生产监督管理总局，国家煤矿安全监察局．防治煤与瓦斯突出规定 [M]．北京：煤炭工业出版社，2009.

[13] 中华人民共和国煤炭工业部．防治煤与瓦斯突出细则 [M]．北京：煤炭工业出版社，1988.

[14] 中华人民共和国煤炭工业部．防治煤与瓦斯突出细则 [M]．北京：煤炭工业出版社，1995.

[15] 蒋星星，李春香．2013—2017 年全国煤矿事故统计分析及对策 [J]．煤炭工程，2019，51 (1)：101-105.

[16] 于海云，张淑同．近年我国煤矿瓦斯事故发生规律及防治对策探讨 [J]．矿业安全与环保，2016 (1)：108-110.

[17] 刘业娇，袁亮，薛俊华，等．2007—2016 年全国煤矿瓦斯灾害事故发生规律分析 [J]．矿业安全与环保，2018 (3)：124-128.

[18] 姜小强，樊少武，程志恒，等．基于井上下联合抽采的三区联动瓦斯综合治理模式 [J]．煤炭科学技术，2018，46 (6)：107-113.

[19] 任波，薛俊华，余国锋，等．典型开采条件下煤与瓦斯共采实践与思考 [J]．能源与环保，2018，40 (3)：174-179.

[20] 王振华．煤矿瓦斯三区联动立体抽采技术的研究和实践 [J]．煤，2017，26 (11)：42-43，49.

[21] 刘佳，赵耀江，施恭东，等．深孔定向钻进技术与装备在我国矿井瓦斯抽采中的应用 [J]．煤炭工程，2017，49 (7)：106-110.

[22] 申宝宏，刘见中，雷毅．我国煤矿区煤层气开发利用技术现状及展望 [J]．煤炭科学技术，2015，43 (2)：1-4.

[23] 贺天才，王保玉，田永东．晋城矿区煤与煤层气共采研究进展及急需研究的基本问题 [J]．煤炭学报，2014，39 (9)：1779-1785.

[24] 谢和平，周宏伟，薛东杰，等．我国煤与瓦斯共采：理论、技术与工程 [J]．煤炭学报，2014，39 (8)：1391-1397.

[25] 房茂军，柳迎红，杨凯雷，等．沁南盆地煤层气 U 型水平井部署优化研究 [J]．洁净煤技术，2014，20 (3)：103-105，108.

[26] 黎凤岐，乔炜，牛国斌，等．地面多分支水平钻井与井下钻孔对接预抽瓦斯技术 [J]．煤炭科学技术，2014，42 (5)：48-50，54.

[27] 李国富，李波，焦海滨，等．晋城矿区煤层气三区联动立体抽采模式［J］．中国煤层气，2014，11（1）：3－7.

[28] 赵光普．我国煤与瓦斯共采及钻井技术分析［J］．煤矿现代化，2013（4）：20－21.

[29] 刘亚军，陈旭．沁水盆地南部煤层气U型井钻井技术及应用［J］．长江大学学报（自然科学版），2013，10（14）：43－46，5－6.

[30] 袁亮，郭华，李平，等．大直径地面钻井采空区采动区瓦斯抽采理论与技术［J］．煤炭学报，2013，38（1）：1－8.

[31] 李国富，何辉，刘刚，等．煤矿区煤层气三区联动立体抽采理论与模式［J］．煤炭科学技术，2012，40（10）：7－11.

[32] 晋香兰．煤矿区煤与煤层气协调开发模式的探讨：以晋城矿区为例［J］．中国煤炭地质，2012，24（9）：16－19.

[33] 秦勇．中国煤层气成藏作用研究进展与述评［J］．高校地质学报，2012，18（3）：405－418.

[34] 雷毅，申宝宏，刘见中．煤矿区煤层气与煤炭协调开发模式初探［J］．煤矿开采，2012，17（3）：1－4.

[35] 秦勇，申建，王宝文，等．深部煤层气成藏效应及其耦合关系［J］．石油学报，2012，33（1）：48－54.

[36] 武华太．煤矿区瓦斯三区联动立体抽采技术的研究和实践［J］．煤炭学报，2011，36（8）：1312－1316.

[37] 杜春志，茅献彪，王美芬．我国煤层气抽采方法及在晋城矿区的应用［J］．河北理工大学学报（自然科学版），2008（3）：16－20.

[38] 张群．煤田地质勘探与矿井地质保障技术［M］．北京：科学出版社，2018.

[39] 甘林堂．地面钻井抽采被保护层采动区卸压瓦斯技术研究［J］．煤炭科学技术，2019，47（11）：110－115.

[40] 袁亮．卸压开采抽采瓦斯理论及煤与瓦斯共采技术体系［J］．煤炭学报，2009，34（1）：1－8.

[41] 方良才，夏抗生．淮南矿区区域性瓦斯治理成套技术实践［J］．煤炭科学技术，2009，37（2）：56－58，93.

[42] 袁亮，薛俊华．低透气性煤层群无煤柱煤与瓦斯共采关键技术［J］．煤炭科学技术，2013，41（1）：5－11.

[43] 李琰庆．淮南矿区突出煤层群开采瓦斯治理模式［J］．煤炭技术，2016，35（6）：222－223.

[44] 邱伟．谢一矿开采上保护层卸压瓦斯抽采规律数值模拟研究［D］．徐州：中国矿业大学，2017.

[45] 国家煤矿安全监察局．瓦斯治理经验五十条［M］．北京：煤炭工业出版社，2005.

[46] 涂敏，缪协兴，黄乃斌．远程下保护层开采被保护煤层变形规律研究［J］．采矿与安全工程学报，2006，23（3）：253－257.

[47] 孙海涛．采动影响下地面钻井的变形破坏机理研究［D］．重庆：重庆大学，2008.

[48] 王海阔．潘一矿远距离下保护层开采卸压瓦斯抽采技术研究［D］．淮南：安徽理工大学，2013.

[49] 周世宁，林柏泉．煤层瓦斯赋存与流动理论［M］．北京：煤炭工业出版社，1997.

[50] 王海峰，程远平，吴冬梅，等．近距离上保护层开采工作面瓦斯涌出及瓦斯抽采参数优化［J］．煤炭学报，2010，35（4）：235－240.

[51] 吴刚．近距离煤层群上保护层开采卸压机理及瓦斯抽采技术研究［D］．徐州：中国矿业大学，2015.

[52] 陈金华，胡千庭．地面钻井抽采采动卸压瓦斯来源分析［J］．煤炭科学技术，2009（12）：38－42.

[53] 袁亮．低透高瓦斯煤层群安全开采关键技术研究［J］．岩石力学与工程学报，2008（7）：1370－

1379.
[54] 涂敏．煤层气卸压开采的采动岩体力学分析与应用研究［D］．徐州：中国矿业大学，2015.
[55] 袁亮．留巷钻孔法煤与瓦斯共采技术［J］．煤炭学报，2008（8）：898－902.
[56] 袁亮．低透气性煤层群无煤柱煤气共采理论与实践［J］．中国工程科学，2009（5）：72－80.
[57] 袁亮．低透气性高瓦斯煤层群无煤柱快速沿空留巷Y型通风煤与瓦斯共采关键技术［J］．中国煤炭，2008（6）：9－13，4.
[58] 涂敏．低渗透性煤层群卸压开采地面钻井抽采瓦斯技术［J］．采矿与安全工程学报，2013（5）：766－722.
[59] 黄华州．远距离被保护层卸压煤层气地面井开发地质理论及其应用研究：以淮南矿区为例［D］．徐州：中国矿业大学，2010.
[60] 唐建平，胡良平．煤矿井下低透气性煤层增透技术研究现状与发展趋势［J］．中国煤炭，2018，44（3）：122－126.
[61] 郭继圣，张宝优．我国煤层气（煤矿瓦斯）开发利用现状及展望［J］．煤炭工程，2017，49（3）：83－86.
[62] 程远平，付建华，俞启香．中国煤矿瓦斯抽采技术的发展［J］．采矿与安全工程学报，2009，26（2）：127－139.
[63] 赵宝友，王海东．我国低透气性本煤层增透技术现状及气爆增透防突新技术［J］．爆破，2014，31（3）：32－41.
[64] 赵阳升，杨栋，胡耀青，等．低渗透煤储层煤层气开采有效技术途径的研究［J］．煤炭学报，2001（5）：455－458.
[65] 辛新平．煤层井下水力增透理论及应用研究［D］．焦作：河南理工大学，2014.
[66] 尚群，杨战伟，靳建伟．预抽煤层瓦斯交叉钻孔合理孔间距的研究［J］．煤炭科学技术，2009，37（9）：48－50，93.
[67] 霍中刚．二氧化碳致裂器深孔预裂爆破煤层增透新技术［J］．煤炭科学技术，2015，43（2）：80－83.
[68] 汪开旺．高压空气爆破致裂效果影响因素分析［J］．煤矿安全，2017，48（5）：184－186，190.
[69] 王魁军，王佑安，许昭泽，等．交叉钻孔预抽本煤层瓦斯［J］．煤矿安全，2003（S1）：78－81.
[70] 郭启文，韩炜，张文勇，等．煤矿井下水力压裂增透抽采机理及应用研究［J］．煤炭科学技术，2011，39（12）：60－64.
[71] 李建新，林柏泉，李国旗，等．深孔松动控制爆破卸压增透理论与实践［J］．煤矿安全，2010，41（11）：52－54.
[72] 陈向军，杜云飞，李立杨．煤体水力化措施综合消突作用研究［J］．煤炭科学技术，2017，45（6）：43－49.
[73] 邱德才，武贵生，陈冬冬，等．复合水力化增透技术在低渗突出煤层瓦斯抽采中的应用［J］．煤田地质与勘探，2015，43（1）：13－16.
[74] 王耀锋，何学秋，王恩元，等．水力化煤层增透技术研究进展及发展趋势［J］．煤炭学报，2014，39（10）：1945－1955.
[75] 陈向军，程远平，王林．外加水分对煤中瓦斯解吸抑制作用试验研究［J］．采矿与安全工程学报，2013，30（2）：296－301.
[76] 陈向军，程远平，何涛，等．注水对煤的瓦斯扩散特性影响［J］．采矿与安全工程学报，2013，30（3）：443－448.
[77] 吕有厂．水力压裂技术在高瓦斯低透气性矿井中的应用［J］．重庆大学学报，2010，33（7）：102－107.

[78] 林柏泉，孟杰，宁俊，等．含瓦斯煤体水力压裂动态变化特征研究［J］．采矿与安全工程学报，2012，29（1）：106－110.
[79] 李晓红，卢义玉，赵瑜，等．高压脉冲水射流提高松软煤层透气性的研究［J］．煤炭学报，2008，33（12）：1386－1390.
[80] 卢义玉，葛兆龙，李晓红，等．脉冲射流割缝技术在石门揭煤中的应用研究［J］．中国矿业大学学报，2010，39（1）：55－58，69.
[81] 杨建民．高压脉冲水射流切缝技术在石门揭煤中的应用［J］．中州煤炭，2011（10）：110－112.
[82] 刘明举，赵文武，刘彦伟，等．水力冲孔快速消突技术的研究与应用［J］．煤炭科学技术，2010，38（3）：58－61.
[83] 王兆丰，范迎春，李世生．水力冲孔技术在松软低透突出煤层中的应用［J］．煤炭科学技术，2012，40（2）：52－55.
[84] 康红普，冯彦军．煤矿井下水力压裂技术及在围岩控制中的应用［J］．煤炭科学技术，2017，45（1）：1－9.
[85] 蔡峰，刘泽功．深部低透气性煤层上向穿层水力压裂强化增透技术［J］．煤炭学报，2016，41（1）：113－119.
[86] 梁银权，王进尚，冯星宇．高瓦斯低透气性煤层深钻孔高压水力割缝增透技术［J］．煤炭工程，2019，51（6）：99－102.
[87] 张永将，孟贤正，季飞．顺层长钻孔超高压水力割缝增透技术研究与应用［J］．矿业安全与环保，2018，45（5）：1－5，11.
[88] 王凯，李波，魏建平，等．水力冲孔钻孔周围煤层透气性变化规律［J］．采矿与安全工程学报，2013，30（5）：778－784.
[89] 王新新，石必明，穆朝民．水力冲孔煤层瓦斯分区排放的形成机理研究［J］．煤炭学报，2012，37（3）：467－471.
[90] 郭世杰．塔山矿顶板运动对工作面瓦斯涌出及富集规律影响研究［D］．重庆：重庆大学，2016.
[91] 梁坤．影响塔山矿综放工作面顶板高抽巷内瓦斯浓度的因素分析［J］．煤炭工程，2011（3）：55－56.
[92] 侯志鹰，纪洪广，翁旭泽．塔山矿综放工作面瓦斯综合治理技术及应用［J］．辽宁工程技术大学学报（自然科学版），2010，29（3）：361－364.
[93] 刘杰，宋金旺．塔山矿复杂特厚煤层综放首采面矿压规律［J］．煤炭科学技术，2008（10）：29－31，71.
[94] 柯善斌．塔山矿瓦斯地质特征及影响因素分析［J］．煤矿安全，2012，43（9）：169－171.
[95] 凡永鹏，王钰博．塔山矿特厚煤层综放面采空区瓦斯治理措施研究［J］．中国安全科学学报，2016，26（12）：116－121.
[96] 力尚全，庞叶青．塔山矿地面垂直钻孔治理工作面瓦斯技术与实践［J］．同煤科技，2018（1）：31－33，36.
[97] 耿铭，徐青云．塔山矿地面L型钻孔抽采瓦斯技术应用［J］．煤炭工程，2019，51（12）：82－85.
[98] 熊伟，崔光磊．白芨沟煤矿漏风特性模拟［J］．煤矿安全，2013，44（5）：177－179.
[99] 冀超辉．厚煤层分层开采工作面瓦斯流场分布规律研究［J］．河南理工大学学报（自然科学版），2015，34（4）：455－458，482.
[100] 张占国，侯志华．基于分源预测法的厚煤层分层开采瓦斯治理技术研究［J］．矿业安全与环保，2017，44（1）：78－82.
[101] 周廷扬，李启发．高瓦斯厚煤层分层开采瓦斯防治技术研究［J］．煤炭工程，2017，49（S2）：

53 – 57, 61.

[102] 王华．白茨沟煤矿复杂特厚煤层首分层工作面瓦斯治理技术［J］．矿业安全与环保，2015，42（6）：77 – 79，82.

[103] 杨荣武，黄光利，贾立刚．近水平特厚煤层首分层开采瓦斯综合治理技术［J］．煤炭科技，2016（2）：58 – 60，64.

[104] 周波，程建圣．特厚无烟煤层瓦斯立体抽采规律及效果研究［J］．煤矿安全，2017，48（5）：147 – 151.

[105] 刘程．急倾斜煤层分段开采围岩裂隙场演化及瓦斯运移规律研究［D］．西安：西安科技大学，2018.

[106] 张新战，陈建强，漆涛，等．急斜特厚煤层综放面瓦斯运移规律与综合治理［J］．西安科技大学学报，2013，33（5）：532 – 537.

[107] 周俊．乌东煤矿瓦斯赋存主控构造特征分析［J］．矿业安全与环保，2018，45（3）：113 – 116.

[108] 刘忠全．急倾斜特厚煤层综放工作面埋管抽采效果分析［J］．煤炭科学技术，2017，45（S1）：74 – 76，99.

[109] 张志刚，刘俊，郑三龙，等．特厚煤层综放工作面回采期间瓦斯抽采效果及分析［J］．矿业安全与环保，2016，43（6）：63 – 66，70.

[110] 马洪涛．高瓦斯急倾斜特厚煤层瓦斯高效抽采成套技术［J］．矿业安全与环保，2017，44（3）：53 – 57.

[111] 何满潮，谢和平，彭苏萍，等．深部开采岩体力学研究［J］．岩石力学与工程学报，2005，24（16）：2803 – 2813.

[112] 郭建伟．煤矿复合动力灾害危险性评价与监测预警技术［D］．徐州：中国矿业大学，2013.

[113] 潘一山．煤与瓦斯突出、冲击地压复合动力灾害一体化研究［J］．煤炭学报，2016，41（1）：105 – 112.

[114] 张福旺，李铁．平煤十矿煤与瓦斯动力灾害特征与规律分析［J］．煤矿安全，2009，40（10）：75 – 77，80.

[115] 贾天让，江林华，姚军朋，等．近距离保护层开采技术在平煤五矿的实践［J］．煤炭科学技术，2006，34（12）：23 – 25.

[116] 杨华．保护层开采技术在平煤股份四矿的应用［J］．水力采煤与管道运输，2011，29（4）：67 – 69.

[117] 董国胜．平煤十二矿岩层下保护层开采技术及工程实践［J］．能源与环保，2019，41（8）：187 – 191，196.

[118] 吕有厂．千米深井煤与瓦斯协调安全高效开采技术［J］．煤炭科学技术，2016，44（1）：133 – 137.

[119] 吕中奇，王玉杰．单一低渗透突出煤层水力冲孔工艺优化应用分析［J］．能源与环保，2018，40（5）：32 – 35.

[120] 王保军．平煤八矿典型突出煤层的瓦斯地质控制特征研究［D］．焦作：河南理工大学，2014.

[121] 耿仪，白新华，陈平生，等．平煤十矿井下水力压裂增透技术研究［J］．中州煤炭，2013（5）：1 – 4.

[122] 张友谊．单一突出煤层底板抽放巷优化布置方案研究［J］．煤炭科学技术，2012，40（4）：71 – 74.

[123] 郭明功．平煤八矿单一低透气突出厚煤层综合防突技术研究［C］//中国煤炭学会．第四届全国煤炭工业生产一线青年技术创新文集．北京：煤炭工业出版社，2009：268 – 271.

[124] 李刚锋．平煤股份四矿冲击危险性区域划分及防治技术研究［D］．焦作：河南理工大学，2011.

[125] 张建华．深井煤层冲击地压型煤与瓦斯突出特殊区段防治技术［C］//中国煤炭学会．第3届全国煤炭工业生产一线青年技术创新文集．北京：煤炭工业出版社，2008：360－366.

[126] 王高举，刘冬冬．综采工作面卸压及防治冲击地压技术研究与应用［J］．山东煤炭科技，2013（3）：185－186.

[127] 薛晓刚，陈国祥，张红卫，等．防治冲击地压技术在高瓦斯矿井的应用［J］．煤炭技术，2012，31（10）：70－72.

[128] 李化敏，韩俊效，熊祖强，等．深部开采复杂动力现象分析及其防治［J］．煤炭工程，2010（7）：40－41.

[129] 袁瑞甫．深部矿井冲击－突出复合动力灾害的特点及防治技术［J］．煤炭科学技术，2013，41（8）：6－10.

[130] 隆清明，夏永军，牟景珊，等．瓦斯含量快速测定技术［J］．矿业安全与环保，2013，40（5）：56－58，62.

[131] 王佑安，朴春杰．用煤解吸瓦斯速度法井下测定煤层瓦斯含量的初步研究［J］．煤矿安全，1981（11）：8－13.

[132] 康建宁．基于SDQ－63型深孔定点取样装置的回采工作面瓦斯含量合理取样深度研究［J］．煤矿安全，2016，47（11）：26－29.

[133] 刘志伟，何俊材，冯康武．瓦斯含量直接测定法在大方煤田的研究［J］．中国煤炭，2011，37（1）：99－101.

[134] 陈向军，王兆丰，王林．取样过程中损失瓦斯量推算模型研究［J］．煤矿安全，2013，44（9）：31－33，37.

[135] 李建功，吕贵春，隆清明，等．深孔定点快速取样技术在瓦斯含量测定中的应用效果考察［J］．工业安全与环保，2014，40（11）：5－7，51.

[136] 王志权．基于煤巷掘进面瓦斯涌出指标实时突出预测技术研究［D］．阜新：辽宁工程技术大学，2010.

[137] 关维娟，张国枢，赵志根，等．煤与瓦斯突出多指标综合辨识与实时预警研究［J］．采矿与安全工程学报，2013，30（6）：922－929.

[138] 孙东玲，孙海涛．煤矿采动区地面井瓦斯抽采技术及其应用前景分析［J］．煤炭科学技术，2014，42（6）：49－52，39.

[139] 胡千庭，孙海涛．煤矿采动区地面井逐级优化设计方法［J］．煤炭学报，2014，39（9）：1907－1913.

[140] 刘军．采动区地面井煤层气开发井位布置技术研究现状及发展趋势［J］．煤矿安全，2013，44（1）：60－63.

[141] 付军辉．采动影响区地面井瓦斯抽采在岳城矿的应用研究［J］．矿业安全与环保，2016，43（3）：53－55，63.

[142] 李泉新，石智军，史海岐．煤矿井下定向钻进工艺技术的应用［J］．煤田地质与勘探，2014，42（2）：85－88，92.

[143] 于成凤，金新，曹建明．贵州大湾煤矿复杂地层井下定向钻进施工技术［J］．探矿工程（岩土钻掘工程），2018，45（3）：24－27.

[144] 田东庄，石智军，龚城，等．煤矿井下近水平定向钻进配套钻杆的研制［J］．煤炭科学技术，2013，41（3）：24－27.

[145] 胡振阳，李锁智，郭冬琼，等．螺旋钻进技术在松软煤层瓦斯抽采中的应用［J］．西部探矿工程，2008（7）：53－55.

[146] 张宏钧，姚克，张幼振．松软煤层螺旋钻杆与压风复合排渣钻进技术装备［J］．煤矿安全，

2017，48（7）：99－102.

［147］徐鹏博，姚克，张锐，等．高转速螺旋钻进钻机在松软突出煤层中的应用研究［J］．煤炭工程，2017，49（9）：94－96，100.

［148］彭腊梅，李光，蒲天一．松软突出煤层整体式三棱螺旋钻杆中试研究［J］．煤炭科学技术，2013，41（8）：133－136.

［149］张锐，姚克，方鹏，等．煤矿井下自动化钻机研发关键技术［J］．煤炭科学技术，2019，47（5）：59－63.

［150］陶照园，刘晖，王福坚．智能钻机软特性自动防卡技术研究与设计［J］．矿业研究与开发，2011，31（5）：71－73，77.

［151］方俊．矿用有线地质导向随钻测量装置及钻进技术［J］．煤炭科学技术，2017，45（11）：168－173.

［152］李泉新．矿用泥浆脉冲无线随钻测量装置研发及应用［J］．煤田地质与勘探，2018，46（6）：193－197，202.

［153］王清峰，黄麟森．基于外部供电的矿用随钻测量装置研究及应用［J］．煤炭科学技术，2013，41（3）：12－15.

［154］孙新胜，王力，方有向，等．松软煤层筛管护孔瓦斯抽采技术与装备［J］．煤炭科学技术，2013，41（3）：74－76.

［155］陈功胜，高艳忠．松软煤层瓦斯抽采钻孔不提钻下入筛管技术［J］．辽宁工程技术大学学报（自然科学版），2014，33（5）：592－596.

［156］李强，叶嗣暄，金新．松软煤层顺层孔筛管护孔工艺及装备应用［J］．煤炭科学技术，2017，45（6）：147－151.

［157］王兆丰，武炜．煤矿瓦斯抽采钻孔主要封孔方式剖析［J］．煤炭科学技术，2014，42（6）：31－34，103.

［158］林柏泉，李博洋，郝志勇．新型复合封孔材料的密封性能［J］．黑龙江科技大学学报，2017，27（1）：22－25.

［159］张天军，宋爽，李树刚，等．瓦斯抽采钻孔封孔质量检测技术与应用［J］．西安科技大学学报，2017（5）：623－629.

［160］李丹．煤矿区煤层气地面钻井抽采方式及关键技术［J］．煤炭工程，2017，49（6）：114－116，121.

［161］吴晋军，武进壮，徐东升，等．浅层煤层气强脉冲射孔压裂工艺试验研究［J］．煤炭技术，2016，35（10）：10－12.

［162］康永尚，邓泽，刘洪林．我国煤层气井排采工作制度探讨［J］．天然气地球科学，2008（3）：423－426.

［163］康永尚，秦绍锋，韩军，等．煤层气井排采动态典型指标分析方法体系［J］．煤炭学报，2013，38（10）：1825－1830.

［164］张平，吴建光，孙晗森，等．煤层气井压裂裂缝井下微地震监测技术应用分析［J］．科学技术与工程，2013，13（23）：6681－6685，6691.

［165］张永将，黄振飞，李成成．高压水射流环切割缝自卸压机制与应用［J］．煤炭学报，2018，43（11）：3016－3022.

［166］刘志伟，高振勇．超高压水力钻割一体化增透技术参数试验考察［J］．煤矿开采，2019，24（1）：133－135.

［167］徐东方，黄渊跃，罗治顺，等．底板巷水力冲孔卸压增透技术的研究与应用［J］．煤炭科学技术，2013，41（2）：42－44，48.

[168] 王冕，任倍良．高突松软煤层水力冲孔快速揭煤应用［J］．煤炭科学技术，2015，43（S1）：96－98，183.
[169] 曹树刚，李勇，刘延保，等．深孔控制预裂爆破对煤体微观结构的影响［J］．岩石力学与工程学报，2009，28（4）：673－678.
[170] 蔡峰，刘泽功，林柏泉．高瓦斯煤层深孔预裂爆破增透数值模拟试验［J］．辽宁工程技术大学学报（自然科学版），2009，28（4）：513－516.
[171] 刘雨涛，李燕平，张开加，等．深孔控制预裂爆破快速装药工艺研究及实验应用［J］．能源技术与管理，2018，43（4）：129－131.
[172] 刘思佳，王直亚，赵荣阔．深孔预裂爆破封孔技术的研究［J］．煤矿安全，2014，45（11）：72－73.
[173] 周福宝，刘春，夏同强，等．煤矿瓦斯智能抽采理论与调控策略［J］．煤炭学报，2019，44（8）：2377－2387.
[174] 刘卫国．瓦斯抽采系统中有关参数的自动监测控制技术［J］．矿业安全与环保，2007（2）：48－49.
[175] 侯方磊．煤矿瓦斯自动抽采监控系统的研究与实现［D］．阜新：辽宁工程技术大学，2012.
[176] 李晓白．矿井瓦斯抽采系统优化研究［J］．中州煤炭，2013（10）：1－4.
[177] 徐雪战，邹云龙．矿井瓦斯抽采达标效果在线评判系统及应用［J］．煤矿安全，2019，50（11）：95－98，102.
[178] 邹云龙，宋志强．基于抽采监控数据的自动测定瓦斯抽采半径研究［J］．能源与环保，2017，39（6）：8－12.
[179] 张吉林，徐雪战，邹云龙．矿井瓦斯抽采达标在线评价技术研究［J］．能源与环保，2017，39（5）：51－54，59.
[180] 煤矿瓦斯治理国家工程研究中心，中煤科工集团重庆研究院有限公司．典型地质条件下先进适用瓦斯治理模式及成套技术体系［R］．2019.
[181] 煤矿瓦斯治理国家工程研究中心．煤矿瓦斯防治长效机制［R］．2019.
[182] 国家发展改革委，国家能源局．煤炭工业发展“十三五”规划［R］．2016.
[183] 国家能源局．煤层气（煤矿瓦斯）开发利用“十三五”规划［R］．2016.